기초 신호 및 시스템

2판

개념과 원리가
한눈에 보이는
160여 개의 풍부한 예제

한빛아카데미
Hanbit Academy, Inc.

지은이 **이철희** chlee@kangwon.ac.kr

서울대학교 전기공학과에서 학사, 석사, 박사 과정을 1989년에 마쳤다. 1990년에 강원대학교에 부임하여 2024년에 정년 퇴임했다. 재직 중에는 IT대학 전기전자공학과에서 신호 및 시스템, 디지털 신호 처리, 제어 시스템, 지능 시스템 등을 주로 강의했고, 근래에는 소프트 컴퓨팅(퍼지 이론, 신경망, 유전 알고리즘, 러프 집합)을 제어, 신호 처리, 지능 시스템에 응용하는 연구에 많은 관심을 갖고 있다. 저서로는 『신호 및 시스템』(다성출판사, 2001), 『디지털 신호 처리(2판)』(한빛아카데미, 2022), 『핵심이 보이는 신호 및 시스템(2판)』(한빛아카데미, 2023) 등이 있다.

기초 신호 및 시스템 2판

초판 발행 2024년 12월 20일

지은이 이철희 / **펴낸이** 전태호
펴낸곳 한빛아카데미(주) / **주소** 서울시 서대문구 연희로2길 62 한빛아카데미(주) 2층
전화 02-336-7112 / **팩스** 02-336-7199
등록 2013년 1월 14일 제 2017-000063호 / **ISBN** 979-11-7340-015-5 93560

총괄 박현진 / **책임편집** 김평화 / **기획** · **편집** 심진성
디자인 표지 박정우 내지 박호주 / **전산편집** 라미경 / **제작** 박성우, 김정우
영업 김태진, 김성삼, 이정훈, 임현기, 이성훈, 김주성 / **마케팅** 김호철, 심지연

이 책에 대한 의견이나 오탈자 및 잘못된 내용에 대한 수정 정보는 아래 이메일로 알려주십시오.
파본은 구매처에서 교환하실 수 있습니다. 책값은 뒤표지에 표시되어 있습니다.

홈페이지 www.hanbit.co.kr / 이메일 question@hanbit.co.kr

Published by HANBIT Academy, Inc. Printed in Korea

지은이 머리말

신호 및 시스템의 길을 함께 걷는 어깨동무

이 책은 전기전자/정보통신 관련 학과 2~3학년 학생들이 제어, 신호 처리, 통신을 비롯한 다양한 분야에서 신호와 시스템을 해석하고 설계하는 데 꼭 알아야 할 내용을 빠짐없이 모으고 잘 다듬어 체계적으로 구성했다. 이 책의 목표는 입문자들도 겁먹지 않고 편안하게 학습할 수 있게 하여 신호와 시스템에 대한 능력치를 차근차근 기를 수 있도록 돕는 친절한 길라잡이가 되는 것이다. 그래서 책을 집필하는 동안 지켰던 절대 원칙은 "몸에 좋은 것이라고 억지로 먹이려 하지 말고, 맛있게 먹고 잘 소화할 수 있도록 만들자!"였다. 이를 위해 학생 입장에서 버거울 수 있는 이론은 덜어내고, 주요 개념이 한눈에 보이도록 했다. 또한 간결하게 정리한 핵심을 예제를 통해 잘 익힐 수 있도록 무척 공을 들여 구성했다.

초판을 10년 가까이 사용해보니 다양한 구성 요소를 통해 학습의 편의성과 체계화를 도모한 전반적인 구성 측면에서는 크게 손댈 곳이 없으나, 내용 서술 방식이나 난이도 조절 측면에서는 어느 정도의 보완이 필요함을 절실히 느꼈다. 그래서 현직으로서 끝내야 할 마지막 숙제라는, 일종의 소명 의식을 가지고 2판 작업을 진행하게 되었다. 큰 틀에서 볼 때 초판에서 크게 벗어나지는 않았지만, 군더더기를 좀 더 걷어내고 내용과 서술의 수준이 입문자에게 적합하도록 일부 조정했다. 2판에서는 1.1절과 5.1절에 학습자들의 흥미 유발과 동기 부여를 위해 새로운 포맷으로 대화 형식의 구성을 시도했다. 또한 질과 양적인 측면에서 모두 충실히 보완한 연습문제는 초판과 차별화되는 특장점이라 할 것이다. 책의 흐름을 따라가다 보면 학습이 한결 수월하고 체계적으로 이루어지리라 기대한다.

2판을 퇴임에 맞추어 세상에 내놓을 수 있을 줄 알았는데, 책을 쓰는 일이란 게 늘 시간을 잡아먹는 하마 같아서 계절이 한번 바뀌고서야 나오게 되었다. 비로소 큰 짐을 덜었다는 홀가분한 심정과 독자들의 반응과 평가가 어떨지 하는 설렘에 만감이 교차한다. 아무쪼록 이 책이 여러분에게 '스스로 깨닫는 즐거움'을 선물하여 '신호 및 시스템의 길을 함께 걷는 어깨동무'가 되기를 바란다.

사소한 것 하나도 놓치지 않고 열과 성을 다해 멋진 책이 탄생할 수 있도록 애써주신 심진성 책임을 비롯한 한빛아카데미㈜ 관계자분들께 심심한 감사를 드린다. 이 책이 훨씬 깔끔하고 세련되게 만들어진 것은 다 이들의 노력 덕택이다.

초판과 달리 늘 태산처럼 든든한 버팀목이 되어주셨던 분들이 안타깝게도 이제는 내 곁에 계시지 않아 마음 한구석이 아리다. 그분들의 가르침이라는 그늘이 얼마나 넓었는지 새삼 깨닫고 있다. 작업이 지지부진해 짜증이 늘고 책 쓰기의 무게에 버거워할 때, 무조건의 지지와 사랑으로 항상 포근한 휴식처가 되어준 소중한 내 가족에게 진정한 감사의 마음을 전한다.

2024년 겨울 초입에

지은이 **이철희**

미리보기

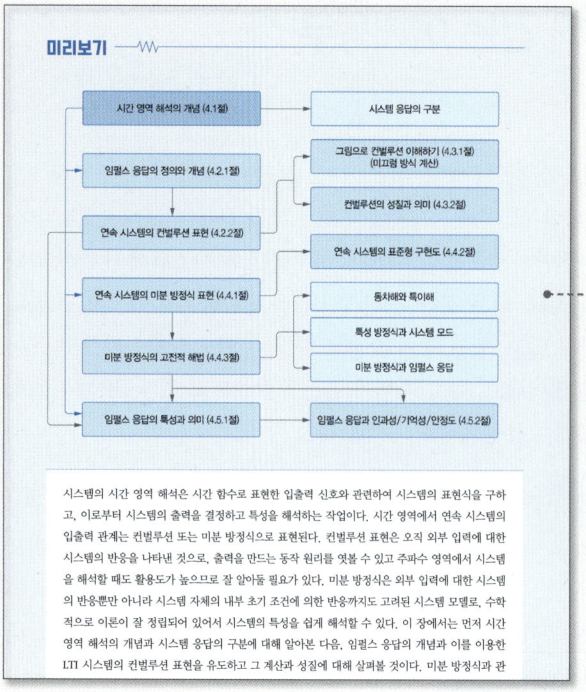
미리보기

시스템의 시간 영역 해석은 시간 함수로 표현한 입출력 신호와 관련하여 시스템의 표현식을 구하고, 이로부터 시스템의 출력을 결정하고 특성을 해석하는 작업이다. 시간 영역에서 연속 시스템의 입출력 관계는 컨벌루션 또는 미분 방정식으로 표현된다. 컨벌루션 표현은 오직 외부 입력에 대한 시스템의 반응을 나타낸 것으로, 출력을 만드는 동작 원리를 엿볼 수 있고 주파수 영역에서 시스템을 해석할 때도 활용도가 높으므로 잘 알아둘 필요가 있다. 미분 방정식은 외부 입력에 대한 시스템의 반응뿐만 아니라 시스템 자체의 내부 초기 조건에 의한 반응까지도 고려된 시스템 모델로, 수학적으로 이론이 잘 정립되어 있어서 시스템의 특성을 쉽게 해석할 수 있다. 이 장에서는 먼저 시간 영역 해석의 개념과 시스템 응답의 구분에 대해 알아본 다음, 임펄스 응답의 개념과 이를 이용한 LTI 시스템의 컨벌루션 표현을 유도하고 그 계산과 성질에 대해 살펴볼 것이다. 미분 방정식과 관

미리보기

해당 장에서 학습해야 할 내용의 흐름과
각 절의 연계성을 한눈에 보여줍니다.
또한 해당 장의 전체적인 개요를 설명합니다.

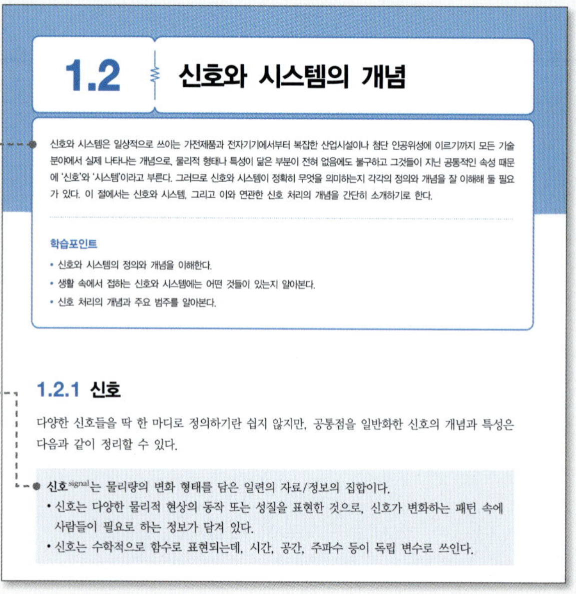
1.2 신호와 시스템의 개념

신호와 시스템은 일상적으로 쓰이는 가전제품과 전자기기에서부터 복잡한 산업시설이나 첨단 인공위성에 이르기까지 모든 기술 분야에서 실제 나타나는 개념으로, 물리적 형태나 특성이 닮은 부분이 전혀 없음에도 불구하고 그것들이 지닌 공통적인 속성 때문에 '신호'와 '시스템'이라고 부른다. 그러므로 신호와 시스템이 정확히 무엇을 의미하는지 각각의 정의와 개념을 잘 이해해 둘 필요가 있다. 이 절에서는 신호와 시스템, 그리고 이와 연관한 신호 처리의 개념을 간단히 소개하기로 한다.

학습포인트
- 신호와 시스템의 정의와 개념을 이해한다.
- 생활 속에서 접하는 신호와 시스템에는 어떤 것들이 있는지 알아본다.
- 신호 처리의 개념과 주요 범주를 알아본다.

1.2.1 신호

다양한 신호들을 딱 한 마디로 정의하기란 쉽지 않지만, 공통점을 일반화한 신호의 개념과 특성은 다음과 같이 정리할 수 있다.

신호[signal]는 물리량의 변화 형태를 담은 일련의 자료/정보의 집합이다.
- 신호는 다양한 물리적 현상의 동작 또는 성질을 표현한 것으로, 신호가 변화하는 패턴 속에 사람들이 필요로 하는 정보가 담겨 있다.
- 신호는 수학적으로 함수로 표현되는데, 시간, 공간, 주파수 등이 독립 변수로 쓰인다.

도입글 / 학습포인트

해당 절에서 반드시 알아야 하는 내용을
소개합니다.

개념 박스

본문 내용 중 핵심이 되는 개념과 수식을
보여줍니다.

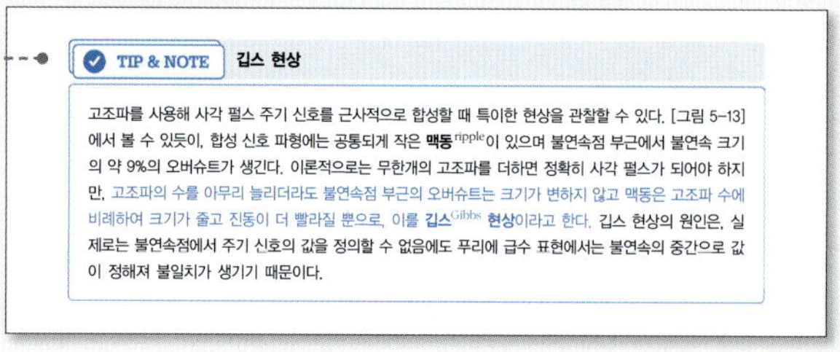
TIP & NOTE 깁스 현상

고조파를 사용해 사각 펄스 주기 신호를 근사적으로 합성할 때 특이한 현상을 관찰할 수 있다. [그림 5-13]에서 볼 수 있듯이, 합성 신호 파형에는 공통되게 작은 **맥동**[ripple]이 있으며 불연속점 부근에서 불연속 크기의 약 9%의 오버슈트가 생긴다. 이론적으로는 무한개의 고조파를 더하면 정확히 사각 펄스가 되어야 하지만, 고조파의 수를 아무리 늘리더라도 불연속점 부근의 오버슈트는 크기가 변하지 않고 맥동은 고조파 수에 비례하여 크기가 줄고 진동이 더 빨라질 뿐으로, 이를 **깁스**[Gibbs] **현상**이라고 한다. 깁스 현상의 원인은, 실제로는 불연속점에서 주기 신호의 값을 정의할 수 없음에도 푸리에 급수 표현에서는 불연속의 중간으로 값이 정해져 불일치가 생기기 때문이다.

TIP & NOTE

본문을 이해하는 데 도움이 되는 참고 내용을
설명합니다.

예제 1-2 **정현파의 진폭, 주기, 주파수, 위상**

[그림 1-16]의 코사인 정현파 신호에 대해 진폭, 주기, 주파수, 위상을 구하라.

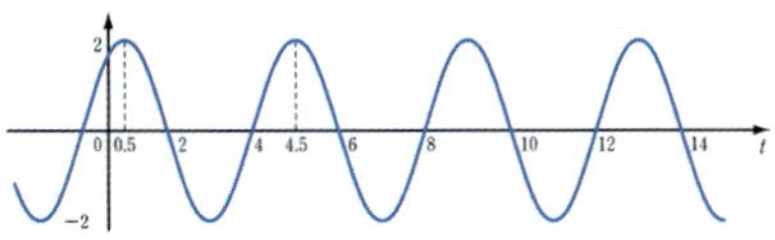

그림 1-16 [예제 1-2]의 정현파 신호

풀이

그림에서 보면, 정현파가 2와 -2 사이를 진동하므로 진폭 $A=2$이다. 그리고 4초마다 기본 파형이 반복되므로 주기 $T=4$[초]이다. 또한 주파수는 식 (1.8)에서 주기의 역수이므로 $f=0.25$[Hz], 각주파수로 나타내면 $\omega=2\pi\times0.25=\frac{\pi}{2}$[rad/sec]이다. 마지막으로 위상은 원점에서 제일 가까운 코사인파의 꼭짓점이 $t_1=0.5$[초]에서 처음으로 발생하므로 뒤진 위상이 되며, 다음과 같이 식 (1.12)에 의해 각으로 환산하여 얻을 수 있다.

$$\phi=-\frac{t_1}{T}\times2\pi=-\frac{0.5}{4}\times2\pi=-\frac{\pi}{4}$$

예제 / 풀이

본문에서 다룬 개념을 적용한 문제와
그에 대한 상세한 풀이를 제시합니다.

CHAPTER 02 연습문제

Quick Review

다음 문제에서 옳은 것을 골라라.

01 디지털 신호는 (시간, 크기, 주파수)가 모두 (연속, 이산)적인 값을 갖는 신호이다.

02 $t\geq0$에서 존재하는 정현파는 비주기 신호이다. (O, X)

03 이산 주기 신호의 주기는 반드시 (정수, 유리수, 실수)이다.

04 주기 6과 8인 주기 신호의 합으로 표현되는 신호의 주기는 (6, 8, 24, 없음)이다.

Quick Review

해당 장에서 학습한 주요 내용을
간단한 질문을 통해 빠르게 점검합니다.

기초 문제

본문에서 다룬 가장 기본적이고 중요한 개념을
문제를 통해 확인합니다.

기초 문제

2.1 다음의 신호들은 어떠한 성질을 갖는 신호들인지 [보기] 중에서 고르고, 근거를 밝혀라.

보기	㉮ 아날로그 신호	㉯ 디지털 신호	㉰ 주기 신호	㉱ 기대칭 신호
	㉲ 우대칭 신호	㉳ 불규칙 신호	㉴ 전력 신호	㉵ 에너지 신호

(a) $x[n]=\cos(\pi n)+\cos\left(\frac{2\pi}{3}n\right)$

(b) 동전 100번 던지기 결과 (앞면 = 1, 뒷면 = −1)

(c) $x(t)=e^{-|t|}\sin(120\pi t)$

(d) $x(t)=[t]$ ($[t]$는 t에 가장 가까운 정수를 취하는 연산)

응용 문제

한 단계 심화된 문제를 통해 실력을 더욱 탄탄히
다집니다.

응용 문제

2.11 다음의 연속 신호가 주기 신호인지 판별하라. 만약 주기 신호라면 주기를 구하라.

(a) $x(t)=\cos\left(2t-\frac{1}{\pi}\right)$ (b) $x(t)=\cos(\pi t)+3e^{-j2\pi t}$

(c) $x(t)=e^{-2t}\cos(2\pi t)$ (d) $x(t)=\sin(4\pi t)\cos(2\pi t)$

2.12 다음의 이산 신호가 주기 신호인지 판별하라. 만약 주기 신호라면 주기를 구하라.

(a) $x[n]=\cos\left(\frac{3\pi n^2}{2}+\pi\right)$ (b) $x[n]=\cos\left(\frac{\pi}{5}n+\pi\right)+\sin\left(\frac{\pi}{10}n-\pi\right)$

(c) $x[n]=e^{j\frac{\pi}{2}n}\cos\left(\frac{\pi}{4}n\right)$ (d) $x[n]=\cos\left(\frac{1}{2}n\right)+\sin\left(\frac{1}{3}n\right)$

강의 보조 자료 및 참고 문헌

■ 강의 보조 자료

한빛아카데미 홈페이지에서 '교수회원'으로 가입하신 분은 인증 후 교수용 강의 보조 자료를 제공받을 수 있습니다. 한빛아카데미 홈페이지 상단의 〈교수전용공간〉 메뉴를 클릭하세요.

http://www.hanbit.co.kr/academy

■ 온라인 자료 안내

이 책의 〈연습문제 답안〉은 다음 경로에서 다운로드할 수 있습니다.

한빛아카데미 홈페이지 접속 → [도서명] 검색 → 도서 상세 페이지의 [부록/예제소스]

■ 참고 문헌

1. Ashok Ambarda, 『Digital Signal Processing : A Modern Introduction』, Thomson, 2007
2. Leslie Balmer, 『Signals and Systems : An Introduction, 2nd ed.』, Prentice Hall, 1997
3. Benoit Boulet, Leo Chartrand, 『Fundamentals of Signals and Systems』, Cengage Learning, 2006
4. Gordon E. Carlson, 『Signal and Linear System Analysis, 2nd ed.』, John Willy & Sons, 1998
5. Bernd Girod, Rudolf Rabenstein, Alexander Stenger, 『Signals and Systems』, Wiley, 2001
6. Simon Haykin, Barry Van Veen, 『Signals and Systems, 2nd ed.』, John Willy & Sons, 2002
7. Hwei P. Hsu, 『Signals and Systems』, Schaums' Outline Series, McGraw Hill, 1995
8. Edward W. Kamen, Bonnie S. Heck, 『Fundamentals of Signals and Systems Using MATLAB, 2nd ed.』, Prentice Hall, 1997
9. B.P. Lathi, 『Linear Systems and Signals』, Berkeley–Cambridge Press, 1992
10. James H. McClellan, Ronald W. Schafer, Mark A. Yoder, 『Signal Processing First』, Prentice Hall, 2003
11. Alan V. Oppenheim, and Alan S. Willsky, 『Signals and Systems, 2nd ed.』, Prentice Hall, 1996
12. Charles L. Phillips, John M. Parr, 『Signals, Systems, and Transforms』, Prentice Hall, 1995
13. John G. Proakis, Dimitris G. Manolakis, 『Introduction to Digital Signal Processing, 3rd ed.』, Prentice Hall, 1996
14. Michale J. Robert, 『Signal and Systems』, McGraw Hill, 2003
15. Samir S. Soliman, Mandyam D. Srinath, 『Continuous and Discrete Signals and Systems, 2nd ed.』, Prentice Hall, 1998
16. 강철호, 유지상, 박호종, 『신호 및 시스템』, 생능출판사, 2002
17. 김진영, 『MATLAB을 이용한 신호 및 시스템』, GS인터비전, 2009
18. 신윤기, 『신호 그리고 시스템』, 교보문고, 2009
19. 양원영, 장태규 외, 『Signals and Systems with MATLAB』, 홍릉과학출판사, 2007
20. 이철희, 『신호 및 시스템』, 다성출판사, 2001
21. 장영범, 『신호 및 시스템』, 생능출판사, 2010
22. 최태영, 나상신, 『신호와 시스템』, 대영사, 2000
23. 황재호, 『아카데미 신호와 시스템』, 교우사, 2001
24. 김명진, 『MATLAB 실습과 함께 배우는 신호와 시스템』, 생능출판사, 2014
25. 이철희, 『디지털 신호 처리(2판)』, 한빛아카데미, 2022
26. 이철희, 『핵심이 보이는 신호 및 시스템(2판)』, 한빛아카데미, 2023

목차

CHAPTER 03

기본적인 연속 신호와 연산

CHAPTER 04

연속 시스템의 시간 영역 해석

CHAPTER 05 연속 시간 푸리에 급수

CHAPTER 06 연속 시간 푸리에 변환

CHAPTER 07 라플라스 변환

CHAPTER 08 기본적인 이산 신호와 연산

CHAPTER 09

이산 시스템의 시간 영역 해석

CHAPTER 10

이산 시간 푸리에 급수

CHAPTER 11 이산 시간 푸리에 변환

CHAPTER 12 z 변환

CHAPTER 01

신호와 시스템의 개요

Introduction to Signals and Systems

학습목표

- 신호와 시스템의 개념을 이해할 수 있다.
- 신호와 시스템의 시각적 표현 방법을 이해할 수 있다.
- 신호와 시스템의 수학적 모형에 대해 이해할 수 있다.
- 연속 신호와 이산 신호의 차이를 이해할 수 있다.
- 정현파의 진폭, 위상, 주기, 주파수를 확실하게 익힐 수 있다.
- 신호의 에너지와 전력, 실횻값에 대해 이해할 수 있다.

미리보기

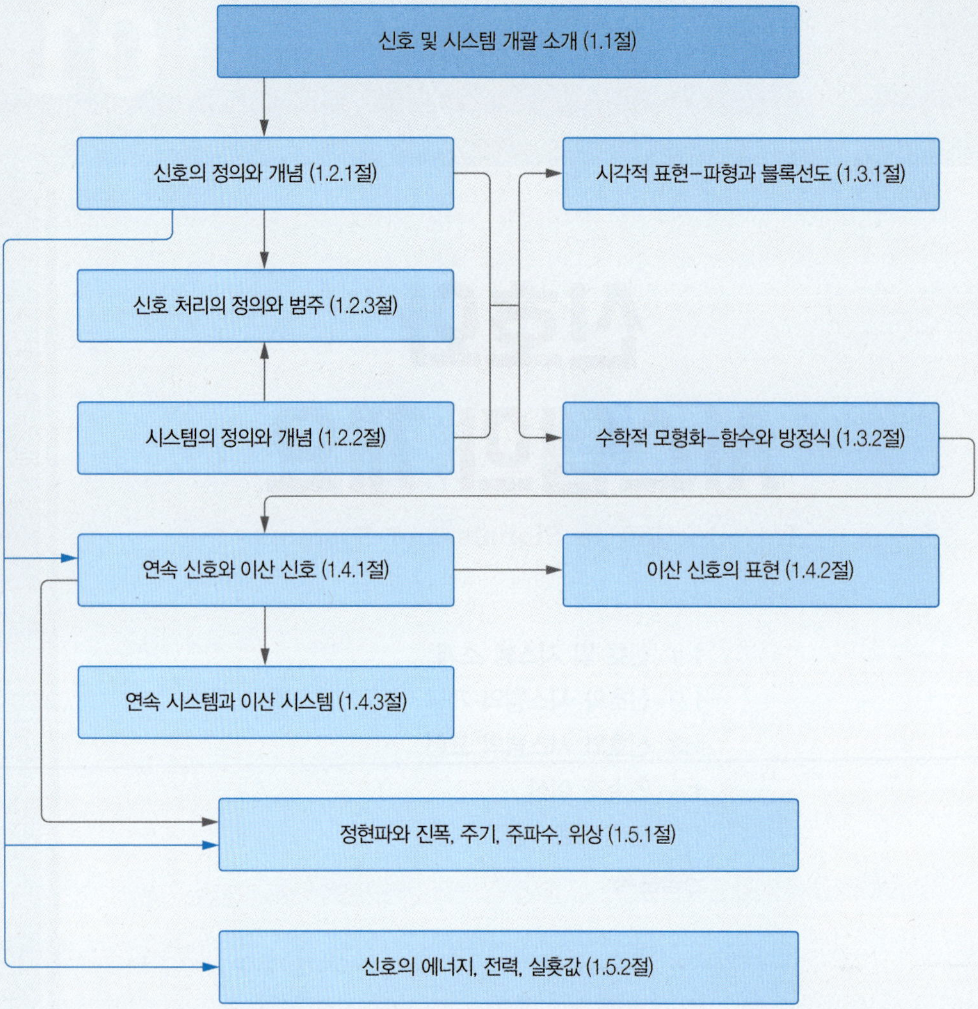

신호와 시스템은 일상생활에서부터 첨단 산업에 이르기까지 언제 어디서나 만나고 활용되는 개념이다. 신호와 시스템은 서로 불가분의 관계이므로 둘 사이에 공유되는 이론적 토대와 분석 방법을 제공하는 것이 이 책의 목적이다. 물리적인 형태나 특성이 제각각으로 다양한 수많은 신호와 시스템을 모두 아울러 통일된 틀 안에서 체계적으로 나타내고 다룰 수 있도록 하려면, 우선 그들의 본질을 파악하고 공통된 특징을 추려내서 간결하게 표현하는 일에서부터 출발해야 한다. 이 장에서는 제일 먼저 이 책에서 다루게 될 '신호 및 시스템'에 대한 전체 얼개를 소개한다. 신호와 시스템에 대한 본격적인 이론 전개에 앞서, 신호와 시스템의 개념 정의와 간단한 예들을 소개하고, 이들의 표현 방법, 그리고 미리 알아두어야 할 기초 예비 지식에 대해서 간략히 살펴보기로 한다.

1.1 신호 및 시스템 소개

궁금이와 박사님의 '신호 및 시스템' 길라잡이

궁금이: 박사님! 신호와 시스템이 무얼 가리키는 거예요?

박사님: 우리가 매일 접하고 사용하는 모든 게 신호와 시스템이야. 음악을 듣고, TV를 보고, 핸드폰으로 문자를 주고받고, 컴퓨터로 인터넷에서 주식 가격을 확인하기도 하고... 이때 음악 소리, TV 영상, 핸드폰 문자, 주식 가격은 **신호**이고, 오디오, TV, 핸드폰, 컴퓨터는 **시스템**이란다. 이것들은 물리적 형태나 특성이 다 달라서 닮은 구석이 전혀 없지만 똑같이 신호와 시스템이라고 부른단다.

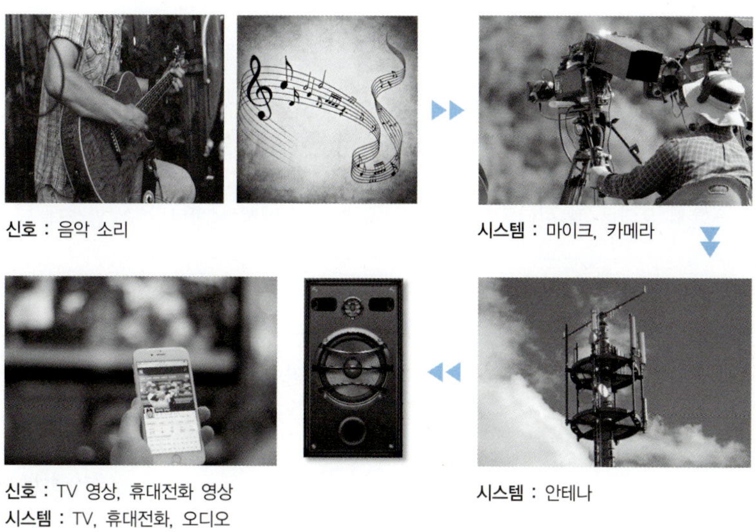

그림 1-1 일상생활에서 접하는 신호와 시스템의 예

궁금이

특별한 어느 하나를 가리키는 것도 아니고... 너무 어려워요. 그러면 도대체 신호와 시스템이 정확히 뭐란 말이에요?

박사님

잘 생각해보렴. 이들의 공통점이 뭘까? 음악 소리, TV 영상, 핸드폰 문자, 주식 가격은 네가 원하는 **정보**를 담고 있지? 오디오, TV, 핸드폰, 컴퓨터는 그런 정보를 딱 네 입맛에 맞게 만들어 제공해주고. 그런 점에서는 같지 않겠니?

궁금이

음~ 알 것도 같네요. 그런데 왜 늘 신호와 시스템을 같이 묶어서 얘기하나요?

박사님

바늘 가는 데 실 따라간다는 속담이 있지? 그 말처럼 신호와 시스템은 따로 떼어서 생각할 수가 없거든. 신호는 홀로 스스로 생길 수가 없어. 시스템이 있어야만 만들어지지. 시스템 또한 신호를 만들어내지 않는다면 굳이 있을 필요가 없지.

궁금이

그렇군요! 궁금한 게 또 있는데요, 어차피 여러 과목에서 신호와 시스템을 필요에 맞게 배우잖아요? 굳이 별도의 과목으로 배울 필요가 있나요?

박사님

집을 지을 때 기초 공사를 하지? 집 모양과 쓰임새가 제각각 달라도 기초 공사를 제대로 하지 않으면 튼튼하게 잘 지을 수 있겠니? **'신호 및 시스템'**은 그런 기초 공사와 같단다. 세상의 수많은 신호와 시스템들을 능숙하게 다룰 수 있는 공통의 토대를 잘 길러두면 각각의 응용에 가서 쌩쌩 날아다닐 수 있겠지.

궁금이

하지만 겉보기엔 너무 다른데, 어떻게 공통점을 찾아내 능숙하게 다룰 수 있죠?

박사님

그게 바로 '신호 및 시스템'의 핵심이란다. 실로 다양한 신호와 시스템을 통일성 있게 체계적으로 다루려면 어쩔 수 없이 수학의 힘을 빌려서 그 본질을 간결하게 나타내고 특성을 살펴볼 수밖에 없단다. 수학은 과학을 위한 만국 공통의 아름다운 언어라고 하지 않니? 그래서 너도 초등학교부터 지금까지 배워왔고.

궁금이

으악! 수학이라고요? 생각만 해도 골치가 아픈데... 다른 방법은 없나요?

박사님

요리사가 조리 도구를 잘 다루지 못하면 맛있는 요리를 못 만들겠지? 수학은 어디까지나 조리 도구와 같은 수단일 뿐이야. 수학 박사가 되어야 하는 건 아니니 안심해라. 필요한 몇 가지만 잘할 줄 알면 전혀 겁낼 게 없단다.

궁금이

박사님 말씀을 들으니 안심이 되네요. 그래도 역시 조금 걱정돼요.

박사님

시작이 반이라는 말이 있지 않니? 우선 네가 궁금해한 것처럼 신호와 시스템이 무엇인지, 어떻게 나타낼 수 있는지와 같이 가장 쉬운 기초 개념부터 차곡차곡 살펴보자꾸나. 너도 재미있을 거야. 나중에 더하자고 떼쓰지 마라.

'신호 및 시스템'에서 하는 일과 방법

궁금이

신호 및 시스템에 관해 주로 하는 일들은 무엇인가요?

박사님

크게 보아 **해석**과 **설계**로 나눌 수 있단다. 예를 들어 전기회로에 인가되는 전압에 대해 각 회로소자의 전압, 전류 분포가 어떻게 되는지를 알아내는 것은 **해석**에 해당하고, 음성 신호에 섞인 잡음을 제거하거나 렌즈에 묻은 손자국으로 손상된 영상을 깨끗하게 복원하는 특별한 필터를 개발하는 것은 **설계**에 해당하지.

궁금이

운동을 할 때에도 먼저 가볍게 스트레칭을 하잖아요? 아무런 사전 준비 없이 바로 신호 및 시스템의 해석과 설계가 가능한가요?

박사님

아니란다. 해석이든 설계든 간에 그에 앞서 대상의 본질을 파악하고 공통된 특징을 추려내어 알기 쉬우면서도 간단명료하게 나타내는 **모형화**라는 작업이 이루어져야 해. 모형화는 아까 말했듯이 통상 수학의 힘을 빌리는데, 다양한 동물들의 뼈대를 추려 그 구조를 그림으로 나타내는 것과 유사하다고도 볼 수 있지.

박사님: 이렇게 신호와 시스템의 수학적 모형이 구해지면, 용광로 온도, 자동차 속도, 전기회로의 전압 전류, 진자의 위치 등 물리적인 형태와 특성이 전혀 다른 신호와 (이의 발생) 시스템이라 할지라도 같은 틀 아래서 정량적인 분석과 이론적인 취급이 가능해지는 거란다.

궁금이: 신호 및 시스템의 해석과 설계만으로도 할 게 많고 벅찬데, 거기에다 모형화까지 하려면 아예 시작할 엄두가 나지 않아요. 좀 줄여 주시면 안 될까요?

박사님: 지레 겁먹을 필요는 없어. 우리는 주로 수학적 모형화 이후의 작업, 특히 해석에 초점을 맞추어 중점적으로 다룰 예정이란다. 모형화는 대상에 대한 이해와 연계 지식이 필요해서 각 응용 분야에서 이루어지는 것이 일반적이거든. 마찬가지로 설계도 목적과 용도에 따라 적합한 방법을 적용하는 것이 바람직해. 필터는 신호처리, 제어기는 제어 공학과 같이 각 응용 분야에서 맞춤으로 배우게 될 거야. 이제 안심이 되니?

궁금이: 휴, 정말 다행이에요. 신호와 시스템의 수학적 모형은 주어진다고 보고 해석에 집중하면 되는 거네요. 그런데 수학적 모형은 어떤 형태로 주어지는지 궁금해요.

박사님: 신호와 시스템은 수학적으로 보통 시간이나 주파수를 변수로 하는 함수와 방정식으로 표현된단다. 시간이 변수이면 **시간 영역** 표현, 주파수가 변수이면 **주파수 영역** 표현이라고 해. 시간 영역 표현과 주파수 영역 표현은 학생들을 이름 말고 학번으로 나타내기도 하는 것처럼, 표현만 달라질 뿐이지 결코 신호와 시스템 그 자체가 바뀌는 것은 아니란다. 어떤 특성들은 시간 영역에서 쉽게 파악되는가 하면, 주파수 영역에서 더 잘 볼 수 있는 것들도 있어서 두 가지 표현 모두 익숙해져야 한단다!

궁금이: 배울 게 줄어들었나 했더니 그것도 아니네요. 두 가지 표현을 구하고 해석하는 방법은 같은가요? 그럼 훨씬 수월할 텐데...

박사님: 애석하지만 그렇지가 않단다. 시간 영역 표현은 일반적으로 실험과 관측을 통해 얻을 수 있지만, 주파수 영역 표현은 시간 영역 표현에 대해 **변환**이라는 과정을 거쳐야만 얻을 수 있단다.

박사님

변환은 시간 영역과 주파수 영역을 이어주는 다리와도 같아. 신호 및 시스템과 관련해 반드시 알아두어야 할 변환으로는 푸리에 급수/변환, 라플라스 변환, z 변환이 있단다. 이들은 개념적 바탕과 구조는 같지만, 수학적 표현과 취급, 그리고 활용 등에서 조금씩 달라. 변환을 능숙하게 사용하려면 미적분과 급수 계산을 잘할 수 있어야 한단다. '신호 및 시스템'을 힘들게 생각하는 가장 큰 이유는 변환에 필요한 수학 계산에서 어려움을 느끼기 때문인데, 변환은 이 책의 절반 이상이 그와 관련된 것일 만큼 '신호 및 시스템'에서 중요한 주제이니 잘 익혀두어야 한다.

궁금이

박사님 설명을 알 것도 같은데, 컴퓨터 프로그램 흐름도처럼 한눈에 확 들어오면 쏙쏙 이해될 것 같아요.

박사님

알았다. 그 녀석 주문도 많구나. 지금까지 설명한 걸 이해하기 쉽게 간략한 그림으로 나타냈단다. 이 그림을 보면서 '신호 및 시스템'에서 어떤 문제들을 어떤 흐름으로 다루는지 한눈에 파악해보렴.

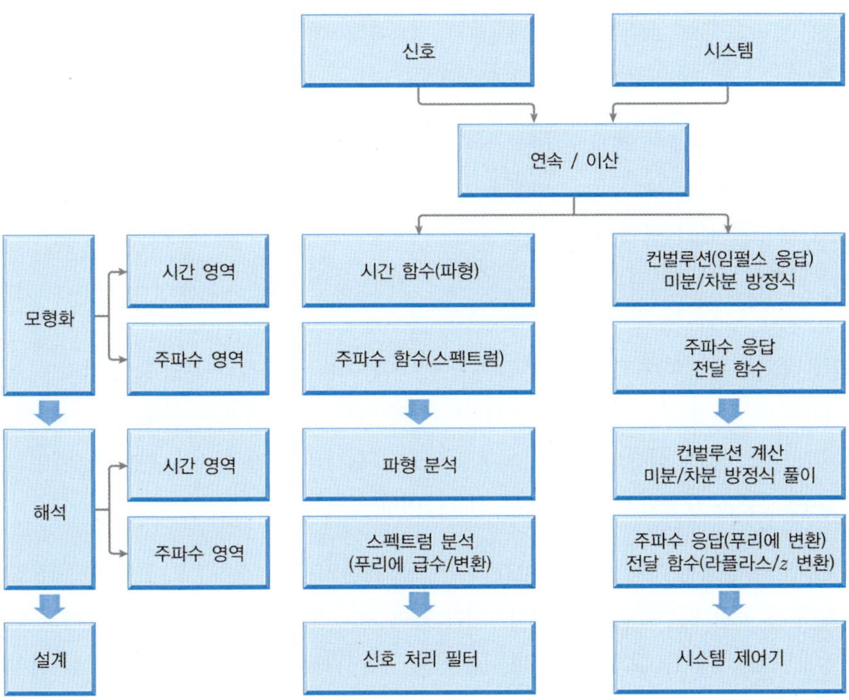

그림 1-2 신호와 시스템의 취급 흐름도

1.2 신호와 시스템의 개념

신호와 시스템은 일상적으로 쓰이는 가전제품과 전자기기에서부터 복잡한 산업시설이나 첨단 인공위성에 이르기까지 모든 기술 분야에서 실제 나타나는 개념으로, 물리적 형태나 특성이 닮은 부분이 전혀 없음에도 불구하고 그것들이 지닌 공통적인 속성 때문에 '신호'와 '시스템'이라고 부른다. 그러므로 신호와 시스템이 정확히 무엇을 의미하는지 각각의 정의와 개념을 잘 이해해 둘 필요가 있다. 이 절에서는 신호와 시스템, 그리고 이와 연관한 신호 처리의 개념을 간단히 소개하기로 한다.

학습포인트

- 신호와 시스템의 정의와 개념을 이해한다.
- 생활 속에서 접하는 신호와 시스템에는 어떤 것들이 있는지 알아본다.
- 신호 처리의 개념과 주요 범주를 알아본다.

1.2.1 신호

다양한 신호들을 딱 한 마디로 정의하기란 쉽지 않지만, 공통점을 일반화한 신호의 개념과 특성은 다음과 같이 정리할 수 있다.

신호signal는 물리량의 변화 형태를 담은 일련의 자료/정보의 집합이다.

- 신호는 다양한 물리적 현상의 동작 또는 성질을 표현한 것으로, 신호가 변화하는 패턴 속에 사람들이 필요로 하는 정보가 담겨 있다.
- 신호는 수학적으로 함수로 표현되는데, 시간, 공간, 주파수 등이 독립 변수로 쓰인다.

음성이나 음악과 같은 음향, 사진이나 TV 화면과 같은 영상, 자동차나 지하철의 속도 등이 바로 신호이며, [그림 1-3]에 나타낸 일별 평균 기온이나 전기회로의 전압(또는 전류) 또한 신호의 한 예이다. 그 외에도 TV/라디오 방송 전파, 심전도(ECG), 뇌전도(EEG), 회사의 월별/분기별 판매량, 매일의 주식 가격, 월별 강수량 등은 생활에서 흔히 보는 신호들이다.

우리에게 익숙한 대부분의 신호는 독립 변수가 시간인 함수로 표현되지만, 전하밀도나 영상 등과 같은 신호들은 공간 변수를 독립 변수로 갖기도 한다. 예를 들어 정지 영상은 평면 좌표($x-y$축) 상의 위치 $(x_0,\ y_0)$에서의 밝기(색상)를 값으로 가지며, 동영상은 시시각각 그 값이 변하므로 공간 변수와 시간 변수를 함께 독립 변수로 가지게 된다. 이 책에서는 기본적으로 시간의 함수로서 신호를 다루게 될 것이다.

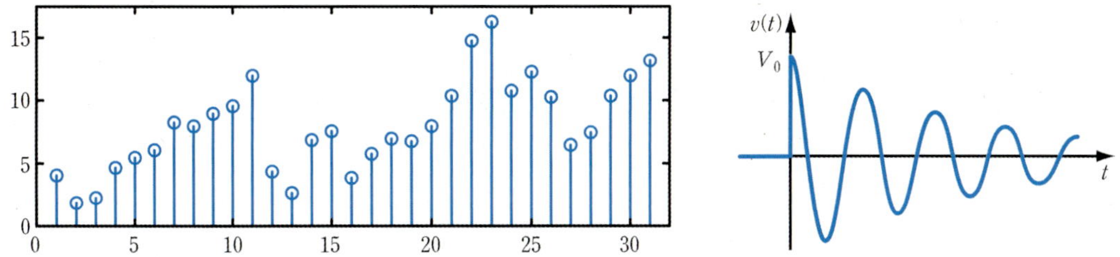

(a) 춘천의 평균 기온(2023년 3월) (b) RLC 병렬회로의 전압

그림 1-3 **신호의 예**

신호가 중요한 까닭은 정보나 의사를 전달할 수 있는 수단이기 때문이다. 예를 들어 일기 예보는 지역별로 기온, 풍속, 강우량 등을 상세하게 알려주는데, 이와 같은 날씨 정보는 '사람들이 주말에 바닷가나 산으로 놀러 갈 것인지'에서부터 '기업이 청량음료나 아이스크림의 생산량을 늘릴 것인지 줄일 것인지' 등의 결정을 내리는 데 중요한 근거로 작용한다. 또 다른 예로, 병원에 가서 검진받을 때 체온, 혈압, 맥박, 심전도 등을 측정하여 건강 상태를 확인하고 질병을 찾아내거나 예방할 수 있다. 다시 말해, 신호의 관측과 분석을 통해 더 합리적인 판단과 행동이 가능해지고 대상을 효율적으로 통제(제어)할 수 있게 되는 것이다.

TIP & NOTE **음성 신호**

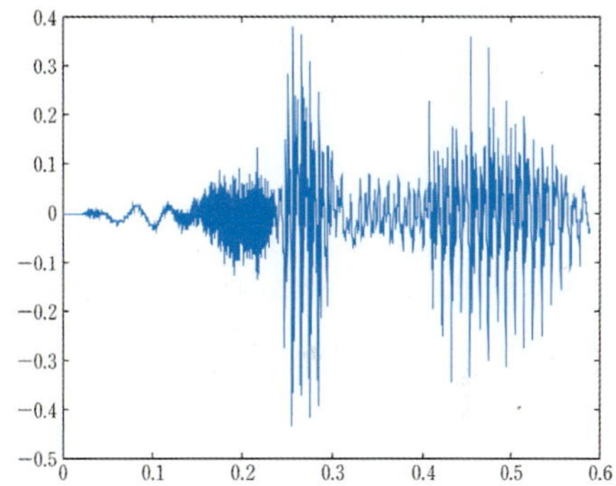

다음 그림은 영어 단어 'signal'을 성인 남성이 발음한 음성 파형이다. 음성의 발생 원리는 다음과 같다. 먼저 성대의 진동이 주변의 공기를 압축 또는 희박하게 만드는 요동을 일으켜 음파의 형태로 방사하게 되는데, 이것이 성문glottis에서 시작해서 입술까지 이르는 성도vocal tract를 통해 이동하여 입 밖으로 나오면서 공기 중에 파동을 발생시키는 것이다. 영어의 알파벳은 유성음과 무성음으로 나눌 수 있는데, 유성음은 성대가 느슨하게 진동하여 만들어지는 소리이고 무성음은 성대가 살짝 열린 상태에서 성도가 협착되며 지속적으로 공기를 밀어내는 마찰음이다. 'signal'의 /i/, /a/와 같은 모음은 유성음으로, 기압의 변화가 준 주기성을 띠며 상대적으로 낮은 주파수와 큰 진폭의 특성을 보인다. 이에 반해 /s/와 같은 무성음은 기압의 변화가 임의적이며 상대적으로 높은 주파수와 작은 진폭의 특성을 가진다. 이러한 사실은 그림의 파형에서도 확인할 수 있다.

위치, 온도, 속도, 힘, 빛의 세기 등과 같은 물리적 신호들을 전기 신호로 변환하면 편리하다. 왜냐하면, 전기 신호는 측정이 쉽고 간단하게 표현할 수 있을 뿐만 아니라 전기전자회로나 컴퓨터 등을 통해 다양한 처리가 가능하기 때문이다. 또한 최근에는 디지털 기술과 소자의 비약적인 발전에 힘입어 신호를 디지털로 변환하여 처리하는 것이 추세가 되고 있다.

1.2.2 시스템

신호를 매개체로 해서 정보를 전달하거나 이용하려면, 필요한 신호를 만들어내거나 신호로부터 원하는 정보를 뽑아내야 하는데 시스템이 그 역할을 담당한다. 즉 시스템은 바라는 목적을 달성하는 데 필요한 기기device, 공정process, 알고리즘algorithm 등의 각종 구성 요소component가 하나로 묶인 집합체이다.

시스템system은 특정한 목적에 맞도록 주어진 신호를 조작하고 처리하는 장치이다.
- 시스템은 들어오는 신호(입력)에 대한 반응으로 다른 신호(출력)를 만들어낸다.
- 시스템은 입력, 출력, 그리고 동작 규칙에 의해 명확하게 규정되며, 수학적으로 하나 또는 여러 개의 방정식으로 표현된다.

예를 들어 [그림 1-4(a)]의 전기회로는 저항, 인덕터, 커패시터로 이루어져 입력 전류에 따라 단자 전압을 출력으로 낸다. [그림 1-4(b)]의 자동차는 차체, 엔진, 바퀴, 가속기, 브레이크, 변속기, 핸들 등으로 이루어져 있으며, 핸들과 가속기를 이용하여 차의 진행 방향과 주행 속도를 조절한다. 핸들 각과 가속기 페달 각은 입력 신호에 해당하고 차의 진행 방향과 주행 속도는 출력 신호가 된다.

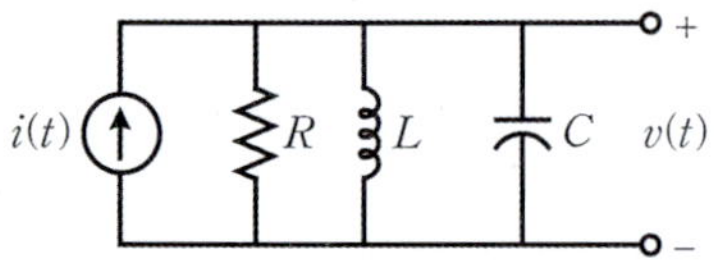

(a) RLC 병렬회로

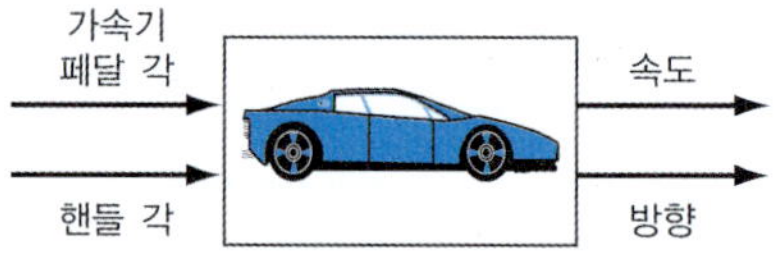

(b) 자동차

그림 1-4 시스템의 예

이외에 공학에서 주로 다루어지는 시스템의 예로 전기전자회로, 음향/영상 장비, 비행기/배 등의 운송 장치, 통신 장비, 생산 설비 등을 들 수 있으며, 주식시장이나 인체와 같은 생체도 시스템의 좋은 예가 된다. 한편 경제 시스템과 같이 눈에 보이는 물리적인 실체가 없더라도 시스템이 될 수 있다.

시스템은 전기전자회로나 기계 장치와 같이 물리적으로 존재하는 요소(하드웨어)만으로 구성될 수도 있고, 시스템의 기능을 알고리즘화하여 컴퓨터 프로그램(소프트웨어)으로 구현할 수도 있다. 또한 하드웨어와 소프트웨어를 결합한 형태로 구현되기도 한다. 한 예로 오디오 시스템에 달린 등화기equalizer의 경우, 예전에는 IC와 전기전자 부품들을 사용하여 만들어진 복잡한 회로였으나, 최근에는 알고리즘이 들어 있는 전용 칩 하나로 대체되는 경우가 일반적이다. 이것들은 클래식, 록 등 음악의 종류나 콘서트홀, 스타디움 등 장소 유형에 맞추어 적절한 음향 효과를 재현할 수 있게 미리 프로그램화하여 간단한 버튼 조작으로 선택할 수 있게 되어 있는데, 이런 기능은 하드웨어만으로는 제공할 수 없다. 그뿐만 아니라 소프트웨어를 시스템 구성에 활용하면, 프로그램의 수정, 변경, 교체만으로 기능 추가 및 전환, 성능 개선과 조정 등을 손쉽게 해결할 수 있는 이점도 생긴다.

1.2.3 신호 처리

신호에는 보통 유용한 정보와 불필요한 정보가 섞여 있다. 그러므로 신호에서 유용한 정보만 뽑아내거나 목적과 용도에 맞게 가공, 개선하기 위해서는 의도적이고 계획된 조작이 필요한데, 이를 **신호 처리**signal processing라고 한다. 신호 처리는 시스템에 의해 이루어지며, 일반적으로 **해석**analysis, **합성**synthesis, **변환**transduce, **필터링**filtering 등의 작업을 수행하게 된다. 대부분의 실제 응용에서 신호 처리는 다양한 기술과 시스템이 복합된 작업이다.

[그림 1-5]는 신호 처리에서 실제 어떤 일이 일어나는지 이해하고 신호 처리의 유형을 이해할 수 있도록 '알리바바와 40인의 도둑' 이야기에서 "열려라 참깨"라는 암호로 동굴 문을 여는 장면을 현대판 보안 시스템으로 바꾸어 나타낸 것이다. 일반적으로 해결해야 할 문제에 따라 [그림 1-5]의 작업 중에서 필요한 것들을 골라 순서도 다르게 재조합하여 신호를 처리하게 된다.

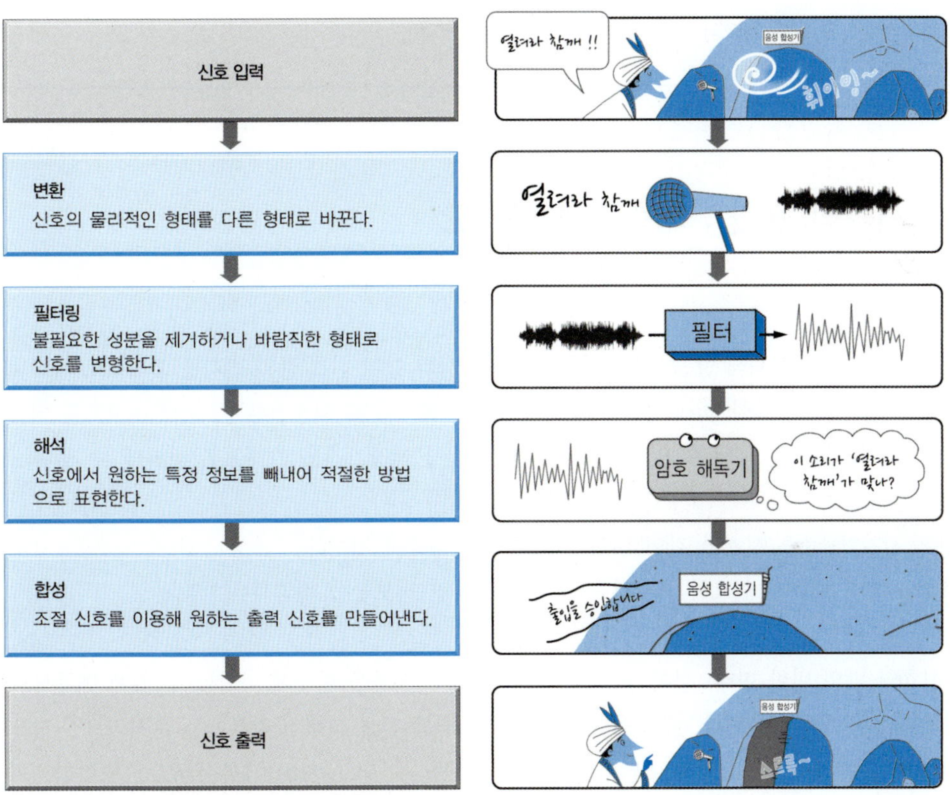

그림 1-5 '알리바바와 40인의 도둑'의 현대판 보안 시스템의 신호 처리

1.3 신호와 시스템의 표현

신호와 시스템을 다룰 때 우선 해야 할 일은 이들을 명확하고 알기 쉽게 나타내는 것이다. 신호와 시스템의 표현 방법으로는 직관적이고 전체적인 이해를 쉽게 해주는 시각적 표현과 논리적으로 접근하고 분석할 수 있게 해주는 수학적(이론적) 표현이 있다. 이 절에서는 이 두 가지 표현 방법에 대해 간단히 살펴보기로 한다.

학습포인트

- 신호의 파형 개념을 확실히 해둔다.
- 블록선도의 개념과 쓰임을 파악한다.
- 블록선도의 연결 방법에 대해 알아본다. 특히 궤환 개념을 이해한다.
- 신호와 시스템의 시간 영역 표현과 주파수 영역 표현 개념을 이해한다.

1.3.1 시각적 표현 : 파형과 블록선도

신호의 파형

신호의 특성을 알아보기 위해 할 수 있는 일은 [그림 1-3]과 같이 신호 값의 변화를 그래프로 나타내는 것으로, 이를 신호의 파형이라고 한다. 예를 들어 전기회로에 흐르는 전류는 오실로스코프를 이용하여 연속적으로 값을 표시할 수 있고, 주식 가격은 매일 폐장가격을 그래프로 나타낼 수 있다.

- **파형**은 시간에 따른 신호의 값의 변화를 그래프로 나타낸 것이다.
- 신호의 파형으로부터 신호의 특성과 관련한 기초적인 정보들을 파악할 수 있다.

파형은 신호의 값의 변화 형태, 길이, 속도, 주기성 등의 특성들을 한눈에 파악할 수 있게 해주므로 신호 해석에 유용하게 활용된다. 예를 들어 [그림 1-3(a)]의 신호 파형의 경우에는 춘천의 3월 평균 기온이 (지구 온난화로 인해) 영하로 떨어지지 않는다든가, [그림 1-3(b)]에서는 RLC 병렬회로의 전압은 시간이 지남에 따라 값이 점점 작아지면서 진동한다든지 하는 사실을 한눈에 바로 알 수 있다.

시스템과 블록선도

시스템 또한 [그림 1-6]처럼 입력 단자와 출력 단자를 갖는 사각 블록에 시스템의 명칭 또는 입력과 출력의 관계를 규정짓는 수식이나 그래프 등을 표시하여 시스템의 기능이나 동작 특성을 알아보기 쉽게 나타낼 수 있다.

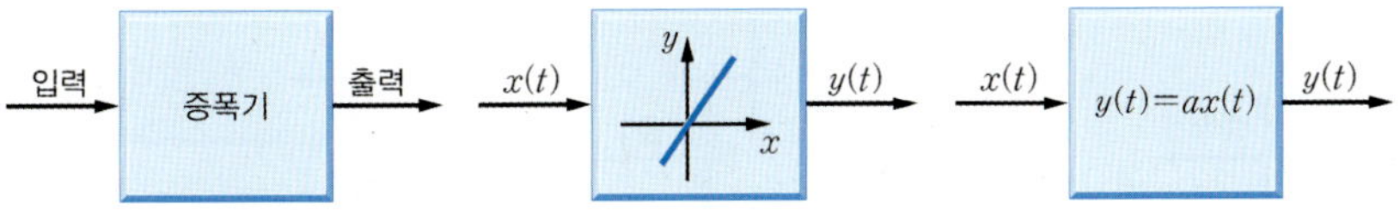

그림 1-6 시스템의 블록 표현

그런데 대다수 시스템은 **부시스템**subsystem이라고 부르는 여러 개의 작은 시스템이 모여서 하나의 전체 시스템을 이루게 된다. 따라서 이런 경우에는 각각의 부시스템을 블록으로 나타낸 뒤 신호의 흐름에 따라 이들을 순서대로 연결하면 된다.

- **블록선도**block diagram는 시스템을 구성하는 각 부시스템을 사각 블록으로 나타내고, 블록 안에 그 시스템의 기능이나 특성을 말해주는 수식, 그래프, 명칭 등을 표시한 뒤 신호의 흐름에 따라 각 블록 간의 연결 관계를 그려 놓은 그림이다.
- 블록선도로부터 시스템의 전체적인 구성과 기능, 부시스템 사이의 상호 관계 등을 한눈에 파악할 수 있다.

1.2.3절에서 예로 들었던 '알리바바와 40인의 도둑' 이야기의 보안 시스템을 블록선도로 나타내보자. [그림 1-5]의 내용과 같이 크게 4개의 부시스템으로 나누어 블록마다 각 부시스템의 명칭을 표시하고 동작 순서에 맞추어 연결해서 나타내면 될 것이다. 이렇게 얻어진 블록선도가 [그림 1-7]이다.

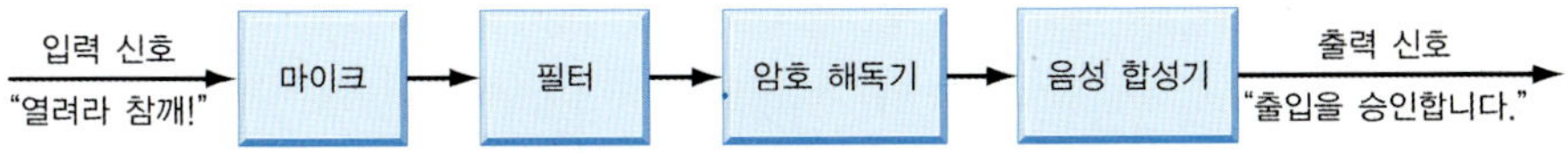

그림 1-7 '알리바바와 40인의 도둑'의 보안 시스템 블록선도

시스템의 연결

블록선도에서 시스템의 연결은 [그림 1-8]에 나타낸 것처럼 **종속**cascade **연결**과 **병렬**parallel **연결**의 두 가지 방법이 있다. 그리고 종속 연결의 특수한 경우로 **궤환**feedback **연결**이 있는데, 시스템에서 중요한 역할을 하며 널리 사용된다.

- **종속 연결**은 두 시스템을 앞뒤로 연결하여 시스템 1의 출력이 시스템 2의 입력이 되는 형태의 연결이다([그림 1-8(a)]).
- **병렬 연결**은 두 시스템을 나란히 늘어세우고 같은 입력을 인가하여 나오는 각각의 출력을 합해 전체 시스템 출력을 얻는 형태의 연결이다([그림 1-8(b)]).
- **궤환 연결**은 시스템 2의 출력이 다시 시스템 1의 입력단으로 **되먹임**feedback되며 시스템 1의 출력이 전체 시스템의 출력이 되는 형태의 연결이다([그림 1-8(c)]).

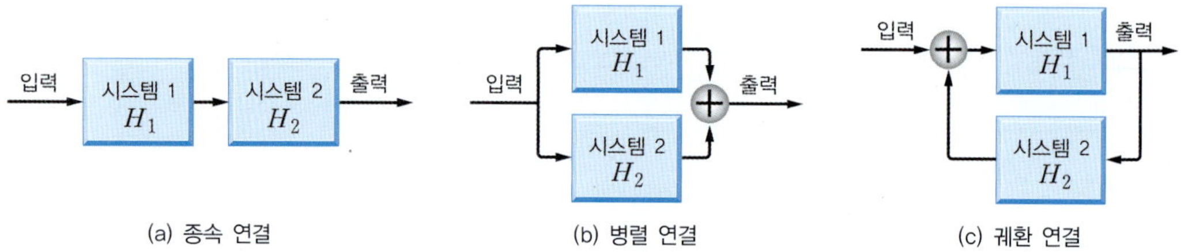

그림 1-8 시스템의 연결 방법

종속 연결과 병렬 연결의 결과를 수식으로 표현하면 다음 식과 같이 된다. 이때 $H\{x\}$는 시스템 H에 x를 입력으로 넣었을 때 얻어진 결과(출력)를 뜻한다.

$$\text{종속 연결 : } y(t) = H_2\{\, H_1\{x(t)\}\,\} \tag{1.1}$$

$$\text{병렬 연결 : } y(t) = H_1\{x(t)\} + H_2\{x(t)\} \tag{1.2}$$

궤환은 폐로[loop]를 만들어 출력을 입력단으로 되먹여 입력과 비교될 수 있게 하는 동작으로, 많은 신호 처리 장치나 제어 시스템에서 요긴하게 사용된다. 궤환 연결에서는 통상 신호의 **감지**[sensing]와 비교 동작이 요구된다. 실생활에서 흔히 볼 수 있는 궤환의 예로 자동차 진행 방향 조절(조향)을 들 수 있다. 운전자가 자기 차선을 지키며 앞으로 진행할 때, 계속 눈으로 차의 진행 방향을 확인하여 차선을 벗어나지 않도록 핸들을 좌우로 조작함으로써 제 차선을 유지하도록 한다. 이를 간단하게 블록선도로 나타내면 [그림 1-9]와 같다.

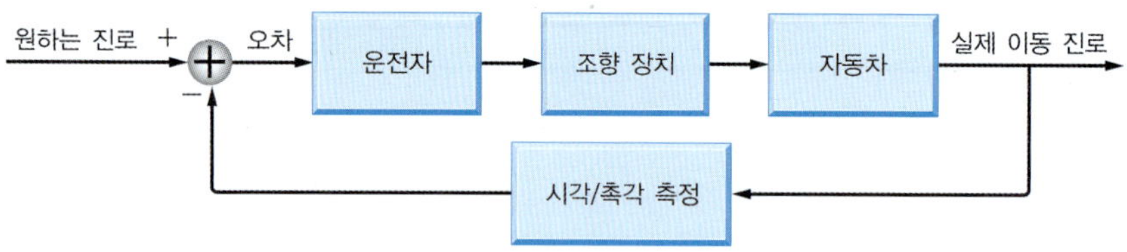

그림 1-9 자동차의 조향 제어

1.3.2 이론적 표현 : 수학적 모형화

수학의 힘을 빌리면 뉴턴의 운동 방정식이나 맥스웰의 전자기 방정식과 같이 신호와 시스템의 본질을 간결하게 수식으로 표현할 수 있으며, 이를 수학적 모형화라고 한다. 일반적으로 수학적 모형에서 신호는 함수로, 시스템은 방정식으로 표현된다. 신호와 시스템 모두 시간이 함수의 변수인 **시간 영역**[time domain] 표현과 주파수가 함수의 변수인 **주파수 영역**[frequency domain] 표현의 두 가지 표현이 가능하다.

- 신호는 수학적으로 **함수**로 표현된다.
- 신호의 시간 영역 표현은 시간에 따른 값의 변화(파형)를 함수로 나타낸 것이다.

- 신호의 주파수 영역 표현은 신호에 포함된 주파수 성분을 주파수의 함수로 나타낸 것으로, (주파수) **스펙트럼**spectrum이라고 한다.

예를 들어 우리나라의 상용 전압은 시간 영역에서 $v(t) = 220\sqrt{2}\cos(120\pi t)$로, 주파수 영역에서는 $V(\omega) = 110\sqrt{2}[\delta(\omega + 120\pi) + \delta(\omega - 120\pi)]$로 나타내어진다. 통상 신호는 시간의 흐름에 따른 값의 변화를 나타내므로 기본적으로 시간 함수로 표현되지만, 신호의 특성을 파악하고 분석할 때 주파수 함수인 스펙트럼을 이용하는 편이 유용할 경우가 많다.

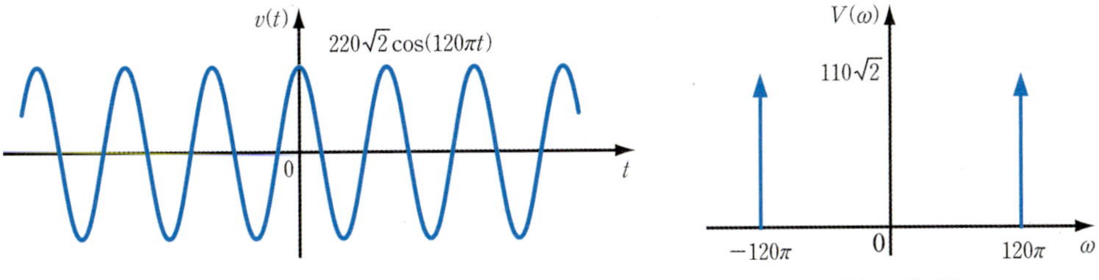

그림 1-10 상용 전압의 시간 파형과 주파수 스펙트럼

시스템은 입력 신호에 대한 반응으로 출력 신호를 만들어내므로, 시스템의 수학적 모형은 결국 입력 신호와 출력 신호의 관계를 나타내는 수식(방정식)이 된다.

- 시스템은 수학적으로 입력과 출력의 관계를 규정짓는 **방정식**으로 표현된다.
- 시스템의 시간 영역 표현은 입출력 신호가 시간의 함수로 표현된 방정식으로, **미분/차분 방정식**과 **컨벌루션 표현**이 대표적이다.
- 시스템의 주파수 영역 표현은 입출력 신호가 주파수의 함수로 표현된 수식으로, **주파수 응답**과 **전달 함수**가 있다.

예를 들어 [그림 1-4(a)]의 전기회로는 실제 회로를 그대로 그린 것이 아니라 회로의 전자기적인 물리적 성질들을 저항(R), 커패시턴스(C), 인덕턴스(L) 등으로 단순화시켜 나타낸 모형이다. 이에 '회로의 한 점에서 들어오는 전류와 나가는 전류의 양은 같다'라는 키르히호프Kirchhoff의 전류 (연속의) 법칙(KCL)을 적용하여 입력과 출력의 관계에 대한 다음의 방정식을 세움으로써 그 전기회로의 동작 특성을 표현할 수 있다.

$$i(t) = i_R(t) + i_L(t) + i_C(t) = \frac{1}{R}v(t) + \frac{1}{L}\int v(t)dt + C\frac{dv(t)}{dt} \tag{1.3}$$

7장에서 배울 라플라스 변환을 이용하여 식 (1.3)을 변환하면 주어진 전기회로에 대한 주파수 영역 표현인 전달 함수를 얻을 수 있는데, 그 결과만 나타내면 다음과 같다.

$$H(s) = \frac{V(s)}{I(s)} = \frac{RLs}{RLCs^2 + Ls + R} \tag{1.4}$$

1.4 연속과 이산

대부분의 신호는 시간 함수로 표현된다. 그러므로 이 절에서는 시간의 속성에 따른 신호(와 시스템)의 구분에 대해 살펴보고, 신호의 길이의 정의, 이산 신호의 특성, 연속 신호로부터 이산 신호를 얻는 과정 등에 대해 간략히 살펴보기로 한다. 연속과 이산의 구분은 이 책 전체에서 계속 쓰이는 기초 개념이므로 잘 익혀두어야 한다.

학습포인트

- 연속 신호와 이산 신호의 정의 및 차이를 이해한다.
- 신호의 길이에 대한 정의를 알아본다.
- 이산 신호의 표현과 기본 성질에 대해 알아본다.
- 연속 시스템과 이산 시스템의 정의를 알아본다.

1.4.1 연속 신호와 이산 신호

연속 신호와 이산 신호

신호를 나누는 가장 기본적인 기준은 독립 변수인 시간이 연속이냐 불연속이냐 하는 것이다. [그림 1-11]에서 보면 (a)와 (b) 둘 다 가로축이 시간 값을 나타내지만, (a)의 신호는 가로축에 대해 끊어지지 않고 연속인 파형을 보이는 데 반해, (b)의 신호는 가로축에 대해 일정한 간격으로 불연속으로 신호 값이 나타난다. (a)의 경우를 **연속 (시간) 신호** continuous (time) signal, (b)의 경우를 **이산 (시간) 신호** discrete (time) signal 라고 한다. 전압, 음성, 심전도 등은 시간에 대해 연속인 연속 신호이고, 상품의 분기별 판매량, 매일의 주식 가격, 일별 최고 온도 등은 시간에 대해 불연속적인 이산 신호이다.

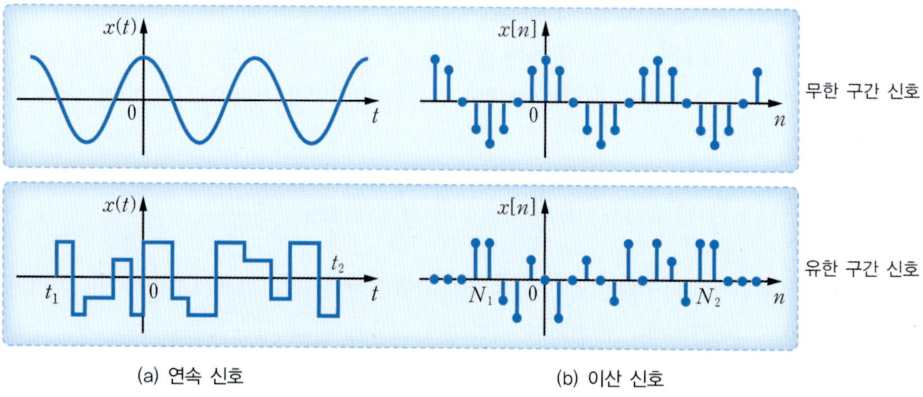

그림 1-11 연속 신호와 이산 신호

- **연속 신호**는 신호가 시간에 대해 끊어지지 않고 지속적으로 나타나는, 즉 모든 시간에 대해 정의되는 신호이며, $x(t)$와 같이 나타낸다.
- **이산 신호**는 띄엄띄엄 특정한 시각에서만 정의되는 신호이며, $x[n]$과 같이 나타낸다.

신호의 길이

신호의 길이length는 신호의 **지속시간(구간)**duration이라고도 하며, 신호가 유효한 값을 갖는 시간 구간을 가리킨다. 신호는 길이에 따라 두 가지로 나뉜다.

- **연속 신호의 길이**는 신호가 존재하는 구간($t_1 \le t \le t_2$)의 길이 $L = t_2 - t_1$로 정의된다.
- **이산 신호의 길이**는 신호를 이루는($N_1 \le n \le N_2$) 샘플의 개수 $N = N_2 - N_1 + 1$로 정의한다.
- **유한 구간**finite duration **신호**는 시간적으로 유한한 길이를 갖는 신호이다.
- **무한 구간**infinite duration **신호**는 시간적으로 무한한 길이를 갖는 신호이다.

[그림 1-11]에서 윗줄은 무한한 시간에 걸쳐 신호 값이 존재하는 무한 구간 신호이고, 아랫줄은 일정한 시간 구간 안에서만 신호 값이 존재하는 유한 구간 신호이다.

1.4.2 이산 신호의 표현

이산 신호는 불연속인 시간에서만 값이 존재하는 신호이다. 그러므로 이산 신호는 발생 순서대로 늘어놓으면 단지 숫자의 나열(수열)에 지나지 않는다. 따라서 연속 신호에 비해 표현과 취급이 쉽고 단순하며, 컴퓨터로 처리하기에 매우 적합하다. 다음의 두 표현은 같은 이산 신호를 나타낸 것으로, 식 (1.6)에서 숫자 아래 ↑는 시간 기준인 $n=0$의 위치를 나타내는 표시이다. $x[0]=1$, $x[1]=\frac{1}{3}$, ⋯을 이산 신호의 **샘플**sample이라고 한다. 샘플의 발생 순서는 셀 수 있으므로, 이산 신호의 시간 값 n은 반드시 정수여야 한다.

$$x[n] = \begin{cases} \left(\frac{1}{3}\right)^n, & n \ge 0 \\ (-2)^n, & n < 0 \end{cases} \tag{1.5}$$

$$x[n] = \left\{\cdots,\ \frac{1}{4},\ -\frac{1}{2},\ \underset{\uparrow}{1},\ \frac{1}{3},\ \frac{1}{9},\ \frac{1}{27},\ \cdots\right\} \tag{1.6}$$

이산 신호에는 상품의 월별 판매량, 매일의 주식 가격 등과 같이 원래부터 이산 신호인 것들도 있지만, 고열 증세를 보이는 환자의 체온을 10분 간격으로 측정하는 경우처럼 연속 신호에 대해 특정한 시간 간격으로 값을 취하는 **샘플링**sampling이라는 과정을 거쳐 얻어지는 것도 있다. 샘플을 취하는 시간 간격을 T_s라고 하면, 원래의 연속 신호와 샘플링된 이산 신호의 관계는 다음과 같이 나타낼 수 있다.

$$x[n] = x(t)|_{t=nT_s} = x(nT_s), \quad n = \cdots, -2, -1, 0, 1, 2, \cdots \tag{1.7}$$

예제 1-1 연속 신호와 이산 신호

다음의 신호를 그리고 신호의 길이를 구하라.

(a) $x(t) = \begin{cases} \cos(0.5\pi t), & -2 \le t \le 2 \\ 0, & \text{그 외} \end{cases}$

(b) $x(t) = \begin{cases} \cos(2\pi t), & -1 \le t \le 4 \\ 0, & \text{그 외} \end{cases}$

(c) (a)의 $x(t)$를 간격 1/3[초]로 샘플링한 이산 신호 $x[n]$

(d) (b)의 $x(t)$를 간격 0.5[초]로 샘플링한 이산 신호 $x[n]$

풀이

주어진 각 신호의 파형을 그리면 [그림 1-12]와 같다. 그림에서 보면, (a)의 $x(t)$는 길이 $L=2-(-2)=4$, (b)의 $x(t)$는 길이 $L=4-(-1)=5$이다. 또한 (c)의 샘플링된 이산 신호 $x[n]=\cos\left(0.5\pi\frac{n}{3}\right)=\cos\left(\frac{\pi}{6}n\right)$은 길이 $N=6-(-6)+1=13$으로 13개의 샘플로 이루어져 있다. (d)의 $x[n]==\cos\left(2\pi\frac{n}{2}\right)=\cos(\pi n)$은 길이 $N=8-(-2)+1=11$로 11개의 샘플을 가지고 있다. 이 결과에서 보듯이 연속 신호의 길이는 끝점에서 시작점을 빼면 되지만, 이산 신호의 길이는 끝점에서 시작점을 뺀 것에 1을 더해야 한다.

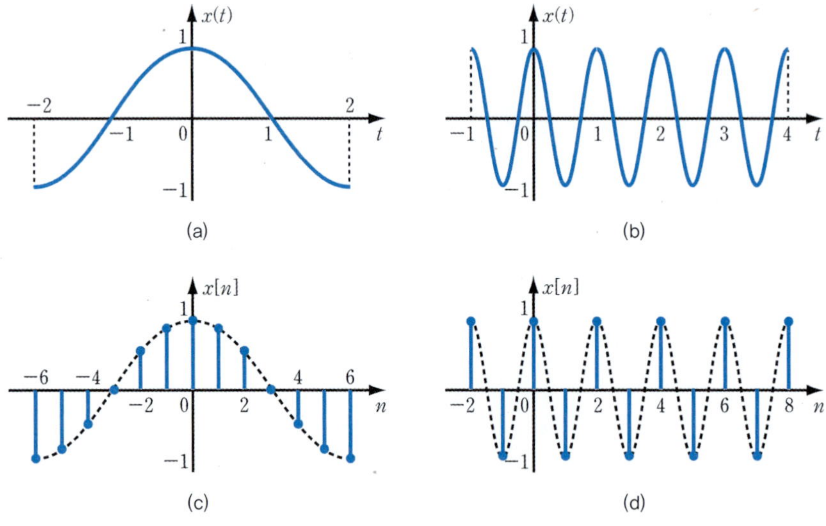

그림 1-12 [예제 1-1]의 연속 신호와 이산 신호의 파형

연속 신호를 샘플링할 때 주의할 점은 항상 시간 $n=0$을 기준으로 해서 좌우로 벌려가며 샘플링 간격(주기)마다 샘플을 취해야 한다는 것이다.

연속 신호와 이산 신호의 표기

- **연속 신호** : 시간 변수 t, 함수 $x(t)$, (아날로그) 주파수 f, (아날로그) 각주파수 ω
- **이산 신호** : 시간 변수 n, 함수 $x[n]$, (디지털) 주파수 F, (디지털) 각주파수 Ω

1.4.3 연속 시스템과 이산 시스템

시스템도 다루는 신호의 속성에 따라 연속과 이산으로 구분할 수 있다.

- **연속 시스템**은 입력과 출력이 모두 연속 신호인 시스템이다.
- **이산 시스템**은 입력과 출력이 모두 이산 신호인 시스템이다.

디지털 시스템은 대표적인 이산 시스템으로서 연속 시스템에 비해 여러 가지 이점을 가지며, 마이크로프로세서와 컴퓨터의 발달로 값싸고 성능이 우수하게 만들 수 있기에 연속 신호를 디지털 시스템을 이용하여 처리하는 경향이 가속화되고 있다. [그림 1-13]에 연속 시스템과 이산 시스템의 예를 나타내었다.

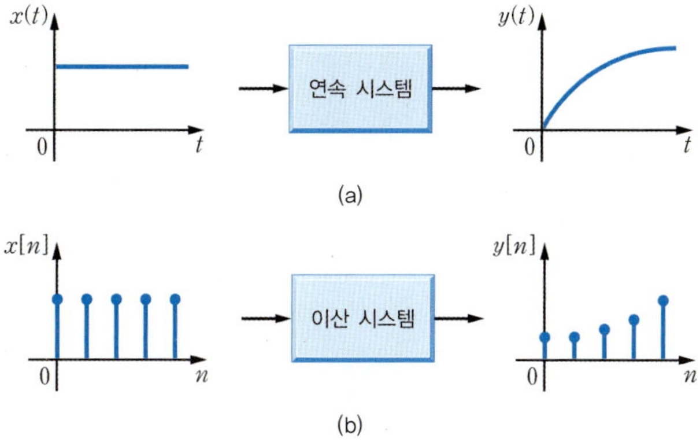

그림 1-13 연속 시스템과 이산 시스템

1.5 관련 기초 개념

신호와 관련한 개념과 용어 중에는 자주 사용해서 익숙하지만, 막상 정확한 정의와 의미를 설명하기는 쉽지 않은 경우가 종종 있다. 이 절에서는 신호와 관련하여 미리 알아두어야 할 필수적인 몇 가지 기초 개념에 대해 간략히 살펴보기로 한다.

학습포인트

- 정현파와 관련하여 진폭, 위상, 주기, 주파수의 정의와 개념을 이해하고, 상호 관계를 파악한다.
- 주파수와 신호 파형 사이의 관계를 이해한다.
- 위상과 시간축에서 신호 이동과의 관련성을 파악한다.
- 신호의 에너지와 전력, 그리고 실횻값의 개념을 이해한다.
- 데시벨의 정의를 알아본다.

1.5.1 정현파와 진폭, 위상, 주기, 주파수

정현파의 발생

정현파 sinusoids는 [그림 1-14]에 나타낸 것처럼, 길이가 A인 실에 매달린 공을 반시계 방향으로 각속도 ω로 T초마다 한 바퀴씩 돌게끔 등속 회전 운동을 시킬 때 공의 위치 $x(t)$를 시간에 대해 그려서 얻을 수 있다. 수직축 위의 위치를 그리면 코사인파, 수평축 위의 위치를 그리면 사인파가 된다. 그러므로 코사인파와 사인파는 파형의 모양은 같은데, 다만 두 축이 이루는 각(직각)에 해당하는 90°의 위상 차이만 가진다. 공이 시간 $t=0$에서 수직축과 ϕ만큼의 각을 이룬 위치에서 출발하여 등속 회전 운동을 함에 따라 공의 위치 $x(t)$는 A와 $-A$ 사이를 오가며 진동하게 되며, 공이 한 바퀴씩 돌 때마다 정현파는 똑같은 기본 파형을 반복하게 된다.

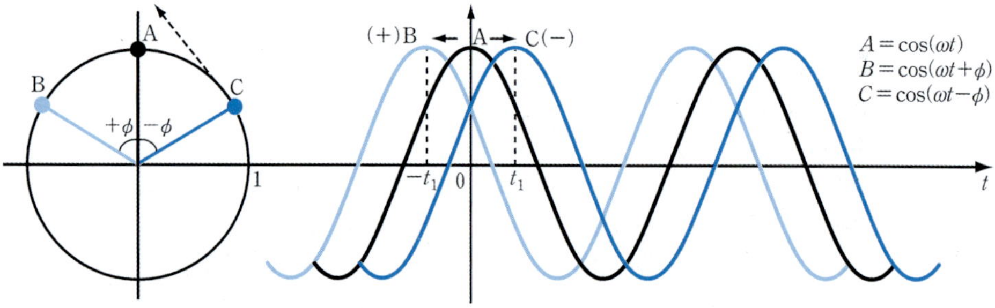

그림 1-14 정현파의 발생

정현파는 신호와 시스템에서 가장 기본이 되는 신호로, 소리굽쇠, 전기회로나 기계 구조물에서의 진동, 전원 장치나 신호 발생기 등을 비롯하여 다양한 형태의 신호에서 찾아볼 수 있다. 정현파 신호는 특히 임의의 파형을 갖는 신호들이 서로 다른 진폭과 주파수를 갖는 정현파 신호들의 합으로 표현될 수 있다는 점 때문에 신호의 분석이나 합성에 매우 중요한 역할을 한다. 상세한 내용은 5장 이후에 배우게 될 푸리에 해석에서 다룰 것이다.

진폭, 위상, 주기, 주파수

[그림 1-14]에서 A는 정현파 $x(t)$가 진동하면서 가질 수 있는 값의 범위, ω는 단위 시간(1초)에 정현파가 이동할 수 있는 라디안radian 각, ϕ는 $t=0$에서 기준(수직축)에 대한 정현파의 상대적인 위치(코사인파의 경우 원점에서 꼭짓점까지의 거리)를 각으로 나타낸 것이다. 결국 다음과 같이 정현파는 A, ϕ, ω의 세 가지 요소에 의해 완전하게 정의할 수 있다.

$$x(t) = A\cos(\omega t + \phi) \tag{1.8}$$

이때 A를 **진폭**amplitude, ϕ를 **위상**phase, ω를 **각주파수**radian frequency라고 한다. 또한 공이 한 바퀴 도는 데(기본 파형을 만드는 데) 걸리는 시간 T를 **(기본) 주기**(fundamental) period라고 하고, 역으로 단위 시간(1초)에 대한 공의 회전 횟수(기본 파형의 반복 횟수) f를 **주파수**frequency라고 한다.

- **진폭** : 정현파가 진동하면서 가질 수 있는 값의 범위
- **위상** : 각으로 표시된 정현파의 출발 위치
  (기준점(원점)에서 코사인파의 꼭짓점(사인파의 영점)까지의 거리)
- **(기본) 주기** : 정현파가 기본 파형을 반복하는 (최소) 시간 간격
- **주파수** : 정현파가 1초에 기본 파형을 반복하는 횟수(진동 횟수)
- **각주파수** : 정현파가 1초에 이동할 수 있는 라디안 각

공이 T초에 한 바퀴 도는 동안 2π[rad]만큼의 각을 이동하므로, (비례 관계를 이용하면) T와 ω, f 사이에는 다음과 같은 관계가 성립한다.

$$\omega = \frac{2\pi}{T} = 2\pi f \tag{1.9}$$

$$T = \frac{1}{f} = \frac{2\pi}{\omega} \tag{1.10}$$

$$f = \frac{1}{T} = \frac{\omega}{2\pi} \tag{1.11}$$

주파수와 위상의 물리적 의미

신호와 관련하여 주파수와 위상의 물리적 의미를 잘 이해하는 것은 매우 중요하다.

- 주파수는 신호의 시간적인 변화 속도와 관련이 있으며, 주파수가 높을수록 신호 파형이 시간적으로 더 빨리 변한다.
- 위상은 파형의 시간 이동과 연관되며, **뒤진**lagging(음의) 위상(지상)은 시간 지연, **앞선**leading(양의) 위상(진상)은 시간 선행(앞섬)에 해당한다.
- 정현파를 시간축에서 같은 시간만큼 이동시키더라도 주파수에 따라 위상이 달라진다. 주파수가 높을수록 위상이 비례하여 커진다.

[그림 1-15]의 두 정현파를 비교해보자. 주파수가 1[Hz]에서 2[Hz]로 2배가 되어도 파형의 원래 모양은 바뀌지 않지만 주기는 반으로 줄어든다. 이를 시간축의 관점에서 해석하자면, 2[Hz] 정현파가 1[Hz] 정현파보다 시간적으로 그 값이 더 빨리 변한다는 얘기가 된다. 다시 말해, 주파수가 높아질수록 신호의 파형은 시간적으로 더 급하게 변화한다. 거꾸로 파형이 시간적으로 더 빠른 변화를 보이는 신호에는 더 높은 주파수 성분이 포함된다. 이처럼 신호의 파형 변화와 주파수는 밀접한 관계가 있다.

또한 [그림 1-15]의 두 정현파는 $t=0$가 아니라 t_1에서 꼭짓점에 이르므로 시간축 위에서 t_1만큼 오른쪽으로 파형이 이동한 것, 즉 그만큼 시간적으로 지연이 일어난 것으로 볼 수 있다. 따라서 두 정현파는 지연 시간 t_1을 각으로 환산한 ϕ만큼의 위상을 갖게 된다. 위상은 정현파의 모양에는 영향을 주지 않는다.

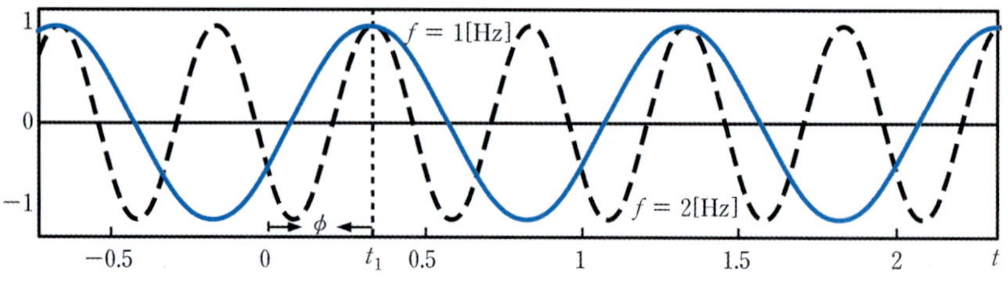

그림 1-15 정현파에 의한 주파수와 위상의 개념 이해

정현파의 주기 T가 각으로는 2π[rad]에 대응되는 것을 이용하면, 위상 ϕ는 다음과 같이 구할 수 있다. 이때 $\cos(2\pi ft)$를 t_1만큼 지연시켜 구해도 같은 결과를 얻는다.

$$\phi = -2\pi\frac{t_1}{T} = -2\pi f t_1 = -\omega t_1 \tag{1.12}$$

$$\cos(2\pi f(t-t_1)) = \cos(2\pi f t - 2\pi f t_1) = \cos(2\pi f t + \phi) \tag{1.13}$$

식 (1.12)로부터 쉽게 알 수 있듯이, 시간축에서 같은 시간만큼 이동하더라도 주파수에 따라 위상은 달라진다는 사실은 꼭 유의해야 한다. [그림 1-15]의 두 정현파의 경우, 주파수 2[Hz] 정현파의 위상이 1[Hz] 정현파 위상의 2배가 된다.

TIP & NOTE **위상의 물리적 의미**

위상의 의미는 [그림 1-14]를 통해 쉽게 이해할 수 있다. 공이 회전을 시작하는 정상적인 출발 기준점은 공 A와 같이 수직축 위에 놓인 상태로, 오른쪽의 시간 파형에서 꼭짓점이 시간 원점 $t=0$에서 나타나는 파형에 해당한다. 원 위의 공의 위치는 각으로 얘기하는 것이 편리한데, 공 B는 A에 비해 각으로 ϕ만큼 앞선 위치에서 출발하고, 공 C는 각으로 ϕ만큼 뒤진 위치에서 출발해서 모두 같은 각속도 ω로 등속 회전 운동을 한다. 정상 기준점에 대한 이런 상대적인 출발 위치를 각으로 나타낸 것이 바로 위상이다.

오른쪽 그림에서 각 공의 시간 파형을 보면, A의 파형과 비교해 B의 파형은 이미 t_1 전에 꼭짓점이, C는 t_1 뒤에 꼭짓점이 생기는 파형을 보인다. 각속도가 ω이므로, t_1 시간 동안 공이 회전하면서 움직인 각은 $\phi=\omega t_1$이다(각속도(주파수)는 정현파 신호의 속도라고 생각할 수 있는데, 속도가 빠르면 같은 시간 동안 회전할 수 있는 각이 더 클 것이다. 그래서 위상을 시간이 아닌 각으로 표현하는 것이다). 따라서 A보다 앞에 있는 B는 앞선 위상 $+\phi$를, A보다 뒤에 있는 C는 뒤진 위상 $-\phi$를 갖는다. 꼭짓점이 나타나는 시간 순서는 B-A-C의 순서이므로, A에 대해 B는 시간 앞섬(선행), C는 시간 뒤짐(지연)에 해당한다. 그림에서 볼 수 있듯이, 시간축 위에서 정현파를 왼쪽으로 이동시키면 시간 앞섬에 해당하고 양의 위상이 발생한다. 반대로 오른쪽으로 이동시키면 시간 지연에 해당하며 음의 위상을 갖게 된다.

예제 1-2 정현파의 진폭, 주기, 주파수, 위상

[그림 1-16]의 코사인 정현파 신호에 대해 진폭, 주기, 주파수, 위상을 구하라.

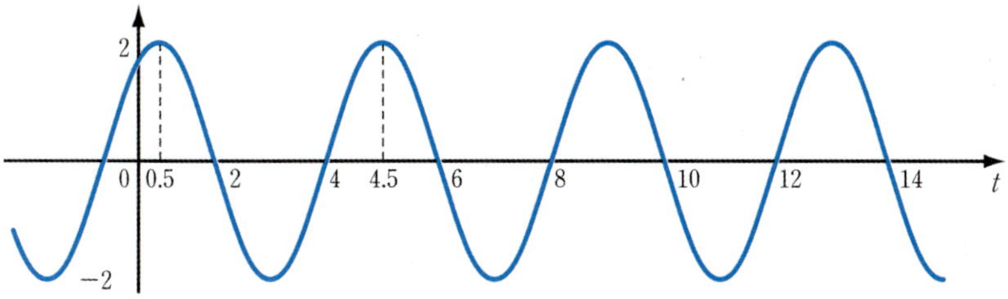

그림 1-16 [예제 1-2]의 정현파 신호

풀이

그림에서 보면, 정현파가 2와 -2 사이를 진동하므로 진폭 $A=2$이다. 그리고 4초마다 기본 파형이 반복되므로 주기 $T=4$[초]이다. 또한 주파수는 식 (1.8)에서 주기의 역수이므로 $f=0.25$[Hz], 각주파수로 나타내면 $\omega=2\pi\times 0.25=\frac{\pi}{2}$[rad/sec]이다. 마지막으로 위상은 원점에서 제일 가까운 코사인파의 꼭짓점이 $t_1=0.5$[초]에서 처음으로 발생하므로 뒤진 위상이 되며, 다음과 같이 식 (1.12)에 의해 각으로 환산하여 얻을 수 있다.

$$\phi=-\frac{t_1}{T}\times 2\pi=-\frac{0.5}{4}\times 2\pi=-\frac{\pi}{4}$$

예제 1-3 주파수에 따른 위상의 차이

[그림 1-15]에서 $t_1 = 0.3$일 경우의 두 정현파 신호의 위상을 구하라.

풀이

위상이 0이고 주파수가 1[Hz]와 2[Hz]인 두 정현파는 다음과 같이 나타낼 수 있다.

$$x(t) = \cos(2\pi t)$$
$$y(t) = \cos(4\pi t)$$

[그림 1-15]와 같이 이들을 $t_1 = 0.3$만큼 시간 지연시키면 다음과 같다.

$$x(t-t_1) = \cos(2\pi(t-t_1)) = \cos(2\pi t - 2\pi t_1) = \cos(2\pi t - 0.6\pi)$$
$$y(t-t_1) = \cos(4\pi(t-t_1)) = \cos(4\pi t - 4\pi t_1) = \cos(4\pi t - 1.2\pi)$$

위상이 $x(t-t_1)$은 $\phi_x = -0.6\pi$이지만 $y(t-t_1)$는 $\phi_y = -1.2\pi$이다. $y(t-t_1)$은 주파수가 2[Hz]로 $x(t-t_1)$의 주파수 1[Hz]의 2배인데, 위상 또한 $\phi_y = 2\phi_x$로 2배가 된다. 다시 말해 같은 시간 이동 값에 대한 정현파의 위상은 주파수에 비례하여 달라진다.

1.5.2 신호의 에너지와 전력

정현파와 같이 시간에 따라 값이 계속 변하는 신호를 대표하기에 적절한 값으로 어떤 것이 있을까? 주파수나 진폭에 상관없이 모든 정현파의 평균값이 0이 된다는 사실에서 알 수 있듯이, 평균값은 그리 타당성 있는 기준이 되지 못한다. 최댓값 역시 특정한 한순간에만 매우 큰 값을 갖는 신호가 전 구간에 골고루 비교적 큰 값을 갖는 신호보다도 더 큰 것처럼 과장되어 받아들여지는 문제점이 있다. 그러므로 무언가 올바로 신호를 대표할 수 있는 보편적인 척도를 선정할 필요가 있다.

[그림 1-17]의 단위 저항회로에서 소비되는 에너지와 전력을 구해보자.

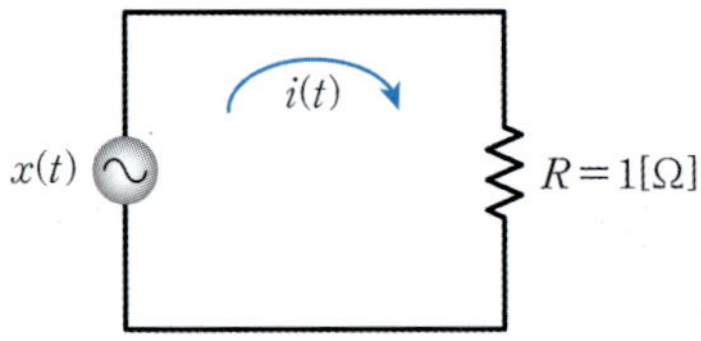

그림 1-17 단위 저항회로

$R = 1[\Omega]$에 전압 $x(t)$를 인가하면, 옴Ohm의 법칙에 의해 $x(t) = Ri(t)$이므로 $i(t) = x(t)$이다. 따라서 저항에서 소비되는 순시 전력은 $p(t) = x(t)i(t) = x^2(t)$이고, 총에너지는 순시 전력을 모두

합한 것이므로 $E=\int_{-\infty}^{\infty} p(t)\,dt=\int_{-\infty}^{\infty} x^2(t)\,dt$가 된다. 그리고 저항에서 소비되는 평균 전력은 총에너지를 시간으로 나누면 되므로 $P=\lim_{T\to\infty}\frac{1}{T}\int_{-T/2}^{T/2} x^2(t)\,dt$가 된다. 이 결과를 확장하여 신호를 대표하기에 적절한 값들로 신호의 에너지와 전력, 그리고 실횻값을 정의할 수 있다.

신호의 에너지, 전력, 실횻값

- **신호의 에너지**energy는 전 시간 구간에 대해 신호 크기의 제곱을 모은 것으로 정의하며, 연속 신호에 대해서는 적분, 이산 신호에 대해서는 총합 연산이 된다.

$$\text{연속 신호 : } E=\lim_{T\to\infty}\int_{-\frac{T}{2}}^{\frac{T}{2}} |x(t)|^2\,dt \tag{1.14a}$$

$$\text{이산 신호 : } E=\lim_{N\to\infty}\sum_{n=-N}^{N} |x[n]|^2 \tag{1.14b}$$

- **신호의 전력**power은 신호의 단위 시간당 에너지(평균 에너지)로 정의된다.

$$\text{연속 신호 : } P=\lim_{T\to\infty}\frac{1}{T}\int_{-\frac{T}{2}}^{\frac{T}{2}} |x(t)|^2\,dt \tag{1.15a}$$

$$\text{이산 신호 : } P=\lim_{N\to\infty}\frac{1}{2N+1}\sum_{n=-N}^{N} |x[n]|^2 \tag{1.15b}$$

- **신호의 실횻값(RMS 값)**root mean square value은 에너지 관점에서 신호의 실질적 효과를 나타낸 값으로 신호 전력의 제곱근으로 정의된다.

$$\text{연속 신호 : } x_{rms}=\sqrt{\lim_{T\to\infty}\frac{1}{T}\int_{-\frac{T}{2}}^{\frac{T}{2}} |x(t)|^2\,dt} \tag{1.16a}$$

$$\text{이산 신호 : } x_{rms}=\sqrt{\lim_{N\to\infty}\frac{1}{2N+1}\sum_{n=-N}^{N} |x[n]|^2} \tag{1.16b}$$

신호의 에너지와 전력은 [Joule]과 [Watt]를 단위로 하는 물리적 에너지와 전력이 아니라 개념적으로 정의된 값임을 유의해야 한다. 실횻값의 정의는 신호의 전력과 에너지를 구할 때 값이 계속 변하는 신호 대신에 값이 일정한 전력의 제곱근으로 대체하더라도 결과는 변함이 없다는 사실에 근거한 것이며, 보편적인 신호의 대푯값으로 사용된다. 실횻값은 계산식 그대로 RMSroot mean square 값이라고도 한다.

데시벨

전력과 관련하여 꼭 알아두어야 할 용어 중에 **데시벨**deci Bell이 있다. 데시벨이란 용어는 청력 검사나 소음의 정도 등등 일상생활에서 가끔 들어본 적이 있을 것이다. 데시벨은 신호의 상대적인 크기를 나타내는 데 사용되는 단위이다.

- **데시벨**은 기준 신호에 대한 다른 신호의 전력비에 상용로그를 취한 값의 10배로 정의하며, dB로 표기한다.

$$10\log\frac{P_2}{P_1}=10\log\frac{|x_2|^2}{|x_1|^2}=20\log\frac{|x_2|}{|x_1|}\,[\text{dB}] \tag{1.17}$$

앞서 에너지와 전력의 개념을 설명하기 위해 예로 들었던 단위 저항을 갖는 전기회로의 경우를 다시 생각해보자. 저항의 소비 전력은 $p(t)=v(t)i(t)=x^2(t)$이므로 전압 x_1[V]과 x_2[V]에 의한 소비 전력의 비를 데시벨로 나타내면 식 (1.17)과 같음을 알 수 있다. 식 (1.17)에서 보듯이, 데시벨을 구할 때 신호의 전력비에 대해서는 $10\log$, 신호의 크기(이득) 비에 대해서는 $20\log$를 취함을 유의해야 한다.

예제 1-4 연속 신호의 에너지와 전력

[그림 1-18]의 사각 펄스 신호와 상수 신호에 대해 각각 에너지와 전력을 구하라.

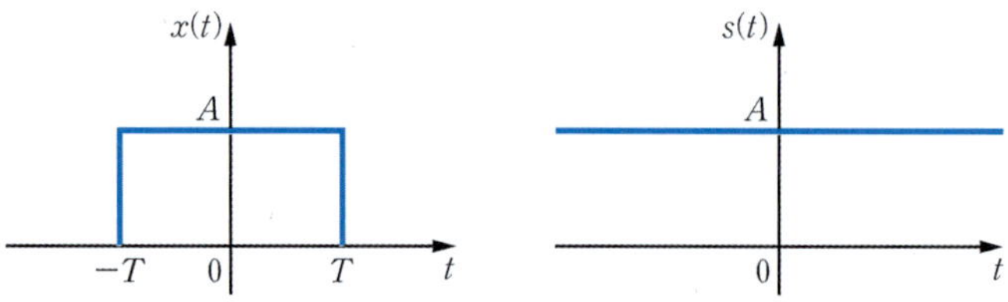

(a) 사각 펄스 신호 (b) 상수 신호

그림 1-18 [예제 1-4]의 사각 펄스 신호와 상수 신호

풀이

[그림 1-18(a)]의 사각 펄스 신호는 유한한 $[-T \quad T]$ 구간에서 유한한 값을 가지므로 에너지도 유한할 것이다. 에너지를 계산해보면 다음과 같다.

$$E=\int_{-\infty}^{\infty}|x(t)|^2dt=\int_{-T}^{T}A^2dt=A^2t\Big|_{-T}^{T}=2TA^2$$

에너지가 유한하므로 이를 시간 구간(∞)으로 나눈 전력은 0이 된다.

[그림 1-18(b)]의 상수 신호는 전 시간 구간에 걸쳐 값이 A로 일정하므로 에너지는 무한해진다. 실제로 에너지를 계산하면

$$E = \int_{-\infty}^{\infty} |x(t)|^2 dt = \int_{-\infty}^{\infty} A^2 dt = A^2 t \Big|_{-\infty}^{\infty} = \infty$$

그러나 전력은 상수 A^2의 시간 평균이 되므로 유한하리라는 것을 그림으로부터 바로 알 수 있다. 실제로 전력을 계산해보면 다음과 같다.

$$\begin{aligned} P &= \lim_{T\to\infty} \frac{1}{T} \int_{-T/2}^{T/2} |x(t)|^2 dt = \lim_{T\to\infty} \frac{1}{T} \int_{-T/2}^{T/2} A^2 dt = \lim_{T\to\infty} \frac{1}{T} A^2 t \Big|_{-T/2}^{T/2} \\ &= \lim_{T\to\infty} \frac{1}{T} A^2 \left(\frac{T}{2} - \left(-\frac{T}{2} \right) \right) = A^2 \end{aligned}$$

$A_1 = 1$인 상수 신호 $x_1(t)$과 $A_2 = 2$인 상수 신호 $x_2(t)$의 전력비는 다음과 같이 된다.

$$10 \log \frac{P_2}{P_1} = 10 \log \frac{A_2^2}{A_1^2} = 10 \log 4 = 6.02 [\text{dB}]$$

예제 1-5 **이산 신호의 에너지와 전력**

다음과 같은 이산 신호의 에너지와 전력을 구하라.

(a) $x[n] = \begin{cases} (0.5)^n, & n \ge 0 \\ (2)^n, & n < 0 \end{cases}$ (b) $y[n] = \begin{cases} 1, & n \ge 0 \\ 0, & n < 0 \end{cases}$

풀이

(a) 식 (1.14)를 이용하여 신호의 에너지를 구하면 다음과 같다.

$$\begin{aligned} E &= \sum_{n=-\infty}^{\infty} |x[n]|^2 = \sum_{n=-\infty}^{-1} (2)^{2n} + \sum_{n=0}^{\infty} (0.5)^{2n} \\ &= \sum_{n=1}^{\infty} (0.25)^n + \sum_{n=0}^{\infty} (0.25)^n = \frac{0.25}{1-0.25} + \frac{1}{1-0.25} = \frac{5}{3} \end{aligned}$$

이 신호는 에너지가 유한하다. 따라서 전력은 0이 된다.

(b) 주어진 신호(단위 계단 신호)는 에너지가 $E = \sum_{n=0}^{\infty} 1 = \infty$가 되므로 에너지는 무한하다. 그러나 전력을 구하면 다음과 같이 유한하다.

$$P = \lim_{N\to\infty} \frac{1}{2N+1} \sum_{n=-N}^{N} |y[n]|^2 = \lim_{N\to\infty} \frac{1}{2N+1} \sum_{n=0}^{N} 1 = \lim_{N\to\infty} \frac{N+1}{2N+1} = \frac{1}{2}$$

CHAPTER 01 연습문제

Quick Review

다음 문제에서 옳은 것을 골라라.

01 시간에 따라 값이 변하지 않으면(예:직류) 신호가 될 수 없다. (O, ×)

02 시스템은 수학적으로 (**함수**, **방정식**)으로 표현된다.

03 시스템은 항상 단일한 구성 요소로 이루어진다. (O, ×)

04 시간에 따른 신호의 값의 변화를 그래프로 나타낸 것을 (**파형**, **스펙트럼**)이라 한다.

05 블록선도에서 시스템간의 기본적인 연결 방식은 (**종속**, **하이브리드**, **병렬**) 연결이다.

06 궤환 연결은 병렬 연결의 특수한 형태이다. (O, ×)

07 신호와 시스템은 시간 영역과 주파수 영역의 두 가지 표현 방식이 가능하다. (O, ×)

08 연속 신호는 시간축이 실수축이고 이산 신호는 시간축이 정수축이다. (O, ×)

09 시간 구간 [−3, 4]에서 정의된 연속 신호와 이산 신호의 길이는 같다. (O, ×)

10 신호를 주파수의 함수로 표현한 것을 스펙트럼이라고 한다. (O, ×)

11 하나의 정현파는 (**파형**, **진폭**, **주파수**, **파장**, **위상**)에 의해 완전히 정의된다.

12 정현파의 주파수와 주기는 서로 무관하다. (O, ×)

13 주파수는 (**신호 값의 변화 속도**, **파형의 시간 이동**)과 관련이 있다.

14 서로 다른 정현파를 같은 시간만큼 지연시키면 위상은 항상 같다. (O, ×)

15 신호의 에너지와 전력은 각각 Joule과 Watt를 단위로 갖는 물리적인 양이다. (O, ×)

16 어떤 신호의 에너지가 유한하면, 그 신호의 전력은 (**0**, **유한**, **무한**)하다.

17 에너지 관점에서 신호의 실제적 효과를 나타내는 값은 (**평균값**, **실횻값**, **최댓값**)이다.

18 신호의 에너지, 전력, 실횻값은 시간의 함수이다. (O, ×)

19 데시벨은 신호의 (**절대적인**, **상대적인**) 크기를 나타내는 데 사용되는 단위이다.

20 데시벨은 신호의 크기(이득)비에 대해서는 20log를 취한다. (O, ×)

기초 문제

1.1 다음의 시스템들은 어떠한 신호 처리 시스템인지 [보기] 중 가장 주된 것을 하나만 고르고, 그 이유를 설명하라.

보기	㉮ 해석	㉯ 변환	㉰ 필터링	㉱ 합성

(a) 디지털 피아노 (b) 전기 모터 (c) 지문 인식 장치
(d) 원두와 물을 입력으로 하여 찌꺼기를 걸러내고 커피를 출력으로 내는 커피메이커

1.2 다음 연속 신호의 파형을 그려라.

(a) $x(t)=\begin{cases}1-|t|, & |t|\le 1\\ 0, & \text{그 외}\end{cases}$ (b) $x(t)=\begin{cases}te^{-t}, & t\ge 0\\ 0, & t<0\end{cases}$

(c) $x(t)=\sin(\pi t)+\cos(\pi t)$ (d) $x(t)=e^{-|t|}$

1.3 다음 이산 신호의 파형을 그려라.

(a) $x[n]=\begin{cases}+1, & 0\le n\le 3\\ -1, & -4\le n<0\\ 0, & \text{그 외}\end{cases}$ (b) $x[n]=\begin{cases}\left(\frac{1}{2}\right)^n, & n\ge 0\\ 2^n, & n<0\end{cases}$

(c) $x[n]=\cos(\pi n)$ (d) $x[n]=(-1)^n$

1.4 다음 그림은 화장실 좌변기의 수위를 자동으로 조절하는 시스템으로, 뜨개에 의해 물탱크의 물의 높이를 측정하여 목표로 하는 높이와 차이가 있으면 제어기가 공압밸브의 열림을 조정하여 물이 나오고, 목표 수위에 도달하면 밸브를 닫아 물이 더는 나오지 않게 제어한다. 이 시스템의 블록선도를 그려라.

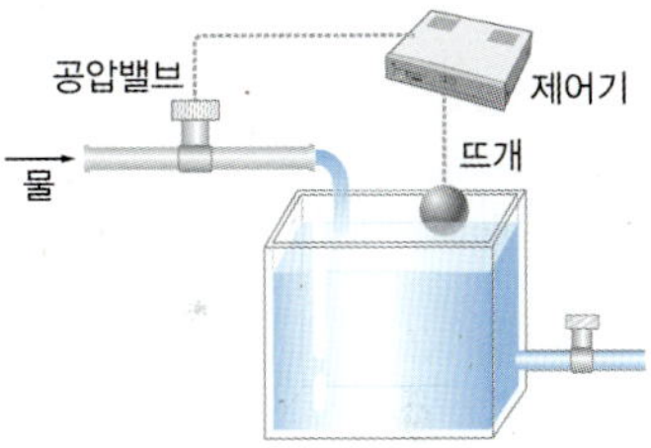

1.5 다음 그림과 같이 전류원 $i(t)$를 입력, 커패시터 양단 전압 $v(t)$를 출력으로 하는 RC 병렬회로에 대해 다음 물음에 답하라.

(a) 미분 방정식으로 시스템 표현식을 구하라.

(b) (a)에서 구한 미분 방정식에 대해 블록선도를 그려라.

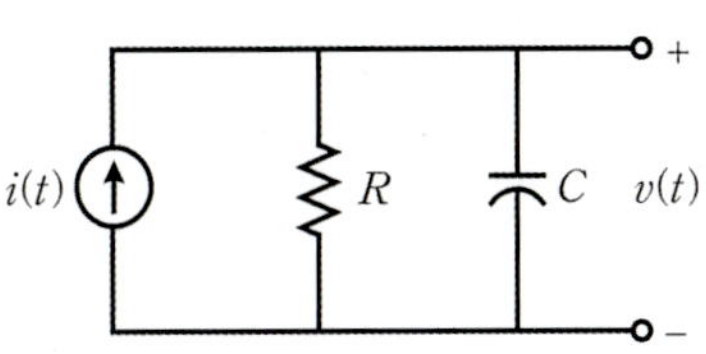

1.6 누산기는 들어오는 입력을 계속해서 더해(누적하여) 출력으로 내는 이산 시스템이다. 입력 $x[n]$이 $n=0$부터 인가될 때 누산기의 동작을 표현하는 수학적 모형을 구하라.

1.7 다음 그림과 같은 코사인 정현파 신호에 대해 진폭 A, 주기 T, 주파수 f_0, 위상 ϕ를 결정하라.

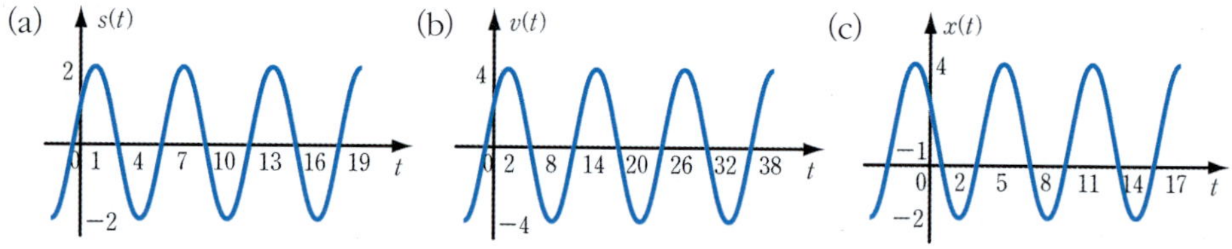

1.8 정현파 신호 $x(t)=\cos(5\pi t)$를 시간축 상에서 위상 30°에 해당하는 만큼 오른쪽으로 수평 이동하였다. 위상을 시간으로 환산한 이동된 신호의 수식을 구하라.

1.9 다음 그림의 연속 신호에 대해 에너지와 전력을 구하라.

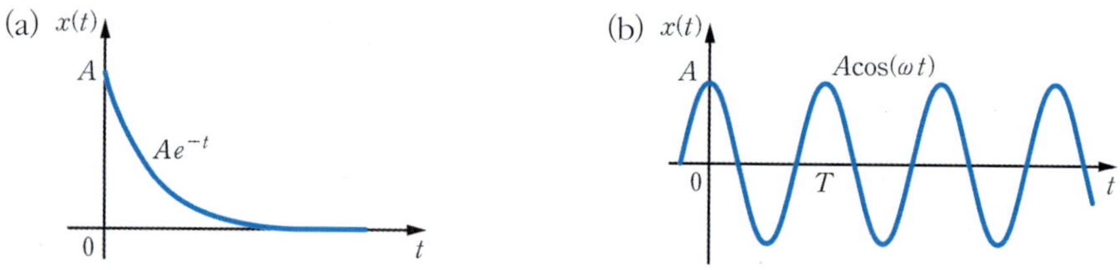

1.10 다음 그림의 이산 신호에 대해 에너지와 전력을 구하라.

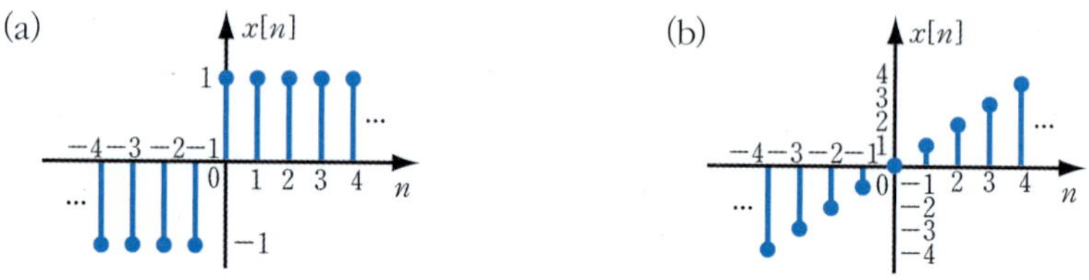

응용 문제

1.11 최근 대부분의 빌딩 주차장에는 자동으로 자동차 번호판을 인식하여 자동차의 출입을 관리하는 주차 관제 시스템이 도입되고 있다. 이 시스템은 등록된 차량이면 차단기를 열어서 통과시키고, 미등록 차량이면 안내 화면을 통해 별도의 절차를 밟도록 안내한다. 이 시스템의 블록선도를 그리고, 각 구성부의 역할을 간단히 설명하라.

1.12 다음 그림과 같이 입출력 관계가 1차 미분 방정식으로 표현되는 2개의 시스템이 있다. 두 시스템을 종속 연결한 시스템의 입력 $x(t)$에 대한 출력 $y(t)$의 관계를 표현하는 2차 미분 방정식을 구하라.

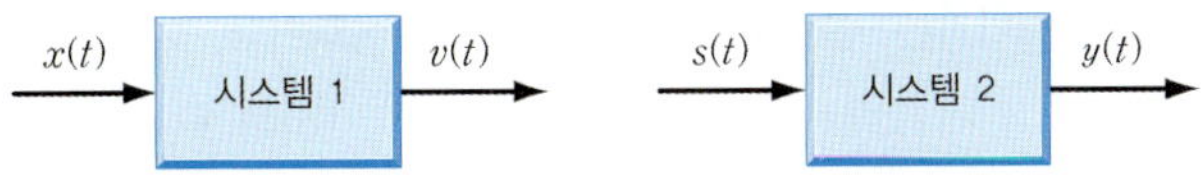

$$\frac{dv(t)}{dt} + av(t) = x(t) \qquad \frac{dy(t)}{dt} + by(t) = as(t)$$

1.13 $x_1(t) = 2\sin(2\pi t + 10°)$이고 $x_2(t) = \cos(2\pi t - 20°)$일 때 두 정현파의 위상차를 구하라. 또 그 위상차를 시간으로 나타내라.

1.14 다음 그림과 같은 정현파 신호에 대한 다음의 설명 중 틀린 것은?

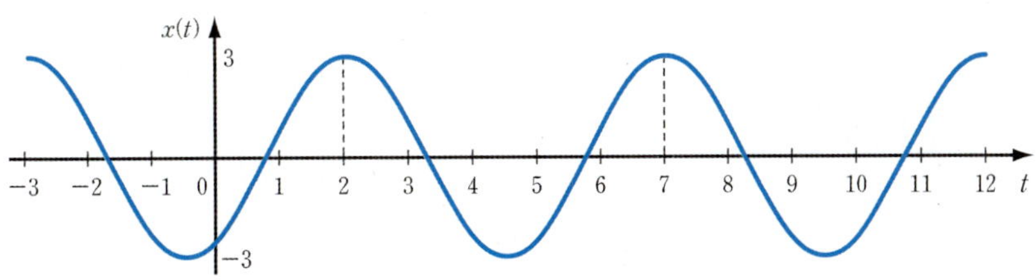

㉮ 이 정현파는 진폭 $A = 3$, 주기 $T = 5$이다.

㉯ 이 정현파가 코사인파라면 위상이 $\phi = -\frac{4\pi}{5}$이고, 사인파라면 위상이 $\phi = -\frac{3\pi}{10}$이다.

㉰ 시간축을 2배로 늘이면, 이 정현파의 위상도 2배가 된다.

㉱ 이 정현파는 같은 진폭의 주파수 5[Hz]인 정현파에 비해 파형의 변화가 느리다.

1.15 정현파 신호의 전력과 관련하여 다음 물음에 답하라.

(a) 어떤 정현파와 진폭이 같고 주기가 2배인 정현파의 전력을 각각 구하라.

(b) 어떤 정현파와 주기가 같고 진폭이 2배인 정현파의 전력을 각각 구하라.

(c) (b)의 두 신호의 전력비를 데시벨로 구하라.

(d) (a)와 (b)의 결과로부터 정현파의 전력에 관해 어떤 사실을 유추할 수 있는가?

1.16 다음 그림의 신호들에 대한 설명 중 틀린 것을 고르고, 그 이유를 설명하라.

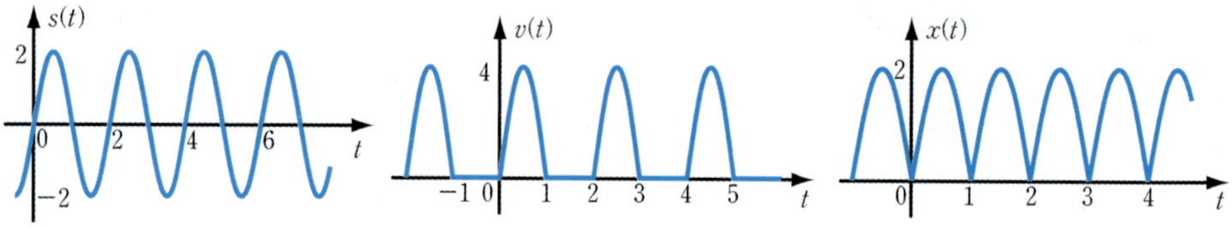

(a) 정현파 (b) 반파 정류파 (c) 전파 정류파

㉮ (a)의 정현파 $s(t)$와 이를 전파 정류한 (c)의 $x(t)$의 실횻값은 같다.

㉯ 세 신호 모두 에너지는 무한하나 전력이 유한한 신호이다.

㉰ 세 신호 중에 $s(t)$를 2배로 증폭하여 반파 정류한 (b)의 $v(t)$의 전력이 가장 작다.

㉱ $x(t)$의 $s(t)$에 대한 전력비는 0[dB], $v(t)$에 대한 전력비는 -3[dB]이다.

1.17 다음과 같은 연속 신호에 대해 에너지와 전력을 구하라.

(a) $x(t)=e^{-|t|}$ (b) $x(t)=e^{j\omega_0 t}$

1.18 다음 그림의 이산 신호에 대해 에너지와 전력을 구하라.

(a)

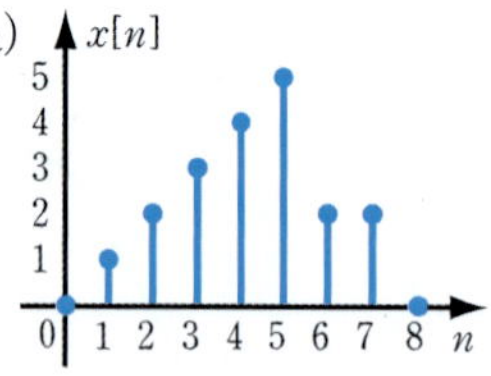

(b)

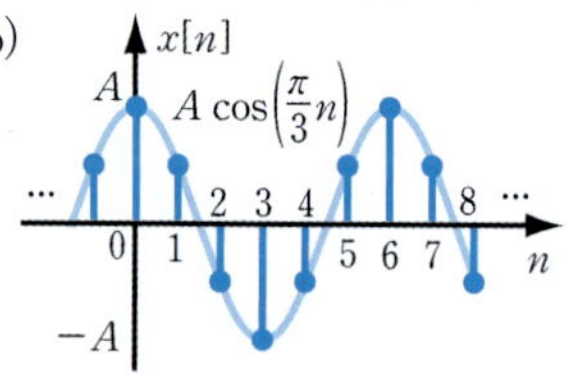

1.19 다음 그림의 신호에 대해 에너지와 전력을 구하라.

(a)

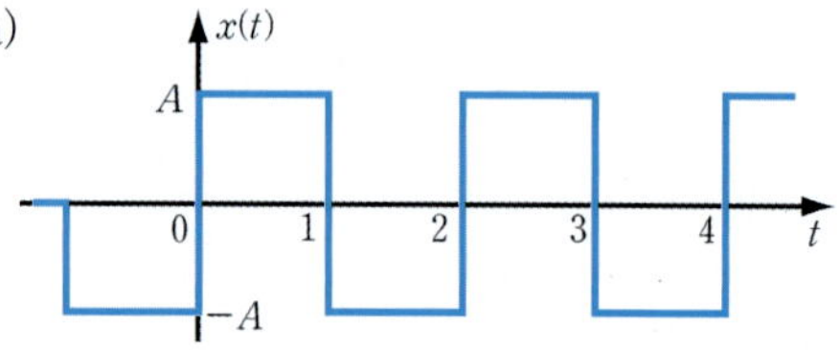

(b)

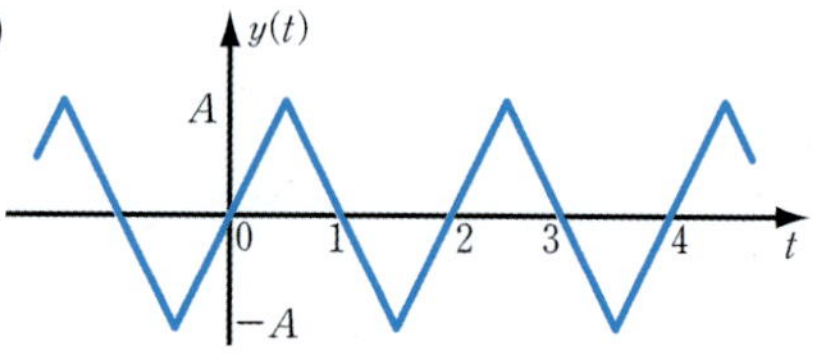

1.20 [연습문제 1.19]의 두 신호에 대해 같은 주기와 진폭을 갖는 정현파에 대한 전력비를 데시벨로 구하라.

CHAPTER 02

신호와 시스템의 분류

Classification of Signals and Systems

학습목표

- 신호의 주요 성질에 따른 분류를 이해할 수 있다.
- 아날로그 신호와 디지털 신호의 차이를 이해할 수 있다.
- 주기 신호의 특성과 신호의 대칭성에 대해 이해할 수 있다.
- 시스템의 주요 성질에 따른 분류를 이해할 수 있다.
- 선형성, 시불변성, 인과성과 안정도의 개념에 대해 이해할 수 있다.
- 선형 시불변(LTI) 시스템의 중요성을 이해할 수 있다.

미리보기

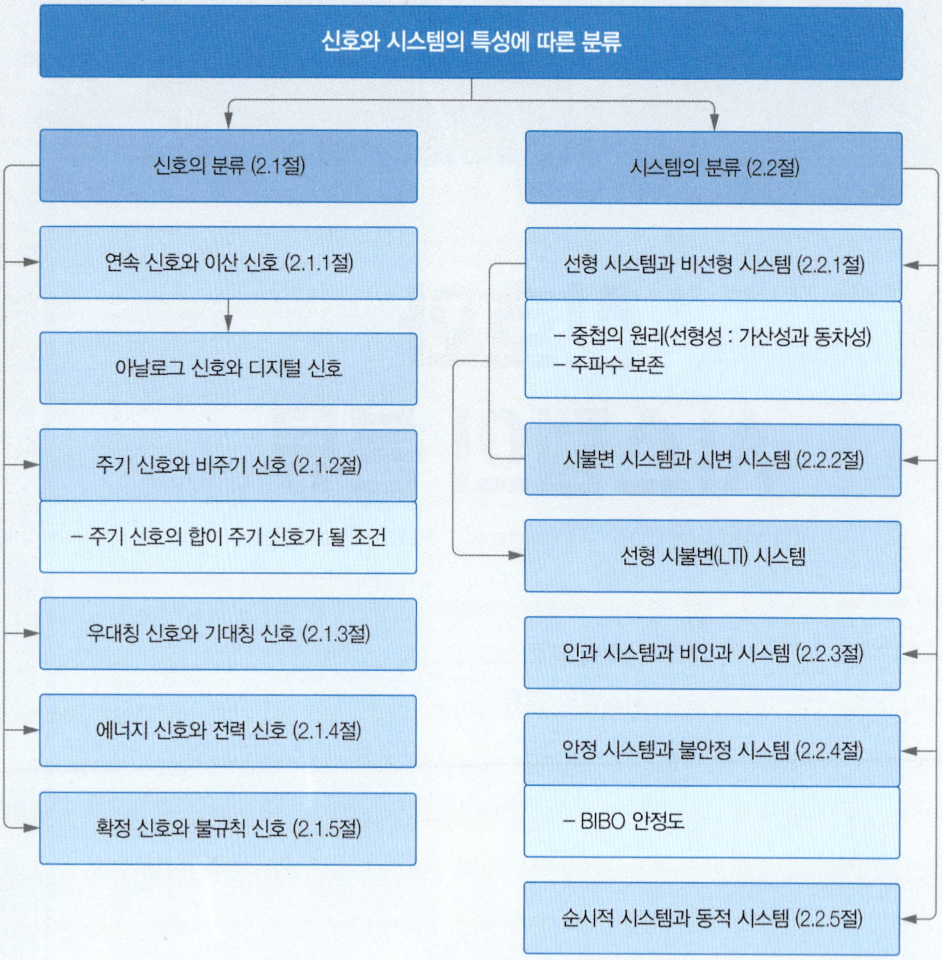

형태나 성질이 각양각색인 수많은 신호와 시스템들을 체계적이고 통합적으로 다루기 위해서는 적절한 기준에 의해 비슷한 성질을 지니는 것들끼리 묶어보는 것이 유용하다. 그렇게 하면 신호와 시스템의 특성을 분석하기도 좀 더 수월하고, 분류된 각 그룹에 맞춤으로 적절히 표현하거나 취급 방법을 다르게 적용할 수 있는 이점도 있다. 신호와 시스템의 분류 기준으로 채택된 속성들은 수학적으로 정의되어 적용되기는 하지만, 실제로는 신호와 시스템의 특성과 그 작용이 어떻게 이루어지는가 하는 물리적인 현상을 반영한 것이므로 그 안에 담긴 개념을 잘 이해해야 한다. 이 장에서는 신호와 시스템의 중요한 분류에 대해 살펴볼 것이다. 신호와 관련해서는 아날로그 신호와 디지털 신호의 차이, 주기 신호의 특성 등을 잘 익혀둘 필요가 있다. 시스템에 관해서는 책 전반에 걸쳐 주로 다루어질 인과 안정 선형 시불변(LTI) 시스템에 주목하여 학습해 두면 좋을 것이다.

2.1 신호의 분류

다양한 신호들을 형태나 성질이 비슷한 것들끼리 묶어서 나누게 되면, 특성을 분석하기가 좀 더 수월하고 그룹별로 신호의 표현이나 취급을 다르게 할 수도 있을 것이다. 이 절에서는 몇 가지 중요하고 유용한 신호의 분류에 대해 알아본다.

학습포인트

- 아날로그 신호와 디지털 신호의 정의와 차이를 이해한다.
- 주기 신호의 정의와 성질을 이해한다.
- 기대칭 신호와 우대칭 신호의 정의와 이러한 파형의 대칭성을 이용한 신호 표현을 익혀둔다.
- 에너지 신호와 전력 신호의 정의를 알아둔다.
- 확정 신호와 불규칙 신호의 차이를 이해한다.

2.1.1 연속 신호와 이산 신호

시간 함수로 표현된 신호를 시간에 대해 연속이냐 불연속(이산)이냐에 따라 연속 신호와 이산 신호로 나누는 것은 이미 1.4절에서 살펴본 바 있다.

아날로그 신호와 디지털 신호

그런데 신호는 가로축인 시간뿐만 아니라 세로축인 값(크기, 진폭)에 대해서도 연속 또는 불연속(이산)이 될 수 있다. 따라서 신호는 [그림 2-1]에 나타낸 것처럼 시간과 크기의 연속/이산 여부에 따라 네 종류로 나눌 수 있는데, 특별히 (a)와 (d)는 다음과 같이 구분한다.

- **아날로그**analog **신호**는 연속 신호 중에서도 시간과 크기 모두 연속적인 값을 갖는 신호이다([그림 2-1(a)]).
- **디지털**digital **신호**는 이산 신호 중에서도 시간과 크기 모두 이산적인 값만 갖는 신호이다([그림 2-1(d)]).

방송 전파, 음성 신호와 같이 우리가 일상생활에서 접하는 신호들은 대부분 아날로그 신호이며, 10원 단위로 표시되는 매일의 주식 가격이나 0과 1로 표현되는 컴퓨터의 이진 신호는 대표적인 디지털 신호이다. 그러나 이는 어디까지나 엄격한 정의이고, 실제로는 좀 더 폭넓게 연속 신호를 아날로그 신호, 이산 신호를 디지털 신호라고 혼용해 쓰기도 한다. 예를 들어 '디지털 신호 처리'는 실제로는 이산 신호를 디지털 시스템으로 처리하는 분야이다.

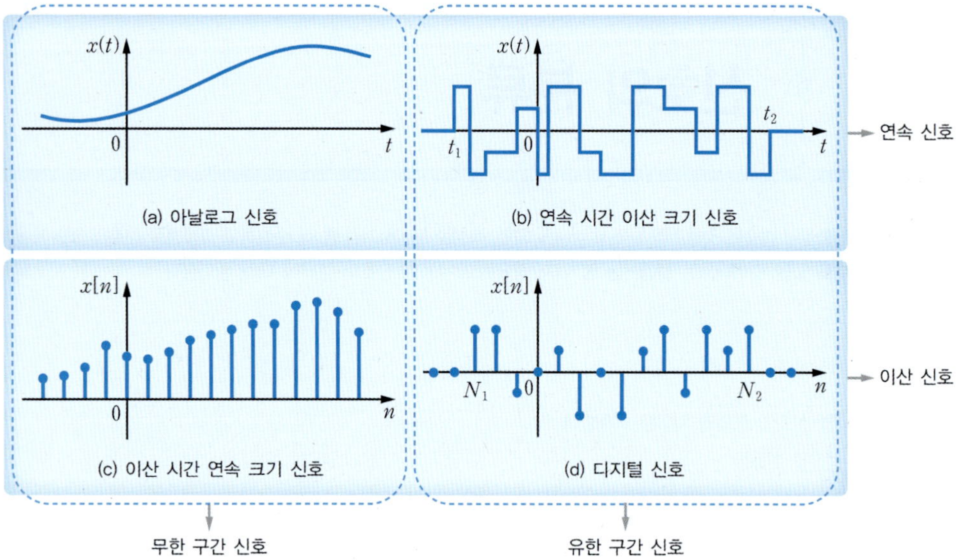

그림 2-1 시간과 크기에 따른 신호의 분류

2.1.2 주기 신호와 비주기 신호

1.5절에서 정현파를 다루면서 보았듯이, 같은 파형이 끊임없이 반복되는 신호가 있는가 하면 실수 지수 신호나 계단 신호와 같이 그런 규칙성을 가지지 않는 신호들도 있다. 전자를 **주기 신호**, 후자를 **비주기 신호**라고 한다.

- **주기**periodic **신호**는 같은 파형이 끊임없이 반복되는 신호로서 다음의 관계를 만족한다.

$$x(t+kT)=x(t),\quad k\text{는 정수} \tag{2.1a}$$

$$x[n+kN]=x[n],\quad k,\ N\text{은 정수} \tag{2.1b}$$

- **비주기**aperiodic **신호**는 위의 주기성을 만족하지 않는 신호이다.
- 파형이 반복되는 (최소) 시간 간격 T(또는 N)를 **(기본) 주기**(fundamental) period라고 한다.
- 2개의 주기 신호가 더해진 신호는 각 주기 신호의 주기의 비가 유리수가 되는 경우만 주기 신호가 된다. 이때 주기는 각 주기 신호의 주기의 최소공배수가 된다.

$$\frac{T_1}{T_2}\left(\text{또는 } \frac{N_1}{N_2}\right)=\frac{l}{k}\quad (k,\ l\text{은 정수}) \tag{2.2}$$

$x(t)=\sin(t)$는 $T=2\pi,\ 4\pi,\ 6\pi,\ \cdots$에 대해 식 (2.1a)를 만족하지만, 기본 주기인 $T=2\pi$를 $x(t)=\sin(t)$의 주기라고 한다. 그리고 식 (2.1b)에서 이산 신호는 항상 시간 값 n이 정수이므로 주기 N도 정수라는 조건이 붙는다.

또한 주기 T_1인 신호 $x_1(t)$와 주기 T_2인 신호 $x_2(t)$를 더한 신호 $x(t)$는 $kT_1 = lT_2 = T$가 되어야만 같은 파형이 주기 T로 반복해 나타날 수 있고, 이 조건을 식 (2.2)에 정리하였다.

예제 2-1 주기 신호의 판별

다음 신호가 주기 신호인지 판별하고 만약 주기 신호라면 주기를 구하라.

(a) $x(t) = 3\cos(6\pi t) + 2\sin(8\pi t)$

(b) $y(t) = 3\cos(6t) + 2\sin(8t)$

(c) $z(t) = 3\cos(6\pi t) + 2\sin(8t)$

(d) $x[n] = \sin\left(\frac{3\pi n}{4}\right) + \cos\left(\frac{\pi n}{3}\right)$

풀이

(a) 주파수가 $x_1(t) = 3\cos(6\pi t)$는 $\omega_1 = 6\pi = \frac{2\pi}{T_1}$, $x_2(t) = 2\sin(8\pi t)$는 $\omega_2 = 8\pi = \frac{2\pi}{T_2}$이므로, 두 신호의 주기는 각각 $T_1 = \frac{1}{3}$, $T_2 = \frac{1}{4}$이다. 두 주기의 비 $\frac{T_1}{T_2} = \frac{4}{3}$가 유리수이므로 $x(t)$는 주기 신호이며, 주기는 두 정현파의 주기의 최소공배수로서 다음과 같다.

$$T = \frac{T_1 T_2}{\text{최대공약수}(T_1, T_2)} = \frac{\left(\frac{1}{3}\right)\left(\frac{1}{4}\right)}{\frac{1}{12}} = 1$$

이상과 같은 각 신호의 주기는 [그림 2-2(a)]의 파형에서 바로 확인할 수 있다. 그림에서 보면 $x(t)$는 정확히 주기 1로 같은 파형을 반복하고 있다.

(b) $\cos(6t)$의 주파수는 $\omega_1 = 6 = \frac{2\pi}{T_1}$, $\sin(8t)$는 주파수가 $\omega_2 = 8 = \frac{2\pi}{T_2}$이므로, 두 신호의 주기는 각각 $T_1 = \frac{\pi}{3}$, $T_2 = \frac{\pi}{4}$이다. 두 주기의 비 $\frac{T_1}{T_2} = \frac{4}{3}$가 유리수이므로 $x(t)$는 주기 신호이며, 주기는 두 정현파의 주기의 최소공배수로서 다음과 같다.

$$T = \frac{T_1 T_2}{\text{최대공약수}(T_1, T_2)} = \frac{\left(\frac{\pi}{3}\right)\left(\frac{\pi}{4}\right)}{\frac{\pi}{12}} = \pi$$

각 주기 신호의 주기가 유리수로 주어졌던 (a)의 경우와 달리, 각 신호의 주기가 무리수임에도 불구하고 두 주기의 비는 유리수가 되어 $x(t)$는 주기 신호가 된다. 사실 이 경우는 (a)에서 시간축에 π를 곱한 것과 같다.

(c) $z_1(t) = 3\cos(6\pi t)$의 주기 $T_1 = \frac{1}{3}$, $z_2(t) = 2\sin(8t)$의 주기 $T_2 = \frac{\pi}{4}$로 $\frac{T_1}{T_2} = \frac{4}{3\pi}$가 되어 유리수가 아니므로 $z(t)$는 주기 신호가 아니다. 이 또한 [그림 2-2(b)]의 파형에서 확인할 수 있다. 그림을 잘 살펴보면, $z(t)$가 조금씩 달라져서 결코 같은 파형을 반복하지 않는다. 이처럼 각각의 신호가 주기 신호라 할지라도 이를 더한 신호가 항상 주기 신호가 되는 것은 아니며, 반드시 식 (2.2)의 조건을 만족해야만 주기 신호가 된다.

(d) 사인파의 주기 N_1은 다음의 관계로부터 $\frac{3\pi N_1}{4} = 2\pi k$를 만족해야 하므로 $N_1 = 8$이 된다(이산 신호의 주기는 정수가 되어야 함을 유의하라).

$$\sin\left(\frac{3\pi(n+N_1)}{4}\right) = \sin\left(\frac{3\pi n}{4} + \frac{3\pi N_1}{4}\right) = \sin\left(\frac{3\pi n}{4}\right)$$

코사인파의 주기 N_2는 다음의 관계로부터 $\frac{\pi N_2}{3} = 2\pi k$를 만족해야 하므로 $N_2 = 6$이다.

$$\cos\left(\frac{\pi(n+N_2)}{3}\right) = \cos\left(\frac{\pi n}{3} + \frac{\pi N_2}{3}\right) = \cos\left(\frac{\pi n}{3}\right)$$

두 주기의 비 $\frac{N_1}{N_2} = \frac{8}{6}$이 유리수이므로 $x[n]$은 주기 신호이며, 주기는 두 정현파의 주기의 최소공배수로서 다음과 같다.

$$N = \frac{N_1 N_2}{\text{최대공약수}(N_1, N_2)} = \frac{(8)(6)}{2} = 24$$

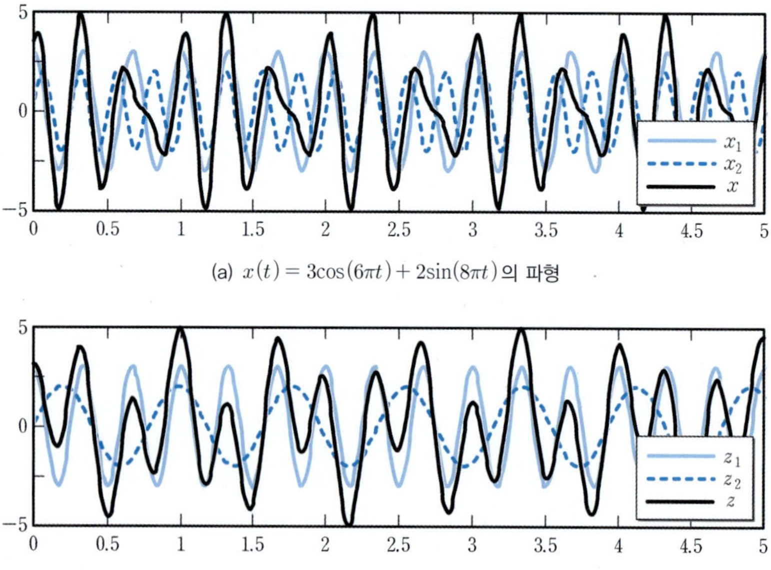

(a) $x(t) = 3\cos(6\pi t) + 2\sin(8\pi t)$의 파형

(b) $z(t) = 3\cos(6\pi t) + 2\sin(8t)$의 파형

그림 2-2 [예제 2-1]의 신호 파형

2.1.3 우대칭 신호와 기대칭 신호

어떤 신호들은 파형이 특별한 형태의 대칭성을 지닌다. [그림 2-3]에서 보듯이, 코사인파는 세로축에 대해 대칭으로 **우(함수)대칭 신호**, 사인파는 원점에 대해 180° 회전 대칭으로 **기(함수)대칭 신호**라고 한다.

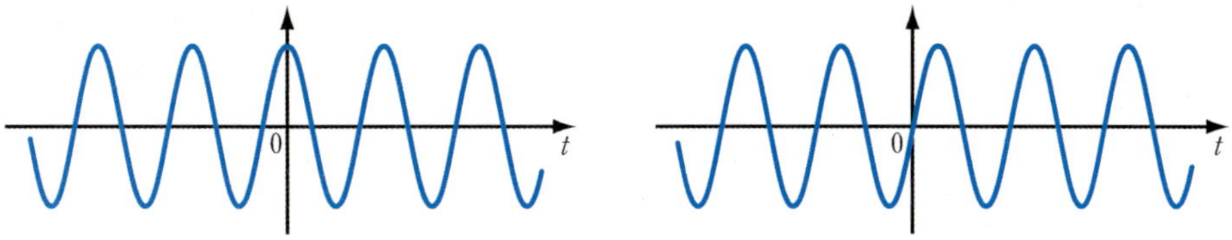

(a) 코사인파(우대칭 신호) (b) 사인파(기대칭 신호)

그림 2-3 우대칭 신호와 기대칭 신호

- **우대칭**even symmetric **신호**는 파형이 세로축에 대해 대칭인 신호이다.

$$x(t)=x(-t) \tag{2.3}$$

- **기대칭**odd symmetric **신호**는 파형이 원점에 대해 180° 회전 대칭인 신호이다.

$$x(t)=-x(-t) \tag{2.4}$$

- 임의의 신호 $x(t)$는 우대칭 신호 $x_e(t)$와 기대칭 신호 $x_o(t)$의 합으로 표현할 수 있다.

$$x(t)=\frac{[x(t)+x(-t)]}{2}+\frac{[x(t)-x(-t)]}{2}=x_e(t)+x_o(t) \tag{2.5}$$

기대칭 신호는 세로축에 대해 대칭시킨 뒤 다시 가로축에 대해 대칭시킨 신호와 같으며, 식 (2.5)는 $x(t)$에 $x(-t)$를 더하고 빼서 쉽게 얻을 수 있다.

예제 2-2 신호의 우대칭 성분과 기대칭 성분

[그림 2-4(a)]의 원 신호에 대해 기대칭 성분과 우대칭 성분을 구하라.

풀이

[그림 2-4]를 보자. 식 (2.5)와 같이 (a)의 원래 신호에 시간축을 뒤집은 (b)의 반사 신호를 더하거나 뺀 다음 크기를 반으로 줄이면 우대칭 성분과 기대칭 성분이 얻어진다. (c)의 우대칭 성분과 (d)의 기대칭 성분을 더하면 (a)의 원래 신호가 얻어지는 것을 금방 알 수 있다.

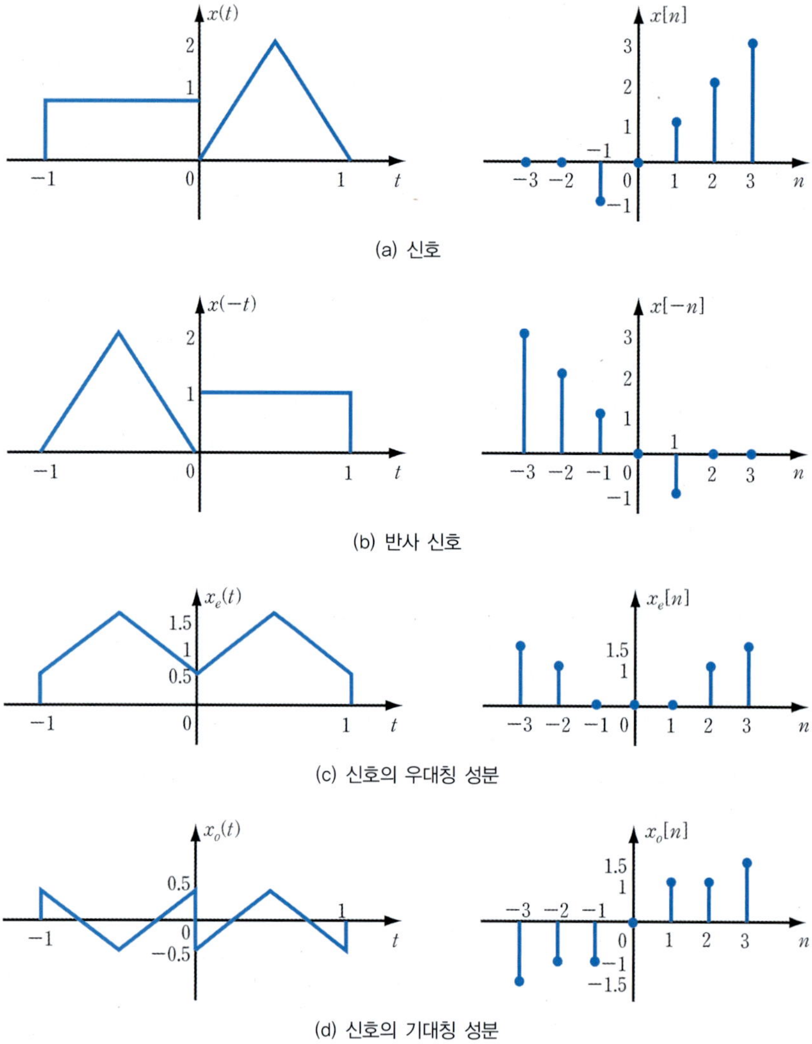

그림 2-4 신호의 우대칭 성분과 기대칭 성분에 의한 표현 예

2.1.4 에너지 신호와 전력 신호

신호는 1.5절에서 정의한 에너지와 전력 값이 어떻게 되는가에 따라 에너지 신호와 전력 신호로 나눌 수 있는데, 이러한 구분은 6장의 푸리에 변환에서 요긴하게 활용된다.

- **에너지 신호**는 에너지가 유한한 신호이다.

$$E = \lim_{T\to\infty} \int_{-\frac{T}{2}}^{\frac{T}{2}} |x(t)|^2 dt < \infty \tag{2.6a}$$

$$E = \lim_{N\to\infty} \sum_{n=-N}^{N} |x[n]|^2 < \infty \tag{2.6b}$$

- **전력 신호**는 에너지는 무한하나 전력이 유한한 신호이다.

$$P = \lim_{T\to\infty} \frac{1}{T} \int_{-\frac{T}{2}}^{\frac{T}{2}} |x(t)|^2 dt < \infty \tag{2.7a}$$

$$P = \lim_{N\to\infty} \frac{1}{2N+1} \sum_{n=-N}^{N} |x[n]|^2 < \infty \tag{2.7b}$$

길이가 유한한 유한 구간 신호는 적분(총합)값이 항상 유한하므로 에너지 신호이다. 길이가 무한한 무한 구간 신호 중에도 시간에 따라 크기가 감쇠하는 지수 신호와 같이 에너지가 유한한 에너지 신호들이 많이 있다. 전력은 에너지의 시간에 대한 평균이므로 에너지가 유한한 에너지 신호는 전력이 0이 된다([그림 2-5(a)]).

자주 사용되지만 에너지 신호의 조건을 충족시키지 못하는 신호들도 많은데, 그중에서 특별한 공통점을 갖는 신호들을 모은 것이 전력이 유한한 전력 신호이다. [그림 2-5(b)]의 계단 신호는 에너지는 무한하지만 평균 전력이 유한하므로 전력 신호이다. 주기 신호는 전 시간 구간에 걸쳐 같은 파형이 반복되기 때문에 한 주기 동안의 에너지가 유한하더라도 총에너지는 무한하게 된다. 그러나 한 주기의 에너지 평균이 곧 전체 구간의 에너지 평균이므로 전력은 유한하다. 따라서 일반적으로 주기 신호는 전력 신호가 된다.

그런데 모든 신호가 반드시 에너지 신호나 전력 신호 둘 중의 하나가 되는 건 아니다. [그림 2-5(c)]의 램프 신호와 같이 에너지와 전력이 모두 무한한, 즉 에너지 신호도 전력 신호도 아닌 신호들도 있다.

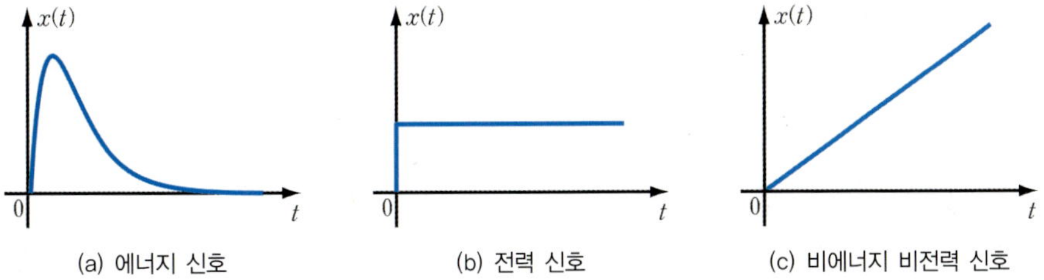

그림 2-5 에너지 신호와 전력 신호의 예

예제 2-3 에너지 신호와 전력 신호

[그림 2-5]의 신호의 에너지와 전력을 구해 에너지 신호인지 전력 신호인지 확인하라.

풀이

[그림 2-5(a)]의 신호는 $x(t) = Ate^{-\alpha t}$, $\alpha > 0$으로 표현할 수 있으므로 에너지를 계산하면,

$$E = \int_{-\infty}^{\infty} |x(t)|^2 dt = \int_0^{\infty} A^2 t^2 e^{-2\alpha t} dt = -\frac{A^2}{2\alpha} t^2 e^{-2\alpha t}\Big|_0^{\infty} + \frac{2A^2}{2\alpha}\int_0^{\infty} te^{-2\alpha t} dt$$

$$= \frac{A^2}{\alpha}\left(-\frac{1}{2\alpha} te^{-2\alpha t}\Big|_0^{\infty} + \frac{1}{2\alpha}\int_0^{\infty} e^{-2\alpha t} dt\right) = -\frac{A^2}{4\alpha^3} e^{-2\alpha t}\Big|_0^{\infty} = \frac{A^2}{4\alpha^3}$$

이다. 즉 에너지가 유한하므로 에너지 신호이다.

[그림 2-5(b)]의 신호는 $x(t) = A$, $t \geq 0$으로 표현할 수 있으므로

$$E = \lim_{T\to\infty}\int_{-T/2}^{T/2} |x(t)|^2 dt = \lim_{T\to\infty}\int_0^{T/2} A^2 dt = \lim_{T\to\infty} A^2 t\Big|_0^{T/2} = \lim_{T\to\infty} A^2 \frac{T}{2} = \infty$$

$$P = \lim_{T\to\infty}\frac{1}{T}\int_{-T/2}^{T/2} |x(t)|^2 dt = \lim_{T\to\infty}\frac{1}{T}\frac{A^2 T}{2} = \frac{A^2}{2}$$

이 된다. 에너지는 무한하지만, 전력은 유한하므로 전력 신호이다.

[그림 2-5(c)]의 신호는 $x(t) = At$, $t \geq 0$으로 표현할 수 있으므로

$$E = \lim_{T\to\infty}\int_{-T/2}^{T/2} |x(t)|^2 dt = \lim_{T\to\infty}\int_0^{T/2} A^2 t^2 dt = \lim_{T\to\infty}\frac{A^2}{3} t^3\Big|_0^{T/2} = \lim_{T\to\infty}\frac{A^2}{3}\frac{T^3}{8} = \infty$$

$$P = \lim_{T\to\infty}\frac{1}{T}\int_{-T/2}^{T/2} |x(t)|^2 dt = \lim_{T\to\infty}\frac{1}{T}\frac{A^2}{3}\frac{T^3}{8} = \infty$$

가 된다. 에너지와 전력이 모두 무한하므로 에너지 신호도 전력 신호도 아니다.

2.1.5 확정 신호와 불규칙 신호

$x(t) = 4\cos(3\pi t)$나 $x(t) = 3t + 2$와 같은 신호들은 시간 t의 값에 따라 신호의 값이 정해지며 변함이 없다. 반면에 주사위를 500번을 한 세트로 던질 경우 던질 때마다 결과는 달라지지만, 주사위 각 면의 숫자가 나올 확률이나 기댓값 등의 통계적 성질은 변하지 않는다. 앞의 경우를 **확정 신호**, 뒤의 경우를 **불규칙 신호**라고 한다.

- **확정**deterministic **신호**는 시간에 대해 미리 정해진 형태를 가지는 신호, 다시 말해 수식이나 표 또는 다른 규칙을 통해 명확하게 나타낼 수 있는 신호이다.
- **불규칙**random **신호**는 시간에 대해 미리 정해진 형태를 가지지 않아 신호의 값을 예측할 수는 없지만, 일정한 통계적 특성을 가지는 신호로서 확률적으로 취급하여야 한다.

우리가 익히 알고 있고, 많이 사용하는 대부분의 신호는 확정 신호이다. 확정 신호는 같은 시간에 대해서 항상 신호 값이 같으며, 이러한 시간과 신호의 관계는 절대 달라지지 않는데 반해, 불규칙 신호는 시간과 신호 값의 관계가 일정하지 않으므로 확률 밀도 함수와 평균, 분산과 같이 변하지 않는 통계량을 이용하여 확률적으로 취급해야 한다. 반도체 소자에서 발생하는 열잡음이나 통신 시스템의 잡음도 불규칙 신호로서 스펙트럼이 모든 주파수에 걸쳐 있는 까닭에 **백색 잡음**white noise이라 한다. [그림 2-6]에 백색 잡음의 예를 나타내었다.

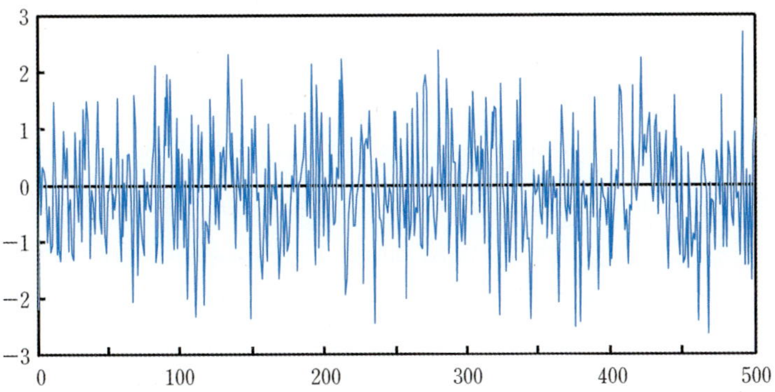

그림 2-6 불규칙 신호의 예 : 백색 잡음

2.2 시스템의 분류

신호와 마찬가지로 시스템도 그 특성에 따라 여러 범주로 분류할 수 있다. 분류의 기준이 되는 성질들은 수학적으로 엄밀하게 정의되기는 하지만, 실제로는 입력에 대한 시스템의 작용이 어떻게 이루어지는가 하는 물리적인 현상을 반영한 것이므로 그 안에 담긴 개념을 잘 이해해야 한다. 이 절에서는 몇 가지 중요하고 유용한 시스템의 분류에 대해 살펴볼 것이다. 시스템 특성의 수식 표현과 그림은 기본적으로 연속 시스템에 대해서만 나타내고, 꼭 필요한 경우에만 이산 시스템에 대한 수식 표현도 함께 제시할 것이다.

학습포인트

- 선형성과 선형 시스템의 정의를 잘 알아둔다.
- 중첩의 원리와 주파수 보존 등 선형 시스템의 특성에 대해 이해한다.
- 시불변 시스템의 정의를 이해하고, 선형 시불변 시스템의 중요성을 인식한다.
- 인과 시스템의 정의와 의미를 잘 알아둔다.
- 안정도 및 안정 시스템의 정의와 중요성을 이해한다.
- 동적 시스템과 순시적 시스템의 차이를 이해한다.

2.2.1 선형 시스템과 비선형 시스템

가게의 '사탕 뽑기 기계'에 넣는 돈과 나오는 사탕의 관계가 '사탕의 수=(넣은 돈/100)×2'와 같이 단순한 (선형) 비례 관계가 아니고 300원을 넣으면 5개, 400원을 넣으면 9개, 500원을 넣으면 8개가 나오는 식으로 뒤죽박죽이라면, 일일이 모든 경우를 다 시험해 봐야만 기계의 동작을 온전히 파악할 수 있어서 가게 주인과 손님 모두 혼란스러울 것이다. 이 예에서 알 수 있듯이 선형성은 매우 중요하고 유용한 개념이다. **선형성**은 여러 신호가 동시에 입력될 때의 출력이 각 신호를 따로따로 입력시켰을 때 나오는 출력의 합과 같아지는 **가산성**additivity과 입력의 크기를 2배, 3배로 했을 때 출력도 2배, 3배로 커지는 **동차성**homogeneity을 함께 만족하는 성질로 정의된다.

- **선형성**linearity은 가산성과 동차성의 두 가지 성질을 만족하는 것이다. 선형성은 다른 말로 **중첩의 원리**principle of superposition라고도 한다.

가산성 : $H\{x_1\} = y_1,\ H\{x_2\} = y_2 \rightarrow H\{x_1 + x_2\} = H\{x_1\} + H\{x_2\} = y_1 + y_2$ (2.8)

동차성 : $H\{x\} = y \rightarrow H\{\alpha x\} = \alpha H\{x\} = \alpha y$ (2.9)

- **선형 시스템** linear system 은 입출력 관계가 선형성, 즉 중첩의 원리를 만족하는 시스템이다.

$$H\{\alpha x_1 + \beta x_2\} = \alpha H\{x_1\} + \beta H\{x_2\} = \alpha y_1 + \beta y_2 \tag{2.10}$$

- **비선형 시스템** nonlinear system 은 입출력 관계가 선형이 아닌 시스템이다.
- 선형 시스템에서는 출력에 입력의 주파수가 보존된다. 반면에 비선형 시스템에서는 출력에 입력과 다른 주파수 성분이 생길 수 있다.

식 (2.8)에서 $H\{x_1\} = y_1$은 시스템 H에 입력 x_1을 넣었을 때 출력이 y_1이 됨을 뜻한다. 식 (2.8)과 식 (2.9)를 하나로 묶어 나타낸 것이 식 (2.10)인데, 선형성 판별에는 이 식이 주로 이용된다. 식 (2.10)으로부터 '여러 신호의 합으로 이루어진 입력에 대한 시스템의 출력은 각 신호에 대한 개별적인 시스템 응답의 합 또는 중첩으로 주어진다'는 중첩의 원리가 선형성과 같음을 알 수 있다. 그러므로 선형 시스템은 중첩의 원리가 성립되는 시스템이다.

[그림 2-7]은 선형성을 만족하는 연속 시스템의 예(미분기)를 나타낸 것이다. 그림에서 보면, 이 시스템에서 입력 $x_1(t) = at$에 대한 출력은 $y_1(t) = a$, 입력 $x_2(t) = -\sin(2t)$에 대한 출력은 $y_2(t) = -2\cos(2t)$이다. $x_1(t)$를 2배한 것에 $x_2(t)$를 더하여 시스템의 입력으로 넣어주면 출력이 $y_1(t)$를 2배한 것과 $y_2(t)$를 더한 값으로 나온다($y(t) = \frac{d}{dt}(2at - \sin(2t)) = 2a - 2\cos(2t)$). 따라서 이 시스템은 선형성을 만족하는 선형 시스템이다.

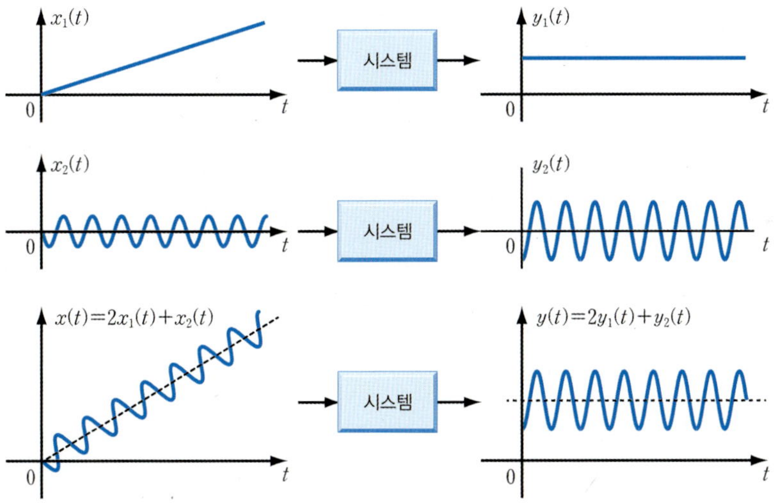

그림 2-7 선형 시스템의 예 : 미분기

RLC 회로 같은 수동 전기회로는 대표적인 선형 시스템이며, [그림 2-8]에 나타낸 리미터, 포화기나 히스테리시스 회로 등은 비선형 시스템의 좋은 예이다. (a)의 리미터는 제너다이오드를 이용한 정전압 회로, (b)의 포화기는 화력 발전소의 증기 발생기(보일러), (c)의 히스테리시스 회로는 변압기 철심의 자화(곡선)를 들 수 있다.

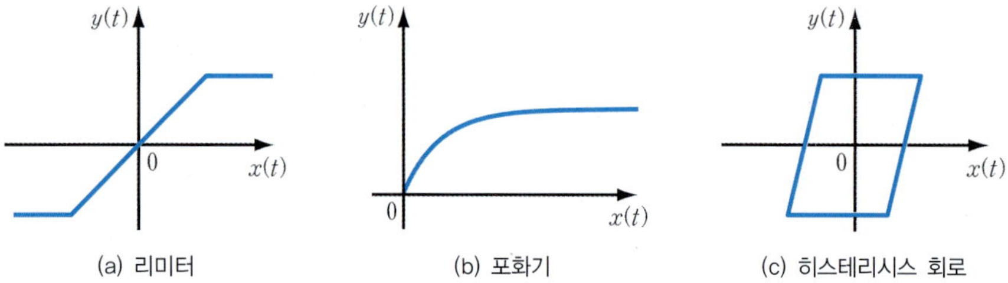

그림 2-8 비선형 시스템의 예

선형성은 시스템이 지니면 좋은 바람직한 특성으로, 시스템의 모형화와 해석에서 핵심이 되는 아주 중요한 개념이다. [그림 2-7]의 예에서 보듯이, 복잡한 형태를 지닌 임의의 입력 신호를 (손쉽게 출력을 구할 수 있는) 단순한 꼴의 기본적인 신호들의 합으로 쪼갤 수 있다면, 선형 시스템의 경우에는 각각의 기본적인 신호들에 대한 응답을 따로 계산한 뒤에 이들을 더함으로써 수월하게 시스템의 출력을 구할 수 있게 된다. 하지만 비선형 시스템이라면 이러한 접근이 불가능하다.

TIP & NOTE **선형 시스템과 주파수 보존**

입력을 제곱해서 출력으로 내는 시스템 $y(t)=x^2(t)$를 생각해보자. 입력 $x_1(t)$와 $x_2(t)$에 대한 출력이 각각 $y_1(t)$와 $y_2(t)$일 때, 이 시스템에 입력 $x_1(t)+x_2(t)$를 넣으면 시스템 응답이 다음과 같이 선형성을 만족하지 않으므로 이 시스템은 비선형 시스템이다.

$$\begin{aligned} H\{x_1(t)+x_2(t)\} &= (x_1(t)+x_2(t))^2 = x_1^2(t)+x_2^2(t)+2x_1(t)x_2(t) \\ &\neq x_1^2(t)+x_2^2(t) = y_1(t)+y_2(t) \end{aligned}$$

정현파 $x(t)=2\cos(\omega_0 t)$에 대한 이 시스템의 출력을 구해보면, 다음과 같이 주파수가 0인 직류 성분과 주파수가 $2\omega_0$인 정현파의 두 성분으로 구성되어 있으며, 입력 신호와 같은 주파수 성분은 존재하지 않음을 알 수 있다.

$$y(t)=4\cos^2(\omega_0 t)=2(1+\cos(2\omega_0 t))=2+2\cos(2\omega_0 t)$$

반면에 $y(t)=2x(t)$와 같은 선형 시스템에 정현파 입력 $x(t)=2\cos(\omega_0 t)$를 넣으면, 시스템 출력은 $y(t)=4\cos(\omega_0 t)$가 되어 출력의 주파수는 변하지 않는다.

이상의 논의에서 알 수 있듯이, 선형 시스템의 출력은 오로지 입력과 같은 주파수 성분만을 포함하는 반면에, 비선형 시스템에서는 출력에 입력과 다른 주파수 성분이 생길 수 있다. 주파수 보존 성질은 선형 시스템이 갖는 좋은 특성의 하나로, 전기회로에서 교류 해석을 할 때 정현파 입력에 대한 크기와 위상의 변화만 계산하면 되는 것도 이 덕분이다. 이 성질은 뒤에서 살펴보겠지만, 6장의 주파수 응답 개념으로 연결되어 다양한 주파수 성분을 포함한 복잡한 입력에 대해서도 큰 어려움 없이 출력을 구할 수 있게 해준다.

예제 2-4 **선형 시스템의 판별**

입출력 관계가 다음과 같은 시스템이 선형 시스템인지 아닌지 판별하라.

(a) $y(t) = 3x(t) + 2$　　　　(b) $y[n] = 3x[n]$

풀이

(a) 입력 $x_1(t)$와 $x_2(t)$에 대한 출력을 각각 $y_1(t)$와 $y_2(t)$라고 하자. 입력 $x_1(t) + x_2(t)$에 대한 출력은 $y'(t) = 3(x_1(t) + x_2(t)) + 2 = 3x_1(t) + 3x_2(t) + 2 \neq y_1(t) + y_2(t)$로 가산성을 만족하지 않는다. 그리고 입력 $2x_1(t)$에 대한 출력은 $y'(t) = 3(2x_1(t)) + 2 = 6x_1(t) + 2 \neq 2y_1(t)$로 동차성 역시 만족하지 않는다. 따라서 이 시스템은 비선형 시스템이다.

(b) 이번에는 (a)의 풀이처럼 동차성과 가산성을 따로 확인하지 말고 한꺼번에 식 (2.10)의 선형성을 만족하는지 확인해보자. 입력 $x_1[n]$와 $x_2[n]$에 대한 출력을 각각 $y_1[n]$와 $y_2[n]$이라고 하면, 다음과 같이 선형성을 만족하므로 이 시스템은 선형 시스템이다.

$$
\begin{aligned}
y[n] &= H\{\alpha x_1[n] + \beta x_2[n]\} = 3(\alpha x_1[n] + \beta x_2[n]) = \alpha 3x_1[n] + \beta 3x_2[n] \\
&= \alpha y_1[n] + \beta y_2[n]
\end{aligned}
$$

[예제 2-4]의 결과에서 보듯이, 입력과 출력의 관계가 직선, 즉 선형으로 주어진다고 다 선형 시스템인 것은 아니다. 입력과 출력의 관계가 입출력 공간에서 원점을 통과하는 일차식(직선 또는 평면)으로 나타나야 선형성을 만족하는 선형 시스템이 된다.

예제 2-5 **적분기의 선형성 판별**

적분기의 입출력 관계는 $y(t) = \int x(t)dt$이다. 선형성을 판별하라.

풀이

입력 $x_1(t)$와 $x_2(t)$에 대한 시스템의 출력을 각각 $y_1(t)$와 $y_2(t)$라고 하자. 선형성을 판별하려면 다음과 같이 식 (2.10)이 성립하는지 확인하면 된다.

$$
\begin{aligned}
H\{\alpha x_1(t) + \beta x_2(t)\} &= \int (\alpha x_1(t) + \beta x_2(t))\,dt = \alpha \int x_1(t)\,dt + \beta \int x_2(t)\,dt \\
&= \alpha y_1(t) + \beta y_2(t)
\end{aligned}
$$

선형성을 만족하므로 적분기는 선형 시스템이다.

2.2.2 시불변 시스템과 시변 시스템

'사탕 뽑기 기계'로 돌아가보자. 100원짜리 동전을 넣는 시간에 상관없이 항상 사탕 2개가 나온다면 문제가 없겠지만, 아침에는 2개, 점심에는 1개, 저녁에는 3개가 나온다면 점심에는 한산하고 저녁에는 줄을 서는 진풍경이 벌어질 것이다. 이로부터 우리는 시스템과 관련한 또 다른 중요한 성질을 생각할 수 있다.

- **시불변**time invariant **시스템**은 입력을 넣어주는 시간에 상관없이 같은 입력에 대해서는 항상 같은 반응을 나타내는 시스템이다. 따라서 입력 신호를 t_0만큼 지연해서 넣어주면 출력 신호도 t_0만큼 지연되어 나온다. 이때 출력의 파형은 변하지 않는다.

$$H\{x(t)\} = y(t) \quad \rightarrow \quad H\{x(t-t_0)\} = y(t-t_0) \tag{2.11}$$

- **시변**time varying **시스템**은 입력이 들어오는 시간에 따라 출력이 달라지는 시스템이다.
- 시불변 시스템이 되려면 시간에 따라 시스템의 특성이 바뀌지 않아야 한다. 따라서 시스템 방정식의 계수가 상수이면 시불변 시스템이고, 시간의 함수이면 시변 시스템이다.

시불변성은 시스템의 출력이 입력의 형태(값)에만 종속이고 입력이 적용되는 시점에는 무관하여 독립인 성질을 가리킨다. [그림 2-9]에 시불변 시스템과 시변 시스템의 예를 보였다. 시불변 시스템에서는 입력의 시간 이동에 대해서 출력 파형은 그대로 유지한 채 시간 이동만 있을 뿐이지만, 시변 시스템에서는 아예 출력 파형 자체가 달라짐을 볼 수 있다.

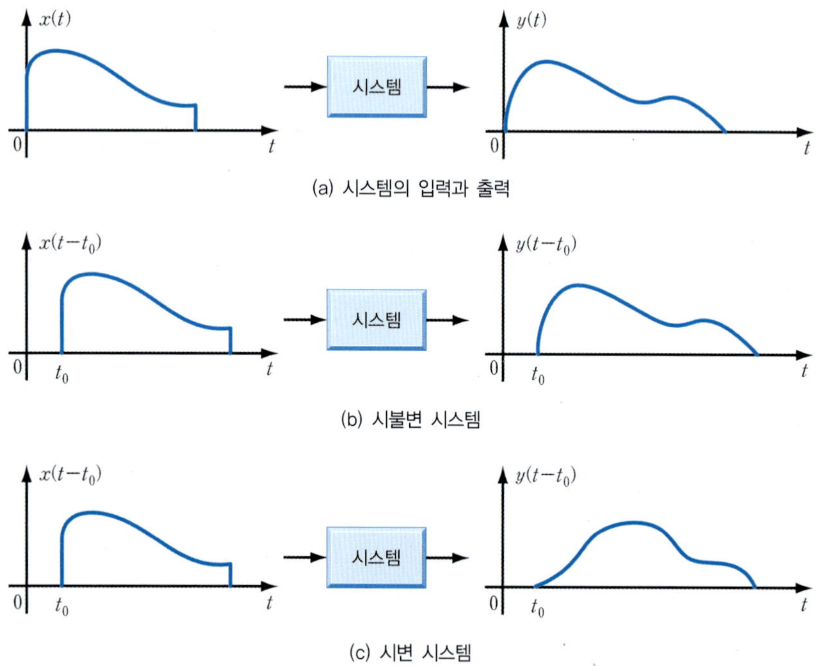

그림 2-9 시불변 시스템과 시변 시스템의 예

예제 2-6 시불변 시스템의 판별

입출력 관계가 다음과 같은 시스템이 시불변인지 시변인지를 판별하라.

(a) $y(t) = \cos(x(t))$　　　　(b) $y[n] = (n+1)x[n]$

풀이

(a) 시스템이 시불변 시스템인지 아닌지를 판별하려면 식 (2.11)의 관계가 성립하는지 확인하면 된다. 먼저 $y(t)$를 t_0만큼 시간 이동한 신호는 다음과 같다.

$$y(t-t_0) = \cos(x(t-t_0))$$

t_0만큼 시간 이동한 입력 신호 $x'(t) = x(t-t_0)$을 인가한 경우의 시스템 출력은

$$y'(t) = H\{x'(t)\} = \cos(x'(t)) = \cos(x(t-t_0)) = y(t-t_0)$$

가 되므로 이 시스템은 시불변 시스템이다.

(b) 주어진 방정식에서 출력을 n_0만큼 시간 지연하면, 즉 n 대신 $n-n_0$을 대입하면 다음과 같다.

$$y[n-n_0] = (n-n_0+1)x[n-n_0] \tag{2.12}$$

$x[n]$를 n_0만큼 시간 지연한 $x[n-n_0]$을 입력으로 넣었을 때 시스템의 출력을 $y_s[n] = H\{x[n-n_0]\}$라 하면 다음의 관계를 만족한다.

$$y_s[n] = (n+1)x[n-n_0] \tag{2.13}$$

식 (2.12)와 식 (2.13)을 비교하면 $x[n-n_0]$의 계수 항이 서로 다르므로 두 출력은 같지 않다. 그러므로 이 시스템은 시불변성을 만족하지 않는 시변 시스템이다.

[예제 2-6]의 결과에서 보듯이 입출력 방정식의 계수, 즉 시스템의 파라미터가 상수가 아닌 시간 함수로 주어지면 시변 시스템이 된다. 실생활에서 활용되는 시변 시스템의 예로 서미스터를 들 수 있다. 서미스터는 온도에 따라 저항값이 변하는 저항기의 일종으로, 입출력 관계는 $v(t) = R(t)i(t)$로 주어진다. 서미스터는 주로 회로의 전류가 일정 이상으로 오르는 것을 방지하거나, 회로의 온도를 감지하는 센서로 사용된다.

실제로 많은 시스템이 선형성과 시불변성을 만족할 뿐만 아니라, 수학적으로도 이런 시스템들이 출력을 구하거나 특성을 해석하기가 쉽고 편리하므로, 이 책에서는 주로 **선형 시불변(LTI)**Linear Time Invariant **시스템**을 다룰 것이다.

- **선형 시불변(LTI) 시스템**은 선형이면서 시불변인 시스템이다.
- 신호 및 시스템 해석에서 주로 다루게 되는 기본 시스템은 선형 시불변 시스템이다.

예제 2-7 **선형 시불변 시스템의 출력**

어떤 선형 시불변 시스템의 입력 $x(t)=\cos\left(\frac{\pi}{2}t\right)$에 대한 출력이 $y(t)=\sin\left(\frac{\pi}{2}t\right)$라고 한다. 입력 $x(t)=2\sin\left(\frac{\pi}{2}t\right)+2\cos\left(\frac{\pi}{2}(t-2)\right)$에 대한 이 시스템의 출력을 구하라.

풀이

출력은 선형성에 의해 $2\sin\left(\frac{\pi}{2}t\right)=2\cos\left(\frac{\pi}{2}t-\frac{\pi}{2}\right)=2\cos\left(\frac{\pi}{2}(t-1)\right)$와 $2\cos\left(\frac{\pi}{2}(t-2)\right)$를 각각 입력으로 넣었을 때의 출력을 더한 것과 같다. 또 시불변성에 의해 $\cos\left(\frac{\pi}{2}(t-t_0)\right)$에 대한 출력은 $\cos\left(\frac{\pi}{2}t\right)$에 대한 출력 $\sin\left(\frac{\pi}{2}t\right)$를 t_0만큼 시간 지연한 $\sin\left(\frac{\pi}{2}(t-t_0)\right)$과 같다. 그러므로 이 시스템의 주어진 입력 $x(t)$에 대한 출력은 다음과 같이 구해진다.

$$\begin{aligned}y(t)&=2\sin\left(\frac{\pi}{2}(t-1)\right)+2\sin\left(\frac{\pi}{2}(t-2)\right)=2\sin\left(\frac{\pi}{2}t-\frac{\pi}{2}\right)+2\sin\left(\frac{\pi}{2}t-\pi\right)\\&=-2\cos\left(\frac{\pi}{2}t\right)-2\sin\left(\frac{\pi}{2}t\right)=-2\sqrt{2}\cos\left(\frac{\pi}{2}t-\frac{\pi}{4}\right)\end{aligned}$$

풀이 과정에서 보듯이, 정현파의 위상이 파형의 시간 이동(지연)과 연관됨을 유의하라.

2.2.3 인과 시스템과 비인과 시스템

시스템의 **인과성**cuasality은 '아니 땐 굴뚝에 연기 나랴'라는 속담처럼 원인이 있어야만 결과가 생기는 성질, 즉 미래의 입력이 현재의 출력에 영향을 주지 못하는 입력에 대한 비예측적non-anticipatory 성질을 뜻한다. 인과성에 따르면, '사탕 뽑기 기계'가 동전을 넣지 않았는데도 동전을 넣을 것이라 지레짐작하고 먼저 사탕을 내놓는 일은 절대로 일어나지 않을 것이다.

- **인과**causal **시스템**은 입력을 인가하기 전에는 출력이 발생하지 않는 시스템이다. 즉 인과 시스템의 출력은 현재 및 과거의 입력에만 의존하고 미래의 입력에는 무관하다.

$$x(t)=0,\ t\le t_0\ \rightarrow\ y(t)=0,\ t\le t_0 \tag{2.14}$$

- **비인과**noncausal **시스템**은 아직 들어오지 않은 미래의 입력에 대해 현재 반응할 수 있는 예측적anticipatory 시스템이다. 즉 현재 출력에 미래 입력이 관여하는 시스템이다.

[그림 2-10]은 인과 시스템과 비인과 시스템의 예를 보인 것으로, (a)의 시스템은 입력이 들어간 이후에 출력이 나오기 시작하여 인과성을 만족하는 인과 시스템이지만, (b)의 시스템은 입력이 들어오기도 전에 미리 출력이 나오고 있으므로 비인과 시스템이다.

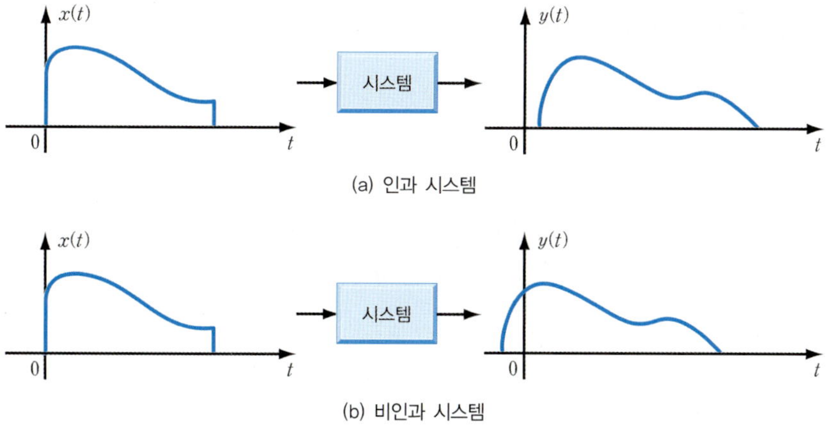

그림 2-10 인과 시스템과 비인과 시스템의 예

실생활에서 접하는 물리적 시스템은 기본적으로 인과 시스템이며, 특히 실시간으로 처리할 경우는 미래의 입력값을 현재 시점에서 관측할 수 없으므로 비인과적으로 동작하는 시스템을 실제로 구현하는 것은 불가능하다. 하지만 녹화된 동영상의 화질을 개선하는 작업과 같이 실시간 처리가 필요 없는 경우에는, 동영상을 구성하는 이미지 프레임들이 인접한 시간 사이에는 부분적인 차이만 있을 뿐 급격한 변화가 일어나지 않는다는 사실을 이용하여 시간 t_0 순간의 영상을 t_0을 전후한 시간의 데이터를 활용해 더 좋은 화질을 만들어 낸다. 이러한 화질 개선 필터는 t_0보다 미래 시간의 데이터를 사용하여 t_0 순간의 영상을 출력하였으므로, 비인과 시스템이라 할 수 있다. 이러한 후처리 작업은 음성, 영상, 공간 탐사 등의 신호를 처리하는 데 효과적으로 활용된다.

예제 2-8 인과성의 판별

입출력 관계가 다음과 같은 두 시스템 중 어느 것이 인과 시스템인지 판별하라.

(a) $y[n]=\dfrac{1}{N}\displaystyle\sum_{k=n-N+1}^{n} x[k]$ (b) $y(t)=\dfrac{1}{T}\displaystyle\int_{t-T/2}^{t+T/2} x(\tau)\,d\tau$

풀이

(a) n 순간의 출력 $y[n]$이 n 순간까지 들어온 N개의 입력값의 평균으로, 출력에 미래의 입력이 기여하지 않으므로 인과 시스템이다.

(b) 다음과 같이 다시 쓸 수 있는데, 두 번째 적분항은 t 이후부터 $t+\dfrac{T}{2}$까지 입력값을 이용한 적분이므로 미래의 입력이 t 순간의 출력 $y(t)$에 기여한다. 따라서 비인과 시스템이다.

$$y(t)=\frac{1}{T}\int_{t-T/2}^{t} x(\tau)\,d\tau+\frac{1}{T}\int_{t}^{t+T/2} x(\tau)\,d\tau$$

2.2.4 안정 시스템과 불안정 시스템

엘리베이터의 속도가 갑자기 빨라졌다가 느려졌다가 하거나 작동을 멈춰버린다면 무서워서 아무도 엘리베이터를 타려고 하지 않을 것이다. 이처럼 시스템의 동작이 불안하지 않고 꾸준히 작동될 수 있는지를 나타내는 성질이 안정성이다. 안정성은 물리적 시스템에 요구되는 기본 특성으로서, 시스템을 설계하고 만들 때 무엇보다도 우선해서 고려해야 한다. 안정도를 정의하는 방법은 여러 가지가 있지만, 기본적이고 널리 이용되는 개념으로 **유한 입력 유한 출력(BIBO) 안정도**Bounded Input Bounded Output stability가 있다.

- **유한 입력 유한 출력(BIBO) 안정도**는 시스템의 입력이 유한한 크기를 가질 때 출력의 크기도 반드시 유한하게 보장되는 것으로 정의된다.

$$|x(t)| \le M_x < \infty, \ \forall t \ \rightarrow \ |y(t)| \le M_y < \infty, \ \forall t \tag{2.15}$$

- **(BIBO) 안정**stable **시스템**은 BIBO 안정도를 만족하는 시스템으로 망가지지 않고 꾸준히 작동될 수 있는 시스템이다.
- **(BIBO) 불안정**unstable **시스템**은 BIBO 안정도를 만족하지 않는 시스템으로, 입력이 유한해도 출력이 점점 커져서 궁극적으로는 작동을 멈추거나 파괴되고 만다.

출력의 크기가 유한하다는 것은 결국 에너지가 유한하다는 의미가 되므로 안정한 시스템은 망가지지 않고 꾸준히 작동될 수 있지만, 불안정한 시스템과 같이 유한한 입력에 대해 출력이 무한히 커지게 되면 시스템은 물리적으로 견딜 수가 없어 결국 작동을 멈추거나 파괴되고 말 것이다. [그림 2-11]에 BIBO 안정 시스템과 BIBO 불안정 시스템의 예를 보였다. (a)는 RC 직렬회로에 직류 전압을 인가했을 때 회로 전류, (b)는 적분기에 직류를 인가했을 때의 출력 형태와 같다.

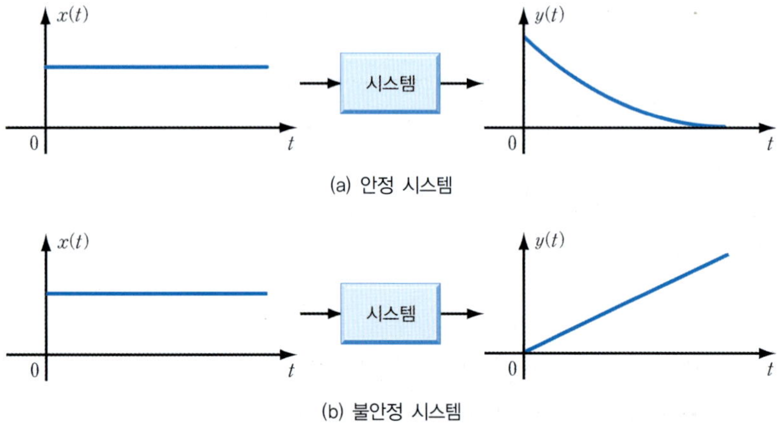

그림 2-11 연속 안정 시스템과 불안정 시스템의 예

예제 2-9 **안정도의 판별**

입출력 관계가 다음과 같은 시스템이 있다. 이들 시스템의 안정도를 판별하라.

(a) $y[n]=x[n]x[n-1]$ (b) $y(t)=\int_0^t x(\tau)\,d\tau$

풀이

(a) 입력 $x[n]$이 $|x[n]| \le M_x$를 만족할 경우, 출력의 크기는 다음과 같이 유한하므로, 이 시스템은 안정한 시스템이다.

$$|y[n]| = |x[n]x[n-1]| \le |x[n]||x[n-1]| \le M_x^2 < \infty$$

(b) 유한한 크기 조건을 만족하는 가장 단순한 신호의 하나인 $x(t)=A$를 적분기에 입력으로 넣어 주면, 출력은 $y(t)=\int_0^t x(\tau)d\tau=\int_0^t A\,d\tau=At$가 된다. 시간이 무한대로 접근하면 출력은 $\lim_{t\to\infty} y(t)=\lim_{t\to\infty} At=\infty$로 무한히 커진다. 이처럼 입력의 크기가 유한하여도 출력이 무한해질 수 있으므로 불안정 시스템이다.

2.2.5 순시적(무기억) 시스템과 동적(기억) 시스템

대다수 시스템의 출력은 현재 들어오는 입력뿐만 아니라 과거의 입력에도 영향을 받게 된다. 이는 시스템이 과거 값에 대한 기억을 가진다는 것을 의미한다.

- **동적**dynamic **시스템**(**기억 시스템**system with memory)은 저장 요소에 의한 기억을 가진 시스템으로 출력이 현재의 입력뿐만 아니라 과거의 입력에도 영향을 받는다. 따라서 입출력 관계가 미분(차분) 방정식의 형태로 주어진다.
- **순시적**instantaneous **시스템**(**무기억**memoryless **시스템**)은 출력이 현재의 입력에만 의존하며 과거 사항이 아무런 영향을 끼치지 못하는 시스템으로 입출력 관계가 대수 방정식으로 표현된다.

적분기, 인덕터(L) 또는 커패시터(C) 회로, 순차논리회로 등은 전형적인 동적 시스템이며, 저항(R) 회로나 조합논리회로는 대표적인 순시적 시스템이다. 우리가 다루는 대부분의 시스템은 동적 시스템이다. 순시적 시스템은 현재의 입력값만 고려하면 되므로 특별한 분석이 필요 없지만, 동적 시스템은 과거의 이력을 파악해야만 현재의 출력을 구할 수 있어 특성을 분석하기가 복잡하고 까다롭기 때문이다.

예제 2-10 연속 시스템의 특성 판별

다음과 같이 주어진 신호에 주파수 ω_0인 정현파(반송파)를 곱하여 신호의 크기를 바꾸는 진폭 변조 시스템이 어떤 시스템 특성을 만족하는지 판별하라.

$$y(t) = H\{x(t)\} = x(t)\cos(\omega_0 t)$$

풀이

❶ **선형성** : $H\{\alpha x_1(t) + \beta x_2(t)\} = \alpha H\{x_1(t)\} + \beta H\{x_2(t)\}$의 성립 여부를 확인한다.

$$\begin{aligned} y(t) &= H\{\alpha x_1(t) + \beta x_2(t)\} = (\alpha x_1(t) + \beta x_2(t))\cos(\omega_0 t) \\ &= \alpha x_1(t)\cos(\omega_0 t) + \beta x_2(t)\cos(\omega_0 t) = \alpha H\{x_1(t)\} + \beta H\{x_2(t)\} \end{aligned}$$

그러므로 진폭 변조 시스템은 선형성을 만족하는 선형 시스템이다.

❷ **시불변성** : $y(t-t_0) = H\{x(t-t_0)\}$의 성립 여부를 확인한다.

$$\begin{aligned} y(t-t_0) &= x(t-t_0)\cos(\omega_0(t-t_0)) = x(t-t_0)\cos(\omega_0 t - \omega_0 t_0) \\ &\neq H\{x(t-t_0)\} = x(t-t_0)\cos(\omega_0 t) \end{aligned}$$

따라서 진폭 변조 시스템은 시불변성을 만족하지 않는 시변 시스템이다.

❸ **인과성** : 미래의 입력이 현재의 출력에 영향을 끼치는지를 확인한다.
입출력 방정식으로부터 출력이 현재의 입력에만 의존하는 것을 볼 수 있다. 미래의 입력이 현재의 출력에 영향을 못 미치므로 진폭 변조 시스템은 인과 시스템이다.

❹ **안정성** : 유한한 입력에 대해 유한한 출력이 나오는지를 확인한다.
만약 입력이 유한하다면, 즉 $|x(t)| \le M_x$라면

$$|y(t)| = |x(t)\cos(\omega_0 t)| \le |x(t)||\cos(\omega_0 t)| \le |x(t)| \le M_x < \infty$$

가 되어, 유한한 입력에 대해 유한한 출력이 나오므로 안정 시스템이다.

❺ **기억성** : 시스템 표현식이 대수 방정식인지 미분 방정식인지를 확인한다.
진폭 변조 시스템의 입출력 방정식은 대수 방정식으로서 출력이 현재의 입력에만 의존한다. 따라서 순시적 시스템이다.

예제 2-11 이산 시스템의 특성 판별

다음과 같이 입력값을 누적하여 더한 결과를 출력으로 내는 누산기가 어떤 시스템 특성을 만족하는지 판별하라.

$$y[n]=\sum_{k=-\infty}^{n} x[k]$$

풀이

❶ **선형성** : $H\{\alpha x_1[n]+\beta x_2[n]\}=\alpha H\{x_1[n]\}+\beta H\{x_2[n]\}$ 의 성립 여부를 확인한다.

$$\begin{aligned}H\{\alpha x_1[n]+\beta x_2[n]\} &= \sum_{k=-\infty}^{n}(\alpha x_1[k]+\beta x_2[k])=\alpha\sum_{k=-\infty}^{n}x_1[k]+\beta\sum_{k=-\infty}^{n}x_2[k]\\ &=\alpha H\{x_1[n]\}+\beta H\{x_2[n]\}\end{aligned}$$

따라서 선형성이 성립하는 선형 시스템이다.

❷ **시불변성** : $y[n-n_0]=H\{x[n-n_0]\}$ 의 성립 여부를 확인한다.

$$H\{x[n-n_0]\}=\sum_{k=-\infty}^{n}x[k-n_0]=\sum_{i=-\infty}^{n-n_0}x[i]=y[n-n_0]$$

따라서 시불변 시스템이다.

❸ **인과성** : 미래의 입력이 현재의 출력에 영향을 끼치는지를 확인한다. 입출력 관계식을 살펴보면, n 순간의 출력 $y[n]$이 시간 n까지의 입력을 누적하여 더한 것이므로 n 이후에 들어오는 입력은 $y[n]$에 전혀 관여하지 못한다. 따라서 미래의 입력이 현재의 출력에 영향을 미치지 않으므로 인과 시스템이다.

❹ **안정성** : 유한한 입력에 대해 유한한 출력이 나오는지를 확인한다. 입력이 들어오는 대로 계속 더하여 출력이 생성되므로, 매 순간의 입력이 크기가 유한하다 할지라도 시간이 지남에 따라 출력은 점점 커지게 될 것이다. 간단한 예로, $x[n]=1,\ n\geq 0$(계단 신호)인 경우 $y[\infty]=\infty$, 즉 출력은 발산하게 된다. 따라서 불안정 시스템이다.

❺ **기억성** : 시스템 표현식이 대수 방정식인지 차분 방정식인지를 확인한다.
주어진 시스템의 경우 입력의 이동 평균 항으로 이루어진 차분 방정식이므로, 기억을 가진 동적 시스템이다.

CHAPTER 02 연습문제

Quick Review

다음 문제에서 옳은 것을 골라라.

01 디지털 신호는 (시간, 크기, 주파수)가 모두 (연속, 이산)적인 값을 갖는 신호이다.

02 $t \geq 0$에서 존재하는 정현파는 비주기 신호이다. (O, ×)

03 이산 주기 신호의 주기는 반드시 (정수, 유리수, 실수)이다.

04 주기 6과 8인 주기 신호의 합으로 표현되는 신호의 주기는 (6, 8, 24, 없음)이다.

05 $t \geq 0$에서 정의되는 신호는 우대칭 및 기대칭 성분의 합으로 나타낼 수 (있다, 없다).

06 신호 $\cos(\omega_0 t)$의 기대칭 성분은 0이다. (O, ×)

07 에너지 신호는 전력이 0이 된다. (O, ×)

08 주기 신호는 에너지 신호이다. (O, ×)

09 모든 신호는 반드시 에너지 신호와 전력 신호 중의 하나가 된다. (O, ×)

10 시간에 따른 신호 값의 변화를 정확히 예측할 수 있는 것은 (확정, 불규칙) 신호이다.

11 가산성을 만족하면 항상 선형 시스템이 된다. (O, ×)

12 시스템에서 선형성과 중첩의 원리는 서로 관련 없는 다른 성질이다. (O, ×)

13 선형 시스템에서는 출력에 입력의 (파형, 에너지, 주파수)가 보존된다.

14 입출력 관계가 $y(t) = ax(t) + b$인 시스템은 (선형, 비선형, 시불변, 시변) 시스템이다.

15 시불변 시스템은 시스템 파라미터가 시간에 종속적인 변수이다. (O, ×)

16 출력이 현재와 과거의 입력에 의존하면 (인과, 비인과, 동적, 순시적) 시스템이다.

17 실시간 처리가 이루어지는 물리적 시스템은 인과 시스템이다. (O, ×)

18 BIBO 안정도는 입력 크기가 유한할 때 출력 크기가 (유한, 무한)한 성질이다.

19 동적 시스템의 입출력 관계는 대수 방정식으로 표현된다. (O, ×)

20 저항소자만으로 구성된 회로는 (동적, 순시적) 시스템이다.

기초 문제

2.1 다음의 신호들은 어떠한 성질을 갖는 신호들인지 [보기] 중에서 고르고, 근거를 밝혀라.

보기				
	㉮ 아날로그 신호	㉯ 디지털 신호	㉰ 주기 신호	㉱ 기대칭 신호
	㉲ 우대칭 신호	㉳ 불규칙 신호	㉴ 전력 신호	㉵ 에너지 신호

(a) $x[n] = \cos(\pi n) + \cos\left(\frac{2\pi}{3}n\right)$

(b) 동전 100번 던지기 결과 (앞면 $= 1$, 뒷면 $= -1$)

(c) $x(t) = e^{-|t|}\sin(120\pi t)$

(d) $x(t) = [t]$ ($[t]$는 t에 가장 가까운 정수를 취하는 연산)

2.2 다음의 연속 신호가 주기 신호인지 판별하라. 만약 주기 신호라면 주기를 구하라.

(a) $x(t) = \cos(2t)$

(b) $x(t) = e^{\pi t}$

(c) $x(t) = \cos\left(\frac{\pi}{2}t\right) + \cos\left(\frac{\pi}{3}t\right)$

(d) $x(t) = \cos\left(\frac{2\pi}{3}t - \frac{\pi}{4}\right)$

2.3 다음의 이산 신호가 주기 신호인지 판별하라. 만약 주기 신호라면 주기를 구하라.

(a) $x[n] = \cos\left(\frac{5\pi}{8}n\right)$

(b) $x[n] = \sin\left(3n + \frac{\pi}{2}\right)$

(c) $x[n] = (-1)^n$

(d) $x[n] = e^{j\frac{2}{3}n}$

2.4 다음 그림의 연속 신호에 대해 우대칭 성분과 기대칭 성분을 구하라.

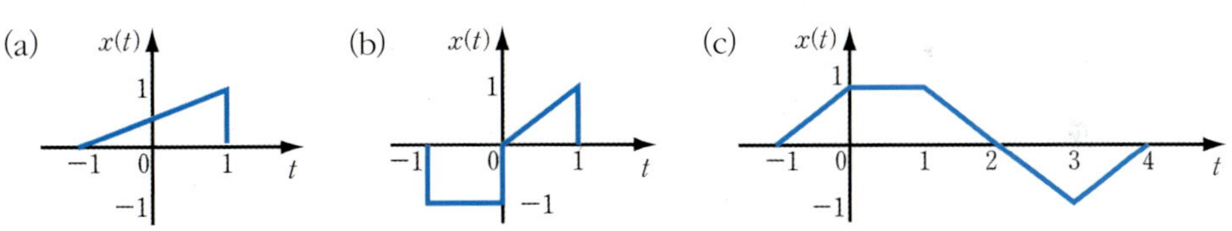

2.5 다음 그림의 이산 신호에 대해 우대칭 성분과 기대칭 성분을 구하라.

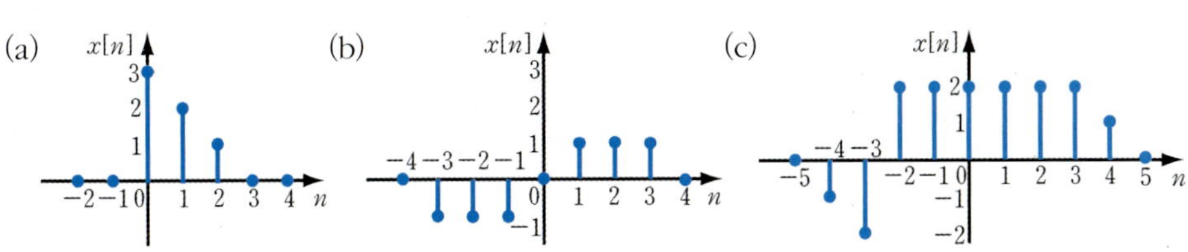

2.6 다음 신호에 대해 에너지 신호 또는 전력 신호인지 판별하고, 맞으면 그 신호의 에너지 또는 전력을 구하라.

(a) $x(t) = \begin{cases} 2\cos(\pi t), & |t| \le 1 \\ 0, & \text{그 외} \end{cases}$

(b) $x(t) = \cos^2(2\pi t)$

(c) $x[n] = (-0.8)^n u[n]$

(d) $x[n] = 2e^{j\frac{\pi}{2}n}$

2.7 다음의 시스템이 어떠한 성질을 만족하는지 [보기] 중에서 고르고, 근거를 밝혀라.

보기				
	㉮ 선형 시스템	㉯ 비선형 시스템	㉰ 시불변 시스템	㉱ 시변 시스템
	㉲ 인과 시스템	㉳ 안정 시스템	㉴ 불안정 시스템	㉵ 동적 시스템

(a) $y(t) = \int_{-\infty}^{t} x(\tau)d\tau,\ y(-\infty) = 0$

(b) $y(t) = tx(t)$

(c) $y(t) = \cos(x(t))$

(d) $y(t) = Kx(t+1)$

2.8 어떤 연속 LTI 시스템에서 그림의 입력 $x(t)$에 대한 출력이 $y(t)$와 같을 때 다음 입력에 대한 출력을 그려라.

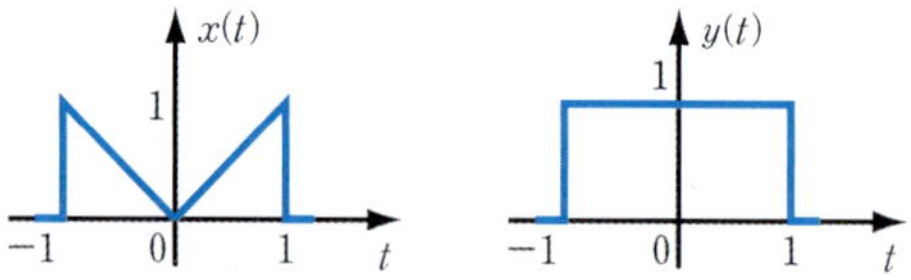

(a) $2x(t) + 3x(-t)$

(b) $x\left(t - \frac{1}{2}\right) - x\left(t + \frac{1}{2}\right)$

2.9 입출력 관계가 다음과 같은 연속 시스템에 대해 선형성, 시불변성, 인과성, 안정성, 기억성을 만족하는지 판별하라.

(a) $y(t) = \frac{dx(t)}{dt}$

(b) $y(t) = \begin{cases} x(t), & t \ge 0 \\ -x(t), & t < 0 \end{cases}$

(c) $y(t) = x(t)u(t)$

(d) $y(t) = \ln(x(t))$

2.10 입출력 관계가 다음과 같은 이산 시스템에 대해 선형성, 시불변성, 인과성, 안정성, 기억성을 만족하는지 판별하라.

(a) $y[n] = x[2n]$

(b) $y[n] = nx[n-1]$

(c) $y[n] = x[1-n]$

(d) $y[n] = |x[n]|$

응용 문제

2.11 다음의 연속 신호가 주기 신호인지 판별하라. 만약 주기 신호라면 주기를 구하라.

(a) $x(t) = \cos\left(2t - \dfrac{1}{\pi}\right)$ (b) $x(t) = \cos(\pi t) + 3e^{-j2\pi t}$

(c) $x(t) = e^{-2t}\cos(2\pi t)$ (d) $x(t) = \sin(4\pi t)\cos(2\pi t)$

2.12 다음의 이산 신호가 주기 신호인지 판별하라. 만약 주기 신호라면 주기를 구하라.

(a) $x[n] = \cos\left(\dfrac{3\pi n^2}{2} + \pi\right)$ (b) $x[n] = \cos\left(\dfrac{\pi}{5}n + \pi\right) + \sin\left(\dfrac{\pi}{10}n - \pi\right)$

(c) $x[n] = e^{j\frac{\pi}{2}n}\cos\left(\dfrac{\pi}{4}n\right)$ (d) $x[n] = \cos\left(\dfrac{1}{2}n\right) + \sin\left(\dfrac{1}{3}n\right)$

2.13 다음 신호가 어떤 대칭성을 만족하는지 판별하라.

(a) $x(t) = \sin(\omega_1 t)\sin(\omega_2 t)$ (b) $x(t) = \cos(\omega_1 t)\cos(\omega_2 t)$

(c) $x(t) = \cos(\omega_1 t)\sin(\omega_2 t)$

2.14 다음 신호의 우대칭 성분과 기대칭 성분을 구하라.

(a) $x(t) = at^2 + bt + c$ (b) $x(t) = 2\cos\left(\pi t - \dfrac{\pi}{4}\right)$

(c) $x[n] = e^{j\Omega n}$ (d) $x[n] = 2u[n]$

2.15 다음의 신호에 대해 에너지 신호 또는 전력 신호인지 판별하고, 맞으면 그 신호의 에너지 또는 전력을 구하라.

(a) $x(t) = \begin{cases} 1-|t|, & |t| \le 1 \\ 0, & \text{그 외} \end{cases}$ (b) $x(t) = \begin{cases} 2\cos(\pi t), & t \ge 0 \\ 0, & \text{그 외} \end{cases}$

(c) $x[n] = 2e^{j4n}$ (d) $x[n] = \begin{cases} (0.5)^n\cos(\pi n), & n \ge 0 \\ 0, & \text{그 외} \end{cases}$

2.16 다음 그림의 신호 $x(t)$를 입력으로 넣으면 출력으로 신호 $y(t)$가 나오는 연속 LTI 시스템에 $x_1(t)$과 $x_2(t)$의 신호를 각각 입력으로 넣었을 때 출력을 구하라.

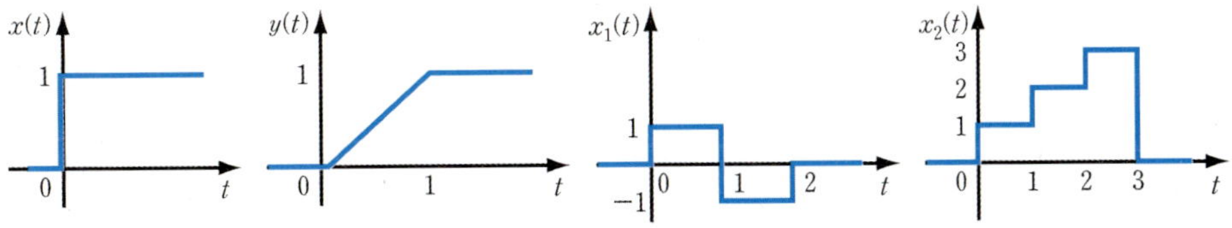

2.17 다음 그림의 신호 $x[n]$을 입력으로 넣으면 출력으로 신호 $y[n]$이 나오는 이산 LTI 시스템에 $x_1[n]$과 $x_2[n]$의 신호를 각각 입력으로 넣었을 때 출력을 구하라.

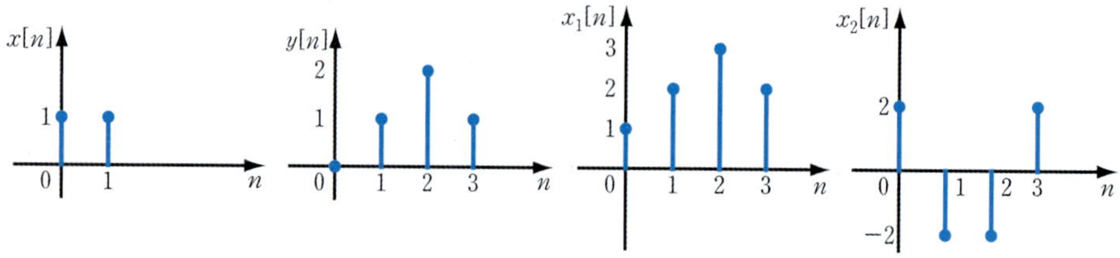

2.18 시스템 L_1의 뒤에 시스템 L_2가 종속으로 연결되어 있다. 각 시스템의 입출력 관계가 다음과 같을 때 물음에 답하라.

$$L_1 \ : \ y_1[n] = x_1[n] + 2x_1[n-2]$$

$$L_2 \ : \ y_2[n] = x_2[n-1] - 2x_2[n-3]$$

(a) 전체 시스템의 입출력 관계를 구하고 선형성, 시불변성, 인과성을 판별하라.

(b) 두 시스템의 연결 순서를 바꾸었을 때의 입출력 관계를 구하라.

(c) 만약 (a)와 (b)의 입출력 관계가 같다면 그 이유는 무엇인가?

2.19 입출력 관계가 다음과 같은 방정식으로 표현되는 연속 시스템에 대해 선형성, 시불변성, 인과성, 기억성의 특성을 만족하는지 판별하라.

(a) $\dfrac{dy(t)}{dt} + 2y(t) = x(t)$

(b) $\dfrac{dy(t)}{dt} + 2y(t) = x^2(t)$

(c) $\dfrac{dy(t)}{dt} + 2y(t) = tx(t)$

(d) $\dfrac{dy(t)}{dt} + 2y^2(t) = x(t)$

2.20 입출력 관계가 다음과 같은 방정식으로 표현되는 이산 시스템에 대해 선형성, 시불변성, 인과성, 기억성의 특성을 만족하는지 판별하라.

(a) $y[n] + 2y[n-1] = x[n]$

(b) $y[n] - 2^n y[n-1] = x[n+1]$

(c) $y[n] + ny[n-1] = x[n]$

(d) $y[n] + y[n-1] = nx[n]$

CHAPTER

03

기본적인 연속 신호와 연산

Basic Continuous Signals and Operations

학습목표

- 기본적인 연속 신호들의 정의와 쓰임을 이해할 수 있다.
- 임펄스 신호, 계단 신호, (복소) 정현파 신호를 제대로 이해할 수 있다.
- 샘플링 함수와 싱크 함수의 정의와 형태를 이해할 수 있다.
- 연속 신호에 대한 기본 연산들의 종류와 성질을 이해할 수 있다.
- 진폭 변환과 시간 변환의 물리적 의미를 이해할 수 있다.
- 기본 연산 조합에 의한 새로운 신호 산출 과정을 이해할 수 있다.

미리보기

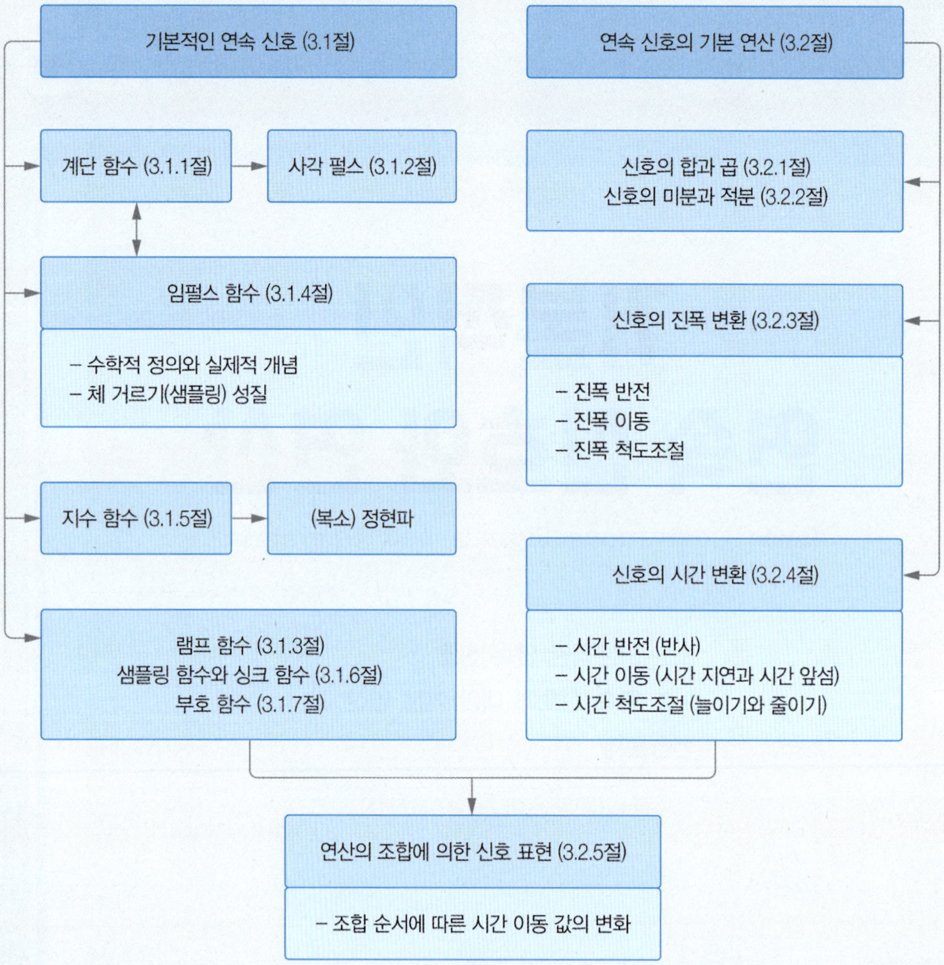

신호와 시스템을 다루는 과정에서 자주 접할 뿐만 아니라 중요한 역할을 하는 기본적인 신호들이 있다. 이런 기본 신호들은 문제를 공학적으로 단순화시켜 접근할 수 있게 한다든지, 특성 분석을 편리하게 해주는 등 여러 면에서 유용하게 활용된다. 한편 보기에는 복잡한 신호일지라도 단순한 신호에 대해 기본적인 연산을 차례로 적용함으로써 얻을 수 있는데, 신호에 대한 기본 연산은 시간과 진폭(크기)에 대한 반전, 이동, 척도조절 등의 연산이며, 그 외에 기초적인 몇몇 연산이 더해진다. 이 장에서는 연속 신호 중 기본 신호들을 소개하고 그 특징을 살펴볼 것이다. 그리고 신호에 대한 기본 연산의 종류와 활용에 대해서도 간략히 알아보기로 한다.

3.1 기본적인 연속 신호

신호와 시스템을 다루는 과정에서 자주 쓰이며 중요한 역할을 하는 기본 신호들은 문제를 공학적으로 접근하고 해결하는 데 유용하게 활용된다. 또한 이들을 이용해 복잡한 신호를 단순하게 표현할 수 있어 신호와 시스템의 성질을 파악하는 데에도 도움이 된다. 이 절에서는 주요한 기본적인 연속 신호들에는 어떤 것들인지 살펴보기로 한다.

학습포인트

- (단위) 계단 함수의 정의와 쓰임을 이해한다.
- 계단 함수와 사각 펄스를 이용한 연속 신호의 표현을 익혀둔다.
- (단위) 임펄스 함수의 개념과 성질을 이해하고, 임펄스 함수와 계단 함수의 관계를 이해한다.
- 지수 함수의 종류와 차이를 파악하고, 특히 (복소) 정현파에 대해 잘 익혀둔다.
- 오일러 공식과 삼각 함수의 관계를 이해하고 잘 익혀둔다.
- 샘플링 함수와 싱크 함수가 어떤 신호인지 알아둔다.

3.1.1 (단위) 계단 함수

- **(단위) 계단 함수**(unit) step function는 $t=0$에서 파형이 불연속인 계단 모양의 신호이다.

$$u(t)=\begin{cases}1, & t>0\\0, & t<0\end{cases} \tag{3.1}$$

- 계단 신호는 갑작스러운 입력 신호 값의 변화에 대해 시스템이 어떻게 반응하는가를 검사하는 데 활용할 수 있다.

계단 신호는 시간 기준점 $t=0$ 이후 값이 일정한 상수인 신호로, 단위라는 용어는 크기가 1이라는 뜻이다. [그림 3-1]은 단위 계단 함수의 파형으로 $t=0$에서 전원 스위치를 켰을 때의 전압 모양과 같은데, 이런 특성을 이용하면 [그림 3-2]에 보인 것처럼 신호가 존재하는 구간을 제한하여 잘라낼 수 있다. 그림에서 보면, 단위 계단 함수 $u(t)$를 자르고 싶은 시간 t_0만큼 이동시켜 신호 $x(t)$와 곱하면 $t<t_0$에서의 $x(t)$의 값이 0이 되어 제거된다. 만약 $t\geq 0$에서만 값을 갖는 인과 신호를 나타내려면 $x(t)$에 $u(t)$를 곱해 $x(t)u(t)$로 나타내면 된다. 예를 들어 $x(t)u(t)=\cos(\omega_0 t)u(t)$는 $t\geq 0$에서만 값을 갖는다.

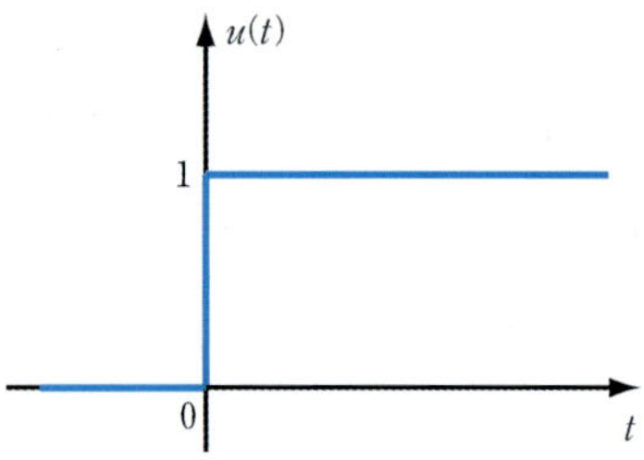

그림 3-1 단위 계단 함수

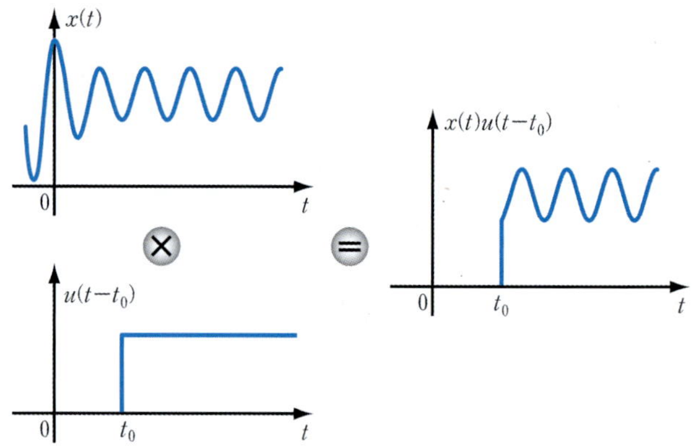

그림 3-2 단위 계단 함수의 스위치 역할

3.1.2 사각 펄스 함수

- **사각 펄스 함수** rectangular pulse function 는 유한한 시간 구간에서만 값이 상수인 함수로서 두 계단 함수의 합으로 표현할 수 있다.

$$p_a(t) = \mathrm{rect}\left(\frac{t}{2a}\right) = \begin{cases} 1, & -a < t < a \\ 0, & \text{그 외} \end{cases} \tag{3.2}$$

$$\mathrm{rect}\left(\frac{t}{2a}\right) = u(t+a) - u(t-a) \tag{3.3}$$

- 사각 펄스 신호는 on-off 스위치 또는 게이트 신호 역할을 할 수 있다.

식 (3.2)의 정의로부터 $\mathrm{rect}(t)$는 $a = \frac{1}{2}$로 너비가 1인 사각 펄스이다. [그림 3-3(a)]는 사각 펄스 신호의 파형을 나타낸 것으로, [그림 3-3(b)]처럼 사각 펄스의 왼쪽 끝에서 시작하는 계단 함수에서 오른쪽 끝에서 시작하는 계단 함수를 뺀 것으로 볼 수 있다(식 (3.3)).

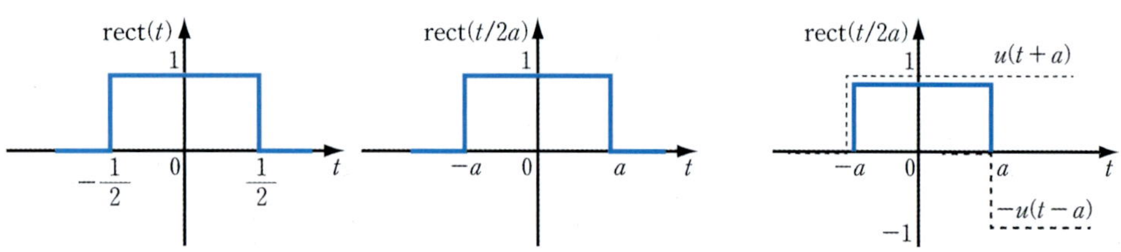

(a) 사각 펄스 (b) $u(t+a)-u(t-a)$

그림 3-3 사각 펄스 신호의 파형

사각 펄스는 다른 신호를 켜고 끄는 스위치 역할을 할 수 있어 신호의 일부를 잘라낼 때 유용하며, 특히 구간별로 다른 파형이나 불연속을 갖는 **구간 연속** piecewise continuous 신호를 수식으로 표현할 때 매우 편리하다. 예를 들어 신호 $x(t)=\cos(\pi t)$의 한 주기 성분만 뽑아내려면, [그림 3-4]와 같이 너비가 2인 사각 펄스를 시간축을 따라 오른쪽으로 1만큼 이동시켜 $x(t)$에 곱해주면 된다. 이를 수식으로 나타내면 다음과 같다.

$$x'(t)=\cos(\pi t)\cdot \mathrm{rect}\left(\frac{t-1}{2}\right)=\cos(\pi t)[u(t)-u(t-2)] \tag{3.4}$$

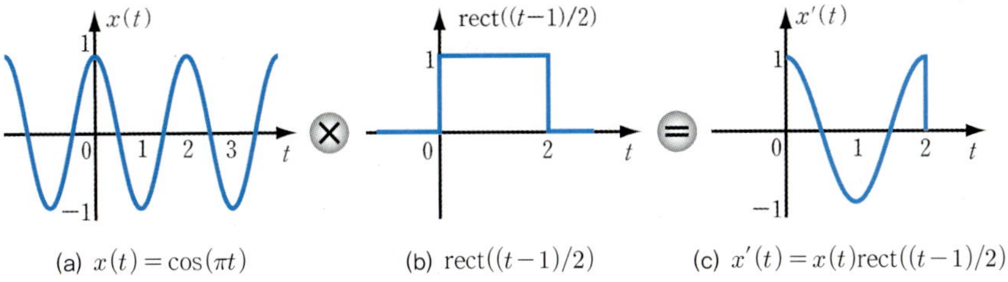

그림 3-4 사각 펄스에 의한 신호의 추출 예

예제 3-1 계단 함수(사각 펄스)로 표현된 신호의 파형

다음에 주어진 신호를 그려라.

(a) $x(t)=u(t+2)-2u(t)+u(t-1)$ (b) $x(t)=t[u(t+1)-u(t-2)]$

풀이

(a) 수식에서 $u(\cdot)$는 ( ) 안의 시간 값이 0이 되는 순간에 불연속을 갖도록 시간 이동된 계단 함수이다. 즉 $u(t+2)$는 $t=-2$에서 시작되는 계단 신호이다. 주어진 신호는 3개의 계단 함수 $u(t+2)$와 $-2u(t)$, 그리고 $u(t-1)$을 각각 그려 더하면 된다. 또는 $x(t)$를 다시 쓰면 $x(t)=[u(t+2)-u(t)]-[u(t)-u(t-1)]$이다. 따라서 2개의 사각 펄스 $[u(t+2)-u(t)]$와 $-[u(t)-u(t-1)]$을 각각 그려 더해도 된다. [그림 3-5(a)]에 이 신호의 파형을 나타냈다.

(b) [그림 3-5(b)]와 같이 t와 사각 펄스 $[u(t+1)-u(t-2)]$의 곱으로 구하면 된다.

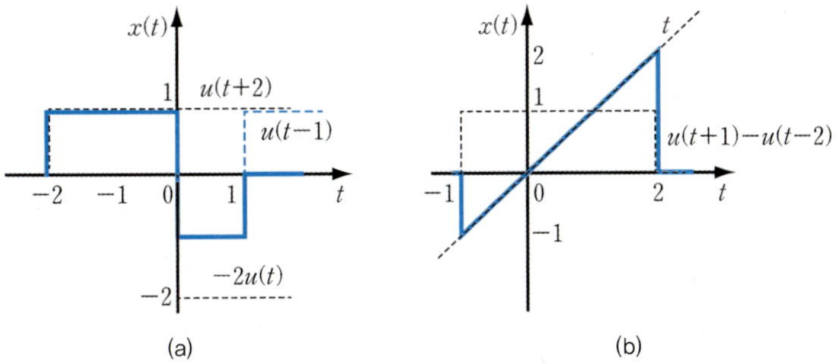

그림 3-5 [예제 3-1] 신호의 파형

예제 3-2 계단 함수(사각 펄스)를 이용한 구간 연속 신호의 표현

[그림 3-6(a)]에 나타낸 신호 $x(t)$의 수식 표현을 계단 함수를 이용하여 구하라.

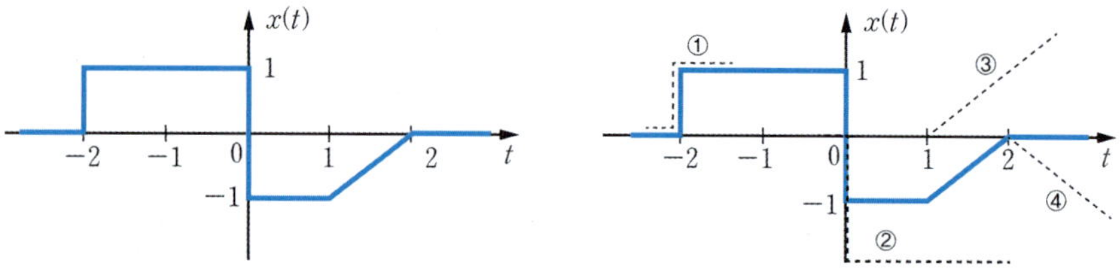

(a) 신호 $x(t)$ (b) $x(t)$를 신호 4개의 합으로 표현

그림 3-6 [예제 3-2]의 신호

풀이

구간 연속 신호의 경우, 사각 펄스가 자신이 존재하는 시간 구간의 신호 성분만 뽑아내는 기능을 이용하여 수식 표현을 구할 수 있다. $x(t)$는 파형이 다른 구간별로 나누어 다음과 같이 쓸 수 있다.

$$x(t)=\begin{cases}1, & -2\le t<0\\ -1, & 0\le t<1\\ t-2, & 1<t<2\\ 0, & \text{그 외}\end{cases}$$

따라서 구간별로 사각 펄스를 이용해 나타낸 것들을 모두 더하면 다음과 같이 $x(t)$의 수식 표현을 얻을 수 있는데, 결과적으로 신호의 수식이 계단 함수에 의해 표현됨을 알 수 있다. 이 수식 표현은 신호 4개의 합으로 정리되는데, 이를 그림으로 나타낸 것이 [그림 3-6(b)]이다.

$$\begin{aligned}x(t)&=[u(t+2)-u(t)]-[u(t)-u(t-1)]+(t-2)[u(t-1)-u(t-2)]\\&=\underbrace{u(t+2)}_{①}\ \underbrace{-2u(t)}_{②}\ \underbrace{+(t-1)u(t-1)}_{③}\ \underbrace{-(t-2)u(t-2)}_{④}\end{aligned}$$

3.1.3 (단위) 램프 함수

- **(단위) 램프 함수**(unit) ramp function는 $t=0$에서 시작하는 기울기 1인 직선으로 정의되며, 파형은 [그림 3-7]과 같다. 램프 함수는 계단 함수를 적분하여 얻을 수 있다.

$$r(t)=\begin{cases}t, & t\ge 0\\ 0, & t<0\end{cases} \tag{3.5}$$

$$\int_{-\infty}^{t} u(\tau)\,d\tau = t\,u(t) = r(t) \tag{3.6}$$

- 램프 신호는 시간에 비례하여 직선적으로 값이 증가하는 입력 신호에 대해 시스템이 어떻게 반응하는가를 검사하는 데 활용할 수 있다.

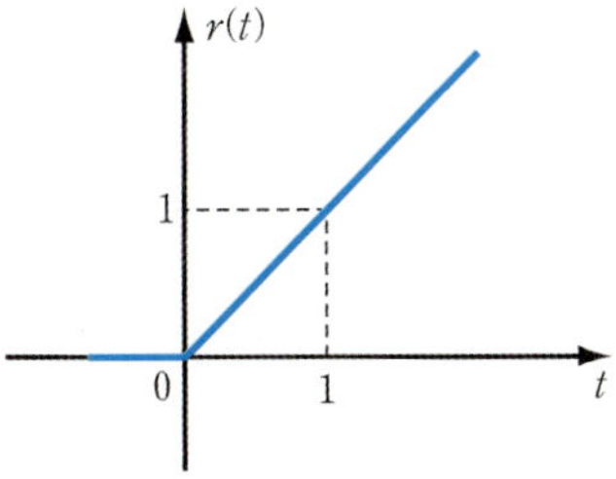

그림 3-7 단위 램프 함수

예제 3-3 계단 함수와 램프 함수를 이용한 삼각 펄스 함수의 표현

다음과 같이 높이와 넓이가 1인 삼각형으로 정의되는 삼각 펄스에 대해 계단 함수와 램프 함수를 이용한 표현을 구하라.

$$\mathrm{tri}(t) = \begin{cases} 1-|t|, & |t| \le 1 \\ 0, & |t| > 1 \end{cases}$$

풀이

[그림 3-8(a)]는 주어진 삼각 펄스의 파형으로, 이를 구간별로 나타내면 다음과 같다.

$$\mathrm{tri}(t) = \begin{cases} t+1, & -1 \le t \le 0 \\ -t+1, & 0 \le t \le 1 \\ 0, & \text{그 외} \end{cases}$$

이를 사각 펄스를 이용해 수식으로 나타낸 뒤 정리하면, 다음과 같이 계단 함수와 램프 함수로 표현할 수 있다. [그림 3-8(b)]는 램프 함수 표현을 그림으로 나타낸 것이다.

$$\begin{aligned} \mathrm{tri}(t) &= (t+1)[u(t+1)-u(t)]+(-t+1)[u(t)-u(t-1)] \\ &= (t+1)u(t+1)-2tu(t)+(t-1)u(t-1) \\ &= r(t+1)-2r(t)+r(t-1) \end{aligned}$$

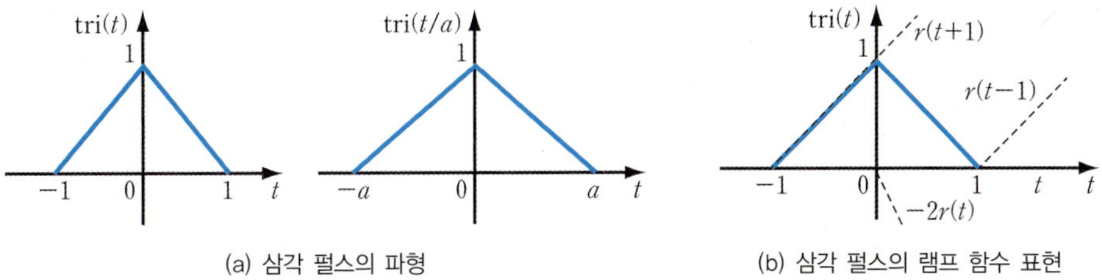

그림 3-8 삼각 펄스 신호의 파형

3.1.4 연속 (단위) 임펄스 함수

- **연속 (단위) 임펄스 함수**continuous (unit) impulse function는 **디락 델타**Dirac delta라고도 하며, 물리적으로 존재하지는 않으나 수학적으로 다음 성질을 만족하는 함수로 정의된다.

$$\begin{cases} 1.\ \delta(t) \to \infty, & t=0 \\ 2.\ \delta(t)=0, & t \neq 0 \\ 3.\ \displaystyle\int_{-\infty}^{\infty} \delta(t)dt=1 \\ 4.\ \delta(t)=\delta(-t) \end{cases} \tag{3.7}$$

- 임펄스 함수는 화살표로 나타내고, 함수의 값(크기) 대신 그 면적을 **세기**strength라고 하여 함께 표시한다([그림 3-9(c)]).
- 임펄스 함수는 계단 함수의 미분, 계단 함수는 임펄스 함수의 적분으로 표현할 수 있다.

$$\delta(t)=\frac{du(t)}{dt} \tag{3.8}$$

$$u(t)=\int_{-\infty}^{t} \delta(\tau)\,d\tau \tag{3.9}$$

- 임펄스 함수는 신호에서 하나의 값만 뽑아내는 **체 거르기**sifting**(샘플링) 성질**을 만족한다.

$$\int_{-\infty}^{\infty} x(t)\delta(t-t_0)\,dt=x(t_0) \tag{3.10}$$

식 (3.7)에서 보듯이, 연속 임펄스 함수는 $t=0$인 순간에만 존재하며 그 크기를 정의할 수 없고 다만 함수 아래의 면적이 1이고 우대칭을 만족하는 함수로, 신호와 시스템의 특성을 이해하는 데 매우 중요한 위치를 차지하고 있는 신호이다.

임펄스 함수와 계단 함수의 관계

연속 임펄스 함수는 실재하는 신호가 아니어서 그 개념을 이해하기 쉽지 않은데, 실용적인 관점에서 평범한 함수의 극한으로 간주하는 편이 쉽고 편리하다. 이를 위해 계단 함수부터 살펴보자. 실제 물리적인 시스템에서는 계단 함수와 같이 순간적으로 급변하는 신호, 다시 말해 불연속 점프를 가지는 신호는 생기지 않는다. 예를 들어 계단 하나를 오를 때 지극히 짧다 하더라도 시간이 걸리게 마련이다. 따라서 [그림 3-9(a)]의 $u_\Delta(t)$가 물리적으로는 계단 함수의 적절한 표현이라고 볼 수 있으며, 식 (3.1)의 이상적인 계단 함수는 이에 천이 과정 폭 $\Delta \to 0$의 극한을 취한 것으로 생각하면 된다.

$$u(t)=\lim_{\Delta \to 0} u_\Delta(t) \tag{3.11}$$

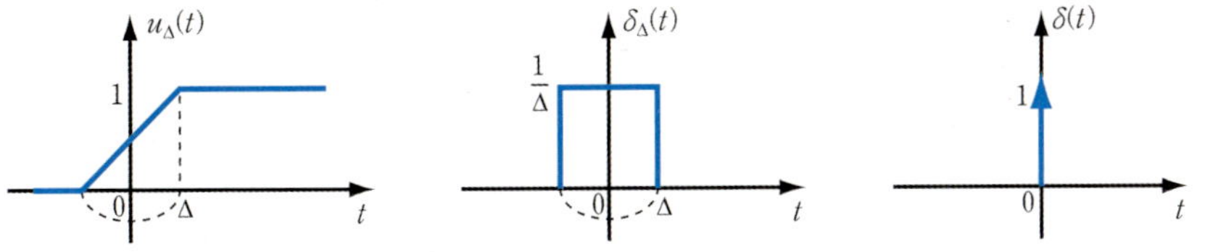

(a) $u_\Delta(t)$ (b) $\delta_\Delta(t)$ (c) 단위 임펄스 함수

그림 3-9 극한 개념에 의한 단위 임펄스 함수의 정의

근사화한 계단 함수 $u_\Delta(t)$를 구간별로 미분하면, [그림 3-9(b)]에 나타낸 것처럼 (임펄스 함수를 근사화한) 사각 펄스 $\delta_\Delta(t)$가 된다. 이 $\delta_\Delta(t)$에 대해 $\Delta \to 0$의 극한을 취하면, [그림 3-9(c)]에 나타낸 것처럼 식 (3.7)의 성질을 만족하는 단위 임펄스 함수를 얻게 된다.

$$\delta(t) = \lim_{\Delta \to 0} \delta_\Delta(t) \tag{3.12}$$

이상의 논의로부터 임펄스 함수 $\delta(t)$는 식 (3.9)와 같이 계단 함수 $u(t)$의 미분, 역으로 $u(t)$는 식 (3.9)와 같이 $\delta(t)$의 적분으로 정의할 수 있다.

임펄스 함수의 체 거르기 성질

신호 $x(t)$에 t_0만큼 시간 이동된 임펄스 함수 $\delta(t-t_0)$을 곱하면, $\delta(t-t_0)$이 $t=t_0$에서만 존재하므로 다음과 같이 될 것이다.

$$x(t)\delta(t-t_0) = x(t_0)\delta(t-t_0) \tag{3.13}$$

식 (3.13)의 우변은 세기가 $x(t_0)$인 임펄스 함수이다. 그러므로 이를 적분하면

$$\int_{-\infty}^{\infty} x(t)\delta(t-t_0)\,dt = x(t_0)\int_{-\infty}^{\infty} \delta(t')\,dt' = x(t_0) \tag{3.14}$$

가 된다. 이 결과는 임의의 연속 신호 $x(t)$와 임펄스 함수를 곱하여 적분하는 것이 임펄스 함수가 존재하는 순간($t=t_0$)의 신호 값 $x(t_0)$만을 걸러내는 것과 같으므로 임펄스 함수의 **체 거르기 성질** sifting property 또는 **샘플링 성질** sampling property 이라고 한다. 임펄스 함수는 크기(값)가 정의되지 않기에 식 (3.13)보다는 식 (3.14)가 실질적으로 활용되며, 식 (3.7) 대신 단위 임펄스 함수의 정의로 간혹 사용되기도 한다.

예제 3-4 **임펄스 함수의 체 거르기 성질의 활용**

다음의 적분 값을 구하라.

(a) $\int_{-2}^{2} \cos\left(2\pi t - \frac{\pi}{4}\right)\delta(t-4)dt$ (b) $\int_{-1}^{2} (t^2 + 2t + 3)\delta(t-1)dt$

풀이

(a) 임펄스 함수가 존재하는 시간 $t = 4$가 적분 구간 $-2 \le t \le 2$ 내에 있지 않으므로 이 적분 값은 0이다.

(b) 임펄스 함수가 존재하는 시간 $t = 1$가 적분 구간 $-1 \le t \le 2$ 내에 있으므로, 임펄스 함수의 체 거르기 성질을 적용하면 다음과 같다.

$$\int_{-1}^{2} (t^2 + 2t + 3)\delta(t-1)dt = t^2 + 2t + 3\Big|_{t=1} = 1^2 + 2 \cdot 1 + 3 = 6$$

3.1.5 지수 함수

- **지수 함수** exponential function는 다음과 같이 정의되며, 지수 λ에 따라 세 가지로 구분된다.

$$x(t) = Ae^{\lambda t} \tag{3.15}$$

- **실수 지수 함수**는 λ가 실수($\lambda = \sigma$)인 경우로서 그 값에 따라 [그림 3-10]과 같이 세 가지 형태를 가지는데, 지수적으로 감쇠하는 (b)가 주로 사용된다.
- **복소 정현파**는 λ가 순허수($\lambda = j\omega$)인 경우로서 삼각 함수로 나타낸 정현파 신호 표현 대신 신호와 시스템의 해석에 널리 사용된다.

$$\begin{aligned} x(t) = Ae^{j\omega t} &= |A|e^{j\phi}e^{j\omega t} = |A|e^{j(\omega t + \phi)} \\ &= |A|\{\cos(\omega t + \phi) + j\sin(\omega t + \phi)\} \end{aligned} \tag{3.16}$$

- **복소 지수 함수**는 λ가 복소수($\lambda = \sigma + j\omega$)인 가장 일반적인 형태의 지수 함수로서 실수 지수 신호와 복소 정현파 신호가 복합된 특성을 가진다([그림 3-12]).

$$\begin{aligned} x(t) = Ae^{(\sigma + j\omega)t} &= |A|e^{j\phi}e^{(\sigma + j\omega)t} = |A|e^{\sigma t}e^{j(\omega t + \phi)} \\ &= |A|e^{\sigma t}\{\cos(\omega t + \phi) + j\sin(\omega t + \phi)\} \end{aligned} \tag{3.17}$$

지수 함수는 다음과 같이 미분해도 함수의 형태가 바뀌지 않아 미분 방정식으로 표현되는 연속 시스템의 해석이 편리하므로 중요한 역할을 하는 신호이다.

$$\frac{dx(t)}{dt} = \frac{d}{dt}(Ae^{\lambda t}) = \lambda Ae^{\lambda t} = \lambda x(t) \tag{3.18}$$

실수 지수 함수

A와 λ가 모두 실수이면 $x(t)$는 실수 지수 함수가 되며, [그림 3-10]에 나타낸 것처럼 $\lambda > 0$이면 단조 증가, $\lambda < 0$이면 단조 감소, $\lambda = 0$일 때는 일정한 상수가 된다.

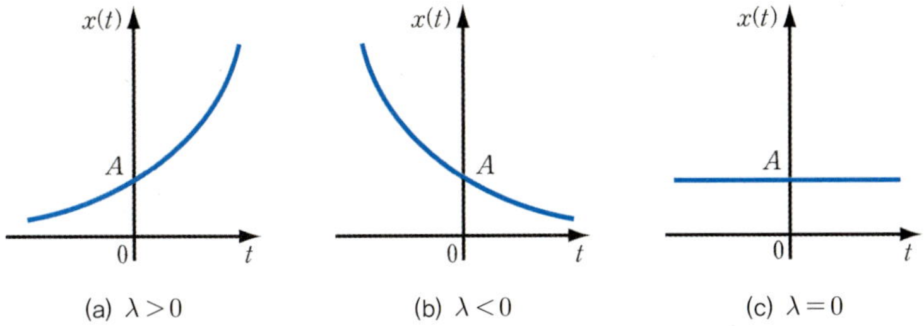

그림 3-10 실수 지수 함수

오일러 공식

지수 λ가 복소수인 지수 함수를 다룰 때, 다음의 오일러 공식이 아주 유용하다.

- **오일러 공식**Euler formula은 다음과 같이 지수가 순허수인 복소 지수 함수는 실수부가 코사인 함수, 허수부가 사인 함수인 복소수와 같다는 관계를 일컫는다.

$$e^{j\theta} = \cos\theta + j\sin\theta \tag{3.19}$$

- 오일러 공식에 의해 삼각 함수(정현파) $\cos\theta$ 및 $\sin\theta$는 다음과 같이 나타낼 수 있다.

$$\cos\theta = \frac{e^{j\theta} + e^{-j\theta}}{2} \tag{3.20}$$

$$\sin\theta = \frac{e^{j\theta} - e^{-j\theta}}{j2} \tag{3.21}$$

[그림 3-11]은 오일러 공식의 관계를 잘 보여주는 페이저도로, 복소수의 직교좌표 표현과 극좌표 표현을 연계하면 식 (3.19)가 성립함을 바로 알 수 있다.

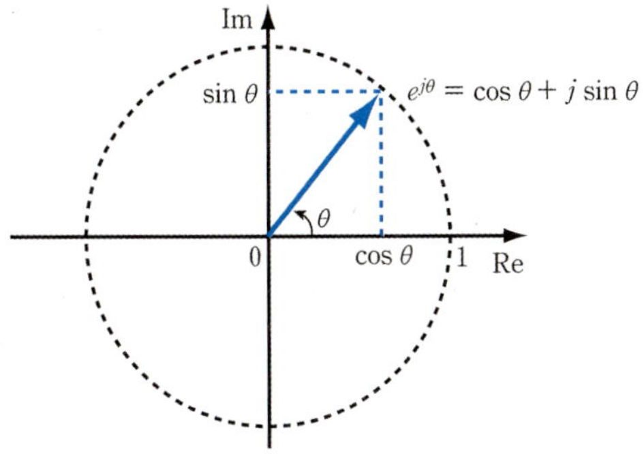

그림 3-11 오일러 공식의 페이저도

복소 정현파

지수 함수의 두 번째 형태는 λ가 순허수, 즉 $\lambda = j\omega$인 경우로서 오일러 공식을 적용하면 식 (3.16)과 같이 된다. 식 (3.16)에서 복소 계수 A는 극좌표 형태 $|A|e^{j\phi}$로 나타낸 것이다. (삼각 함수로 표현된) 정현파 신호는 $x(t)$의 실수부 또는 허수부를 취함으로써 얻을 수 있다. 따라서 $x(t) = e^{j\omega t}$를 **복소 정현파 신호**라고 하며, (곱셈과 미적분 등의 계산이 삼각 함수보다 편리하므로) 삼각 함수 정현파 표현 대신 신호와 시스템의 해석에 널리 사용된다. 전기회로에서 정현파에 대한 교류 해석을 할 때 사용되는 **페이저**phasor 해석법은 이런 성질을 이용한 대표적 예이다.

복소 지수 함수

가장 일반적인 지수 함수는 A와 λ가 모두 복소수인 경우이다. $A = |A|e^{j\phi}$, $\lambda = \sigma + j\omega$로 표시하면, 지수 함수는 식 (3.17)의 복소 지수 함수가 된다. 수식에서 보듯이 복소 지수 함수는 실수 지수 신호와 복소 정현파 신호가 곱해진 형태이므로 두 신호의 특성이 복합되어 나타나는데, 이는 실수부 $\mathrm{Re}\{x(t)\} = |A|e^{\sigma t}\cos(\omega t + \phi)$를 그린 [그림 3-12]에서 잘 살펴볼 수 있다. 신호 값의 경계(점선으로 표시) $\pm|A|e^{\sigma t}$는 σ 값에 따라 실수 지수 신호와 똑같은 변화 형태를 보이는데 이를 **포락선**envelope이라 부르며, 신호는 이 포락선에 맞추어 주파수 ω로 진동하는 감쇠 정현파 신호가 된다. 감쇠가 전혀 없는($\sigma = 0$) 경우에는 식 (3.16)과 같이 순수하게 진동하는 정현파 신호가 된다.

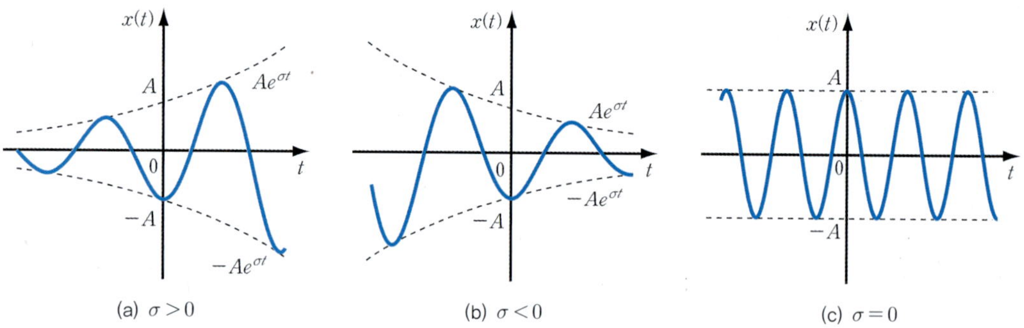

그림 3-12 복소 지수 함수의 실수부

지금까지 살펴본 지수 신호는 많은 분야의 물리적 시스템의 응답에서 나타난다. 전기회로의 경우를 예로 들면, 실수 지수 신호는 RC 회로의 직류 응답에서, 복소 정현파 신호와 같은 (무감쇠) 정현파 신호는 저항이 없는 LC 회로의 교류 응답에서, 감쇠 정현파 신호는 RLC 회로의 교류 응답에서 찾아볼 수 있다.

예제 3-5 오일러 공식을 이용한 복소 지수 함수의 삼각 함수 표현

복소 지수 함수 $x(t)=(1+j\sqrt{3})e^{\left(-2+j\frac{\pi}{4}\right)t}$를 삼각 함수 형태로 표현하라.

풀이

계수 $A=1+j\sqrt{3}$을 극좌표 형태로 나타내면 $A=1+j\sqrt{3}=2e^{j\frac{\pi}{3}}$이 된다.

$$|A|=\sqrt{1^2+(\sqrt{3})^2}=2,\quad \phi=\tan^{-1}\frac{\sqrt{3}}{1}=\frac{\pi}{3}$$

따라서 $x(t)$의 삼각 함수 형태 표현은 다음과 같이 구해진다.

$$\begin{aligned} x(t)&=2e^{j\frac{\pi}{3}}e^{\left(-2+j\frac{\pi}{4}\right)t}=2e^{-2t}e^{j\left(\frac{\pi}{4}t+\frac{\pi}{3}\right)}\\ &=2e^{-2t}\left[\cos\left(\frac{\pi}{4}t+\frac{\pi}{3}\right)+j\sin\left(\frac{\pi}{4}t+\frac{\pi}{3}\right)\right] \end{aligned}$$

예제 3-6 오일러 공식을 이용한 삼각 함수의 복소 정현파 표현

다음과 같이 삼각 함수 정현파로 이루어진 신호를 복소 정현파를 이용한 표현으로 바꾸고, 이로부터 다시 간략화된 삼각 함수 표현을 구하라.

$$x(t)=2\cos\left(4\pi t-\frac{3\pi}{4}\right)-2\sin\left(4\pi t-\frac{3\pi}{4}\right)$$

풀이

식 (3.21)과 식 (3.22)를 이용하여 주어진 신호의 정현파들을 복소 정현파로 바꾸어 간략화하면 다음과 같이 된다.

$$\begin{aligned} x(t)&=2\frac{e^{j\left(4\pi t-\frac{3\pi}{4}\right)}+e^{-j\left(4\pi t-\frac{3\pi}{4}\right)}}{2}-2\frac{e^{j\left(4\pi t-\frac{3\pi}{4}\right)}-e^{-j\left(4\pi t-\frac{3\pi}{4}\right)}}{j2}\\ &=(1+j1)e^{j\left(4\pi t-\frac{3\pi}{4}\right)}+(1-j1)e^{-j\left(4\pi t-\frac{3\pi}{4}\right)}\\ &=\sqrt{2}e^{j\frac{\pi}{4}}e^{j\left(4\pi t-\frac{3\pi}{4}\right)}+\sqrt{2}e^{-j\frac{\pi}{4}}e^{-j\left(4\pi t-\frac{3\pi}{4}\right)}\\ &=\sqrt{2}\left(e^{j\left(4\pi t-\frac{3\pi}{4}+\frac{\pi}{4}\right)}+e^{-j\left(4\pi t-\frac{3\pi}{4}+\frac{\pi}{4}\right)}\right)\\ &=2\sqrt{2}\cos\left(4\pi t-\frac{\pi}{2}\right)=2\sqrt{2}\sin(4\pi t) \end{aligned}$$

위 식에서 보듯이 삼각 함수를 다룰 때 복소 정현파로 바꾸어 나타내면 합성이나 미적분 등 수학적 취급이 편리해진다.

3.1.6 샘플링 함수와 싱크 함수

- **샘플링 함수** sampling function는 다음과 같이 정의되는 신호이다.

$$\mathrm{Sa}(t) = \frac{\sin(t)}{t} \tag{3.22}$$

- **싱크 함수** sinc function는 샘플링 함수를 시간축에서 π만큼 압축시킨 신호이다.

$$\mathrm{sinc}(t) = \frac{\sin(\pi t)}{\pi t} \tag{3.23}$$

샘플링 함수는 [그림 3-13(a)]에 나타낸 것처럼 연못에 돌멩이를 던졌을 때 번져나가는 물결의 단면을 닮은 모양을 하고 있다. 즉 $t=0$에서 최댓값 1을 가지고, t의 크기가 커질수록 진폭이 감소하며 $t=\pm k\pi(k=1,\ 2,\ 3,\ \cdots)$에서 값이 0이 되는 감쇠 정현파이다. 싱크 함수는 샘플링 함수와 파형 모양은 같지만, $t=\pm 1,\ \pm 2,\ \pm 3,\ \cdots$에서 그 값이 0이 되므로 샘플링 함수보다 좀 더 편리하다. 샘플링 함수와 싱크 함수를 구분하지 않고 싱크 함수로 통칭하기도 한다.

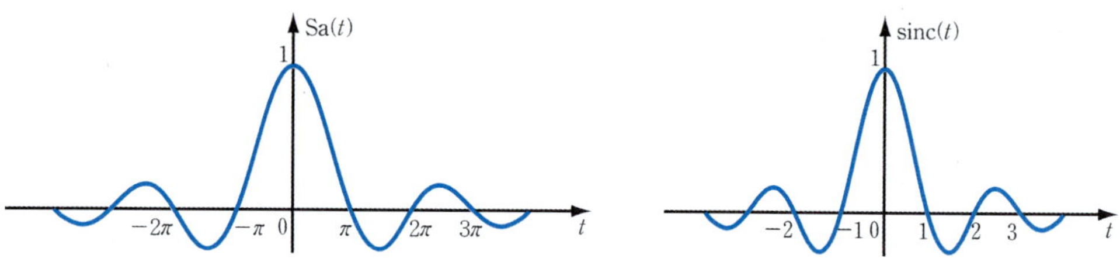

(a) 샘플링 함수 (b) 싱크 함수

그림 3-13 샘플링 함수와 싱크 함수

3.1.7 부호 함수

- **부호 함수** signum function는 시간 값이 양일 때는 $+1$, 음일 때는 -1의 값을 갖는 신호이다.

$$\mathrm{sgn}(t) = \begin{cases} -1, & t<0 \\ 0, & t=0 \\ +1, & t>0 \end{cases} \tag{3.24}$$

$$\mathrm{sgn}(t) = -1 + 2u(t) \tag{3.25}$$

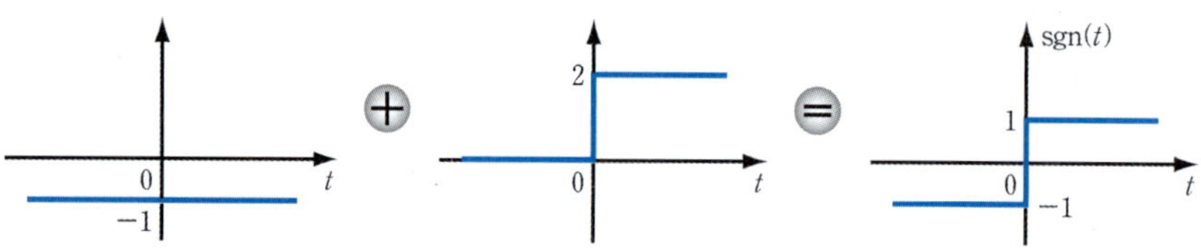

그림 3-14 부호 함수

3.2 연속 신호에 대한 기본 연산

시스템은 입력 신호가 들어오면 적절한 조작(연산)을 거쳐서 출력 신호를 내보내는데, 겉보기에 복잡한 신호일지라도 단순한 신호에 기본적인 조작을 차례로 적용함으로써 얻을 수 있다. 신호는 값(진폭)을 갖는 시간 함수로 표현되므로, 신호에 대한 기본 조작은 당연히 시간과 진폭에 대한 연산이 된다. 반전, 이동, 척도조절이 이에 해당한다. 이외에 미분과 적분, 그리고 두 신호의 합과 곱 등이 연속 신호에 대한 기본 연산에 포함된다.

학습포인트

- 신호에 대한 기본 연산에는 어떤 것들이 있는지 알아본다.
- 신호의 진폭에 대한 반전, 이동, 척도조절 연산을 이해한다.
- 신호의 시간에 대한 반전, 이동, 척도조절 연산을 이해한다.
- 신호에 기본 연산을 조합하여 적용할 때, 시간 이동의 비교환적 특성을 잘 이해하고 익혀둔다.
- 기본 연산의 조합으로 새 신호를 만드는 방법을 잘 익혀둔다.

신호를 시간 함수로 표현하면, 파형의 가로축은 시간, 세로축은 신호 값(진폭)을 나타낸다. 신호의 조작은 기본적으로 두 축과 관련하여 이루어지는데, 진폭 변환은 함수 파형의 세로축, 시간 변환은 함수 파형의 가로축에 대한 조작이다. 그리고 +, −를 바꾸는 축 뒤집기(**반전**reversal), 축을 따라 옮기기(**이동**shift), 축 눈금 바꾸기(**척도조절**scaling)가 기본 조작(연산)이라 할 수 있다. 이외에 축과 무관한 조작으로 신호의 미분과 적분, 그리고 두 신호의 합과 곱 등을 기본 조작(연산)으로 꼽을 수 있다.

3.2.1 신호의 합과 곱

- 두 신호 $x(t)$와 $s(t)$에 대한 합과 곱은 다음과 같다.

$$\text{합} : y(t) = x(t) + s(t) \tag{3.26}$$

$$\text{곱} : y(t) = x(t) \cdot s(t) \tag{3.27}$$

신호의 합 연산 예로는 정현파(교류)와 직류 전압을 함께 전기회로에 입력으로 넣어주는 경우를 들 수 있고, 신호의 곱 연산의 대표적인 예로는 통신에서 주어진 신호에 정현파를 곱하는 진폭 변조를 들 수 있다.

예제 3-7 **신호의 합과 곱**

두 신호 $x(t)=e^{-t}\cos(2\pi t)u(t)$와 $y(t)=u(t)-x(t)$의 파형을 그려라.

풀이

$x(t)$는 실수 지수 신호 e^{-t}와 정현파 $\cos(2\pi t)$이 곱해진 신호이다. 이때 $u(t)$는 신호가 $t \geq 0$에서만 값을 갖도록 제한한 것으로 생각하면 된다. $y(t)$는 계단 신호 $u(t)$에서 $x(t)$를 뺀, 즉 $-x(t)$를 더한 신호이다. [그림 3-15]에 이들 신호의 파형을 나타냈다. (a)는 e^{-t}, (b)는 $\cos(2\pi t)$의 파형이고, (c)는 (a)와 (b)의 신호를 곱한 $x(t)$, 그리고 (d)는 $u(t)$와 $-x(t)$를 더한 $y(t)$를 그린 것이다. (c)와 (d)의 파형을 보면 두 신호의 곱과 합만으로도 원래의 신호와는 다른 전혀 새로운 신호를 만들 수 있음을 알 수 있다. (d)의 신호는 계단 신호 입력에 대한 시스템 출력 신호의 전형적인 형태 중 하나이다.

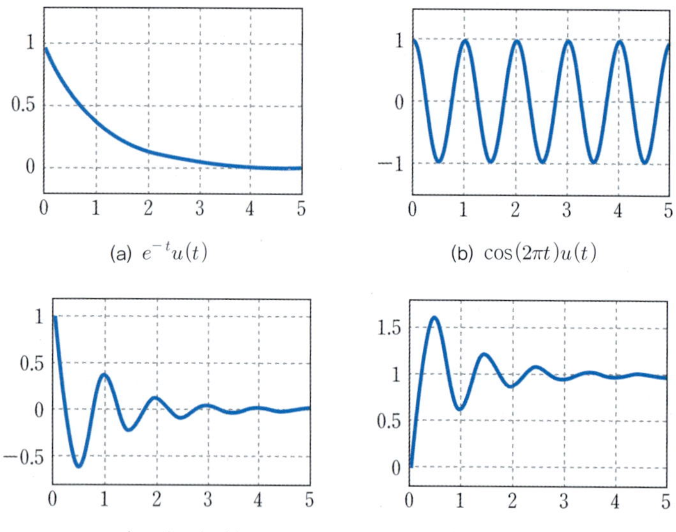

(a) $e^{-t}u(t)$ (b) $\cos(2\pi t)u(t)$

(c) $e^{-t}\cos(2\pi t)u(t)$ (d) $(1-e^{-t}\cos(2\pi t))u(t)$

그림 3-15 신호의 합과 곱의 예

3.2.2 신호의 미분과 적분

미분과 적분은 연속 신호에만 가능한 연산이다.

- 신호의 **미분**은 시간에 따른 신호 값의 변화율이라고 생각할 수 있다.

$$y(t)=\frac{dx(t)}{dt} \tag{3.28}$$

• 신호의 **적분**은 지금까지의 신호 값들을 누적해서 모아두는 동작이다.

$$y(t)=\int_{-\infty}^{t} x(\tau)\,d\tau \tag{3.29}$$

3.2.3 신호의 진폭 변환

• **진폭 반전**은 값의 부호가 반대로 바뀌는 것으로서 시간축에 대해 대칭인 신호가 된다.

$$y(t)=-x(t) \tag{3.30}$$

• **진폭 이동**은 파형의 변화 없이 세로축을 따라 평행 이동하는 동작이다.

$$y(t)=x(t)+a \tag{3.31}$$

• **진폭 척도조절**은 진폭의 값을 일정한 비율로 바꾸는 것으로서 $a>1$인 경우를 증폭, $a<1$인 경우를 감쇠라고 한다.

$$y(t)=ax(t) \tag{3.32}$$

[그림 3-16]은 진폭에 대한 기본 연산의 예를 나타낸 것으로, 수식에서나 그림에서 보듯이 진폭에 대한 조작은 개념적으로 어려울 게 전혀 없다.

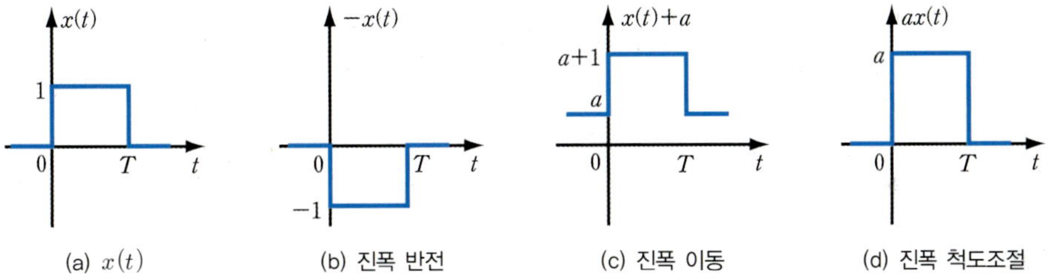

그림 3-16 신호의 진폭 변환

인버터 회로에서 입력의 극성이 바뀌어 출력으로 나오는 것은 진폭 반전의 예이다. 진폭 이동의 예로는 정현파에 DC 오프셋offset을 걸어주는 경우를 들 수 있다. 실생활에서 흔히 접하는 진폭 척도조절 예로는 TV나 오디오의 볼륨을 조절하는 것을 들 수 있다. 또 천둥이 칠 때 먼 거리에서는 소리가 작게 들리는 현상은 진폭 감쇠의 한 예이다.

예제 3-8 신호의 진폭 변환

[그림 3-17(a)]의 신호 $x(t)$에 대해 다음의 신호를 그려라.

$$s(t)=0.5x(t),\quad v(t)=s(t)-1,\quad z(t)=-v(t)$$

풀이

$s(t)$는 $x(t)$의 크기를 절반으로 진폭 척도조절한 것이고, $v(t)$는 $s(t)$를 -1만큼 진폭 이동한 것, $z(t)$는 $v(t)$를 진폭 반전한 것이다. 결과적으로 $z(t)$는 $z(t)=-0.5x(t)+1$로서 $x(t)$에 대해 진폭의 척도조절, 이동, 반전의 세 가지 변환을 모두 적용한 신호이다. 이들 신호의 파형을 [그림 3-17]의 (b)~(d)에 나타내었다.

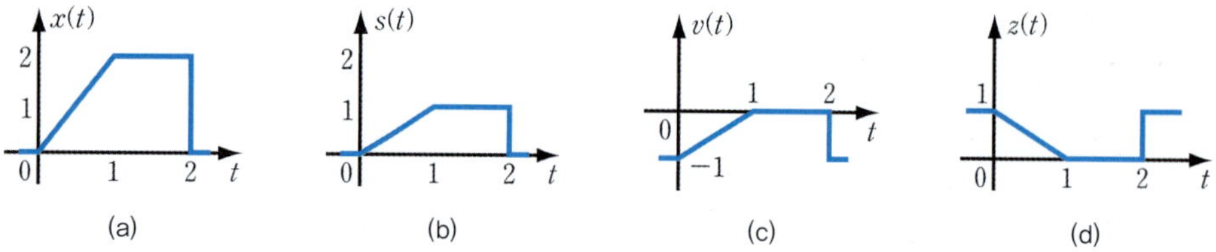

그림 3-17 신호의 진폭 변환 예

3.2.4 신호의 시간 변환

- **시간 반전**은 시간축을 거꾸로 뒤집는 것으로, 시간 변수 t를 $-t$로 바꾼 것이다.

$$y(t)=x(-t) \tag{3.33}$$

- **시간 이동**은 신호를 시간축에 대해 좌우로 이동시키는 동작으로, $t_0>0$이면 시간 지연, $t_0<0$이면 시간 앞섬(선행)이다.

$$y(t)=x(t-t_0) \tag{3.34}$$

- **시간 척도조절**은 시간축을 **늘이기(신장)**stretching 또는 **줄이기(압축)**contraction를 하여 척도(눈금)를 바꾸는 동작으로, $a>1$이면 시간축 줄이기, $a<1$이면 시간축 늘이기이다.

$$y(t)=x(at) \tag{3.35}$$

시간 반전은 [그림 3-18]에 나타낸 것처럼 수직축에 대칭인 상을 만드는 신호의 반사 연산이다. 실제 상황에서 시간 반전의 개념을 잘 보여주는 예로는 테이프에 음악(영상)을 녹음(녹화)한 뒤 이를 되감으면서 거꾸로 재생하는 경우를 들 수 있다.

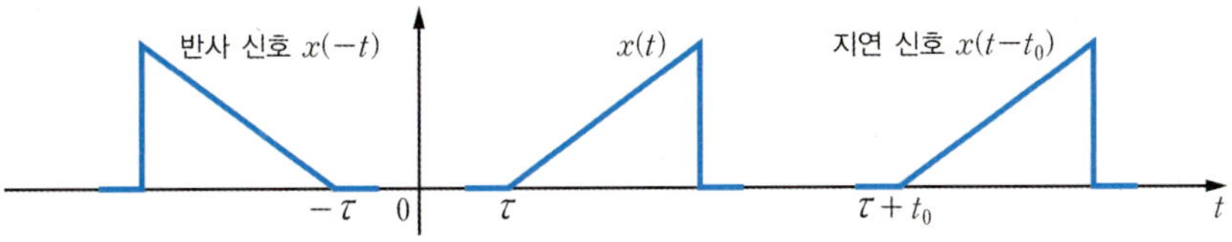

그림 3-18 신호의 시간 반전(반사)과 시간 이동

[그림 3-18]에 함께 나타낸 시간 이동의 예는 시간 지연에 해당한다. 시간 지연은 많은 물리적인 현상에서 나타나고 활용된다. 번개가 칠 때 번쩍하고 빛이 보이고 한참 뒤에야 천둥소리가 들리는 것은 빛과 소리의 속도 차이로 인해 소리가 시간적으로 지연되어 전달된 것이다. 이외에도 레이더는 송출 신호가 대상 물체에 반사되어 돌아오는 시간 지연을 측정함으로써 거리나 속도를 추정한다.

시간 척도조절에서 t 대신 $2t$가 될 때 시간축이 2배로 늘어나는 시간축 늘이기라고 착각하면 안 된다. [그림 3-19]에서 신호의 값이 $x(1)$이 되려면 (a)는 $t=1$, (b)는 $t=0.5$, (c)는 $t=2$일 때이다. 그러므로 $a>1$의 경우가 시간축을 눌러 압축하는 '줄이기', $a<1$의 경우가 시간축을 잡아당겨 늘이는 '늘이기'이다.

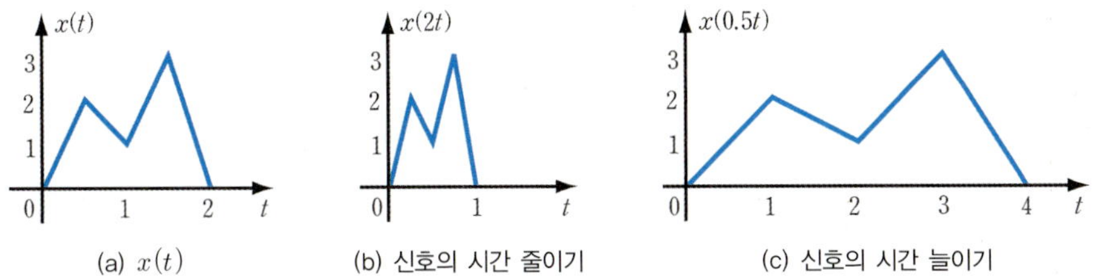

그림 3-19 연속 신호의 시간 척도조절

스포츠 중계 방송에서 가끔 보게 되는 슬로우 모션이나 자연 다큐멘터리에서 씨앗의 싹틔우기 – 성장 – 꽃피우기의 과정을 아주 짧은 시간에 연속적으로 보여주는 일들은 고속/저속으로 촬영하여 저속/고속으로 재생함으로써 가능한 일들로, 시간축에 대해 늘이기 또는 줄이기를 한 것이다. 이외에도 방송에서 제보자의 목소리를 변조해 남자의 목소리를 고음의 여자 목소리에 가깝게, 여자 목소리를 굵직한 저음의 남자 목소리에 가깝게 내보낸다든지, 도플러 효과로 인해 소방차나 구급차의 사이렌 소리가 가까워질수록 주파수가 높은 고음으로 들리는 현상도 실생활에서 볼 수 있는 신호에 대한 시간 척도조절 결과들이다.

TIP & NOTE **시간 척도조절의 예 : 도플러 효과**

도플러 효과[Doppler effect]는 음파나 빛과 같은 파동을 발생하는 파원[source]과 관찰자[observer]의 상대적 운동 때문에 관찰자가 파원의 원래 주파수(파장)와는 다른 주파수를 관찰하게 되는 현상을 일컫는다. 파원과 관찰자가 상대적으로 가까워지면 파원이 내놓은 파동의 주파수보다 높은 주파수가 관찰되고, 그와 반대로 상대적으로 멀어지면 낮은 주파수가 관찰된다.

다음 그림은 도플러 효과의 예를 나타낸 것이다. 그림 (a)에서 보듯이 소방차가 사이렌을 울릴 때, 소방차가 정지 상태라면 A와 B 모두에게 그림 (b)의 맨 위 파형처럼 일정한 주파수의 소리가 들릴 것이다. 그런데 소방차가 A쪽을 향해 달려가면, 사이렌 소리가 A에 전달되기까지의 거리는 점점 짧아지게 된다. 따라서 소리의 전달 시간이 상대적으로 줄어들어 시간축을 압축한 것과 마찬가지 효과를 가져온다. 이러한 시간 척도 조절의 결과로 음파의 주파수가 증가하여 점차 높은 음으로 들리게 된다(그림 (b)의 가운데 파형). 소방차가 멀어지는 쪽에 있는 B는 이와 반대로 사이렌 소리의 전달 거리가 점점 길어져서 시간축을 늘이기한 것 같은 효과로 인해 음파의 주파수가 감소하여 점차 낮은 음으로 들리게 된다(그림 (b)의 맨 아래 파형).

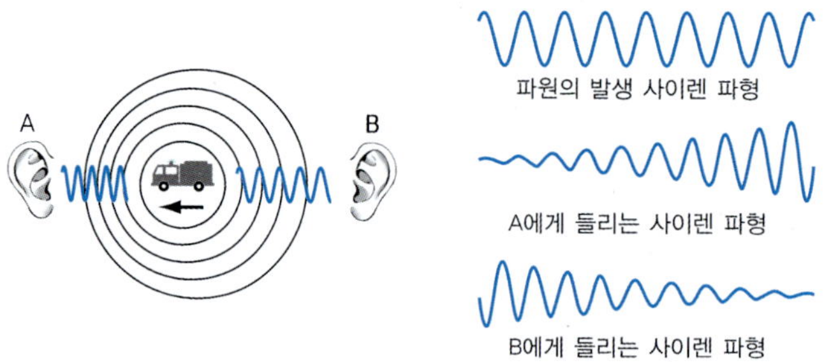

(a) 음파의 도플러 효과　　(b) 음파의 상대적 파형

예제 3-9 신호의 시간 변환

[그림 3-20(a)]의 신호 $x(t)$에 대해 다음의 신호를 그려라.

$$s(t) = x(-t),\quad v(t) = s(t-4),\quad z(t) = v(2t)$$

풀이

$s(t)$는 $x(t)$를 시간 반전한 신호이고, $v(t)$는 $s(t)$를 $t_0 = 4$만큼 오른쪽으로 이동, 즉 시간 지연한 것이고, $z(t)$는 $v(t)$의 시간축을 척도조절하여 반으로 줄이기한 것이다. 결과적으로 $z(t)$는 $z(t) = x(-(2t-4))$로서 $x(t)$에 대해 시간 반전–이동(지연)–척도조절(줄이기)의 세 가지 변환을 적용한 신호이다. 이들 신호의 파형을 [그림 3-20]의 (b)~(d)에 나타내었다.

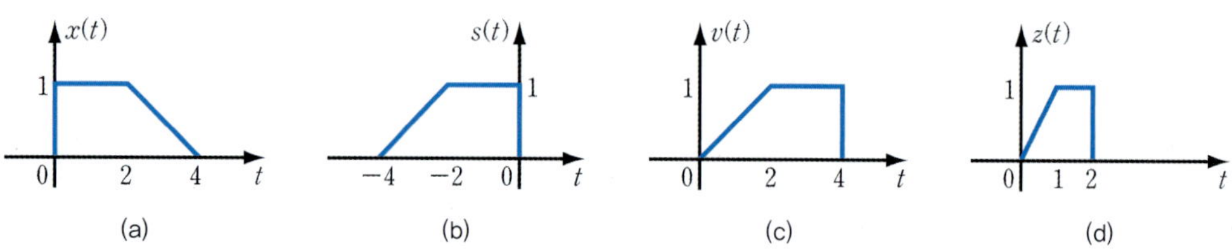

그림 3-20 신호의 시간 변환 예

지금까지 살펴본 신호에 대한 기본 연산을 [표 3-1]에 요약하였다. 표에서 제일 오른쪽 열의 시스템 항목은 이러한 기능을 수행하는 물리적인 시스템을 나타낸다.

표 3-1 연속 신호에 대한 기본 연산

연산	표현식	시스템
합	$y(t)=x(t)+s(t)$	덧셈기
곱	$y(t)=x(t)\cdot s(t)$	곱셈기
시간 적분	$y(t)=\int_{-\infty}^{t} x(\tau)\,d\tau$	적분기
시간 미분	$y(t)=\dfrac{dx(t)}{dt}$	미분기
진폭 척도조절	$y(t)=ax(t),\ a>1$	증폭기
	$y(t)=ax(t),\ a<1$	감쇠기
진폭 반전	$y(t)=-x(t)$	인버터
진폭 이동	$y(t)=x(t)+a$	오프셋
시간 척도조절	$y(t)=x(at),\ a>1$	시간축 줄이기
	$y(t)=x(at),\ a<1$	시간축 늘이기
시간 이동	$y(t)=x(t-t_0),\ t_0>0$	지연기
	$y(t)=x(t+t_0),\ t_0>0$	예측기
시간 반전	$y(t)=x(-t)$	반사기

3.2.5 연산의 조합에 의한 신호의 표현

실제로 접하는 신호 대부분은 형태가 단순해 간단한 함수로 표현할 수 있는 기본 신호들보다는 파형이 복잡하고 복합적이다. 그러나 아주 특별한 경우를 제외하면 아무리 복잡한 신호라 할지라도 단순한 형태의 신호로부터 [표 3-1]의 여러 기본 연산을 차례로 조합하여 적용함으로써 구할 수 있다. 예를 들어 $y(t)=-2x(-t/2+1)+1$은 $x(t)$에 대해 시간에 대한 반전, 척도조절, 이동과 진폭에 대한 반전, 척도조절, 이동 연산을 수행함으로써 얻을 수 있다.

신호에 대한 기본 연산의 조합

- 어떤 신호에 기본 연산들을 순차적으로 조합하여 적용하면 새로운 신호가 얻어진다.
- 하나의 신호에 여러 기본 연산을 조합하여 적용할 때, 연산의 적용 순서가 바뀌어도 같은 결과를 얻는다.

• 시간 이동 연산은 다른 시간 변환 연산과 교환법칙이 성립하지 않기 때문에 연산 순서를 바꾸면 시간 이동 값이 달라진다.

예제 3-10 연속 신호에 대한 기본 연산의 조합

[예제 3-9]의 [그림 3-20(a)]의 신호 $x(t)$에 대해 $y(t)=x(-2t+4)$를 그려라.

풀이

[예제 3-9]에서는 $y(t)=x(-(2t-4))$로 시간에 대해 반전($s(t)$)-이동($v(t)$)-척도조절($z(t)$)의 순서로 기본 연산을 조합하여 $y(t)$를 구한 것이다. 이때 시간 이동은 4만큼 지연이다.

$y(t)$는 다음과 같이 ❶ $y(t)=x(2(-(t-2)))$ 또는 ❷ $y(t)=x(2(-t)+4)$로 나타낼 수 있다.

❶의 경우 : [그림 3-21(a)], 시간에 대해 척도조절-반전-이동

척도조절에 의해 $x_1(t)=x(2t)$를 구한 뒤, 이를 반전하여 반사 신호 $x_2(t)=x_1(-t)$를 얻고, 끝으로 $x_2(t)$를 이동(2만큼 지연)시켜 $x_3(t)=x_2(t-2)$를 얻음으로써 $y(t)$를 구한다.

❷의 경우 : [그림 3-21(b)], 시간에 대해 이동-반전-척도조절

$x(t)$를 이동(4만큼 선행)시켜 $x_4(t)=x(t+4)$를 구한 뒤, 이를 반전시켜 $x_5(t)=x_4(-t)$를 얻고, 끝으로 $x_5(t)$를 척도조절하여 $x_6(t)=x_5(2t)$를 얻음으로써 $y(t)$를 구한다.

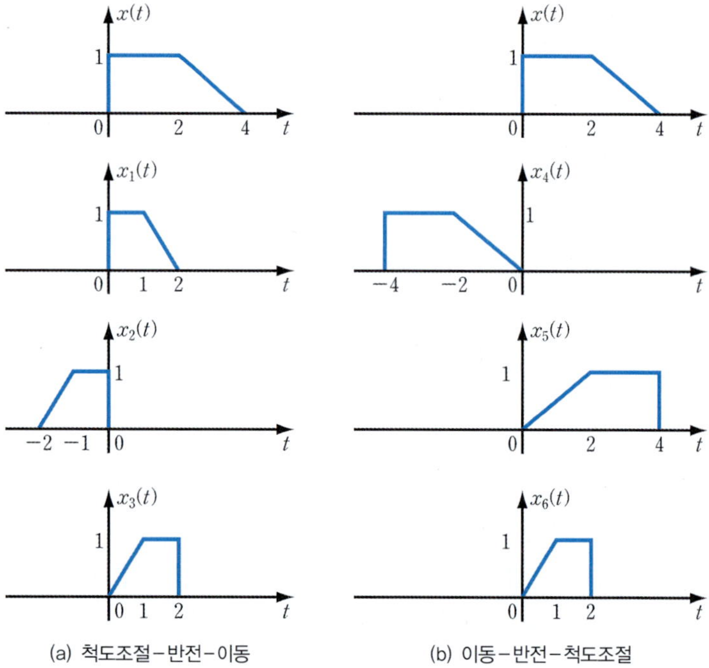

그림 3-21 기본 연산의 조합에 의한 연속 신호 얻기

이 결과에서 알 수 있듯이 기본 연산의 순서를 바꿔도 같은 결과가 얻어진다. 다만 [그림 3-20]과 [그림 3-21(a)], [그림 3-21(b)]를 비교해보면, 시간 이동 연산의 순서가 달라짐에 따라 시간 이동 값이 달라짐을 확인할 수 있다.

예제 3-11 연속 신호에 대한 기본 연산의 조합

[예제 3-1]의 [그림 3-5(a)]의 신호 $x(t)$에 대해 $y(t) = -2x\left(-\frac{t}{2}+1\right)+1$을 그려라.

풀이

$y(t)$는 $x(t)$에 진폭 변환과 시간 변환의 모든 연산을 한 번씩 적용하여 얻어지는데, 먼저 시간 변환 연산을 수행한 뒤에 진폭 변환 연산을 수행하는 것이 풀이가 좀 더 간편하다.

$x\left(-\frac{t}{2}+1\right) = x\left(-\frac{1}{2}(t-2)\right)$이므로 시간에 대해 반전-척도조절(2배로 늘이기)-이동(2만큼 지연)의 순서로 연산을 적용한다. 즉 시간 반전으로 반사 신호 $x_1(t) = x(-t)$를 구한 뒤에 시간 척도조절하여 $x_2(t) = x_1\left(\frac{1}{2}t\right)$를 얻고, 끝으로 $x_2(t)$를 시간 이동시켜 $x_3(t) = x_2(t-2)$를 얻는다. 이제 $x_3(t)$에 대해 반전-척도조절(2배 증폭)-이동(1만큼 상승)의 순서로 진폭 변환 연산을 적용하면 된다. 즉 반전에 의해 $x_4(t) = -x_3(t)$를 구한 뒤, 이를 척도조절하여 $x_5(t) = 2x_4(t)$를 얻고, 끝으로 $x_5(t)$를 이동시켜 $x_6(t) = x_5(t)+1$을 얻으면 $y(t) = x_6(t)$가 구해진다. 이 과정을 [그림 3-22]에 나타내었다.

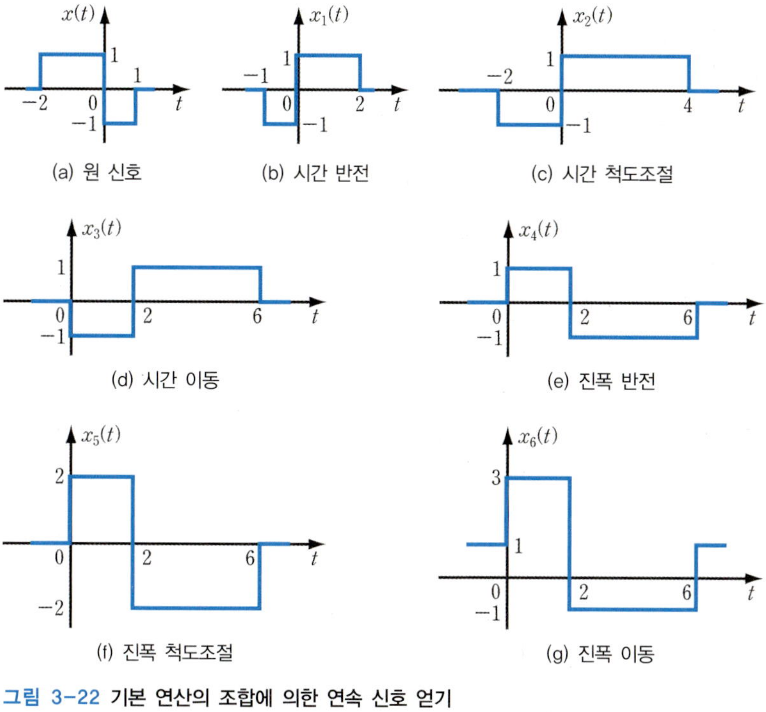

그림 3-22 기본 연산의 조합에 의한 연속 신호 얻기

CHAPTER 03 연습문제

Quick Review

다음 문제에서 옳은 것을 골라라.

01 계단 함수 $u(t)$는 전 시간 구간에서 값이 1이다. (O, ×)

02 (사각 펄스, 부호 함수, 램프 함수, 지수 함수)는 계단 함수에 의해 표현될 수 없다.

03 갑작스러운 입력 값 변화에 대한 반응을 검사하는 신호는 (계단 함수, 램프 함수)이다.

04 연속 임펄스 함수 $\delta(t)$는 $t=0$에서 그 값(크기)이 1이다. (O, ×)

05 물리적으로 존재하지 않는 신호는 (이산, 연속) 임펄스 함수이다.

06 $\int_{-\infty}^{\infty} x(t)\,\delta(t-t_0)\,dt = x(t_0)$는 임펄스 함수의 (체 거르기, 이동 적분) 성질이다.

07 모든 지수 함수는 안정한 신호이다. (O, ×)

08 지수 함수를 미분하면 형태가 (같은, 다른) 함수가 된다.

09 정현파와 지수 함수는 아무런 관련이 없다. (O, ×)

10 $x(t) = e^{\sigma t}\cos(\omega t + \phi)$에서 $e^{\sigma t}$를 $x(t)$의 (포락선, 유도선, 중심선)이라고 한다.

11 진폭 반전은 (시간축, 크기축)에 대칭인 신호를 만들어낸다.

12 신호의 극성을 바꾸는 연산은 (진폭 반전, 시간 반전, 시간 척도조절) 연산이다.

13 신호의 진폭 이동은 ($t<0$, $t \geq 0$, $-\infty < t < \infty$)에 대해 적용한다.

14 시간 반전은 (시간축, 크기축)에 대칭인 신호를 만들어낸다.

15 $x(t+3)$은 $x(t)$에 대해 시간 (앞섬, 지연)이다.

16 $x(3t)$는 $x(t)$에 대해 시간축을 3배로 늘인 신호이다. (O, ×)

17 $x(-2(t-2))$는 $x(t)$를 시간 반전-(척도조절, 이동)-(척도조절, 이동)한 것이다.

18 $x(t)$에 시간 반전-시간 척도조절-시간 이동 순으로 연산을 적용하여 $x(-2t+6)$을 얻을 때 시간 이동 값은 (3, 6)만큼 (앞섬, 지연)하면 된다.

19 기본 연산을 조합할 때 반드시 지켜야 할 우선순위가 있다. (O, ×)

20 신호에 대한 연산의 조합 순서를 바꾸면 시간 이동 값이 변할 수 있다. (O, ×)

기초 문제

3.1 다음 연속 신호의 파형을 그려라.

(a) $x(t) = u(t-2) - 1$ (b) $x(t) = -u(-t+2)$

(c) $x(t) = r(t)u(-t+2)$ (d) $x(t) = r(2-t)u(t)$

3.2 다음의 신호를 그리고, 계단 신호와 램프 신호를 이용한 수식 표현을 구하라.

(a) $x(t) = \begin{cases} 3, & |t| < 1 \\ 2, & 1 \le |t| < 3 \\ 1, & 3 \le |t| < 4 \\ 0, & \text{그 외} \end{cases}$ (b) $x(t) = \begin{cases} 1, & -3 \le t < -2 \\ t+1, & -2 \le t < 0 \\ -t+1, & 0 \le t < 2 \\ t-3, & 2 \le t < 3 \\ 0, & \text{그 외} \end{cases}$

3.3 다음 그림의 신호에 대해 계단 신호와 램프 신호를 이용한 수식 표현을 구하라.

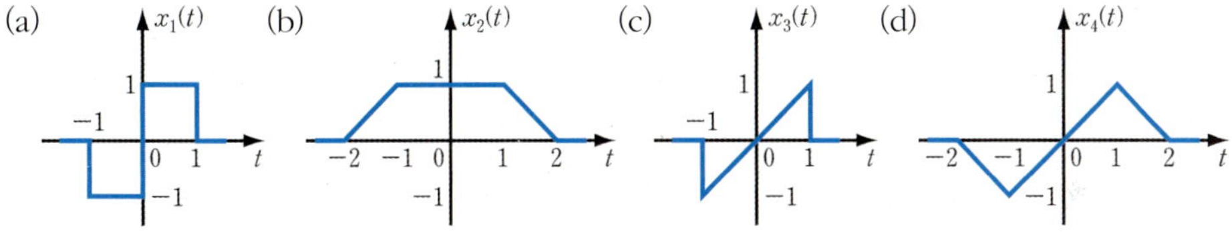

3.4 다음과 같이 임펄스 함수가 포함된 적분을 계산하라.

(a) $\int_{-\infty}^{\infty} (t^2 - 3t + 2)\,\delta(t-2)\,dt$ (b) $\int_{-\infty}^{\infty} e^{-t}u(t)(\delta(t+2) + \delta(t-1))\,dt$

(c) $\int_{-2}^{1} (t + t^2)\,\delta(t-3)\,dt$ (d) $\int_{-2}^{4} (t + t^2)\,\delta(t-3)\,dt$

3.5 오일러 공식을 이용하여 다음 신호를 삼각 함수 합성하여 삼각 함수로 나타내라.

(a) $x(t) = 2\sin(\pi t) + 2\cos(\pi t)$ (b) $x(t) = 2\sin(\pi t) - 2\cos(\pi t)$

(c) $x(t) = 2\cos(\pi t) + 2\sqrt{3}\sin(\pi t)$ (d) $x(t) = -2\cos\left(\pi t - \frac{3\pi}{4}\right) + 2\sin\left(\pi t + \frac{\pi}{4}\right)$

3.6 오일러 공식을 이용하여 다음 복소 신호를 삼각 함수꼴로 나타내라.

(a) $x(t) = e^{-(2+j2)t} + e^{-(2-j2)t}$ (b) $x(t) = j(e^{-(1+j1)t} - e^{-(1-j1)t})$

(c) $x(t) = e^{-(2+j2)t}e^{(1+j1)t}$ (d) $x(t) = 2(1+j1)e^{(-3+j2)t}$

3.7 신호에 대한 기본 연산에 관한 다음의 설명 중 옳은 것은?

㉮ 라디오의 볼륨을 높이는 동작은 신호의 진폭 이동에 해당한다.

㉯ 라디오의 다이얼을 돌려 방송국을 바꾸는 것은 신호의 진폭 척도조절에 해당한다.

㉰ 정현파에 DC 오프셋을 더해주는 것은 신호의 진폭 이동에 해당한다.

㉱ 녹음 테이프를 거꾸로 재생하는 것은 신호의 진폭 반전에 해당한다.

3.8 다음 중 계단 신호 $u(t-1)$의 시간 반전 신호는 어느 것인가?

㉮ $u(-t+1)$ ㉯ $u(-t-1)$ ㉰ $-u(-t-1)$ ㉱ $-u(-t+1)$

3.9 다음 그림의 신호 $x(t)$에 대해 다음의 신호를 그려라.

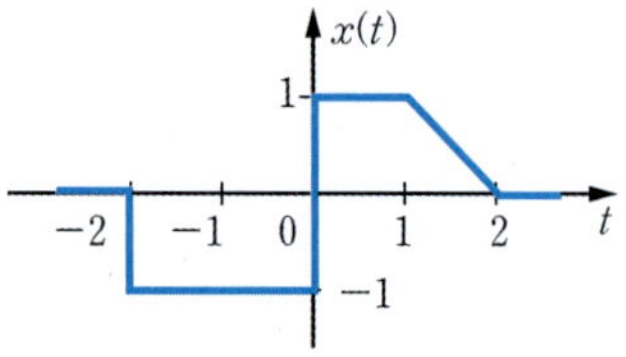

(a) $y_1(t) = 2x(-t)$ (b) $y_2(t) = x(2t-1)$ (c) $y_3(t) = x(-t+1)u(t)$

3.10 다음 그림과 같은 신호가 주어져 있다.

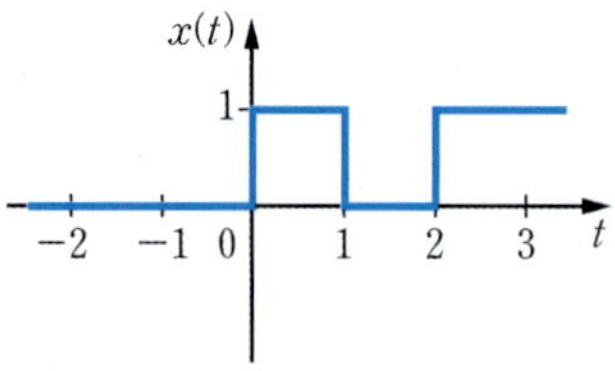

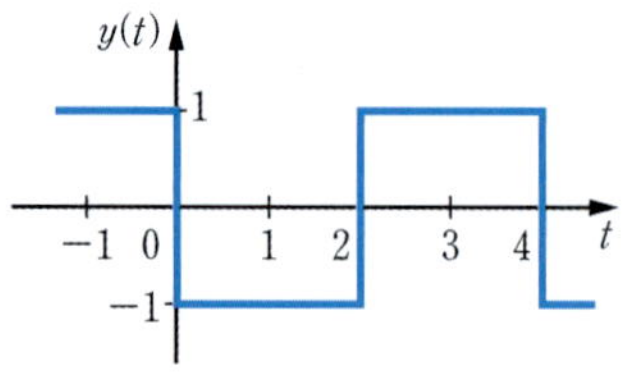

(a) $u(t)$를 이용하여 $x(t)$를 표현하라.

(b) $u(t)$를 이용하여 $y(t)$를 표현하라.

(c) $x(t)$의 함수로 $y(t)$를 표현하라.

응용 문제

3.11 다음 연속 신호의 파형을 그려라.

(a) $x(t) = tu(t) - (t-1)u(t-1)$　　(b) $x(t) = tu(t) - tu(t-1)$

(c) $x(t) = u(\cos(t))$　　(d) $x(t) = t\sin(\pi t)$

3.12 다음의 연속 신호를 그리고, 계단 신호를 이용해 합 형태의 수식 표현을 구하라.

(a) $x(t) = u(t)u(t-2)$　　(b) $x(t) = u(t)u(2-t)$　　(c) $x(t) = u(-t)u(t+2)$

3.13 계단 함수를 이용한 사각 펄스 함수의 표현 중 틀린 것은?

㉮ $\mathrm{rect}(t/2a) = u(-t+a) + u(t+a) - 1$　　㉯ $\mathrm{rect}(t/2a) = u(-t+a) - u(-t-a)$

㉰ $\mathrm{rect}(t/2a) = u(-t-a) - u(t-a) + 1$　　㉱ $\mathrm{rect}(t/2a) = u(-t+a) \cdot u(t+a)$

3.14 다음 그림의 신호에 대해 계단 신호를 이용한 수식 표현을 구하라.

(a)

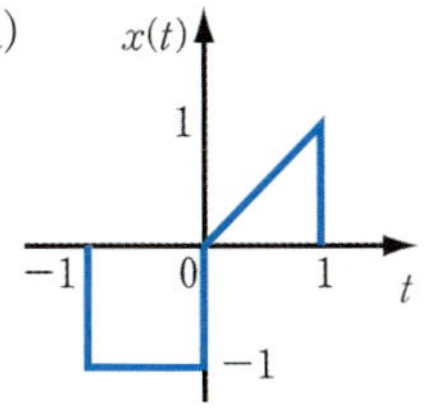

(b)

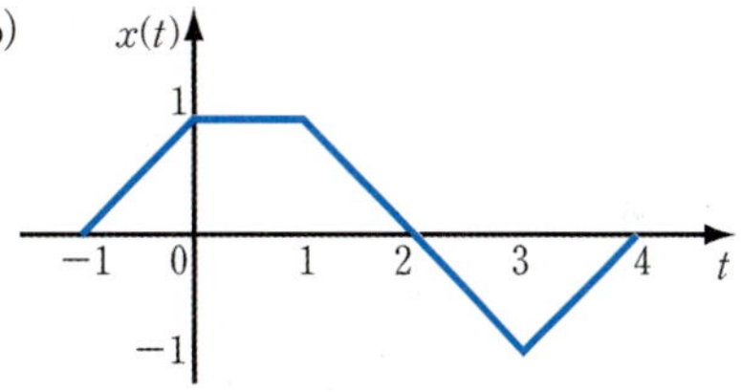

3.15 다음과 같이 임펄스 함수가 포함된 적분을 계산하라.

(a) $\displaystyle\int_{-\infty}^{\infty}\left(\delta(t)\cos(t) + \delta\left(t-\frac{\pi}{2}\right)\sin(t)\right)dt$　　(b) $\displaystyle\int_{-\infty}^{\infty}\cos(t)\,u\left(t-\frac{\pi}{4}\right)\delta(t)\,dt$

(c) $\displaystyle x(t) = \sin(2\pi t)\sum_{k=0}^{\infty}\delta(t-k)$　　(d) $\displaystyle\int_{-2}^{2}\left(e^{t+1} + \cos\left(\frac{\pi}{3}t\right)\right)\delta(t+1)\,dt$

3.16 다음 복소 신호를 복소 지수 함수꼴로 나타내라.

(a) $x(t) = \cos\left(\pi t + \frac{\pi}{4}\right) + j\sin\left(\pi t + \frac{\pi}{4}\right)$　　(b) $x(t) = -2\cos\left(\pi t - \frac{2\pi}{3}\right) + j2\sin\left(\pi t + \frac{\pi}{3}\right)$

(c) $x(t) = e^{-2t}[\cos(\pi t) - j\sin(\pi t)]$　　(d) $x(t) = 2e^{-t}\left[\cos\left(\pi t - \frac{\pi}{2}\right) - j\sin\left(\pi t + \frac{\pi}{2}\right)\right]$

3.17 다음 그림의 신호 $x(t)$에 대해 $y(t) = x(-2t+3)$을 그려라.

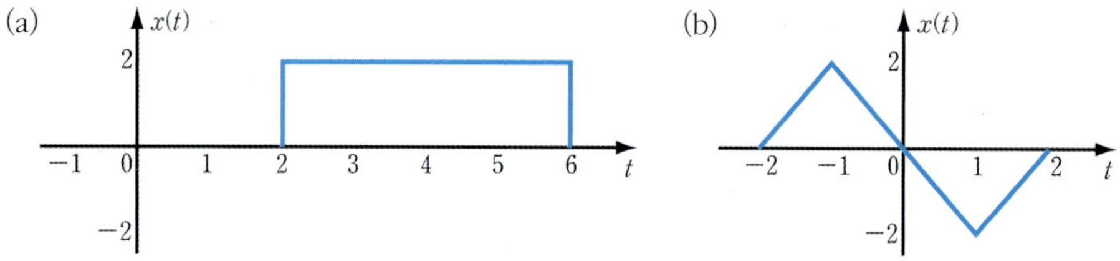

3.18 다음 그림의 신호 $x(t)$에 대해 다음의 신호를 그려라.

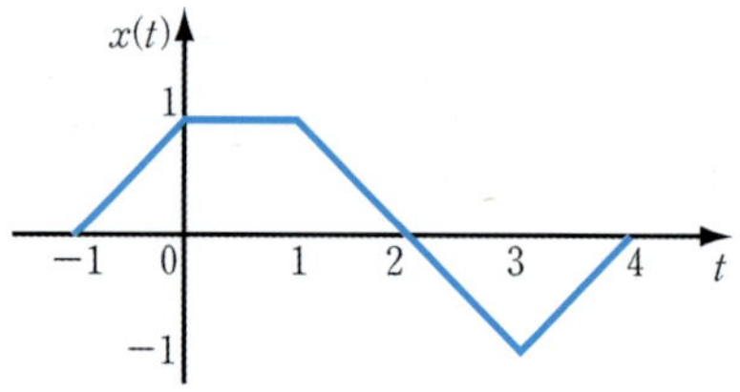

(a) $y_1(t) = -2x(-t)$ (b) $y_2(t) = x\left(\frac{t}{2}+2\right)$ (c) $y_3(t) = x(-t+2)u(t)$

3.19 $x(t)$로부터 $x(-t/2+2)$를 구하기 위한 기본 연산의 조합이 옳은 것은?

㉮ 시간 반전 – 2배로 시간 늘이기 – 2만큼 시간 선행

㉯ 2배로 시간 늘이기 – 시간 반전 – 4만큼 시간 지연

㉰ 시간 반전 – 2만큼 시간 선행 – 2배로 시간 늘이기

㉱ 2만큼 시간 선행 – 시간 반전 – 2배로 시간 늘이기

3.20 다음 그림과 같은 신호가 주어져 있다.

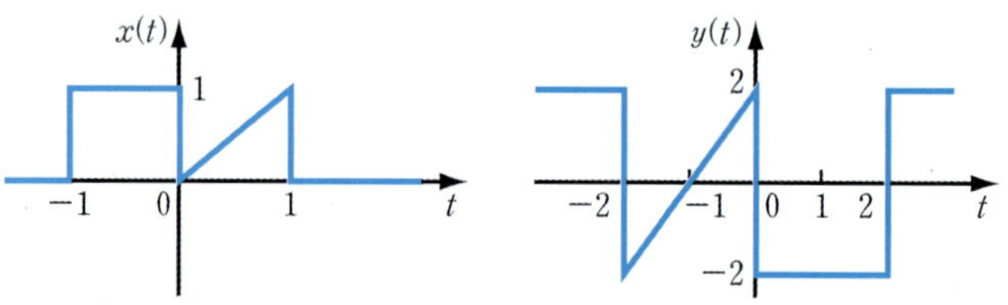

(a) $u(t)$를 이용하여 $x(t)$를 표현하라.

(b) $u(t)$를 이용하여 $y(t)$를 표현하라.

(c) $x(t)$의 함수로 $y(t)$를 표현하라.

CHAPTER 04

연속 시스템의 시간 영역 해석

Time Domain Analysis of Continuous Systems

학습목표

- 시스템의 시간 영역 해석이 어떤 작업인지 이해할 수 있다.
- 시스템 응답의 구분의 필요성과 의미를 이해할 수 있다.
- 임펄스 응답에 의한 시스템의 컨벌루션 표현을 이해할 수 있다.
- 도해적인 컨벌루션 계산과 컨벌루션 성질의 시스템적 의미를 이해할 수 있다.
- 연속 LTI 시스템의 미분 방정식 표현과 구현도를 이해할 수 있다.
- 미분 방정식의 고전적 해법을 이해할 수 있다.
- 임펄스 응답의 물리적 의미와 시스템 특성과의 관계를 이해할 수 있다.

미리보기

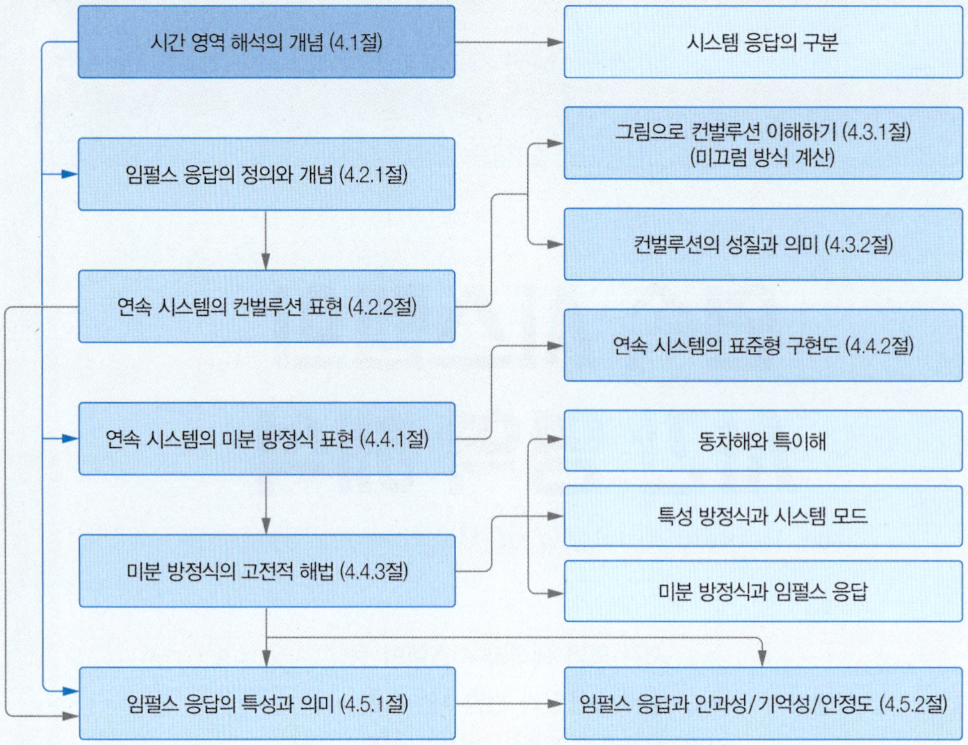

시스템의 시간 영역 해석은 시간 함수로 표현한 입출력 신호와 관련하여 시스템의 표현식을 구하고, 이로부터 시스템의 출력을 결정하고 특성을 해석하는 작업이다. 시간 영역에서 연속 시스템의 입출력 관계는 컨벌루션 또는 미분 방정식으로 표현된다. 컨벌루션 표현은 오직 외부 입력에 대한 시스템의 반응을 나타낸 것으로, 출력을 만드는 동작 원리를 엿볼 수 있고 주파수 영역에서 시스템을 해석할 때도 활용도가 높으므로 잘 알아둘 필요가 있다. 미분 방정식은 외부 입력에 대한 시스템의 반응뿐만 아니라 시스템 자체의 내부 초기 조건에 의한 반응까지도 고려된 시스템 모델로, 수학적으로 이론이 잘 정립되어 있어서 시스템의 특성을 쉽게 해석할 수 있다. 이 장에서는 먼저 시간 영역 해석의 개념과 시스템 응답의 구분에 대해 알아본 다음, 임펄스 응답의 개념과 이를 이용한 LTI 시스템의 컨벌루션 표현을 유도하고 그 계산과 성질에 대해 살펴볼 것이다. 미분 방정식과 관련해서는 먼저 미분 방정식에 따른 시스템의 표준형 구현도에 대해 알아보고, 고전적 해법과 관련한 특성 방정식, 시스템 모드, 동차해, 특이해 등의 개념을 소개하고 구체적인 풀이 방법을 정리할 것이다. 마지막으로 임펄스 응답이 갖는 물리적 의미와 시스템 주요 특성과의 관계에 대해서도 살펴보기로 한다.

4.1 시간 영역 해석과 시스템의 응답

시간 함수로 표현한 입출력 신호와 관련하여, 시스템의 표현식을 구하여 입력에 대한 시스템의 출력을 결정하고 시스템의 특성을 해석하는 것을 시스템에 대한 시간 영역 해석이라고 한다. 이 절에서는 시스템의 시간 영역 해석과 시스템 응답에 대한 기초 개념을 간략히 살펴보기로 한다.

학습포인트

- 시스템의 시간 영역 해석이 어떤 일을 하는 것인지 이해한다.
- 영입력 응답과 영상태 응답의 구분을 이해한다.
- 고유 응답과 강제 응답의 구분을 이해한다.

시스템의 시간 영역 해석

신호의 처리는 시스템을 통해 이루어진다. 시스템과 관련한 기본 과제는 입력을 넣었을 때 출력이 어떻게 될 것인지 알아내는 것이고, 이와 더불어 시스템의 여러 가지 성질을 파악하는 것이 중요하다. 이러한 작업을 시스템 해석이라고 한다. 이 책에서는 선형 시불변(LTI) 시스템을 위주로 모든 논의가 전개될 것이다. 왜냐하면 많은 물리적 현상이 LTI 시스템으로 모형화되어도 충분하고 이를 다루기 위한 수학 이론이 잘 정립되어 있어 어렵지 않게 시스템의 특성을 해석할 수 있기 때문이다.

- **시간 영역 해석**은 시간 함수로 나타낸 입출력 신호와 관련하여 시스템의 표현식을 구하고, 이를 이용해 시스템의 출력과 특성을 분석하는 일이다.
- 시스템의 **컨벌루션** 표현은 오직 외부 입력에 대한 시스템의 반응만 나타내는 모델로서, 임펄스 입력에 대한 출력인 임펄스 응답이 핵심적인 역할을 한다.
- 시스템은 시간 영역에서 보통 **미분(차분) 방정식**으로 표현되는데, 이는 외부 입력에 대한 반응뿐만 아니라 시스템 내부의 초기 조건에 의한 반응까지도 고려된 모델이다.

시스템이 입력 신호에 반응하여 내보내는 결과 신호를 시스템의 출력 또는 **응답**[response]이라고 한다. 시스템의 입출력 관계가 방정식으로 표현될 때, 이 방정식의 해가 바로 시스템의 출력(응답)이 된다. 그런데 시스템의 출력이 꼭 외부에서 넣어주는 입력에 의해서만 만들어지는 건 아니라는 사실은 주의해야 한다.

예를 들어 [그림 4-1]과 같은 RC 회로가 오래전부터 스위치를 a 단자(외부 전원)에 연결하여 커패시터가 이미 충전된 상태에서 $t=0$인 순간 스위치를 b 단자로 바꾸어 연결하면 더 이상 외부에서 넣어주는 전기 에너지(입력)가 없음에도 불구하고 회로에는 (스위치의 연결을 바꾸기 전과 반대 방향으로) 전류가 흐른다. 이는 $t=0$ 이전에 이미 회로 내부(커패시터)에 축적된 전기 에너지를 가지고 있어서 외부 입력과 같은 역할을 하기 때문이다.

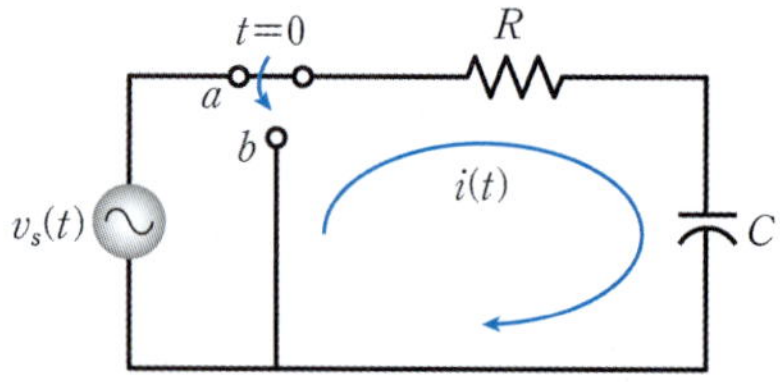

그림 4-1 *RC* 회로

그러므로 오직 입력에 의한 시스템의 출력을 구할 경우는 컨벌루션 표현이나 초기 조건을 0으로 둔 미분(차분) 방정식을 사용하면 되고, 입력뿐만 아니라 시스템의 초기 상태까지 고려한 출력을 구할 필요가 있다면 미분(차분) 방정식을 사용해야 한다. 결과적으로 미분(차분) 방정식이 더 일반적인 표현이긴 하지만, 컨벌루션 표현 또한 시스템이 출력을 만들어 내는 동작 원리를 엿볼 수 있고 주파수 영역에서 시스템을 해석할 때도 활용도가 높으므로 둘 다 잘 알아둘 필요가 있다.

시스템 응답의 구분

시스템이 실제로 내보내는 출력은 하나이지만, 시스템의 특성을 파악하고 분석할 목적으로 필요한 관점에 따라 출력의 성분을 나누고 물리적인 의미를 부여하기도 하는데, '출력을 만드는 원인'에 따라 영입력 응답과 영상태 응답으로 나누거나, '무엇의 특성이 반영되어 있는가'에 따라 고유 응답과 강제 응답으로 나눈다. 이외에 물리적 속성이 아니라 '평형 상태 도달 여부'에 따라 단순히 시간적으로 두 구간으로 나누어 과도 응답과 정상상태 응답으로 구분할 수도 있다.

- **영입력 응답** zero input response은 순전히 시스템 내부의 축적 에너지, 즉 시스템의 초기 조건에 의한 응답으로 외부 입력이 전혀 없을 때(입력이 0일 때)의 시스템 응답이다.
- **영상태 응답** zero state response은 오직 외부 입력에 의한 응답 성분으로 시스템 내부의 축적 에너지가 없을 때(시스템의 초기 상태가 0일 때)의 시스템 응답이다.
- **고유 응답** natural response은 시스템 자체의 고유한 특성을 반영하는 응답이다.
- **강제 응답** forced response은 입력과 같은 꼴로 외부 입력의 특성을 반영하는 응답이다.
- **과도 응답** transient response은 시스템이 작동되기 시작하여 평형 상태에 도달하기까지의 진행 과정에서 나온 출력으로 정상적인 동작이 이루어지기 전의 응답이다.
- **정상상태 응답** steady state response은 시스템이 평형 상태에 도달하여 그 후 변화 없이 안정적으로 유지되는 응답이다.

영상태 응답은 원하는 결과를 얻기 위하여 입력을 어떻게 적절히 조절해야 할 것인지에 대한 정보를 제공하는 반면에, 영입력 응답은 시스템 자체의 특성을 엿볼 수 있게 해준다.

4.2 임펄스 응답과 컨벌루션 표현

임펄스 응답은 임펄스 입력에 대한 시스템의 출력이다. 만약 입력 신호를 임펄스 신호들의 합으로 표현할 수만 있다면, 임펄스 응답을 이용하여 LTI 시스템의 입출력 관계를 컨벌루션이라는 매우 독특한 형태의 방정식으로 구할 수 있다. 이 절에서는 시스템의 임펄스 응답과 컨벌루션 표현에 대해 살펴보기로 한다.

학습포인트

- 임펄스 응답의 정의와 중요성을 이해한다.
- 컨벌루션 적분이 어떤 연산인지 알아본다.
- 연속 LTI 시스템의 컨벌루션 표현의 유도 과정을 이해한다.

4.2.1 임펄스 응답

임펄스 응답impulse response은 시스템에 임펄스 신호 $\delta(t)$를 입력으로 넣었을 때의 시스템 응답을 말하며, $h(t)$로 표시한다.

$$h(t) = H\{\delta(t)\} \tag{4.1}$$

[그림 4-2]는 임펄스 응답의 발생을 나타낸 것이다. 연속 임펄스 신호는 물리적으로 만들 수 없는 까닭에 실제로 임펄스 응답을 구하기란 불가능하나, 시스템의 수학적 표현식으로부터 임펄스 응답을 계산해 낼 수는 있다. 이때 오직 외부에서 넣어주는 임펄스 신호에 대한 반응만을 뽑아내야 하므로, 시스템의 모든 초기 조건은 0으로 둔다.

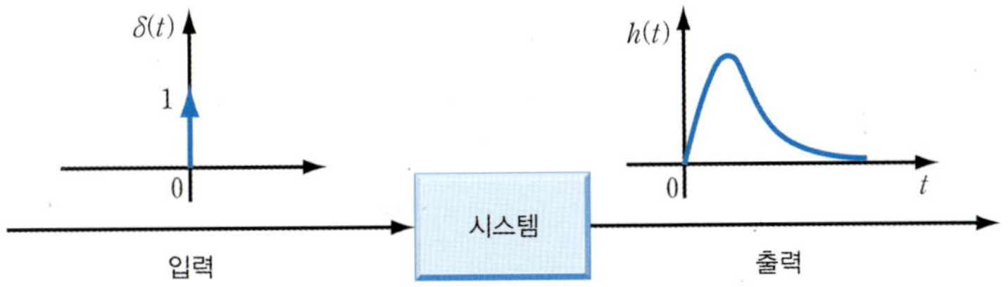

그림 4-2 시스템 임펄스 응답의 발생

시스템 해석과 관련하여 임펄스 응답의 개념은 대단히 유용하다. 3장에서 보았듯이 임펄스 신호는 $t=0$이라는 찰나에만 존재하고 에너지가 1인 신호이다. 그러므로 임펄스를 입력으로 넣는 것은 순간적으로 잽싸게 시스템에 단위 에너지를 건네주고 가만히 반응을 지켜보는 것과 같다. $t=0$인 순간 이후에는 외부에서 입력이 전혀 들어오지 않으므로, 시스템은 순간적으로 받은 단위 에너지에 대해 자신의 고유한 성질대로 반응하여 출력을 내보내게 되며 그것이 바로 임펄스 응답이다. 그러므로 임펄스 응답을 통해 시스템이 출력을 만들어 내는 작용 원리를 고스란히 들여다볼 수 있고, 아울러 시스템의 여러 특성을 파악할 수 있다.

예제 4-1 전기회로의 임펄스 응답

[그림 4-3]의 전기회로에서 전원 전압 $v_s(t)$를 입력, 회로 전류 $i(t)$를 출력이라고 할 때, 회로의 임펄스 응답을 구하라.

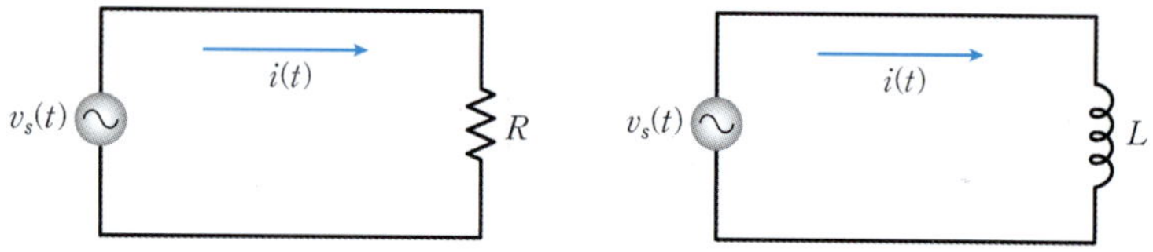

(a) R 회로 (b) L 회로

그림 4-3 전기회로

풀이

[그림 4-3(a)]의 저항회로는 옴의 법칙에 의해 $v_s(t)=Ri(t)$와 같이 회로 방정식이 구해진다. 따라서 이 회로의 출력인 회로 전류는 $i(t)=\frac{1}{R}v_s(t)$가 되고, 이 회로의 임펄스 응답 $h(t)$은 입력 $v_s(t)=\delta(t)$로 두면 다음과 같이 구해진다.

$$h(t)=\frac{1}{R}\delta(t)$$

즉 저항회로의 임펄스 응답은 임펄스 신호가 된다.

[그림 4-3(b)]의 인턱터 회로의 회로 방정식은 $v_s(t)=L\frac{di(t)}{dt}$이고, 따라서 회로 출력인 회로 전류는 $i(t)=\frac{1}{L}\int_{-\infty}^{t}v_s(\tau)\,d\tau$와 같이 구해진다. 이 회로의 임펄스 응답 $h(t)$은 입력 $v_s(t)=\delta(t)$로 두면 식 (3.9)에 의해 다음과 같이 구해진다.

$$h(t)=\frac{1}{L}\int_{-\infty}^{t}\delta(\tau)\,d\tau=\frac{1}{L}u(t)$$

임펄스가 존재하기 전인 $t<0$에서는 적분 값이 0이므로 $h(t)=0$이 됨을 주의해야 한다. 즉 인덕터 회로의 임펄스 응답은 계단 신호가 된다.

4.2.2 연속 LTI 시스템의 컨벌루션 표현

임펄스 응답을 이용하여 임의의 입력에 대한 시스템의 출력을 구할 수 있을까? 다음 세 가지 조건이 충족되면 가능하다.

❶ 입력 신호를 매 순간 세기가 다른 임펄스 신호가 모여 있는 것으로 나타낼 수 있다.

❷ 각 임펄스 신호에 대한 출력을 모두 합함으로써 입력에 대한 출력을 구할 수 있다.

❸ 임펄스 응답의 형태가 임펄스 신호가 인가되는 시간과는 상관없이 바뀌지 않는다.

❷번 성질은 중첩의 원리(선형성), ❸번 성질은 시불변성에 해당한다. 그러므로 선형 시불변(LTI) 시스템의 경우, 임펄스 응답을 알고 있으면 임의의 입력에 대한 시스템의 출력을 구할 수 있는데 그 결과가 바로 **컨벌루션**convolution 표현이다.

컨벌루션 표현의 유도

컨벌루션 표현을 구하는 과정의 첫 번째 조건 ❶과 관련해 연속 임펄스 신호 $\delta(t)$의 특이함 때문에 이를 직접 이용하여 입력 신호를 쪼갤 수가 없다. 대신 3.1.4절에서 $\delta(t)$를 실제적으로는 사각 펄스의 극한으로 접근했던([그림 3-9], 식 (3.12)) 아이디어를 활용할 수 있다.

[그림 4-4]에 보인 것처럼 입력 신호 $x(t)$를 임펄스 신호를 근사화한 폭 Δ인 사각 펄스 $\delta_\Delta(t-k\Delta)$들로 쪼개어 모아 놓은 신호 $\tilde{x}(t)$를 생각하자.

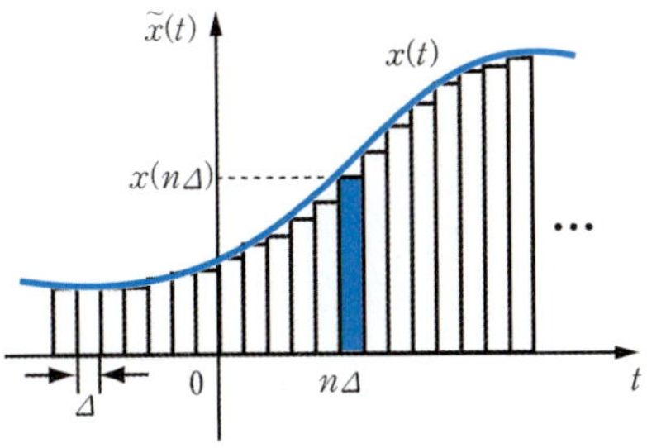

그림 4-4 입력 신호의 사각 펄스 근사화

$\tilde{x}(t)$는 다음과 같이 쓸 수 있다.

$$\begin{aligned}\tilde{x}(t) &= \cdots + x(0)\Delta\,\delta_\Delta(t) + \cdots + x(k\Delta)\Delta\,\delta_\Delta(t-k\Delta) + \cdots \\ &= \sum_{k=-\infty}^{\infty} x(k\Delta)\Delta\,\delta_\Delta(t-k\Delta)\end{aligned} \quad (4.2)$$

여기에 $\Delta \to 0$의 극한을 취하면 원래 신호 $x(t)$와 같아진다. 그러므로 $x(t)$에 대한 시스템의 출력은 $\tilde{x}(t)$에 대한 시스템 응답을 먼저 구한 다음 $\Delta \to 0$의 극한을 취해 얻을 수 있다.

시스템이 선형이라면, 식 (4.2)의 입력 신호 $\tilde{x}(t)$에 대한 시스템 응답 $L\{\tilde{x}(t)\}$는 선형성(가산성+동차성)을 적용하여 다음과 같이 쓸 수 있다.

$$\begin{aligned} L\{\tilde{x}(t)\} &= \cdots + L\{x(0)\Delta\,\delta_\Delta(t)\} + \cdots + L\{x(k\Delta)\Delta\,\delta_\Delta(t-k\Delta)\} + \cdots \\ &= \cdots + x(0)\Delta\,L\{\delta_\Delta(t)\} + \cdots + x(k\Delta)\Delta\,L\{\delta_\Delta(t-k\Delta)\} + \cdots \\ &= \sum_{k=-\infty}^{\infty} x(k\Delta)\Delta\,L\{\delta_\Delta(t-k\Delta)\} \end{aligned} \tag{4.3}$$

$L\{\delta_\Delta(t)\} = \tilde{h}_\Delta(t)$라고 하면, 시불변성에 의해 $L\{\delta_\Delta(t-n\Delta)\} = \tilde{h}_\Delta(t-n\Delta)$가 되므로, 식 (4.3)은 [그림 4-4]의 각 사각 펄스에 대한 출력을 구해 이를 모두 더한 것이 근사적인 출력이 됨을 말해준다. 마지막으로 식 (4.3)에 $\Delta \to 0$의 극한을 취하면, 총합은 적분으로 바뀌고, $k\Delta$는 τ로, Δ는 $d\tau$가 되며, $\delta_\Delta(t-k\Delta) \to \delta(t-\tau)$이므로 $\tilde{h}_\Delta(t-k\Delta)$는 $h(t-\tau)$가 된다. 따라서 입력 $x(t)$에 대한 출력 $y(t)$는 다음과 같이 된다.

$$\begin{aligned} y(t) = L\{x(t)\} &= L\left\{\lim_{\Delta\to 0}\tilde{x}(t)\right\} = \lim_{\Delta\to 0} L\{\tilde{x}(t)\} \\ &= \lim_{\Delta\to 0}\sum_{k=-\infty}^{\infty} x(k\Delta)L\{\delta_\Delta(t-k\Delta)\}\Delta \\ &= \lim_{\Delta\to 0}\sum_{k=-\infty}^{\infty} x(k\Delta)\tilde{h}_\Delta(t-k\Delta)\Delta \\ &= \int_{-\infty}^{\infty} x(\tau)h(t-\tau)d\tau \end{aligned} \tag{4.4}$$

연속 LTI 시스템의 입출력 관계 : 컨벌루션 표현

식 (4.4)와 같은 꼴의 연산을 컨벌루션 적분이라고 한다.

> **컨벌루션 적분**convolution integral은 두 함수 $x(t)$, $h(t)$에 대해 다음과 같이 정의되는 연산으로 기호 $*$를 사용하여 나타낸다.
>
> $$y(t) = \int_{-\infty}^{\infty} x(\tau)h(t-\tau)d\tau = x(t) * h(t) \tag{4.5}$$

식 (4.4)의 컨벌루션 표현은 임펄스 응답 $h(t)$만 주어진다면 어떠한 임의의 입력 $x(t)$에 대해서도 시스템 응답을 구할 수 있음을, 그래서 임펄스 응답이 얼마나 중요한지 잘 보여준다. 아울러 선형성과 시불변성이 매우 유용한 성질이라는 사실도 알게 해준다.

- 연속 LTI 시스템의 입력에 대한 출력(영상태 응답)은 입력과 임펄스 응답의 컨벌루션 (적분)으로 나타낼 수 있다.

$$y(t) = \int_{-\infty}^{\infty} x(\tau) h(t-\tau) d\tau = x(t) * h(t) \tag{4.5}$$

- 인과 입력($x(t) = 0,\ t < 0$)에 대한 인과 시스템($h(t) = 0,\ t < 0$, 즉 $h(t-\tau) = 0,\ \tau > t$)의 컨벌루션 표현은 다음과 같이 적분 구간이 조정된다.

$$y(t) = \int_{0}^{t} x(\tau) h(t-\tau) d\tau \tag{4.6}$$

컨벌루션 표현 식 (4.5)의 출력 $y(t)$는 시스템 내부의 초기 상태와는 상관없이 순전히 외부 입력 $x(t)$만의 응답이므로 영상태 응답이다. 그런데 대부분의 실제 문제에서 입력 신호 $x(t)$는 인과 신호로서 $t = 0$에서 시작하게 되는데, 이렇게 되면 식 (4.5)의 적분 하한은 0으로 줄어든다. 또한 일반적으로 시스템이 인과 시스템, 즉 $h(t) = 0,\ t < 0$이므로 $h(t-\tau) = 0,\ \tau > t$이 되어 적분 상한은 t로 제한된다. 따라서 컨벌루션 적분 구간이 식 (4.6)처럼 조정된다.

예제 4-2 컨벌루션 표현에 의한 시스템 출력 구하기

단위 저항($R = 1$) 회로의 전류를 이 저항회로의 출력 $y(t)$라고 할 때, 컨벌루션 표현을 이용하여 계단 함수 입력 전압 $x(t) = u(t)$에 대한 출력(계단 응답)을 구하라.

풀이

저항회로의 입력 전압을 $x(t)$라고 하면 옴의 법칙에 의해 $y(t) = x(t)$이다. 이 회로의 임펄스 응답은 $x(t) = \delta(t)$일 때의 출력이므로 $h(t) = \delta(t)$가 된다.

입력이 $x(t) = u(t)$일 때의 출력은 식 (4.5)와 임펄스 함수의 체 거르기 성질로부터 다음과 같이 구해진다.

$$y(t) = \int_{-\infty}^{\infty} u(\tau)\delta(t-\tau) d\tau = \int_{0}^{\infty} u(\tau)\delta(t-\tau) d\tau = u(t)$$

이는 옴의 법칙으로부터 직접 얻을 수 있는 너무나 당연한 결과이지만, 컨벌루션 표현의 유효성을 보여주기 위해 굳이 식 (4.5)를 이용하여 출력을 구해본 것이다.

예제 4-3 컨벌루션 표현에 의한 시스템 출력 구하기

임펄스 응답 $h(t)=e^{-t}u(t)$ 인 시스템에 계단 신호 $x(t)=u(t)$를 입력으로 넣었을 때 시스템의 출력(계단 응답) $y(t)$를 구하라.

풀이

시스템의 계단 응답은 식 (4.5)로부터 다음과 같이 된다.

$$y(t)=\int_{-\infty}^{\infty} x(\tau)h(t-\tau)\,d\tau = \int_{-\infty}^{\infty} u(\tau)e^{-(t-\tau)}u(t-\tau)\,d\tau$$
$$=\int_{-\infty}^{\infty} e^{-(t-\tau)}u(\tau)\,u(t-\tau)\,d\tau$$

그런데 [그림 4-5]에서 보듯이 $u(\tau)u(t-\tau)$는 $t<0$이면 항상 0이고,

$t\geq 0$이면 $u(\tau)u(t-\tau)=\begin{cases}1, & 0\leq\tau\leq t\\ 0, & \text{그 외}\end{cases}$이므로 위 식은 다음과 같이 쓸 수 있다.

$$y(t)=\int_{0}^{t} e^{-(t-\tau)}d\tau = e^{-t}\int_{0}^{t} e^{\tau}d\tau = e^{-t}e^{\tau}\Big|_{0}^{t} = e^{-t}(e^{t}-1)=(1-e^{-t})\,u(t)$$

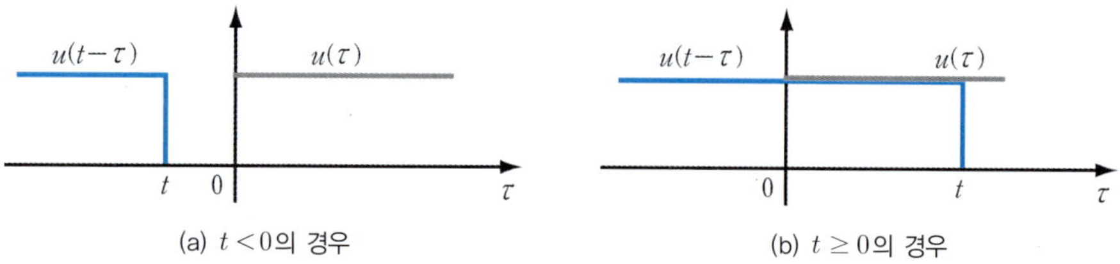

그림 4-5 t 값에 따른 $u(\tau)u(t-\tau)$

[그림 4-6]은 구해진 시스템의 계단 응답 파형을 그린 것이다. RC 회로 같은 대부분의 간단한 안정 시스템들은 이 예제처럼 지수적으로 감소하는 임펄스 응답을 가진다. RC 회로에 직류 전압을 걸어주면, 일정 시간이 지나 커패시터가 완전히 충전된 후에는 더 이상 전류가 흐르지 않고 충전 상태가 유지되어 커패시터 양단 전압이 일정해지는데, [그림 4-6]에서 컨벌루션 표현을 이용해 얻은 결과가 이에 잘 들어맞음을 볼 수 있다.

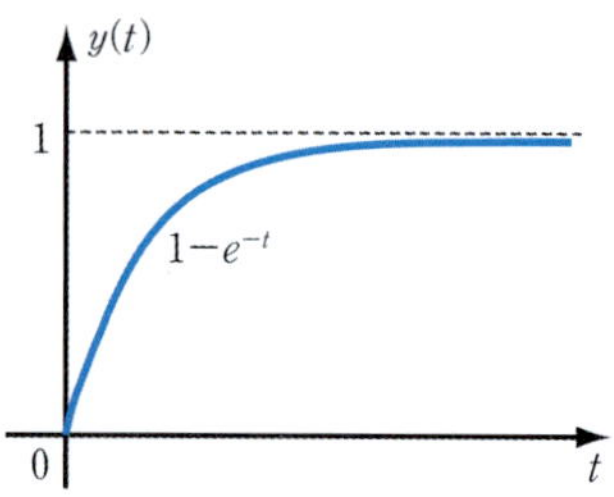

그림 4-6 시스템의 계단 응답

4.3 컨벌루션 적분의 계산과 성질

이 절에서는 그림을 이용하여 컨벌루션의 개념과 계산 과정을 이해해본다. 또한 컨벌루션 연산이 지니는 흥미로운 성질과 이들의 시스템과 연관한 물리적 의미에 대해서도 살펴볼 것이다.

학습포인트

- 그림을 이용한 미끄럼 방식 컨벌루션 계산 원리와 방법을 익혀둔다.
- 컨벌루션 계산의 교환, 결합, 배분법칙의 시스템적 의미를 이해한다.
- 컨벌루션 계산의 임펄스와의 컨벌루션, 길이와 끝, 미분 성질의 활용을 익혀둔다.

4.3.1 컨벌루션 연산의 이해와 계산

컨벌루션 적분의 이해

식 (4.5)의 컨벌루션 적분을 계산할 때, 계산이 진행되는 시간축과 결과를 표시하는 시간축이 다르다. 실제 계산(두 신호의 곱과 적분 계산)은 시간 변수 τ에 대해 이루어지고, 계산 결과만 시간 변수 t에 대해 표시된다. 식 (4.5)를 다시 쓰면 다음과 같다.

$$y(t)=\int_{-\infty}^{\infty} x(\tau)h(t-\tau)\,d\tau=\int_{-\infty}^{\infty} x(\tau)h(-(\tau-t))\,d\tau \tag{4.7}$$

[그림 4-7]을 보면, 식 (4.7)은 (a)처럼 시간축을 τ로 바꾸고, (b)와 같이 두 신호 중 하나인 $h(\tau)$를 시간축에 대해 뒤집은($h(-\tau)$) 다음, (c), (d), (e)처럼 값을 계산해야 할 특정한 시간 순간(t)만큼 이동시켜($h(-(\tau-t))=h(t-\tau)$) 움직이지 않고 고정된 신호 $x(\tau)$와 곱한 결과($x(\tau)h(t-\tau)$)를 적분함(값들을 모두 모아 더함)으로써 비로소 하나의 특정 시간 t에서의 신호 값 $y(t)$가 구해짐을 말해준다. 그러므로 t를 $-\infty$에서 ∞까지 변화시켜 가며 이 과정을 수없이 반복해야 비로소 (f)와 같이 $y(t)$의 전체 신호를 얻을 수 있다.

컨벌루션 적분의 계산 : 미끄럼 방식 계산

[그림 4-7]의 계산 과정을 정리하면, 컨벌루션은 신호 하나를 고정시키고 다른 하나를 시간축에 대해 뒤집은 다음 시간축의 $-\infty$에서부터 신호를 오른쪽으로 미끄러뜨리면서, 이동된 각 시간 순간마다 이동한 신호와 고정된 신호를 곱하여 얻어진 결과들을 모두 모아 합해서(적분해서) 그 이동 시간 순간의 계산값으로 취하는 연산이다. 이 같은 계산 방식을 **미끄럼 방식**sliding method이라고 한다.

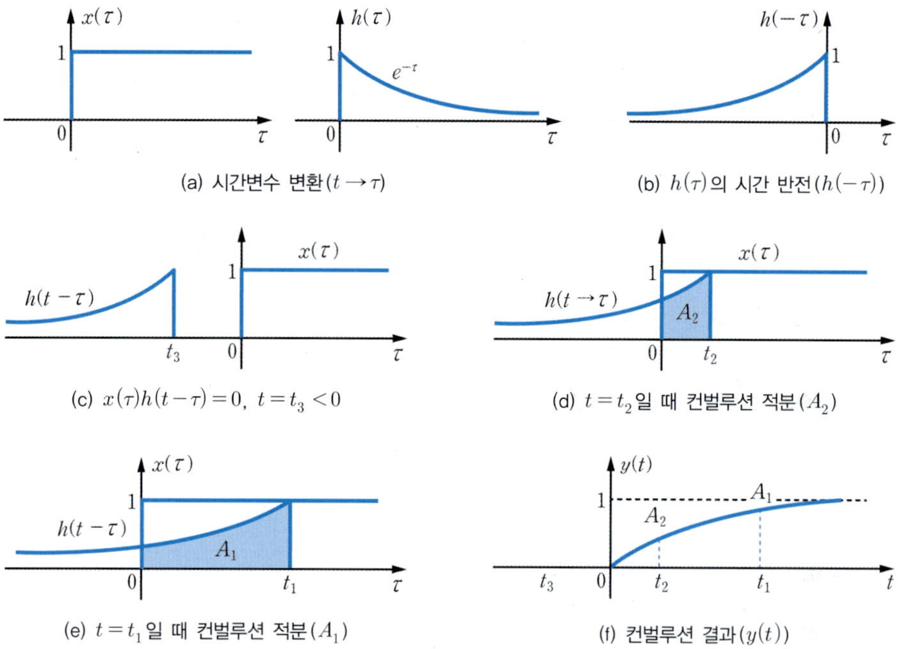

그림 4-7 그림을 이용한 컨벌루션 계산의 설명

이때 $x(\tau)$와 $h(t-\tau)$가 전혀 겹치지 않는 구간에서는 당연히 계산을 수행할 필요가 없다. 따라서 실제 계산은 고정 신호($x(\tau)$)와 반전 이동 신호($h(t-\tau)$)가 겹치는 양상에 따라 시간 구간을 나누어 몇 번 정도만 식 (4.7)의 적분 계산을 반복하면 된다.

미끄럼 방식에 의한 컨벌루션 적분의 구체적인 계산 알고리즘은 다음과 같다.

미끄럼 방식 컨벌루션 적분 계산 알고리즘

- **1단계** : 두 신호의 시간축을 변환한다($t \rightarrow \tau$).
- **2단계** : 신호 하나($x(\tau)$)를 고정하고 다른 하나($h(\tau)$)를 시간 반전한다($h(-\tau)$).
- **3단계** : 시간 반전된 $h(-\tau)$을 τ축에서 시간 이동시킨 $h(t-\tau)$가 $x(\tau)$에 겹쳐지는 양상에 따라 다음의 네 구간으로 적분 구간을 나눈다.
  - ❶ 두 신호가 전혀 겹치지 않는 구간 ($x(t) * h(t)=0$)
  - ❷ 두 신호가 부분적으로 겹치면서 겹치는 부분이 증가하는 구간
  - ❸ 두 신호가 완전히 겹치는 구간
  - ❹ 두 신호가 부분적으로 겹치면서 겹치는 부분이 감소하는 구간
- **4단계** : 3단계에서 나눈 구간별로 적분의 상한과 하한을 결정하여 적분을 계산한다.
- **5단계** : 4단계에서 구한 각 구간의 적분 결과를 시간축 t에 대해 그려 최종 컨벌루션 결과($y(t)$)를 얻는다. 또는 수식으로 표현한다.

예제 4-4 연속 신호에 대한 미끄럼 방식 컨벌루션 계산

[그림 4-8]의 신호 $x(t)$와 $h(t)$의 컨벌루션 $y(t)=x(t)*h(t)$를 구하고 그려라.

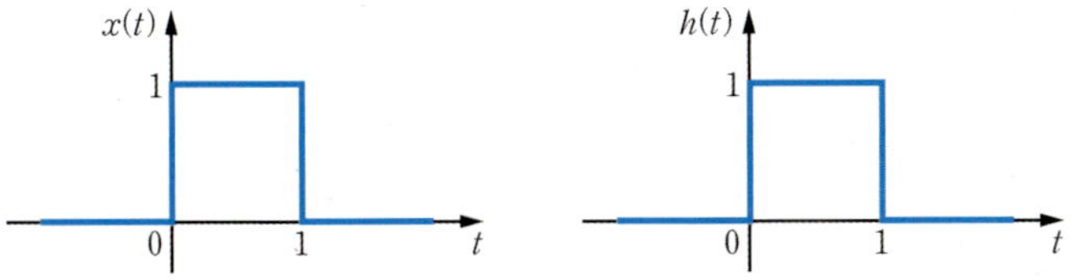

그림 4-8 [예제 4-4]의 신호 $x(t)$, $h(t)$

풀이

❶ [그림 4-9(a)]와 같이 시간축을 t에서 τ로 바꾸고 $h(\tau)$를 뒤집어 $h(-\tau)$를 얻는다.

❷ $h(-\tau)$를 이동시킨 $h(t-\tau)$가 $x(\tau)$와 겹치는 양상에 따라 계산 구간을 나눈다.

$t<0$: 전혀 겹치지 않음
$0 \le t < 1$: $h(t-\tau)$가 $x(\tau)$에 겹치는 부분이 점점 증가([그림 4-9(b)])
$t=1$: $h(t-\tau)$가 $x(\tau)$에 완전히 겹침([그림 4-9(c)])
$1 < t \le 2$: $h(t-\tau)$가 $x(\tau)$에 겹치는 부분이 점점 감소([그림 4-9(d)])
$t>2$: 전혀 겹치지 않음

❸ $h(t-\tau)$가 $x(\tau)$와 겹치는 세 구간에 대해서만 식 (4.7)의 적분 계산을 수행한다.

$$0 \le t < 1 \;:\; y(t) = \int_0^t 1\,d\tau = \tau\Big|_0^t = t$$

$$t=1 \;:\; y(t) = \int_0^1 1\,d\tau = \tau\Big|_0^1 = 1$$

$$1 < t \le 2 \;:\; y(t) = \int_{t-1}^1 1\,d\tau = \tau\Big|_{t-1}^1 = -t+2$$

$h(-\tau)$를 t만큼 이동한 $h(t-\tau)$의 오른쪽 끝은 t, 왼쪽 끝은 $-1+t$가 되는데, 이처럼 구간을 나누어 컨벌루션 적분을 계산할 때 각 구간마다 적분의 하한과 상한이 바르게 결정되도록 주의해야 한다.

❹ 얻은 결과들을 모두 모아서 t축에 대해 $y(t)$를 그린다([그림 4-9(e)]).

이처럼 그림을 이용하면 쉽고 간편하게 컨벌루션 계산을 할 수 있다. 그림에서 보듯이, 너비가 같은 사각 펄스 둘을 컨벌루션하면 너비가 2배인 삼각 펄스가 얻어진다.

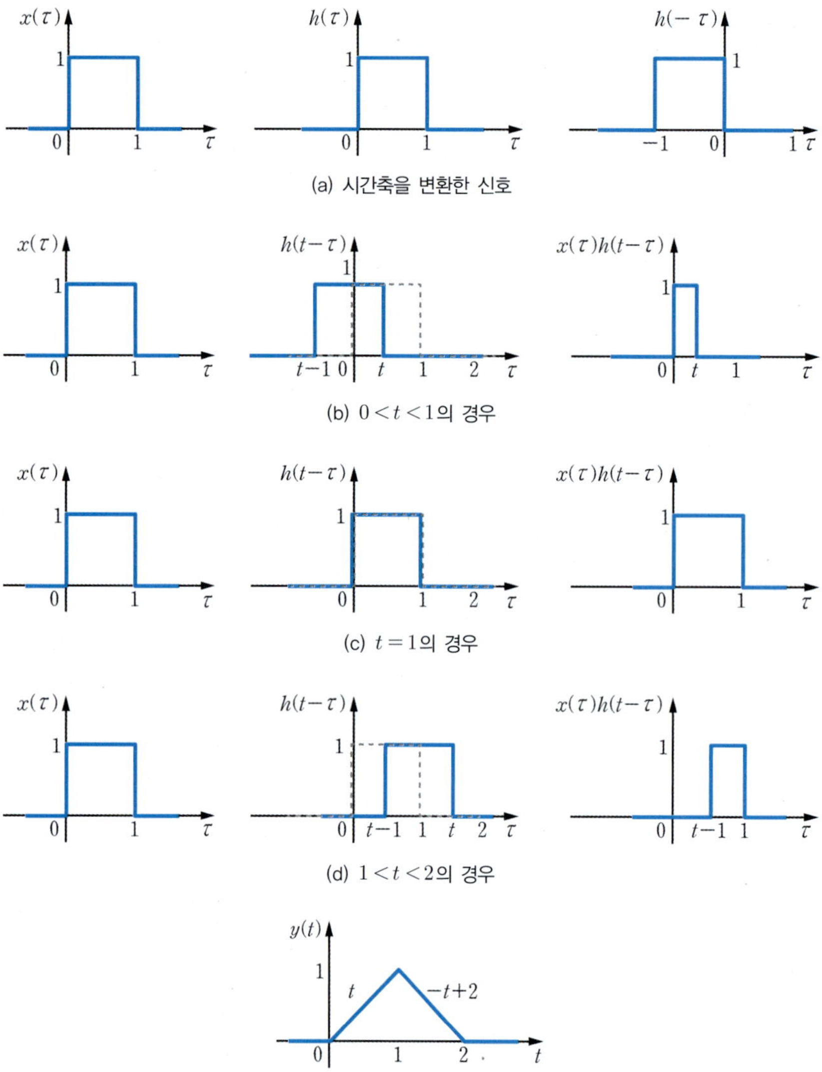

(a) 시간축을 변환한 신호

(b) $0 < t < 1$의 경우

(c) $t = 1$의 경우

(d) $1 < t < 2$의 경우

(e) 컨벌루션 결과 $y(t)$

그림 4-9 그림을 이용한 [예제 4-4]의 미끄럼 방식 컨벌루션 계산

4.3.2 컨벌루션 적분의 주요 성질

컨벌루션은 여러 가지 흥미로운 성질을 갖고 있는데, 시스템과 관련하여 물리적으로도 중요한 의미를 지닌다. 컨벌루션의 성질들을 활용하면 계산이 간단해질 뿐만 아니라, 작은 시스템들을 연결하여 큰 시스템을 구성할 때 전체 시스템의 임펄스 응답을 쉽게 찾아낼 수 있다.

컨벌루션의 주요 성질

- **교환법칙** : 신호의 순서를 바꾸어도 상관이 없다.

$$x(t) * h(t) = h(t) * x(t) \tag{4.8}$$

- **결합법칙** : 신호들이 조합되는 순서에 영향을 받지 않는다.

$$\{x(t) * h_1(t)\} * h_2(t) = x(t) * \{h_1(t) * h_2(t)\} \tag{4.9}$$

- **배분법칙** : 덧셈에 대한 배분법칙이 성립한다.

$$x(t) * \{h_1(t) + h_2(t)\} = x(t) * h_1(t) + x(t) * h_2(t) \tag{4.10}$$

- **임펄스 신호와의 컨벌루션** : $x(t)$를 $\delta(t-t_0)$와 컨벌루션하면 $x(t)$가 t_0만큼 시간 이동된 결과가 얻어진다.

$$x(t) * \delta(t-t_0) = x(t-t_0) \tag{4.11}$$

- **컨벌루션 결과의 길이와 끝** : 두 신호의 컨벌루션 결과는 각 신호의 시작 시각을 더한 순간에서 시작해서 각 신호가 끝나는 시각을 더한 순간까지 값을 가지는 신호가 된다.

$$x(t) = 0,\ t < t_1\ \&\ t > t_2,\quad h(t) = 0,\ t < t_3\ \&\ t > t_4 \tag{4.12}$$
$$\rightarrow\ y(t) = x(t) * h(t) = 0,\quad t < t_1 + t_3\ \&\ t > t_2 + t_4$$

식 (4.8)의 교환법칙에 따르면, 컨벌루션 계산에서 두 신호 중 어느 것을 뒤집어도 상관없다. 그러므로 계산을 더 간편하게 만들어주는 신호를 뒤집어서 연산을 수행하면 된다. 시스템 측면에서 교환법칙은 수식 그대로는 [그림 4-10(a)]와 같이 나타낼 수 있지만, 이보다는 결합법칙과 연계하여 [그림 4-10(b)]에 나타낸 것처럼 두 시스템이 종속 연결되어 있을 때, 시스템의 연결 순서를 바꾸어도 입력에 대한 출력은 바뀌지 않는다는 의미로 주로 활용된다.

(a) $x(t) * h(t) = h(t) * x(t)$

(b) $x(t) * [h_1(t) * h_2(t)] = x(t) * [h_2(t) * h_1(t)]$

그림 4-10 컨벌루션의 교환법칙의 물리적 의미

식 (4.9)의 결합법칙은 [그림 4-11]에 나타낸 것처럼, 두 시스템이 종속 연결되어 있을 때, 각 시스템의 임펄스 응답의 컨벌루션을 새로운 임펄스 응답으로 갖는 하나의 시스템으로 대체할 수 있음을 의미한다. 푸리에 변환이나 라플라스 변환과 같은 주파수 영역으로의 변환을 배우게 되면 시스템을 다룰 때 매우 중요하고 유용한 성질임을 알게 될 것이다.

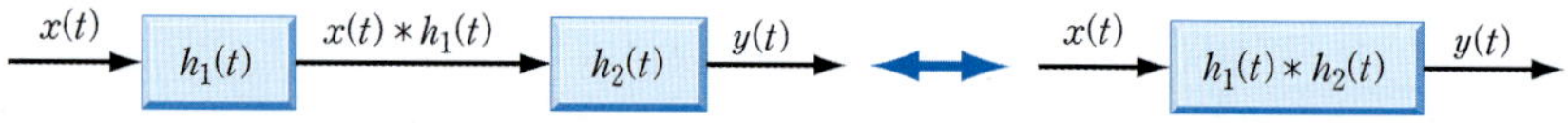

그림 4-11 컨벌루션의 결합법칙의 물리적 의미

식 (4.10)의 배분법칙은 [그림 4-12]에 나타낸 것처럼, 두 시스템이 병렬 연결되어 있을 때, 각 시스템의 임펄스 응답을 더한 것을 새로운 임펄스 응답으로 갖는 하나의 시스템으로 대체할 수 있음을 의미한다.

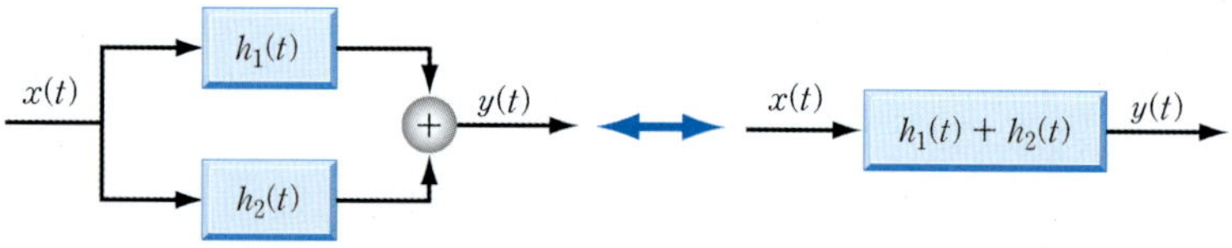

그림 4-12 컨벌루션의 배분법칙의 물리적 의미

컨벌루션의 길이와 끝edge에 관한 성질은 미리 컨벌루션 결과의 시간축 상의 위치를 예측할 수 있게 해주므로, 컨벌루션이 바르게 계산되었는지 검토할 때 유용하게 활용할 수 있다. 식 (4.12)로부터 컨벌루션 적분한 결과 신호의 길이는 컨벌루션하는 두 신호의 길이를 더한 것과 같게 된다. 예를 들어 [예제 4-4]에서 $x(t)$와 $h(t)$는 같은 신호로 $0 \le t \le 1$에서 값을 갖고 길이가 $L_x = L_h = 1$이므로, $y(t) = x(t) * h(t)$는 $0 \le t \le 2$에서 값을 갖고, 길이가 $L_y = L_x + L_h = 2$가 되리라고 예상할 수 있는데, [그림 4-9(e)]의 결과와 일치한다.

예제 4-5 컨벌루션 성질의 활용 : 교환법칙

[그림 4-13]의 신호 $x(t)$와 $h(t)$의 컨벌루션 $y(t) = x(t) * h(t)$를 구하라.

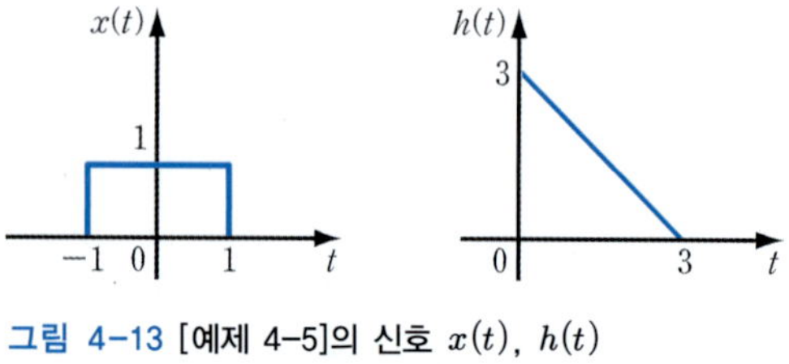

그림 4-13 [예제 4-5]의 신호 $x(t)$, $h(t)$

풀이

주어진 신호 $x(t)$와 $h(t)$는 다음과 같이 수식으로 표현할 수 있다.

$$x(t) = \begin{cases} 1, & -1 \le t \le 1 \\ 0, & \text{그 외} \end{cases} \qquad h(t) = \begin{cases} -t+3, & 0 \le t \le 3 \\ 0, & \text{그 외} \end{cases}$$

❶ 제일 먼저 시간축을 t에서 τ로 바꾸고 $h(\tau)$를 뒤집어 $h(-\tau)$를 얻는다.

❷ $h(-\tau)$를 이동시킨 $h(t-\tau)$가 $x(\tau)$와 겹치는 양상에 따라 계산 구간을 나눈다.

$t<-1$: 전혀 겹치지 않음 ([그림 4-14(a)])

$-1 \le t \le 1$: $h(t-\tau)$가 $x(\tau)$에 겹치는 부분이 점점 증가 ([그림 4-14(b)])

$1 \le t \le 2$: $h(t-\tau)$가 $x(\tau)$에 완전히 겹침 ([그림 4-14(c)])

$2 \le t \le 4$: $h(t-\tau)$가 $x(\tau)$에 겹치는 부분이 점점 감소 ([그림 4-14(d)])

$t>4$: 전혀 겹치지 않음 ([그림 4-14(e)])

❸ $h(t-\tau)$가 $x(\tau)$와 겹치는 세 구간에 대해서만 식 (4.7)의 적분 계산을 수행한다.

$$-1 \le t \le 1 \;:\; y(t) = \int_{-1}^{t} x(\tau)h(t-\tau)\,d\tau = \int_{-1}^{t} (\tau+3-t)\,d\tau$$

$$= \frac{1}{2}\tau^2 + (3-t)\tau\Big|_{-1}^{t} = -\frac{1}{2}(t^2-4t-5)$$

$$1 \le t \le 2 \;:\; y(t) = \int_{-1}^{1} x(\tau)h(t-\tau)\,d\tau = \int_{-1}^{1} (\tau+3-t)\,d\tau$$

$$= \frac{1}{2}\tau^2 + (3-t)\tau\Big|_{-1}^{1} = -2t+6$$

$$2 \le t \le 4 \;:\; y(t) = \int_{-3+t}^{1} x(\tau)h(t-\tau)\,d\tau = \int_{-3+t}^{1} (\tau+3-t)\,d\tau$$

$$= \frac{1}{2}\tau^2 + (3-t)\tau\Big|_{-3+t}^{1} = \frac{1}{2}(t-4)^2$$

❹ 얻은 결과들을 모두 모아서 t축에 대해 $y(t)$를 그린다([그림 4-14(f)]). $y(t)$를 수식으로 나타내면 다음과 같다(계단 함수를 이용해 나타낼 수도 있다).

$$y(t) = \begin{cases} -\frac{1}{2}(t^2-4t-5), & -1 \le t \le 1 \\ -2t+6, & 1 \le t \le 2 \\ \frac{1}{2}(t-4)^2, & 2 \le t \le 4 \\ 0 & \text{그 외} \end{cases}$$

[그림 4-14]에서 (f)를 기준으로 오른쪽 줄 그림이 이러한 계산 과정을 나타낸 것이다.

이번에는 $h(\tau)$ 대신에 $x(\tau)$를 뒤집어서 계산을 진행해 같은 결과가 얻어지는지 살펴보자. [그림 4-14]의 왼쪽 줄 그림이 이 계산 과정을 나타낸 것으로, $h(\tau)$를 뒤집었던 오른쪽 줄 그림의 경우와 마찬가지로 두 신호 $x(t-\tau)$와 $h(\tau)$의 겹침은 $-1 \le t \le 4$에서 일어나며, 이를 다시 (b), (c), (d)의 세 구간으로 나눌 수 있는 것도 똑같다. 그림을 잘 살펴보면, 왼쪽과 오른쪽 그림의 두 신호를 곱한 결과(짙게 색칠된 부분)들은 좌우가 뒤집혀 있을 뿐 모양이 완전히 일치하며, 다만 적분 하한과 상한이 다를 뿐이다. 각 시간 구간에 대한 $h(\tau)x(t-\tau)$의 면적 값은 다음과 같이 계산된다.

$$-1 \le t \le 1 \;:\; y(t) = \int_{0}^{1+t} h(\tau)x(t-\tau)\,d\tau = \int_{0}^{1+t} (-\tau+3)\,d\tau = -\frac{1}{2}(t^2-4t-5)$$

$$1 \le t \le 2 \;:\; y(t) = \int_{-1+t}^{1+t} h(\tau)x(t-\tau)\,d\tau = \int_{-1+t}^{1+t} (-\tau+3)\,d\tau = -2t+6$$

$$2 \le t \le 4 \ : \ y(t) = \int_{-1+t}^{3} h(\tau)\, x(t-\tau)\, d\tau = \int_{-1+t}^{3} (-\tau + 3)\, d\tau = \frac{1}{2}(t-4)^2$$

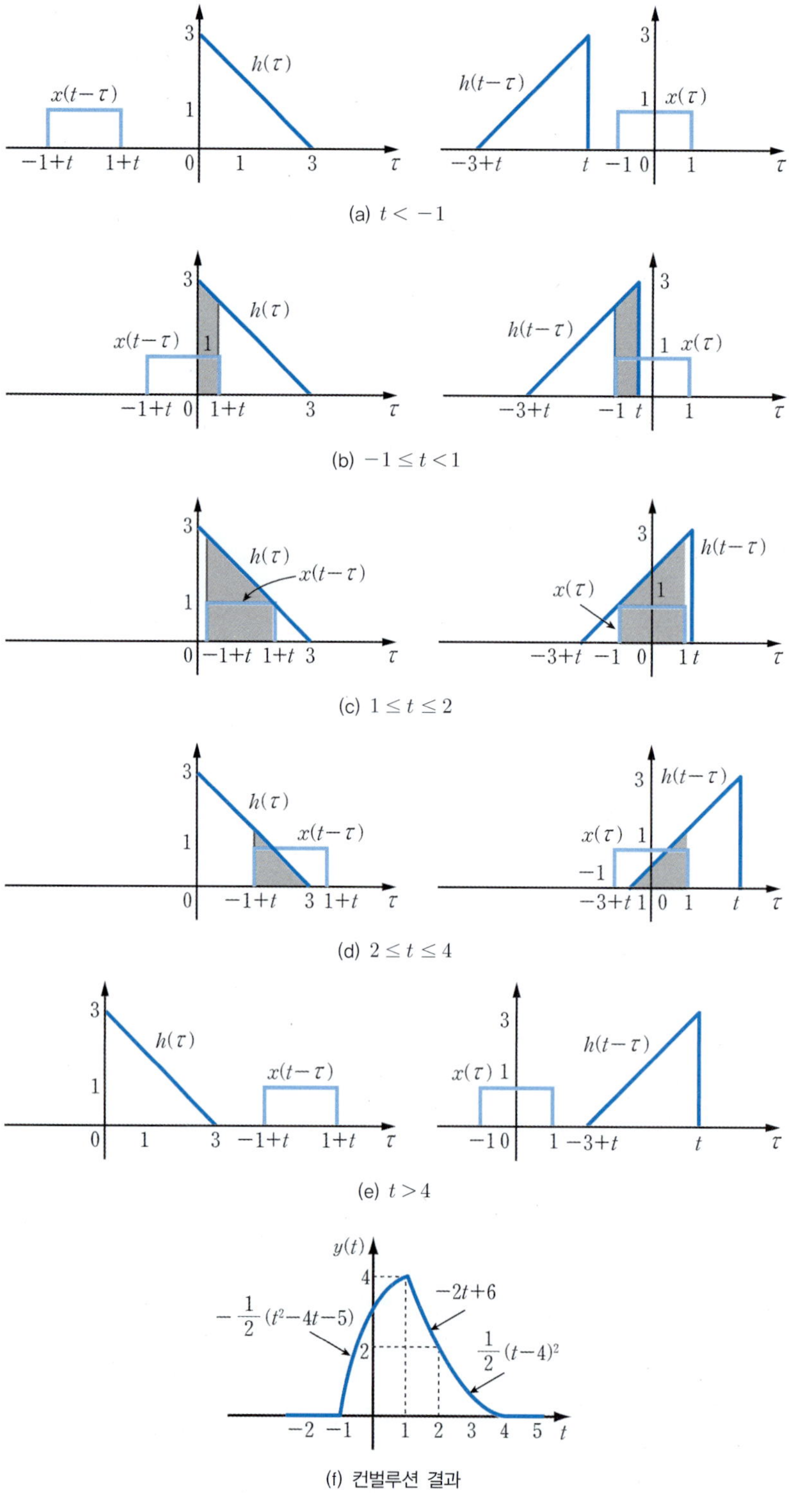

그림 4-14 그림을 이용한 [예제 4-5]의 미끄럼 방식 컨벌루션 계산

이 결과는 $h(\tau)$를 뒤집었을 때와 완전히 일치하지만, 계산이 좀 더 간단하다. 이로부터 알 수 있듯이 컨벌루션 계산은 두 신호 중 어느 쪽을 뒤집어도 상관없으며, 계산을 좀 더 쉽고 편하게 하려면 더 단순한 형태의 신호를 뒤집는 것이 낫다.

예제 4-6 상호 연결된 시스템의 임펄스 응답

다음과 같이 여러 개의 부시스템이 상호 연결된 시스템의 임펄스 응답을 구하라.

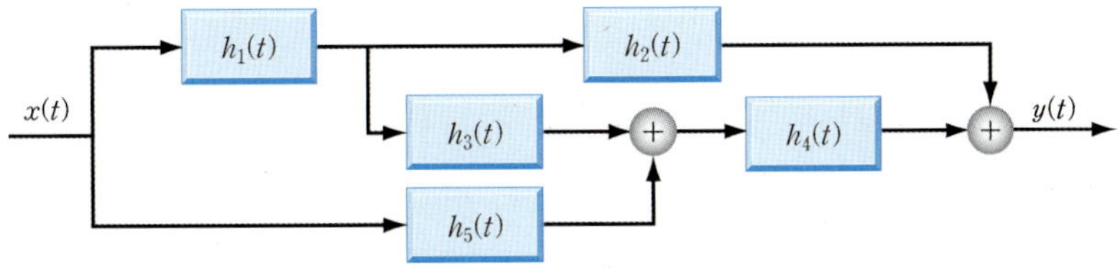

그림 4-15 [예제 4-6]의 상호 연결된 시스템

풀이

종속 연결된 경우는 각 부시스템의 임펄스 응답의 컨벌루션으로, 병렬 연결된 경우는 각 부시스템의 임펄스 응답의 합의 형태로 표현하여 정리하면 전체 시스템의 임펄스 응답을 얻을 수 있다.

$h_1(t)$와 $h_2(t)$가 종속 연결되어 있으므로 $h_1(t)*h_2(t)$이다. 또한 $h_1(t)$와 $h_3(t)$가 종속 연결되어 있으므로 $h_1(t)*h_3(t)$가 되고, 이것이 다시 $h_5(t)$와 병렬 연결되어 있으므로 $h_1(t)*h_3(t)+h_5(t)$이고, 다시 $h_4(t)$와 종속 연결되므로 $[h_1(t)*h_3(t)+h_5(t)]*h_4(t)$가 된다. 이것과 $h_1(t)*h_2(t)$가 병렬 연결되어 있으므로 둘을 더하면 전체 시스템의 임펄스 응답 $[h_1(t)*h_3(t)+h_5(t)]*h_4(t)+h_1(t)*h_2(t)$를 얻게 된다. 따라서 전체 시스템의 등가 단일 시스템을 나타내면 [그림 4-16]과 같다.

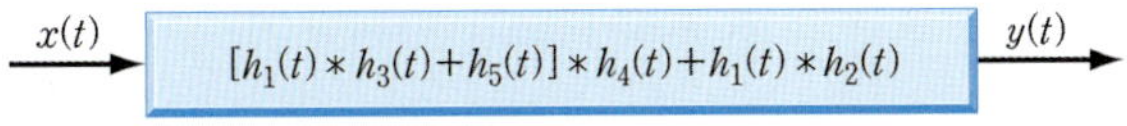

그림 4-16 등가 단일 시스템

4.4 미분 방정식과 연속 LTI 시스템

시스템의 컨벌루션 표현은 오직 외부 입력에 대한 시스템 반응만 제공할 수 있을 뿐이다. 따라서 시스템의 동작 특성을 빠짐없이 완전하게 해석하려면 입력이 들어오기 직전의 시스템 내부 상태까지 고려할 수 있는 일반화된 모델이 필요한데, 미분 방정식은 이에 적합한 훌륭한 모델이다. 미분 방정식은 이론이 잘 정립되어 있어 시스템의 특성 해석이 편리한 장점도 있다. LTI 시스템을 표현한 미분 방정식의 해는 7장에서 배울 라플라스 변환을 이용하면 더 간편하게 구할 수 있으므로, 이 절에서는 결과 위주로 미분 방정식의 고전적 해법을 간략히 살펴보기로 한다.

학습포인트

- LTI 시스템을 표현하는 미분 방정식은 어떤 것인지 알아본다.
- 미분 방정식을 이용한 LTI 시스템의 표준형 구현도를 잘 익혀둔다.
- 미분 방정식의 해를 동차해와 특이해의 합으로 구하는 고전적 해법을 익혀둔다.
- 특성 방정식, 특성근, 시스템 모드의 개념과 중요성을 이해한다.
- 임펄스 응답이 시스템 모드들로 이루어짐을 이해한다.

4.4.1 미분 방정식에 의한 LTI 시스템의 표현

뉴턴의 운동 방정식 등 다양한 물리적 법칙을 통해 이미 친숙한 미분 방정식은 광범위한 영역에서 시스템을 표현하는 모델로서 중요한 역할을 담당한다. 운동역학, 열역학, 유체역학, 전자기학을 비롯한 대부분의 공학, 자연과학 분야에서 해결해야 할 문제에 대한 수학적 모형이 기본적으로 미분 방정식으로 표현되는 것을 볼 수 있다.

- LTI 시스템은 다음과 같은 꼴의 상수 계수를 갖는 선형 상미분 방정식으로 표현된다.

$$\frac{d^n y(t)}{dt^n} + a_{n-1}\frac{d^{n-1}y(t)}{dt^{n-1}} + \cdots + a_1\frac{dy(t)}{dt} + a_0 y(t) \tag{4.13}$$

$$= b_m\frac{d^m x(t)}{dt^m} + b_{m-1}\frac{d^{m-1}x(t)}{dt^{m-1}} + \cdots + b_1\frac{dx(t)}{dt} + b_0 x(t)$$

- 미분 방정식의 해에는 입력에 대한 응답(영상태 응답) 성분과 함께 시스템 내부 상태(초기 조건)에 대한 응답(영입력 응답) 성분도 포함된다.

시스템을 표현한 미분 방정식의 해가 곧 시스템의 출력이다. 식 (4.13)은 시스템의 출력이 현재 및 과거의 입력뿐만 아니라 과거의 출력에도 관련이 있음을 보여준다. 그런데 이 미분 방정식을 풀기 위해서는 n개의 초기 조건 $y(t_0)$, $\dot{y}(t_0)$, $\cdots$, $y^{(n-1)}(t_0)$가 필요하며, 초기 조건이 다르면 해도 달라진다. 이는 곧 미분 방정식으로부터 구해지는 시스템 응답에는 입력에 의한 것만이 아니라 시스템의 초기 상태에 의한 응답 성분도 포함되어 있음을 의미한다.

4.4.2 연속 시스템의 표준형 구현도

식 (4.13)의 미분 방정식을 보면, 입출력 변수에 대한 미분기, 상수 계수를 곱하는 곱셈기, 그리고 각 항들을 더하는 덧셈기로 구현할 수 있다. 실제로는 미분기 대신 적분기를 사용하여 연속 시스템의 구현도를 그리며, [그림 4-17]은 이들 기본 구성 요소를 나타낸 것이다.

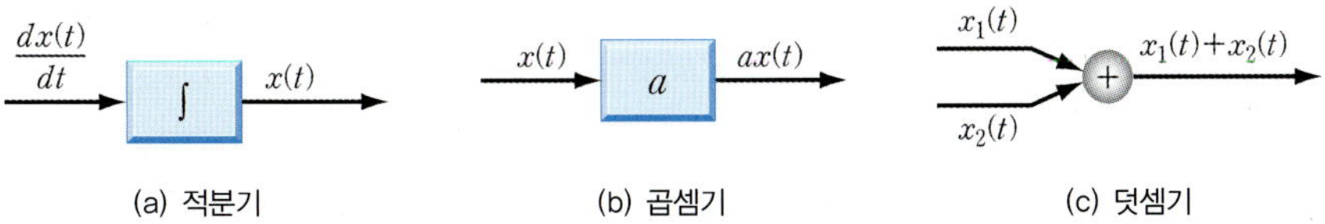

그림 4-17 연속 시스템의 기본 구성 요소

별도의 중간 과정을 거치지 않고 미분 방정식으로부터 직접 기계적으로 그릴 수 있는 표준적인 시스템 구현도를 **표준형**canonical form 또는 **직접형**direct form이라고 하는데, 연속 시스템에는 기본적으로 2개의 표준형이 있다.

- **제1 직접형**은 n개의 적분기를 일렬로 연결하고, 각 적분기의 입력단에 곱셈기를 달아 상응하는 입력 및 출력 계수를 곱한 뒤 이들을 더한 [그림 4-18]과 같은 구현도이다.
- **제2 직접형**은 n개의 적분기를 일렬로 연결하고, 각 적분기의 출력단에 곱셈기를 달아 상응하는 입력 및 출력 계수를 곱한 뒤 이들을 더한 [그림 4-19]와 같은 구현도이다.
- 제1 직접형과 제2 직접형 구현도는 서로 **전치**transpose **관계**이다.

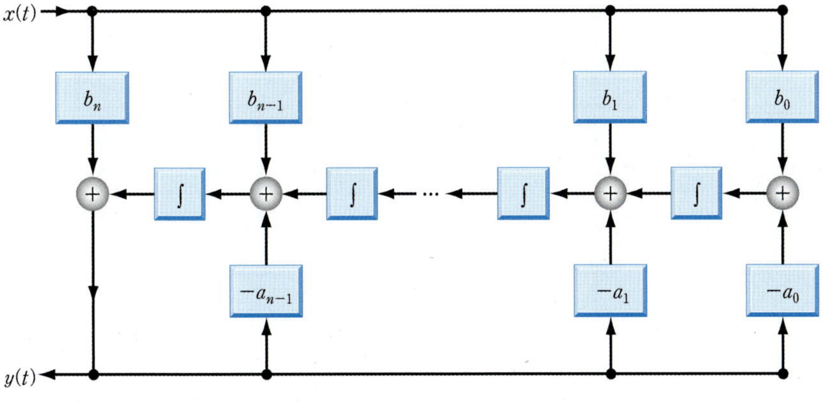

그림 4-18 연속 시스템의 제1 직접형(표준형) 구현도

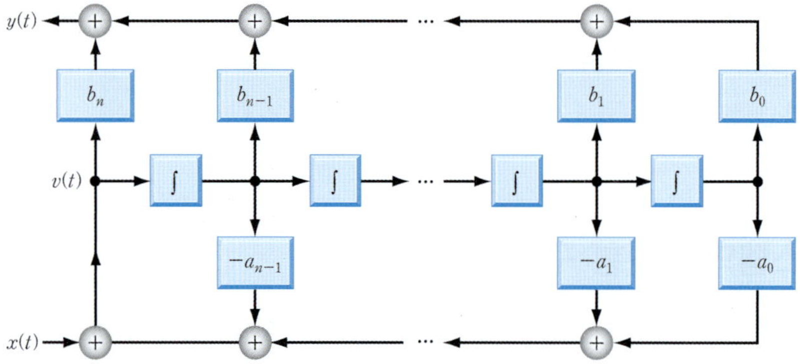

그림 4-19 연속 시스템의 제2 직접형(표준형) 구현도

[그림 4-18]과 [그림 4-19]는 미분 방정식의 계수를 그대로 사용해서 바로 그릴 수 있기 때문에 직접형(표준형) 구현도라는 이름이 붙은 것이다. 그런데 [그림 4-18]과 [그림 4-19]를 잘 살펴보면, [그림 4-18]에서 입력과 출력을 바꾸고 이에 맞춰 신호의 흐름, 즉 화살표의 방향을 반대로 하면 [그림 4-19]가 얻어진다(물론 신호 흐름이 반대로 바뀌므로 덧셈기 위치가 달라진다). 이러한 두 구현도의 관계를 **전치**transpose **관계**라고 한다.

예제 4-7 연속 시스템의 직접형 구현도

다음의 미분 방정식으로 표현되는 연속 시스템을 제1 및 제2 직접형으로 구현하라.

$$\frac{d^2y(t)}{dt^2} + 3\frac{dy(t)}{dt} + 2y(t) = \frac{dx(t)}{dt} + 4x(t)$$

풀이

미분 방정식의 차수가 2이므로 먼저 적분기 2개를 일렬로 연결하고, 적분기의 입력단 쪽에 곱셈기를 달아 입력과 출력의 계수가 각각 곱해진 다음 더해져서 적분기에 입력되도록 그림을 그리면 제1 직접형 구현도가 [그림 4-20(a)]와 같이 구해진다.

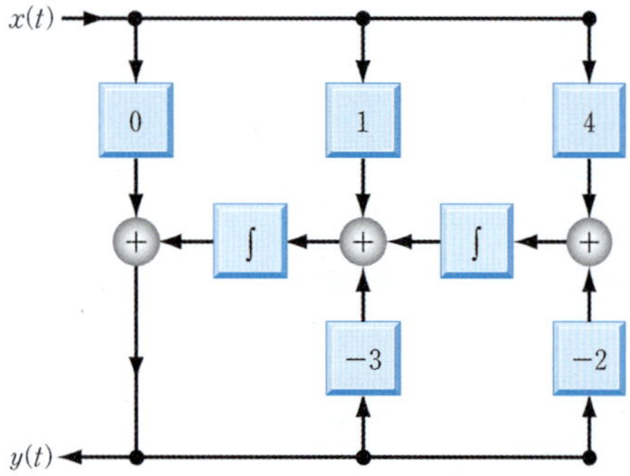

(a) 제1 직접형

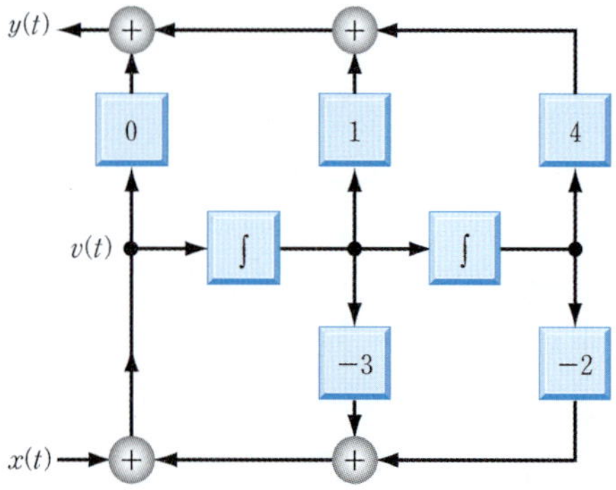

(b) 제2 직접형

그림 4-20 [예제 4-7]의 시스템의 직접형 구현도

반면에 제2 직접형 구현도는 적분기의 출력단 쪽에 곱셈기를 달아 입력과 출력의 계수가 각각 곱해져서 더해지는 구조로 그려서 [그림 4-20(b)]와 같이 얻을 수 있다. 다른 방법으로 제1 직접형 구현도의 입력과 출력을 바꾸고 화살표의 방향을 반대로 한 뒤 신호의 흐름이 반대로 바뀐 것에 맞추어 덧셈기 위치를 옮겨주어도 제2 직접형 구현도를 얻을 수 있다.

4.4.3 미분 방정식의 고전적 해법

식 (4.13)과 같은 선형 상미분 방정식은 라플라스 변환을 이용하면 간편하게 해를 구할 수 있으므로, 이 절에서는 주요 결과와 의미만 간단히 소개하기로 한다.

미분 방정식의 고전적 해법의 기초

- 미분 방정식의 해는 **동차**homogeneous**해** $y_h(t)$와 **특이**particular**해** $y_p(t)$의 합으로 주어진다.

$$y(t) = y_h(t) + y_p(t) \tag{4.14}$$

- **동차해는 특성**characteristic **방정식**의 해인 특성근으로부터 지수 함수 꼴로 구해지는 해로서, 외부 입력이 없어도 나올 수 있으며 시스템의 고유 특성이 반영된 출력이다.
- **특이해**는 외부 입력이 있을 때만 생기는 입력과 같은 꼴의 해로서, 입력의 특성이 반영된 출력이다.
- **특성 방정식**은 미분 방정식의 (좌변) 출력 항들로부터 다음과 같이 정의되며, 입력에는 무관하고 시스템 자체의 특성을 반영한다. 특성 방정식의 해 $\{\lambda_i\}$를 **특성근**이라고 한다.

$$\lambda^n + a_{n-1}\lambda^{n-1} + \cdots + a_1\lambda + a_0 = (\lambda - \lambda_1)(\lambda - \lambda_2)\cdots(\lambda - \lambda_n) = 0 \tag{4.15}$$

- 미분 방정식의 해 식 (4.14)를 **완전해(일반해)**라고 하며, 주어진 초기 조건을 이용하여 동차해의 계수를 구함으로써 유일하게 결정한다.
- **초기 조건**은 출력 $y(t)$ 및 도함수들의 초깃값으로서 미분 방정식의 해를 유일하게 결정하려면 꼭 필요하다. 초기 조건이 다르면 당연히 미분 방정식의 해도 달라진다.

식 (4.15)의 특성 방정식은 식 (4.13)의 미분 방정식의 좌변 출력 항들에 대해 미분 횟수 k인 항을 λ^k로 대체하여 구성된 것이다. 따라서 미분 방정식의 우변, 즉 입력 항들과는 관련이 없으므로, 특성 방정식은 입력과는 무관하게 시스템 자체의 특성을 반영한다고 볼 수 있다. 특성 방정식의 해인 특성근은 미분 방정식에 따라 실수, 순허수, 복소수가 될 수 있다. 그러므로 가장 일반적인 형태는 $\lambda_i = \sigma_i + j\omega_i$이다.

동차해는 n개의 특성근 $\lambda_1, \lambda_2, \cdots, \lambda_n$에 대응되는 $e^{\lambda_1 t}, e^{\lambda_2 t}, \cdots, e^{\lambda_n t}$의 조합으로 주어지는데, 특성근의 중근 여부에 따라 다음의 두 형태로 구해진다.

❶ 특성근들이 모두 서로 다른[distinct] 값을 가질 경우

$$y_h(t) = c_1 e^{\lambda_1 t} + c_2 e^{\lambda_2 t} + \cdots + c_n e^{\lambda_n t} \tag{4.16}$$

❷ 특성근 λ_1이 r-중근인 경우

$$\begin{aligned} y_h(t) &= c_1 e^{\lambda_1 t} + c_2 t e^{\lambda_1 t} + \cdots + c_r t^{r-1} e^{\lambda_1 t} + c_{r+1} e^{\lambda_{r+1} t} + \cdots + c_n e^{\lambda_n t} \\ &= (c_1 + c_2 t + \cdots + c_r t^{r-1}) e^{\lambda_1 t} + c_{r+1} e^{\lambda_{r+1} t} + \cdots + c_n e^{\lambda_n t} \end{aligned} \tag{4.17}$$

여기서 $c_1, c_2, \cdots, c_n$은 식 (4.14)에서 n개의 초기 조건에 의해 결정되는 임의의 상수이다.

동차해를 이루는 $\{e^{\lambda_i t}\}$은 특성근 $\{\lambda_i\}$가 미분 방정식의 해, 즉 시스템의 출력으로 모습을 드러낸 것이라 **시스템 (특성**[characteristic]**/고유**[eigen]) **모드**[mode]라고 한다. 따라서 시스템의 고유한 특성은 결국 시스템 모드(또는 특성근)에 의해 지배된다고 할 수 있다.

특이해는 입력이 있을 때만 생기는 입력과 같은 꼴의 해로서, 시스템 모드 성분을 전혀 포함하지 않는다. 따라서 온전히 입력의 특성이 반영된 출력이다.

특이해는 초기 조건에 상관없이 독립적으로 완전하게 결정할 수 있는데, 먼저 [표 4-1]을 이용하여 입력에 맞추어 특이해 꼴을 결정한 다음 이를 미분 방정식에 대입하여 등식의 양변을 비교함으로써 계수를 결정하여 특이해를 확정한다.

표 4-1 입력 형태에 따른 미분 방정식의 특이해

입력 형태	특이해	
a	c	
$\cos(\omega_0 t + \theta)$	$c_1\cos(\omega_0 t) + c_2\sin(\omega_0 t) = c\cos(\omega_0 t + \phi)$	
t^r	$c_r t^r + c_{r-1} t^{r-1} + \cdots + c_1 t + c_0$	
$e^{\alpha t}$	$\alpha \neq$ 특성근	$ce^{\alpha t}$
	$\alpha =$ 특성근	$cte^{\alpha t}$
	$\alpha = r$중 특성근	$ct^r e^{\alpha t}$
$(a_r t^r + a_{r-1} t^{r-1} + \cdots + a_0) e^{\alpha t}$	$(c_r t^r + c_{r-1} t^{r-1} + \cdots + c_1 t + c_0) e^{\alpha t}$	

동차해와 특이해를 각각 구하여 식 (4.14)와 같이 미분 방정식의 완전해(일반해)를 얻었더라도 아직 풀이가 끝난 것이 아니다. 마지막으로 주어진 초기 조건을 이용해 동차해의 계수를 결정해야만 미분 방정식의 해가 유일하게 결정되어 시스템의 실제 동작과 일치하는 응답을 얻게 된다. 그러므로 초기 조건이 다르면 미분 방정식의 해, 즉 시스템의 출력이 달라진다. 미분 방정식의 해 식 (4.14)는 입력이 들어온 뒤의 시스템 응답을 나타내는 것이기 때문에 반드시 초기 조건을 입력이 인가된 시점 이후의 값을 사용해야 한다는 것을 주의해야 한다.

미분 방정식의 고전적 해법

- **1단계** : 미분 방정식으로부터 특성 방정식과 특성근 $\{\lambda_i\}$를 구한다.

$$\lambda^n + a_{n-1}\lambda^{n-1} + \cdots + a_1\lambda + a_0 = (\lambda - \lambda_1)(\lambda - \lambda_2)\cdots(\lambda - \lambda_n) = 0$$

- **2단계** : 특성근을 이용하여 동차해의 형태를 다음과 같이 둔다.

$$y_h(t) = c_1 e^{\lambda_1 t} + c_2 e^{\lambda_2 t} + \cdots + c_n e^{\lambda_n t} \quad \text{(특성근들이 서로 다른 경우)}$$

$$y_h(t) = (c_1 + c_2 t + \cdots + c_r t^{r-1})e^{\lambda_1 t} + c_{r+1}e^{\lambda_{r+1}t} + \cdots + c_n e^{\lambda_n t}$$

(특성근 λ_1이 r-중근)

- **3단계** : [표 4-1]을 이용하여 입력과 같은 꼴로 특이해 $y_p(t)$를 설정하고, 이를 미분 방정식에 대입하여 양변의 계수를 비교하여 값을 완전히 결정한다.
- **4단계** : $y(t) = y_h(t) + y_p(t)$라 두고, 입력이 인가된 직후($t = 0^+$)의 초기 조건을 대입하여 동차해의 계수를 구함으로써 미분 방정식의 완전한 유일해를 확정한다.

예제 4-8 고전적 해법에 의한 미분 방정식의 해

다음의 미분 방정식으로 표현되는 LTI 시스템에 대해 입력 $x(t) = e^{-t}u(t)$에 대한 응답을 구하라. 단, 초기 조건은 $y(0) = 3$이다.

$$\frac{dy(t)}{dt} + 2y(t) = 2x(t)$$

풀이

주어진 미분 방정식의 특성 방정식은 $\lambda + 2 = 0$, 특성근은 $\lambda = -2$이 되고, 따라서 동차해는 다음과 같다.

$$y_h(t) = ce^{-2t}$$

입력이 $t \geq 0$에서 실수 지수 신호 e^{-t}이므로 특이해를 $y_p(t) = \alpha e^{-t}$라 두고 미분 방정식에 대입하면 다음과 같이 된다.

$$-\alpha e^{-t} + 2\alpha e^{-t} = 2e^{-t}$$

위 식의 양변을 비교하면 $\alpha = 2$로 구해지므로 특이해는 $y_p(t) = 2e^{-t}$이 되고, 미분 방정식의 완전해(시스템의 출력)는 다음과 같다.

$$y(t) = y_h(t) + y_p(t) = ce^{-2t} + 2e^{-t}$$

이에 주어진 초기 조건 $y(0) = 3$을 대입하면 $y(0) = c + 2 = 3$이므로 $c = 1$을 얻는다. 따라서 미분 방정식의 완전한 유일해는 다음과 같이 구해진다.

$$y(t) = e^{-2t} + 2e^{-t}, \quad t \geq 0$$

예제 4-9 미분 방정식의 해 : 특성근이 서로 다른 경우

다음의 미분 방정식으로 표현되는 LTI 시스템에 대해 계단 입력 $x(t) = u(t)$에 대한 응답을 구하라. 단, 초기 조건은 $y(0) = 2$, $\dot{y}(0) = 1$이다.

$$\frac{d^2y(t)}{dt^2} + 3\frac{dy(t)}{dt} + 2y(t) = \frac{dx(t)}{dt} + 4x(t)$$

풀이

주어진 미분 방정식의 특성 방정식과 특성근을 구하면

$$\lambda^2 + 3\lambda + 2 = (\lambda+1)(\lambda+2) = 0, \quad \lambda_1 = -1, \ \lambda_2 = -2$$

이므로, 동차해는 다음과 같다.

$$y_h(t) = c_1e^{-t} + c_2e^{-2t}$$

$t \geq 0$에서 입력이 상수이므로 특이해를 $y_p(t) = \alpha$라 두고 이를 미분 방정식에 대입하면, 미분 항들은 값이 없으므로 $2\alpha = 4$가 되어 $\alpha = 2$로 구해져 특이해는 다음과 같다.

$$y_p(t) = 2$$

따라서 미분 방정식의 완전해(시스템의 출력)는 다음과 같이 된다.

$$y(t) = y_h(t) + y_p(t) = c_1e^{-t} + c_2e^{-2t} + 2$$

위 식을 한번 미분하면 다음과 같다.

$$\dot{y}(t) = -c_1e^{-t} - 2c_2e^{-2t}$$

$y(t)$와 $\dot{y}(t)$에 주어진 초기 조건을 대입하여 정리하면 다음의 관계를 얻는다.

$$\begin{cases} y(0) = c_1 + c_2 + 2 = 2 \\ \dot{y}(0) = -c_1 - 2c_2 = 1 \end{cases}$$

이를 연립으로 풀면 $c_1 = 1$, $c_2 = -1$을 얻는다. 따라서 미분 방정식의 완전해는 다음과 같다.

$$y(t) = e^{-t} - e^{-2t} + 2$$

예제 4-10 미분 방정식의 해 : 특성근이 중근인 경우

다음의 미분 방정식으로 표현되는 LTI 시스템에 대해 계단 입력 $x(t) = u(t)$에 대한 응답을 구하라. 단, 초기 조건은 $y(0) = 2$, $\dot{y}(0) = 1$이다.

$$\frac{d^2y(t)}{dt^2} + 2\frac{dy(t)}{dt} + y(t) = x(t)$$

풀이

주어진 미분 방정식의 특성 방정식과 특성근을 구하면

$$\lambda^2 + 2\lambda + 1 = (\lambda + 1)^2 = 0, \quad \lambda_1 = \lambda_2 = -1$$

로 특성근이 중근이다. 따라서 동차해는 식 (4.17)로부터 다음과 같이 되어야 한다.

$$y_h(t) = (c_1 + c_2 t)\, e^{-t}$$

특이해를 $y_p(t) = \alpha$라 두고 미분 방정식에 대입하면, 미분 항들은 0이므로 $\alpha = 1$이 되어 $y_p(t) = 1$이다. 따라서 미분 방정식의 완전해(시스템의 출력)는 다음과 같이 된다.

$$y(t) = y_h(t) + y_p(t) = (c_1 + c_2 t)\, e^{-t} + 1$$

위 식을 한번 미분하면 다음과 같이 된다.

$$\dot{y}(t) = c_2 e^{-t} - (c_1 + c_2 t)\, e^{-t} = (-c_1 + c_2 - c_2 t)\, e^{-t}$$

$y(t)$와 $\dot{y}(t)$에 주어진 초기 조건을 대입하여 정리하면 다음의 관계를 얻는다.

$$\begin{cases} y(0) = c_1 + 1 = 2 \\ \dot{y}(0) = -c_1 + c_2 = 1 \end{cases}$$

이를 연립으로 풀어 $c_1 = 1$, $c_2 = 2$를 얻는다. 따라서 미분 방정식의 유일한 완전해는 다음과 같이 구해진다.

$$y(t) = (1 + 2t)\, e^{-t} + 1$$

만약 동차해를 식 (4.16)과 같이 둔다면 어떻게 될까? 그 경우 동차해와 이의 미분은

$$y_h(t) = c_1 e^{-t} + c_2 e^{-t} = c e^{-t}$$
$$\dot{y}_h(t) = -c e^{-t}$$

가 되고, 앞에서와 마찬가지로 $y(t)$와 $\dot{y}(t)$에 주어진 초기 조건을 대입하여 정리하면

$$\begin{cases} y(0) = c + 1 = 2 \\ \dot{y}(0) = -c = 1 \end{cases}$$

가 되어 계수 c를 결정할 수 없다. 그러므로 특성근이 중근이면, 반드시 식 (4.17)과 같은 꼴로 동차해를 두어야만 한다.

미분 방정식과 임펄스 응답

임펄스 응답은 시스템에 임펄스 입력을 넣었을 때의 출력이므로, 미분 방정식에서 입력 $x(t)=\delta(t)$로 두어 구할 수 있다. 그런데 $\delta(t)$는 $t=0$인 순간에만 존재하므로 미분 방정식의 우변은 $t=0$과 $t>0$의 두 경우로 나누어 볼 수 있다. 예를 들어 [예제 4-8]의 미분 방정식은 다음과 같이 쓸 수 있다.

$$\frac{dh(t)}{dt}+2h(t)=\begin{cases}2\delta(t), & t=0\\ 0, & t>0\end{cases} \tag{4.18}$$

즉 $t>0$에서는 시스템에 입력이 들어오지 않으므로, 미분 방정식의 완전해는 특이해를 포함하지 않고 동차해만으로 이루어질 것이다. 다시 말해, 임펄스 응답은 동차해와 같은 꼴로서 시스템 모드 $\{e^{\lambda_i t}\}$로 구성된다. 그러므로 임펄스 응답은 시스템의 고유 특성이 반영된 응답으로 시스템 특성에 대한 정보와 통찰력을 제공해 준다. 식 (4.18)에서 $t=0$인 순간의 관계는 동차해의 계수 c를 구하는 데 필요한 조건을 찾을 때 이용된다.

4.5 임펄스 응답과 시스템 특성

임펄스 응답은 시스템의 컨벌루션 표현에도 필요할 뿐만 아니라, 시스템의 특성을 파악할 수 있으므로 매우 중요하다. 이 절에서는 임펄스 응답에 의한 시스템 출력 형성의 원리를 간단히 살펴보고, 인과성과 안정도 등 주요한 시스템 특성과 임펄스 응답의 연관성에 대해서 알아본다.

학습포인트

- 임펄스 응답이 시스템 출력 형성에 어떻게 관여하는지 알아본다.
- 임펄스 응답과 시스템의 인과성, 안정도, 기억성의 관계를 알아본다.

4.5.1 임펄스 응답의 물리적 의미

- 임펄스 응답은 시스템 모드들로 구성되므로, 시스템의 고유한 특성을 반영한다. 따라서 시스템의 특성에 관한 정보를 임펄스 응답으로부터 알아낼 수 있다.
- 임펄스 응답은 현 시각 t에서 출력을 구성하는 과거 입력들에 대한 가중치weighting 역할을 하므로, 과거의 입력들이 현재의 시스템 출력에 기여하는 정도를 알려 준다.

[그림 4-21(a)]의 임펄스 응답은 안정한 인과 시스템의 전형적인 임펄스 응답을 단순화한 것이다. [그림 4-21(b)]는 시간 t순간의 출력 $y(t)$를 구하기 위해 시간축 τ에서 입력 $x(t)$과 임펄스 응답 $h(t)$의 컨벌루션 계산을 나타낸 것이다. $x(\tau)$와 $h(t-\tau)$의 곱이 0이 되는 부분, 즉 $h(t-\tau)$의 값이 존재하는 구간 바깥의 입력들은 t 순간의 출력에 전혀 기여하는 바가 없다. 그뿐만 아니라 $h(t-\tau)$의 존재 구간 안에 있어 출력 구성에 관여하는 입력들은 겹쳐진 임펄스 응답의 값에 비례하여 크기가 바뀐다. 다시 말해 임펄스 응답은 시각 t에서의 출력을 구성하는 과거 입력들에 대한 가중치 역할을 한다.

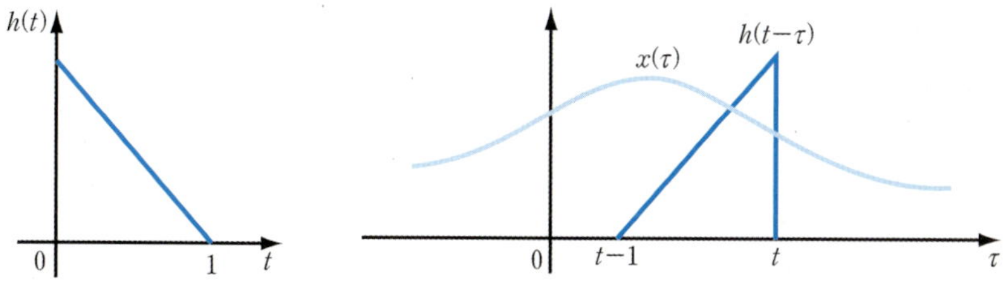

(a) 임펄스 응답 (b) 컨벌루션에 의한 출력 계산

그림 4-21 임펄스 응답의 물리적 의미 : 출력 형성의 원리

4.5.2 임펄스 응답과 시스템의 주요 특성

- 인과 시스템이 되려면 임펄스 응답이 인과 신호가 되어야 한다.

$$h(t)=0, \quad t<0 \tag{4.19}$$

- 임펄스 응답이 $h(t)=a\delta(t)$이면 순시적 시스템, $h(t)\neq a\delta(t)$이면 동적 시스템이다.
- 시스템이 BIBO 안정하려면 임펄스 응답이 **절대 적분 가능**absolutely integrable해야 한다.

$$\int_{-\infty}^{\infty}|h(t)|\,dt<\infty \tag{4.20}$$

인과성

임펄스 응답은 $t=0$인 순간에 입력으로 임펄스가 들어왔을 때의 출력이다. 인과 시스템이라면 입력이 들어오기 이전의 시간인 $t<0$에서 출력을 내지 않아야 하므로 $h(t)=0,\ t<0$이 되어야 한다.

기억성

임펄스 응답이 $h(t)=a\delta(t)$인 시스템의 입출력 관계는 컨벌루션 표현과 임펄스 함수의 체 거르기 성질을 이용하면 다음과 같이 된다.

$$y(t)=\int_{-\infty}^{\infty}x(\tau)h(t-\tau)\,d\tau=\int_{-\infty}^{\infty}x(\tau)a\delta(t-\tau)\,d\tau=ax(t) \tag{4.21}$$

즉 임펄스 응답이 임펄스이면 출력이 현재의 입력에만 연관되므로 순시적 시스템이 된다. 이미 [예제 4-1]에서 저장(기억) 능력이 없는 저항회로의 임펄스 응답이 임펄스 함수가 됨을 살펴본 바 있다.

안정도

시스템이 BIBO 안정하기 위한 조건도 임펄스 응답을 이용하여 구할 수 있다. 입력이 유한하여 $|x(t)|\leq M_x$를 만족할 때, 출력도 유한한지 알아보기 위해 컨벌루션으로 표현된 연속 LTI 시스템의 출력의 절댓값을 취해보자.

$$|y(t)|=\left|\int_{-\infty}^{\infty}x(\tau)h(t-\tau)\,d\tau\right|=\left|\int_{-\infty}^{\infty}h(\tau)x(t-\tau)\,d\tau\right| \tag{4.22}$$

적분의 절댓값은 피적분 함수의 절댓값을 취한 뒤 적분을 한 값보다는 작거나 같으므로 다음과 같이 나타낼 수 있다.

$$|y(t)|\leq\int_{-\infty}^{\infty}|h(\tau)|\,|x(t-\tau)|\,d\tau\leq M_x\int_{-\infty}^{\infty}|h(\tau)|\,d\tau \tag{4.23}$$

식 (4.23)으로부터 시스템의 출력이 유한하려면, 식 (4.20)의 조건을 만족해야만 됨을 알 수 있다. 그런데 임펄스 응답은 4.4.3절에서 살펴보았듯이 시스템 모드 $\{e^{\lambda_i t}\}$로 이루어지는데, 임펄스 응답이 식 (4.20)의 안정도 조건을 만족시키려면 시스템 모드들이 시간이 지남에 따라 지수적으로 감쇠하여 0이 되지 않으면 안 된다. 그렇게 되기 위해서는 지수인 특성근의 실수부가 음의 값을 가져야만 $(Re(\lambda_i) < 0)$ 한다. 이러한 관계를 복소평면에 그림으로 나타내면 [그림 4-22]와 같다. $Re(\lambda_i) = 0$의 경우는 시스템이 안정에서 불안정으로 넘어가는 경계로 시스템 모드(임펄스 응답)가 순수 진동을 지속하므로 특별히 **임계 안정**marginally stable이라고 구분하기도 한다.

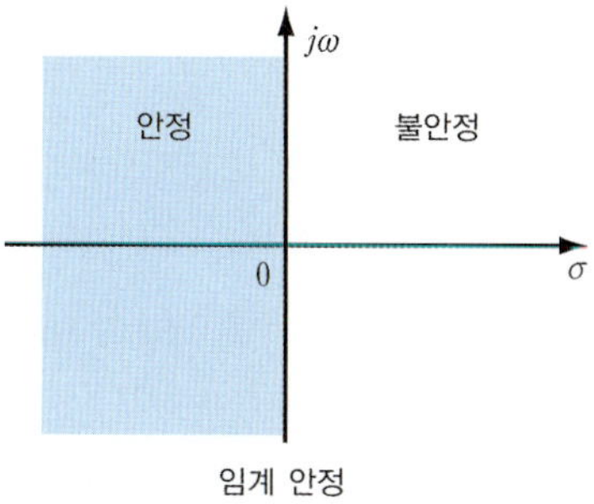

그림 4-22 특성근의 위치와 시스템 안정도

예제 4-11 임펄스 응답에 의한 시스템 특성 판별

다음의 임펄스 응답을 갖는 시스템의 인과성과 안정도를 판별하라.

(a) $h(t) = (t+1)e^{-t}u(t)$

(b) $h(t) = e^{t}u(-t) + 2e^{2t}u(t)$

풀이

(a) $h(t) = 0,\ t < 0$이므로 이 시스템은 인과 시스템이다. 안정도를 판별하기 위해 다음과 같이 $|h(t)|$의 적분을 계산하면 다음과 같다.

$$\int_{-\infty}^{\infty} |h(t)|dt = \int_{0}^{\infty} te^{-t}dt + \int_{0}^{\infty} e^{-t}dt = -te^{-t}\Big|_{0}^{\infty} + 2\int_{0}^{\infty} e^{-t}dt = 2 < \infty$$

식 (4.20)의 절대 적분 가능 조건을 만족하므로 이 시스템은 안정하다. 위 식에서 te^{-t}의 $t = \infty$에서의 값은 로피탈L'Hopital의 정리를 적용하여 $\lim_{t\to\infty} \frac{t}{e^t} = \lim_{t\to\infty} \frac{1}{e^t} = 0$으로 구해진다.

(b) 이 시스템은 $e^t u(-t)$에 의해 $h(t) \neq 0,\ t < 0$이므로 비인과 시스템이다. 마찬가지로 $|h(t)|$의 적분을 계산하면 다음과 같이 절대 적분 가능하지 않으므로 이 시스템은 불안정 시스템이다.

$$\int_{-\infty}^{\infty} |h(t)|dt = \int_{-\infty}^{0} e^{t}dt + \int_{0}^{\infty} 2e^{2t}dt = 1 + \infty = \infty$$

CHAPTER 04 연습문제

Quick Review

다음 문제에서 옳은 것을 골라라.

01 연속 시스템의 임펄스 응답은 물리적으로는 구할 수 없다. (O, ×)

02 컨벌루션 표현의 유도에 쓰이지 않는 시스템 성질은 (선형성, 시불변성, 인과성)이다.

03 LTI 시스템의 입력에 대한 출력은 임펄스 응답만 알면 항상 구할 수 있다. (O, ×)

04 시스템에 대한 컨벌루션 표현은 비선형 또는 시변 시스템에도 적용된다. (O, ×)

05 미끄럼 방식 컨벌루션 계산에서 두 신호 중 어느 것을 뒤집어도 상관없다. (O, ×)

06 컨벌루션 적분이 만족하지 않는 성질은 (교환, 결합, 배분, 곱) 성질이다.

07 종속 연결한 시스템의 연결 순서를 바꾸면 (같은, 다른) 시스템이다.

08 종속 연결의 등가 시스템의 임펄스 응답은 각 임펄스 응답의 (합, 곱, 컨벌루션)이다.

09 두 신호를 컨벌루션한 신호의 길이는 각 신호의 길이의 (합, 차, 곱)이다.

10 컨벌루션 계산을 하지 않고서도 결과 신호의 존재 구간을 알 수 있다. (O, ×)

11 입력이 0이면 시스템은 응답을 발생하지 않는다. (O, ×)

12 미분 방정식으로 표현된 시스템에 넣어주는 입력이 같으면 출력도 항상 같다. (O, ×)

13 미분 방정식의 계수가 시간 함수이면 시변 시스템이다. (O, ×)

14 3차 미분 방정식의 직접형 구현도는 (2, 3, 4, 6)개의 적분기가 필요하다.

15 연속 시스템 구현도에서 제1 직접형이 주어지면 제2 직접형을 그릴 수 있다. (O, ×)

16 시스템의 고유한 특성을 반영하지 못하는 것은 (시스템 모드, 동차해, 특이해)이다.

17 임펄스 응답은 시스템 모드들로 이루어진 동차해와 형태가 같다. (O, ×)

18 임펄스 응답의 길이가 (유한, 무한)하면 현재 출력에 모든 과거 입력이 관련된다.

19 임계 안정인 시스템은 BIBO (안정, 불안정)한 시스템이다.

20 시스템 특성은 (임펄스 응답, 시스템 모드, 특성근, 입력)과는 무관하다.

기초 문제

4.1 LTI 시스템의 입출력 관계가 다음과 같이 주어질 때 시스템의 임펄스 응답을 구하라. 그리고 이를 이용하여 시스템의 인과성과 안정도를 판별하라.

(a) $y(t)=x(t-3)$

(b) $y(t)=\int_{-\infty}^{t}x(\tau-3)d\tau$

(c) $y(t)=\int_{-\infty}^{t}e^{-(t-\tau)}x(\tau)\,d\tau$

(d) $y(t)=\int_{-\infty}^{\infty}e^{-(t-\tau)}x(\tau-1)\,d\tau$

4.2 다음 그림의 $x(t)$와 $h(t)$에 대해 컨벌루션 연산을 수행하고, 그 결과를 그려라.

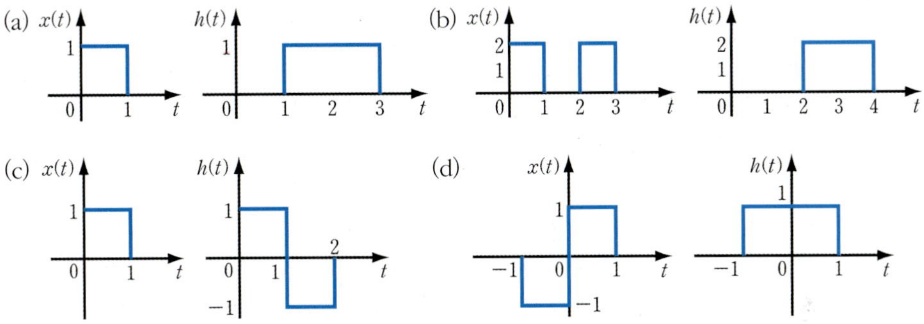

4.3 임펄스 응답이 $h(t)=e^{-t}u(t)$인 LTI 시스템에 입력 $x(t)$가 다음과 같을 때 출력 $y(t)$를 구하라.

(a) $x(t)=\delta(t)+\delta(t-2)$

(b) $x(t)=e^{-t}u(t)$

(c) $x(t)=e^{-2t}u(t)$

4.4 다음 그림의 연속 LTI 시스템에 대해 전체 시스템의 임펄스 응답을 구하라.

(a)

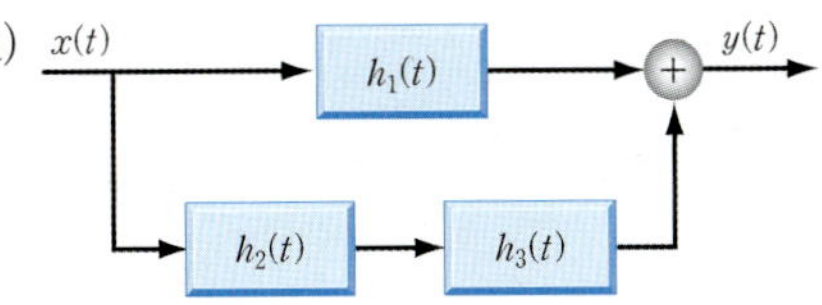

$h_1(t)=e^{-3t}u(t),\ h_2(t)=e^{-2t}u(t),$

$h_3(t)=\delta(t-1)$

(b)

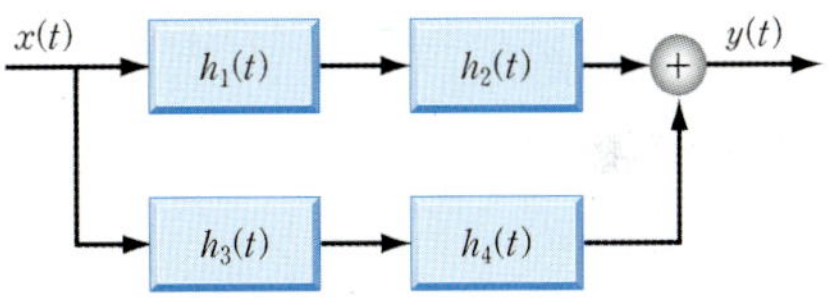

$h_1(t)=e^{-2t}u(t),\ h_2(t)=2e^{-t}u(t),$

$h_3(t)=e^{-3t}u(t),\ h_4(t)=4\delta(t)$

4.5 다음의 미분 방정식으로 표현되는 LTI 시스템에 대해 제1 직접형 및 제2 직접형 구현도를 그려라. 또한 특성 방정식을 구하고 안정도를 판별하라.

(a) $\frac{d^2y(t)}{dt^2}+4\frac{dy(t)}{dt}+3y(t)=\frac{dx(t)}{dt}+4x(t)$ (b) $\frac{d^2y(t)}{dt^2}+9y(t)=3\frac{dx(t)}{dt}+2x(t)$

4.6 다음의 미분 방정식으로 표현되는 LTI 시스템의 계단 응답을 구하라. 단, $y(0)=0$, $\dot{y}(0)=0$이다.

(a) $\frac{dy(t)}{dt}+y(t)=x(t)$ (b) $\frac{d^2y(t)}{dt^2}+4\frac{dy(t)}{dt}+3y(t)=3x(t)$

4.7 미분 방정식 $\frac{dy(t)}{dt}+y(t)=x(t)$로 표현되는 LTI 시스템에 대해 다음의 입력과 초기 조건에 대한 시스템 응답을 구하라.

(a) $x(t)=u(t)$, $y(0)=2$ (b) $x(t)=e^{-t}u(t)$, $y(0)=1$

(c) $x(t)=e^{-2t}u(t)$, $y(0)=1$ (d) $x(t)=2u(t)+e^{-t}u(t)$, $y(0)=5$

4.8 미분 방정식 $\frac{d^2y(t)}{dt^2}+7\frac{dy(t)}{dt}+12y(t)=\frac{dx(t)}{dt}+2x(t)$로 표현되는 LTI 시스템에 대해 다음의 입력이 인가될 때 시스템 출력을 구하라. 단, 초기 조건은 공통으로 $y(0)=0$, $\dot{y}(0)=1$이다.

(a) $u(t)$ (b) $e^{-t}u(t)$ (c) $e^{-3t}u(t)$

4.9 다음의 미분 방정식으로 나타낸 LTI 시스템의 안정도를 판별하라.

(a) $\frac{d^2y(t)}{dt^2}+7\frac{dy(t)}{dt}+12y(t)=\frac{dx(t)}{dt}+3x(t)$

(b) $\frac{d^2y(t)}{dt^2}+2\frac{dy(t)}{dt}+5y(t)=x(t)$

(c) $\frac{d^2y(t)}{dt^2}+\frac{dy(t)}{dt}-2y(t)=\frac{dx(t)}{dt}+x(t)$

(d) $\frac{d^2y(t)}{dt^2}-2\frac{dy(t)}{dt}+2y(t)=\frac{dx(t)}{dt}+x(t)$

4.10 다음의 임펄스 응답을 갖는 LTI 시스템의 안정도를 판별하라.

(a) $h(t)=te^{-2t}u(t)$ (b) $h(t)=\cos(2t)u(t)$ (c) $h(t)=e^{-2t}\cos(2t)u(t)$

응용 문제

4.11 다음 그림과 같은 전기회로의 임펄스 응답을 구하라.

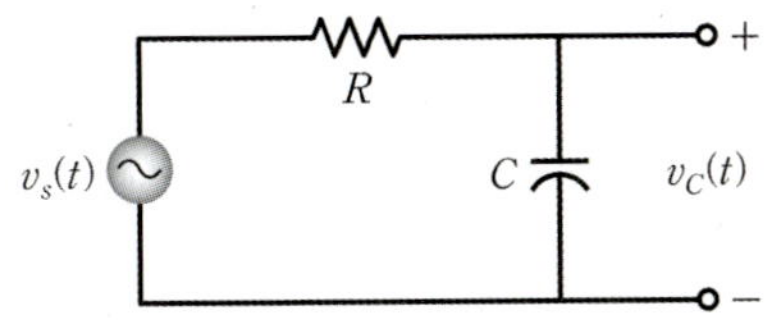

4.12 LTI 시스템의 입력 $x(t)$와 출력 $y(t)$가 그림과 같을 때 이 시스템의 임펄스 응답 $h(t)$를 구하라.

HINT $\dot{x}(t)$가 임펄스만으로 이루어짐을 이용하라.

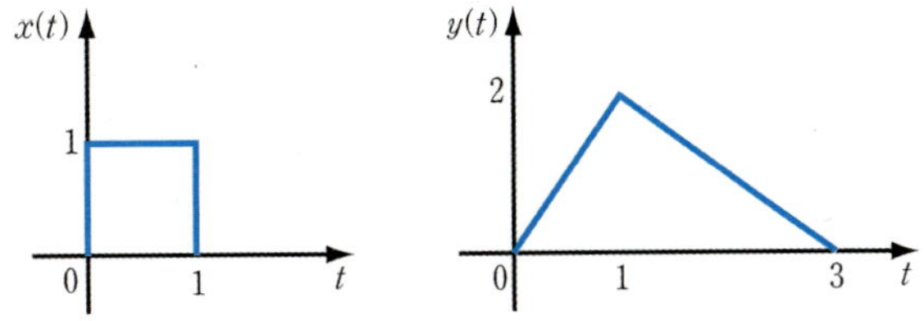

4.13 다음 그림의 $x(t)$와 $h(t)$에 대해 컨벌루션 연산을 수행하고, 그 결과를 그려라.

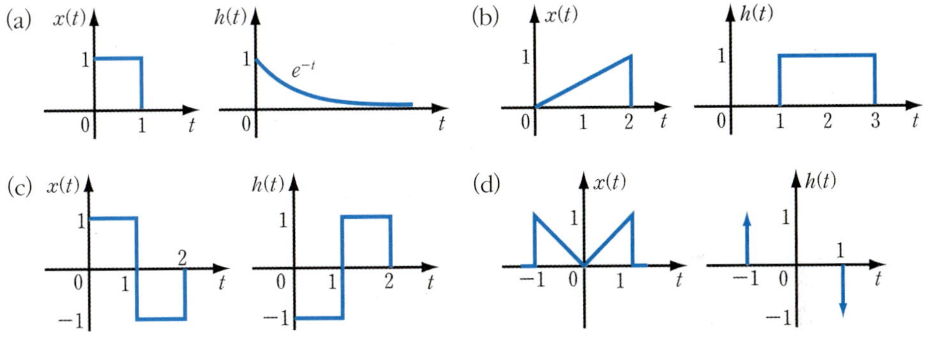

4.14 다음 그림의 신호 쌍에 대해 컨벌루션을 직접 계산하지 말고 컨벌루션 성질들을 이용하여 구하라.

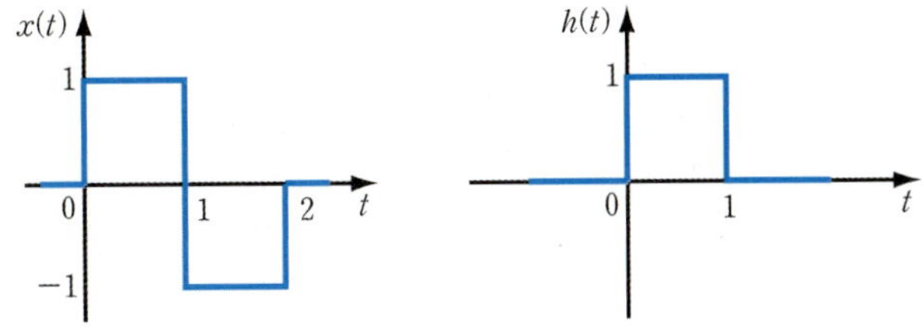

4.15 다음의 함수 쌍에 대해 컨벌루션 $y(t) = x(t) * h(t)$를 구하고, 그 결과를 그려라.

(a) $x(t) = e^{-t}(u(t+2) - u(t-2))$, $h(t) = \delta(t+1) - \delta(t-1)$

(b) $x(t) = e^{-t}(u(t+2) - u(t-2))$, $h(t) = u(t)$

(c) $x(t) = e^{-t}(u(t+2) - u(t-2))$, $h(t) = u(t+1) - u(t-5)$

4.16 어떤 LTI 시스템의 임펄스 응답은 $h(t) = u(t)$이다. 다음 물음에 답하라.

(a) 이 시스템의 안정도를 판별하라.

(b) 이 시스템의 입출력 관계식을 구하여 어떤 시스템인지 밝혀라.

4.17 $\dfrac{d^3y(t)}{dt^3} + 4\dfrac{d^2y(t)}{dt^2} + 5\dfrac{dy(t)}{dt} + 2y(t) = x(t)$, $x(t) = (e^{-t} + e^{-2t})u(t)$의 해에 포함되지 않는 항을 모두 골라라.

㉮ e^{-t}	㉯ te^{-t}	㉰ t^2e^{-t}	㉱ t^3e^{-t}
㉲ e^{-2t}	㉳ te^{-2t}	㉴ t^2e^{-2t}	㉵ t^3e^{-2t}

4.18 미분 방정식 $\dfrac{d^2y(t)}{dt^2} + 3\dfrac{dy(t)}{dt} + 2y(t) = x(t)$으로 표현되는 연속 LTI 시스템에 대해 다음 물음에 답하라.

(a) 계단 응답을 구하라(초기 조건은 $y(0) = 0$, $\dot{y}(0) = 0$이다).

(b) 이 시스템의 임펄스 응답은 $h(t) = e^{-t} - e^{-2t}$이다. 컨벌루션을 이용하여 단위 계단 입력에 대한 응답을 구하여 (a)의 결과와 비교하라.

4.19 미분 방정식 $\dfrac{d^2y(t)}{dt^2} + 4\dfrac{dy(t)}{dt} + 4y(t) = 4x(t)$로 표현되는 LTI 시스템에 대해 다음의 입력과 초기 조건에 대한 시스템 응답을 구하라.

(a) $x(t) = u(t)$, $y(0) = 2$, $\dot{y}(0) = 2$

(b) $x(t) = e^{-t}u(t)$, $y(0) = 2$, $\dot{y}(0) = 2$

4.20 다음의 임펄스 응답을 갖는 LTI 시스템의 인과성과 안정도를 판별하라.

(a) $h(t) = u(t)$

(b) $h(t) = \text{rect}\left(\dfrac{t}{2}\right)$

(c) $h(t) = e^{-|t|}$

(d) $h(t) = \dfrac{1}{t}u(t)$

CHAPTER

05

연속 시간 푸리에 급수

Continuous Time Fourier Series

학습목표

- 주파수 영역에서 신호를 표현하는 것의 유용성을 이해할 수 있다.
- 신호 표현의 변환과 기저 신호의 개념을 이해할 수 있다.
- 푸리에 급수의 정의와 형식을 이해할 수 있다.
- 직교성을 이용한 푸리에 계수의 계산에 대해 이해할 수 있다.
- 푸리에 급수에 의한 신호의 스펙트럼 표현과 의미를 이해할 수 있다.
- 진폭 및 위상 스펙트럼의 역할을 이해할 수 있다.
- 푸리에 급수의 주요 성질을 이해할 수 있다.

미리보기

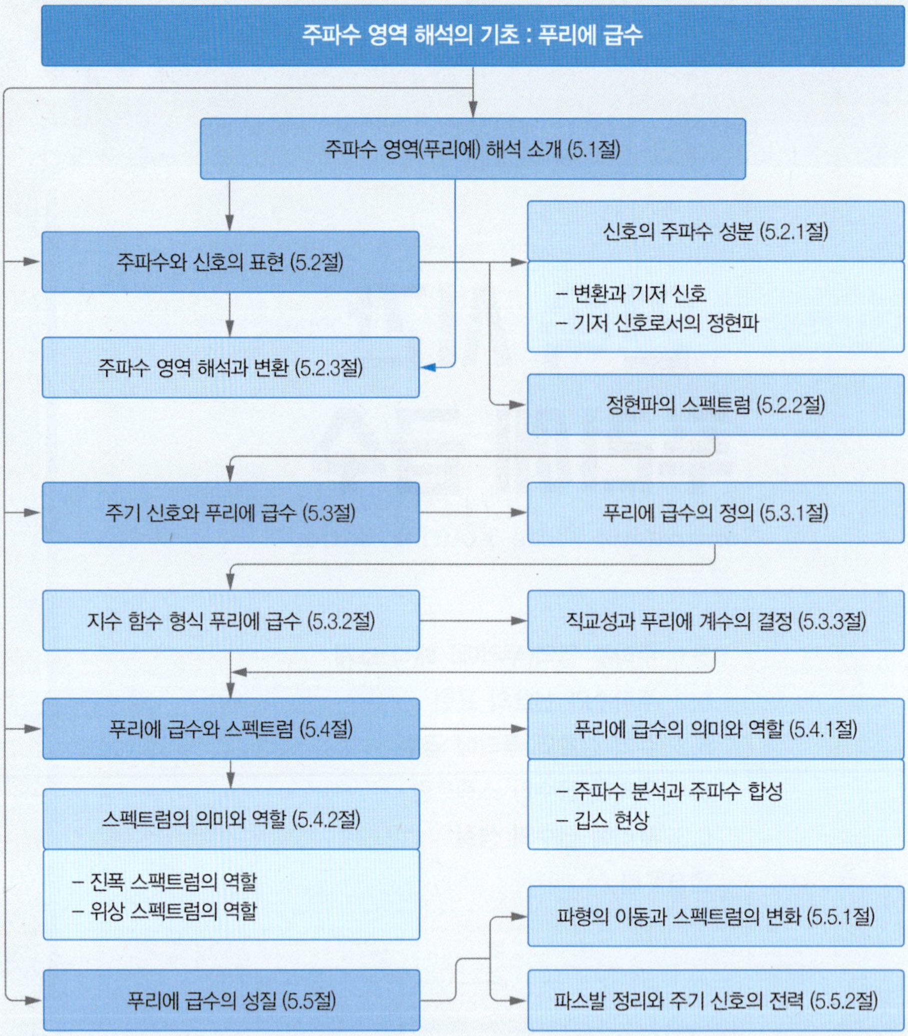

스펙트럼은 주파수 관점에서 신호를 나타낸 것으로 사람의 지문처럼 신호마다 제각기 다른 고유한 형태를 가진다. 그러므로 신호를 구분하고 특성을 규명하는 데 효과적인 수단으로 활용될 수 있다. 신호 해석에 스펙트럼을 활용하려면 우선 시간 함수로 표현(시간 영역)된 신호를 주파수에 대한 표현(주파수 영역)으로 바꾸어야 하는데, 푸리에 급수/변환으로 해결할 수 있다. 푸리에 급수/변환은 신호를 주파수에 대해 일대일 대응 관계인 정현파들로 분해하여 나타냄으로써 신호를 주파수와 연관하여 파악하고 다룰 수 있게 하는 수학적 기법이다. 이 장에서는 가장 기초라 할 수 있는 연속 주기 신호의 푸리에 급수에 대해 알아볼 것이다. 그리고 주파수에 의한 신호의 표현에 관련된 주요 개념들을 체계적으로 정리하여 주파수 영역 해석에 대한 이해와 기초를 확실히 해두도록 한다.

5.1 주파수 영역(푸리에) 해석 소개

궁금이와 박사님의 '푸리에 해석' 길라잡이

궁금이: 박사님! 푸리에 해석이 뭔가요? 공학 말고도 여러 분야에서 자주 언급되던데요.

박사님: 이미 주파수가 어떤 개념인지 공부했으니까 설명하기는 어렵지 않겠구나. **푸리에 해석**은 신호를 서로 다른 주파수 성분들로 쪼개서 나타내고 특성을 분석하는 일을 일컫는 것으로 **주파수 해석**과 같은 뜻이란다. 프랑스 혁명기와 나폴레옹 시대 학자인 푸리에가 처음으로 이 개념을 제안하고 뼈대를 세웠기에 푸리에 해석이라고 부르는 거야.

궁금이: 신호는 보기에는 하나잖아요? 그런데 주파수 성분들로 쪼갠다는 게 무슨 말이에요?

박사님: 눈에 보이는 게 다는 아니란다. 너도 어릴 때 해봤을 텐데? 프리즘에 햇빛을 비추면 어떻게 되지?

궁금이: 그야 빨주노초파남보 무지개색이 나타나죠.

박사님: 그래 바로 그거야. 하나인 줄 알았던 햇빛이 일곱 빛깔로 쪼개지잖니? 이걸 뒤집어 생각하면 일곱 빛깔이 합쳐져서 햇빛이 된다고 할 수 있겠지? 혹시 이렇게 쪼개지는 기준이 뭔지 아니?

궁금이

그 정도는 알죠. 파장이요.

박사님

잘 알고 있구나! 파장은 (진동하는) 파의 길이지? 파장이 길수록 1초 동안 진동의 반복 횟수가 적어지지 않겠니? 그런데 이 반복 횟수를 주파수라고 한다는 건 이미 배웠잖아? 그러므로 결국 주파수에 따라 햇빛이 여러 성분으로 쪼개진다고 할 수 있는 거지. 신호도 마찬가지란다.

궁금이

알 것도 같은데, 완전히 이해된 건 아니에요.

박사님

빨강(R), 초록(G), 파랑(B)을 빛의 삼원색이라고 하지? 왜 삼원색이라고 하니?

궁금이

에이, 그건 잘 알고 있어요. 세 빛깔을 적당히 섞으면 다른 모든 빛깔을 만들어 낼 수 있으니까요. 수십만 가지 색을 재현하는 TV나 컴퓨터 모니터가 대표적인 실생활의 예잖아요.

박사님

맞아. 삼원색을 어떻게 섞느냐에 따라 빛깔이 달라지듯이, 신호도 합해주는 주파수 성분들에 따라 완전히 다른 신호가 되는 거란다.

궁금이

이제 신호를 주파수 성분으로 쪼갤 수 있다는 건 알겠어요. 그런데 신호를 주파수 성분으로 쪼개는 것과 신호의 특성을 분석하는 게 무슨 관련이 있어요?

박사님

너도 노래 부르고 음악 듣는 것을 좋아하지? '도'음과 한 옥타브 위 '도'음은 음계는 똑같은데, 무슨 차이가 있지?

궁금이

어... 그러니까 음이 높잖아요.

박사님

음이 높다는 게 무슨 뜻이지?

궁금이

막상 설명하려니 잘 못하겠네요.

박사님: 음이 높다는 건 정확하게 말하면 주파수가 높다는 거야. 한 옥타브 높은음은 낮은음에 비해 주파수가 2배란다. 즉 주파수가 높을수록 음계에서 높은음이 되는 거지. 그런데, 음계로 똑같은 '도' 음을 내더라도 피아노 소리와 바이올린 소리는 다르지? 왜 그럴까?

궁금이: 악기 자체가 완전히 달라서 그렇잖아요.

박사님: 이 녀석, 답이 아닌 줄 뻔히 알면서도 그냥 우기는 거지?
피아노와 바이올린의 '도'음을 각각 주파수 성분으로 쪼개보면, 정확히 '도'음에 해당하는 키다리 주파수 성분 외에 도토리만 한 여러 다른 주파수 성분들이 함께 섞여 있단다. 그런데 피아노와 바이올린의 이 도토리 같은 주파수 성분들이 서로 다른 거야. 즉 음정은 키다리 주파수 성분이, 음색은 도토리 주파수 성분들이 결정한다고 말할 수 있지. 그뿐만 아니란다.
네가 노래를 부를 때 큰 소리로 '도'음을 낼 때와 속삭이듯이 같은 '도'음을 낼 때도 분명히 들리는 게 차이가 있지? 이것도 '도' 음정을 결정하는 키다리 주파수 성분의 키(크기)가 다르기 때문이야. 하지만 이런 사실들은 단순히 '도'음의 시간 파형으로부터는 알아내기가 힘들어. 그래서 푸리에 해석을 통해서 주파수 성분으로 쪼개보게 되는 거란다.

궁금이: 와~ 흥미진진해요! 음악으로 설명해주시니 쏙쏙 귀에 들어오네요. 빨리 푸리에 해석을 가르쳐주세요.

박사님: 서두르지 말거라. 1층에서 2층까지 한걸음에 올라갈 수 없듯이, 쉬운 문제부터 차근차근 밟아가야 하지 않겠니? 그래서 먼저 주기성이라는 특성을 가져 비교적 덜 까다로운 주기 신호를 대상으로 한 푸리에 급수부터 알아본 다음, 더 복잡한 일반 신호까지 푸리에 급수의 결과를 확장한 푸리에 변환을 알아보기로 하자꾸나. 푸리에 변환을 제대로 알게 되면 신호뿐 아니라 시스템도 주파수의 관점에서 다룰 수 있게 된단다.
그리고 푸리에 해석의 결과들을 더 일반화시키면 라플라스 변환까지 연결되는데, 이들 모두를 다 아우르는 개념이 신호와 시스템의 **주파수 영역 해석**인 게야.

궁금이: 잘 알겠어요. 주파수 영역 해석의 출발점이자 기본 뼈대가 푸리에 해석인 거네요. 제가 좋아하는 음악을 더 잘 이해하기 위해서라도 정말 열심히 배울게요.

5.2 주파수와 신호의 표현

신호를 주파수와 관련하여 나타내고 해석하는 것은 시간 영역에서 할 수 없었던 많은 일들을 가능하게 한다. 시간의 함수에서 주파수의 함수로 신호의 표현을 바꾸는 작업을 변환이라고 하는데, 그 바탕에는 단순한 기본(기저) 신호들을 이용하여 대상 신호를 표현할 수 있다는 아이디어가 깔려 있다. 이 절에서는 주파수와 신호의 스펙트럼, 그리고 신호의 표현을 바꾸기 위한 변환의 개념을 간단히 소개하기로 한다.

학습포인트

- 주파수의 개념과 이에 의한 신호 표현의 유용성에 대해 이해한다.
- 주파수 스펙트럼의 개념과 이를 나타내는 방법에 대해 알아본다.
- 신호의 표현 변환을 위한 기저 신호의 개념과 정현파가 기저 신호로 적합한 이유를 이해한다.
- 주파수 영역 해석과 이에 관련된 변환의 개요에 대해 알아본다.

5.2.1 신호와 주파수 성분

신호를 처리하려면 먼저 신호의 특성을 잘 알아야 한다. 그런데 시간 함수인 신호의 파형만으로는 주기성과 같이 눈으로 확인 가능한 일부 특성을 빼고는 감추어진 특성들을 파악하기가 쉽지 않다. 어떻게 하면 신호의 특성들을 더 많이 알아낼 수 있을까? 잘 알다시피 프리즘에 햇빛을 통과시키면 무지개색이 나타나는데, 이는 햇빛이 서로 다른 파장(주파수)을 갖는 성분들이 합쳐져 있기 때문이지 오랜 시간을 들여 관찰해서 얻어진 결과가 아니라는 점을 주목할 필요가 있다. '햇빛과 프리즘'의 예는 신호와 관련하여 몇 가지 중요한 관점을 제시해준다.

신호의 주파수 성분

- (대부분의) 신호는 기본적인 신호들로 쪼갤 수 있다.
- (신호를 구성하는) 기본적인 신호들이 각기 다른 주파수를 대표하는 것이라면, 이는 신호를 주파수 성분별로 나누는 셈이 된다(이것이 바로 신호의 (주파수) 스펙트럼이다).
- 신호를 주파수의 관점에서 살펴보면, 신호의 특성을 파악하거나 다른 신호와 비교 분석할 때 편리하고 유용하다.

TV나 컴퓨터 모니터는 빨강(R), 초록(G), 파랑(B)의 세 빛깔(빛의 삼원색)을 가지고 수십만 가지의 색을 합성해 보여준다. 뒤집어 말하면 수많은 색도 결국 3개의 빛깔로 쪼갤 수 있고, 그것들을 어떻게 섞느냐에 따라 빛깔이 달라진다는 것이다. 마찬가지로 신호에는 서로 다른 주파수 성분들이 섞여 있으며, 신호의 파형이나 특성은 이 주파수 성분들이 어떻게 섞여 있느냐에 따라 달라진다. [그림 5-1]은 햇빛과 프리즘 및 빛깔의 삼원색과 연관시켜 신호의 주파수 영역 표현의 바탕 개념을 설명할 수 있음을 보인 것이다.

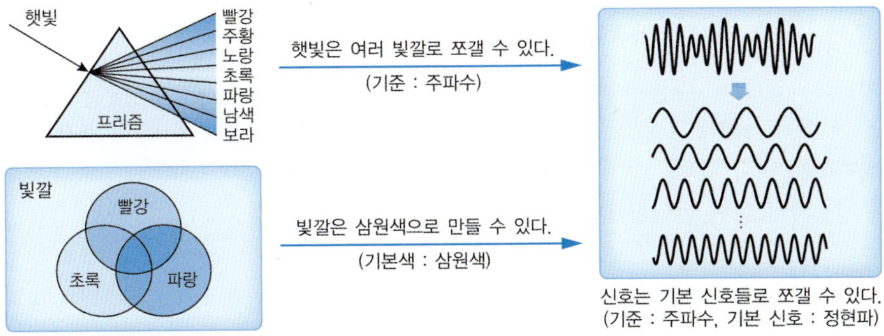

그림 5-1 신호의 주파수 영역 표현의 바탕 개념

신호에 대한 주파수 영역 표현의 유용성을 보여주는 예로, [그림 5-2]의 신호를 살펴보자. (a)와 (b)의 두 신호 모두 주기 $T=1$인 주기 신호이지만, 파형은 완전히 다르다. 그림에 나타낸 것처럼 (a)의 신호 $x(t)$는 주파수 $1[\mathrm{Hz}]$와 $2[\mathrm{Hz}]$인 2개의 코사인파로 이루어졌고, (b)의 신호 $y(t)$는 주파수 $1[\mathrm{Hz}]$와 $3[\mathrm{Hz}]$인 2개의 코사인파로 이루어졌다. 이를 알기 쉽게 나타낸 것이 오른쪽 그림(스펙트럼)으로, 어떤 주파수의 코사인파가 얼마만 한 크기로 그 신호에 포함되어 있는지 나타낸 것이다(모든 코사인파의 위상이 0이므로 위상은 따로 표시하지 않았다). 그러나 왼쪽 그림의 신호 파형만 보고서는 이런 사실들을 알아내기란 거의 불가능하므로, 햇빛에 대한 프리즘과 같이 신호를 주파수 성분별로 나누어줄 수 있는 도구가 필요하다. 또 과연 정현파(코사인파)가 빛의 삼원색과 같은 역할을 하는 신호인지도 확인되어야만 이 예의 결과를 일반화할 수 있을 것이다.

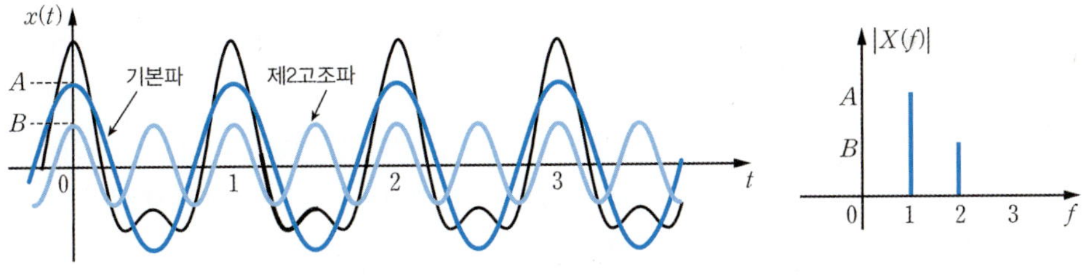

(a) 주기 신호(=기본파+제2고조파)와 스펙트럼

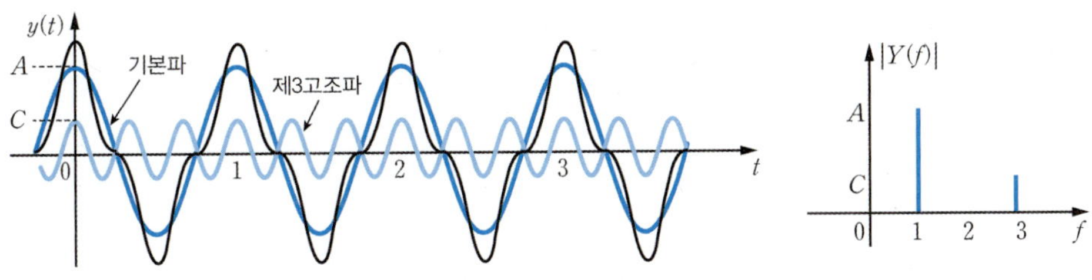

(b) 주기 신호(=기본파+제3고조파)와 스펙트럼

그림 5-2 같은 주기를 가지는 두 주기 신호

변환과 기저 신호

이 장에서 다루고자 하는 문제는 신호 함수를 대상으로 시간 영역에서 주파수 영역으로 표현을 바꾸는 것으로, 빛의 삼원색 같은 역할을 담당할 신호가 어떤 것인지, 그리고 그 신호들이 어떻게 섞여 있느냐를 찾아내는 방법이 무엇인지의 두 가지 문제가 해결되어야 한다. 이때 주의할 점은 신호의 표현만 달라질 뿐이지 신호 자체가 바뀌는 것은 아니라는 점이다.

- **변환**[transform]은 신호의 표현을 바꾸는 작업으로, 결국 표현의 바탕이 되는 기본 신호 집합(**기저**)을 다르게 선택하는 것과 같다.
- 변환을 통해 신호의 표현만 달라질 뿐 신호 자체가 달라지지는 않는다.

- **기저**[basis] **신호**는 신호에 대한 표현을 구하거나 바꾸는 데 바탕 역할을 하는 신호이다.
- 기저 신호 $\{\psi_i(t)\}$가 주어지면, 신호는 이들의 일차(선형) 결합으로 나타낼 수 있다.

$$x(t) = \sum_i c_i \psi_i(t) \tag{5.1}$$

- 신호의 (표현) 변환은 결국 식 (5.1)의 계수 c_i를 구하는 문제로 귀결된다.
- 주파수 영역으로 변환하는 기저 신호 $\{\psi_i(t)\}$는 다음의 성질을 만족하는 신호들을 선택하는 것이 바람직하다.
  ❶ 한 주파수에 대해 오직 하나의 기저 신호만 존재(일대일 대응)해야 한다.
  ❷ 형태가 단순하며 신호의 표현을 구하기 쉬워야 한다.
  ❸ 다양하고 폭넓은 신호들을 표현할 수 있어야 한다.
  ❹ 표현된 신호에 대한 시스템의 응답을 편리하게 구하고 나타낼 수 있어야 한다.

정현파는 기저 신호의 바람직한 성질들을 만족시키는 대표적인 신호이다. 오직 하나의 주파수만 가지며(성질 ❶), 파형이 단순하고 직교성을 지닌다(성질 ❷). 직교성은 식 (5.1)의 계수를 수월하게 구할 수 있게 해준다. 우리가 보통 직교좌표계를 사용하는 이유가 바로 거기에 있다. 게다가 이제부터 살펴볼 푸리에 급수/변환에 의해 광범위한 신호들을 표현할 수 있다(성질 ❸). 그리고 전기회로에 정현파를 입력으로 넣으면 출력 또한 같은 정현파로 크기와 위상만 달라진다는 사실에서 알 수 있듯이, 시스템 응답을 편리하게 구할 수 있다(성질 ❹). 이 성질은 매우 유용한데, 예를 들어 전기회로에 [그림 5-2]의 신호를 입력으로 넣을 경우, 그 자체로는 파형의 특이한 형태로 인해 응답을 구하기가 쉽지 않지만, 그림의 오른쪽 스펙트럼과 같이 신호를 2개의 정현파의 합으로 표현하게 되면 중첩의 원리를 이용해 손쉽게 시스템 응답을 구할 수 있다.

5.2.2 정현파의 스펙트럼

모든 정현파는 파형의 모양이 같으므로 서로 구별할 수 있는 정보는 한 주기의 파형이 $t=0$에서 얼마나 떨어진 위치에서 출발해서(위상 ϕ), 어떤 크기로(진폭 A), 얼마나 빨리 반복되는지(주파수 $f_0(\omega_0)$)에 관한 것뿐이다.

$$x(t)=A\cos(2\pi f_0t+\phi)=A\cos(\omega_0t+\phi) \tag{5.2}$$

따라서 정현파를 시간의 함수로 나타내기보다 주파수의 함수로 취급하여 주파수축 상에 진폭과 위상으로 나타내는 것이 정보를 훨씬 효과적으로 전달할 수 있다. 이것이 바로 **(주파수) 스펙트럼**으로, 신호의 주파수 해석에서 가장 중요한 바탕 개념이 된다.

- **(주파수) 스펙트럼**(frequency) spectrum은 정현파를 주파수의 함수로 취급하여 주파수축 상에 진폭과 위상을 나타낸 것이다([그림 5-3]). 진폭을 나타낸 것을 **진폭** amplitude **스펙트럼**, 위상을 나타낸 것을 **위상** phase **스펙트럼**이라고 한다.
- 스펙트럼 표현에는 삼각 함수 정현파나 복소 정현파 양쪽을 모두 사용할 수 있다.

[그림 5-3]은 정현파의 스펙트럼을 나타낸 것이다. 식 (5.2)의 진폭과 위상을 (a)와 같이 바로 그릴 수도 있지만, 오일러 공식을 이용하여 정현파를 식 (5.3)처럼 복소 정현파로 바꾸어 표현하고, 이의 진폭과 위상을 (b)와 같이 그리는 것이 더 일반적이다. 주파수축은 그림에서 보듯이 f[Hz]나 ω[rad/sec] 어느 쪽을 쓰든지 상관없다.

$$x(t)=\frac{A}{2}e^{j\phi}e^{j2\pi f_0t}+\frac{A}{2}e^{-j\phi}e^{-j2\pi f_0t}=\frac{A}{2}e^{j\phi}e^{j\omega_0t}+\frac{A}{2}e^{-j\phi}e^{-j\omega_0t} \tag{5.3}$$

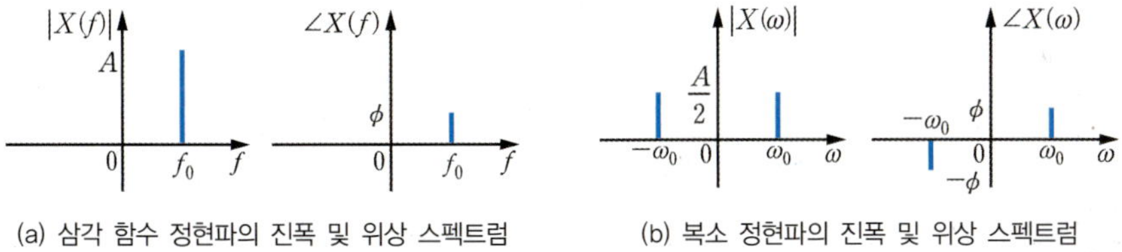

(a) 삼각 함수 정현파의 진폭 및 위상 스펙트럼 (b) 복소 정현파의 진폭 및 위상 스펙트럼

그림 5-3 정현파의 스펙트럼 표현

[그림 5-3]의 두 스펙트럼 표현을 비교해보면, 복소 정현파를 이용한 스펙트럼에서는 음의 주파수 성분이 존재하며, 진폭은 크기가 반으로 줄고, 위상의 경우 크기는 변함이 없으나 음의 주파수와 양의 주파수의 위상 부호가 정반대임을 알 수 있다.

예제 5-1 신호의 스펙트럼 표현

[그림 5-4]의 신호 $x(t)$는 다음과 같이 주파수가 다른 2개의 정현파를 더해 얻은 것이다. 이 신호의 스펙트럼을 그려라.

$$x(t) = 2\cos\left(6\pi t - \frac{\pi}{4}\right) + \cos\left(8\pi t - \frac{\pi}{3}\right)$$

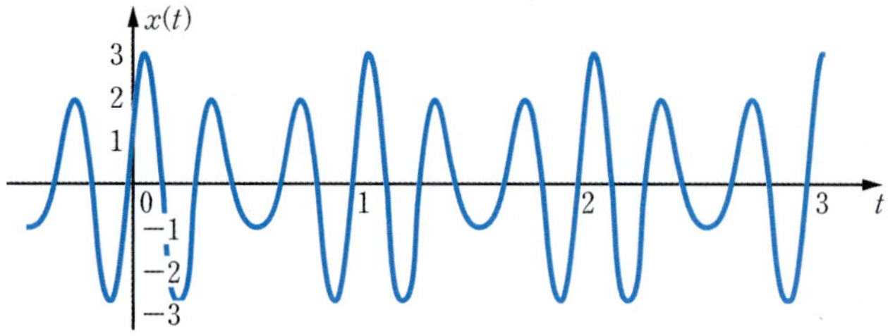

그림 5-4 [예제 5-1]의 신호 $x(t)$

풀이

주어진 식으로부터 진폭 및 위상 스펙트럼은 [그림 5-5]의 (a)나 (b)와 같이 그릴 수 있다. 만약 식이 없었다면 [그림 5-4]의 시간 파형을 보고 단순히 2개의 정현파가 더해진 신호임을 알아내기 힘들겠지만, [그림 5-5]처럼 스펙트럼으로 나타내면 확연히 드러난다. 그러므로 신호를 주파수 성분으로 쪼개 줄 수 있는 도구, 다시 말해 스펙트럼을 구해낼 수 있는 도구인 변환이 필요한 것이다. 만약 거꾸로 스펙트럼이 주어진다면, 주어진 수식과 같이 나타냄으로써 [그림 5-4]의 신호를 만들어낼 수도 있다.

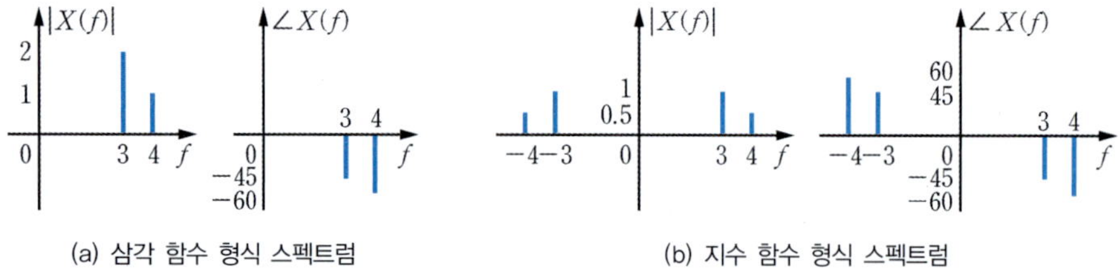

그림 5-5 [예제 5-1]의 스펙트럼

5.2.3 주파수 영역 해석과 변환

신호와 시스템은 시간 영역에서 나타낼 수도 있고 주파수 영역에서 나타낼 수도 있다. 어떤 특성은 시간 영역에서 쉽게 파악되는 게 있는가 하면, 주파수 영역에서 더 잘 볼 수 있는 것도 있다. 그런데 이미 1.1절에서 얘기했듯이, 통상 실험과 관측을 통해 직접 얻을 수 있는 시간 영역 표현과 달리 주파수 영역 표현은 시간 영역 표현에 대해 변환을 적용하여 간접적으로 얻어진다. 그러므로 변환은 시간 영역과 주파수 영역을 이어주는 다리와 같다.

변환은 [그림 5-6]에 나타낸 것처럼 시간 영역에서의 속성에 따라 달라진다. 주파수 영역 변환 도구가 이렇게 다양해도 개념적 토대는 모두 앞의 설명에 뿌리를 두고 있다. 이 장에서는 이들 여러 변환 중에서 어렵지 않고 기초라 할 수 있는 연속 주기 함수의 푸리에 급수를 다루며, 이후의 장들에서 차례로 나머지 변환을 살펴보게 된다.

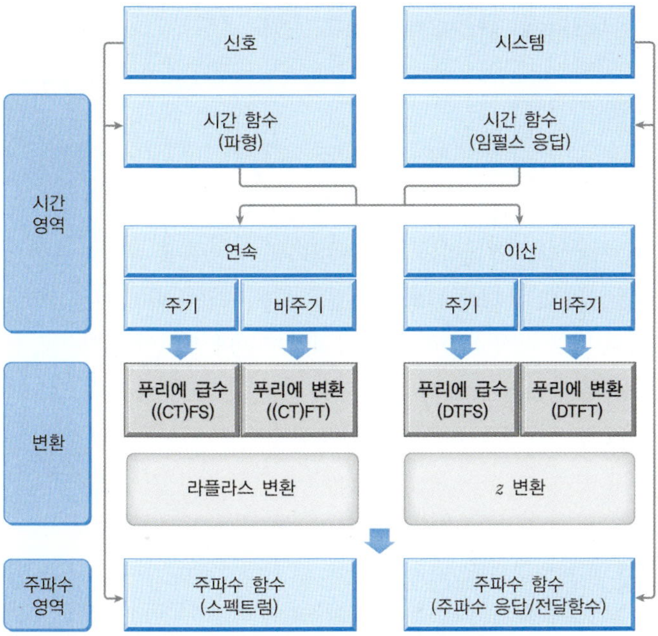

그림 5-6 신호와 시스템의 시간 영역 및 주파수 영역 표현과 변환

5.3 주기 신호와 푸리에 급수

정현파를 이용하여 신호의 표현을 찾는 방법은 푸리에가 처음으로 제안하였다. 정현파 자체가 주기 신호일뿐만 아니라 주기 신호는 같은 파형이 계속 반복되어 다루기가 편하므로, 주파수와 관련한 신호의 표현을 찾는 문제를 주기 신호부터 살펴보는 게 편할 것이다. 이 절에서는 주기 신호를 대상으로 하는 푸리에 급수의 정의와 수학적 취급, 수렴 조건 등에 대해서 살펴본다.

학습포인트

- 기본파, 고조파, 기본 주파수의 정의와 개념을 이해한다.
- 주기 신호에 대한 푸리에 급수(FS) 표현 방법을 잘 익혀둔다.
- 기저 신호의 직교성을 이용한 푸리에 계수 결정 방법을 잘 익혀둔다.
- 푸리에 급수의 수렴 조건(디리클레 조건)과 이의 중요성에 대해 알아본다.

정현파를 이용하여 신호의 표현을 찾고 해석하는 문제는 프랑스의 수학자 푸리에Fourier가 열전도 문제를 연구하면서 주기 신호를 주파수가 서로 다른 정현파의 합으로 나타낼 수 있음을 처음 발견함으로써 시작되었다. [그림 5-6]에서 볼 수 있듯이, 푸리에 해석 방법에는 신호 속성에 따라 이론적으로 네 가지 형식이 존재한다. 이들 이론적인 네 가지 형식 이외에 실용적인 측면에서 고안된 것으로 컴퓨터를 이용한 수치 해석에 적합한 **이산 푸리에 변환(DFT)**Discrete Fourier Transform과 이를 고속으로 계산하는 알고리즘인 **고속 푸리에 변환(FFT)**Fast Fourier Transform이 있다.

5.3.1 푸리에 급수의 정의

푸리에 급수의 정의

[그림 5-2]를 보면 주기 신호들은 파형이 서로 다름에도 불구하고 공통된 특징을 가지고 있는데, 주기 신호는 자신과 같은 주기를 갖는 정현파(기본파)와 그 정현파 주파수의 정수배 주파수를 갖는 정현파(고조파)들로만 이루어진다(이렇게 되면 2.1.2절에서 본 것처럼 각 정현파의 주파수의 비가 유리수가 되므로 이들을 더한 신호는 당연히 주기 신호가 된다). 이것이 바로 주기 신호에 대한 푸리에 급수 표현의 출발점이다. 각양각색인 주기 신호를 모두 다 나타내려면 수없이 많은 정현파가 더해진 형태로 일반화할 수밖에 없어 무한급수 꼴이 되는데, 이것이 바로 푸리에 급수이다.

- **푸리에 급수(FS)**는 주기 신호를 기본파와 고조파들의 합으로 나타낸 것이며, 일반적으로 무한 급수 형태가 된다.

$$x(t) = \text{직류(DC)} + \text{기본파}(\cos\text{항} + \sin\text{항}) + \text{고조파들}(\cos\text{항} + \sin\text{항}) \quad (5.4)$$

$$= a_0 + \sum_{k=1}^{\infty} a_k \cos(k\omega_0 t) + \sum_{k=1}^{\infty} b_k \sin(k\omega_0 t)$$

- **기본파** fundamental wave는 주기 신호와 주기(T)가 같은 정현파이다.
- **고조파** harmonics는 기본파 주파수(기본 주파수)의 정수배 주파수를 갖는 정현파이다. (k고조파는 주파수가 $kf_0(k\omega_0,\ k=2, 3, 4, \cdots)$인 고조파이다.)
- **기본 주파수** fundamental frequency는 기본파의 주파수로서 $f_0 = \dfrac{1}{T}\left(\omega_0 = \dfrac{2\pi}{T}\right)$이다.

식 (5.4)의 푸리에 급수 표현에서 하나의 주파수에 코사인파와 사인파 둘을 같이 쓴 이유는 주파수 성분의 위상을 결정하는 관계식을 얻기 어려워서 우회적으로 삼각 함수 합성을 이용하기 위함이다.

푸리에 급수의 수렴 조건

일반적으로 주기 신호는 모든 시간에서 값이 유한하다. 따라서 식 (5.4)의 등식이 성립하려면 유한한 값을 갖도록 푸리에 급수가 수렴해야만 한다. 푸리에 급수의 수렴 조건을 **디리클레** Dirichlet **조건**이라고 하는데, 우리가 실제로 사용하는 대부분의 주기 신호는 이 수렴 조건을 만족한다.

푸리에 급수의 수렴 조건 : 디리클레 조건

❶ 신호의 한 주기 내에서 $x(t)$는 절대 적분 가능해야 한다.

$$\int_T |x(t)|\,dt < \infty \quad (5.5)$$

$\int_T$는 한 주기에 대한 적분으로 시작점 위치에 무관하게 같은 결과가 얻어진다.

❷ 신호의 한 주기 내에 존재하는 극대·극소점의 수는 유한해야 한다.

❸ 신호의 한 주기 내에 존재하는 불연속점의 수는 유한해야 한다.

특히 식 (5.5)의 조건은 푸리에 변환과 라플라스 변환으로 주파수 영역 변환의 개념이 확장될 때 밀접한 관련이 있으므로 유념해야 한다.

5.3.2 (복소) 지수 함수 형식 푸리에 급수

식 (5.4)의 삼각 함수 형식 푸리에 급수는 위상이 없는 정현파들로만 구성되어 이해하기도 쉽고 실제적이지만, 하나의 주파수에 사인파와 코사인파 2개의 정현파가 대응되는 형태이므로 스펙트럼을 나타내기가 애매할뿐더러 수학적 조작도 불편하다. 따라서 이론적 해석에서는 오일러 공식을 이용해 식 (5.4)의 삼각 함수 정현파를 복소 정현파로 바꾸어 얻어지는 (복소) 지수 함수 형식 푸리에 급수를 주로 사용한다. 이 형식이 표현식과 계수를 구하기가 간결하며 수학적 취급이 쉽기 때문이다.

식 (5.4)의 삼각 함수 정현파를 복소 정현파로 바꾼 뒤 정리하면 다음과 같이 된다.

$$\begin{aligned} x(t) &= a_0 + \sum_{k=1}^{\infty}(a_k\cos(k\omega_0 t) + b_k\sin(k\omega_0 t)) \\ &= a_0 + \sum_{k=1}^{\infty}\left(a_k\frac{e^{jk\omega_0 t} + e^{-jk\omega_0 t}}{2} + b_k\frac{e^{jk\omega_0 t} - e^{-jk\omega_0 t}}{j2}\right) \\ &= a_0 + \sum_{k=1}^{\infty}\left(\frac{a_k - jb_k}{2}e^{jk\omega_0 t} + \frac{a_k + jb_k}{2}e^{-jk\omega_0 t}\right) \\ &= \sum_{k=-\infty}^{\infty} X_k e^{jk\omega_0 t} \end{aligned} \tag{5.6}$$

여기서 계수 X_k는 복소수로서 다음과 같고, $X_k = X^*_{-k}$를 만족한다.

$$X_k = \begin{cases} \frac{1}{2}(a_k - jb_k), & k > 0 \\ a_0, & k = 0 \\ \frac{1}{2}(a_k + jb_k), & k < 0 \end{cases} \tag{5.7}$$

식 (5.6)의 (복소) 지수 함수 형식 푸리에 급수 표현은 복소 정현파 $e^{jk\omega_0 t}$을 기저 신호로 삼아서 복소 푸리에 계수 X_k로 주기 신호의 주파수 정보를 나타낸 것이다. 이때 X_k의 크기 $|X_k|$와 위상 $\angle X_k$이 주파수 $k\omega_0$ 성분의 진폭과 위상이 된다.

5.3.3 푸리에 계수의 결정

주기 신호를 푸리에 급수로 표현하는 것은 결국 **푸리에 계수** Fourier coefficients a_0, a_k, b_k 또는 X_k를 구하는 문제로 귀결된다. 푸리에 급수 표현의 기저 신호로 채택한 (복소) 정현파 신호는 직교성이라는 좋은 성질을 지니고 있어서 푸리에 계수를 쉽게 구할 수 있다.

함수의 내적과 직교성

- 두 함수 $f(t)$, $g(t)$의 **내적**은 다음과 같이 정의한다.

$$< f(t), g(t) > = \int_a^b f(t) \cdot g^*(t)\, dt \tag{5.8}$$

  여기서 구간 $[a, b]$는 두 함수의 정의 구간이고, *는 복소 공액쌍을 나타낸다.
- 두 함수의 내적 $< f(t), g(t) > = 0$이면 두 함수가 **직교한다**고 한다.

복소 정현파의 직교성을 알아보기 위해 $e^{jk\omega_0 t}$와 $e^{jm\omega_0 t}$의 내적을 구하면

$$\int_0^T e^{jk\omega_0 t} e^{-jm\omega_0 t} dt = \int_0^T e^{j(k-m)\omega_0 t} dt \tag{5.9}$$

가 되는데, $m \neq k$일 때와 $m = k$일 때로 나누어 값을 계산할 수 있다. $m \neq k$이면,

$$\begin{aligned}\int_0^T e^{j(k-m)\omega_0 t} dt &= \frac{1}{j(k-m)\omega_0} e^{j(k-m)\frac{2\pi}{T}t} \Big|_0^T \\ &= \frac{1}{j(k-m)\omega_0}(e^{j(k-m)2\pi} - 1) = 0\end{aligned} \tag{5.10}$$

이 되므로 서로 다른 주파수의 복소 정현파들은 직교함을 알 수 있다. 한편 $m = k$, 즉 자신과의 내적은 다음과 같이 된다.

$$\int_0^T e^{j(k-m)\omega_0 t} dt = \int_0^T 1\, dt = T \tag{5.11}$$

따라서 식 (5.6)의 양변을 $e^{jm\omega_0 t}$와 내적을 취하여 정리하면 다음과 같이 X_m이 구해진다.

$$X_m = \frac{1}{T}\int_0^T x(t) e^{-jm\omega_0 t} dt \tag{5.12}$$

예제 5-2 주기 신호의 푸리에 급수 표현

다음의 주기 신호에 대해 지수 함수 형식 푸리에 급수 표현을 구하고 스펙트럼을 그려라.

$$x(t) = 1 + 4\cos\left(\pi t - \frac{\pi}{4}\right) - 2\sin(2\pi t) - 2\cos\left(3\pi t + \frac{\pi}{3}\right)$$

풀이

3개의 정현파 성분의 주파수가 각각 π, 2π, 3π이므로, 이 주기 신호의 기본 주파수는 $\omega_0 = \pi$이다. 따라서 $x(t)$는 DC, 기본파, 2고조파, 3고조파로 이루어진 신호이다. 신호가 정현파들로만 구성된 경우는 오일러 공식을 이용해 복소 정현파로 바꾸어 나타내는 것이 식 (5.12)의 적분 형태의 푸리에 계수 계산식을 이용하는 것보다 훨씬 간편하다.

$$\begin{aligned}
x(t) &= 1 + 4\cos\left(\pi t - \frac{\pi}{4}\right) - 2\sin(2\pi t) - 2\cos\left(3\pi t + \frac{\pi}{3}\right) \\
&= 1 + 2\left(e^{j\left(\pi t - \frac{\pi}{4}\right)} + e^{-j\left(\pi t - \frac{\pi}{4}\right)}\right) + j(e^{j2\pi t} - e^{-j2\pi t}) - \left(e^{j\left(3\pi t + \frac{\pi}{3}\right)} + e^{-j\left(3\pi t + \frac{\pi}{3}\right)}\right) \\
&= -e^{-j\frac{\pi}{3}}e^{-j3\pi t} + e^{-j\frac{\pi}{2}}e^{-j2\pi t} + 2e^{j\frac{\pi}{4}}e^{-j\pi t} + 1 + 2e^{-j\frac{\pi}{4}}e^{j\pi t} + e^{j\frac{\pi}{2}}e^{j2\pi t} - e^{j\frac{\pi}{3}}e^{j3\pi t} \\
&= e^{j\pi}e^{-j\frac{\pi}{3}}e^{-j3\pi t} + e^{-j\frac{\pi}{2}}e^{-j2\pi t} + 2e^{j\frac{\pi}{4}}e^{-j\pi t} + 1 + 2e^{-j\frac{\pi}{4}}e^{j\pi t} + e^{j\frac{\pi}{2}}e^{j2\pi t} + e^{-j\pi}e^{j\frac{\pi}{3}}e^{j3\pi t} \\
&= e^{j\frac{2\pi}{3}}e^{-j3\omega_0 t} + e^{-j\frac{\pi}{2}}e^{-j2\omega_0 t} + 2e^{j\frac{\pi}{4}}e^{-j\omega_0 t} + 1 + 2e^{-j\frac{\pi}{4}}e^{j\omega_0 t} + e^{j\frac{\pi}{2}}e^{j2\omega_0 t} + e^{-j\frac{2\pi}{3}}e^{j3\omega_0 t}
\end{aligned}$$

따라서 푸리에 계수는 다음과 같으며 공액 대칭, 즉 $X_k = X^*_{-k}$를 만족함을 볼 수 있다.

$$\begin{cases}
X_{-3} = e^{j\frac{2\pi}{3}} & X_3 = e^{-j\frac{2\pi}{3}} \\
X_{-2} = e^{-j\frac{\pi}{2}} & X_2 = e^{j\frac{\pi}{2}} \\
X_{-1} = 2e^{j\frac{\pi}{4}} & X_1 = 2e^{-j\frac{\pi}{4}} \\
X_0 \ = 1 & X_k = 0, \quad \text{그 외}
\end{cases}$$

[그림 5-7]에 주어진 주기 신호의 스펙트럼을 나타내었다.

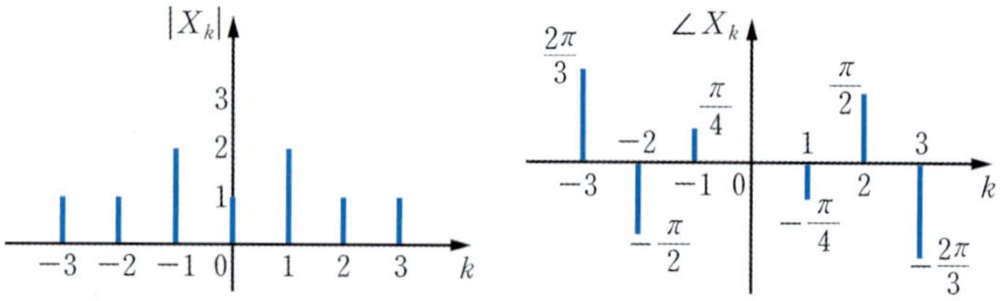

그림 5-7 [예제 5-2]의 신호 $x(t)$의 스펙트럼

신호가 정현파들로만 구성된 경우 앞의 풀이보다 더 간편한 방법이 있다. 일단 각 정현파 성분이 몇 고조파에 해당하는지 확인한 후, 먼저 $k > 0$인 경우 $|X_k|$는 정현파 진폭(c_k)의 반$\left(|X_k| = \frac{c_k}{2}\right)$으로 두고, $\angle X_k$는 코사인 정현파이면 위상을 그대로, 사인 정현파이면 위상에 $-\frac{\pi}{2}$를 더한 값으로 구한다. $(-1) = e^{\pm j\pi}$로 두면 된다. 그런 다음 $k < 0$인 경우에 대해서는 $X_k = X^*_{-k}$의 관계를 이용하여 $|X_{-k}| = |X_k|$, $\angle X_{-k} = -\angle X_k$로 구하면 된다. 스펙트럼은 이를 그대로 그리면 되고, 푸리에 계수 X_k는 극좌표 형식 $X_k = |X_k|e^{j\angle X_k}$로 구해주면 된다.

이 풀이 방법은 삼각 함수 정현파를 복소 정현파로 바꾸어 나타내는 과정이 필요 없으므로, 익숙해지면 앞의 풀이 방법보다 편리함을 느끼게 될 것이다.

[그림 5-7]의 스펙트럼을 보면 진폭 스펙트럼은 우대칭, 위상 스펙트럼은 기대칭을 만족하는 것을 볼 수 있는데, 실수 신호의 스펙트럼은 이러한 대칭성을 지닌다.

예제 5-3 푸리에 계수(스펙트럼)로부터 주기 신호 구하기

주기 $T=1$인 주기 신호 $x(t)$의 푸리에 계수 X_k가 다음과 같을 때, 주기 신호를 구하라.

$$\begin{cases} X_{-3} = e^{j\frac{\pi}{3}} \\ X_{-1} = 2e^{-j\frac{\pi}{4}} \\ X_0 = 6 \\ X_1 = 2e^{j\frac{\pi}{4}} \\ X_3 = e^{-j\frac{\pi}{3}} \\ X_k = 0, \quad \text{그 외} \end{cases}$$

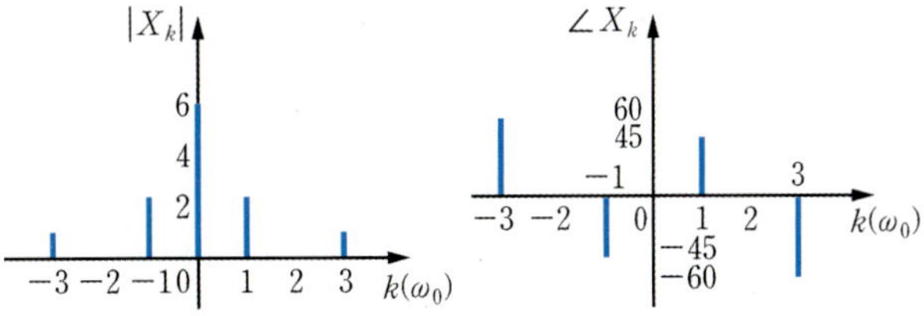

그림 5-8 [예제 5-3]의 신호 $x(t)$의 스펙트럼

풀이

$x(t)$의 주기가 1이므로 기본 주파수는 $\omega_0 = 2\pi (f_0 = 1)$이다. 주어진 푸리에 계수를 이용하여 $x(t)$의 푸리에 급수 표현을 구하면 다음과 같다.

$$\begin{aligned} x(t) &= \sum_{k=-\infty}^{\infty} X_k e^{jk\omega_0 t} = X_{-3}e^{-j3\omega_0 t} + X_{-1}e^{-j\omega_0 t} + X_0 + X_1 e^{j\omega_0 t} + X_3 e^{j3\omega_0 t} \\ &= e^{j\frac{\pi}{3}}e^{-j6\pi t} + 2e^{-j\frac{\pi}{4}}e^{-j2\pi t} + 6 + 2e^{j\frac{\pi}{4}}e^{j2\pi t} + e^{-j\frac{\pi}{3}}e^{j6\pi t} \end{aligned}$$

오일러 공식을 이용하여 위 식을 정리하면 다음과 같이 $x(t)$가 얻어진다.

$$x(t) = 6 + 4\cos\left(2\pi t + \frac{\pi}{4}\right) + 2\cos\left(6\pi t - \frac{\pi}{3}\right)$$

X_k 대신 [그림 5-8]의 스펙트럼이 주어져도 같은 방법으로 주기 신호를 구할 수 있다.

그런데 X_k, $k>0$을 이용하면 이 방법보다 더 간편하게 $x(t)$를 다음과 같이 바로 구할 수 있다.

$$\begin{aligned} x(t) &= X_0 + \sum_k 2|X_k|\cos(k\omega_0 t + \angle X_k) \\ &= 6 + 4\cos\left(2\pi t + \frac{\pi}{4}\right) + 2\cos\left(6\pi t - \frac{\pi}{3}\right) \end{aligned}$$

이렇게 하면 복소 정현파를 삼각 함수 정현파로 바꾸는 과정이 필요없으므로 편리하다.

예제 5-4 푸리에 계수(스펙트럼)로부터 주기 신호 구하기

다음의 푸리에 급수로 표현된 주기 신호를 구하라.

$$x(t) = (2+j2)e^{-j3t} + j2e^{-jt} + 3 - j2e^{jt} + (2-j2)e^{j3t}$$

풀이

$x(t)$로부터 기본 주파수는 $\omega_0 = 1$이며, DC항, 기본파, 3고조파를 포함하고 있음을 알 수 있다. 푸리에 급수 표현으로부터 각 주파수 성분의 푸리에 계수를 구하면 다음과 같다.

$$\begin{cases} X_{-3} = 2+j2 = \sqrt{2^2+2^2}\,e^{j\tan^{-1}\frac{2}{2}} = 2\sqrt{2}\,e^{j\frac{\pi}{4}} \\ X_{-1} = j2 = 2e^{j\frac{\pi}{2}} \\ X_0 = 3 \\ X_1 = -j2 = 2e^{-j\frac{\pi}{2}} \\ X_3 = 2-j2 = \sqrt{2^2+2^2}\,e^{-j\tan^{-1}\frac{2}{2}} = 2\sqrt{2}\,e^{-j\frac{\pi}{4}} \end{cases}$$

$X_k,\ k>0$을 이용하여 다음과 같이 바로 $x(t)$를 구할 수 있다.

$$\begin{aligned} x(t) &= X_0 + \sum_k 2|X_k|\cos(k\omega_0 t + \angle X_k) \\ &= 3 + 4\cos\left(t - \frac{\pi}{2}\right) + 4\sqrt{2}\cos\left(3t - \frac{\pi}{4}\right) \end{aligned}$$

[표 5-1]은 많이 쓰이는 주기 신호들에 대한 푸리에 급수 전개 결과를 나타낸 것이다.

표 5-1 주요 주기 신호의 푸리에 급수 (계속)

파형		X_0	$X_k,\ k \neq 0$	0이 되는 항
방형파	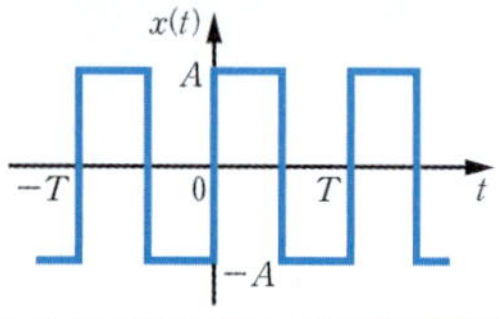	0	$-j\frac{2A}{\pi k}$	$k=0$ k는 짝수
톱니파	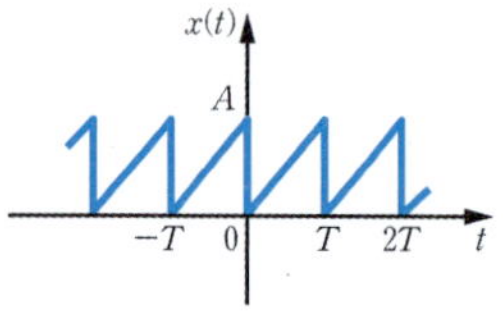	$\frac{A}{2}$	$j\frac{A}{2\pi k}$	−

표 5-1 주요 주기 신호의 푸리에 급수

	파형	X_0	$X_k,\ k\neq 0$	0이 되는 항
삼각파	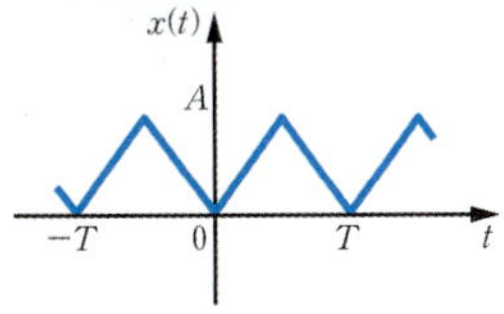	$\frac{A}{2}$	$-\frac{2A}{k^2\pi^2}$	k는 짝수
전파 정류파	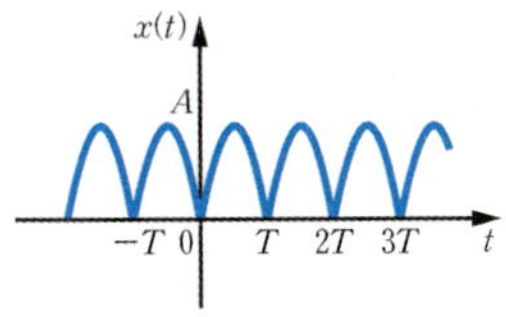	$\frac{2A}{\pi}$	$\frac{2A}{(1-4k^2)\pi}$	–
반파 정류파	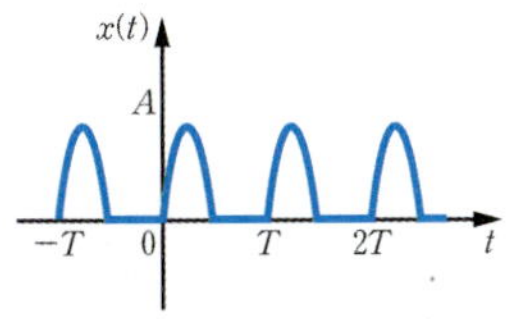	$\frac{A}{\pi}$	$\frac{A}{(1-k^2)\pi}$	k는 홀수 단, $X_1=-j\frac{A}{4}$
구형파	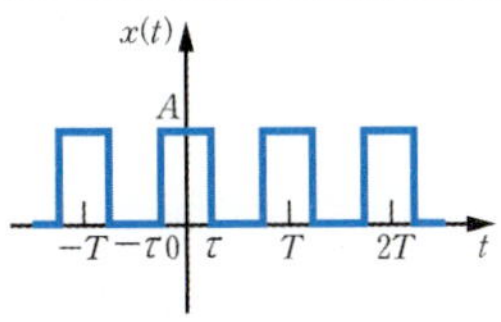	$\frac{2A\tau}{T}$	$\frac{2A\tau}{T}\mathrm{sinc}\left(\frac{2k\tau}{T}\right)$	–
임펄스 열	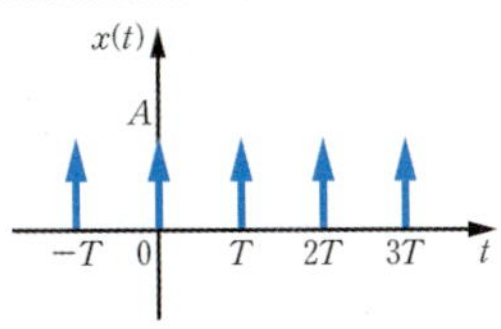	$\frac{A}{T}$	$\frac{A}{T}$	–

예제 5-5 구형파(사각 펄스) 주기 신호의 푸리에 급수 전개

[그림 5-9]의 구형파(사각 펄스) 주기 신호의 푸리에 급수 표현을 구하라.

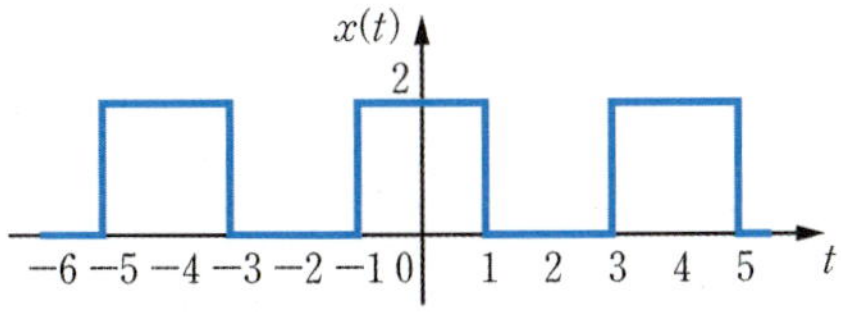

그림 5-9 구형파(사각 펄스) 주기 신호

풀이

주기 신호의 한 주기 적분은 적분 구간의 시작점에 상관없이 그 값이 같다. 주기 $T=4$이므로, 기본 주파수는 $\omega_0=\frac{2\pi}{4}=\frac{\pi}{2}$(또는 $f_0=\frac{1}{4}$)이다. 파형이 우대칭이므로 적분 구간을 $[-2,\ 2]$로 해서 푸리에 계수 X_k를 계산하면 다음과 같다.

$$X_k = \frac{1}{T}\int_{-\frac{T}{2}}^{\frac{T}{2}} x(t)\,e^{-jk\omega_0 t}\,dt = \frac{1}{4}\int_{-1}^{1} 2\,e^{-jk\omega_0 t}\,dt \tag{5.13}$$

$$= -\frac{1}{2}\frac{1}{jk\omega_0}e^{-jk\omega_0 t}\Big|_{-1}^{1} = -\frac{1}{\frac{k\pi}{2}}\frac{e^{-j\frac{k\pi}{2}} - e^{j\frac{k\pi}{2}}}{j2}$$

$$= \frac{\sin\left(\frac{k\pi}{2}\right)}{\frac{k\pi}{2}} = \mathrm{sinc}\left(\frac{k}{2}\right)$$

$$X_0 = \frac{1}{T}\int_{-T/2}^{T/2} x(t)\,dt = \frac{1}{4}\int_{-1}^{1} 2\,dt = \frac{1}{2}t\Big|_{-1}^{1} = 1$$

따라서 $x(t)$의 지수 함수 형식 푸리에 급수는 다음과 같다.

$$x(t) = \sum_{k=-\infty}^{\infty} X_k e^{jk\omega_0 t} = \sum_{k=-\infty}^{\infty} \mathrm{sinc}\left(\frac{k}{2}\right)e^{jk\frac{\pi}{2}t}$$

[그림 5-10(a)]에 푸리에 계수 X_k를 나타내었다. [그림 5-9]의 신호처럼 신호가 실수 신호이면서 우대칭일 경우에는 푸리에 계수 X_k가 실수가 된다. 푸리에 계수가 실수인 경우에는 [그림 5-10(a)]와 같이 그림으로 나타낼 수 있으므로 간편하게 이를 그리고 (푸리에) 스펙트럼이라고도 하지만, 일반적으로 푸리에 계수 X_k는 복소수이므로 원칙적으로는 크기와 위상, 즉 진폭 스펙트럼과 위상 스펙트럼으로 나누어 나타내야 한다. 진폭 스펙트럼은 X_k의 크기 $|X_k|$를 그려야 하므로, [그림 5-10(a)]의 X_k의 값이 음인 부분을 꺾어서 올리면 된다. 그리고 $-1 = e^{\pm j\pi}$이므로, 위상 스펙트럼은 (X_k의 값이 음인) 꺾어 올린 부분에서 $\pm\pi$를 갖도록 그리되, $X_k = X_{-k}^*$가 만족하도록 기대칭이 되게 그리면 된다.

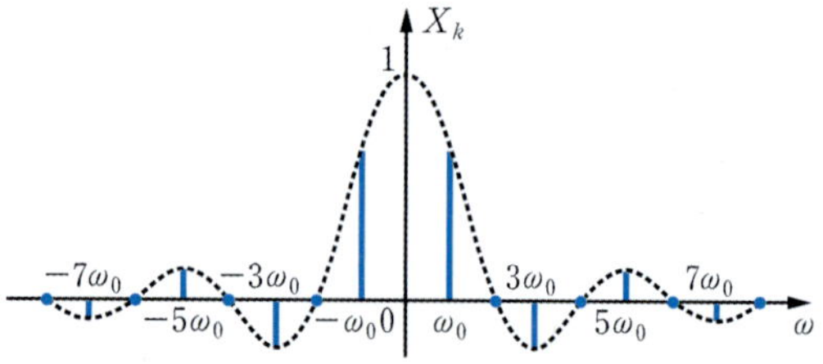

(a)

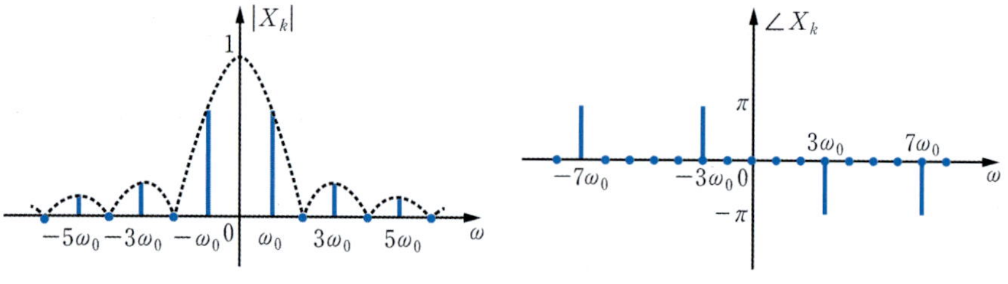

(b)

그림 5-10 [예제 5-5]의 구형파 주기 신호의 푸리에 계수 및 스펙트럼

이렇게 그린 구형파 주기 신호의 스펙트럼이 [그림 5-10(b)]이다.

[그림 5-10]의 스펙트럼을 보면 짝수 고조파 성분들은 0이므로, [그림 5-9]의 주기 신호는 홀수 고조파 성분들만 가진다는 것을 알 수 있다. 즉 DC 성분과 0.25[Hz]의 기본파, 0.75[Hz]의 3고조파, 1.25[Hz]의 5고조파, … 등으로 구성된 신호로 무한개의 주파수 성분을 가진다.

구형파(사각 펄스) 신호의 푸리에 계수(스펙트럼)는 sinc 함수가 된다는 사실은 잘 기억해 둘 필요가 있다.

예제 5-6 반파 정류파의 푸리에 급수 표현

[그림 5-11]은 반파 정류회로에 주기 $T=1$인 정현파 $\sin(2\pi t)$를 입력으로 인가하였을 때의 출력 파형이다. 이의 푸리에 급수 표현을 구하라.

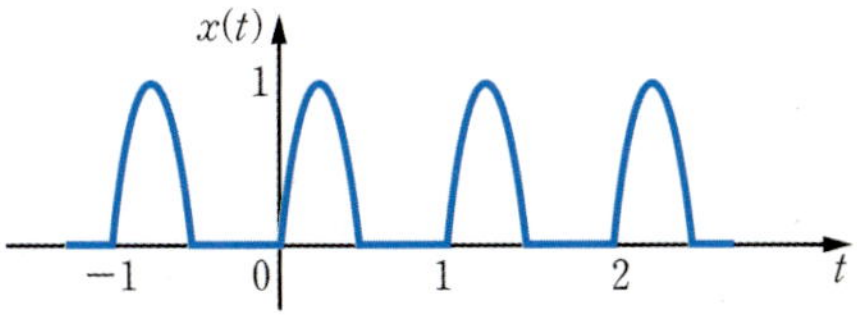

그림 5-11 반파 정류회로의 출력 파형

풀이

주기 $T=1$이므로 기본 주파수는 $\omega_0 = 2\pi$이다. 정현파를 복소 정현파로 바꾼 뒤 푸리에 계수를 계산하면 다음과 같다.

$$
\begin{aligned}
X_k &= \frac{1}{T}\int_0^T x(t)\,e^{-j2\pi kt}dt = \int_0^{1/2} \frac{(e^{j2\pi t} - e^{-j2\pi t})}{j2} e^{-j2\pi kt} dt \\
&= \frac{1}{j2}\left(\frac{e^{-j(k-1)2\pi t}}{-j(k-1)2\pi}\Bigg|_0^{1/2} - \frac{e^{-j(k+1)2\pi t}}{-j(k+1)2\pi}\Bigg|_0^{1/2} \right) \\
&= \frac{1}{4\pi}\left(\frac{e^{-j(k-1)\pi}-1}{k-1} - \frac{e^{-j(k+1)\pi}-1}{k+1} \right) = \frac{1}{4\pi}\left(-\frac{e^{-jk\pi}+1}{k-1} + \frac{e^{-jk\pi}+1}{k+1} \right) \\
&= \frac{1}{4\pi} e^{-j\frac{k\pi}{2}}\left(e^{-j\frac{k\pi}{2}} + e^{j\frac{k\pi}{2}} \right)\left(\frac{1}{k+1} - \frac{1}{k-1} \right) \\
&= \frac{1}{(1-k^2)\pi} e^{-j\frac{k\pi}{2}} \cos\left(\frac{k\pi}{2}\right)
\end{aligned}
$$

위 식에서 $k=1$이면 분모가 0이 되므로 따로 X_1을 계산해야 한다. 또한 k가 홀수이면 $\cos\left(\frac{k\pi}{2}\right)=0$이 되고, k가 짝수이면 $e^{-j\frac{k\pi}{2}}\cos\left(\frac{k\pi}{2}\right) = (\cos(m\pi))^2 = 1$이 된다. X_1을 계산하면,

$$X_1 = \frac{1}{T}\int_0^T x(t)\,e^{-j2\pi t}\,dt = \int_0^{1/2} \frac{(e^{j2\pi t} - e^{-j2\pi t})}{j2} e^{-j2\pi t}\,dt$$
$$= \frac{1}{j2}t\Big|_0^{1/2} + \frac{1}{j2}\frac{1}{j4\pi}e^{-j4\pi t}\Big|_0^{1/2} = -j\frac{1}{4} - \frac{1}{8\pi}(e^{-j2\pi} - 1)$$
$$= -j\frac{1}{4}$$

이다. 따라서 푸리에 계수 X_k는 다음과 같이 구해진다.

$$X_k = \begin{cases} -j\dfrac{1}{4}, & k=1 \\ \dfrac{1}{(1-k^2)\pi}, & k=\text{짝수} \ \& \ X_{-k} = X_k^* \\ 0, & k=\text{홀수},\ k \neq 1 \end{cases}$$

[그림 5-11]의 반파 정류회로 출력의 푸리에 급수 표현은 다음과 같이 된다.

$$x(t) = \sum_{k=-\infty}^{\infty} X_k e^{-j2\pi kt}$$

TIP & NOTE **푸리에 급수의 활용 : DC-AC 변환기(정현파 발진기)**

함수 발생기를 비롯한 다양한 전자기기에는 구형파나 정현파 등의 주기 펄스를 발생시키는 발진기가 포함되어 있다. 다음 그림은 직류(DC)로부터 정현파(AC)를 발생시키는 발진기의 한 예이다. 먼저 스위칭 회로를 이용하여 직류 입력을 요구되는 주기(주파수)의 구형파 또는 방형파 주기 펄스로 바꾼 뒤 저역 통과 필터를 이용하여 기본파를 제외한 고조파 성분을 제거해 정현파를 출력으로 내게 된다. 출력 정현파의 주파수 변경은 스위칭 회로의 스위칭 주파수를 조정하면 된다. 그러면 사각 펄스의 주기 T_0가 바뀌어 출력 정현파의 주파수 ω_0가 달라진다.

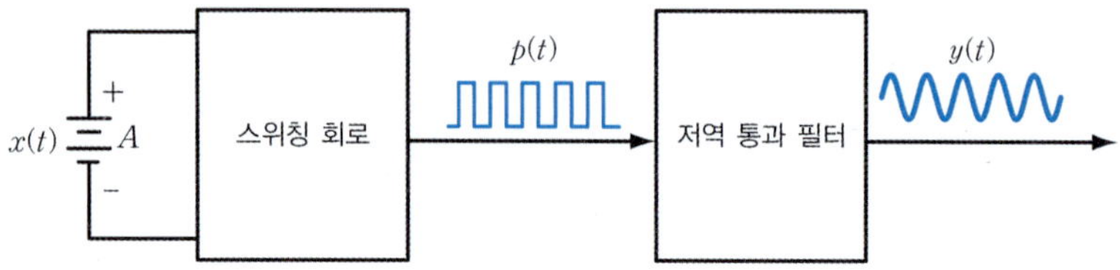

5.4 푸리에 급수와 스펙트럼

푸리에 급수에 의해 신호는 스펙트럼으로 표현될 수 있고, 이로부터 신호의 특성 분석을 비롯한 다양한 작업이 가능해진다. 이 절에서는 푸리에 급수, 그리고 진폭 및 위상 스펙트럼의 역할과 의미에 대해서 알아본다.

학습포인트

- 푸리에 급수에 의한 주파수 분석(분해) 및 합성의 개념을 이해한다.
- 진폭 및 위상 스펙트럼의 물리적 의미와 중요성에 대해 이해한다.

5.4.1 푸리에 급수의 의미와 역할

푸리에 급수는 주기 신호의 시간 영역 표현과 주파수 영역 표현을 연결하는 다리와 같다. (복소) 정현파를 이용하여 주기 신호와 주파수를 연관시킴으로써 햇빛에 대한 프리즘처럼 다른 시각(주파수 영역)에서 신호를 바라보고 다룰 수 있게 해준다. 푸리에 급수 표현에서 정현파의 중요한 역할은 주파수를 대표하는 것이라 할 수 있다.

주파수 분석과 주파수 합성

- **주파수 분석(분해)**은 신호로부터 스펙트럼을 구하는 과정이다.

$$X_k = \frac{1}{T}\int_T x(t)e^{-jk\omega_0 t}dt \tag{5.12}$$

- 주파수 분석은 수렴 조건인 디리클레 조건을 만족하는 신호에 대해서만 가능하다.
- **주파수 합성**은 스펙트럼에 표현된 그대로 정현파들을 합하여 신호를 만드는 과정이다.

$$x(t) = \sum_{k=-\infty}^{\infty} X_k e^{jk\omega_0 t} \tag{5.6}$$

- 주파수 합성은 어떠한 형태의 스펙트럼이 주어지더라도 신호를 만들어낼 수 있다.

[그림 5-12(a)]는 시간축 정보 $x(t)$로부터 주파수축 정보 스펙트럼 $X_k(X(\omega))$를 구하는 주파수 분석 과정을, [그림 5-12(b)]는 주파수축 정보 스펙트럼 $X_k(X(\omega))$를 이용하여 시간축 정보 $x(t)$를 생성하는 주파수 합성 과정을 표시한 것이다.

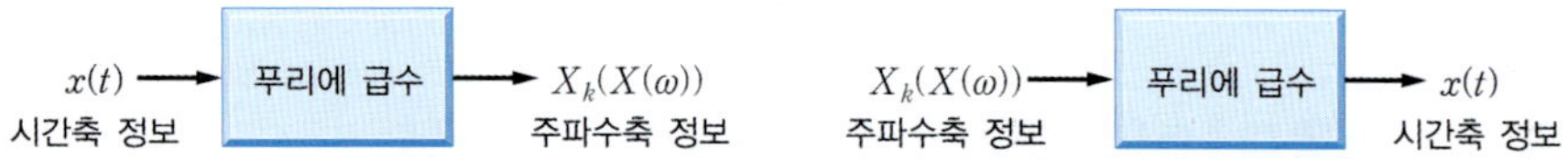

(a) 주파수 분석 과정 (b) 주파수 합성 과정

그림 5-12 **푸리에 급수에 의한 주파수 분석 및 합성**

푸리에 급수에 의한 주파수 합성은 기본파와 고조파를 이용하여 주기 신호를 만들므로 **조파 합성**이라고도 한다. 그런데 식 (5.6)은 복소 계수와 복소 지수 함수로 이루어져 있는 까닭에 물리적으로 신호를 만들 수 없다. 따라서 [예제 5-3]과 [예제 5-4]에서 살펴본 것처럼, 오일러 공식에 의해 복소 정현파를 코사인파로 바꾸거나 스펙트럼으로부터 코사인파의 진폭($c_k = 2|X_k|$)과 위상($\phi_k = \angle X_k$)을 구하여 신호를 합성해야 한다. 식 (5.6)에서 부딪치는 또 다른 문제는, [예제 5-5]의 사각 펄스 주기 신호처럼 무한한 주파수 성분을 갖는 신호의 경우 모든 고조파를 더하는 것이 물리적으로는 불가능하다는 점이다. 그러므로 신호의 왜곡 정도가 별로 문제가 되지 않을 수준에서 잘라서 근사화할 수밖에 없다.

주파수 합성의 한 예로, [그림 5-13]은 고조파들을 차례로 더하여 사각 펄스 신호를 합성하는 과정을 보인 것이다. 그림에서 보면, 3개의 고조파만 더해져도 사각 펄스와 비슷한 모양을 갖추긴 하나 아직 불연속점의 날카로운 모서리가 나타나지 않는다. 고조파의 수를 점차 늘려가면 모서리가 서서히 날카로워지며 신호는 사각 펄스에 더욱 가까워진다. 이론적으로는 무한개의 고조파를 더해야만 정확히 사각 펄스가 되지만 불가능하므로, 실제로는 오차가 허용 범위 내로 들어오는 정도로 잘라서 합성하게 된다.

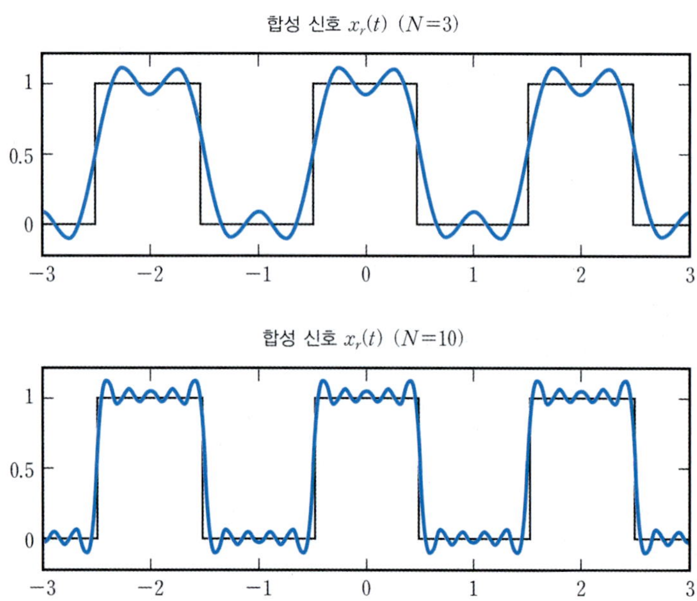

그림 5-13 **주파수 합성에 의한 사각 펄스 신호의 근사화**(계속)

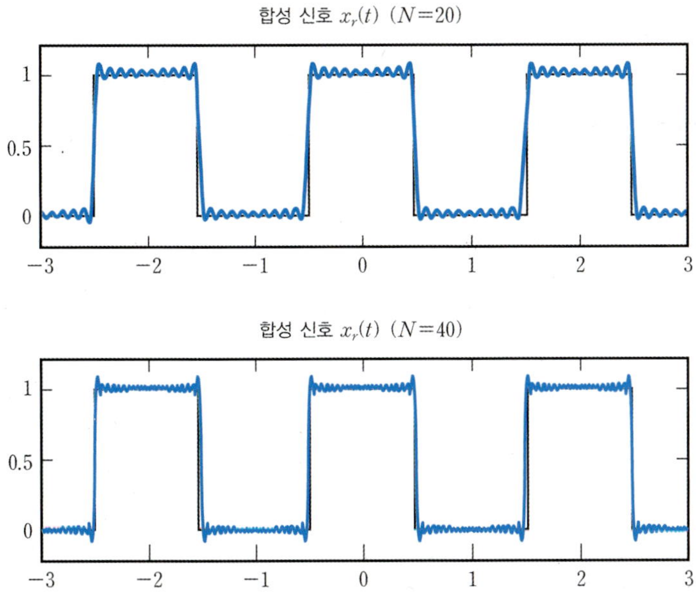

그림 5-13 주파수 합성에 의한 사각 펄스 신호의 근사화

TIP & NOTE **깁스 현상**

고조파를 사용해 사각 펄스 주기 신호를 근사적으로 합성할 때 특이한 현상을 관찰할 수 있다. [그림 5-13]에서 볼 수 있듯이, 합성 신호 파형에는 공통되게 작은 **맥동**ripple이 있으며 불연속점 부근에서 불연속 크기의 약 9%의 오버슈트가 생긴다. 이론적으로는 무한개의 고조파를 더하면 정확히 사각 펄스가 되어야 하지만, 고조파의 수를 아무리 늘리더라도 불연속점 부근의 오버슈트는 크기가 변하지 않고 맥동은 고조파 수에 비례하여 크기가 줄고 진동이 더 빨라질 뿐으로, 이를 **깁스**Gibbs **현상**이라고 한다. 깁스 현상의 원인은 실제로는 불연속점에서 주기 신호의 값을 정의할 수 없음에도 푸리에 급수 표현에서는 불연속의 중간으로 값이 정해져 불일치가 생기기 때문이다.

예제 5-7 주파수 분석 : 임펄스 열 주기 신호의 스펙트럼

[그림 5-14]의 임펄스 열 주기 신호의 스펙트럼을 구하라.

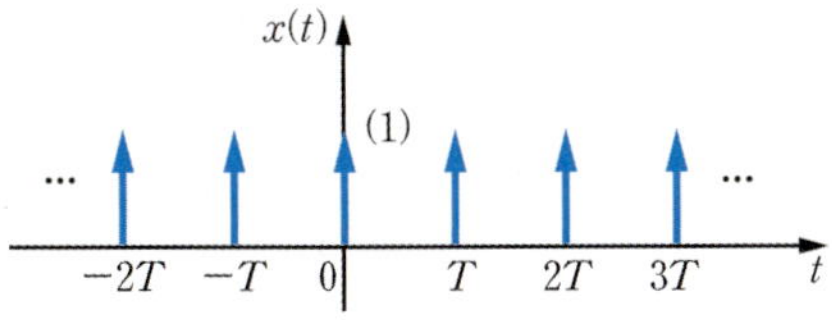

그림 5-14 임펄스 열 신호

풀이

임펄스 열의 주기는 T이고 기본 주파수는 $\omega_0 = \dfrac{2\pi}{T}$이다. 푸리에 계수를 구하면

$$X_k = \frac{1}{T}\int_{-\frac{T}{2}}^{\frac{T}{2}} x(t)e^{-jk\omega_0 t}dt = \frac{1}{T}\int_{-\frac{T}{2}}^{\frac{T}{2}} \delta(t)e^{-jk\omega_0 t}dt = \frac{1}{T}$$

이 된다. 마지막 등식은 임펄스 함수의 체 거르기 성질을 적용하여 얻어진 것이다. 따라서 $x(t)$의 푸리에 급수 전개는 다음과 같이 된다.

$$x(t) = \sum_{k=-\infty}^{\infty} X_k e^{jk\omega_0 t} = \sum_{k=-\infty}^{\infty} \frac{1}{T} e^{jk\omega_0 t}$$

임펄스 열 신호의 스펙트럼은 진폭과 위상이 $|X_k| = \dfrac{1}{T}$, $\angle X_k = 0$이므로, 진폭 스펙트럼만 나타내면 되고 [그림 5-15]와 같다.

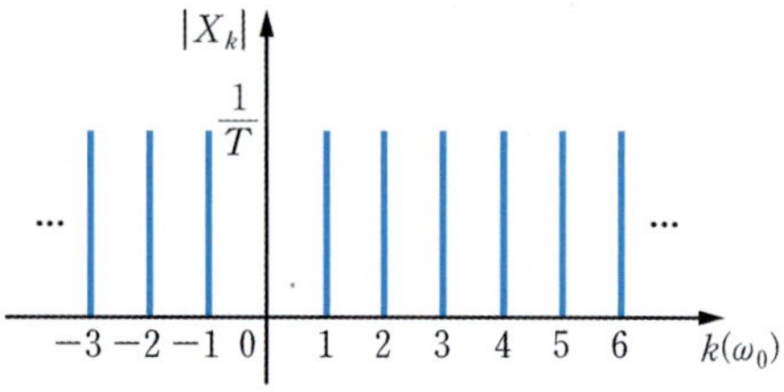

그림 5-15 임펄스 열 신호의 진폭 스펙트럼

예제 5-8 주파수 합성

[그림 5-16]은 어떤 주기 신호 $x(t)$의 스펙트럼이다. 주기 신호 $x(t)$를 구하라.

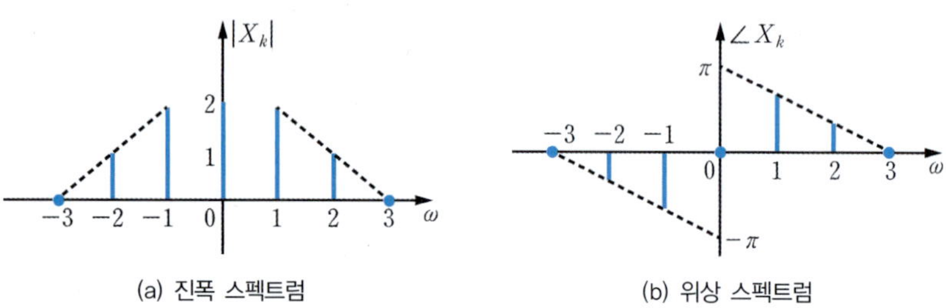

그림 5-16 [예제 5-8]의 주기 신호 $x(t)$의 스펙트럼

풀이

[그림 5-16]으로부터 기본 주파수는 $\omega_0 = 1$이고, 신호가 DC, 기본파, 2고조파로 이루어짐을 알 수 있다. 각 주파수 성분의 진폭은 $|X_0| = 2$, $2|X_1| = 4$, $2|X_2| = 2$이고, 위상은 $\angle X_1 = \dfrac{2\pi}{3}$, $\angle X_2 = \dfrac{\pi}{3}$이므로, 정현파의 합으로 표현된 주기 신호 $x(t)$는 다음과 같다.

$$x(t) = X_0 + \sum_k 2|X_k|\cos(k\omega_0 t + \angle X_k)$$
$$= 2 + 4\cos\left(t + \frac{2\pi}{3}\right) + 2\cos\left(2t + \frac{\pi}{3}\right)$$

5.4.2 스펙트럼의 의미와 역할

주기 신호의 스펙트럼

푸리에 급수에 의해 주기 신호는 오직 기본 주파수의 정수배 주파수를 갖는 (복소) 정현파 성분들로만 쪼개어진다. 이 정현파 성분들을 주파수에 대해 나타낸 것이 신호의 스펙트럼이다. 스펙트럼은 추상적인 주파수 개념과 관련된 신호의 성질을 시각적으로 보여준다는 점에서 매우 유용하다.

- 주기 신호의 **스펙트럼**은 모든 (복소) 정현파 성분의 진폭과 위상을 주파수에 대해 표시한 것으로, 푸리에 급수 표현에서 푸리에 계수 X_k의 크기 $|X_k|$와 위상 $\angle X_k$을 주파수 $\omega(f)$에 대해 나타내면 된다.
- 주기 신호의 스펙트럼은 기본 주파수의 정수배에서만 값을 가지므로 주파수에 대해 불연속적이며 그래프에서 선으로 표시된다. 따라서 **선**line **스펙트럼**이라고 한다.

진폭 스펙트럼의 역할

- 진폭 스펙트럼은 신호가 갖는 다양한 주파수 성분의 양(정현파의 진폭)을 나타낸다.
- 진폭 스펙트럼은 보통 저주파에서 고주파로 갈수록 값이 감쇠하는 양상을 보인다.
- 파형의 시간적 변화가 완만한smooth 신호는 진폭 스펙트럼의 감쇠가 급격하고, 반대로 파형이 시간적으로 급격한 변화를 보이는 신호는 진폭 스펙트럼의 감쇠가 완만하다.
- 파형 변화가 가장 완만한 신호는 정현파이다. 그러므로 신호의 파형이 정현파에 가까울수록 주파수 증가에 따른 진폭 스펙트럼의 감쇠가 더 빠르고 급해진다.

1.5절에서 설명했듯이, 주파수가 높을수록 신호의 값의 변화 속도가 빨라진다. 그러므로 파형의 변화가 급하지 않고 비교적 매끄러운 신호라면, 신호의 대략적인 모양을 잡아주는 몇 개의 두드러진 저주파수 정현파와 세부적인 변화를 맞추어 주는 작은 값의 고주파수 정현파들만으로 신호를 만들 수 있다. 이 때문에 진폭 스펙트럼은 주파수 증가에 따라 빠르게 감쇠한다. 따라서 적은 수의 푸리에 급수 항으로도 양호하게 근사적으로 합성할 수 있다. 반면에 불연속을 갖는 사각 펄스와 같이 급격한 변화를 포함하는 신호는 이를 구현하기 위해 많은 주파수 성분이 필요할 뿐 아니라 고주파 성분의 크기도 상대적으로 무시할 수 없는 값을 갖는다. 따라서 진폭 스펙트럼은 주파수에 따라 느리게 감쇠할 것이고, 신호를 근사적으로 합성할 때 오차를 작게 하려면 많은 수의 푸리에 급수 항이 필요하다.

[그림 5-17]에 나타낸 같은 주기(기본 주파수 ω_0)를 갖는 정현파, 삼각파, 그리고 사각 펄스 주기 신호의 진폭 스펙트럼을 비교해보면 이를 다시 확인할 수 있다. (a)의 정현파 스펙트럼은 기본 주파수 외에는 다른 주파수 성분을 포함하지 않으므로 셋 중 가장 급격히 감쇠한다. (b)의 삼각파 스펙트럼은 파형이 어느 정도 정현파에 가깝고 값이 급하게 변하지 않아서 고조파 성분이 비교적 빨리 그리고 큰 폭으로 감쇠한다. 그 결과 높은 주파수에서는 크기가 매우 작아서 적은 수의 주파수 성분들만으로도 충분히 근사적으로 합성할 수 있을 것이다. 이에 반해 (c)의 사각 펄스(방형파) 스펙트럼은 값이 극단적으로 변하는 불연속점을 가지고 있어서 고조파 성분의 감쇠 속도가 느릴 뿐만 아니라 높은 주파수에서도 무시할 수 없는 크기를 가진다.

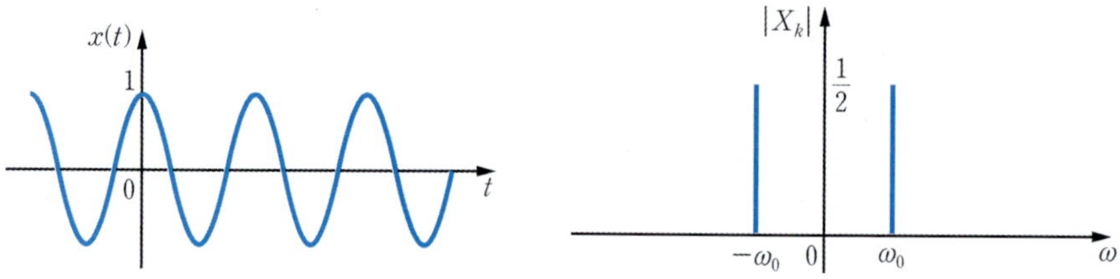

(a) 정현파와 진폭 스펙트럼

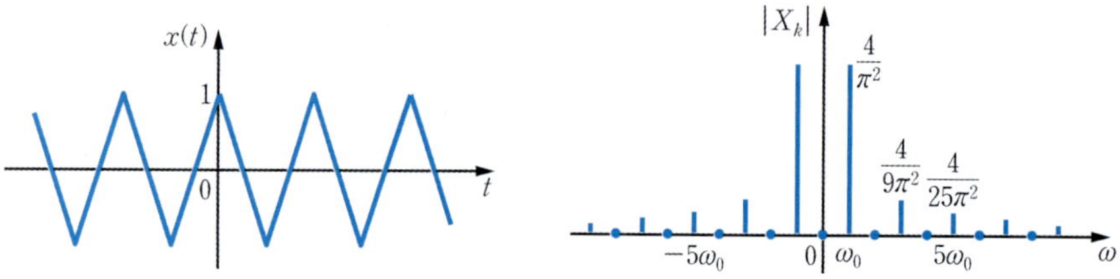

(b) 삼각파와 진폭 스펙트럼

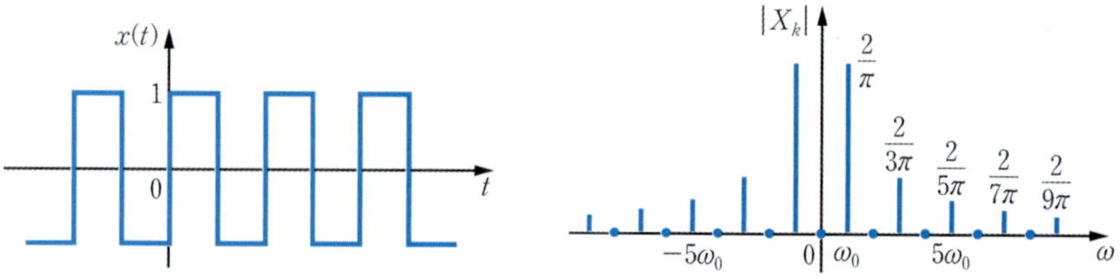

(c) 사각 펄스와 진폭 스펙트럼

그림 5-17 주기가 같은 정현파, 삼각파, 사각 펄스 주기 신호의 진폭 스펙트럼

위상 스펙트럼의 역할

위상 스펙트럼은 정현파로 표시된 주파수 성분의 시간축 상의 위치를 표시한다. 따라서 진폭 스펙트럼이 같더라도 위상 스펙트럼이 다르면 합성되는 신호의 파형이 달라진다.

• 진폭 스펙트럼이 같더라도 위상 스펙트럼이 다르면 합성 신호는 달라진다.
• 시간축에서 모든 주파수 성분의 시간 이동이 똑같으면 합성된 파형이 변하지 않을 것이다. 이것은 위상이 주파수에 직선적으로 비례하는 선형 위상 조건을 의미한다.
• 불연속점을 갖는 주기 신호는 불연속점에서 모든 고조파 성분이 동일한 부호 변화를 보이며, 0점을 통과하도록 위상이 일치해야 한다.

[그림 5-18]의 신호는 모두 기본파와 3고조파가 더해져서 만들어진 것으로, 주파수 성분의 진폭은 같으나 위상이 다른 경우이다. (a)의 $x_1(t)$는 기본파와 고조파의 위상이 $\phi_1=\phi_3=0$으로 코사인파인 신호이고, (b)의 $x_2(t)$는 기본파와 고조파 모두 위상이 $\phi_1=\phi_3=-\pi/2$로 사인파인 신호로 파형이 $x_1(t)$와 다르다. 그 까닭은 기본파와 고조파의 위상은 같지만, 위상에 상응하는 시간 값이 기본파는 $t_0(=3t_1)$, 3고조파는 t_1으로 각 주파수 성분의 시간 이동 값이 같지 않기 때문이다. 그런데 (c)처럼 기본파와 3고조파가 같은 시간 값 t_0만큼 이동하게 되면 신호의 파형은 그대로 유지될 것이다. $x_3(t)$는 기본파의 위상이 $\phi_1=-t_0\omega_0$, 3고조파의 위상은 $\phi_3=3\phi_1$으로 위상이 주파수에 비례한다. 다시 말해 위상 스펙트럼이 기울기가 $-t_0$인 직선 $\phi=-t_0\omega$(선형 위상)가 된다.

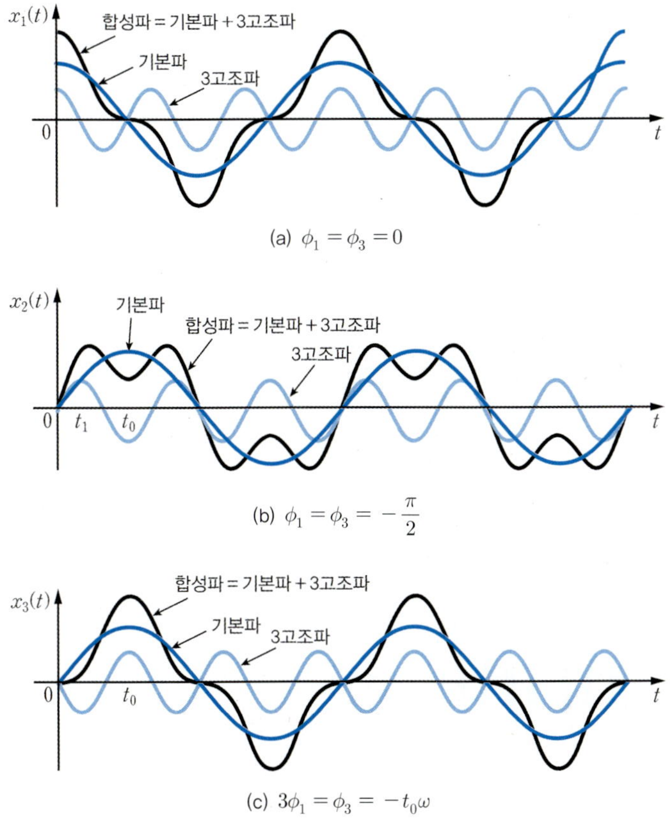

그림 5-18 신호 파형에 대한 위상 스펙트럼의 영향

앞의 논의로부터 알 수 있듯이, 주파수 성분의 진폭과 위상을 함께 적절히 조합해야 임의의 주기 신호 $x(t)$를 합성할 수 있으며, 이 고유한 조합이 바로 푸리에(주파수) 스펙트럼이다.

예제 5-9 진폭 및 위상 스펙트럼의 중요성

주파수가 각각 1[Hz]와 2[Hz]인 코사인파의 진폭과 위상을 달리하여 더해서 주기 1인 주기 신호를 다음과 같이 만들었다. 이 신호들의 파형을 그리고 비교하라.

$$x_1(t) = 2\cos(2\pi t) + \cos(4\pi t)$$
$$x_2(t) = \cos(2\pi t) + 2\cos(4\pi t)$$
$$x_3(t) = 2\cos(2\pi t) + \cos\left(4\pi t - \frac{2\pi}{3}\right)$$
$$x_4(t) = 2\cos(2\pi t) + 2\cos\left(4\pi t - \frac{4\pi}{3}\right)$$

풀이

4개의 신호는 모두 기본파와 2고조파를 더해 합성한 신호이다. $x_1(t)$를 기준으로 $x_2(t)$는 두 주파수 성분의 진폭을 다르게 한 것이고, $x_3(t)$는 2고조파의 위상을 달리 한 것이며, $x_4(t)$는 2고조파의 진폭과 위상을 달리 한 것이다. [그림 5-19]는 4개 신호의 주파수 성분과 합성 파형, 그리고 스펙트럼을 나타낸 것이다. 그림에서 보듯이 같은 주파수 성분을 갖더라도 진폭과 위상의 변화에 따라 합성되는 파형은 완전히 달라진다.

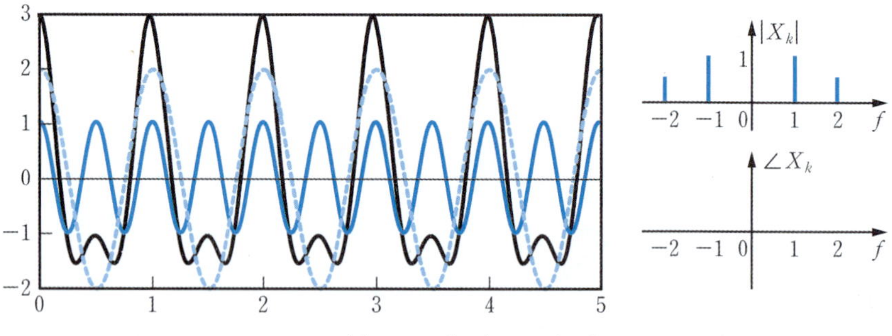

(a) $x_1(t) = 2\cos(2\pi t) + \cos(4\pi t)$

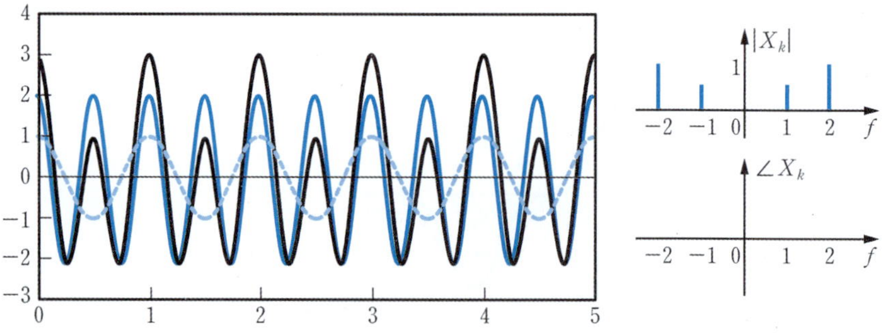

(b) $x_2(t) = \cos(2\pi t) + 2\cos(4\pi t)$

그림 5-19 진폭과 위상에 따른 합성 파형의 변화(계속)

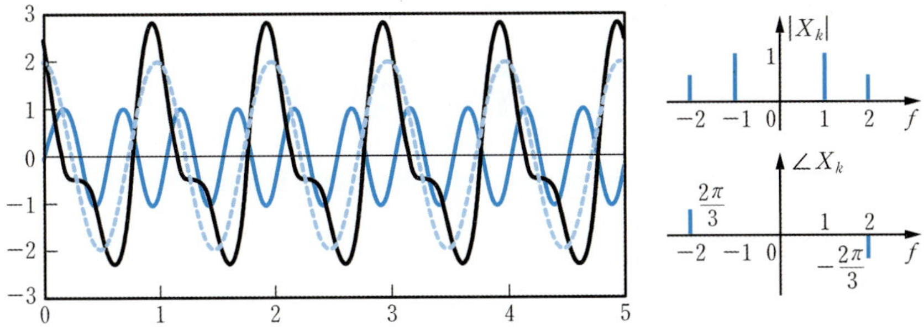

(c) $x_3(t) = 2\cos(2\pi t) + \cos\left(4\pi t - \frac{2\pi}{3}\right)$

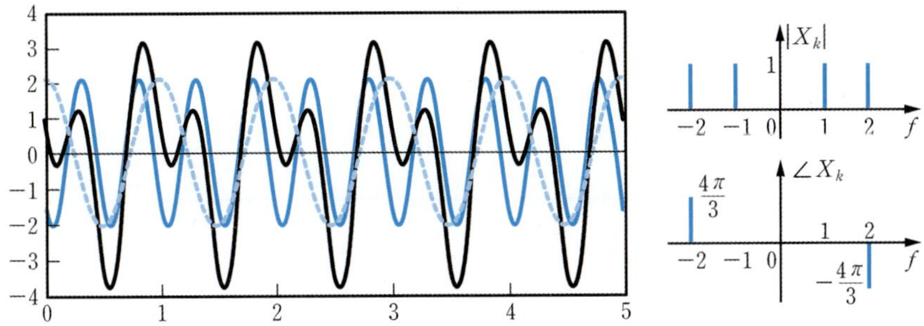

(d) $x_4(t) = 2\cos(2\pi t) + 2\cos\left(4\pi t - \frac{4\pi}{3}\right)$

그림 5-19 진폭과 위상에 따른 합성 파형의 변화

5.5 푸리에 급수의 성질

푸리에 급수는 신호와 시스템의 해석에 도움이 되는 유용한 성질들을 많이 가지고 있다. 6장에서 푸리에 급수를 보다 일반화한 푸리에 변환을 다룰 때 이런 성질들을 집중해서 상세히 살펴보기로 하고, 이 절에서는 꼭 이해해 두어야 할 몇 가지 중요한 성질에 대해서 간단히 알아본다.

학습포인트

- 신호의 진폭 이동에 대한 스펙트럼의 결과는 무엇인지 이해한다.
- 신호의 시간 이동에 대한 스펙트럼의 결과는 무엇인지 이해한다.
- 주기 신호의 전력에 대한 파스발 정리를 이해한다.

5.5.1 파형의 이동에 따른 스펙트럼의 변화

신호를 처리할 때 직류 오프셋이 더해지거나 시간 지연이 발생하는 경우가 종종 있다. 직류 오프셋을 더하는 것은 신호가 수직축을 따라 상하로 이동하는 동작이고, 시간 지연은 수평축을 따라 좌우로 이동하는 동작에 해당한다. 두 경우 모두 파형의 형태는 그대로 유지되는데, 이러한 이동에 대해 신호의 스펙트럼은 다음과 같이 달라진다.

- 신호의 **진폭 이동** : 진폭 스펙트럼의 DC 성분만 바뀌고, 나머지 기본파와 고조파의 스펙트럼(진폭 및 위상)은 변하지 않는다.
- 신호의 **시간 이동** : 진폭 스펙트럼은 변하지 않으나, 위상 스펙트럼은 시간 이동 값에 비례하여(즉 선형적으로) 변하게 된다.

a만큼 진폭 이동(상하 이동)된 신호 $y(t)=x(t)+a$의 푸리에 급수는 다음과 같이 되어, 진폭 스펙트럼의 직류 성분만 X_0에서 $Y_0=X_0+a$로 바뀐다.

$$y(t)=x(t)+a=\sum_{k=-\infty}^{\infty} Y_k e^{jk\omega_0 t}=\sum_{k=-\infty}^{-1} X_k e^{jk\omega_0 t}+(X_0+a)+\sum_{k=1}^{\infty} X_k e^{jk\omega_0 t} \tag{5.14}$$

또한 t_0만큼 시간 이동(좌우 이동)된 신호 $y(t)=x(t-t_0)$의 푸리에 급수는 다음과 같다.

$$y(t)=x(t-t_0)=\sum_{k=-\infty}^{\infty} Y_k e^{jk\omega_0 t}=\sum_{k=-\infty}^{\infty} X_k e^{jk\omega_0 (t-t_0)}=\sum_{k=-\infty}^{\infty} e^{-jk\omega_0 t_0} X_k e^{jk\omega_0 t} \tag{5.15}$$

즉 $Y_k = e^{-jk\omega_0 t_0} X_k$이므로 $|Y_k| = |X_k|$, $\angle Y_k = \angle X_k - k\omega_0 t_0$이 되어, 진폭 스펙트럼은 변화가 없고 위상 스펙트럼만 시간 이동 값 $-t_0$를 기울기로 하여 직선적으로 감소하게 된다.

예제 5-10 파형 이동과 스펙트럼 : 구형파와 방형파의 스펙트럼

파형의 이동에 따른 스펙트럼의 변화 성질을 이용하여, [그림 5-20(a)]의 구형파의 푸리에 계수로부터 [그림 5-20(b)]의 방형파의 푸리에 계수를 구하라.

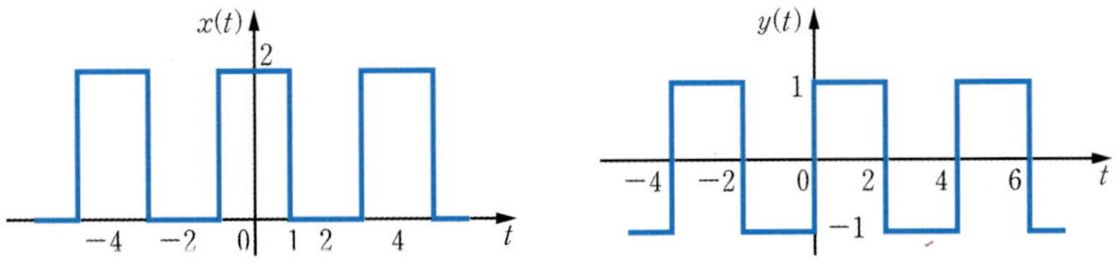

(a) 구형파 (b) 방형파

그림 5-20 구형파와 방형파 주기 신호

풀이

[그림 5-20(b)]의 방형파 $y(t)$는 $x(t)$를 수직축으로 $a = -1$만큼 이동시키고, $t_0 = 1$만큼 시간 지연한 것과 같다. 따라서 두 신호의 관계는 $y(t) = x(t-1) - 1$이 되고, $y(t)$의 스펙트럼은 $x(t)$의 스펙트럼에서 진폭 스펙트럼의 DC 성분 및 위상 스펙트럼이 달라진다. 그러므로 방형파 $y(t)$의 푸리에 계수 Y_k는 구형파의 푸리에 계수 X_k로부터 식 (5.14)와 식 (5.15)의 관계를 이용하여 $Y_0 = X_0 - 1$, $Y_k = e^{-j\frac{\pi}{2}k} X_k$로 구할 수 있다. 그런데 구형파 $x(t)$의 푸리에 계수는 [예제 5-5]에서 $X_k = \text{sinc}\left(\frac{k}{2}\right)$ (식 (5.13))로 구한 바 있으므로 $y(t)$의 푸리에 계수는 다음과 같이 된다.

$$Y_0 = X_0 - 1 = \text{sinc}(0) - 1 = 1 - 1 = 0$$

$$\begin{aligned}
Y_k &= e^{-j\frac{\pi}{2}k} X_k = e^{-j\frac{\pi}{2}k} \text{sinc}\left(\frac{k}{2}\right) = e^{-j\frac{\pi}{2}k} \frac{2}{k\pi} \sin\left(\frac{k\pi}{2}\right) \\
&= \frac{2}{k\pi} e^{-j\frac{\pi}{2}k} \frac{e^{j\frac{\pi}{2}k} - e^{-j\frac{\pi}{2}k}}{j2} = -j\frac{1}{k\pi}(1 - e^{-j\pi k}) \\
&= \begin{cases} -j\dfrac{2}{k\pi}, & k = \text{홀수} \\ 0, & k = \text{짝수} \end{cases}
\end{aligned}$$

이 결과가 맞는지 정의식을 이용하여 직접 푸리에 계수를 계산해보자. 신호의 주기가 $T = 4$이므로 기본 주파수는 $\omega_0 = \frac{\pi}{2}$이고, 푸리에 계수를 계산하면 다음과 같다.

$$X_k = \frac{1}{T}\int_{-T/2}^{T/2} x(t) e^{-jk\omega_0 t} dt = \frac{1}{4}\left(\int_{-2}^{0} (-1) e^{-jk\omega_0 t} dt + \int_{0}^{2} e^{-jk\omega_0 t} dt\right)$$

$$= \frac{2}{4}\left(-\frac{1}{jk\omega_0}e^{-jk\omega_0 t}\right)\Bigg|_0^2 = j\frac{1}{k\pi}(e^{-jk\pi}-1) = \begin{cases} -j\dfrac{2}{k\pi}, & k=\text{홀수} \\ 0, & k=\text{짝수} \end{cases}$$

이 결과는 앞에서 파형의 이동 성질을 이용해 구한 결과와 일치한다. [그림 5-20(b)]의 신호처럼 실수 신호이면서 기대칭인 경우는 푸리에 계수 X_k가 순허수가 된다.

5.5.2 파스발 정리와 주기 신호의 전력

주기 신호는 전력이 유한한 전력 신호이다. 주기 신호를 푸리에 급수로 표현하면, 기저 신호로 사용되는 (복소) 정현파의 직교성 때문에 전력에 대해 **파스발**Parseval **정리**가 성립한다.

파스발 정리

$$P = \frac{1}{T}\int_T |x(t)|^2 dt = \sum_{k=-\infty}^{\infty} |X_k|^2 \tag{5.16}$$

- 주기 신호의 전력은 시간 영역에서 구하나 주파수 영역에서 구하나 마찬가지이다.
- 서로 다른 주파수 성분 간에는 전력이 전혀 만들어지지 않는다. 그러므로 주기 신호의 전력은 각 고조파 성분의 전력을 합하면 된다.

식 (5.16)에서 $|X_k|^2$은 신호의 전력이 주파수 성분별로 어떻게 분포되어 있는지 알려주므로 **전력 스펙트럼**power spectrum이라고 한다. 푸리에 급수는 신호의 표현만 주파수 함수로 바꾼 것이지 신호 자체가 바뀐 게 아니므로 어느 영역에서 전력을 계산해도 똑같다는 것은 당연한 결과이며, 서로 다른 주파수 성분 간에 전력이 형성되지 않는 것은 푸리에 급수의 기저 신호인 (복소) 정현파의 직교성 때문이다.

식 (5.16)의 결과는 다음과 같이 쉽게 보일 수 있다.

$$\begin{aligned} P &= \frac{1}{T}\int_T |x(t)|^2 dt = \frac{1}{T}\int_T \left|\sum_{k=-\infty}^{\infty} X_k e^{jk\omega_0 t}\right|^2 dt \\ &= \frac{1}{T}\int_T \left(\sum_{k=-\infty}^{\infty} X_k e^{jk\omega_0 t}\right)\left(\sum_{m=-\infty}^{\infty} X_m^* e^{-jm\omega_0 t}\right) dt \\ &= \frac{1}{T}\sum_{k=-\infty}^{\infty}\int_T \left(\sum_{m=-\infty}^{\infty} X_k X_m^* e^{jk\omega_0 t} e^{-jm\omega_0 t}\right) dt \\ &= \frac{1}{T}\sum_{k=-\infty}^{\infty} X_k X_k^* T = \sum_{k=-\infty}^{\infty} |X_k|^2 \end{aligned} \tag{5.17}$$

그런데 $X_{-k} = X_k^*$로부터 $|X_{-k}| = |X_k|$이므로, 식 (5.16)은 다음과 같이 쓸 수 있다.

$$P=\sum_{k=-\infty}^{\infty}|X_k|^2=|X_0|^2+\sum_{k=1}^{\infty}2|X_k|^2 \tag{5.18}$$

한편 식 (5.6)의 푸리에 급수 표현의 복소 정현파를 오일러 공식에 의해 코사인파로 바꾸면 다음과 같이 쓸 수 있다.

$$\begin{aligned}x(t)&=\sum_{k=-\infty}^{\infty}X_k e^{jk\omega_0 t}=X_0+\sum_{k=1}^{\infty}|X_k|\left(e^{j\angle X_k}e^{jk\omega_0 t}+e^{-j\angle X_k}e^{-jk\omega_0 t}\right)\\&=X_0+\sum_{k=1}^{\infty}2|X_k|\cos(k\omega_0 t+\angle X_k)\end{aligned} \tag{5.19}$$

식 (5.19)의 k고조파의 진폭을 c_k, 실횻값을 $\bar{c}_k$라고 하면 $c_k=2|X_k|$, $\bar{c}_k=\sqrt{2}|X_k|$이므로, 식 (5.18)은 다음과 같이 삼각 함수 정현파로 나타낸 k고조파의 전력을 모두 더한 것이 된다. 이때 DC 성분에 대해서는 $c_0=X_0$, $\bar{c}_0=X_0$이다.

$$P=c_0^2+\sum_{k=1}^{\infty}\left(\frac{c_k}{\sqrt{2}}\right)^2=\sum_{k=0}^{\infty}\bar{c}_k^2=\sum_{k=0}^{\infty}P_k \tag{5.20}$$

예제 5-11 푸리에 급수 표현에 의한 주기 신호의 전력 : 파스발 정리

다음과 같이 푸리에 급수로 나타낸 주기 신호 $x(t)$의 전력을 계산하라.

$$x(t)=5+10\sqrt{2}\cos(2\pi t)+2\sqrt{2}\cos(4\pi t)+\sqrt{2}\cos(6\pi t)$$

풀이

주어진 신호는 주기 $T=1$, 기본 주파수 $\omega_0=2\pi$인 주기 신호로, DC 성분과 기본파, 2고조파, 그리고 3고조파로 이루어진 신호이다. 신호의 전력을 직접 계산하려면 다음과 같은 적분을 수행해야 한다.

$$P=\frac{1}{T}\int_T|x(t)|^2dt=\int_T\left(5+10\sqrt{2}\cos(2\pi t)+2\sqrt{2}\cos(4\pi t)+\sqrt{2}\cos(6\pi t)\right)^2dt$$

위의 적분 계산은 복잡하고 까다로우므로, 파스발 정리를 이용하여 스펙트럼으로부터 전력을 계산하는 편이 훨씬 낫다. 각 주파수 성분의 푸리에 계수는 $X_0=5$, $X_1=5\sqrt{2}$, $X_2=\sqrt{2}$, $X_3=0.5\sqrt{2}$이고 $X_{-k}=X_k$이므로 식 (5.18)에 의해 주어진 신호의 전력은 다음과 같이 계산된다.

$$P=\sum_{k=-3}^{3}|X_k|^2=5^2+2\{(5\sqrt{2})^2+(\sqrt{2})^2+(0.5\sqrt{2})^2\}=130$$

이보다는 식 (5.20)을 이용하면 더 간편하다. $x(t)$의 각 고조파 성분의 실횻값이 $\bar{c}_0=5$, $\bar{c}_1=10$, $\bar{c}_2=2$, $\bar{c}_3=1$이므로, 전력은 식 (5.20)에 의해 다음과 같이 구해진다.

$$P=\sum_{k=1}^{3}\bar{c}_k^2=5^2+10^2+2^2+1^2=130$$

CHAPTER 05 연습문제

Quick Review

다음 문제에서 옳은 것을 골라라.

01 원래의 신호와 변환된 신호는 다른 신호이다. (O, ×)

02 주파수 영역 변환을 위한 기저 신호는 주파수와 (일대일, 다대일) 대응이어야 한다.

03 신호의 스펙트럼은 (진폭, 위상, 주파수)의 함수이다.

04 서로 다른 신호라도 스펙트럼은 같을 수 있다. (O, ×)

05 주기 신호와 같은 주기를 갖는 정현파 성분을 (기본파, 고조파)라고 한다.

06 푸리에 급수 전개의 기저 신호들은 서로 직교성을 만족한다. (O, ×)

07 모든 주기 신호는 푸리에 급수 전개가 가능하다. (O, ×)

08 지수 함수 형식 푸리에 급수의 계수는 일반적으로 (실수, 복소수)이다.

09 스펙트럼대로 정현파들을 합하여 신호를 만드는 것을 주파수 (합성, 분석)이라 한다.

10 주기 신호의 스펙트럼은 (선, 연속) 스펙트럼이다.

11 진폭 스펙트럼은 시간축 상에서 각 정현파 성분의 위치를 나타낸다. (O, ×)

12 파형의 시간적 변화가 완만한 신호는 진폭 스펙트럼의 감쇠가 (빠르다, 느리다).

13 주파수 합성으로 완벽한 사각 펄스를 만들 수 (있다, 없다)

14 위상 스펙트럼은 합성된 신호의 파형과는 상관이 없다. (O, ×)

15 시간 이동에도 신호 파형이 똑같이 유지되려면 선형 위상이 되어야 한다. (O, ×)

16 신호의 상하 이동은 (직류, 기본파, 고조파) 스펙트럼의 변화를 만든다.

17 진폭 스펙트럼이 달라지려면 신호를 시간축 상에서 이동시키면 된다. (O, ×)

18 시간 이동에 대해 기본파 위상 변화가 θ라면 3고조파 위상 변화는 (θ, 3θ, 모름)이다.

19 시간 영역에서 계산한 주기 신호 전력은 주파수 영역에서 계산된 값과 같다. (O, ×)

20 홀수 고조파끼리는 서로 전력을 형성한다. (O, ×)

기초 문제

5.1 다음의 주기 신호에 대하여 기본 주파수 ω_0의 값을 구하고, 지수 함수 형식 푸리에 급수로 전개하여 스펙트럼을 그려라.

(a) $x(t) = 4\cos\left(\dfrac{\pi}{2}t + \dfrac{\pi}{4}\right)$

(b) $x(t) = 8\cos\left(12\pi t + \dfrac{\pi}{3}\right) + 6\sin\left(20\pi t + \dfrac{\pi}{6}\right)$

(c) $x(t) = \sin\left(2t + \dfrac{\pi}{4}\right)$

(d) $x(t) = 2\cos\left(7\pi t - \dfrac{\pi}{4}\right) - 4\cos\left(11\pi t + \dfrac{\pi}{3}\right)$

5.2 주기 신호의 지수 함수 형식 푸리에 급수가 다음과 같을 때, 실수 주기 신호를 구하라.

(a) $x(t) = e^{j\frac{\pi}{2}}e^{-j3\pi t} + 2e^{j\frac{\pi}{3}}e^{-j\pi t} + 3 + 2e^{-j\frac{\pi}{3}}e^{j\pi t} + e^{-j\frac{\pi}{2}}e^{j3\pi t}$

(b) $x(t) = -je^{-j4\pi t} + (1-j1)e^{-j2\pi t} + 2 + (1+j1)e^{j2\pi t} + je^{j4\pi t}$

(c) $x(t) = (2-j2)e^{-j3\pi t} - j2e^{-j\pi t} + 3 + j2e^{j\pi t} + (2+j2)e^{j3\pi t}$

(d) $x(t) = \dfrac{1}{2}e^{-j4\pi t} + j\dfrac{1}{2}e^{-j3\pi t} + (\sqrt{3}-j1)e^{-j\pi t} + 1 + (\sqrt{3}+j1)e^{j\pi t} - j\dfrac{1}{2}e^{j3\pi t} + \dfrac{1}{2}e^{j4\pi t}$

5.3 다음 그림의 주기 신호에 대해 지수 함수 형식 푸리에 급수를 구하고 스펙트럼을 그려라.

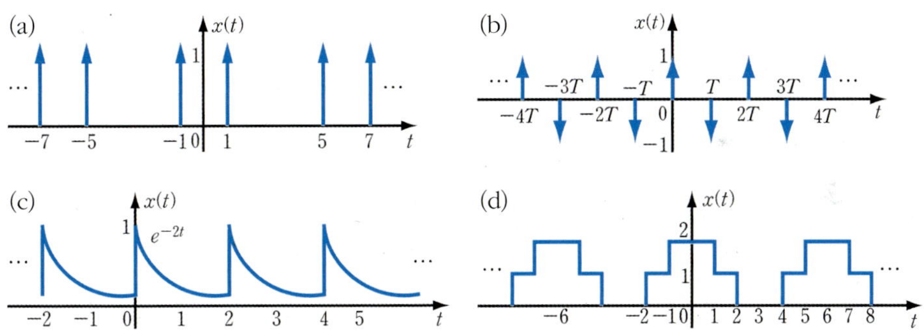

5.4 다음 그림은 주기 신호 $x(t)$의 지수 함수 형식 푸리에 스펙트럼이다.

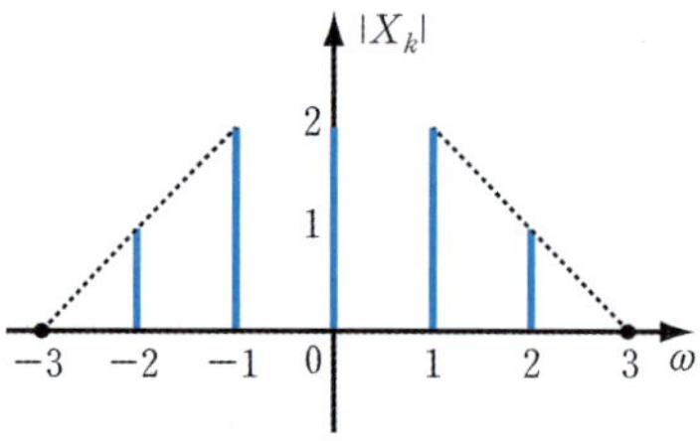

진폭 스펙트럼

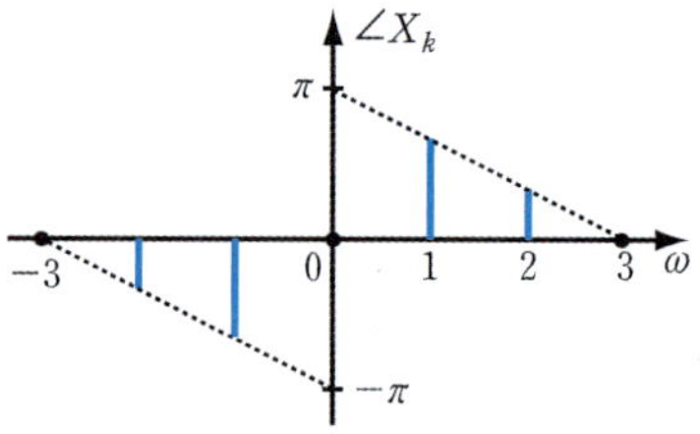

위상 스펙트럼

(a) 그림을 보고 $x(t)$의 지수 함수 형식 푸리에 급수를 구하라.

(b) (a)의 결과를 보고, $x(t)$의 삼각 함수 형식 푸리에 급수를 구하라.

5.5 주기 신호의 스펙트럼이 다음 그림과 같을 때, 주기 신호를 구하라.

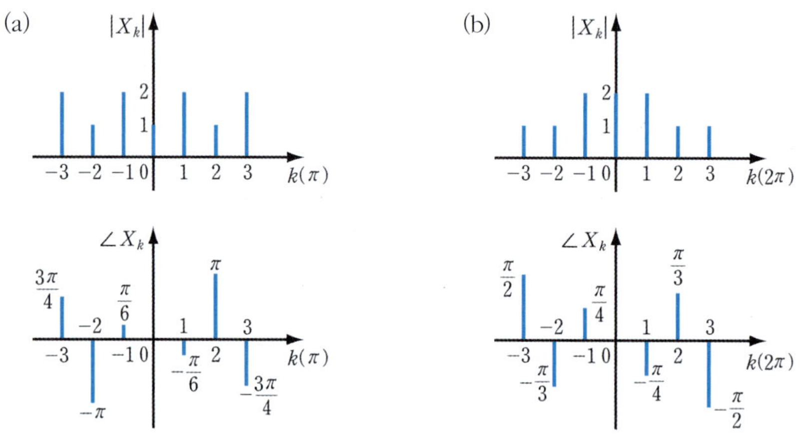

5.6 다음 그림은 전파 정류회로에 주기 $T = 1$인 정현파 $\sin(2\pi t)$를 입력으로 인가하였을 때의 출력 파형이다.

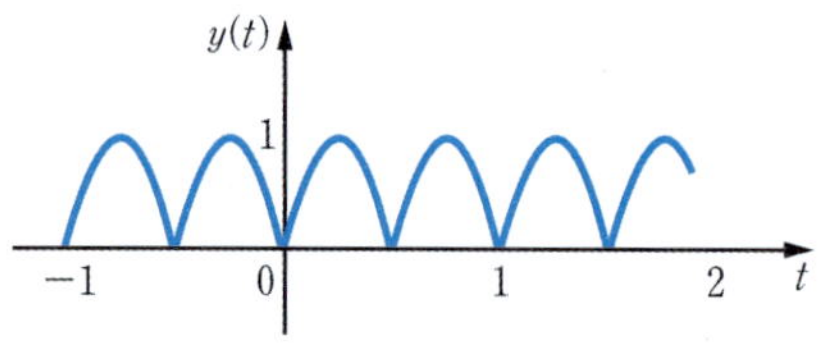

(a) 이 신호의 푸리에 급수를 구하라.

(b) 정의식을 사용하지 말고, [예제 5-6]의 결과를 이용하여 푸리에 급수를 구하라.

5.7 다음 그림의 신호에 대해 물음에 답하라.

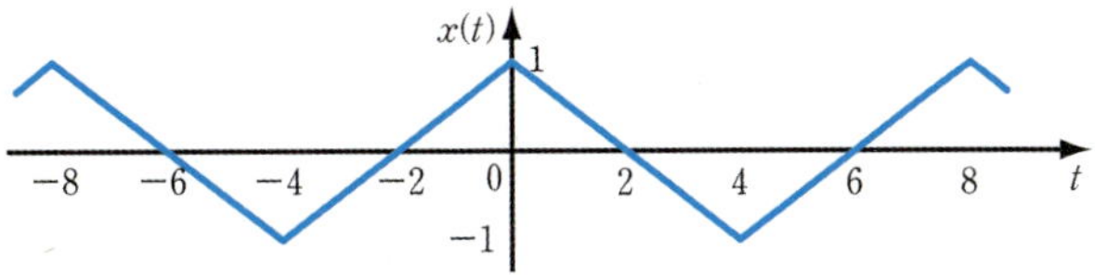

(a)

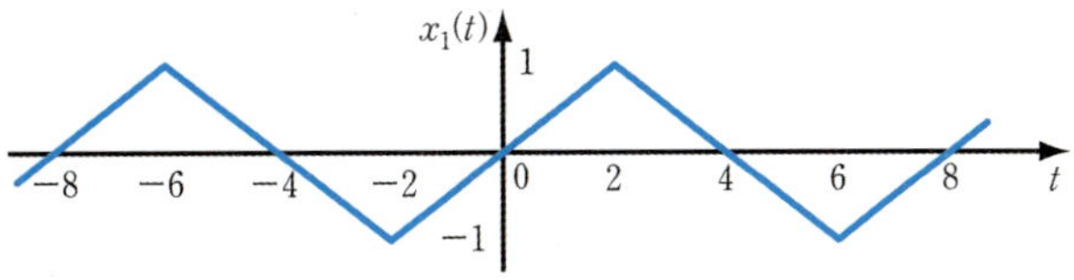

(b)

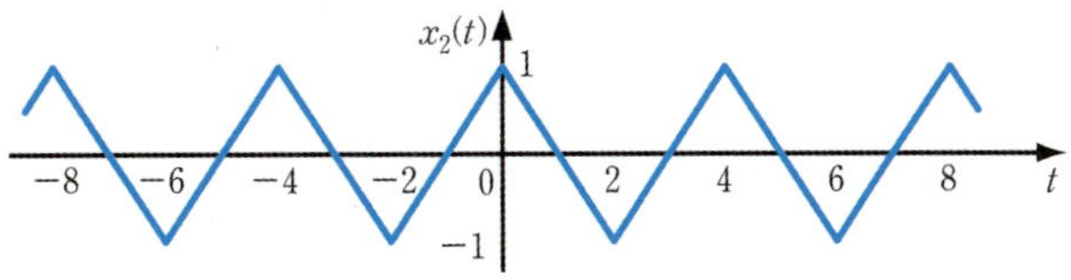

(c)

(a) 그림 (a)의 신호에 대한 지수 함수 형식 푸리에 급수를 구하라.

(b) (a)의 결과를 이용하여 그림 (b)의 $x_1(t)$의 푸리에 급수를 구하라.

(c) (a)의 결과를 이용하여 그림 (c)의 $x_2(t)$의 푸리에 급수를 구하라.

5.8 정현파 $x(t) = A\sin(\omega_0 t)$의 전력을 정의식을 사용하지 말고 파스발 정리를 이용하여 구하라.

5.9 다음에 주어진 주기 신호 $x(t)$의 전력을 계산하라.

(a) $x(t) = 2\sqrt{2}\cos(2\pi t) + 3\sqrt{2}\cos(3\pi t)$

(b) $x(t) = 2\sqrt{2}\cos(2t) + 3\sqrt{2}\cos(3t)$

(c) $x(t) = 2\sqrt{2}\cos\left(2\pi t - \dfrac{\pi}{4}\right) + 3\sqrt{2}\cos\left(3\pi t + \dfrac{\pi}{6}\right)$

(d) $x(t) = 2\sqrt{2}\cos(5\pi t) + 3\sqrt{2}\cos(11\pi t)$

5.10 $5[\Omega]$의 저항에 $x(t) = 10\sqrt{2}\cos(t) + 30\sqrt{2}\cos(2t) + 20\sqrt{2}\cos(3t)$의 전압을 인가했을 때 저항에서 소비되는 전력을 구하라.

응용 문제

5.11 다음의 주기 신호에 대해 푸리에 급수를 구하고 스펙트럼을 그려라.

(a) $x(t) = 2\sin(\pi t) + \cos(3\pi t) - \cos(5\pi t)$

(b) $x(t) = 1 + 4\sin\left(\pi t - \frac{\pi}{4}\right) - 2\cos(2\pi t) + \cos\left(3\pi t + \frac{\pi}{3}\right)$

(c) $x(t) = \cos\left(2\pi t + \frac{\pi}{4}\right) - \sin(4\pi t) + \sin\left(6\pi t - \frac{\pi}{3}\right)$

(d) $x(t) = \sin(3\pi t)\cos(5\pi t)$

5.12 삼각 함수 형식 푸리에 급수 식 (5.2)의 푸리에 계수를 계산하는 관계식을 구하라.

5.13 다음 그림의 주기 신호에 대해 지수 함수 형식 푸리에 급수를 구하라.

(a)

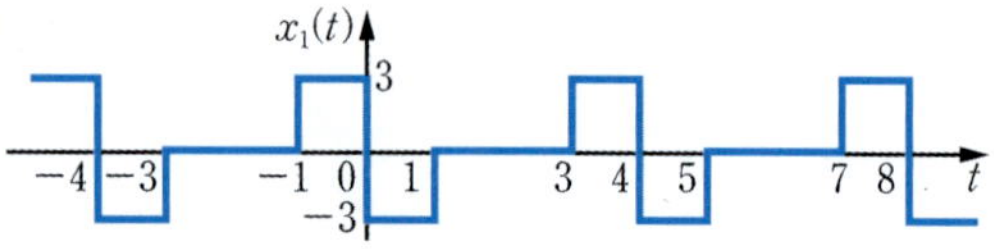

(b)

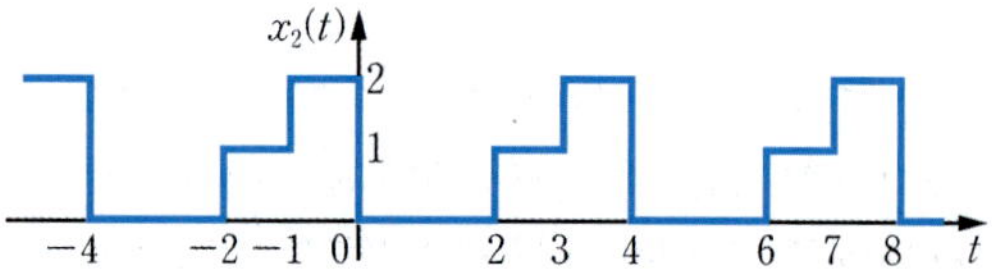

(c)

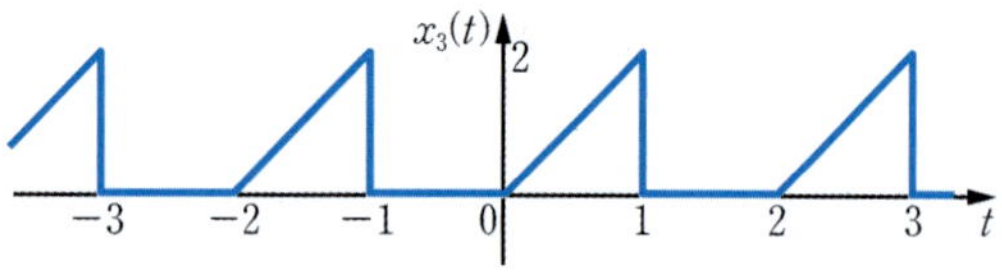

5.14 다음 그림의 주기 신호에 대해 지수 함수 형식 푸리에 급수를 구하라.

HINT $x(t) + x(t-2) = \sin(\pi t)$

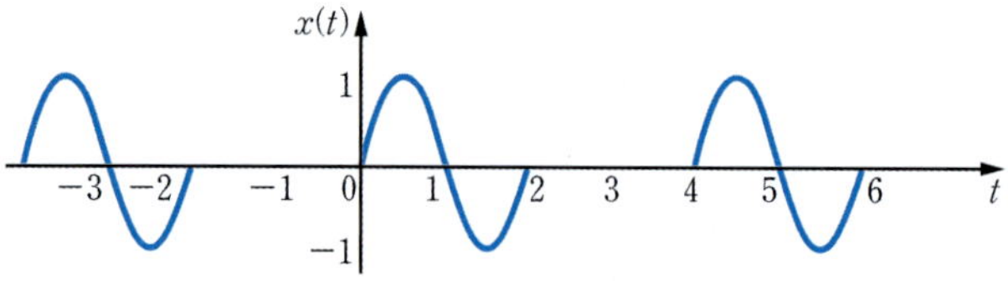

5.15 주기 신호의 스펙트럼이 다음 그림과 같을 때, 주기 신호를 구하라.

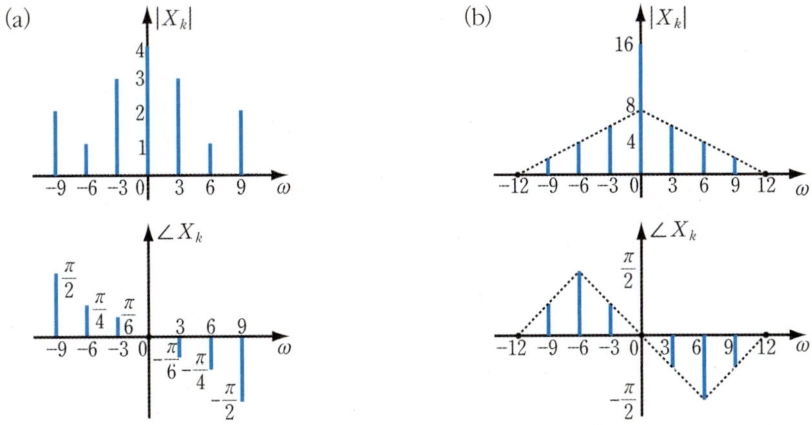

5.16 푸리에 급수에 대한 다음의 설명 중 틀린 것은?

㉮ 주기 T인 주기 신호는 $\omega = \dfrac{3\pi}{T}$와 $\omega = \dfrac{9\pi}{T}$의 주파수 성분을 갖는다.

㉯ 5고조파의 주파수가 10π인 주기 신호의 주기는 $T=1$이다.

㉰ 우대칭 주기 신호의 고조파의 위상은 0 또는 $\pm\pi$이다.

㉱ 대칭성을 만족하지 않는 실수 신호의 푸리에 계수는 복소수이다.

5.17 다음 그림의 신호 $x(t)$에 대한 푸리에 계수가 $X_k = \text{sinc}\left(\dfrac{k}{2}\right)$라고 한다. 푸리에 급수의 성질을 이용하여 나머지 신호들의 지수 함수 형식 푸리에 급수를 구하라.

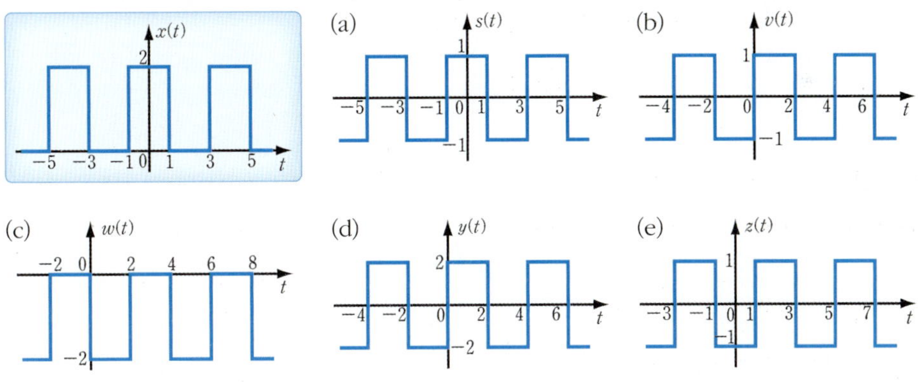

5.18 주기 T인 주기 신호 $x(t)$의 푸리에 계수를 X_k라고 할 때, 주어진 주기 신호 $v(t)$에 대한 푸리에 급수 표현을 X_k을 이용하여 나타내라.

(a) $v(t) = x(t-1)$

(b) $v(t) = x(t)\, e^{j\frac{2\pi}{T}t}$

(c) $v(t) = \dfrac{dx(t)}{dt}$

(d) $v(t) = x(t)\cos\left(\dfrac{2\pi}{T}t\right)$

5.19 다음에 주어진 주기 신호 $x(t)$의 전력을 계산하라.

(a) $x(t) = 1 + 2\cos\left(\dfrac{2\pi}{3}t + \dfrac{\pi}{3}\right) + 4\sin\left(\dfrac{4\pi}{5}t + \dfrac{\pi}{6}\right)$

(b) $x(t) = 2 + \cos\left(t + \dfrac{\pi}{4}\right) + 2\cos\left(3t + \dfrac{\pi}{6}\right) - \sin\left(4t + \dfrac{\pi}{3}\right)$

(c) $x(t) = 2 + \cos(\pi t) - \sin(\pi t) - 3\cos(2\pi t) + 4\cos\left(3\pi t - \dfrac{\pi}{3}\right)$

5.20 다음 그림의 사각 펄스(구형파) 주기 신호에 대해 물음에 답하라.

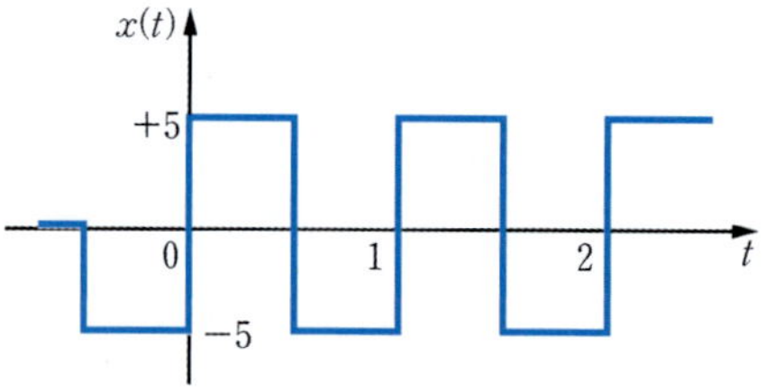

(a) 푸리에 급수를 구하라.

(b) 이 신호를 100[Ω]의 저항에 인가할 때, 저항에서 소비되는 전력을 구하라.

CHAPTER

06

연속 시간 푸리에 변환

Continuous Time Fourier Transform

학습목표

- 푸리에 변환의 개념과 푸리에 급수와의 관계에 대해 이해할 수 있다.
- 주요 신호의 푸리에 변환쌍들을 잘 익힐 수 있다.
- 푸리에 변환이 갖는 여러 유용한 성질들을 이해하고 잘 활용할 수 있다.
- 주파수 응답의 개념과 중요성에 대해 이해할 수 있다.
- 신호와 시스템의 주파수 영역 특성을 이용하는 필터에 대해 이해할 수 있다.

미리보기

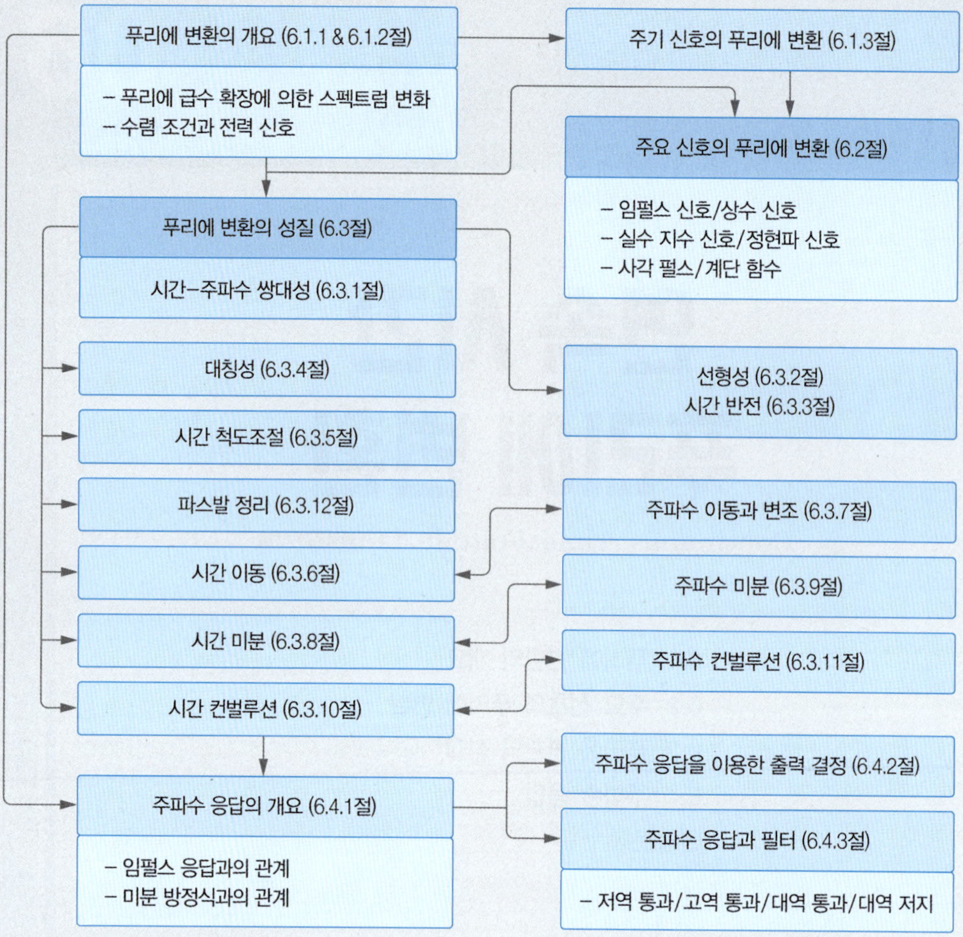

5장에서 살펴본 푸리에 급수는 오직 주기 신호만 주파수 영역으로 변환할 수 있는데, 주기 신호는 수많은 신호 중 극히 일부분일 뿐이다. 따라서 보편적으로 비주기 신호에 대해서도 주파수 영역으로 변환해주는 도구가 필요하며, 가능하다면 논리의 일관성을 유지하도록 그 도구가 푸리에 급수와 같은 이론적 배경을 가지면 더 좋을 것이다. 이런 관점에서 비주기 신호를 주기가 무한대인 주기 신호로 간주하여 푸리에 급수를 확장한 결과가 바로 푸리에 변환이다. 푸리에 변환에 의해 신호는 스펙트럼, 시스템은 주파수 응답으로 나타낼 수 있고, 이를 통해 신호와 시스템의 해석이 간편해지고 시간 영역에서는 힘들었던 특성 분석들도 가능해진다. 푸리에 변환은 주파수 영역 해석의 꽃이라고도 말할 수 있다. 이 장에서는 우선 푸리에 변환의 기본 개념과 주요 신호에 대한 변환쌍, 그리고 여러 가지 유용한 푸리에 변환의 성질에 대해서 살펴볼 것이다. 그런 다음, 주파수 응답의 개념을 소개하고 시스템 해석에 어떻게 이용되는지 알아보기로 한다.

6.1 푸리에 변환의 개요

푸리에 급수는 주기 신호만 주파수 영역 표현으로 바꿀 수 있는데, 주기 신호는 실제 문제에서 부딪치는 많은 신호 중의 일부에 지나지 않는다. 따라서 더 폭넓게 비주기 신호에도 적용할 수 있는 주파수 영역 변환 도구가 필요하다. 이때 가능하다면 논리의 일관성을 위해 그 도구가 푸리에 급수와 같은 이론적 배경을 가진다면 바람직할 것이다. 따라서 이 절에서는 푸리에 급수의 개념을 확장하여 푸리에 변환을 유도하고, 그 특징을 간단히 살펴보기로 한다.

학습포인트

- 푸리에 급수(FS)로부터 푸리에 변환(FT)을 유도하는 과정에 대해 이해한다.
- 푸리에 변환의 정의와 특징을 이해한다.
- 전력 신호의 푸리에 변환에 대해 알아본다.
- 주기 신호의 푸리에 급수와 푸리에 변환의 관계를 알아본다.
- 주기 신호와 동일 파형 비주기 신호의 푸리에 변환의 관계를 알아본다.

6.1.1 비주기 신호와 푸리에 급수의 확장

비주기 신호의 주파수 영역 변환 : 푸리에 급수의 확장

- 비주기 신호를 주파수 영역으로 변환하기 위한 현실적인 해결책은 비주기 신호를 주기가 무한대, 즉 주기 $T=\infty$인 주기 신호로 간주하여 푸리에 급수를 확장하는 것이다.
- $T\rightarrow\infty$이면 $\omega_0\rightarrow 0$이 되어 스펙트럼이 연속적으로 이어지게 된다.

[그림 6-1]의 사각 펄스(구형파) 주기 신호의 예에서 보듯이, 주기 신호의 진폭 스펙트럼은 기본 주파수 ω_0 간격으로 늘어선 선 스펙트럼이다. 그런데 ω_0는 주기 T에 반비례하므로, T를 키울수록 ω_0는 점점 작아져서 선 스펙트럼의 배열 간격이 줄어들어 조밀해질 것이다. 주기가 2배가 되면 선 스펙트럼의 배열 간격이 반으로 줄어들어 스펙트럼이 빽빽해진다[그림 6-1(b)]. 주기를 키울수록 이런 현상은 더욱 심해지고([그림 6-1(c)]), 극단적으로 $T\rightarrow\infty$가 되면 $\omega_0\rightarrow 0$이 되어 스펙트럼이 연속적으로 이어지게 된다([그림 6-1(d)]). 따라서 신호의 모든 주파수 성분을 다 모으려면 덧셈이 아닌 적분 연산을 수행해야 하며, 이에 맞춰 변수도 달라질 것이다. 이렇게 얻어진 비주기 신호에 대한 주파수 영역 표현을 푸리에 급수와 구분하여 **푸리에 변환**Fourier transform이라고 한다.

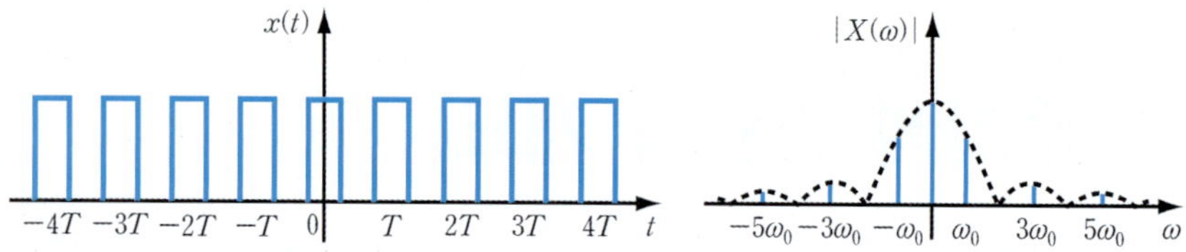

(a) $T = T_0$

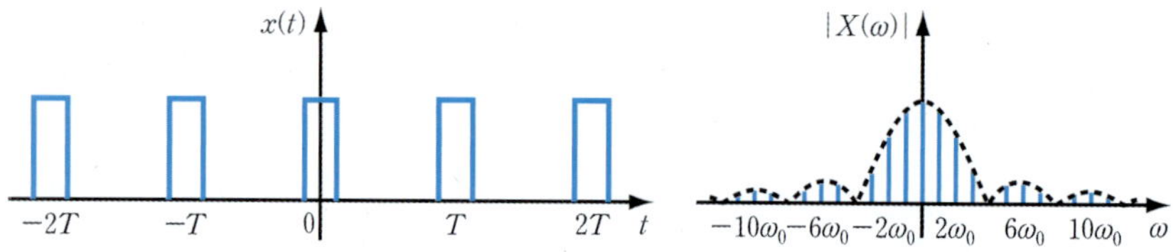

(b) $T = 2T_0$

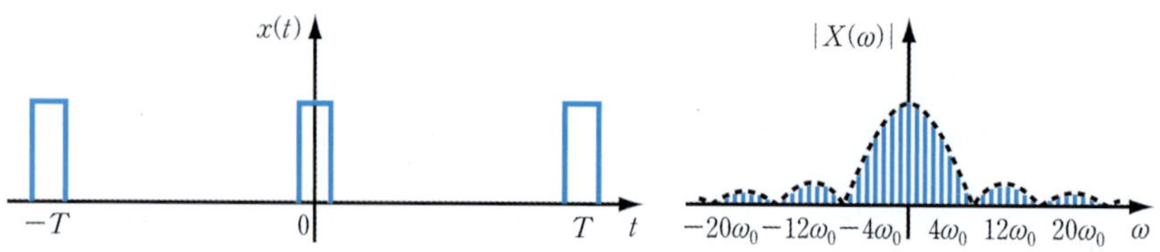

(c) $T = 4T_0$

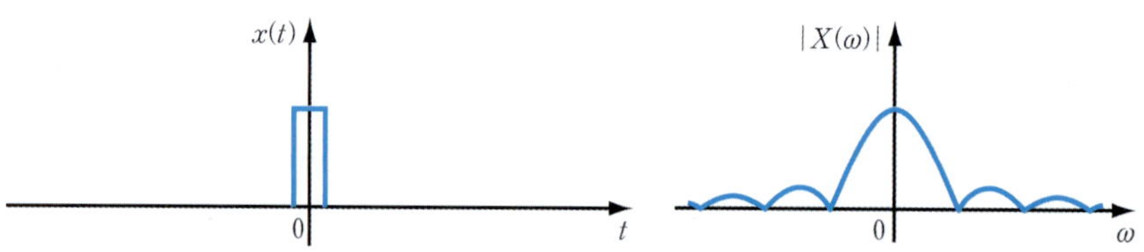

(d) $T = \infty$

그림 6-1 주기에 따른 스펙트럼의 변화

6.1.2 푸리에 변환의 정의

푸리에 계수 식 (5.12)를 이용하여 푸리에 급수 식 (5.6)을 다시 쓰면 다음과 같다.

$$x(t) = \sum_{k=-\infty}^{\infty} X_k e^{jk\omega_0 t} = \sum_{k=-\infty}^{\infty} \left(\frac{\omega_0}{2\pi} \int_{-T/2}^{T/2} x(t) e^{-jk\omega_0 t}\, dt \right) e^{jk\omega_0 t} \tag{6.1}$$

푸리에 급수를 확장한 수학적 결과를 얻기 위해 $T \to \infty$의 극한을 취하면, $\omega_0 = 2\pi / T$는 무한소가 되어 $d\omega$로, $k\omega_0$는 연속 변수 ω로, 총합은 적분으로 바뀌어 다음과 같이 된다.

$$x(t) = \int_{-\infty}^{\infty} \left[\frac{d\omega}{2\pi} \int_{-\infty}^{\infty} x(t) e^{-j\omega t}\, dt \right] e^{j\omega t} = \frac{1}{2\pi} \int_{-\infty}^{\infty} \left[\int_{-\infty}^{\infty} x(t) e^{-j\omega t}\, dt \right] e^{j\omega t}\, d\omega \tag{6.2}$$

- **푸리에 변환(FT)** Fourier Transform 은 시간 함수로 표현된 신호 $x(t)$에 대해 주파수의 함수로 표현된 스펙트럼 $X(\omega)$를 구하는 **주파수 분석(분해)** 이다.

$$X(\omega) = \mathscr{F}\{x(t)\} = \int_{-\infty}^{\infty} x(t)e^{-j\omega t}\,dt \tag{6.3}$$

- **푸리에 역변환(IFT)** Inverse Fourier Transform 은 변환과는 정반대로 스펙트럼 $X(\omega)$로부터 시간 신호 $x(t)$를 구하는 **주파수 합성** 이다.

$$x(t) = \mathscr{F}^{-1}\{X(\omega)\} = \frac{1}{2\pi}\int_{-\infty}^{\infty} X(\omega)e^{j\omega t}\,d\omega \tag{6.4}$$

- $X(\omega) = |X(\omega)|e^{j\angle X(\omega)}$은 연속된 주파수에 대해 값을 갖는 복소 함수로, $|X(\omega)|$와 $\angle X(\omega)$를 각각 **진폭 스펙트럼** 과 **위상 스펙트럼** 이라 한다.
- **푸리에 변환쌍** Fourier Transform Pair $x(t) \Leftrightarrow X(\omega)$는 1:1 대응 관계가 성립하는 쌍이다.

표기가 편리하도록 $X(\omega)$가 $x(t)$의 푸리에 변환임은 $X(\omega) = \mathscr{F}\{x(t)\}$로, $x(t)$가 $X(\omega)$의 푸리에 역변환임은 $x(t) = \mathscr{F}^{-1}\{X(\omega)\}$로 나타내기로 한다. 푸리에 급수와 마찬가지로, 식 (6.4)는 기저 신호인 (복소) 정현파 $e^{j\omega t}$을 이용해 $x(t)$를 주파수 성분별로 나누어 표시한 것으로 이해할 수 있다.

예제 6-1 시간 영역에서 임펄스로 표현되는 신호의 푸리에 변환쌍

다음과 같은 임펄스 신호의 푸리에 변환을 구하라.

(a) $x(t) = \delta(t)$ (b) $y(t) = \delta(t - t_0)$

풀이

(a) 푸리에 변환의 정의식 식 (6.3)을 사용하여 임펄스 신호 $x(t) = \delta(t)$의 푸리에 변환을 구하면, 임펄스 함수의 체 거르기 성질에 의해 다음과 같이 된다.

$$X(\omega) = \mathscr{F}\{\delta(t)\} = \int_{-\infty}^{\infty} \delta(t)e^{-j\omega t}\,dt = e^{-j\omega 0} = 1$$

(b) 마찬가지 방법으로 $y(t) = \delta(t - t_0)$의 푸리에 변환은 다음과 같이 구해진다.

$$Y(\omega) = \mathscr{F}\{\delta(t - t_0)\} = \int_{-\infty}^{\infty} \delta(t - t_0)e^{-j\omega t}\,dt = e^{-j\omega t_0}$$

두 결과를 비교하면, $Y(\omega) = e^{-j\omega t_0}X(\omega)$이다. 즉 신호를 t_0만큼 시간 지연하면 주파수 영역에서 스펙트럼에 $e^{-j\omega t_0}$가 곱해짐을 알 수 있다. 이에 대해서는 6.3절 푸리에 변환의 성질에서 다시 살펴볼 것이다.

푸리에 변환의 수렴 조건 : 디리클레 조건

푸리에 변환도 수렴 조건을 만족하는 신호에 대해서만 가능하다. 푸리에 변환을 주기 T가 무한대인 푸리에 급수로 간주했으므로, 수렴 조건 또한 이에 맞추어 푸리에 급수에 대한 디리클레 조건이 약간 변형된다.

푸리에 변환의 수렴 조건 : 디리클레 조건

❶ 전 시간 구간에 대해 $x(t)$는 절대 적분 가능해야 한다.

$$\int_{-\infty}^{\infty} |x(t)|dt < \infty \tag{6.5}$$

❷ 어떤 유한한 시간 구간에서 신호의 극대·극소점의 수는 유한해야 한다.

❸ 어떤 유한한 시간 구간에서 신호의 불연속점의 수는 유한해야 한다.

예제 6-2 사각 펄스(구형파) 신호의 푸리에 변환

[그림 6-2(a)]의 사각 펄스 신호에 대해 푸리에 변환을 구하라.

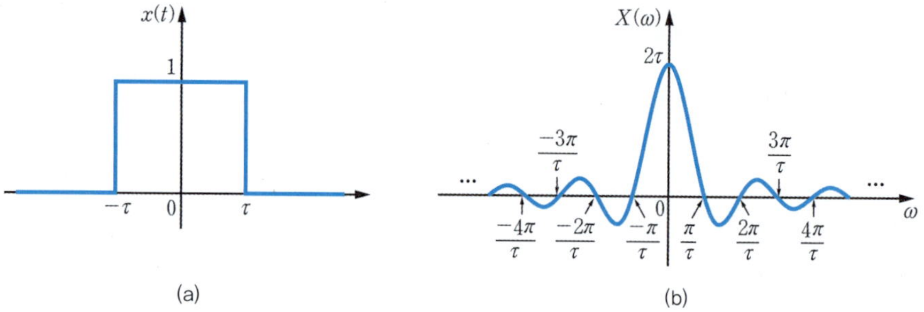

그림 6-2 사각 펄스 신호와 푸리에 스펙트럼

풀이

그림의 사각 펄스 신호를 수식으로 나타내면 다음과 같다.

$$x(t) = \mathrm{rect}\left(\frac{t}{2\tau}\right) = \begin{cases} 1, & |t| < \tau \\ 0, & \text{그 외} \end{cases}$$

이의 푸리에 변환은 정의식 식 (6.3)으로부터 다음과 같이 실수 함수로 구해지므로, [그림 6-2(b)]처럼 진폭과 위상 스펙트럼 구분 없이 그대로 나타낼 수 있다.

$$\begin{aligned} X(\omega) &= \int_{-\tau}^{\tau} e^{-j\omega t}dt = -\frac{1}{j\omega}\left(e^{-j\omega\tau} - e^{j\omega\tau}\right) = 2\tau\frac{\sin(\tau\omega)}{\tau\omega} \\ &= 2\tau \cdot \mathrm{sinc}\left(\frac{\tau\omega}{\pi}\right) \end{aligned}$$

즉 사각 펄스 신호의 스펙트럼은 sinc 함수가 된다. 이 결과는 5장 [예제 5-5]에서 사각 펄스 주기 신호의 스펙트럼이 sinc 함수가 되었던 것에 부합하는 결과이다.

전력 신호의 푸리에 변환

유한한 에너지를 갖는 에너지 신호는 식 (6.5)의 수렴 조건을 항상 충족한다. 이와 달리, 계단 신호나 주기 신호와 같이 에너지는 무한하나 전력은 유한한 전력 신호는 식 (6.5)를 충족시키지 못해 푸리에 변환이 이론적으로는 불가능하다. 이렇게 되면, 주기 성분과 비주기 성분을 함께 포함하고 있는 신호에 대해서는 주기 성분은 푸리에 급수, 비주기 성분은 푸리에 변환으로 따로따로 다루어야 하는 불편함이 생긴다. 하지만 주기 신호와 같은 전력 신호의 푸리에 변환이 가능하다고 약속한다면 이런 불편을 해소할 수 있다.

전력 신호의 푸리에 변환

- 전력 신호는 이론적으로 푸리에 변환을 할 수 없지만, 필요에 의해 특별히 푸리에 변환이 존재하는 것으로 취급한다.
- 수렴 조건이 충족되지 않기 때문에 전력 신호의 푸리에 변환은 식 (6.3)의 정의식을 사용하여 구할 수 없다. 따라서 우회적인 방법을 이용하여 구해야 한다.
- 전력 신호의 푸리에 변환은 주파수 영역에서 임펄스 함수를 포함한다.

전력 신호도 푸리에 변환이 가능한 것으로 취급하면, [그림 6-3]에 나타낸 것처럼 푸리에 변환 하나만으로 주기, 비주기 신호를 모두 주파수 영역으로 변환할 수 있게 되므로 편리하다. 주기 신호의 스펙트럼은 기본 주파수의 정수배 성분들만 존재하는 선 스펙트럼으로 주파수에 대해 이산 함수이지만, 푸리에 변환에 의한 비주기 신호의 스펙트럼은 주파수에 대해 연속 함수가 된다.

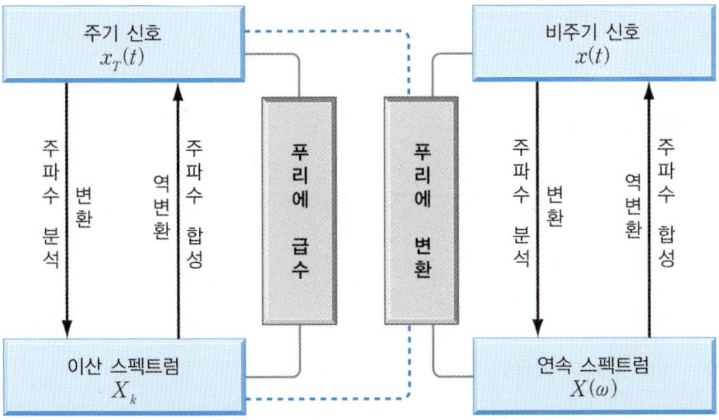

그림 6-3 신호의 시간 영역 및 주파수 영역 표현과 변환

예제 6-3 주파수 영역에서 임펄스로 표현되는 신호의 푸리에 역변환

다음과 같이 임펄스 함수로 표현되는 스펙트럼을 푸리에 역변환하여 대응되는 시간 신호를 구하라.

(a) $X(\omega) = 2\pi\delta(\omega)$ (b) $Y(\omega) = 2\pi\delta(\omega - \omega_0)$

풀이

(a) 식 (6.4)에 의해 $X(\omega)$를 푸리에 역변환하면, 임펄스 함수의 체거르기 성질에 의해

$$x(t) = \frac{1}{2\pi}\int_{-\infty}^{\infty} 2\pi\delta(\omega)e^{j\omega t}d\omega = e^{j0t} = 1$$

이 된다. 즉 $x(t)$는 모든 시간에서 값이 1인 상수(DC) 신호로서 전력 신호이다. 푸리에 변환의 정의식 식 (6.3)을 사용하여 직접 $x(t) = 1$을 변환하려고 하면, 식 (6.5)의 수렴 조건이 충족되지 않아 적분이 유한한 값으로 수렴하지 않기 때문에 $X(\omega)$를 구할 수 없다.

(b) 마찬가지 방법으로 $Y(\omega)$를 푸리에 역변환하면 다음과 같다.

$$y(t) = \frac{1}{2\pi}\int_{-\infty}^{\infty} 2\pi\delta(\omega - \omega_0)e^{j\omega t}d\omega = e^{j\omega_0 t}$$

구해진 시간 신호 $y(t) = e^{j\omega_0 t}$는 (복소) 정현파로서 모든 시간에서 크기가 1이고, 위상 $\phi = \omega_0 t$만 시간에 따라 계속 달라지므로 전력 신호이다. 이 결과를 푸리에 변환쌍으로 나타내면 다음과 같다.

$$e^{j\omega_0 t} \Leftrightarrow 2\pi\delta(\omega - \omega_0) \tag{6.6}$$

두 결과를 비교하면 $y(t) = e^{j\omega_0 t}x(t)$이다. 즉 스펙트럼을 ω_0만큼 주파수 이동하면 시간 영역 영역에서 신호에 $e^{j\omega_0 t}$가 곱해짐을 알 수 있다. 이에 대해서도 6.3절 푸리에 변환의 성질에서 다시 살펴볼 것이다.

6.1.3 주기 신호의 푸리에 변환

주기 신호 $x_T(t)$의 푸리에 급수와 푸리에 변환 $X_T(\omega)$, 그리고 $x_T(t)$의 한 주기만 떼어낸 비주기 신호 $x(t)$의 푸리에 변환 $X(\omega)$의 관계를 살펴보자.

$x_T(t)$의 푸리에 급수, 푸리에 변환 $X_T(\omega)$, $x(t)$의 푸리에 변환 $X(\omega)$는 각각 다음과 같다.

$$x_T(t) = \sum_{k=-\infty}^{\infty} X_k e^{jk\omega_0 t} \tag{6.7}$$

$$X_T(\omega) = \int_{-\infty}^{\infty} x_T(t) e^{-j\omega t}\, dt = \int_{-\infty}^{\infty} \left(\sum_{k=-\infty}^{\infty} X_k e^{jk\omega_0 t} \right) e^{-j\omega t}\, dt \tag{6.8}$$

$$= \sum_{k=-\infty}^{\infty} X_k \int_{-\infty}^{\infty} \left(e^{jk\omega_0 t} \right) e^{-j\omega t}\, dt = 2\pi \sum_{k=-\infty}^{\infty} X_k \delta(\omega - k\omega_0)$$

$$X(\omega) = \int_{-\infty}^{\infty} x(t) e^{-j\omega t}\, dt \tag{6.9}$$

$x(t) = \begin{cases} x_T(t), & 0 \le t \le T \\ 0, & \text{그 외} \end{cases}$이므로 주기 신호의 푸리에 급수의 계수 X_k는 다음과 같이 된다.

$$X_k = \frac{1}{T} \int_T x_T(t) e^{-jk\omega_0 t}\, dt = \frac{1}{T} \int_{-\infty}^{\infty} x(t) e^{-jk\omega_0 t}\, dt = \frac{1}{T} X(k\omega_0) \tag{6.10}$$

$x_T(t)$의 푸리에 변환 $X_T(\omega)$는 식 (6.8)과 식 (6.10)으로부터 다음과 같이 된다.

$$X_T(\omega) = \frac{2\pi}{T} \sum_{k=-\infty}^{\infty} X(k\omega_0) \delta(\omega - k\omega_0) = \omega_0 \sum_{k=-\infty}^{\infty} X(k\omega_0) \delta(\omega - k\omega_0) \tag{6.11}$$

이상의 논의로부터 주기 신호의 스펙트럼에 대해 다음과 같은 결론을 얻을 수 있다.

- **주기 신호의 푸리에 급수와 주기 신호의 푸리에 변환의 관계**
  $X_T(\omega)$는 $k\omega_0$에 위치한 세기 $2\pi X_k$인 임펄스들로 이루어진다.

$$X_T(\omega) = \sum_{k=-\infty}^{\infty} 2\pi X_k \delta(\omega - k\omega_0) \tag{6.8}$$

- **주기 신호의 푸리에 급수와 비주기 신호의 푸리에 변환의 관계**
  X_k는 $X(\omega)$를 기본 주파수의 정수배, 즉 $k\omega_0$에서 샘플링하여 $\frac{1}{T}$배한 것과 같다.

$$X_k = \frac{1}{T} X(k\omega_0) \tag{6.10}$$

- **주기 신호의 푸리에 변환과 비주기 신호의 푸리에 변환의 관계**
  $X_T(\omega)$는 $X(\omega)$를 $k\omega_0$에서 세기 ω_0인 임펄스들로 샘플링한 것이다.

$$X_T(\omega) = \omega_0 \sum_{k=-\infty}^{\infty} X(k\omega_0) \delta(\omega - k\omega_0) \tag{6.11}$$

- 주기 신호의 스펙트럼은 같은 파형을 가진 비주기 신호의 푸리에 변환을 주기 ω_0으로 샘플링한, 다시 말해 기본 주파수의 정수배인 $k\omega_0$에서만 존재하는 이산 함수이다.
- 푸리에 변환에 의한 주기 신호의 스펙트럼은 임펄스들로 이루어진다.

예제 6-4 임펄스 열의 푸리에 급수 및 푸리에 변환

임펄스 열 $p(t) = \sum_{m=-\infty}^{\infty} \delta(t - mT)$의 푸리에 급수 및 푸리에 변환을 구하라.

풀이

임펄스 열은 $\omega_0 = \frac{2\pi}{T}$인 주기 신호이므로 다음과 같이 푸리에 급수로 나타낼 수 있다.

$$P_k = \frac{1}{T}\int_T p(t)e^{-jk\omega_0 t}dt = \frac{1}{T}\int_{-\frac{T}{2}}^{\frac{T}{2}} \delta(t)e^{-jk\omega_0 t}dt = \frac{1}{T}e^{-jk\omega_0 0} = \frac{1}{T}$$

$$p(t) = \sum_{k=-\infty}^{\infty} P_k e^{jk\omega_0 t} = \sum_{k=-\infty}^{\infty} \frac{1}{T}e^{jk\omega_0 t}$$

임펄스 열의 1주기에 해당하는 비주기 신호 $x(t) = \delta(t)$의 푸리에 변환은 [예제 6-1]에서 구했듯이 $X(\omega) = 1$이므로, 푸리에 계수 P_k는 식 (6.10)의 관계를 만족함을 알 수 있다. 그리고 임펄스 열의 푸리에 변환은 식 (6.11)로부터 다음과 같이 된다.

$$P(\omega) = \omega_0 \sum_{k=-\infty}^{\infty} X(k\omega_0)\delta(\omega - k\omega_0) = \sum_{k=-\infty}^{\infty} \omega_0\delta(\omega - k\omega_0)$$

즉 임펄스 열은 푸리에 변환(스펙트럼) 또한 주기와 세기가 모두 ω_0인 임펄스 열이 된다.

$$p(t) = \sum_{k=-\infty}^{\infty} \delta(t - kT) \Leftrightarrow P(\omega) = \sum_{k=-\infty}^{\infty} \frac{2\pi}{T}\delta(\omega - k\omega_0) \tag{6.12}$$

[그림 6-4]에 푸리에 급수에 의한 스펙트럼과 푸리에 변환에 의한 스펙트럼을 나타내었다. 그림에서 보듯이, 푸리에 급수의 경우는 그냥 일반적인 선 스펙트럼이지만 푸리에 변환의 스펙트럼은 임펄스 열로 표시된다.

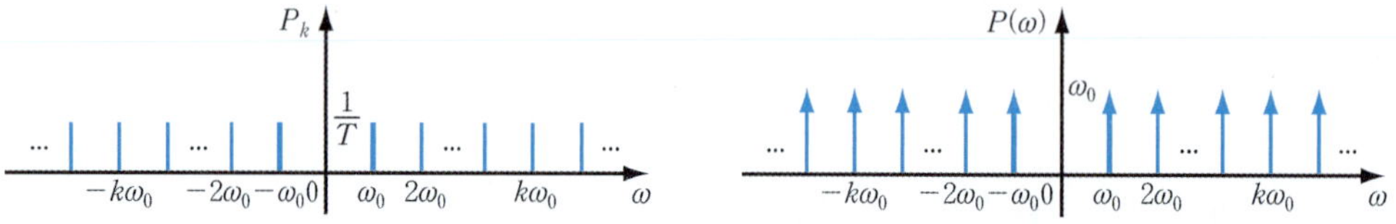

(a) 푸리에 급수에 의한 스펙트럼 (b) 푸리에 변환에 의한 스펙트럼

그림 6-4 주기 신호 임펄스 열의 스펙트럼

예제 6-5 사각 펄스(구형파) 주기 신호의 푸리에 변환

[그림 6-5]의 사각 펄스(구형파) 주기 신호에 대해 푸리에 변환을 구하라.

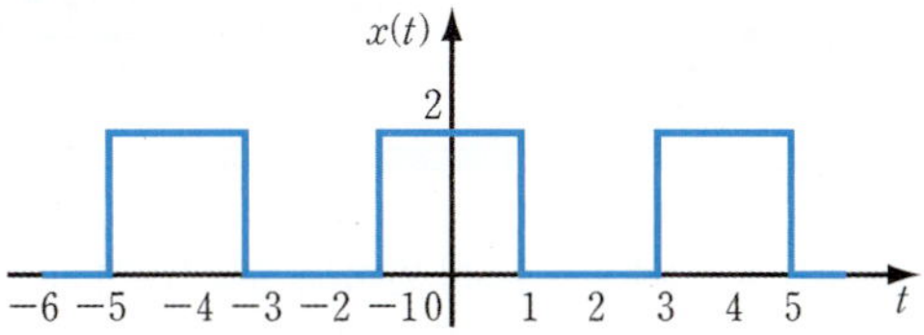

그림 6-5 사각 펄스(구형파) 주기 신호

풀이

사각 펄스 주기 신호의 주기는 $T=4$이므로 기본 주파수는 $\omega_0=\dfrac{\pi}{2}$이다. 한 주기를 떼어낸 비주기 사각 펄스는 다음과 같이 나타낼 수 있다.

$$x(t)=2\operatorname{rect}\left(\frac{t}{2}\right)=\begin{cases}2, & |t|<1\\ 0, & \text{그 외}\end{cases}$$

이의 푸리에 변환은 [예제 6-2]의 결과에 $\tau=1$을 대입하여 다음과 같이 얻어진다.

$$X(\omega)=2\cdot 2\tau\cdot \operatorname{sinc}\left(\frac{\tau\omega}{\pi}\right)=4\operatorname{sinc}\left(\frac{\omega}{\pi}\right)$$

따라서 구형파 주기 신호의 푸리에 변환은 식 (6.11)에 의해 다음과 같이 된다.

$$X_T(\omega)=\omega_0\sum_{k=-\infty}^{\infty}X(k\omega_0)\,\delta(\omega-k\omega_0)=2\pi\sum_{k=-\infty}^{\infty}\operatorname{sinc}\left(\frac{k}{2}\right)\delta\left(\omega-\frac{\pi}{2}k\right)$$

한편 [예제 5-5]에서 구한 푸리에 급수의 계수는 $X_k=\operatorname{sinc}\left(\dfrac{k}{2}\right)$인데, 이를 $X(\omega)$와 관련하여 나타내면 다음과 같이 식 (6.10)의 관계를 만족함을 볼 수 있다.

$$X_k=\operatorname{sinc}\left(\frac{k}{2}\right)=\frac{1}{4}4\operatorname{sinc}\left(\frac{1}{\pi}\cdot k\frac{\pi}{2}\right)=\frac{1}{T}X(k\omega_0)$$

[그림 6-6]은 푸리에 급수에 의한 스펙트럼 X_k와 푸리에 변환에 의한 스펙트럼 $X_T(\omega)$를 그린 것으로, 두 스펙트럼을 비교해보면 $X_T(\omega)$에서는 선 스펙트럼이 임펄스들로 이루어지며 그 세기가 X_k의 2π배가 됨을 볼 수 있다.

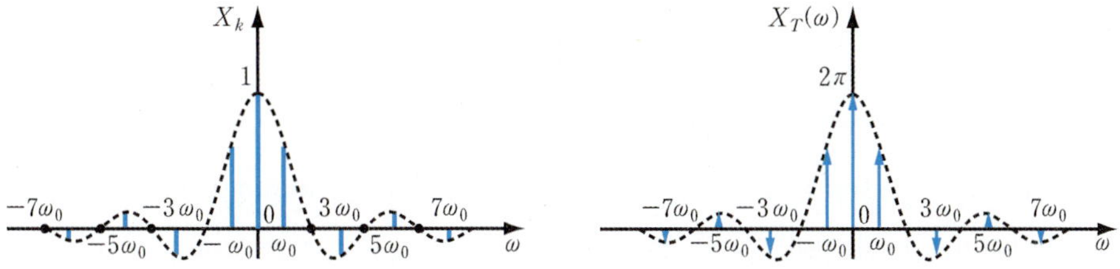

(a) 푸리에 급수에 의한 스펙트럼 (b) 푸리에 변환에 의한 스펙트럼

그림 6-6 [예제 6-5]의 사각 펄스 주기 신호의 스펙트럼

6.2 주요 신호의 푸리에 변환

기본적인 주요 신호들의 푸리에 변환쌍을 알고 있으면, 이를 이용하여 다른 신호의 푸리에 변환을 쉽게 구하거나 주파수 영역 해석에 도움이 되는 정보들을 파악할 수 있는 등 여러모로 편리하다. 따라서 이 절에서는 임펄스를 비롯한 몇몇 주요 연속 신호의 푸리에 변환쌍을 구해보기로 한다.

학습포인트

- 임펄스 신호, 상수 신호, 사각 펄스 신호의 푸리에 변환쌍을 익혀둔다.
- 실수 지수 신호의 푸리에 변환쌍과 스펙트럼의 특징을 익혀둔다.
- 정현파 신호와 계단 신호의 푸리에 변환쌍을 익혀둔다.
- 변환쌍표에 제시된 주요 신호들의 푸리에 변환쌍을 익혀둔다.

임펄스 신호

임펄스 신호 $\delta(t)$의 푸리에 변환은 [예제 6-1]에서 구한 바 있으며, 변환쌍은 다음과 같다.

$$\delta(t) \Leftrightarrow 1 \tag{6.13}$$

[그림 6-7]은 임펄스 신호와 스펙트럼을 나타낸 것으로, 그림에서 보듯이 임펄스 신호는 모든 주파수에서 크기 1로 일정한 주파수 성분을 가진다. 이에 중첩의 원리를 결합하면 임펄스 응답이 모든 주파수의 입력에 대한 시스템 응답이 된다는 것을 알 수 있다.

상수(DC) 신호

상수(DC) 신호 $x(t)=1$의 푸리에 변환 또한 [예제 6-3]에서 구한 바 있으며, 변환쌍은 다음과 같다.

$$1 \Leftrightarrow 2\pi\delta(\omega) \tag{6.14}$$

[그림 6-8]은 이 변환쌍을 나타낸 것으로, [그림 6-7]의 임펄스 신호의 변환쌍을 시간과 주파수 함수의 역할을 맞바꾸어 나타낸 것과 같음을 볼 수 있다. 이러한 성질을 시간-주파수 쌍대성이라고 하는데, 6.3절에서 자세히 살펴볼 것이다.

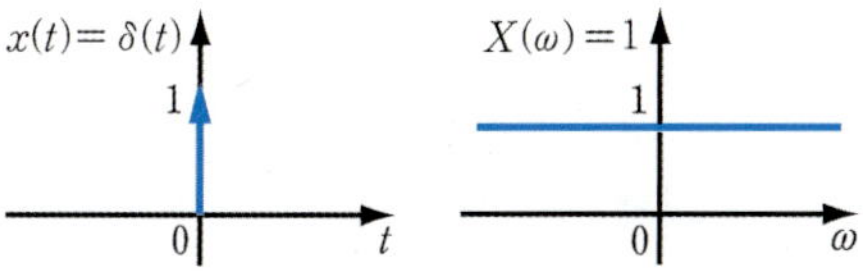

그림 6-7 임펄스 신호의 푸리에 변환쌍

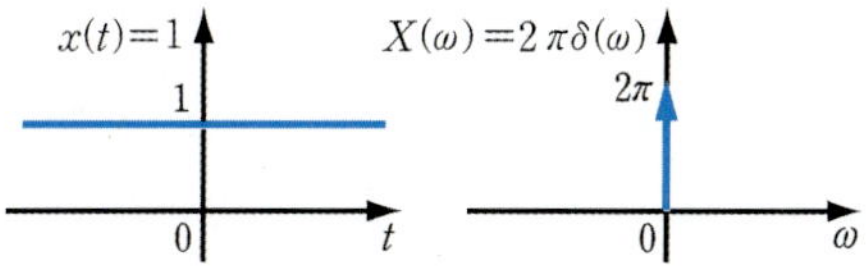

그림 6-8 상수(DC) 신호의 푸리에 변환쌍

정현파 신호

[예제 6-3]에서 구한 식 (6.6)의 변환쌍을 이용하면, 정현파에 대한 푸리에 변환쌍도 손쉽게 구할 수 있다.

$$\mathcal{F}\{\cos(\omega_0 t)\} = \mathcal{F}\{(e^{j\omega_0 t} + e^{-j\omega_0 t})/2\} = \pi\delta(\omega - \omega_0) + \pi\delta(\omega + \omega_0) \tag{6.15}$$

$$\cos(\omega_0 t) \Leftrightarrow \pi\delta(\omega - \omega_0) + \pi\delta(\omega + \omega_0) \tag{6.16}$$

정현파의 푸리에 변환쌍을 그림으로 나타내면 [그림 6-9]와 같은데, 정현파 신호가 전력 신호라서 스펙트럼이 임펄스로 이루어진 것이 푸리에 급수 표현에 의한 스펙트럼과 다른 점이다.

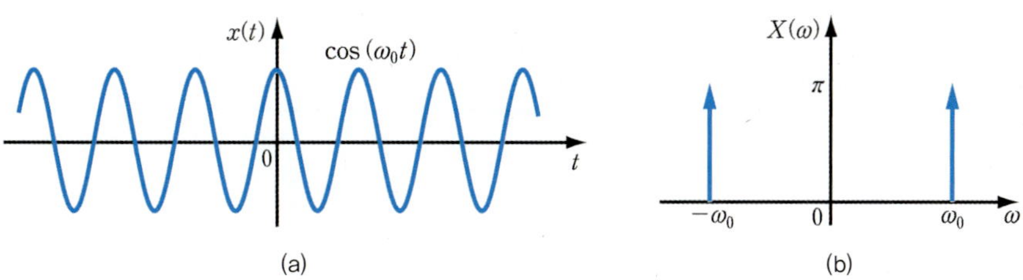

그림 6-9 정현파 신호의 푸리에 변환쌍

실수 지수 신호

실수 지수 신호 $x(t) = e^{-at}u(t)$의 푸리에 변환은 푸리에 변환의 정의식 식 (6.3)으로부터 다음과 같이 구해진다.

$$\begin{aligned} X(\omega) &= \int_0^\infty e^{-at}e^{-j\omega t}\,dt = -\frac{1}{a+j\omega}e^{-(a+j\omega)t}\bigg|_0^\infty = \frac{1}{a+j\omega} \\ &= \frac{a}{a^2+\omega^2} - j\frac{\omega}{a^2+\omega^2} = \frac{1}{\sqrt{a^2+\omega^2}}e^{-j\tan^{-1}\frac{\omega}{a}} \end{aligned} \tag{6.17}$$

$$e^{-at}u(t) \Leftrightarrow \frac{1}{a+j\omega} \tag{6.18}$$

[그림 6-10]은 실수 지수 신호의 스펙트럼을 나타낸 것으로, (b)는 직교좌표 형식으로 표시한 것이고 (c)는 극좌표 형식으로 표시한 것이다. 그림에서 보듯이, 실수 신호의 스펙트럼은 항상 직교좌표 표현에서는 실수부가 우대칭, 허수부가 기대칭이 되며, 극좌표 표현에서는 진폭 스펙트럼이 우대칭, 위상 스펙트럼이 기대칭이 된다.

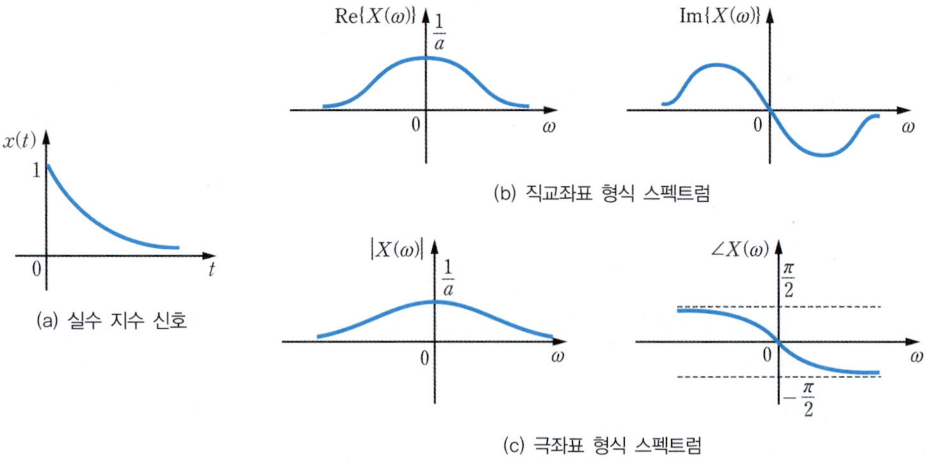

그림 6-10 실수 지수 신호의 두 가지 형식 스펙트럼

예제 6-6 부호 함수의 푸리에 변환

부호 함수 $x(t) = \text{sgn}(t)$의 푸리에 변환을 구하라.

풀이

부호 함수는 다음과 같이 생각할 수 있다([그림 6-11]).

$$x(t) = \text{sgn}(t) = \begin{cases} +1, & t > 0 \\ -1, & t < 0 \end{cases} = \lim_{a \to 0} \left[e^{-at}u(t) - e^{at}u(-t) \right]$$

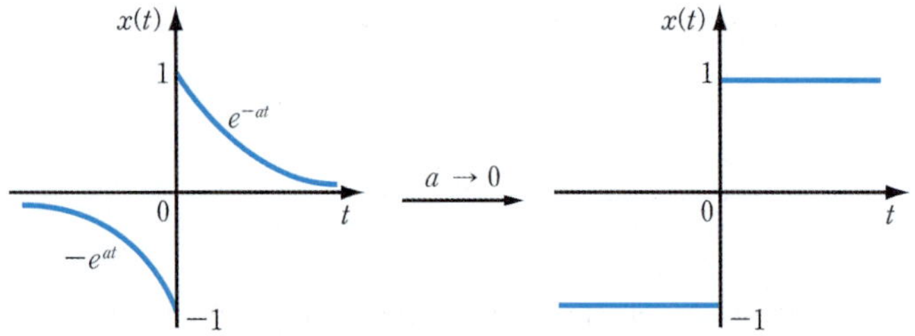

그림 6-11 실수 지수 신호의 극한에 의한 부호 함수

따라서 실수 지수 신호의 푸리에 변환쌍 식 (6.18)을 이용하면 부호 함수의 푸리에 변환은 다음과 같이 된다.

$$X(\omega)=\lim_{a\to 0}\left[\mathscr{F}\{e^{-at}u(t)\}-\mathscr{F}\{e^{at}u(-t)\}\right]=\lim_{a\to 0}\left[\frac{1}{a+j\omega}-\frac{1}{a-j\omega}\right]=\frac{2}{j\omega}$$

$$\mathrm{sgn}(t)\Leftrightarrow\frac{2}{j\omega} \tag{6.19}$$

사각 펄스(구형파) 신호

[예제 6-2]의 풀이로부터 사각 펄스(구형파) 신호의 푸리에 변환쌍은 다음으로 주어진다.

$$\mathrm{rect}\left(\frac{t}{2\tau}\right)\Leftrightarrow 2\tau\cdot\mathrm{sinc}\left(\frac{\tau\omega}{\pi}\right) \tag{6.20}$$

[예제 6-2]의 [그림 6-2]에 이 변환쌍이 나타나 있는데, 원칙적으로는 진폭 스펙트럼과 위상 스펙트럼으로 분리하여 나타내는 것이 바람직하다. 이때 진폭 스펙트럼은 [그림 6-2]의 $X(\omega)$의 값이 음인 부분을 꺾어 올리고, 위상 스펙트럼은 꺾어 올린 부분에 대해 $\pm\pi$가 되도록 하되 기대칭이 되도록 그려야 한다([예제 5-5] 참조).

(단위) 계단 신호

계단 신호 역시 수렴 조건을 만족하지 않는 전력 신호이다. 계단 신호는 상수 신호와 부호 함수를 이용하여 다음과 같이 표현할 수 있다.

$$u(t)=\frac{1}{2}[1+\mathrm{sgn}(t)] \tag{6.21}$$

상수 신호의 푸리에 변환쌍 식 (6.14)와 [예제 6-6]에서 구한 부호 함수의 푸리에 변환쌍 식 (6.19)로부터 계단 신호의 푸리에 변환은 다음과 같이 구해진다.

$$X(\omega)=\mathscr{F}\left\{\frac{1}{2}\right\}+\mathscr{F}\left\{\frac{1}{2}\mathrm{sgn}(t)\right\}=\pi\delta(\omega)+\frac{1}{j\omega} \tag{6.22}$$

$$u(t)\Leftrightarrow\pi\delta(\omega)+\frac{1}{j\omega} \tag{6.23}$$

이 절에서 살펴본 신호들을 포함하여 널리 사용되는 주요 신호들에 대한 푸리에 변환쌍을 [부록]에 정리해 두었다.

6.3 푸리에 변환의 성질

푸리에 변환은 신호 및 시스템의 해석에 크게 도움이 되는 유용한 성질들이 많다. 주파수 영역 변환을 위한 푸리에 표현은 신호의 속성에 따라 (연속 시간) 푸리에 급수((CT)FS), (연속 시간) 푸리에 변환((CT)FT), 이산 시간 푸리에 급수(DTFS), 이산 시간 푸리에 변환(DTFT)의 네 가지 종류가 있으나, 밑바탕 개념은 모두 같으므로 성질들도 비슷하다. 또한 라플라스 변환과 z 변환도 푸리에 표현의 연장선상에 있으므로 이들의 성질들도 마찬가지이다. 이 절에서는 이러한 주파수 영역 변환들의 성질에 대해 확실히 이해할 수 있도록 푸리에 변환의 성질들을 꼼꼼하게 살펴보고 활용법을 익혀두기로 한다.

학습포인트

- 시간-주파수 쌍대성의 개념을 이해하고 활용 방법을 익혀둔다.
- 푸리에 변환의 대칭성에 대해 이해한다.
- 시간 척도조절에 따른 스펙트럼의 변화를 이해한다.
- 시간 이동 성질과 주파수 이동 및 변조 성질을 알아본다.
- 시간 미분 성질과 그의 활용에 대해 알아본다.
- 시간 컨벌루션 및 주파수 컨벌루션 성질과 그 중요성을 이해한다.
- 파스발 정리와 의미를 이해한다.
- 실제 문제에 대한 푸리에 변환의 성질들의 활용법을 잘 익혀둔다.

6.3.1 시간-주파수 쌍대성

$$x(t) \Leftrightarrow X(\omega) \quad \rightarrow \quad X(t) \Leftrightarrow 2\pi x(-\omega) \tag{6.24}$$

푸리에 변환과 역변환의 정의식 식 (6.3)과 식 (6.4)를 잘 살펴보면, 두 식의 수식 구조가 매우 비슷함을 볼 수 있다. 단지 역변환 연산에만 상수 2π가 나타나며, 두 연산에 포함된 지수 항의 부호가 반대라는 사소한 차이만 있을 뿐이다. 수식뿐만 아니라 [그림 6-7]과 [그림 6-8]을 보더라도 임펄스 신호와 상수(DC) 신호의 푸리에 변환쌍이 시간 파형과 스펙트럼을 뒤바꾼 관계임을 알 수 있다. 다시 말해 $x(t)$와 $X(\omega)$가 역할을 맞바꾸더라도 둘이 짝임은 여전히 변함없다. 이처럼 푸리에 변환과 역변환 사이에 서로 시간 변수와 주파수 변수를 맞바꾸어도 푸리에 변환쌍이 그대로 유지되는 관계를 수학적으로 **쌍대성**duality이라고 한다.

식 (6.24)의 쌍대성은 식 (6.3)과 식 (6.4)에 $\omega \rightarrow t$, $t \rightarrow -\omega$로 바꾸어 대입하면 간단히 증명할 수 있다.

$$X(t) = \int_{-\infty}^{\infty} x(-\omega) e^{-jt(-\omega)} d\omega = \int_{-\infty}^{\infty} x(-\omega) e^{j\omega t} d\omega \tag{6.25}$$

$$x(-\omega) = \frac{1}{2\pi} \int_{-\infty}^{\infty} X(t) e^{jt(-\omega)} dt = \frac{1}{2\pi} \int_{-\infty}^{\infty} X(t) e^{-j\omega t} dt \tag{6.26}$$

시간-주파수 쌍대성 개념은 푸리에 변환 전반에 통용되는 특성이다. 이를 이용하면 까다로운 계산을 하지 않고도 이미 알고 있는 푸리에 변환쌍으로부터 새로운 변환쌍을 얻을 수 있고, 또 신호의 해석이나 처리에서 시간과 주파수의 역할을 바꾸어 접근할 수 있는 등 여러모로 편리하다. 예를 들어 사각 펄스의 스펙트럼이 sinc 함수라는 사실을 알고 있다면 계산할 필요도 없이 sinc 함수의 스펙트럼은 사각 펄스가 됨을 끌어낼 수 있다. 그리고 주기 신호의 스펙트럼은 이산 함수이고, 비주기 신호의 스펙트럼은 연속 함수라는 사실로부터 연속 신호의 스펙트럼은 비주기 함수, 이산 신호의 스펙트럼은 주기 함수라는 것도 미루어 알 수 있게 된다.

예제 6-7 시간-주파수 쌍대성을 이용한 sinc 신호의 푸리에 변환

[그림 6-12]의 sinc 신호에 대한 푸리에 변환을 구하라.

풀이

sinc 신호에 대한 푸리에 변환은 복잡하게 계산할 필요 없이 시간-주파수 쌍대성을 적용하여, 사각 펄스의 푸리에 변환쌍 식 (6.20)으로부터 다음과 같이 간단히 구할 수 있다.

$$X(t) = 2\tau \cdot \mathrm{sinc}\left(\frac{\tau t}{\pi}\right) \Leftrightarrow 2\pi x(-\omega) = 2\pi \cdot \mathrm{rect}\left(-\frac{\omega}{2\tau}\right) = 2\pi \cdot \mathrm{rect}\left(\frac{\omega}{2\tau}\right) \tag{6.27}$$

이 변환쌍 관계가 유효한지는 다음과 같이 직접 역변환을 계산하여 확인할 수 있다.

$$x(t) = \frac{1}{2\pi} \int_{-\tau}^{\tau} 2\pi e^{j\omega t} d\omega = \frac{1}{jt}(e^{j\tau t} - e^{-j\tau t}) = \frac{2\tau}{\tau t} \sin(\tau t) = 2\tau \cdot \mathrm{sinc}\left(\frac{\tau t}{\pi}\right)$$

[그림 6-12]는 이 변환쌍을 나타낸 것이다. [그림 6-2]와 비교하면 t와 ω의 역할이 뒤바뀐 것을 확인할 수 있다. 이 경우뿐만 아니라 모든 변환쌍에 대해 시간-주파수 쌍대성을 적용하여 새로운 변환쌍을 얻을 수 있다.

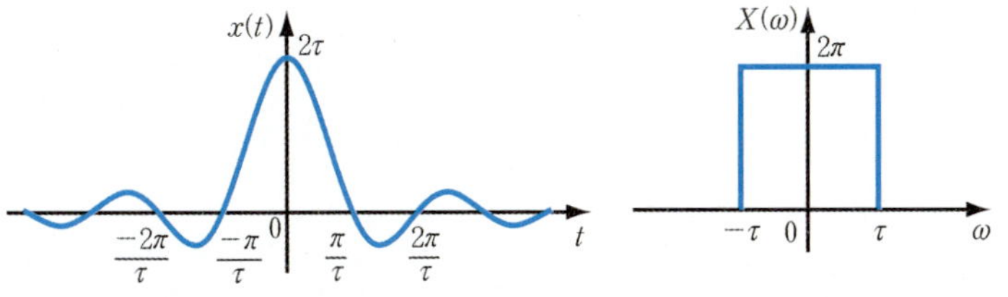

그림 6-12 sinc 신호와 스펙트럼 : 푸리에 변환의 시간-주파수 쌍대성

6.3.2 선형성

$$\alpha x_1(t)+\beta x_2(t) \Leftrightarrow \alpha X_1(\omega)+\beta X_2(\omega) \tag{6.28}$$

선형성은 푸리에 변환의 정의식 식 (6.3)으로부터 바로 얻어진다. 선형성은 간단한 기본 신호들의 선형 결합으로 이루어진 신호의 푸리에 변환을 쉽게 구할 수 있게 해준다. 이미 6.2절에서 정현파나 계단 신호의 푸리에 변환을 구할 때 선형성을 이용한 바 있다.

예제 6-8 선형성을 이용한 신호의 푸리에 변환

[그림 6-13]의 신호 $x(t)$의 푸리에 변환을 구하라.

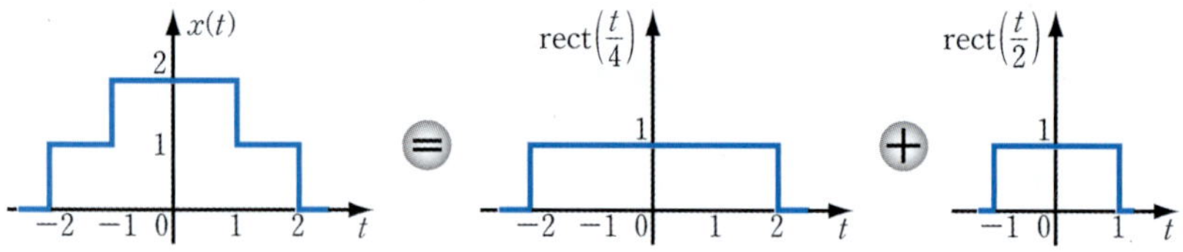

그림 6-13 [예제 6-8]의 신호

풀이

[그림 6-13]에 나타낸 것처럼 $x(t)$는 2개의 사각 펄스의 합으로 나타낼 수 있다.

$$x(t)=\text{rect}\left(\frac{t}{4}\right)+\text{rect}\left(\frac{t}{2}\right)$$

따라서 사각 펄스의 푸리에 변환쌍과 선형성을 이용하면 $x(t)$의 푸리에 변환을 복잡한 적분 계산을 하지 않고도 간편하게 다음과 같이 구할 수 있다.

$$X(\omega)=4\,\text{sinc}\left(\frac{2\omega}{\pi}\right)+2\,\text{sinc}\left(\frac{\omega}{\pi}\right)$$

이 결과가 맞는지 푸리에 변환의 정의식을 이용하여 직접 계산해서 확인해보기 바란다.

6.3.3 시간 반전

$$x(-t) \Leftrightarrow X(-\omega)=X^*(\omega) \tag{6.29}$$

시간축을 뒤집으면 주파수축을 뒤집는 효과로 나타난다는 시간 반전 성질도 푸리에 변환의 정의식으로부터 쉽게 얻을 수 있다.

예제 6-9 시간 반전 성질을 이용한 부호 함수의 푸리에 변환

계단 신호의 푸리에 변환쌍을 이용하여 부호 함수의 푸리에 변환을 구하라.

풀이

부호 함수를 계단 신호로 나타내면 $\text{sgn}(t)=u(t)-u(-t)$이므로, 계단 신호의 푸리에 변환쌍과 시간 반전 성질을 이용하면 부호 함수의 푸리에 변환은 다음과 같이 구해진다.

$$\begin{aligned}\mathcal{F}\{\text{sgn}(t)\}=\mathcal{F}\{u(t)\}-\mathcal{F}\{u(-t)\}&=\left[\frac{1}{j\omega}+\pi\delta(\omega)\right]-\left[\frac{1}{j(-\omega)}+\pi\delta(-\omega)\right]\\&=\left[\frac{1}{j\omega}+\pi\delta(\omega)\right]-\left[-\frac{1}{j\omega}+\pi\delta(\omega)\right]=\frac{2}{j\omega}\end{aligned}$$

이 결과는 식 (6.19)의 변환쌍과 일치한다. 위 식에서 전력 신호의 특징인 푸리에 스펙트럼의 임펄스 성분이 서로 상쇄되어 부호 함수의 푸리에 변환에는 겉보기에는 나타나지 않음을 확인할 수 있다.

6.3.4 대칭성

$$X(\omega)=X^*(-\omega)\quad \& \quad X^*(\omega)=X(-\omega),\quad x(t)\text{는 실수} \tag{6.30}$$

$$\begin{cases}\text{Re}\{X(\omega)\}=\text{Re}\{X(-\omega)\}, & x(t)\text{는 실수}\\ \text{Im}\{X(\omega)\}=-\text{Im}\{X(-\omega)\}, & x(t)\text{는 실수}\end{cases} \tag{6.31}$$

$$\begin{cases}|X(\omega)|=|X(-\omega)|, & x(t)\text{는 실수}\\ \angle X(\omega)=-\angle X(-\omega), & x(t)\text{는 실수}\end{cases} \tag{6.32}$$

$$\begin{cases}\text{Re}\{X(\omega)\}=\text{Re}\{X(-\omega)\}, & x(t)\text{는 실수 우함수}\\ \text{Im}\{X(\omega)\}=0, & x(t)\text{는 실수 우함수}\end{cases} \tag{6.33}$$

$$\begin{cases}\text{Re}\{X(\omega)\}=0, & x(t)\text{는 실수 기함수}\\ \text{Im}\{X(\omega)\}=-\text{Im}\{X(-\omega)\}, & x(t)\text{는 실수 기함수}\end{cases} \tag{6.34}$$

$x(t)$가 복소함수라면 공액인 $x^*(t)$의 푸리에 변환은 다음과 같이 된다.

$$\mathcal{F}\{x^*(t)\}=\int_{-\infty}^{\infty}x^*(t)e^{-j\omega t}dt=\left[\int_{-\infty}^{\infty}x(t)e^{j\omega t}dt\right]^*=X^*(-\omega) \tag{6.35}$$

만약 $x(t)$가 실수라면 $x^*(t)=x(t)$이고 $x(t)\Leftrightarrow X(\omega)$이므로 식 (6.30)의 관계가 성립한다. 즉 실수 신호의 푸리에 변환은 ω에 대해 **공액 대칭**conjugate symmetric이다. 이 성질은 실수 주기 신호 $x(t)$에 대한 지수 함수 형식 푸리에 계수가 $X_k=X^*_{-k}$가 되는 것과 마찬가지이다.

$X(\omega)$의 직교좌표 표현 $X(\omega) = \mathrm{Re}\{X(\omega)\} + j\,\mathrm{Im}\{X(\omega)\}$과 공액 대칭 성질을 결합하면 실수 신호의 푸리에 변환의 실수부는 우대칭, 허수부는 기대칭이라는 식 (6.31)의 결과가 얻어진다. 그리고 극좌표 표현 $X(\omega) = |X(\omega)| e^{j\angle X(\omega)}$과 공액 대칭 성질을 결합하면 실수 신호의 진폭 스펙트럼은 우대칭, 위상 스펙트럼은 기대칭이라는 식 (6.32)의 결과가 얻어진다. 이미 [그림 6-10]의 실수 지수 신호의 푸리에 변환쌍에서 이를 확인한 바 있는데, 6.2절에서 구한 모든 실수 신호의 푸리에 변환쌍은 이런 대칭성을 만족한다.

이러한 대칭성에 실수 신호 $x(t)$의 대칭성까지 결합하게 되면 식 (6.33)과 식 (6.34)의 결과를 얻을 수 있다. 즉 $x(t) = x(-t)$(우대칭)이면, $X(\omega)$는 우대칭이고 (기대칭 성분 $= 0$이어야 하므로) 실수 우함수가 된다. 또한 $x(t) = -x(-t)$(기대칭)이면, $X(\omega)$도 기대칭이고 (우대칭 성분 $= 0$이어야 하므로) 허수 기함수가 된다.

예제 6-10 기대칭 신호의 푸리에 변환의 대칭성

[그림 6-14]의 신호의 푸리에 변환을 구하여 대칭성을 확인하라.

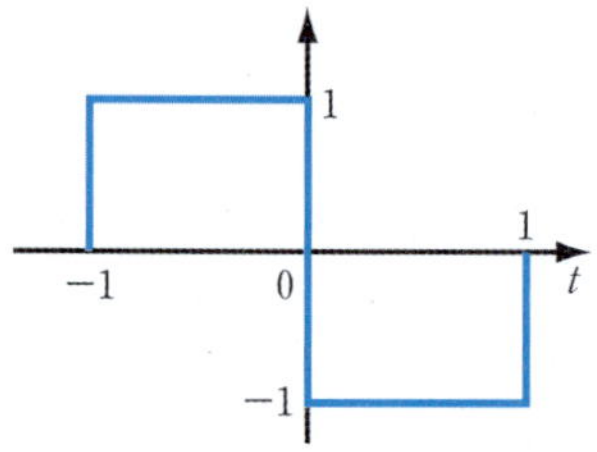

그림 6-14 기대칭 실수 신호

풀이

푸리에 변환의 정의식을 이용해 푸리에 변환을 구하면 다음과 같다.

$$X(\omega) = \int_{-\infty}^{\infty} x(t) e^{-j\omega t} dt = \int_{-1}^{0} 1\, e^{-j\omega t} dt + \int_{0}^{1} (-1) e^{-j\omega t} dt$$

$$= \frac{1}{-j\omega} e^{-j\omega t}\Big|_{-1}^{0} + \frac{1}{j\omega} e^{-j\omega t}\Big|_{0}^{1} = \frac{1}{j\omega}(e^{j\omega} + e^{-j\omega} - 2) = j\frac{2}{\omega}(1 - \cos(\omega))$$

따라서 $X(\omega)$는 순허수 함수이다. $X(-\omega)$를 계산해보면 기대칭을 만족함을 알 수 있다.

$$X(-\omega) = j\frac{2}{-\omega}(1 - \cos(-\omega)) = -j\frac{2}{\omega}(1 - \cos(\omega)) = -X(\omega)$$

6.3.5 시간 척도조절

$$x(at) \Leftrightarrow \frac{1}{|a|}X\left(\frac{\omega}{a}\right) \tag{6.36}$$

신호의 시간 척도를 바꾸면 스펙트럼에 정반대 효과가 나타난다. 다시 말해, 시간 영역에서 신호를 압축하면 스펙트럼은 늘어나고, 반대로 신호를 당겨 늘이면 스펙트럼은 압축된다. 식 (6.36)에서 $|a|>1$이면 줄이기(압축), $|a|<1$이면 늘이기(신장)에 해당하며, 푸리에 변환의 정의식에 $at=\tau$로 변수 치환하면 식 (6.36)을 쉽게 얻을 수 있다.

$$\int_{-\infty}^{\infty} x(at)e^{-j\omega t}dt = \begin{cases} \dfrac{1}{a}\displaystyle\int_{-\infty}^{\infty} x(\tau)e^{-j\frac{\omega}{a}\tau}d\tau, & a>0 \\ -\dfrac{1}{a}\displaystyle\int_{-\infty}^{\infty} x(\tau)e^{-j\frac{\omega}{a}\tau}d\tau, & a<0 \end{cases} = \frac{1}{|a|}X\left(\frac{\omega}{a}\right) \tag{6.37}$$

이 결과는 쉽게 개념적으로 이해할 수 있다. 시간축을 따라 신호 폭을 좁히면 신호의 변화가 빨라진다. 따라서 이런 신호를 합성하려면 더 높은 주파수 성분이 필요하게 되므로 스펙트럼의 폭이 넓어지게 되는 것이다. 마찬가지로 시간축을 따라 늘인 신호는 더욱 느리게 변화하므로 신호 성분들의 주파수는 낮아질 것이고, 스펙트럼의 폭은 줄어들게 된다. [그림 6-16]은 이런 결과를 잘 보여주고 있다.

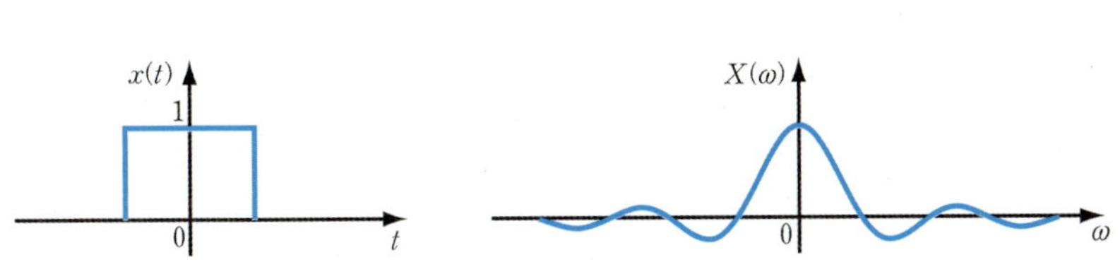

(a) 원래 신호와 스펙트럼

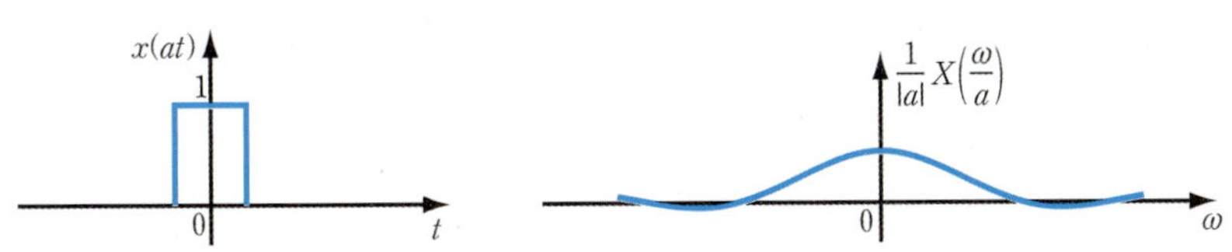

(b) 시간 압축 신호와 스펙트럼($a>1$)

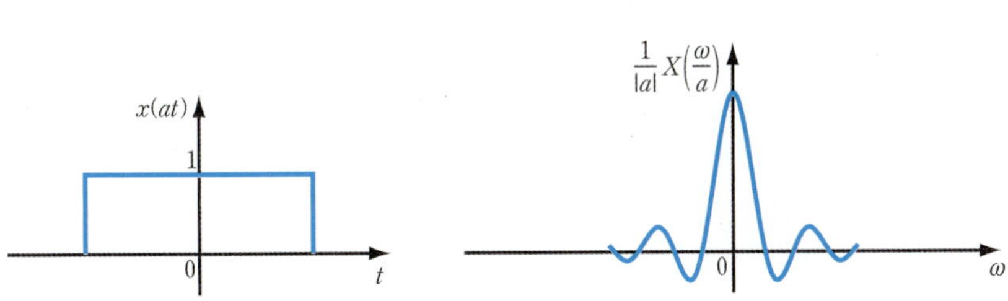

(c) 시간 신장 신호와 스펙트럼($a<1$)

그림 6-15 푸리에 변환의 시간 척도조절 성질

시간 척도조절 효과의 예로 오디오 테이프에 목소리를 녹음해 재생하는 경우를 생각해 볼 수 있다. 재생 속도가 녹음 속도보다 빠르면(시간 압축) 스펙트럼이 확장되므로 목소리의 옥타브가 높아진다. 반대로 재생 속도가 더 느리면(시간 신장) 주파수 대역이 낮아져서 저음의 굵은 남자 음성처럼 들린다.

예제 6-11 시간 척도조절 성질을 이용한 푸리에 변환

사각 펄스의 푸리에 변환쌍 $\mathrm{rect}\left(\frac{t}{4}\right) \Leftrightarrow 4\,\mathrm{sinc}\left(\frac{2\omega}{\pi}\right)$이 주어질 때, 사각 펄스 $\mathrm{rect}\left(\frac{t}{2}\right)$의 푸리에 변환쌍을 구하라.

풀이

[예제 6-8]의 [그림 6-13]에서 보듯이 $\mathrm{rect}\left(\frac{t}{2}\right)$는 $\mathrm{rect}\left(\frac{t}{4}\right)$를 시간적으로 2배 압축한 것이다. 따라서 이의 푸리에 변환쌍은 시간 척도조절 성질에 의해 다음과 같이 구해진다.

$$\mathrm{rect}\left(\frac{t}{2}\right) = \mathrm{rect}\left(2\frac{t}{4}\right) \Leftrightarrow \frac{4}{2}\mathrm{sinc}\left(\frac{2}{\pi}\frac{\omega}{2}\right) = 2\,\mathrm{sinc}\left(\frac{\omega}{\pi}\right)$$

거꾸로 변환쌍 $\mathrm{rect}\left(\frac{t}{2}\right) \Leftrightarrow 2\,\mathrm{sinc}\left(\frac{\omega}{\pi}\right)$가 주어지면, $\mathrm{rect}\left(\frac{t}{4}\right)$의 푸리에 변환쌍은 다음과 같이 구할 수 있다.

$$\mathrm{rect}\left(\frac{t}{4}\right) = \mathrm{rect}\left(\frac{1}{2}\frac{t}{2}\right) \Leftrightarrow \frac{2}{1/2}\mathrm{sinc}\left(\frac{1}{1/2}\frac{\omega}{\pi}\right) = 4\,\mathrm{sinc}\left(\frac{2\omega}{\pi}\right)$$

6.3.6 시간 이동

$$x(t-t_0) \Leftrightarrow e^{-jt_0\omega}X(\omega) \tag{6.38}$$

이미 5.5.1절에서 푸리에 급수의 경우에 대해 살펴보았듯이, 시간 이동에 대해 진폭 스펙트럼은 바뀌지 않고 위상 스펙트럼만 선형적으로 바뀐다. 식 (6.38)은 푸리에 변환의 정의식으로부터 변수 치환을 이용하여 간단히 얻을 수 있다.

$$\begin{aligned}\mathcal{F}\{x(t-t_0)\} &= \int_{-\infty}^{\infty} x(t-t_0)e^{-j\omega t}dt = \int_{-\infty}^{\infty} x(\tau)e^{-j\omega(\tau+t_0)}d\tau \\ &= e^{-j\omega t_0}\int_{-\infty}^{\infty} x(\tau)e^{-j\omega\tau}d\tau = e^{-jt_0\omega}X(\omega)\end{aligned} \tag{6.39}$$

예제 6-12 **시간 이동 성질을 이용한 푸리에 변환**

시간 이동 성질을 이용하여 [예제 6-10]의 [그림 6-14] 신호의 푸리에 변환을 구하라.

풀이

[그림 6-14]의 신호를 사각 펄스를 이용하여 나타내면 다음과 같다.

$$x(t) = \text{rect}\left(t + \frac{1}{2}\right) - \text{rect}\left(t - \frac{1}{2}\right)$$

사각 펄스의 푸리에 변환쌍과 시간 이동 성질을 이용하면 $x(t)$의 푸리에 변환은 다음과 같이 구해진다.

$$\begin{aligned}
\mathcal{F}\{x(t)\} &= \mathcal{F}\left\{\text{rect}\left(t + \frac{1}{2}\right)\right\} - \mathcal{F}\left\{\text{rect}\left(t - \frac{1}{2}\right)\right\} \\
&= e^{j\frac{1}{2}\omega}\text{sinc}\left(\frac{\omega}{2\pi}\right) - e^{j\frac{1}{2}\omega}\text{sinc}\left(\frac{\omega}{2\pi}\right) = \left(e^{j\frac{1}{2}\omega} - e^{-j\frac{1}{2}\omega}\right)\frac{\sin\left(\frac{\omega}{2}\right)}{\frac{\omega}{2}} \\
&= \frac{2}{\omega}\left(e^{j\frac{1}{2}\omega} - e^{-j\frac{1}{2}\omega}\right)\frac{e^{j\frac{1}{2}\omega} - e^{-j\frac{1}{2}\omega}}{j2} = \frac{1}{j\omega}(e^{j\omega} + e^{-j\omega} - 2) \\
&= \frac{2}{j\omega}(\cos(\omega) - 1) = j\frac{2}{\omega}(1 - \cos(\omega))
\end{aligned}$$

이 결과는 [예제 6-10]에서 구한 것과 일치한다.

6.3.7 주파수 이동과 변조

$$\textbf{주파수 이동} : x(t)e^{j\omega_0 t} \Leftrightarrow X(\omega - \omega_0) \quad (6.40)$$

$$\textbf{변조} : x(t)\cos(\omega_0 t) \Leftrightarrow \frac{1}{2}[X(\omega + \omega_0) + X(\omega - \omega_0)] \quad (6.41)$$

주파수 이동 성질은 시간 이동 성질과 쌍대 관계로서, 푸리에 역변환의 정의식에 식 (6.39)처럼 변수 치환을 적용하면 식 (6.40)을 쉽게 얻을 수 있다. 시간 영역에서 실수 신호에 복소 신호를 곱하는 것이 물리적으로 무의미해 보이지만, 지금부터 살펴볼 변조 성질에서 유용성을 확인할 수 있다.

변조

- **변조**modulation는 어떤 신호에 다른 신호를 곱하여 새로운 신호를 만들어 내는 동작이다.
- **진폭 변조(AM)**amplitude modulation는 신호 $x(t)$에 정현파 $\cos(\omega_0 t)$를 곱하여 정현파의 진폭을 변조시킨다.
- 정현파 $\cos(\omega_0 t)$는 신호 $x(t)$를 담아 나르는 역할을 하는 까닭에 **반송파**carrier라고 하고, 주파수 ω_0는 **반송 주파수**carrier frequency라고 한다.
- 진폭 변조에 의해 반송파의 주파수로 스펙트럼의 대역 이동이 일어난다.

신호 $x(t)$에 정현파 $\cos(\omega_0 t)$를 곱하는 것은 오일러 공식에 의해 다음과 같이 복소 정현파를 곱하는 것과 같다.

$$x(t)\cos(\omega_0 t) = \frac{1}{2}[x(t)e^{j\omega_0 t} + x(t)e^{-j\omega_0 t}] \tag{6.42}$$

식 (6.42)에 식 (6.40)의 주파수 이동 성질을 적용하면 식 (6.41)이 얻어진다. 이는 [그림 6-16]에 나타낸 것처럼 신호 $x(t)$에 주파수 ω_0인 정현파를 곱하면 스펙트럼 $X(\omega)$가 $\pm\omega_0$만큼 대역 이동이 발생함을 의미한다.

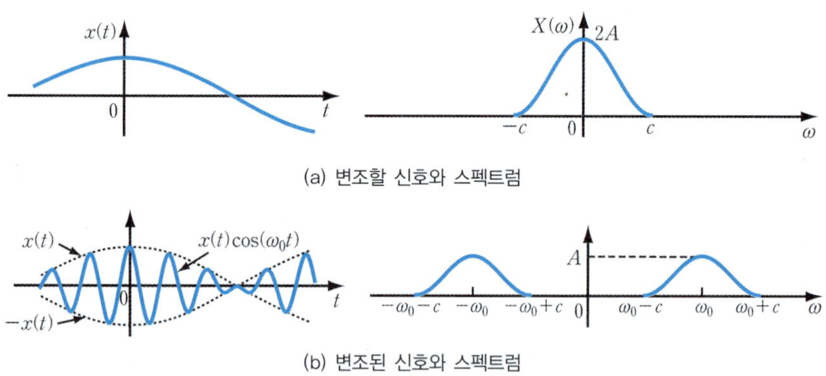

그림 6-16 신호의 진폭 변조와 스펙트럼의 대역 이동

이처럼 진폭 변조는 신호의 주파수 대역 이동에 이용한다. 예를 들어 모든 라디오 방송국이 동시에 음성 신호들을 방송하면, 신호 간의 간섭으로 인해 수신기는 방송들을 분리할 수 없을 것이다. 그러나 각 라디오 방송국이 서로 다른 반송 주파수를 할당받아 고유의 주파수 영역으로 주파수를 이동한 (변조된) 신호를 전송하게 되면, 라디오 수신기는 원하는 방송의 주파수 대역에 동조하여 방송을 수신할 수 있게 된다. 변조를 사용하는 또 다른 이유는 많은 경우 원래의 **기저 대역**baseband 신호가 전송 채널(안테나, 동축케이블, 광섬유 등)로 전송하기에 적합하지 않기 때문이다. 예를 들어 음성 신호는 주파수대가 너무 낮아서, 즉 파장이 너무 길어서 이를 전파하려면 큰 안테나가 필요하다. 그런데 변조에 의해 (파장이 짧은) 높은 주파수 영역으로 스펙트럼을 이동시키면 안테나가 작아도 문제없다.

예제 6-13 **변조 성질을 이용한 푸리에 변환**

실수 지수 신호의 푸리에 변환쌍 $e^{-at}u(t) \Leftrightarrow \dfrac{1}{a+j\omega}$ 과 푸리에 변환의 변조 성질을 이용하여 $x(t)=e^{-at}\cos(\omega_0 t)\,u(t)$ 의 푸리에 변환을 구하라.

풀이

$x(t)$ 는 실수 지수 신호 $e^{-at}u(t)$ 에 $\cos(\omega_0 t)$ 를 곱한 것이다. 따라서 식 (6.41)에 의해 다음과 같이 $x(t)$ 의 푸리에 변환을 구할 수 있다.

$$
\begin{aligned}
X(\omega) &= \frac{1}{2}\left(\frac{1}{a+j(\omega+\omega_0)}+\frac{1}{a+j(\omega-\omega_0)}\right)=\frac{1}{2}\,\frac{a+j(\omega-\omega_0)+a+j(\omega+\omega_0)}{[a+j(\omega+\omega_0)]\,[(a+j(\omega-\omega_0)]} \\
&= \frac{a+j\omega}{(a+j\omega)^2+\omega_0^2}
\end{aligned}
$$

6.3.8 시간 미분

$$
\frac{dx(t)}{dt} \Leftrightarrow (j\omega)X(\omega) \qquad (6.43)
$$

시간에 대해 한번 미분할 때마다 $X(\omega)$ 에 $j\omega$ 가 한번 곱해진다. 연속 LTI 시스템에 대한 수학적 표현이 미분 방정식이라는 점에서 이 성질은 매우 유용하게 사용된다. 식 (6.43)은 푸리에 역변환 정의식의 양변을 시간에 대해 미분하여 쉽게 구할 수 있다.

$$
\frac{dx(t)}{dt}=\frac{1}{2\pi}\int_{-\infty}^{\infty}X(\omega)\frac{de^{j\omega t}}{dt}d\omega=\frac{1}{2\pi}\int_{-\infty}^{\infty}j\omega X(\omega)e^{j\omega t}d\omega \qquad (6.44)
$$

TIP & NOTE **미분기의 문제점**

시간 미분 성질에 의하면, 미분기는 주파수 영역에서 고주파, 즉 큰 ω 를 갖는 신호의 크기를 주파수에 비례해서 키우는 동작을 하게 된다. 그런데 일반적으로 시스템 동작 환경에서 발생하는 잡음이 고주파이므로 미분기는 문제를 일으킬 수 있다. 특히 피드백 루프를 갖는 시스템은 이로 말미암아 불안정해질 수도 있다.

예제 6-14 시간 미분과 임펄스의 푸리에 변환쌍을 이용한 푸리에 변환

[그림 6-17]의 삼각 펄스 신호에 대한 푸리에 변환을 푸리에 변환의 성질을 사용하여 구하라.

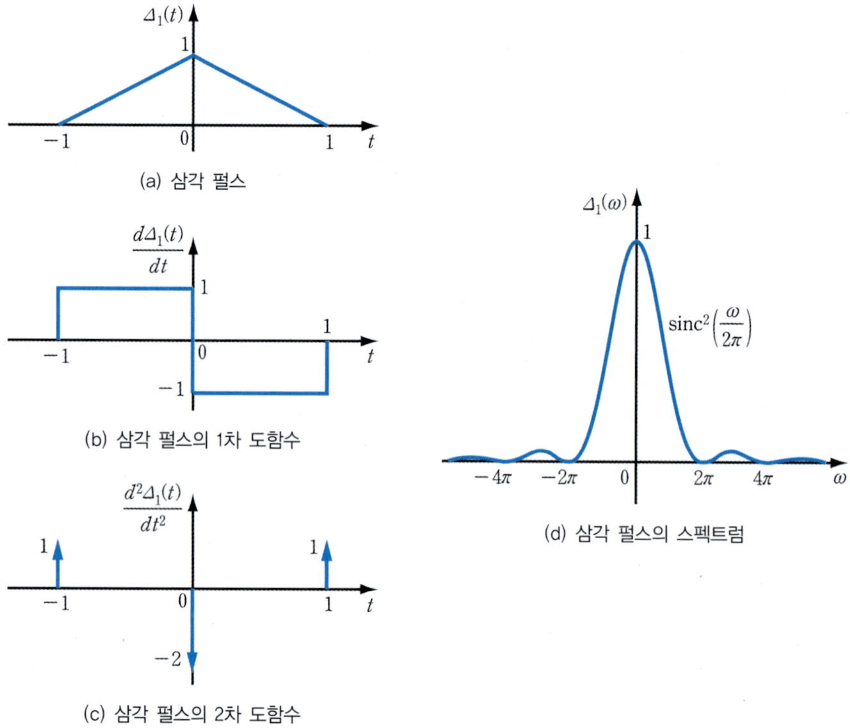

그림 6-17 시간 미분과 임펄스의 푸리에 변환쌍을 이용한 푸리에 변환

풀이

[그림 6-17]을 보자. (a)에 나타낸 삼각 펄스 신호의 수식 표현은 다음과 같다.

$$\Delta_1(t) = \begin{cases} 1-|t|, & |t| \le 1 \\ 0, & \text{그 외} \end{cases}$$

이를 한번 미분하면 (b)와 같이 된다.

$$\frac{d\Delta_1(t)}{dt} = \text{rect}\left(t+\frac{1}{2}\right) - \text{rect}\left(t-\frac{1}{2}\right)$$

이의 푸리에 변환은 이미 [예제 6-10]에서 구한 바 있다. 따라서 삼각 펄스의 푸리에 변환은 시간 미분 성질을 적용하여 다음과 같이 구해진다.

$$\Delta_1(\omega) = \frac{1}{j\omega}\mathcal{F}\left\{\frac{d\Delta_1(t)}{dt}\right\} = \frac{1}{j\omega}\frac{j2}{\omega}(1-\cos(\omega)) = \left(\frac{2}{\omega}\right)^2 \sin^2\left(\frac{\omega}{2}\right) = \text{sinc}^2\left(\frac{\omega}{2\pi}\right)$$

(b)를 한 번 더 미분하면 (c)처럼 임펄스 열만 남는다. 식 $\frac{d^2\Delta_1(t)}{dt^2} = [\delta(t+1) - 2\delta(t) + \delta(t-1)]$을 푸리에 변환하면 다음과 같다.

$$\mathscr{F}\left\{\frac{d^2\Delta_1(t)}{dt^2}\right\} = \left(e^{j\omega} - 2 + e^{-j\omega}\right) = 2(\cos(\omega) - 1) = -4\sin^2\left(\frac{\omega}{2}\right) \tag{6.45}$$

따라서 이 결과와 푸리에 변환의 미분 성질을 결합하여 삼각 펄스의 푸리에 변환을 다음과 같이 얻을 수 있으며, (d)는 이 스펙트럼을 그린 것이다.

$$\Delta_1(\omega) = \frac{1}{(j\omega)^2}\mathscr{F}\left\{\frac{d^2\Delta_1(t)}{dt^2}\right\} = \frac{4}{\omega^2}\sin^2\left(\frac{\omega}{2}\right) = \mathrm{sinc}^2\left(\frac{\omega}{2\pi}\right)$$

이렇게 구하는 것이 앞에서처럼 사각 펄스의 푸리에 변환에 시간 미분 성질을 적용해 구하는 것보다 더 간편하다. 물론 (b)의 사각 펄스의 푸리에 변환도 [예제 6-10]에서처럼 직접 계산하기보다 식 (6.45)에 시간 미분 성질을 적용하는 편이 더 쉽다.

일반적으로 직선 성분들로 구성되는 신호들의 경우 계속 미분을 수행하면 임펄스 열들만 남게 된다. 임펄스 함수의 푸리에 변환은 1이므로 이에 시간 이동과 시간 미분 성질을 적용하면 매우 쉽게 푸리에 변환을 구할 수 있다.

6.3.9 주파수 미분

$$(-jt)x(t) \Leftrightarrow \frac{dX(\omega)}{d\omega} \tag{6.46}$$

주파수 미분 성질은 시간 미분 성질과 쌍대 관계로서, 식 (6.44)와 같은 방법으로 푸리에 변환의 정의식 양변을 주파수에 대해 미분하여 쉽게 얻을 수 있다.

예제 6-15 주파수 미분 성질을 이용한 푸리에 변환

실수 지수 신호의 푸리에 변환쌍 $e^{-at}u(t) \Leftrightarrow \dfrac{1}{a+j\omega}$ 과 푸리에 변환의 주파수 미분 성질을 이용하여 $x(t) = te^{-at}u(t)$ 의 푸리에 변환을 구하라.

풀이

$x'(t) = e^{-at}u(t)$ 라 두면, 주파수 미분 성질에 의해 다음의 관계가 성립한다.

$$x(t) = tx'(t) \Leftrightarrow j\frac{dX'(\omega)}{d\omega}$$

따라서 $x(t)$ 의 푸리에 변환은 다음과 같이 구해진다.

$$X(\omega) = j\frac{d}{d\omega}\left(\frac{1}{a+j\omega}\right) = \frac{1}{(a+j\omega)^2}$$

6.3.10 시간 컨벌루션

$$x_1(t) * x_2(t) \Leftrightarrow X_1(\omega)X_2(\omega) \tag{6.47}$$

시간 영역에서 두 신호의 컨벌루션은 주파수 영역에서 각 신호의 푸리에 변환(스펙트럼)의 곱이 된다. LTI 시스템의 출력이 입력과 임펄스 응답의 컨벌루션으로 주어진다는 점에서, 컨벌루션 계산을 간편하게 해주는 이 성질은 매우 유용하다. 다른 여러 가지 장점도 있지만 바로 이 점 때문에 우리는 많은 경우 주파수 영역에서 시스템을 다루게 된다. 시간 컨벌루션 성질은 컨벌루션과 푸리에 변환의 정의식을 이용하여 다음과 같이 증명할 수 있다.

$$\begin{aligned}
\mathscr{F}\{x_1(t) * x_2(t)\} &= \int_{-\infty}^{\infty}\left[\int_{-\infty}^{\infty} x_1(\tau)x_2(t-\tau)\,d\tau\right]e^{-j\omega t}\,dt \\
&= \int_{-\infty}^{\infty} x_1(\tau)\left[\int_{-\infty}^{\infty} x_2(t-\tau)e^{-j\omega t}\,dt\right]d\tau \\
&= \int_{-\infty}^{\infty} x_1(\tau)\left[\int_{-\infty}^{\infty} x_2(t')e^{-j\omega t'}\,dt'\right]e^{-j\omega\tau}\,d\tau \\
&= \left(\int_{-\infty}^{\infty} x_1(\tau)e^{-j\omega\tau}\,d\tau\right)\left(\int_{-\infty}^{\infty} x_2(t')e^{-j\omega t'}\,dt'\right) \\
&= X_1(\omega)X_2(\omega)
\end{aligned} \tag{6.48}$$

예제 6-16 시간 컨벌루션 성질을 이용한 삼각 펄스의 푸리에 변환

[그림 6-18]의 삼각 펄스 신호의 푸리에 변환을 구하라.

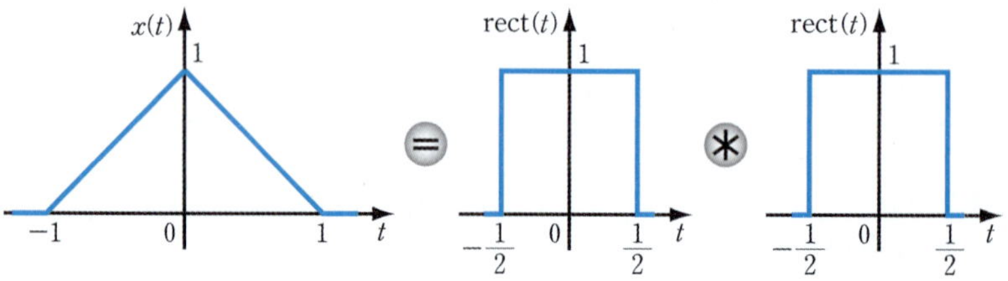

그림 6-18 삼각 펄스 신호

풀이

[그림 6-18]에 나타낸 것처럼 삼각 펄스 $x(t)$는 폭이 절반인 두 사각 펄스의 컨벌루션으로 나타낼 수 있다. 즉 $x(t) = \text{tri}(t) = \text{rect}(t) * \text{rect}(t)$이므로 사각 펄스의 푸리에 변환쌍과 시간 컨벌루션 성질을 이용하면 다음과 같이 간단히 푸리에 변환이 구해진다.

$$X(\omega) = \mathscr{F}\{\text{rect}(t) * \text{rect}(t)\} = \text{sinc}^2\left(\frac{\omega}{2\pi}\right)$$

6.3.11 주파수 컨벌루션(시간 곱)

$$x_1(t)x_2(t) \Leftrightarrow \frac{1}{2\pi}X_1(\omega) * X_2(\omega) \tag{6.49}$$

시간 컨벌루션 성질의 쌍대 관계로 주파수 컨벌루션 성질도 성립한다. 즉 시간 영역에서 두 신호를 곱하는 동작은 주파수 영역에서 스펙트럼의 컨벌루션으로 나타난다. 이 성질도 식 (6.48)에서처럼 컨벌루션과 푸리에 역변환의 정의식을 이용하면 어렵지 않게 얻을 수 있다.

예제 6-17 주파수 컨벌루션 성질을 이용한 변조의 푸리에 변환

식 (6.41)의 변조의 푸리에 변환쌍을 주파수 컨벌루션 성질을 이용하여 구하라.

풀이

주파수 컨벌루션 성질을 이용하여 $x(t)\cos(\omega_0 t)$를 푸리에 변환하면 다음과 같다.

$$\mathscr{F}\{x(t)\cos(\omega_0 t)\} = \frac{1}{2\pi}X(\omega) * \pi[\delta(\omega+\omega_0)+\delta(\omega-\omega_0)]$$

앞 식 우변의 임펄스와의 컨벌루션은 4.3.2절의 컨벌루션 연산의 성질 중, 식 (4.11) $x(t) * \delta(t-t_0) = x(t-t_0)$에 의해 $X(\omega) * \delta(\omega \pm \omega_0) = X(\omega \pm \omega_0)$가 되므로 다음의 푸리에 변환쌍을 얻는다.

$$x(t)\cos(\omega_0 t) \Leftrightarrow \frac{1}{2}[X(\omega+\omega_0)+X(\omega-\omega_0)]$$

6.3.12 파스발 정리

파스발 정리

$$E = \int_{-\infty}^{\infty} |x(t)|^2 dt = \frac{1}{2\pi}\int_{-\infty}^{\infty} |X(\omega)|^2 d\omega \tag{6.50}$$

- 신호의 에너지는 시간 영역에서 구하나 주파수 영역에서 구하나 마찬가지이다.
- 서로 다른 주파수 성분 간에는 에너지가 전혀 만들어지지 않는다. 그러므로 신호의 에너지는 각 주파수 성분의 에너지를 전부 모으면 된다.

푸리에 급수에서는 주기 신호가 전력 신호이므로 파스발 정리에 의해 전력 관계를 다루었지만, 푸리에 변환의 수렴 조건을 만족하는 신호의 경우 직접 에너지 관계를 다룰 수 있다.

식 (6.50)은 신호의 에너지에 대한 정의와 푸리에 변환을 이용해 쉽게 얻을 수 있다.

$$\begin{aligned} E &= \int_{-\infty}^{\infty} |x(t)|^2 dt = \int_{-\infty}^{\infty} x(t)x^*(t)\,dt \\ &= \int_{-\infty}^{\infty} x(t)\left[\frac{1}{2\pi}\int_{-\infty}^{\infty} X^*(\omega)e^{-j\omega t}\,d\omega\right]dt \\ &= \frac{1}{2\pi}\int_{-\infty}^{\infty} X^*(\omega)\left[\int_{-\infty}^{\infty} x(t)e^{-j\omega t}\,dt\right]d\omega = \frac{1}{2\pi}\int_{-\infty}^{\infty} |X(\omega)|^2 d\omega \end{aligned} \tag{6.51}$$

식 (6.50)에서 $|X(\omega)|^2$은 신호 $x(t)$가 갖는 에너지의 주파수 분포를 알려주기 때문에 **에너지 밀도 스펙트럼**energy density spectrum이라고 한다. 에너지 밀도 스펙트럼 $|X(\omega)|^2$은 스펙트럼의 크기만 관련되므로, 같은 에너지 밀도 스펙트럼을 가지는 신호가 여럿 존재할 수 있지만, 어떤 신호이든 오직 하나의 에너지 밀도 스펙트럼만 갖는다.

신호의 에너지에 대한 계산은 쉽게 구해질 수도 있으나 종종 $|x(t)|^2$의 적분을 구하기 쉽지 않을 때가 있다. 파스발 정리는 주파수 영역에서 $|X(\omega)|^2$을 이용하여 에너지를 간편하게 계산할 수 있게 해준다. 예를 들어 sinc 함수의 에너지는 주파수 영역에서 구하는 편이 훨씬 쉽다.

예제 6-18 파스발의 정리를 이용한 sinc 신호의 에너지 계산

$x(t) = \mathrm{sinc}(t)$의 에너지를 구하라.

풀이

시간 영역에서 $x(t)$의 에너지를 계산해보면 다음과 같다.

$$E = \int_{-\infty}^{\infty} |\mathrm{sinc}(t)|^2 dt = \int_{-\infty}^{\infty} \left|\frac{\sin(\pi t)}{\pi t}\right|^2 dt = \int_{-\infty}^{\infty} \frac{\sin^2(\pi t)}{\pi^2 t^2}\,dt$$

위 식의 적분 계산은 쉽지 않다. 그런데 $\mathrm{sinc}(t) \Leftrightarrow \mathrm{rect}\left(\frac{\omega}{2\pi}\right)$이므로 파스발 정리를 적용하면 다음과 같이 간단히 신호의 에너지를 구할 수 있다.

$$E = \frac{1}{2\pi}\int_{-\infty}^{\infty} |X(\omega)|^2 d\omega = \frac{1}{2\pi}\int_{-\pi}^{\pi} 1\,d\omega = \frac{1}{2\pi}\omega\Big|_{-\pi}^{\pi} = 1$$

지금까지 살펴본 푸리에 변환의 성질들을 [표 6-1]에 정리하였다.

표 6-1 (연속 시간) 푸리에 변환((CT)FT)의 주요 성질

	성질	푸리에 변환쌍
1	시간-주파수 쌍대성	$X(t) \Leftrightarrow 2\pi x(-\omega)$
2	선형성	$\alpha x(t)+\beta y(t) \Leftrightarrow \alpha X(\omega)+\beta Y(\omega)$
3	시간 반전	$x(-t) \Leftrightarrow X(-\omega)$
4	대칭성	$X^*(\omega)=X(-\omega)$, $x(t)$는 실수
		$\begin{cases} \mathrm{Re}\{X(\omega)\}=\mathrm{Re}\{X(-\omega)\}, & x(t)\text{는 실수} \\ \mathrm{Im}\{X(\omega)\}=-\mathrm{Im}\{X(-\omega)\}, & x(t)\text{는 실수} \end{cases}$
		$\begin{cases} \lvert X(\omega)\rvert=\lvert X(-\omega)\rvert, & x(t)\text{는 실수} \\ \angle X(\omega)=-\angle X(-\omega), & x(t)\text{는 실수} \end{cases}$
		$\begin{cases} \mathrm{Re}\{X(\omega)\}=\mathrm{Re}\{X(-\omega)\}, & x(t)\text{는 실수 우함수} \\ \mathrm{Im}\{X(\omega)\}=0, & x(t)\text{는 실수 우함수} \end{cases}$
		$\begin{cases} \mathrm{Re}\{X(\omega)\}=0, & x(t)\text{는 실수 기함수} \\ \mathrm{Im}\{X(\omega)\}=-\mathrm{Im}\{X(-\omega)\}, & x(t)\text{는 실수 기함수} \end{cases}$
5	시간 척도조절	$x(at) \Leftrightarrow \frac{1}{\lvert a\rvert}X\left(\frac{\omega}{a}\right)$
6	시간 이동	$x(t-t_0) \Leftrightarrow X(\omega)e^{-jt_0\omega}$
7	주파수 이동	$x(t)e^{j\omega_0 t} \Leftrightarrow X(\omega-\omega_0)$
	변조	$x(t)\cos(\omega_0 t) \Leftrightarrow \frac{1}{2}\left[X(\omega-\omega_0)+X(\omega+\omega_0)\right]$
8	시간 미분	$\frac{d^m x(t)}{dt^m} \Leftrightarrow (j\omega)^m X(\omega)$, $m=1, 2, \cdots$
9	주파수 미분	$(-jt)x(t) \Leftrightarrow \frac{dX(\omega)}{d\omega}$
10	시간 컨벌루션	$x(t)*y(t) \Leftrightarrow X(\omega)Y(\omega)$
11	주파수 컨벌루션	$x(t)y(t) \Leftrightarrow \frac{1}{2\pi}X(\omega)*Y(\omega)$
12	파스발 정리	$\int_{-\infty}^{\infty}\lvert x(t)\rvert^2 dt=\frac{1}{2\pi}\int_{-\infty}^{\infty}\lvert X(\omega)\rvert^2 d\omega$

TIP & NOTE **푸리에 변환쌍의 면적 적분**

푸리에 변환과 역변환의 정의식에 독립 변수 t와 ω를 0으로 대입하면 다음의 관계를 얻을 수 있다.

$$X(0)=\int_{-\infty}^{\infty}x(t)e^{-j\omega t}dt\bigg|_{\omega=0}=\int_{-\infty}^{\infty}x(t)dt$$

$$x(0)=\frac{1}{2\pi}\int_{-\infty}^{\infty}X(\omega)e^{j\omega t}d\omega\bigg|_{t=0}=\frac{1}{2\pi}\int_{-\infty}^{\infty}X(\omega)d\omega$$

6.4 주파수 응답

시간 영역에서는 연속 LTI 시스템을 컨벌루션과 미분 방정식으로 표현하고 해석하지만(4장), 풀이가 까다로울 뿐만 아니라 주파수와 관련한 정보를 전혀 제공하지 못한다. 그러므로 주파수 영역에서 시스템을 표현하고 해석할 수 있는 수단이 필요한데, 주파수 응답이 좋은 해결책이다. 이 절에서는 주파수 응답의 개념을 소개하고, 주파수 응답과 임펄스 응답, 미분 방정식과의 상호 관계를 살펴본 다음, 시스템 해석에 어떻게 활용되는지 간단히 알아볼 것이다.

학습포인트

- 시스템의 주파수 응답의 정의와 개념을 이해한다.
- 임펄스 응답, 주파수 응답, 미분 방정식의 상호 관계를 이해한다.
- 푸리에 변환과 주파수 응답을 이용한 시스템의 출력 결정 방법에 대해 알아본다.
- 이상적인 주파수 선택 필터의 정의와 유형에 대해서 알아본다.

푸리에 변환을 이용하여 주파수 영역에서 시스템을 표현하고 해석하면 편리한 경우가 많다. 이러한 푸리에 변환 기법이 갖는 장점을 정리하면 다음과 같다.

❶ 신호와 시스템의 주파수 특성을 직관적이고 명확하게 나타낼 수 있다.

❷ 시스템의 입출력 관계가 컨벌루션으로 주어질 경우, 푸리에 변환을 하면 주파수 영역에서 곱으로 표현되므로 해석이 쉬워진다.

❸ 시스템의 입출력 관계가 미분 방정식으로 주어질 경우, 푸리에 변환의 시간 미분 성질을 이용하면 쉽게 결과를 얻을 수 있다.

푸리에 변환을 이용한 시스템 해석의 중심에는 주파수 응답이 있다. 따라서 주파수 응답의 개념과 여러 형태의 시스템 표현과 주파수 응답의 관계를 살펴보는 것은 대단히 중요하다.

6.4.1 시스템의 주파수 응답

주파수 응답의 바탕 개념

시스템을 분석하고 해석하는 첫걸음은 입력에 대한 시스템의 반응, 즉 출력이 어떻게 되는지 알아보는 것이다. 그러나 이를 통해 시스템의 특성을 제대로 파악하기에는 어려움이 따른다. 가령 $t=1$인 순간에 입력의 크기가 똑같이 1이었다 하더라도 입력이 계단 신호냐 정현파 신호냐에 따라 출력값이 달라지며, 심지어 입력이 $t=1$과 $t=3$에서 값이 같더라도 출력값은 달라지기도 한다. 이처럼 입력의 크기와 출력의 크기에 일정한 관계가 형성되지 않기 때문에 시스템의 특성을 제대로 알기 위해서는 온갖 종류의 입력을 다 넣어서 오랜 시간 동안 관찰하는 수밖에 없는데, 이는 너무 비효율적이며 무모한 방법이다.

따라서 좀 더 합리적이고 효율적인 방법을 찾아야 한다. 마침 우리는 푸리에 급수와 푸리에 변환에 대한 논의를 통해 신호를 각 주파수 성분으로 쪼개어 스펙트럼으로 나타낼 수 있음을 알고 있다. 그러므로 관점을 전환해 주파수가 서로 다른 입력에 대해 시스템이 어떻게 반응하는지 살펴보는 것도 좋을 것이다. 이때 (복소) 정현파를 입력 신호로 선택하면 장점이 많다. 우선 정현파 신호는 주파수와 1:1 대응 관계이며, 이에 대한 출력 역시 같은 주파수의 정현파가 된다. 이뿐만 아니라 푸리에 표현의 기저 신호이므로 그 틀을 그대로 활용할 수 있다. 예를 들어 임의의 입력 신호에 대한 LTI 시스템의 출력은 중첩의 원리를 적용하여 각 주파수 성분에 대한 시스템 응답을 모두 합하면 된다. 이것이 시스템의 주파수 응답의 밑바탕에 깔린 생각이다.

주파수 응답의 정의

시스템의 주파수 응답은 이론적으로뿐만 아니라 실험적으로도 구할 수 있는 개념으로, 주파수 응답은 입력의 주파수 변화에 대한 시스템의 응답 특성으로 주파수의 함수이다.

(연속) 시스템의 주파수 응답

- 시스템의 주파수 응답 $H(\omega)$은 입력 신호 $x(t)$의 푸리에 변환 $X(\omega)$에 대한 출력 신호 $y(t)$의 푸리에 변환 $Y(\omega)$의 비로 정의한다.

$$H(\omega) = \frac{Y(\omega)}{X(\omega)} = |H(\omega)|e^{j\angle H(\omega)} \tag{6.52}$$

- 주파수 응답 $H(\omega)$의 크기 $|H(\omega)|$와 위상 $\angle H(\omega)$를 ω에 대해 각각 나타낸 것을 진폭 (주파수) 응답과 위상 (주파수) 응답이라고 한다.
- 주파수 응답은 입력 정현파에 대한 출력 정현파의 진폭과 위상 변화를 나타낸 것으로, 주파수에 따라 입력 신호의 크기와 위상을 증가 또는 감소시키는 시스템의 응답 특성을 표현한 것이다.
- 주파수 응답은 시스템 임펄스 응답 $h(t)$의 푸리에 변환 $H(\omega) = \mathscr{F}\{h(t)\}$이다. 따라서 입력의 형태와는 상관없고 시스템이 바뀌지 않는 한 달라지지 않는다.

$$H(\omega) = \frac{Y(\omega)}{X(\omega)} = \mathscr{F}\{h(t)\} \tag{6.53}$$

주파수 응답은 실험적으로도 구할 수 있어 수학적 모델이 꼭 필요한 것은 아니라는 점에서도 매우 유용한 시스템 표현 및 해석 도구이다. 예를 들어 전기회로의 입력단에 함수발생기를, 출력단에 오실로스코프를 연결한 뒤에 정현파의 진폭은 고정한 채 주파수만 조금씩 높여가며 인내심을 가지고 출력 파형의 진폭과 위상 변화를 측정하면 얻을 수 있다.

한편 LTI 시스템의 출력 $y(t)$는 입력 $x(t)$과 임펄스 응답 $h(t)$의 컨벌루션으로 주어진다.

$$y(t) = x(t) * h(t) = \int_{-\infty}^{\infty} x(\tau)h(t-\tau)\,d\tau \tag{6.54}$$

식 (6.54)를 푸리에 변환하면 시간 컨벌루션 성질에 의해 다음과 같이 된다.

$$Y(\omega) = X(\omega)H(\omega) \tag{6.55}$$

이로부터 주파수 응답은 식 (6.53)과 같이 임펄스 응답의 푸리에 변환이 된다. 따라서 주파수 응답과 임펄스 응답은 결국 같은 것으로, 전자는 주파수 영역, 후자는 시간 영역에서 시스템을 나타낸 것이다. 그러므로 [그림 6-19]에 보인 것처럼 임펄스 응답 또는 주파수 응답 중 어느 것을 사용하여 LTI 시스템을 나타내도 무방하다.

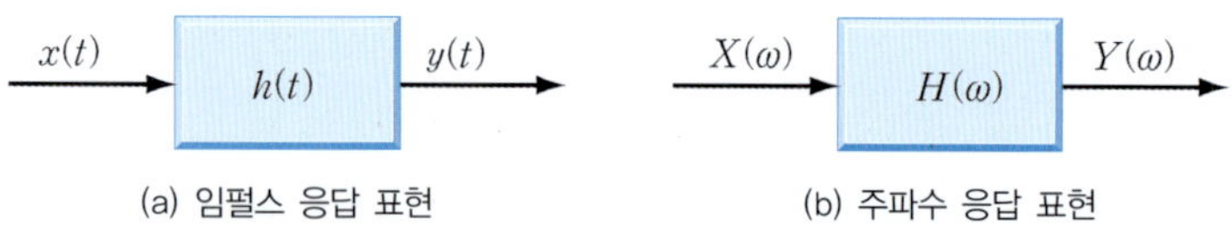

그림 6-19 연속 LTI 시스템의 표현

식 (6.54)를 이용하여 (복소) 정현파 입력 $x(t) = Ae^{j\omega t}$에 대한 시스템의 출력을 구해보자.

$$\begin{aligned} y(t) &= \int_{-\infty}^{\infty} h(\tau)x(t-\tau)d\tau = \int_{-\infty}^{\infty} h(\tau)Ae^{j\omega(t-\tau)}\,d\tau \\ &= \int_{-\infty}^{\infty} h(\tau)e^{-j\omega\tau}Ae^{j\omega t}\,d\tau = \left[\int_{-\infty}^{\infty} h(\tau)e^{-j\omega\tau}d\tau\right]Ae^{j\omega t} = H(\omega)x(t) \\ &= |H(\omega)|e^{j\angle H(\omega)}Ae^{j\omega t} = |H(\omega)|Ae^{j(\omega t + \angle H(\omega))} \end{aligned} \tag{6.56}$$

정현파 입력에 대한 LTI 시스템의 출력 역시 같은 주파수의 정현파로서 복소 계수 $H(\omega)$가 곱해진다. 즉 진폭이 $|H(\omega)|$배가 되고 위상이 $\angle H(\omega)$만큼 달라진다. 따라서 이 $H(\omega)$가 주파수 ω에 따른 시스템 응답을 결정하는 요소로서 곧 시스템의 주파수 응답이다.

미분 방정식과 주파수 응답의 관계

입력 $x(t)$와 출력 $y(t)$를 갖는 LTI 시스템은 다음과 같은 미분 방정식으로 표현된다.

$$\frac{d^n y(t)}{dt^n} + a_{n-1}\frac{d^{n-1}y(t)}{dt^{n-1}} + \cdots + a_0 y(t) = b_m\frac{d^m x(t)}{dt^m} + b_{m-1}\frac{d^{m-1}x(t)}{dt^{m-1}} + \cdots + b_0 x(t) \tag{6.57}$$

식 (6.57)의 양변을 미분 성질을 이용하여 푸리에 변환하면 다음과 같이 된다.

$$(j\omega)^n Y(\omega)+a_{n-1}(j\omega)^{n-1}Y(\omega)+\cdots+a_1(j\omega)Y(\omega)+a_0Y(\omega) \tag{6.58}$$
$$=b_m(j\omega)^m X(\omega)+b_{m-1}(j\omega)^{m-1}X(\omega)+\cdots+b_1(j\omega)X(\omega)+b_0X(\omega)$$

이를 정리하여 $X(\omega)$에 대한 $Y(\omega)$의 비, 즉 주파수 응답 $H(\omega)$를 구하면 다음과 같다.

$$H(\omega)=\frac{Y(\omega)}{X(\omega)}=\frac{b_m(j\omega)^m+b_{m-1}(j\omega)^{m-1}+\cdots+b_0}{(j\omega)^n+a_{n-1}(j\omega)^{n-1}+\cdots+a_0}=\frac{\sum_{i=0}^{m}b_i(j\omega)^i}{\sum_{i=0}^{n}a_i(j\omega)^i} \tag{6.59}$$

여기서 $a_n=1$이다. 식 (6.59)에서 $H(\omega)$는 다항식의 비로 나타낸 유리 함수가 되는데, 분자 다항식의 계수는 미분 방정식의 입력 항들의 계수와 같고, 분모 다항식의 계수는 미분 방정식의 출력 항들의 계수와 같다. 그러므로 미분 방정식으로 표현된 LTI 시스템의 주파수 응답은 $X(\omega)$와 $Y(\omega)$를 계산하는 중간 과정을 거치지 않고 미분 방정식으로부터 직접 식 (6.59)와 같이 구할 수 있다. 미분 방정식의 계수들에 의해 주파수 응답이 결정되므로, 주파수 응답은 시스템이 바뀌지 않는 한 달라지지 않으며 입력과는 무관하다는 사실이 다시 확인된다.

주파수 응답을 구하는 이론적 방법

❶ 입력과 출력이 주어지면, 이들의 푸리에 변환의 비로 주파수 응답을 구한다.

$$H(\omega)=\frac{Y(\omega)}{X(\omega)}$$

❷ 임펄스 응답이 주어지면, 이를 푸리에 변환하여 주파수 응답을 구한다.

$$H(\omega)=\mathcal{F}\{h(t)\}$$

❸ 미분 방정식이 주어지면 푸리에 변환한 뒤, 입력과 출력의 비로 주파수 응답을 구한다.

$$H(\omega)=\frac{Y(\omega)}{X(\omega)}=\frac{b_m(j\omega)^m+b_{m-1}(j\omega)^{m-1}+\cdots+b_0}{(j\omega)^n+a_{n-1}(j\omega)^{n-1}+\cdots+a_0}$$

예제 6-19 주파수 응답, 임펄스 응답, 미분 방정식의 결정

LTI 시스템에 입력 $x(t)=e^{-t}u(t)$를 넣었을 때 출력이 $y(t)=(e^{-t}-e^{-2t})u(t)$라고 한다. 이 시스템의 주파수 응답과 임펄스 응답, 그리고 시스템 미분 방정식을 구하라.

풀이

우선 입력과 출력을 각각 푸리에 변환하면 다음과 같다.

$$X(\omega) = \mathcal{F}\{e^{-t}u(t)\} = \frac{1}{1+j\omega}$$

$$Y(\omega) = \mathcal{F}\{(e^{-t} - e^{-2t})\,u(t)\} = \frac{1}{1+j\omega} - \frac{1}{2+j\omega} = \frac{1}{(1+j\omega)(2+j\omega)}$$

주파수 응답은 정의식 식 (6.52)로부터 다음과 같이 구할 수 있다.

$$H(\omega) = \frac{Y(\omega)}{X(\omega)} = \frac{\dfrac{1}{(1+j\omega)(2+j\omega)}}{\dfrac{1}{1+j\omega}} = \frac{1}{2+j\omega}$$

주파수 응답은 임펄스 응답을 푸리에 변환한 것이므로, 임펄스 응답은 얻어진 주파수 응답을 다음과 같이 푸리에 역변환하여 구할 수 있다.

$$h(t) = \mathcal{F}^{-1}\{H(\omega)\} = \mathcal{F}^{-1}\left\{\frac{1}{2+j\omega}\right\} = e^{-2t}u(t)$$

한편 미분 방정식과 주파수 응답의 관계 식 (6.59)로부터 다음 관계를 얻을 수 있고,

$$(2+j\omega)\,Y(\omega) = X(\omega)$$

이를 시간 미분 성질을 이용하여 역변환하면 다음의 미분 방정식을 얻는다.

$$\frac{dy(t)}{dt} + 2y(t) = x(t)$$

6.4.2 주파수 응답을 이용한 시스템 출력 결정

까다로운 컨벌루션 계산보다는 단순한 곱셈이 훨씬 간편하므로, 식 (6.55)를 이용하여 주파수 영역에서 출력의 스펙트럼을 구한 뒤 이를 푸리에 역변환하여 시스템 출력을 구하는 게 더 낫다.

주파수 응답을 이용한 시스템 출력의 계산

❶ 입력과 임펄스 응답의 푸리에 변환을 수행한다.
❷ 입력 스펙트럼에 시스템 주파수 응답을 곱해 출력 스펙트럼을 구한다.
❸ 출력 스펙트럼의 푸리에 역변환을 수행하여 출력 신호를 구한다.

이 계산 과정을 [그림 6-20]에 정리하여 나타내었다. 언뜻 보기에는 여러 단계를 거치므로 더 복잡해 보이지만, 컴퓨터를 이용한 신호 처리에서 고속 푸리에 변환(FFT)이라는 알고리즘을 이용하면 컨벌루션을 직접 계산하는 것보다는 훨씬 효율적이므로 널리 사용된다.

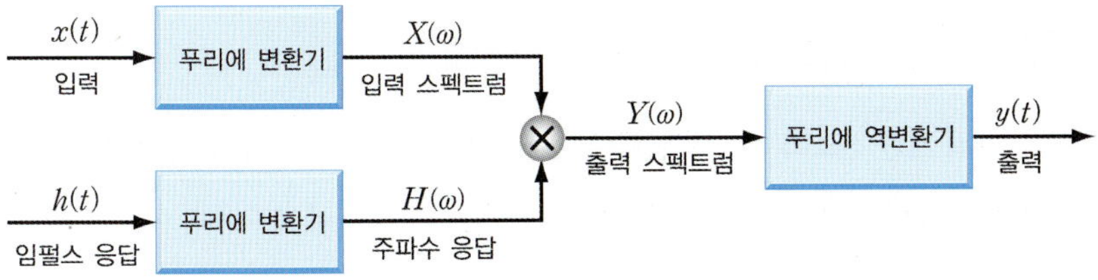

그림 6-20 주파수 응답과 푸리에 변환을 이용한 LTI 시스템의 출력 계산

주파수 영역에서 스펙트럼 그래프를 이용하면 아주 효과적으로 계산을 할 수 있을 뿐만 아니라 주파수와 관련한 시스템의 동작 특성을 직관적으로 이해할 수 있다. 출력 스펙트럼 $Y(\omega)=H(\omega)X(\omega)$을 극좌표 형식으로 나타내면 다음과 같다.

$$\begin{aligned}|Y(\omega)|e^{j\angle Y(\omega)} &= |H(\omega)|e^{j\angle H(\omega)}|X(\omega)|e^{j\angle X(\omega)} \\ &= |H(\omega)|X(\omega)|e^{j(\angle H(\omega)+\angle X(\omega))}\end{aligned} \tag{6.60}$$

- 출력의 진폭 스펙트럼은 입력의 진폭 스펙트럼에 시스템의 진폭 응답을 곱한 것이다.

$$|Y(\omega)|=|H(\omega)||X(\omega)| \tag{6.61}$$

- 출력의 위상 스펙트럼은 입력의 위상 스펙트럼에 시스템의 위상 응답을 더한 것이다.

$$\angle Y(\omega)=\angle H(\omega)+\angle X(\omega) \tag{6.62}$$

예제 6-20 주파수 응답을 이용한 시스템 출력의 결정

임펄스 응답 $h(t)=e^{-t}u(t)$인 시스템에 계단 신호 $x(t)=u(t)$를 입력으로 넣었을 때 시스템의 출력(계단 응답) $y(t)$를 구하라.

풀이

[예제 4-3]에서는 컨벌루션을 이용하여 출력을 계산했는데, 주파수 응답을 이용하여 출력을 구해보자. 주파수 응답은 임펄스 응답을 푸리에 변환하여 다음과 같이 구해진다.

$$H(\omega)=\frac{1}{1+j\omega}$$

입력 $x(t)=u(t)$의 푸리에 변환은 $X(\omega)=\dfrac{1}{j\omega}+\pi\delta(\omega)$이므로, 출력 스펙트럼 $Y(\omega)$는 다음과 같이 된다.

$$Y(\omega)=H(\omega)X(\omega)=\frac{1}{j\omega}H(j\omega)+\pi H(0)\delta(\omega)=\frac{1}{j\omega(1+j\omega)}+\pi\delta(\omega)$$

$Y(\omega)$의 역변환을 구하기 위해 우선 $Y(\omega)$를 부분분수로 전개하면 다음과 같다.

$$Y(\omega)=\frac{1}{j\omega}-\frac{1}{1+j\omega}+\pi\delta(\omega)=\left(\frac{1}{j\omega}+\pi\delta(\omega)\right)-\frac{1}{1+j\omega}$$

앞 식 우변의 첫 번째 항은 단위 계단 신호의 푸리에 변환이고, 두 번째 항은 실수 지수 신호의 푸리에 변환이므로 $Y(\omega)$의 역변환은 다음과 같이 되어 계단 응답이 얻어진다.

$$y(t)=u(t)-e^{-t}u(t)=(1-e^{-t})u(t)$$

이 결과는 [예제 4-3]에서 구한 결과와 일치한다. 이러한 풀이는 복소수 계산을 해야 하는 등 번거로운 면이 있으므로 7장에서 배울 라플라스 변환과 전달 함수를 사용하는 것이 낫다.

6.4.3 주파수 응답과 필터

이상적인 주파수 선택 필터

일반적으로 필터의 기능을 분류할 때 기준이 되는 것은 주파수 영역에서의 특성이다. 만약 신호 중의 필요한 성분과 불필요한 성분의 주파수가 서로 다르다면, 특정한 형태의 주파수 응답을 갖는 필터를 이용하여 이들을 쉽게 분리해낼 수 있다. 이러한 필터를 **주파수 선택 필터**frequency selective filter라고 한다.

- **저역 통과(LP)**Low Pass **필터**는 $|\omega|<\omega_c$인 낮은 주파수 대역의 신호만 통과시키고 그 외의 주파수 범위의 신호는 모두 차단하는 필터이다.

$$H_{LP}(\omega)=\begin{cases}1, & \omega<\omega_c\\ 0, & \text{그 외}\end{cases} \tag{6.63}$$

- **고역 통과(HP)**High Pass **필터**는 $|\omega|>\omega_c$인 높은 주파수 대역의 신호만 통과시키고 그 외의 주파수 범위의 신호는 모두 차단하는 필터이다.

$$H_{HP}(\omega)=\begin{cases}1, & \omega>\omega_c\\ 0, & \text{그 외}\end{cases} \tag{6.64}$$

- **대역 통과(BP)**Band Pass **필터**는 $\omega_{cl}<|\omega|<\omega_{ch}$인 주파수 대역의 신호만 통과시키고 그 외의 주파수 범위의 신호는 모두 차단하는 필터이다.

$$H_{BP}(\omega)=\begin{cases}1, & \omega_{cl}<|\omega|<\omega_{ch}\\ 0, & \text{그 외}\end{cases} \tag{6.65}$$

- **대역 저지(BS)**Band Stop **필터**는 $\omega_{cl}<|\omega|<\omega_{ch}$인 주파수 대역의 신호만 차단하고 그 외의 주파수 범위의 신호는 모두 통과시키는 필터이다.

$$H_{BS}(\omega)=\begin{cases}0, & \omega_{cl}<|\omega|<\omega_{ch}\\ 1, & \text{그 외}\end{cases} \tag{6.66}$$

주파수 선택 필터에서 주파수축은 크게 두 종류의 대역으로 나뉜다.

- **통과 대역**pass band은 필터를 통과할 수 있는 신호의 주파수 범위이다.
- **저지 대역**stop band은 필터를 통과할 수 없는, 즉 필터에 의해 차단되는 주파수 범위이다.
- **차단 주파수**cutoff frequency는 통과 대역과 저지 대역을 구분하는 경계 주파수이다.

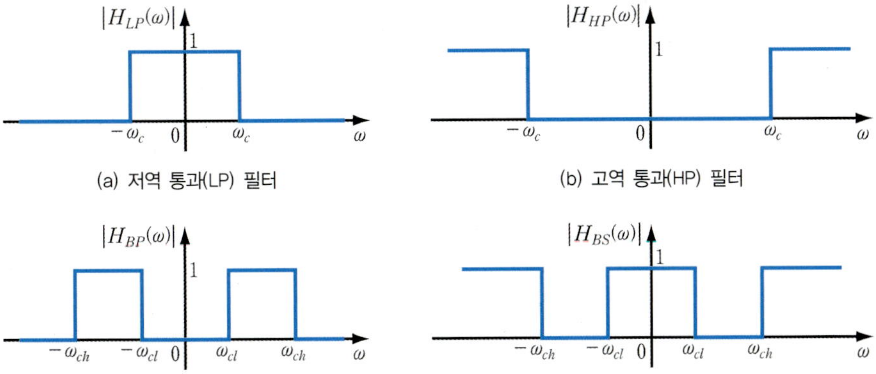

(a) 저역 통과(LP) 필터
(b) 고역 통과(HP) 필터
(c) 대역 통과(BP) 필터
(d) 대역 저지(BS) 필터

그림 6-21 이상적인 주파수 선택 필터

실제 물리적 필터

물리적으로 만들 수 있는 실제 필터의 주파수 응답은 [그림 6-21]과는 달리 통과 대역과 저지 대역의 경계가 칼같이 구분되지 않고 일정한 주파수 구간에 걸쳐 점진적으로 변화가 이루어진다.

물리적 필터의 주요 특성

- **천이 대역**transition band은 통과 대역에서 저지 대역으로 서서히 옮겨가는 주파수 구간이다.
- 실제 물리적 필터의 **차단 주파수**는 통상 통과 대역 이득의 최댓값에 대해 전력이 절반(−3[dB])이 되는, 즉 이득이 $1/\sqrt{2}$ 이 되는 주파수로 정의한다.

$$\frac{|H(\omega_c)|^2}{|H(\omega)|^2_{\max}} = \frac{1}{2} \quad \text{또는} \quad \frac{|H(\omega_c)|}{|H(\omega)|_{\max}} = \frac{1}{\sqrt{2}} \tag{6.67}$$

예제 6-21 **간단한 실제적인 저역 통과 필터 : RC 회로**

[그림 6-22(a)]의 전기회로의 주파수 응답을 구하여 어떤 특성의 필터인지 판별하라. 그리고 $R=0.5[\Omega]$, $C=0.1[\text{F}]$일 때 다음의 입력에 대한 출력의 진폭 스펙트럼을 구하라.

(a) $\omega_0=1$인 정현파 (b) $\omega_0=15$인 정현파 (c) $\omega_0=98$인 정현파

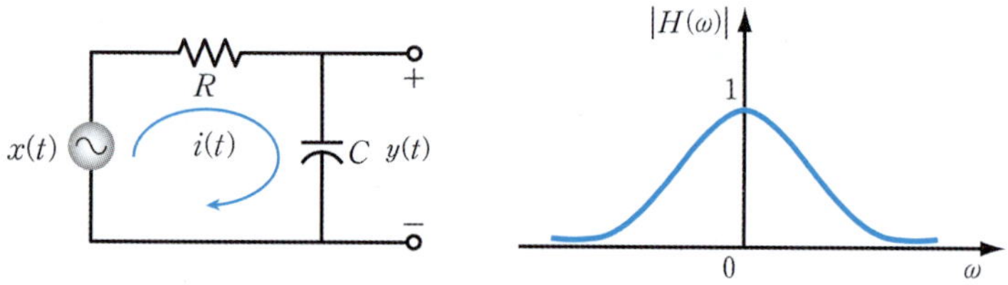

(a) RC 회로

(b) 진폭(주파수) 응답

그림 6-22 ***RC* 회로**

풀이

주어진 RC 회로의 주파수 응답은 회로 방정식의 푸리에 변환으로부터 다음과 같이 구해진다.

$$H(\omega)=\frac{Y(\omega)}{X(\omega)}=\frac{\frac{1}{RC}}{j\omega+\frac{1}{RC}}$$

따라서 진폭 응답, 즉 필터 이득은 다음과 같고, [그림 6-22(b)]와 같은 형태가 된다.

$$|H(\omega)|=\frac{\frac{1}{RC}}{\sqrt{\omega^2+\left(\frac{1}{RC}\right)^2}}=\frac{20}{\sqrt{\omega^2+20^2}} \qquad (6.68)$$

$|H(0)|=1$, $|H(\infty)|=0$으로 주파수가 높아짐에 따라 크기가 작아지므로 저역 통과 필터이다.

(a) $\omega_0=1$을 진폭 응답 식 (6.68)에 대입하면 $|H(1)|=\frac{20}{\sqrt{1^2+20^2}}\simeq\frac{20}{20}=1$이 된다.
이 정현파는 그대로 통과되어 출력으로 나온다.

(b) $\omega_0=15$를 진폭 응답 식 (6.68)에 대입하면 $|H(15)|=\frac{20}{\sqrt{15^2+20^2}}=\frac{20}{25}=0.8$이 된다.
차단 주파수가 $\omega_c=1/RC=20$이므로, 이 정현파는 주파수가 통과 대역 안에 있으나 크기가 약간(20%) 줄어들어 필터 출력으로 나타난다. 이는 [그림 6-22(b)]에서 보듯이 통과 대역에서 필터 이득이 일정하게 1이 되지 않기 때문이다.

(c) $\omega_0=98$을 진폭 응답 식 (6.68)에 대입하면 $|H(98)|=\frac{20}{\sqrt{98^2+20^2}}\simeq\frac{20}{100}=0.2$가 된다.
이 정현파는 크기가 많이 감소하긴 하였으나, 그래도 작은 값(20%)이 출력에 포함된다. 즉 차단이 이루어지고 있지만 아주 양호하진 않다.

이상의 결과를 보면, RC 저역 통과 필터가 필터링 동작을 하는 것은 분명하지만 특성이 썩 좋은 편은 아님을 확인할 수 있다.

CHAPTER 06 연습문제

Quick Review

다음 문제에서 옳은 것을 골라라.

01 비주기 신호는 주파수에 대해 (이산, 연속)인 스펙트럼을 가진다.

02 모든 신호에 대해 푸리에 변환이 가능하다. (O, X)

03 (에너지, 전력) 신호는 푸리에 변환의 수렴 조건을 만족한다.

04 전력 신호의 푸리에 변환은 임펄스 함수를 포함한다. (O, X)

05 주기 신호의 푸리에 급수와 푸리에 변환은 선 스펙트럼 간격이 (같다, 다르다).

06 (CT)FT는 시간 신호와 스펙트럼이 역할을 맞바꾸어도 변환쌍이 유지된다. (O, X)

07 실수 신호의 (진폭 스펙트럼, 위상 스펙트럼)은 우대칭을 만족한다.

08 실수 기함수 신호의 스펙트럼은 (실수, 허수, 복소수)이다.

09 시간 이동된 신호는 원 스펙트럼에서 진폭과 위상 스펙트럼 모두 변한다. (O, X)

10 시간축 상에서 신호를 압축하면 주파수축 상에서 스펙트럼이 (압축된다, 늘어난다).

11 (CT)FT는 곱-컨벌루션 쌍대성이 성립한다. (O, X)

12 진폭 변조의 주된 목적은 스펙트럼의 (변형, 대역 이동)이다.

13 신호의 다른 주파수 성분끼리도 에너지를 형성한다. (O, X)

14 주파수 응답은 입력의 형태에 따라 달라진다. (O, X)

15 시스템 미분 방정식의 계수에 의해 주파수 응답이 결정된다. (O, X)

16 출력의 진폭 스펙트럼은 입력의 진폭 스펙트럼과 진폭 응답의 (합, 곱)이다.

17 출력의 위상 스펙트럼은 입력의 위상 스펙트럼과 위상 응답의 (합, 곱)이다.

18 모든 주파수 성분을 지닌 백색 잡음을 주파수 선택 필터로 걸러낼 수 있다. (O, X)

19 (이상적인, 물리적인) 주파수 선택 필터는 천이 대역을 가진다.

20 차단 주파수는 최대 이득에 대해 (전력, 이득)이 반이 되는 주파수이다.

기초 문제

6.1 다음 신호 중에서 푸리에 변환이 존재하는 것을 모두 골라라.

> **보기**
> ㉮ $x(t) = |t|$ ㉯ $x(t) = tu(t)$ ㉰ $x(t) = \dfrac{1}{t}$
>
> ㉱ $x(t) = e^{-2|t|}$ ㉲ $x(t) = t^2 e^{-2t} u(t)$

6.2 다음 그림의 신호 $x(t)$의 푸리에 변환을 다음의 두 방법으로 구하라.

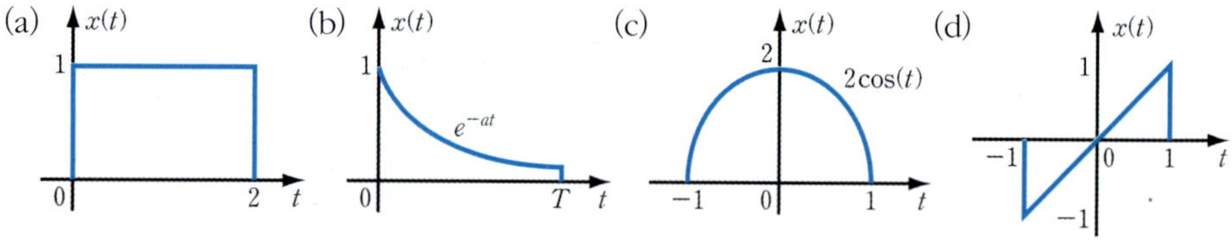

(i) 정의식(적분식)을 이용

(ii) 푸리에 변환의 성질을 이용

6.3 다음 그림의 스펙트럼 $X(\omega)$의 푸리에 역변환을 다음의 두 방법으로 구하라.

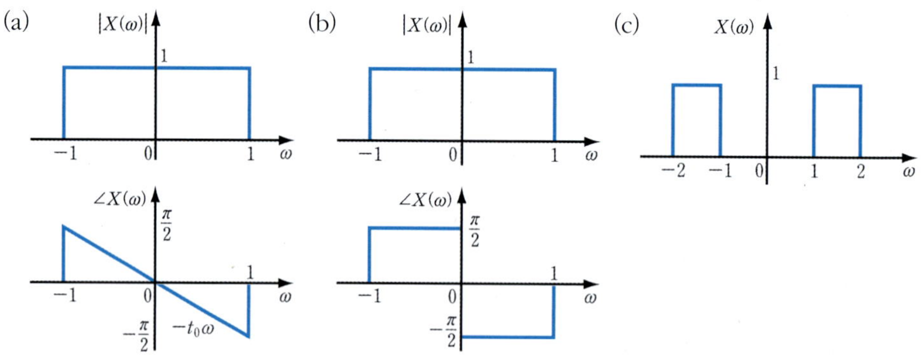

(i) 정의식(적분식)을 이용

(ii) 푸리에 변환의 성질을 이용

6.4 푸리에 변환의 성질을 이용하여 다음의 신호 $x(t)$의 푸리에 변환을 구하라.

(a) $x(t)=e^{2t}u(-t)$

(b) $x(t)=e^{-2|t|}$

(c) $x(t)=\text{sinc}(t)*\text{sinc}(t)$

(d) $x(t)=\text{sinc}^2(t)$

(e) $x(t)=\dfrac{d}{dt}\left(e^{-\pi t}u(t)\right)$

(f) $x(t)=e^{-\pi t}\sin(\omega_0 t)u(t)$

6.5 다음 그림의 신호 $x(t)$의 푸리에 변환을 다음과 같이 구하라.

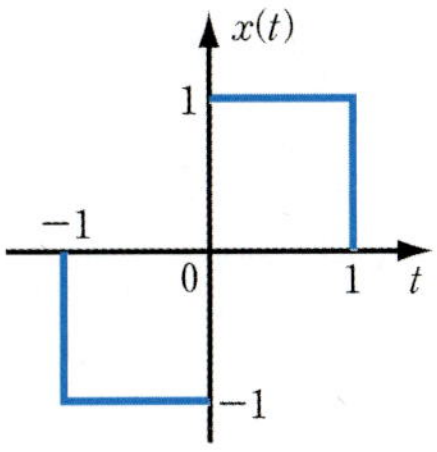

(a) 푸리에 변환의 정의식을 이용

(b) 시간 이동 성질을 이용

(c) 시간 미분과 시간 이동 성질을 이용

(d) 시간 컨벌루션 및 시간 이동 성질을 이용

6.6 신호 $x(t)$의 푸리에 변환이 다음 식과 같을 때, 다음에 대한 푸리에 변환을 구하라.

$$X(\omega)=\frac{1}{1+j\omega}$$

(a) $x(2t)$

(b) $x(3t-6)$

(c) $x(t)*x(t-2)$

(d) $x(t)\sin(2\pi t)$

6.7 푸리에 변환이 다음과 같을 때, 이에 대응되는 신호 $x(t)$를 구하라.

(a) $X(\omega)=2\cos(2\omega)\text{sinc}\left(\dfrac{\omega}{\pi}\right)$

(b) $X(\omega)=j\omega[u(\omega+1)-u(\omega-1)]$

(c) $X(\omega)=\text{sinc}\left(\dfrac{\omega-2\pi}{\pi}\right)+\text{sinc}\left(\dfrac{\omega+2\pi}{\pi}\right)$

(d) $X(\omega)=j[u(-\omega)-u(\omega)]$

6.8 LTI 시스템의 입력 $x(t)$와 출력 $y(t)$가 다음과 같을 때, 시스템의 주파수 응답과 임펄스 응답, 그리고 시스템 표현 미분 방정식을 구하라.

(a) $x(t) = e^{-2t}u(t)$, $y(t) = e^{-t}u(t)$

(b) $x(t) = 3e^{-2t}u(t)$, $y(t) = (e^{-2t} - e^{-3t})u(t)$

(c) $x(t) = e^{-2t}u(t)$, $y(t) = 2te^{-2t}u(t)$

(d) $x(t) = 6e^{-t}u(t)$, $y(t) = (e^{-t} + 3e^{-3t} - 4e^{-4t})u(t)$

6.9 다음 그림의 RC 회로는 전압전원 $x(t)$를 입력, C 양단의 전압 $y(t)$를 출력으로 한다.

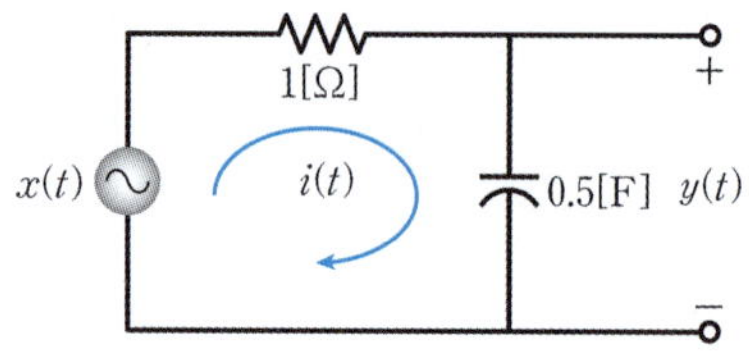

(a) 회로의 주파수 응답을 구하고 그려라. 이 회로는 어떤 필터인가?

(b) 이 회로의 임펄스 응답을 구하라.

(c) $x(t) = 2e^{-t}u(t)$를 입력으로 인가할 때 출력 $y(t)$를 구하라.

6.10 다음 그림은 저역 통과 필터와 대역 통과 필터의 주파수 응답이다.

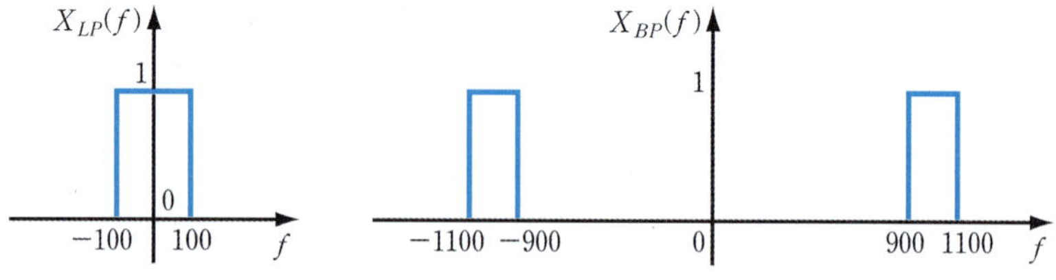

(a) 저역 통과 필터 (b) 대역 통과 필터

(a) 그림 (a)와 같이 차단 주파수가 100[Hz]인 저역 통과 필터의 임펄스 응답을 구하라.

(b) (a)의 결과와 푸리에 변환의 성질을 이용하여 그림 (b)의 대역폭이 200[Hz]이고 대역 중심 주파수가 1[kHz]인 대역 통과 필터의 임펄스 응답을 구하라.

응용 문제

6.11 푸리에 변환의 성질을 이용하여 다음의 신호 $x(t)$의 푸리에 변환을 구하라.

(a) $x(t) = \frac{d}{dt}(e^{-2|t|})$ (b) $x(t) = \frac{d}{dt}(te^{-2t}u(t))$

(c) $x(t) = \sin(2\pi t)[u(t+1) - u(t-1)]$

6.12 다음 그림의 $x(t)$의 푸리에 변환이 $X(\omega) = \frac{1}{\omega^2}(e^{j\omega} - j\omega e^{j\omega} - 1)$로 주어졌다. 푸리에 변환의 성질을 이용하여 나머지 신호의 푸리에 변환을 구하라.

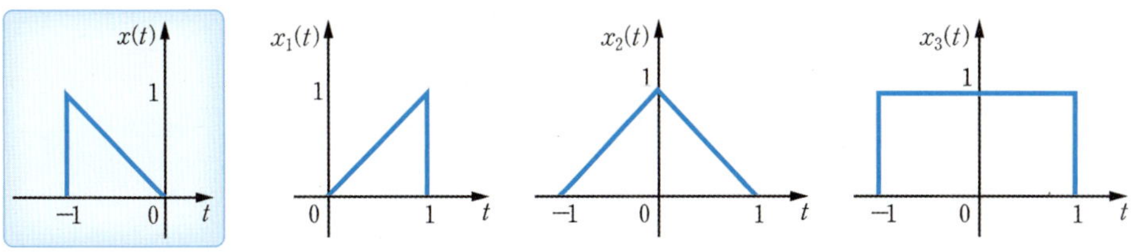

(a) (b) (c)

6.13 신호 $x(t)$의 푸리에 변환이 $X(\omega) = \text{rect}(\omega/2)$일 때, 다음에 대한 푸리에 변환을 구하라.

(a) $tx(2t)$ (b) $(t-1)x(t+1)$

(c) $x(t) * \delta(t-2)$ (d) $\int_{-\infty}^{t} x(\tau)d\tau$

6.14 $X(\omega) = \frac{1}{(a+j\omega)^2}$이 주어질 때,

(a) 푸리에 변환의 컨벌루션 성질을 이용하여 $x(t)$를 구하라.

(b) 푸리에 변환의 미분 성질을 이용하여 $x(t)$를 구하라.

6.15 푸리에 변환의 시간-주파수 쌍대성 성질을 이용하여 다음 신호 $x(t)$의 푸리에 변환을 구하라.

(a) $x(t) = \delta(t+t_0) + \delta(t-t_0)$ (b) $x(t) = \frac{1}{1+jt}$ (c) $x(t) = \frac{2a}{a+t^2}$

6.16 파스발 정리를 이용하여 다음 신호의 에너지를 구하라.

(a) $x(t) = \frac{4}{2^2+t^2}$ (b) $x(t) = \text{sinc}^2\left(\frac{t}{\pi}\right)$

6.17 LTI 시스템의 임펄스 응답 $h(t)$와 입력 $x(t)$가 다음과 같을 때, 시스템의 주파수 응답과 출력을 구하라.

(a) $h(t)=e^{-2t}u(t)$, $x(t)=e^{-3t}u(t)$ (b) $h(t)=2e^{-2t}u(t)$, $x(t)=3e^{-t}u(t)$

(c) $h(t)=2\text{sinc}(2t)$, $x(t)=\text{sinc}(t)$ (d) $h(t)=e^{-at}u(t)$, $a>0$, $x(t)=u(t)$

6.18 다음 그림의 RL 회로는 전압전원 $x(t)$를 입력, L 양단의 전압 $y(t)$를 출력으로 한다.

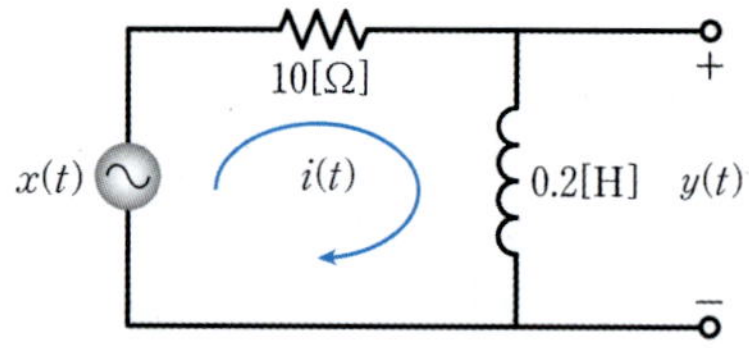

(a) 주파수 응답을 구하고 그려라. 이 회로는 어떤 필터인가?

(b) 이 회로의 임펄스 응답을 구하라.

(c) $x(t)=e^{-5t}u(t)$를 입력으로 넣을 때 출력 $y(t)$를 구하라.

6.19 LTI 시스템의 임펄스 응답 $h(t)$와 주기 신호 입력 $x_T(t)$가 다음과 같을 때, 시스템의 주파수 응답과 출력을 구하라.

(a) $h(t)=\text{sinc}(t)$, $x_T(t)=\text{rect}(t/2)$, $|t|\le 2$, $x_T(t)=x_T(t\pm 4)$

(b) $h(t)=2\cos(4\pi t)\text{sinc}(t)$, $x_T(t)=1+\cos(\pi t)+\sin(4\pi t)$

(c) $h(t)=2\cos(4\pi t)\text{sinc}(t)$, $x_T(t)=\sum_{m=-\infty}^{\infty}\delta(t-m)$

6.20 $x(t)\cos(\omega_0 t)$로부터 신호 $x(t)$를 복구하는 과정을 복조라고 한다. 신호 $x(t)\cos(\omega_0 t)$에 $2\cos(\omega_0 t)$를 곱하고 대역폭이 W인 저역 통과 필터를 통과시켜 복조될 수 있음을 보여라. 이때 $W<\omega_0$로 가정한다.

CHAPTER 07

라플라스 변환

Laplace Transform

학습목표

- 라플라스 변환의 개념과 수렴 영역에 대해 이해할 수 있다.
- 주요 신호의 라플라스 변환쌍을 잘 익혀둘 수 있다.
- 라플라스 변환의 주요 성질을 이해할 수 있다.
- 부분분수 전개를 이용한 라플라스 역변환 방법을 잘 익혀둘 수 있다.
- 라플라스 변환을 이용한 미분 방정식의 해석 방법에 대해 잘 익혀둘 수 있다.
- 전달 함수의 개념과 중요성에 대해 이해할 수 있다.
- 주파수 응답과 관련한 전달 함수 극/영점의 역할과 중요성에 대해 이해할 수 있다.

미리보기

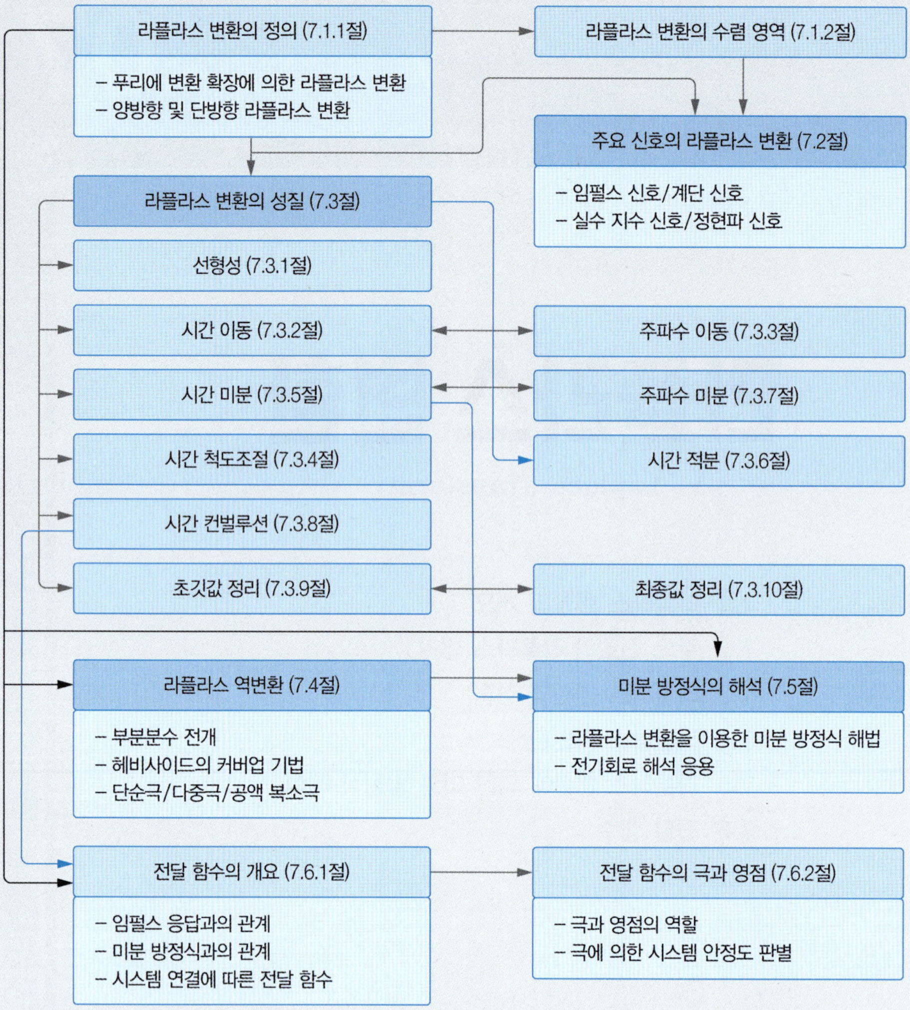

자주 사용되지만 푸리에 급수/변환으로는 주파수 영역 표현이 불가능한 신호들을 위해 다시 푸리에 변환을 확장하여 일반화하면 라플라스 변환이 얻어진다. 따라서 라플라스 변환은 주파수 영역 변환 중에서 변환 가능한 대상 신호의 집합이 가장 큰 변환이다. 라플라스 변환은 여러 유용한 장점을 갖고 있다. 우선 복소수가 겉으로 드러나지 않아 수학적 취급이 간편하고, 미분 방정식을 라플라스 변환하면 복소 변수 s에 대한 대수 방정식으로 바뀌어서 해를 구하기가 훨씬 쉬워진다. 그뿐만 아니라 전달 함수의 개념과 결합하여 주파수 응답, 안정도를 비롯한 시스템의 특성에 대한 해석이 간편해지고 통합적인 시각을 제공할 수 있다. 이 장에서는 라플라스 변환의 기본 개념과 주요 성질, 그리고 부분분수 전개에 의한 역변환 방법에 대해 살펴볼 것이다. 또 라플라스 변환을 신호와 시스템 해석에 활용하는 방법들, 특히 전달 함수와 극/영점의 개념 및 중요성에 대해 알아볼 것이다.

7.1 라플라스 변환의 개요

푸리에 변환이 안 되는 신호를 위해 다시 푸리에 변환을 확장하면 라플라스 변환이 얻어진다. 따라서 라플라스 변환은 주파수 영역 변환 중에서 변환 대상 신호의 집합이 가장 큰 변환이다. 이 절에서는 푸리에 변환을 확장하여 라플라스 변환을 유도하고 그 특징, 특히 수렴 영역에 대해 간단히 살펴본다. 그리고 양방향 및 단방향 라플라스 변환의 차이를 알아보기로 한다.

학습포인트

- 푸리에 변환의 확장으로 라플라스 변환을 유도하는 개념에 대해 이해한다.
- 라플라스 변환의 수렴 영역에 대해 알아본다.
- 양방향 라플라스 변환과 단방향 라플라스 변환의 차이를 이해한다.

7.1.1 라플라스 변환의 정의

라플라스 변환의 개념

6장에서 보았듯이 주파수 영역에서 신호와 시스템을 표현하고 해석하면 매우 편리하고 유용하다. 그런데, 자주 사용하는 신호들 가운데 램프 신호 $r(t)=tu(t)$나 지수 신호 $e^{at}u(t)$, $a>0$과 같이 푸리에 변환을 할 수 없는 신호들도 여전히 많이 있다. 왜냐하면 이런 신호들이 다음과 같은 푸리에 변환의 수렴 조건을 만족하지 않기 때문이다.

$$\int_{-\infty}^{\infty}|x(t)|dt<\infty \tag{7.1}$$

식 (7.1)의 수렴 조건을 충족시킬 방편으로 $x(t)$에 지수 함수 $e^{-\sigma t}$, $\sigma>0$을 곱해보자. 즉 $\tilde{x}(t)=x(t)e^{-\sigma t}$로 두면, $x(t)$가 $e^{-\sigma t}$보다 더 빠른 속도로 증가하지 않는 한 $\lim_{t\to\infty}\tilde{x}(t)=0$이 되므로 $\tilde{x}(t)$는 다음과 같이 절대 적분 가능해진다.

$$\int_{-\infty}^{\infty}|\tilde{x}(t)|dt=\int_{-\infty}^{\infty}\left|x(t)e^{-\sigma t}\right|dt<\infty \tag{7.2}$$

따라서 $\tilde{x}(t)$는 푸리에 변환이 존재하며 다음과 같이 쓸 수 있다.

$$\widetilde{X}(\omega)=\int_{-\infty}^{\infty}\tilde{x}(t)e^{-j\omega t}dt=\int_{-\infty}^{\infty}x(t)e^{-\sigma t}e^{-j\omega t}dt=\int_{-\infty}^{\infty}x(t)e^{-(\sigma+j\omega)t}dt \tag{7.3}$$

원래 구하려던 것은 $x(t)$에 대한 주파수 영역 표현이므로, 식 (7.3)에서 $\sigma + j\omega \triangleq s$로 두면 $\widetilde{X}(\omega)$는 $X(s)$로 나타낼 수 있고 **복소 주파수** s에 대한 변환으로 생각할 수 있다. 이것이 바로 **라플라스**Laplace **변환**으로 푸리에 급수/변환과 동일한 개념적 일관성을 유지하고 있다. 라플라스 변환은 결국 수렴 조건을 충족시키기 위해 변환의 기저 신호인 복소 지수 함수 e^{st}의 지수로 푸리에 변환의 $s = j\omega\,(e^{j\omega t})$ 대신 $s = \sigma + j\omega\,(e^{(\sigma + j\omega)t})$를 사용한 것이다. 푸리에 급수로부터 라플라스 변환에 이르기까지 주파수 영역 변환의 확장 개념을 정리하여 그림으로 나타내면 [그림 7-1]과 같다.

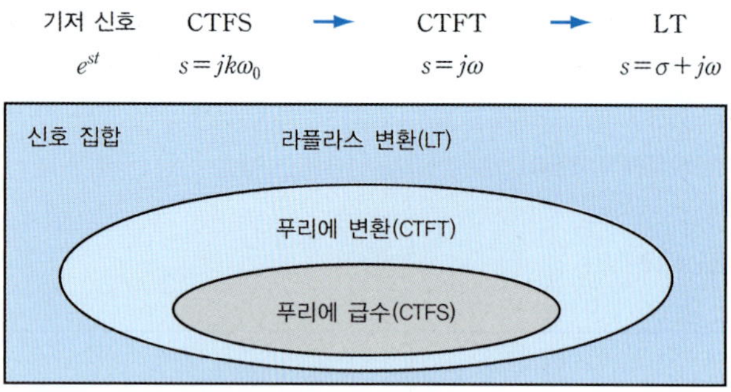

그림 7-1 **주파수 영역 변환의 확장 개념**

양방향 라플라스 변환과 단방향 라플라스 변환

$x(t)$와 $X(\omega)$이 1:1로 대응되는 푸리에 변환과 달리 라플라스 변환은 수렴 영역에 따라 변환쌍이 유일하지 않을 수 있으므로 양방향 변환과 단방향 변환으로 나누어 취급한다.

- **양방향**bilateral **라플라스 변환** : $X(s) = \mathcal{L}\{x(t)\} = \int_{-\infty}^{\infty} x(t)e^{-st}dt$ (7.4)
- **단방향**unilateral **라플라스 변환** : $X(s) = \mathcal{L}\{x(t)\} = \int_{0}^{\infty} x(t)e^{-st}dt$ (7.5)
- **라플라스 역**inverse**변환** : $x(t) = \mathcal{L}^{-1}\{X(s)\} = \dfrac{1}{2\pi j}\int_{c-j\infty}^{c+j\infty} X(s)e^{st}ds$ (7.6)

- 양방향 라플라스 변환은 $-\infty < t < \infty$의 시간 범위에 존재하는 모든 신호를 변환할 수 있다. 따라서 비인과 신호의 변환이 가능하다.
- 양방향 라플라스 변환은 수렴 영역이 지정되지 않으면 $x(t)$와 $X(s)$가 1:1 대응이 되지 않는다. 그러므로 항상 수렴 영역을 표시해야만 한다.
- 단방향 라플라스 변환은 인과 신호($x(t) = 0,\ t < 0$)만을 대상으로 한 변환이다.
- 단방향 라플라스 변환은 $x(t)$와 $X(s)$가 1:1로 대응된다. 그러므로 수렴 영역을 별도로 표시할 필요가 없다.

신호 $x(t)$와 이의 라플라스 변환 $X(s)$ 짝을 **라플라스 변환쌍**Laplace Transform Pair이라 하고 $x(t) \Leftrightarrow X(s)$로 표기한다. 또 $X(s)$가 $x(t)$의 라플라스 변환임은 $X(s) = \mathcal{L}\{x(t)\}$로, $x(t)$가 $X(s)$의 라플라스 역변환임은 $x(t) = \mathcal{L}^{-1}\{X(s)\}$로 나타낸다.

식 (7.6)의 라플라스 역변환은 복소수에 대한 경로 적분contour integral으로 이 책에서 활용하는 수학 수준을 넘어선다. 그러므로 7.4절에서 부분분수 전개에 의한 역변환 방법으로 대체할 것이다.

양방향과 단방향 2개의 라플라스 변환을 별도로 구분하는 이유는 양방향 라플라스 변환에서는 $X(s)$에 대응되는 $x(t)$가 유일하지 않기 때문이다. 따라서 역변환을 위해서는 단 하나의 신호를 특정할 수 있는 부가적인 조건으로 수렴 영역이 항상 함께 표시되어야만 한다. 그러나 단방향 라플라스 변환에서는 $x(t)$와 $X(s)$가 1:1로 대응되어 역변환할 때도 아무런 어려움이 없다. 게다가 대부분의 물리적인 시스템이 인과이며(임펄스 응답이 인과 신호이다) 인과 신호를 취급하므로, 인과 신호만을 대상으로 하는 단방향 라플라스 변환을 주로 사용하게 된다. 이러한 두 변환의 차이($x(t)$와 $X(s)$의 대응 관계)를 수렴 영역과 관련해 살펴볼 것이다.

예제 7-1 인과 신호의 양방향 라플라스 변환

인과 신호 $x(t) = e^{-at}u(t)$의 양방향 라플라스 변환을 구하라.

풀이

정의식 식 (7.4)로부터 $x(t)$의 양방향 라플라스 변환은 다음과 같이 구해진다.

$$X(s) = \int_{-\infty}^{\infty} e^{-at}u(t)e^{-st}dt = \int_{0}^{\infty} e^{-at}e^{-st}dt = \frac{1}{s+a}e^{-(s+a)t}\bigg|_0^{\infty}$$

그런데

$$\lim_{t\to\infty} e^{-(s+a)t} = \lim_{t\to\infty} e^{-(\sigma+a)t}e^{-j\omega t} = \begin{cases} 0, & \mathrm{Re}(s) = \sigma > -a \\ \infty, & \mathrm{Re}(s) = \sigma < -a \end{cases}$$

이므로 $X(s)$는 $\mathrm{Re}(s) = \sigma > -a$인 영역에서만 수렴하여 값을 가지며, 다음과 같이 된다.

$$X(s) = \frac{1}{s+a}, \quad \mathrm{Re}(s) = \sigma > -a \tag{7.7}$$

즉 $X(s)$는 $x(t)$의 지수 a가 양수인지 음수인지에 상관없이 $\mathrm{Re}(s) = \sigma > -a$만 만족하면 항상 존재한다. 이와 달리 $x(t)$의 푸리에 변환은 식 (7.1)의 수렴 조건이 충족되는 $a > 0$인 경우에만 존재한다. 예를 들어 $e^{2t}u(t)$는 식 (7.1)의 수렴 조건을 만족하지 않아 푸리에 변환은 존재하지 않지만, $\sigma > 2$로 선정하면 식 (7.2)의 수렴 조건이 충족되므로 라플라스 변환은 가능하다. 이는 두 변환의 차이를 보여주는 좋은 예라고 할 수 있다.

7.1.2 라플라스 변환의 수렴 영역

[예제 7-1]에서 보았듯이 $X(s)$를 계산하는 적분은 모든 s 값에 대해 수렴하지는 않는다. 식 (7.2)의 수렴 조건을 충족시켜 라플라스 변환 $X(s)$가 존재하는 복소수 s의 집합을 라플라스 변환의 **수렴 영역**(ROC)Region Of Convergence이라고 한다.

수렴 영역과 단방향 라플라스 변환의 필요성

양방향 라플라스 변환에서는 서로 다른 두 시간 신호가 수렴 영역만 다를 뿐 똑같은 $X(s)$로 표현되는 경우가 발생한다. 따라서 역변환을 통해 $X(s)$로부터 오직 하나의 $x(t)$로 되돌아가려면 반드시 $X(s)$의 수렴 영역이 지정되어야만 한다. 다음의 예를 통해 이를 살펴보자.

예제 7-2 비인과 신호의 양방향 라플라스 변환

비인과 신호 $x(t) = -e^{-at}u(-t)$의 양방향 라플라스 변환을 구하라.

풀이

정의식 식 (7.4)에 의해 $x(t)$의 양방향 라플라스 변환은 다음과 같이 구해진다.

$$X(s) = \int_{-\infty}^{\infty} -e^{-at}u(-t)e^{-st}dt = \int_{-\infty}^{0} -e^{-at}e^{-st}dt = \frac{1}{s+a}e^{-(s+a)t}\Big|_{-\infty}^{0}$$

그런데

$$\lim_{t\to-\infty} e^{-(s+a)t} = \lim_{t\to-\infty} e^{-(\sigma+a)t}e^{-j\omega t} = \begin{cases} 0, & \mathrm{Re}(s) = \sigma < -a \\ \infty, & \mathrm{Re}(s) = \sigma > -a \end{cases}$$

이므로 $X(s)$는 $\mathrm{Re}(s) = \sigma < -a$인 영역에서만 수렴하여 값을 가지며, 다음과 같이 된다.

$$X(s) = \frac{1}{s+a}, \quad \mathrm{Re}(s) = \sigma < -a \tag{7.8}$$

[예제 7-1]에서 구한 식 (7.7)과 식 (7.8)을 비교하면, 두 신호의 양방향 라플라스 변환이 수렴 영역을 빼고는 같다. 그러므로 주어진 $X(s)$에 대해 하나 이상의 역변환이 존재할 수 있다. 다시 말해, 양방향 라플라스 변환에서는 수렴 영역이 지정되지 않으면 $X(s)$와 $x(t)$가 1:1 대응이 되지 않는다.

[그림 7-2]는 [예제 7-1] 및 [예제 7-2]의 신호와 수렴 영역을 나타낸 것이다. 그림을 보면 두 신호의 수렴 영역의 특징과 차이를 확연히 알 수 있다. [예제 7-1]의 **우편향**right-sided 신호의 라플라스 변환의 수렴 영역은 $j\omega$축에 평행한 경계선 $\sigma = -a$의 오른쪽 면이 되고, [예제 7-2]의 **좌편향**left-sided 신호의 라플라스 변환의 수렴 영역은 $\sigma = -a$의 왼쪽 면이 된다.

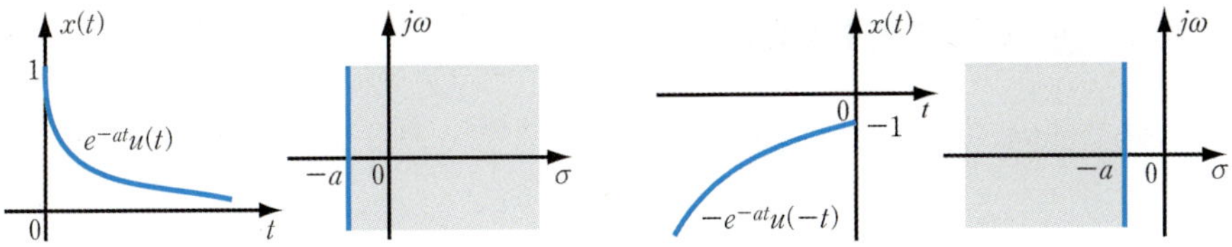

(a) $e^{-at}u(t)$와 수렴 영역　　(b) $-e^{-at}u(-t)$와 수렴 영역

그림 7-2 [예제 7-1], [예제 7-2] 신호의 양방향 라플라스 변환의 수렴 영역

한편 푸리에 변환과 라플라스 변환의 정의식을 비교하면, 다음의 관계를 얻을 수 있다.

$$X(\omega) = X(s)|_{s=j\omega} \tag{7.9}$$

즉 푸리에 변환은 s 평면의 $j\omega$축을 따라 라플라스 변환을 계산한 값이라고 할 수 있으므로, 수렴 영역이 $j\omega$축을 포함하지 않으면 푸리에 변환을 구할 수 없게 된다. 이상으로부터 라플라스 변환의 수렴 영역의 특징은 다음과 같다.

❶ 수렴 영역은 $j\omega$축에 평행한 면으로 구성된다.
❷ [그림 7-2(a)]와 같은 우편향 신호는 경계선의 오른쪽 평면이 수렴 영역이다.
❸ [그림 7-2(b)]와 같은 좌편향 신호는 경계선의 왼쪽 평면이 수렴 영역이다.
❹ 수렴 영역이 $j\omega$축을 포함하지 않는 신호는 라플라스 변환은 존재하나 푸리에 변환은 존재하지 않는다.

결국 하나의 $X(s)$에 대해 $x(t)$가 1:1 대응이 되지 않는 것은 양방향 라플라스 변환이 좌편향 신호와 우편향 신호를 모두 변환할 수 있기 때문이다. 만약 변환해야 할 대상 신호를 둘 중의 하나로 제한한다면 이런 애매모호함은 사라질 것이다. 식 (7.5)의 단방향 라플라스 변환은 적분 하한이 0으로 $t \geq 0$에서만 값을 갖는 인과 신호, 즉 우편향 신호만을 변환 대상으로 하므로 하나의 $X(s)$에 대해 하나의 $x(t)$만 대응된다. 따라서 굳이 수렴 영역을 지정하지 않더라도 역변환에 아무런 문제가 없게 된다. 앞에서 살펴본 예에서도 단방향 라플라스 변환으로는 $e^{-at}u(t)$만 변환 가능하고 $-e^{-at}u(-t)$는 변환이 안 되므로 $X(s) = \dfrac{1}{s+a}$에 대응하는 시간 신호는 $e^{-at}u(t)$ 하나뿐이다. 이 같은 편리함 외에도, 실제로 다루는 시스템과 신호가 대부분 인과이기 때문에 단방향 라플라스 변환만으로도 충분하다. 인과 신호에 대해서는 양방향 라플라스 변환을 해도 정의식 식 (7.4)의 적분 하한이 0이 되어 단방향 라플라스 변환과 같아진다. 따라서 이 책에서는 단방향 라플라스 변환만을 다룰 것이다. 이후 별도의 언급이 없는 한 라플라스 변환이라 하면 (인과 신호를 대상으로 하는) 단방향 라플라스 변환을 뜻하며, 따로 표기하지 않더라도 신호에 $u(t)$가 곱해져 있다고 생각하면 된다. 이 경우의 함수 $u(t)$는 신호를 인과 신호로 한정하는 역할을 한다.

예제 7-3 양방향 라플라스 변환과 수렴 영역

다음 신호의 양방향 라플라스 변환과 수렴 영역을 구하라.

(a) $x(t) = \text{rect}(t/2a)$

(b) $x(t) = u(t)$

(c) $x(t) = A$

(d) $x(t) = e^{-|t|}$

풀이

(a) 사각 펄스 $x(t) = \text{rect}(t/2a)$는 유한 구간 신호로서 양방향 라플라스 변환은 다음과 같다.

$$X(s) = \int_{-\infty}^{\infty} x(t)e^{-st}dt = \int_{-a}^{a} e^{-st}dt = -\frac{1}{s}e^{-st}\Big|_{-a}^{a} = \frac{1}{s}(e^{as} - e^{-as})$$

$s = 0$을 제외하면 항상 $X(s)$가 구해지므로 수렴 영역은 $s = 0$을 제외한 전체 s 평면이다.

(b) 계단 신호 $x(t) = u(t)$는 인과 신호로서 양방향 라플라스 변환은 단방향 라플라스 변환과 같고

$$X(s) = \int_{-\infty}^{\infty} u(t)e^{-st}dt = \int_{0}^{\infty} e^{-st}dt = -\frac{1}{s}e^{-st}\Big|_{0}^{\infty} = \frac{1}{s}, \quad \sigma > 0$$

이 된다. $X(s)$의 수렴 영역 $\text{Re}(s) = \sigma > 0$은 $s = j\omega$축을 포함하지 않으므로 계단 신호는 푸리에 변환이 존재하지 않는다. 6장에서 살펴본 것처럼, 계단 신호는 푸리에 변환을 할 수 없지만 억지로 푸리에 변환이 존재하는 것처럼 간주했을 뿐이다. 그 결과 $X(\omega) = \mathscr{F}\{u(t)\} = \pi\delta(\omega) + \frac{1}{j\omega}$에는 임펄스 $\delta(\omega)$가 포함되어 $j\omega = s$로 두더라도 라플라스 변환과 같아지지 않는다.

(c) 상수 신호 $x(t) = A$는 양방향 신호로서 양방향 라플라스 변환은 다음과 같이 구해진다.

$$X(s) = \int_{-\infty}^{\infty} Ae^{-st}dt = \int_{-\infty}^{0} Ae^{-st}dt + \int_{0}^{\infty} Ae^{-st}dt = -\frac{A}{s}e^{-st}\Big|_{-\infty}^{0} - \frac{A}{s}e^{-st}\Big|_{0}^{\infty}$$

그런데 [예제 7-1]과 [예제 7-2]의 풀이에서 보았듯이, 앞 식 우변의 첫 번째 항은 $\lim_{t\to-\infty} e^{-st} = 0$, $\sigma < 0$, 두 번째 항은 $\lim_{t\to\infty} e^{-st} = 0$, $\sigma > 0$이므로 두 항이 공통으로 만족하는 수렴 영역이 존재하지 않는다. 따라서 이 신호는 라플라스 변환을 할 수 없다.

(d) $x(t) = e^{-|t|}$는 양방향 신호로 $x(t) = e^{-|t|} = e^{-t}u(t) + e^{-(-t)}u(-t)$이므로 [예제 7-1]과 [예제 7-2]의 풀이로부터 $x(t)$의 양방향 라플라스 변환은 다음과 같이 구해진다.

$$X(s) = \mathcal{L}\{e^{-t}u(t)\} + \mathcal{L}\{e^{t}u(-t)\} = \frac{1}{s+1} - \frac{1}{s-1} = -\frac{2}{s^2-1}$$

이때 수렴 영역은 우편향 항의 $\sigma = \text{Re}(s) > -1$와 좌편향 항의 $\sigma = \text{Re}(s) < 1$를 동시에 만족해야 하므로 $-1 < \sigma = \text{Re}(s) < 1$이다. 수렴 영역이 존재하므로 $X(s)$는 라플라스 변환이 맞다.

7.2 주요 신호의 라플라스 변환

자주 사용되는 기본적이고 중요한 신호들의 라플라스 변환쌍을 알고 있으면 역변환을 비롯해 여러모로 편리하다. 이 절에서는 몇 가지 주요 신호들에 대한 라플라스 변환쌍을 구해보기로 한다.

학습포인트

- 임펄스 신호, 계단 신호, 램프 신호 등의 라플라스 변환쌍을 익혀둔다.
- 지수 신호와 정현파 신호에 대한 라플라스 변환쌍을 익혀둔다.
- 변환쌍표에 제시된 주요 신호들의 라플라스 변환쌍을 익혀둔다.

임펄스 신호

임펄스 신호의 라플라스 변환은 임펄스의 체 거르기 성질을 이용하면 다음과 같다.

$$\mathcal{L}\{\delta(t)\} = \int_{0^-}^{\infty} \delta(t) e^{-st} dt = e^{-s \cdot 0} = 1 \tag{7.10}$$

$$\delta(t) \Leftrightarrow 1 \tag{7.11}$$

(단위) 계단 신호

계단 신호의 라플라스 변환은 이미 [예제 7-3(b)]에서 구하였으며, 변환쌍은 다음과 같다.

$$u(t) \Leftrightarrow \frac{1}{s} \tag{7.12}$$

(단위) 램프 신호

라플라스 변환의 정의식 식 (7.5)로부터 램프 신호의 라플라스 변환은 다음과 같이 된다.

$$\mathcal{L}\{r(t)\} = \int_{0}^{\infty} te^{-st} dt = -\frac{1}{s} te^{-st}\Big|_{0}^{\infty} - \int_{0}^{\infty} -\frac{1}{s} e^{-st} dt = -\frac{1}{s^2} e^{-st}\Big|_{0}^{\infty} = \frac{1}{s^2} \tag{7.13}$$

$$r(t) \Leftrightarrow \frac{1}{s^2} \tag{7.14}$$

지수 신호

지수 신호 $e^{-at}u(t)$의 라플라스 변환 또한 [예제 7-1]에서 구한 바 있으며, 다음의 라플라스 변환쌍이 성립한다.

$$e^{-at}u(t) \Leftrightarrow \frac{1}{s+a} \tag{7.15}$$

정현파 신호

코사인파의 라플라스 변환은 정의식과 오일러 공식을 이용하여 다음과 같이 구할 수 있다.

$$\begin{aligned}\mathcal{L}\{\cos(\omega_0 t)u(t)\} &= \int_0^\infty \cos(\omega_0 t)e^{-st}dt = \frac{1}{2}\int_0^\infty [e^{j\omega_0 t} + e^{-j\omega_0 t}]e^{-st}dt \\ &= -\frac{1}{2}\left[\frac{1}{s-j\omega_0}e^{-(s-j\omega_0)t} + \frac{1}{s+j\omega_0}e^{-(s+j\omega_0)t}\right]\Bigg|_0^\infty \\ &= \frac{1}{2}\left[\frac{1}{s-j\omega_0} + \frac{1}{s+j\omega_0}\right] = \frac{s}{s^2+\omega_0^2}\end{aligned} \tag{7.16}$$

같은 방법으로 사인파에 대한 라플라스 변환도 얻을 수 있다. 따라서 정현파의 라플라스 변환쌍은 다음과 같이 된다.

$$\cos(\omega_0 t)u(t) \Leftrightarrow \frac{s}{s^2+\omega_0^2} \tag{7.17}$$

$$\sin(\omega_0 t)u(t) \Leftrightarrow \frac{\omega_0}{s^2+\omega_0^2} \tag{7.18}$$

이외에도 여러 기본적인 신호들에 대한 라플라스 변환쌍을 [부록]에 정리해 두었다.

예제 7-4 주요 신호의 라플라스 변환

다음 신호의 라플라스 변환을 구하라.

(a) $x(t) = \delta(t-t_0)$

(b) $x(t) = t^2u(t)$

(c) $x(t) = te^{-at}u(t)$

(d) $x(t) = e^{-at}\cos(\omega_0 t)u(t)$

풀이

(a) 라플라스 변환의 정의식 식 (7.5)와 임펄스의 체 거르기 성질로부터 $x(t) = \delta(t-t_0)$의 라플라스 변환은 다음과 같이 구해진다.

$$X(s) = \mathcal{L}\{\delta(t-t_0)\} = \int_{0^-}^{\infty} \delta(t-t_0)e^{-st}dt = e^{-t_0 s} = e^{-t_0 s} \cdot 1$$

즉 신호를 t_0만큼 시간 지연하면 $e^{-t_0 s}$가 곱해짐을 볼 수 있다.

(b) 정의식 식 (7.5)에 의해 $t^2u(t)$의 라플라스 변환은 다음과 같이 구해진다.

$$x(t) = \mathcal{L}\{t^2\} = \int_0^{\infty} t^2 e^{-st}dt = -\frac{1}{s}t^2e^{-st}\Big|_0^{\infty} - \int_0^{\infty} 2t\left(-\frac{1}{s}e^{-st}\right)dt$$
$$= \frac{2}{s}\int_0^{\infty} te^{-st}dt = \frac{2}{s}\mathcal{L}\{t\} = \frac{2}{s^3}$$

앞 식은 $\lim_{t\to\infty} t^2e^{-st} = 0(\mathrm{Re}(s) = \sigma > 0)$과 $\mathcal{L}\{t\} = \dfrac{1}{s^2}$임을 이용하여 얻어진 것이다.

(c) 정의식 식 (7.5)에 의해 라플라스 변환은 다음과 같이 된다.

$$X(s) = \mathcal{L}\{te^{-at}u(t)\} = \int_0^{\infty} te^{-at}u(t)e^{-st}dt = \int_0^{\infty} te^{-(s+a)t}dt$$
$$= -\frac{1}{s+a}te^{-(s+a)t}\Big|_0^{\infty} + \frac{1}{s+a}\int_0^{\infty} e^{-(s+a)t}dt$$
$$= -\frac{1}{s+a}te^{-(s+a)t}\Big|_0^{\infty} - \frac{1}{(s+a)^2}e^{-(s+a)t}\Big|_0^{\infty} = \frac{1}{(s+a)^2}$$

(d) 정의식 식 (7.5)와 오일러 공식으로부터 지수 감쇠 정현파의 라플라스 변환은 다음과 같이 구해진다. 이 경우에도 계산 과정에 지수 함수의 극한이 0이 됨을 이용한다.

$$X(s) = \mathcal{L}\left\{e^{-at}\cos(\omega_0 t)u(t)\right\} = \int_0^{\infty} e^{-at}\cos(\omega_0 t)e^{-st}dt$$
$$= \int_0^{\infty} e^{-at}\frac{e^{j\omega_0 t} + e^{-j\omega_0 t}}{2}e^{-st}dt = \int_0^{\infty} \frac{e^{-(s+a-j\omega_0)t} + e^{-(s+a+j\omega_0)t}}{2}dt$$
$$= -\frac{1}{2}\left(\frac{1}{(s+a)-j\omega_0}e^{-(s+a-j\omega_0)t} + \frac{1}{(s+a)+j\omega_0}e^{-(s+a+j\omega_0)t}\right)\Bigg|_0^{\infty}$$
$$= \frac{1}{2}\left(\frac{1}{(s+a)-j\omega_0} + \frac{1}{(s+a)+j\omega_0}\right) = \frac{(s+a)}{(s+a)^2+\omega_0^2}$$

따라서 다음과 같은 변환쌍을 얻게 된다.

$$e^{-at}\cos(\omega_0 t)u(t) \Leftrightarrow \frac{(s+a)}{(s+a)^2+\omega_0^2}$$

7.3 라플라스 변환의 성질

라플라스 변환에는 신호 및 시스템의 해석에 크게 도움이 되는 유용한 성질들이 많다. 이 성질들을 활용하면, 기본적인 변환쌍으로부터 다양한 신호들의 라플라스 변환을 쉽게 구할 수 있다. 또한 연속 LTI 시스템을 나타낸 미분 방정식의 해를 구하고 특성을 살펴보는 데에도 유용하게 쓰인다. 라플라스 변환은 푸리에 변환(CTFT)을 일반화한 것으로 볼 수 있기에 그 성질도 푸리에 변환과 유사하다. 이 절에서는 라플라스 변환의 성질들을 살펴보고 예들을 통하여 활용법을 익히도록 한다.

학습포인트

- 시간 이동 및 주파수 이동 성질을 알아본다.
- 시간 미분 및 시간 적분 성질과 그의 활용에 대해 알아본다.
- 시간 척도조절 및 주파수 미분 성질을 이해한다.
- 시간 컨벌루션 성질과 그 중요성을 이해한다.
- 초깃값 정리와 최종값 정리를 이해하고, 활용법을 익혀둔다.

7.3.1 선형성

$$\alpha x_1(t) + \beta x_2(t) \Leftrightarrow \alpha X_1(s) + \beta X_2(s) \tag{7.19}$$

푸리에 변환과 마찬가지로, 라플라스 변환도 선형성을 만족한다. 신호가 간단한 기본 신호들의 선형 결합으로 주어질 때 선형성을 이용하면 라플라스 변환을 쉽게 구할 수 있다.

7.3.2 시간 이동

$$x(t-t_0)u(t-t_0) \Leftrightarrow e^{-t_0 s}X(s) \tag{7.20}$$

t_0만큼 시간 지연된 신호 $x(t-t_0)u(t-t_0)$의 라플라스 변환은 다음과 같이 된다.

$$\begin{aligned}\mathcal{L}\{x(t-t_0)u(t-t_0)\} &= \int_0^\infty x(t-t_0)e^{-st}dt = \int_0^\infty x(\tau)e^{-s(\tau+t_0)}d\tau \\ &= e^{-t_0 s}\int_0^\infty x(\tau)e^{-s\tau}d\tau = e^{-t_0 s}X(s)\end{aligned} \tag{7.21}$$

시간 이동 성질은 시간 지연, 즉 $t_0 > 0$에 대해서만 성립한다. 왜냐하면 만약 $t_0 < 0$이면 [그림 7-3(b)]에 나타낸 것처럼 $x(t-t_0)u(t-t_0)$가 인과적 신호가 아니어서 $t < 0$의 신호 값들이 라플라스 변환 계산에서 제거되고 점선으로 표시된 신호에 대한 변환이 이루어진다. [그림 7-3(d)]와 [그림 7-3(e)]의 경우에도 마찬가지로 [그림 7-3(a)]와 같은 파형의 신호가 아니다. [그림 7-3(c)]와 같이 $e^{-(t-2)}u(t-2)$로 표현되어야만 식 (7.20)의 변환쌍이 성립하게 된다.

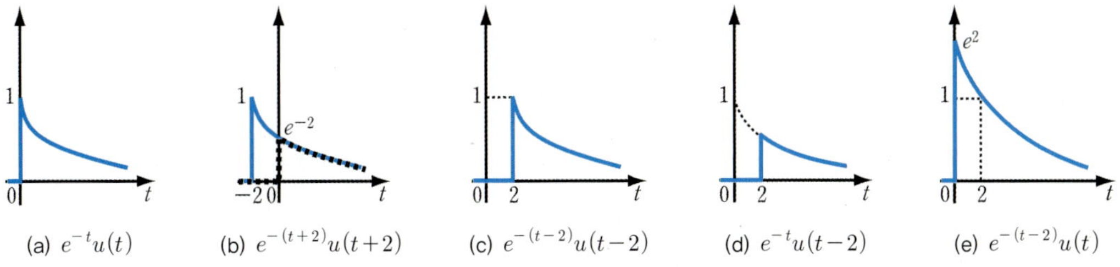

그림 7-3 $x(t)u(t)$ 표현과 신호의 시간 이동

예제 7-5 시간 이동 성질을 이용한 라플라스 변환

[그림 7-4(a)]의 신호 $x(t)$의 라플라스 변환을 시간 이동 성질을 이용하여 구하라.

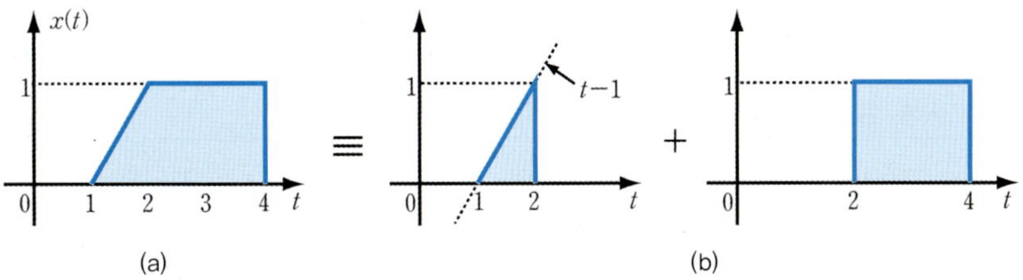

그림 7-4 [예제 7-5]의 신호

풀이

주어진 신호 $x(t)$는 [그림 7-4(b)]에 보인 것처럼 두 성분의 합으로 나타낼 수 있다. 첫 번째 성분은 $1 \le t \le 2$ 구간에 대해 $t-1$이므로 $(t-1)[u(t-1)-u(t-2)]$로 나타낼 수 있고, 두 번째 성분은 $u(t-2)-u(t-4)$로 나타낼 수 있다. 그러므로 $x(t)$는 다음과 같이 나타낼 수 있다.

$$\begin{aligned} x(t) &= (t-1)[u(t-1)-u(t-2)]+[u(t-2)-u(t-4)] \\ &= (t-1)u(t-1)-(t-1)u(t-2)+u(t-2)-u(t-4) \\ &= (t-1)u(t-1)-(t-2)u(t-2)-u(t-4) \end{aligned}$$

이때 시간 이동 성질을 이용하기 위해서는 신호의 시작점을 지정하는 계단 함수와 이에 곱해진 신호의 시간 변수 값을 일치시켜야 한다는 것을 주의해야 한다. 앞 식에 선형성 및 시간 이동 성질을 적용하면 다음과 같이 $x(t)$의 라플라스 변환이 구해진다.

$$X(s) = \frac{1}{s^2}e^{-s} - \frac{1}{s^2}e^{-2s} - \frac{1}{s}e^{-4s}$$

7.3.3 주파수 이동

$$x(t)e^{s_0 t} \Leftrightarrow X(s-s_0) \tag{7.22}$$

이 성질은 다음과 같이 $x(t)e^{s_0 t}$의 라플라스 변환을 구해서 간단히 증명할 수 있다.

$$\mathcal{L}\left\{x(t)e^{s_0 t}\right\} = \int_0^\infty x(t)e^{s_0 t}e^{-st}dt = \int_0^\infty x(t)e^{-(s-s_0)t}dt = X(s-s_0) \tag{7.23}$$

지수 함수 $e^{-at}u(t)$의 라플라스 변환은 계단 신호 $u(t)$의 라플라스 변환쌍에 주파수 이동 성질을 적용해 얻을 수도 있으며, [예제 7-4(d)]에서 구한 지수 감쇠 정현파의 라플라스 변환도 정현파의 라플라스 변환쌍에 주파수 이동 성질을 적용하면 매우 간편하게 구할 수 있다.

$$e^{-at}\cos(\omega_0 t)u(t) \Leftrightarrow \frac{s+a}{(s+a)^2+\omega_0^2} \tag{7.24}$$

$$e^{-at}\sin(\omega_0 t)u(t) \Leftrightarrow \frac{\omega_0}{(s+a)^2+\omega_0^2} \tag{7.25}$$

예제 7-6 주파수 이동 성질을 이용한 변조 신호의 라플라스 변환

변조 신호 $x(t)\cos(\omega_c t)$의 라플라스 변환을 구하라.

풀이

변조 신호는 오일러 공식을 이용하여 다음과 같이 쓸 수 있으므로

$$x(t)\cos(\omega_c t) = x(t)\cdot\frac{1}{2}(e^{j\omega_c t}+e^{-j\omega_c t})$$

주파수 이동 성질을 적용하면 다음과 같이 라플라스 변환쌍이 구해진다.

$$x(t)\cos(\omega_c t) \Leftrightarrow \frac{1}{2}[X(s-j\omega_c)+X(s+j\omega_c)] \tag{7.26}$$

7.3.4 시간 척도조절

$$x(\alpha t) \Leftrightarrow \frac{1}{\alpha}X\left(\frac{s}{\alpha}\right) \tag{7.27}$$

시간 척도조절은 $\alpha > 0$의 경우만 해당하며, 적분의 변수 치환을 이용해 쉽게 얻을 수 있다.

$$\begin{aligned}\mathcal{L}\{x(\alpha t)\} &= \int_0^\infty x(\alpha t)e^{-st}dt = \int_0^\infty x(\tau)e^{s\cdot\frac{\tau}{\alpha}}\frac{1}{\alpha}d\tau \\ &= \frac{1}{\alpha}\int_0^\infty x(\tau)e^{-\frac{s}{\alpha}\cdot\tau}d\tau = \frac{1}{\alpha}X\left(\frac{s}{\alpha}\right), \quad \alpha > 0\end{aligned} \tag{7.28}$$

예제 7-7 시간 척도조절 성질을 이용한 라플라스 변환

계단 신호 $u(t)$를 시간 척도조절한 $u(\alpha t)$의 라플라스 변환을 구하라.

풀이

계단 신호는 시간축에서 아무리 줄이거나 늘여도 그냥 계단 신호가 된다. 즉 어떠한 $\alpha > 0$에 대해서도 $u(\alpha t) = u(t)$이다. 식 (7.27)의 시간 척도조절 성질을 이용해 $u(\alpha t)$의 라플라스 변환을 구하면

$$\mathcal{L}\{u(\alpha t)\} = \frac{1}{\alpha}U\left(\frac{s}{\alpha}\right) = \frac{1}{\alpha}\frac{1}{s/\alpha} = \frac{1}{s}$$

이 되어 계단 신호의 라플라스 변환이 얻어진다. 즉 $u(\alpha t) = u(t)$임을 확인할 수 있다.

7.3.5 시간 미분

$$\frac{dx(t)}{dt} \Leftrightarrow sX(s) - x(0^-) \tag{7.29}$$

$$\frac{d^n x(t)}{dt^n} \Leftrightarrow s^n X(s) - s^{n-1}x(0^-) - \cdots - sx^{(n-2)}(0^-) - x^{(n-1)}(0^-) \tag{7.30}$$

식 (7.29)는 미분 신호에 대한 라플라스 변환의 계산식에 부분 적분을 적용하여 증명할 수 있다. 이때 $X(s)$의 수렴 영역에서는 $\lim_{t\to\infty} x(t)e^{-st} = 0$임을 이용한다. 식 (7.29)의 성질을 반복해서 적용하여 일반화하면, n차 미분에 대한 식 (7.30)의 관계를 얻는다.

$$\mathcal{L}\left\{\frac{dx(t)}{dt}\right\} = \int_{0^-}^{\infty} \frac{dx(t)}{dt} e^{-st} dt = x(t)e^{-st}\Big|_{0^-}^{\infty} + s\int_{0^-}^{\infty} x(t)e^{-st} dt \tag{7.31}$$

$$= -x(0^-) + sX(s)$$

시간 미분 성질에 의해 시간 영역에서 미분은 주파수 영역에서 s의 곱으로 나타난다. 그러므로 미분 방정식이 s 영역에서 대수 방정식으로 바뀌어 풀이가 쉬워진다. 또한 초기 조건이 자동으로 포함되므로 단계를 나눌 필요 없이 한 번에 미분 방정식의 완전해를 구할 수 있다. 이에 대해서는 7.5절에서 자세히 살펴보기로 한다.

예제 7-8 시간 미분 성질을 이용한 라플라스 변환

[그림 7-5(a)]의 신호 $x(t)$의 라플라스 변환을 시간 미분 성질을 이용하여 구하라.

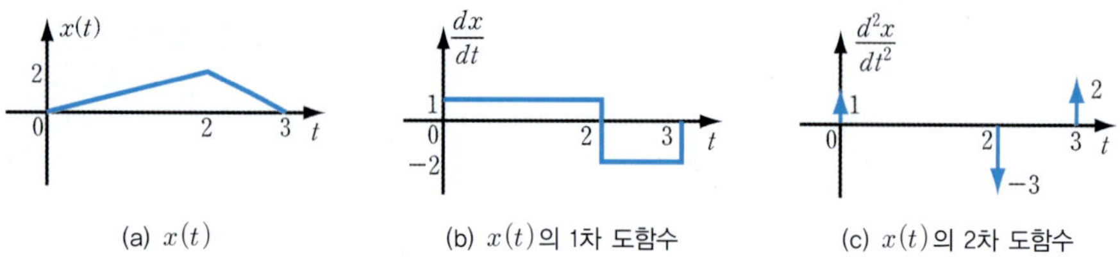

그림 7-5 [예제 7-8]의 신호와 미분

풀이

[그림 7-5]의 (b)와 (c)에 $x(t)$의 1차 도함수와 2차 도함수가 나타나 있다. 2차 도함수는 다음과 같이 임펄스 함수들로만 이루어지므로, 라플라스 변환의 정의식에 의한 적분을 수행할 필요 없이 시간 이동 성질을 이용하여 간단히 라플라스 변환을 할 수 있다.

$$\frac{d^2x(t)}{dt^2} = \delta(t) - 3\delta(t-2) + 2\delta(t-3)$$

이에 시간 미분 성질을 적용하여 라플라스 변환하면 다음과 같이 된다.

$$\mathcal{L}\left\{\frac{d^2x(t)}{dt^2}\right\} = s^2X(s) - sx(0^-) - \dot{x}(0^-) = s^2X(s) = 1 - 3e^{-2s} + 2e^{-3s}$$

이를 $X(s)$에 관해 정리하면 다음과 같이 $x(t)$의 라플라스 변환이 구해진다.

$$X(s) = \frac{1}{s^2}(1 - 3e^{-2s} + 2e^{-3s})$$

이 예와 같이 직선의 조합으로 구성된 신호에 대해서는 미분을 통해 임펄스 열로 변환한 뒤 시간 미분 성질을 적용하면 라플라스 변환을 쉽게 구할 수 있다.

7.3.6 시간 적분

$$\int_0^t x(\tau)\,d\tau \Leftrightarrow \frac{1}{s}X(s) \tag{7.32}$$

$$\int_{-\infty}^t x(\tau)\,d\tau \Leftrightarrow \frac{1}{s}X(s)+\frac{1}{s}\int_{-\infty}^0 x(t)dt \tag{7.33}$$

시간 영역에서 적분은 주파수 영역에서 s로 나누는 것과 같다. 시간 영역에서 미분과 적분은 서로 역 관계인데, 주파수 영역에서도 유지되고 있음을 볼 수 있다.

식 (7.32)의 변환쌍은 라플라스 변환의 정의식으로부터 다음과 같이 구해진다. 두 번째 등식 첫 항은 상한($t=\infty$)에서 $e^{-st}\to 0$, 하한($t=0$)에서 $\int_0^t x(\tau)\,d\tau \to 0$이므로 0이 된다.

$$\begin{aligned}\mathcal{L}\left\{\int_0^t x(\tau)\,d\tau\right\} &= \int_0^\infty \left[\int_0^t x(\tau)\,d\tau\right]e^{-st}\,dt \\ &= -\left[\int_0^t x(\tau)\,d\tau\right]\frac{1}{s}e^{-st}\Bigg|_0^\infty + \frac{1}{s}\int_0^\infty x(t)e^{-st}dt = \frac{1}{s}X(s)\end{aligned} \tag{7.34}$$

식 (7.33)의 적분 하한이 $-\infty$인 시간 적분은 전기회로에서 커패시터가 $t=0$ 이전에 다른 전원에 의해 충전되고 있다든지 하는 등의 여러 실제 응용문제에서 부딪친다. 이런 경우는 다음과 같이 적분 구간을 $t<0$과 $t\geq 0$의 두 구간으로 나누면, 우변의 첫째 항이 정적분으로서 상수이기 때문에 식 (7.33)으로 변환쌍이 구해진다.

$$\int_{-\infty}^t x(\tau)\,d\tau = \int_{-\infty}^0 x(\tau)d\tau + \int_0^t x(\tau)\,d\tau \tag{7.35}$$

예제 7-9 **시간 적분 성질을 이용한 라플라스 변환**

램프 신호 $r(t)=tu(t)$의 라플라스 변환을 직접 적분 계산하지 말고 구하라.

풀이

램프 신호는 $r(t)=\int_0^t u(\tau)\,d\tau$와 같이 나타낼 수 있으므로, 이에 시간 적분 성질을 적용하면 다음과 같이 램프 신호의 라플라스 변환이 얻어진다.

$$R(s)=\mathcal{L}\left\{\int_0^t u(\tau)\,d\tau\right\} = \frac{1}{s}U(s) = \frac{1}{s}\frac{1}{s} = \frac{1}{s^2}$$

7.3.7 주파수 미분

$$-tx(t) \Leftrightarrow \frac{dX(s)}{ds} \tag{7.36}$$

$$t^n x(t) \Leftrightarrow (-1)^n \frac{d^n X(s)}{ds^n} \tag{7.37}$$

식 (7.37)은 식 (7.36)의 관계를 반복 적용하면 얻어지며, 식 (7.36)은 다음과 같이 간단히 구할 수 있다.

$$\begin{aligned}\frac{dX(s)}{ds} &= \frac{d}{ds}\int_0^\infty x(t)e^{-st}dt = \int_0^\infty x(t)\frac{d}{ds}(e^{-st})dt \\ &= \int_0^\infty -tx(t)e^{-st}dt = \mathcal{L}\{-tx(t)\}\end{aligned} \tag{7.38}$$

예제 7-10 주파수 미분 성질을 이용한 라플라스 변환

$x(t) = t^n u(t)$의 라플라스 변환을 구하라.

풀이

계단 신호의 라플라스 변환 $U(s) = \frac{1}{s}$을 s에 대해 계속 미분해나가면

$$\frac{dU(s)}{ds} = (-1)\frac{1}{s^2}$$

$$\frac{d^2U(s)}{ds^2} = (-1)^2\frac{2\cdot 1}{s^3}$$

$$\frac{d^3U(s)}{ds^3} = (-1)^3\frac{3\cdot 2\cdot 1}{s^4}$$

$$\vdots$$

$$\frac{d^nU(s)}{ds^n} = (-1)^n\frac{n\cdot(n-1)\cdots\cdot 1}{s^{n+1}}$$

이 되므로, 식 (7.37)의 주파수 미분 성질로부터 다음과 같이 $x(t)$의 라플라스 변환이 얻어진다.

$$X(s) = \mathcal{L}\{t^n u(t)\} = (-1)^n\frac{d^nU(s)}{ds^n} = (-1)^n(-1)^n\frac{n!}{s^{n+1}} = \frac{n!}{s^{n+1}}$$

7.3.8 시간 컨벌루션

$$x_1(t) * x_2(t) \Leftrightarrow X_1(s)X_2(s) \tag{7.39}$$

푸리에 변환의 성질과 마찬가지로 시간 영역에서 두 신호의 컨벌루션은 주파수 영역에서 대수 곱으로 변환된다. LTI 시스템의 입력에 대한 출력은 입력과 임펄스 응답의 컨벌루션으로 주어지므로 라플라스 변환과 컨벌루션 성질을 이용하면 좀 더 간편하게 구할 수 있다. 이는 미분 방정식의 풀이에 이용되는 시간 미분 성질과 더불어 라플라스 변환이 시스템 해석에 보편적으로 활용되게 하는 주된 요인이다.

시간 컨벌루션 성질은 컨벌루션된 신호를 직접 라플라스 변환하여 쉽게 증명할 수 있다.

$$\begin{aligned}\mathcal{L}\{x_1(t) * x_2(t)\} &= \int_0^\infty \left[\int_0^\infty x_1(\tau)x_2(t-\tau)d\tau\right]e^{-st}dt \\ &= \int_0^\infty x_1(\tau)\left[\int_0^\infty x_2(\lambda)e^{-s(\tau+\lambda)}d\lambda\right]d\tau \\ &= \left(\int_0^\infty x_1(\tau)e^{-s\tau}d\tau\right)\left(\int_0^\infty x_2(\lambda)e^{-s\lambda}d\lambda\right) \\ &= X_1(s)X_2(s)\end{aligned} \tag{7.40}$$

예제 7-11 시간 컨벌루션 성질을 이용한 라플라스 변환

$\int_0^t x(\tau)\,d\tau$의 라플라스 변환을 정의식으로 직접 적분 계산하지 말고 구하라.

풀이

$\int_0^t x(\tau)\,d\tau$는 다음과 같이 $x(t)$와 계단 신호 $u(t)$의 컨벌루션으로 나타낼 수 있다.

$$x(t) * u(t) = \int_0^\infty x(\tau)u(t-\tau)\,d\tau = \int_0^t x(\tau)\,d\tau$$

따라서 시간 컨벌루션 성질을 적용하면 다음과 같이 라플라스 변환이 구해진다.

$$\mathcal{L}\left\{\int_0^t x(\tau)d\tau\right\} = \mathcal{L}\{x(t) * u(t)\} = X(s)U(s) = \frac{1}{s}X(s)$$

시간 적분 성질을 얻는 데 이 방법이 식 (7.34)보다 간편함을 볼 수 있다.

예제 7-12 시간 컨벌루션 성질의 활용

동일한 두 사각 펄스 $x_1(t) = x_2(t) = \text{rect}\left(\frac{t-1}{2}\right) = u(t) - u(t-2)$ 의 컨벌루션 $y(t) = x_1(t) * x_2(t)$ 를 구하라.

풀이

주어진 신호의 라플라스 변환은 계단 신호의 변환쌍으로부터 다음과 같이 되고

$$X_1(s) = X_2(s) = \frac{1-e^{-2s}}{s}$$

$y(t)$ 의 라플라스 변환은 시간 컨벌루션 성질을 적용하면 다음과 같이 된다.

$$Y(s) = \mathcal{L}\{x_1(t) * x_2(t)\} = X_1(s)X_2(s) = \left[\frac{1-e^{-2s}}{s}\right]^2 = \frac{1-2e^{-2s}+e^{-4s}}{s^2}$$

램프 신호의 라플라스 변환쌍과 시간 이동 성질을 이용하여 $Y(s)$ 를 역변환하면 다음과 같이 간편하게 $y(t) = x_1(t) * x_2(t)$ 를 얻을 수 있다.

$$y(t) = x_1(t) * x_2(t) = tu(t) - 2(t-2)u(t-2) + (t-4)u(t-4)$$

주어진 신호와 구해진 컨벌루션 결과를 [그림 7-6]에 나타내었다. 직접 컨벌루션 계산을 수행하여 구해본다면, 라플라스 변환을 이용한 풀이가 비록 여러 단계를 거치지만 계산이 간편하여 실질적으로는 더 편리함을 알 수 있을 것이다.

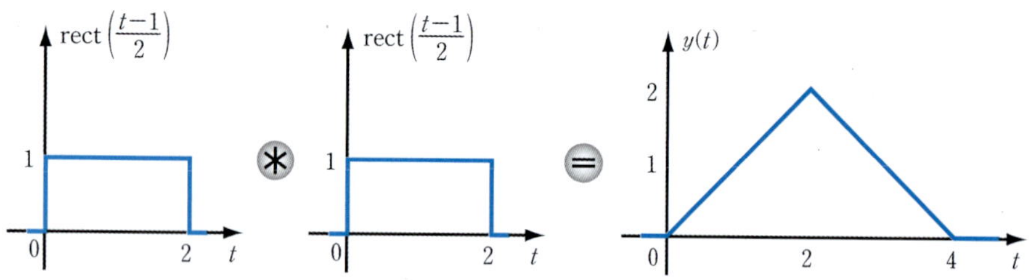

그림 7-6 사각 펄스와 컨벌루션 결과

7.3.9 초깃값 정리

$$x(0^+) = \lim_{s\to\infty} sX(s) \tag{7.41}$$

신호 $x(t)$ 대신 $X(s)$가 주어진 경우 $x(t)$의 $t=0^+$ 에서의 값, 즉 초깃값을 구해야 한다면, $X(s)$를 역변환하여 $x(t)$를 구한 다음 이에 $t=0^+$를 대입하는 것보다는 초깃값 정리를 사용하는 것이 훨씬 편리하다. 초깃값 정리는 미분 신호의 라플라스 변환에 $s\to\infty$의 극한을 취함으로써 간단히 보일 수 있다.

$$\lim_{s\to\infty}\int_{0^+}^{\infty}\frac{dx(t)}{dt}e^{-st}dt = \lim_{s\to\infty}[sX(s)-x(0^+)] = 0 \tag{7.42}$$

7.3.10 최종값 정리

$$x(\infty) = \lim_{t\to\infty} x(t) = \lim_{s\to 0} sX(s) \tag{7.43}$$

신호 $x(t)$ 대신 $X(s)$가 주어진 경우 $x(t)$의 정상상태 값을 구해야 한다면, $X(s)$를 역변환하여 $x(t)$를 구한 다음 이에 $t=\infty$을 대입하는 것보다는 최종값 정리를 사용하는 것이 훨씬 편리하다. 최종값 정리도 미분 신호의 라플라스 변환에 $s\to 0$의 극한을 취해 간단히 보일 수 있다. 다음 두 식의 우변을 비교하면 식 (7.43)의 결과를 얻게 된다.

$$\lim_{s\to 0}\int_{0}^{\infty}\frac{dx(t)}{dt}e^{-st}dt = \lim_{s\to 0}[sX(s)-x(0)] \tag{7.44}$$

$$\begin{aligned}\lim_{s\to 0}\int_{0}^{\infty}\frac{dx(t)}{dt}e^{-st}dt &= \int_{0}^{\infty}\frac{dx(t)}{dt}(\lim_{s\to 0}e^{-st})dt = \int_{0}^{\infty}\frac{dx(t)}{dt}dt \\ &= [x(\infty)-x(0)]\end{aligned} \tag{7.45}$$

최종값 정리는 정상상태 값을 가지는 신호, 다시 말해 시간이 지나면 유한한 값으로 수렴하는 안정한 신호에만 적용해야 한다. 그렇지 않다면 최종값 정리를 적용하여 값이 얻어지더라도 실제의 물리적 현상과는 모순이 발생한다. 예를 들어 정현파 $x(t)=\cos(\omega_0 t)$의 라플라스 변환에 최종값 정리를 적용하면 다음과 같이 된다.

$$x(\infty) = \lim_{s\to 0} sX(s) = \lim_{s\to 0}\frac{s}{s^2+\omega_0^2} = 0 \tag{7.46}$$

정현파는 끊임없이 진동하여 정상상태 값이 없음에도 불구하고 최종값 정리를 적용하면 정상상태 값 0이 얻어져 물리적 현상에 어긋난다. 이런 모순이 발생하는 이유는 $X(s)$가 안정한 신호가 아니기 때문인데, 7.6절에서 $X(s)$와 안정도의 관계를 살펴보게 될 것이다.

예제 7-13 초깃값 정리 및 최종값 정리의 활용

다음과 같이 신호 $x(t)$의 라플라스 변환 $X(s)$가 주어질 경우, $x(t)$의 초깃값 $x(0^+)$와 정상상태 값 $x(\infty)$를 구하라.

$$X(s)=\frac{s^2+4s+5}{(s+1)(s+2)(s+3)}$$

풀이

주어진 $X(s)$에 초깃값 정리를 적용하면 다음과 같이 간단히 $x(0^+)$를 얻을 수 있다.

$$x(0^+)=\lim_{s\to\infty}sX(s)=\lim_{s\to\infty}\frac{s^3+4s^2+5s}{(s+1)(s+2)(s+3)}=1$$

만약 초깃값 정리가 없다면 라플라스 역변환의 복잡한 과정을 거쳐야 한다. $X(s)$를 부분분수로 전개하여 계단 신호의 라플라스 변환쌍과 주파수 이동 성질을 이용하면 다음과 같이 역변환이 구해진다.

$$x(t)=\mathcal{L}^{-1}\{X(s)\}=\mathcal{L}^{-1}\left\{\frac{1}{s+1}-\frac{1}{s+2}+\frac{1}{s+3}\right\}=(e^{-t}-e^{-2t}+e^{-3t})u(t)$$

이 결과에 $t=0^+$을 대입하면 같은 결과 $x(0^+)=1$을 얻는다. 또한 $X(s)$에 최종값 정리를 적용하면 다음과 같이 간단히 $x(\infty)$를 얻게 된다.

$$x(\infty)=\lim_{s\to 0}sX(s)=\lim_{s\to 0}\frac{s^3+4s^2+5s}{(s+1)(s+2)(s+3)}=0$$

이는 앞에서 구한 $x(t)$에 $t=\infty$를 대입하여 쉽게 확인할 수 있다.

이상에서 알 수 있듯이, 초깃값 정리와 최종값 정리는 라플라스 역변환의 복잡한 과정을 거치지 않고서도 간편하게 신호의 초깃값과 정상상태 값을 구할 수 있게 해주므로 매우 유용한 성질이라 할 수 있다.

지금까지 살펴본 라플라스 변환의 성질을 [표 7-1]에 정리하여 나타내었다. 라플라스 변환의 성질은 푸리에 변환의 성질과 비슷하며, 다양한 예를 통해 본 것처럼 신호와 시스템의 해석에 유용하게, 또 자주 활용되므로 잘 익혀두어야 한다.

표 7-1 라플라스 변환의 주요 성질

	성질	라플라스 변환쌍
1	선형성	$\alpha x_1(t)+\beta x_2(t) \Leftrightarrow \alpha X_1(s)+\beta X_2(s)$
2	시간 이동	$x(t-t_0)u(t-t_0) \Leftrightarrow e^{-t_0 s}X(s)$
3	주파수 이동	$x(t)e^{s_0 t} \Leftrightarrow X(s-s_0)$
4	시간 척도조절	$x(\alpha t) \Leftrightarrow \frac{1}{\alpha}X\left(\frac{s}{\alpha}\right)$
5	시간 미분	$\frac{dx(t)}{dt} \Leftrightarrow sX(s)-x(0^-)$ $\frac{d^n x(t)}{dt^n} \Leftrightarrow s^n X(s)-s^{n-1}x(0^-)-\cdots-sx^{(n-2)}(0^-)-x^{(n-1)}(0^-)$
6	시간 적분	$\int_0^t x(\tau)d\tau \Leftrightarrow \frac{1}{s}X(s)$ $\int_{-\infty}^t x(\tau)d\tau \Leftrightarrow \frac{1}{s}X(s)+\frac{1}{s}\int_{-\infty}^0 x(t)dt$
7	주파수 미분	$-tx(t) \Leftrightarrow \frac{dX(s)}{ds}$ $t^n x(t) \Leftrightarrow (-1)^n \frac{d^n X(s)}{ds^n}$
8	시간 컨벌루션	$x_1(t) * x_2(t) \Leftrightarrow X_1(s)X_2(s)$
9	초깃값 정리	$x(0^+)=\lim_{s\to\infty} sX(s)$
10	최종값 정리	$x(\infty)=\lim_{t\to\infty} x(t)=\lim_{s\to 0} sX(s)$

7.4 라플라스 역변환

라플라스 변환을 이용하여 주파수 영역에서 신호와 시스템을 다루더라도 최종적으로는 다시 시간 영역 표현을 구해야 할 경우가 많다. 주파수 함수인 $X(s)$를 시간 함수인 $x(t)$로 되돌리는 동작이 라플라스 역변환인데, 라플라스 역변환의 정의식 식 (7.6)은 복소 적분을 요구한다. 이보다는 $X(s)$를 변환쌍표에 있는 간단한 기본 신호들의 라플라스 변환의 합으로 표현될 수 있도록 부분분수로 전개하여 역변환하는 편이 훨씬 쉽다. 부분분수 전개의 핵심은 각 부분분수 항의 계수를 쉽게 구하는 방법이다. 따라서 이 절에서는 부분분수 전개에 의한 역변환의 원리와 부분분수 항의 계수 결정에 대해서 자세히 살펴보기로 한다.

학습포인트

- 부분분수 전개에 의한 라플라스 역변환의 원리를 이해한다.
- 부분분수의 계수를 결정하기 위한 헤비사이드의 커버업 기법의 원리를 이해한다.
- 단순극, 다중극, 공액복소극에 따른 부분분수의 계수 계산 방법과 이에 따른 역변환 결과의 형태를 잘 익혀둔다.

7.4.1 부분분수 전개에 의한 역변환의 원리

$x(t)$를 라플라스 변환한 $X(s)$로부터 다시 $x(t)$를 구하는 동작을 라플라스 역변환이라고 한다. 역변환 정의식 식 (7.6)은 복소 적분에 대한 고급 수학 지식이 요구되므로, 손쉬운 역변환 방법을 찾을 필요가 있다. 만약 간단한 조작을 통해 $X(s)$를 라플라스 변환쌍표에 나와 있는 간단한 함수의 합으로 표현할 수만 있다면, 이로부터 손쉽게 역변환을 수행할 수 있을 것이다.

그런데 $X(s)$는 일반적으로 다음과 같이 분모, 분자가 s의 다항식인 분수 형태가 된다.

$$X(s)=\frac{N(s)}{D(s)}=\frac{b_m s^m+b_{m-1}s^{m-1}+\cdots+b_1 s+b_0}{a_n s^n+a_{n-1}s^{n-1}+\cdots+a_1 s+a_0} \tag{7.47}$$

$X(s)$의 분모 다항식 $D(s)=0$을 만족하는 n개의 근 $\{p_i\}$를 $X(s)$의 극pole이라고 하는데, $D(s)$를 $(s-p_i)$의 인수로 인수분해하면 $X(s)$를 다음과 같이 부분분수의 합으로 나타낼 수 있다.

$$\begin{aligned}X(s)=\frac{N(s)}{D(s)}&=\frac{b_m s^m+b_{m-1}s^{m-1}+\cdots+b_1 s+b_0}{a_n(s-p_1)(s-p_2)(s-p_3)\cdots(s-p_n)}\\&=\frac{K_1}{s-p_1}+\frac{K_2}{s-p_2}+\frac{K_3}{s-p_3}+\cdots+\frac{K_n}{s-p_n}\end{aligned} \tag{7.48}$$

만약 $D(s)$가 $(s-p_i)^r$ 항을 포함하면, 즉 극 p_i가 r중극이면 식 (7.48)의 부분분수 전개에 분모가 $(s-p_i)$, $(s-p_i)^2$, $\cdots$ $(s-p_i)^r$인 항들이 포함된다. 부분분수로 전개한 $X(s)$는 다음과 같은 변환쌍 항들의 합으로 표현되므로, 이를 이용하면 별도의 계산 없이 바로 역변환할 수 있게 된다.

$$\frac{1}{s+a} \Leftrightarrow e^{-at}u(t) \tag{7.49}$$

$$\frac{1}{(s+a)^{k+1}} \Leftrightarrow \frac{1}{k!}t^k e^{-at}u(t) \tag{7.50}$$

부분분수 전개를 이용한 역변환에서 핵심은 각 부분분수 항의 계수 K_i를 결정하는 것이다. 부분분수 항들을 통분한 다음 양변의 계수를 비교하여 구할 수는 있으나 계산이 복잡하고 까다로워서, **헤비사이드**Heaviside의 **커버업**cover-up 기법이라는 간편한 방법을 사용하여 계수를 구하게 된다. 이 기법에서는 $X(s)$의 극이 단순극인지 다중극인지에 따라 계수 결정 방법이 조금 달라진다.

TIP & NOTE **$X(s)$의 분자에 $e^{-t_0 s}$ 항이 포함된 경우의 역변환 : 시간 지연**

시간 지연을 갖는 신호, 예를 들어 $u(t-t_0)$와 같은 신호는 $X(s)=\dfrac{e^{-t_0 s}}{s}$가 유리 함수로 표현되지 않고 분자에 $e^{-t_0 s}$항이 포함된다. 이런 $X(s)$에 대해서는 $e^{-t_0 s}$을 뺀 부분분수 $\dfrac{1}{s}$의 역변환 $u(t)$에 시간 이동 성질을 적용하여 $u(t-t_0)$와 같이 구하면 된다.

7.4.2 $X(s)$가 단순극을 가질 경우

$X(s)$가 서로 값이 다른 **단순극**distinct poles을 가질 경우에는 다음과 같은 과정으로 부분분수 전개하여 라플라스 역변환하면 된다.

❶ $X(s)$의 극 $\{p_i\}$를 구하여(분모 $D(s)$를 인수분해하여) 부분분수로 전개한다.

$$X(s) = \frac{K_1}{s-p_1} + \frac{K_2}{s-p_2} + \cdots + \frac{K_n}{s-p_n} \tag{7.51}$$

❷ 다음과 같이 부분분수 항의 계수 K_i $(i=1, \cdots, n)$를 구한다.

$$K_i = (s-p_i)X(s)\big|_{s=p_i} \tag{7.52}$$

❸ 식 (7.49)의 변환쌍을 이용하여 다음과 같이 역변환한다.

$$x(t) = \left(K_1 e^{p_1 t} + K_2 e^{p_2 t} + \cdots + K_n e^{p_n t}\right)u(t) \tag{7.53}$$

부분분수 항의 계수 K_i를 계산하는 식 (7.52)의 방법을 **헤비사이드**Heaviside **커버업**cover-up 기법이라고 한다. 식 (7.51)의 양변에 $(s-p_i)$를 곱하면 다음과 같이 된다.

$$(s-p_i)X(s)=K_1\frac{s-p_i}{s-p_1}+\cdots+K_i\frac{s-p_i}{s-p_i}+\cdots+K_n\frac{s-p_i}{s-p_n} \tag{7.54}$$

식 (7.54)의 좌변은 $X(s)$의 분모에 있는 $(s-p_i)$ 항이 약분되어 제거된다. 그리고 우변은 i번째 부분분수 항만 분모, 분자 사이에 $(s-p_i)$의 약분이 일어나서 계수 K_i만 남게 되고, 나머지 항들은 모두 분자에 $(s-p_i)$항을 포함하고 있다. 따라서 식 (7.54)의 양변에 $s=p_i$를 대입하면, K_i를 제외한 나머지 계수 항들이 모두 0이 되어 K_i가 구해지는 것이다.

$$(s-p_i)X(s)\big|_{s=p_i}=K_i+\sum_{j=1,\,j\neq i}^{n}K_j\frac{s-p_i}{s-p_j}\bigg|_{s=p_i}=K_i \tag{7.55}$$

예제 7-14 단순극에 대한 라플라스 역변환

다음과 같은 $X(s)$를 라플라스 역변환하여 $x(t)$를 구하라.

$$X(s)=\frac{s+5}{s^3+6s^2+11s+6}$$

풀이

$X(s)$를 부분분수 전개하면 다음과 같이 된다.

$$X(s)=\frac{s+5}{(s+1)(s+2)(s+3)}=\frac{K_1}{s+1}+\frac{K_2}{s+2}+\frac{K_3}{s+3} \tag{7.56}$$

부분분수 항의 계수는 식 (7.52)로부터 다음과 같이 구할 수 있다.

$$K_1=(s+1)X(s)\big|_{s=-1}=\frac{s+5}{(s+2)(s+3)}\bigg|_{s=-1}=\frac{4}{(1)(2)}=2$$

$$K_2=(s+2)X(s)\big|_{s=-2}=\frac{s+5}{(s+1)(s+3)}\bigg|_{s=-2}=\frac{3}{(-1)(1)}=-3$$

$$K_3=(s+3)X(s)\big|_{s=-3}=\frac{s+5}{(s+1)(s+2)}\bigg|_{s=-3}=\frac{2}{(-2)(-1)}=1$$

구해진 K_1, K_2, K_3 값을 식 (7.56)에 대입한 뒤 식 (7.49)의 변환쌍을 이용하여 역변환하면 다음과 같이 $x(t)$가 얻어진다.

$$x(t)=\mathcal{L}^{-1}\left\{\frac{2}{s+1}-\frac{3}{s+2}+\frac{1}{s+3}\right\}=(2e^{-t}-3e^{-2t}+e^{-3t})u(t)$$

예제 7-15 단순극에 대한 라플라스 역변환

다음과 같은 $X(s)$를 라플라스 역변환하여 $x(t)$를 구하라.

$$X(s)=\frac{s^2+4s-6}{s^2-s-6}$$

풀이

$X(s)$를 그대로 나눗셈하여 상수+진분수 형태로 만든 뒤 부분분수 전개하면 다음과 같이 된다.

$$X(s)=\frac{s^2+4s-6}{s^2-s-6}=1+\frac{5s}{(s+2)(s-3)}=1+\frac{K_1}{s+2}+\frac{K_2}{s-3} \tag{7.57}$$

부분분수 항의 계수는 식 (7.52)로부터 다음과 같이 구해진다.

$$K_1=(s+2)\frac{5s}{(s+2)(s-3)}\bigg|_{s=-2}=\frac{5s}{s-3}\bigg|_{s=-2}=\frac{-10}{-5}=2$$

$$K_2=(s-3)\frac{5s}{(s+2)(s-3)}\bigg|_{s=3}=\frac{5s}{s+2}\bigg|_{s=3}=\frac{15}{5}=3$$

구해진 K_1, K_2 값을 식 (7.57)에 대입한 뒤 식 (7.49)의 변환쌍을 이용하여 역변환하면 다음과 같이 $x(t)$가 얻어진다.

$$x(t)=\mathcal{L}^{-1}\left\{1+\frac{2}{s+2}+\frac{3}{s-3}\right\}=\delta(t)+(2e^{-2t}+3e^{3t})\,u(t)$$

예제 7-16 시간 지연 항을 갖는 경우의 라플라스 역변환

다음과 같은 $X(s)$를 라플라스 역변환하여 $x(t)$를 구하라.

$$X(s)=\frac{(2s+5)e^{-2s}}{s^2+5s+6}$$

풀이

$X(s)$에서 시간 지연 항 e^{-2s}을 제외한 $X'(s)$를 부분분수로 전개하면 다음과 같다.

$$X'(s)=\frac{2s+5}{(s+2)(s+3)}=\frac{K_1}{s+2}+\frac{K_2}{s+3}$$

부분분수 항의 계수는 식 (7.52)로부터 다음과 같이 구해진다.

$$K_1=\frac{2s+5}{(s+2)(s+3)}(s+2)\bigg|_{s=-2}=\frac{2s+5}{s+3}\bigg|_{s=-2}=1$$

$$K_2=\frac{2s+5}{(s+2)(s+3)}(s+3)\bigg|_{s=-3}=\frac{2s+5}{s+2}\bigg|_{s=-3}=1$$

구해진 K_1, K_2 값을 대입한 뒤 식 (7.49)의 변환쌍을 이용하여 $X'(s)$를 라플라스 역변환하면 다음과 같다.

$$x'(t) = \mathcal{L}^{-1}\left\{\frac{1}{s+2} + \frac{1}{s+3}\right\} = (e^{-2t} + e^{-3t})\,u(t)$$

$x'(t)$에 $t_0 = 2$의 시간 이동 성질을 적용하면 $x(t)$는 다음과 같이 구해진다.

$$x(t) = x'(t-2) = \left(e^{-2(t-2)} + e^{-3(t-2)}\right)u(t-2)$$

7.4.3 $X(s)$가 다중극을 가질 경우

$X(s)$가 r중의 **다중극**repeated poles을 가지면 다음과 같은 과정으로 부분분수 전개하여 라플라스 역변환하면 된다.

❶ $X(s)$의 극 $\{p_i\}$를 구하여(분모 $D(s)$를 인수분해하여) 부분분수로 전개한다.

$$X(s) = \left[\frac{K_{11}}{s-p_1} + \frac{K_{12}}{(s-p_1)^2} + \cdots + \frac{K_{1r}}{(s-p_1)^r}\right] + \left[\frac{K_{r+1}}{s-p_{r+1}} + \cdots + \frac{K_n}{s-p_n}\right] \tag{7.58}$$

❷ 단순극에 대응되는 부분분수 항의 계수 $K_i\ (i = r+1,\ \cdots,\ n)$를 다음과 같이 구한다.

$$K_i = (s-p_i)X(s)\big|_{s=p_i} \tag{7.52}$$

다중극에 대응되는 부분분수 항의 계수 $K_{1j}\ (j = r,\ \cdots,\ 1)$를 다음과 같이 구한다.

$$K_{1j} = \frac{1}{(r-j)!}\frac{d^{r-j}}{ds^{r-j}}\left[(s-p_1)^r X(s)\right]\Bigg|_{s=p_1} \tag{7.59}$$

❸ 식 (7.49)와 식 (7.50)의 변환쌍을 이용하여 다음과 같이 역변환한다.

$$x(t) = \left[\left(K_{11} + K_{12}t + \cdots + K_{1r}\frac{t^{r-1}}{(r-1)!}\right)e^{p_1 t} + K_{r+1}e^{p_{r+1}t} + \cdots + K_n e^{p_n t}\right]u(t) \tag{7.60}$$

$X(s)$가 r중 다중극을 가지면, 식 (7.58)처럼 1차부터 r차까지 빠짐없이 부분분수 항을 전개해야만 분자 다항식이 어떠한 경우라도 맞춰질 수 있다. 다중극에 대한 부분분수 항들의 계수를 결정하는 식 (7.59)의 원리는 [예제 7-17]을 통해 간단히 알아볼 것이다. 다중극에 대응되는 r개의 부분분수 항들의 계수는 분모의 차수가 제일 높은 항의 계수 K_{1r}부터 시작하여 거꾸로 (미분에 의해) 하나씩 차수를 낮춰가며 계산하여 제일 마지막에 K_{11}을 계산한다.

예제 7-17 다중극에 대한 라플라스 역변환

다음과 같은 $X(s)$를 라플라스 역변환하여 $x(t)$를 구하라.

$$X(s) = \frac{s^2+5s+6}{s^3+3s^2+3s+1}$$

풀이

$X(s)$를 부분분수 전개하면 다음과 같이 된다.

$$X(s) = \frac{s^2+5s+6}{(s+1)^3} = \frac{K_{11}}{s+1} + \frac{K_{12}}{(s+1)^2} + \frac{K_{13}}{(s+1)^3} \qquad (7.61)$$

식 (7.61)의 양변에 $(s+1)^3$을 곱하면 다음과 같이 된다.

$$(s+1)^3X(s) = s^2+5s+6 = K_{11}(s+1)^2 + K_{12}(s+1) + K_{13} \qquad (7.62)$$

식 (7.62)의 양변에 $s=-1$을 대입하면 $K_{13}=2$을 얻는다. 식 (7.62)를 s에 대해 미분하면

$$\frac{d}{ds}\{(s+1)^3X(s)\} = 2s+5 = 2K_{11}(s+1) + 1 \cdot K_{12} \qquad (7.63)$$

식 (7.63)의 양변에 $s=-1$을 대입하면 $K_{12}=3$을 얻는다. 다시 식 (7.63)을 s에 대해 미분하면

$$\frac{d^2}{ds^2}\{(s+1)^3X(s)\} = 2 = 2 \cdot 1 \cdot K_{11} \qquad (7.64)$$

식 (7.64)의 양변에 $s=-1$을 대입하면 $K_{11}=\frac{2}{2!}=1$을 얻는다. 따라서 $X(s)$의 역변환 $x(t)$는 다음과 같이 구해진다.

$$x(t) = \mathcal{L}^{-1}\left\{\frac{1}{s+1} + \frac{3}{(s+1)^2} + \frac{2}{(s+1)^3}\right\} = (1+3t+t^2)e^{-t}u(t)$$

이상의 풀이 과정에서 보듯이, 다중극의 부분분수 항들의 계수는 최고차 항을 $X(s)$의 양변에 곱하여 계속 미분하면서 극값을 대입해 높은 차수에서 낮은 차수 항으로 차례로 구해나간다. 이때 미분 동작으로 인해 계수 앞에 미분 횟수만큼의 팩토리얼(!)이 곱해져 있으므로, 극값을 대입해 얻은 값을 반드시 미분 횟수만큼의 팩토리얼로 나눠줘야 한다.

예제 7-18 다중극에 대한 라플라스 역변환

다음과 같은 $X(s)$를 라플라스 역변환하여 $x(t)$를 구하라.

$$X(s)=\frac{s+3}{(s+1)^3(s+2)}$$

풀이

$X(s)$를 부분분수 전개하면 다음과 같이 된다.

$$X(s)=\frac{s+3}{(s+1)^3(s+2)}=\frac{K_{11}}{s+1}+\frac{K_{12}}{(s+1)^2}+\frac{K_{13}}{(s+1)^3}+\frac{K_4}{s+2}$$

단순극 $s=-2$항의 계수 K_4는 식 (7.52)에 의해 다음과 같이 구해진다.

$$K_4=(s+2)X(s)\big|_{s=-2}=\left.\frac{s+3}{(s+1)^3}\right|_{s=-2}=\frac{1}{-1}=-1$$

3중극 $s=-1$에 대응되는 항의 계수 K_{11}, K_{12}, K_{13}은 식 (7.59)로부터 다음과 같이 된다. 이때 계산 순서는 분모가 최고차항인 계수 K_{13}부터 거꾸로 내려감을 주의해야 한다.

$$K_{13}=(s+1)^3X(s)\big|_{s=-1}=\left.\frac{s+3}{s+2}\right|_{s=-1}=\frac{2}{1}=2$$

$$K_{12}=\left.\frac{d}{ds}(s+1)^3X(s)\right|_{s=-1}=\left.\frac{-1}{(s+2)^2}\right|_{s=-1}=\frac{-1}{1}=-1$$

$$K_{11}=\left.\frac{1}{2}\frac{d^2}{ds^2}(s+1)^3X(s)\right|_{s=-1}=\left.\frac{1}{2}\frac{2}{(s+2)^3}\right|_{s=-1}=\frac{1}{2}\frac{2}{1}=1$$

따라서 $X(s)$의 역변환 $x(t)$는 다음과 같이 구해진다.

$$x(t)=\mathcal{L}^{-1}\left\{\frac{1}{s+1}-\frac{1}{(s+1)^2}+\frac{2}{(s+1)^3}-\frac{1}{s+2}\right\}=\left[(1-t+t^2)e^{-t}-e^{-2t}\right]u(t)$$

7.4.4 $X(s)$가 공액 복소극을 가질 경우

$X(s)$가 공액 복소극을 가지면 다음과 같은 과정으로 부분분수 전개하여 라플라스 역변환하면 된다.

❶ 2개의 1차 공액 복소극 부분분수 항을 다음과 같이 하나의 2차 부분분수로 둔다.

$$X'(s) = \frac{K_c}{s-(\alpha+j\beta)} + \frac{K_c^*}{s-(\alpha-j\beta)} = \frac{As+B}{s^2-2\alpha s+\alpha^2+\beta^2} \tag{7.65}$$

❷ 분수 소거법을 이용하여 2차 부분분수의 계수를 구하여 다음과 같이 나타낸다.

$$X'(s) = \frac{As+B}{s^2-2\alpha s+\alpha^2+\beta^2} = \frac{A(s-\alpha)}{(s-\alpha)^2+\beta^2} + \frac{C\beta}{(s-\alpha)^2+\beta^2} \tag{7.66}$$

❸ 코사인파 및 사인파의 변환쌍, 그리고 삼각 함수 합성을 이용하여 역변환한다.

$$\begin{aligned} x'(t) &= \left[Ae^{\alpha t}\cos(\beta t) + Ce^{\alpha t}\sin(\beta t)\right]u(t) \\ &= \sqrt{A^2+C^2}\,e^{\alpha t}\cos\left(\beta t - \tan^{-1}\frac{C}{A}\right)u(t) \end{aligned} \tag{7.67}$$

공액 복소극 항의 라플라스 역변환은 지수 감쇠(증가) 정현파가 된다.

$X(s)$가 식 (7.65)와 같은 공액 복소극을 가지는 경우, 두 극의 값이 서로 다르므로 기본적으로는 단순극의 경우와 똑같다. 이때 $X(s)$의 분자 다항식 계수가 실수가 되기 위해 공액 복소극 부분분수 항들의 계수들도 공액 복소수가 되는데, 그냥 식 (7.52)를 이용해서 구하면 된다. 그러나 이렇게 역변환하는 방법은 복소수 계산이 포함되어 불편하므로 식 (7.65)를 이용하여 역변환하는 편이 낫다.

예제 7-19 공액 복소극에 대한 라플라스 역변환

다음과 같은 $X(s)$를 라플라스 역변환하여 $x(t)$를 구하라.

$$X(s) = \frac{4(s+1)^2}{s(s^2+2s+2)}$$

풀이

$X(s)$는 $s=-1\pm j1$의 공액 복소극을 가진다. $X(s)$를 식 (7.65)처럼 2차 인수를 포함하는 형태로 전개하면 다음과 같다.

$$X(s) = \frac{4(s+1)^2}{s(s^2+2s+2)} = \frac{K_1}{s} + \frac{As+B}{s^2+2s+2} = \frac{2}{s} + \frac{As+B}{s^2+2s+2}$$

단순극 $s=0$의 계수 $K_1=2$는 식 (7.52)를 이용하여 다음과 같이 계산한 것이다.

$$K_1 = sX(s)\big|_{s=0} = \left.\frac{4(s+1)^2}{(s^2+2s+2)}\right|_{s=0} = 2$$

분수 소거법으로 $s(s^2+2s+2)$를 $X(s)$ 전개식의 양변에 곱하여 정리하면 다음과 같고,

$$4(s+1)^2 = 2(s^2+2s+2)+s(As+B) = (2+A)s^2+(4+B)s+4$$

양변의 계수를 비교해 $A=2$, $B=4$를 얻는다. 따라서 $X(s)$는 다음과 같이 쓸 수 있다.

$$X(s) = \frac{2}{s}+\frac{2s+4}{s^2+2s+2} = \frac{2}{s}+\frac{2(s+1)}{(s+1)^2+1^2}+\frac{2\cdot 1}{(s+1)^2+1^2}$$

따라서 정현파의 변환쌍을 이용하여 역변환하면 다음과 같이 된다.

$$x(t) = [2+2e^{-t}\cos(t)+2e^{-t}\sin(t)]u(t) = [2+2\sqrt{2}e^{-t}\cos(t-45°)]u(t)$$

두 번째 등식은 다음과 같은 삼각 함수 합성 공식을 이용하여 정리한 것이다.

$$\begin{aligned} A\cos(x)+C\sin(x) &= \sqrt{A^2+C^2}(\cos(x)\cos(\theta)-\sin(x)\sin(\theta)) \\ &= \sqrt{A^2+C^2}\cos(x+\theta) \end{aligned}$$

$$\theta = -\tan^{-1}\left(\frac{C}{A}\right)$$

7.5 라플라스 변환에 의한 미분 방정식 해석

연속 LTI 시스템을 나타내는 상수 계수 선형 미분 방정식에 라플라스 변환의 시간 미분 성질을 적용하면 s에 대한 대수 방정식으로 바뀔 뿐만 아니라 변환 과정에서 초기 조건이 자동으로 포함되기 때문에 해를 구하기가 훨씬 간편하다. 따라서 이 절에서는 라플라스 변환을 이용한 미분 방정식의 해법을 살펴보고 전기회로에 응용해보기로 한다.

학습포인트

- 라플라스 변환과 시간 미분 성질을 이용한 미분 방정식의 풀이 방법을 잘 익혀둔다.
- 입력 인가 전후의 초기 조건의 차이와 중요성에 대해 이해한다.
- 라플라스 변환을 이용한 전기회로 해석 방법을 잘 익혀둔다.

라플라스 변환을 이용한 미분 방정식의 풀이

실제 문제에서 시스템은 인과이고 입력을 넣어주는 순간을 시간 기점 $t=0$으로 두는 것이 일반적이다. 즉 시스템과 신호 모두 인과이므로 단방향 라플라스 변환만으로 충분히 시스템을 주파수 영역에서 해석할 수 있다.

❶ 미분 방정식을 라플라스 변환한다. 이때 시간 미분 성질 식 (7.30)에 의해 초기 조건이 방정식에 자동으로 포함된다.

$$\frac{d^k y(t)}{dt^k} \Leftrightarrow s^k Y(s) - \sum_{i=0}^{k-1} s^{k-1-i} y^{(i)}(0^-) \tag{7.68}$$

❷ s에 대한 대수 방정식을 미지수 $Y(s)$에 대해 푼다. 이 결과는 s에 대한 유리 함수 형태가 된다.

❸ 얻어진 $Y(s)$에 대해 부분분수 전개한 뒤 라플라스 역변환하여 응답을 구한다.

이 방법은 '시간 함수의 변환 → 주파수 영역에서 대수 방정식의 풀이 → 시간 영역으로 역변환'의 과정을 거쳐 해를 구하므로 언뜻 보기에는 더 복잡해 보이지만, 실제로는 시간 영역에서의 고전적 해법에 비하면 오히려 풀이가 쉽고 간단하다. 고전적 해법을 이용하여 풀었던 [예제 4-8]을 라플라스 변환을 이용하여 풀어보도록 하자.

예제 7-20 라플라스 변환을 이용한 미분 방정식의 풀이

다음의 미분 방정식으로 표현되는 LTI 시스템에 대해 계단 입력 $x(t) = u(t)$에 대한 응답을 구하라. 단, 초기 조건은 $y(0^-) = 3$이다.

$$\frac{dy(t)}{dt} + 2y(t) = 2x(t)$$

풀이

주어진 미분 방정식을 라플라스 변환하면 다음과 같이 된다.

$$sY(s) - y(0^-) + 2Y(s) = 2X(s)$$

앞 식을 $Y(s)$에 대해 정리하여 입력의 라플라스 변환 $X(s) = \frac{1}{s}$과 주어진 초기 조건 값을 대입하면 다음과 같이 된다.

$$Y(s) = \frac{y(0^-)}{s+2} + \frac{2}{s+2}X(s) = \frac{3}{s+2} + \frac{2}{s(s+2)} \tag{7.69}$$

식 (7.69)의 우변의 첫 번째 항은 초기 조건에 의한 응답이고, 두 번째 항은 입력에 의한 응답이다. 또한 식 (7.69)의 우변의 두 항 모두 분모에 $s+2$의 공통인수를 가지고 있는데, 이것은 주어진 미분 방정식의 특성 다항식(방정식)과 동일하므로 이를 부분분수 전개하여 역변환하면 시스템 모드 항이 얻어질 것이다. 그리고 식 (7.69)에서 보면 초기 조건에 의한 응답이 입력과는 무관하게 분리되어 있으므로 입력이 인가되기 전인 $t = 0^-$의 초기 조건을 써야 한다.

식 (7.69)의 우변 항들은 분모에 공통인수를 가지고 있으므로 합쳐서 다음과 같이 부분분수 전개할 수 있다. 이때 앞의 항은 시스템 모드, 뒤의 항은 입력에 연관된 항이다.

$$Y(s) = \left[\frac{K_1}{s+2}\right] + \left[\frac{K_2}{s}\right] \tag{7.70}$$

식 (7.52)를 이용하여 부분분수 항들의 계수를 구하면 다음과 같다.

$$K_1 = (s+2)Y(s)\big|_{s=-2} = \left(3 + \frac{2}{s}\right)\bigg|_{s=-2} = 3 + \frac{2}{-2} = 2$$

$$K_2 = sY(s)\big|_{s=0} = \left(\frac{3s}{s+2} + \frac{2}{s+2}\right)\bigg|_{s=0} = 0 + \frac{2}{2} = 1$$

구한 값을 식 (7.70)에 대입하여 역변환을 구하면 다음과 같이 시스템 응답이 얻어진다.

$$y(t) = \mathcal{L}^{-1}\left\{\left[\frac{2}{s+2}\right] + \left[\frac{1}{s}\right]\right\} = [2e^{-2t}] + [1]$$

이 결과는 [예제 4-8]에서 고전적 해법으로 얻은 결과와 일치한다. 또한 이 출력의 첫째 항은 고전적 해법에서 구한 동차해와, 둘째 항은 특이해와 같음을 볼 수 있다.

예제 7-21 라플라스 변환을 이용한 미분 방정식의 풀이

미분 방정식 $\frac{d^2y(t)}{dt^2}+3\frac{dy(t)}{dt}+2y(t)=\frac{dx(t)}{dt}+4x(t)$로 표현되는 LTI 시스템에 대해 입력 $x(t)=u(t)$에 대한 응답을 구하라. 단, 초기 조건은 $y(0^-)=2$, $\dot{y}(0^-)=0$이다.

풀이

주어진 미분 방정식을 라플라스 변환하면 다음과 같이 된다.

$$s^2Y(s)-sy(0^-)-\dot{y}(0^-)+3sY(s)-3y(0^-)+2Y(s)=sX(s)+4X(s)$$

앞 식을 $Y(s)$에 대해 정리하여 $X(s)=\frac{1}{s}$과 주어진 초기 조건 값을 대입하면 다음과 같이 된다.

$$\begin{aligned} Y(s) &= \frac{y(0^-)s+\dot{y}(0^-)+3y(0^-)}{s^2+3s+2}+\frac{s+4}{s^2+3s+2}X(s) \\ &= \frac{2s+6}{(s+1)(s+2)}+\frac{s+4}{s(s+1)(s+2)} \end{aligned} \tag{7.71}$$

이번에는 식 (7.71)의 우변 두 항을 각각 따로 부분분수 전개해서 역변환을 구해보자. 먼저 식 (7.71) 우변의 첫 번째 항을 부분분수로 전개하면 다음과 같다.

$$Y_s(s)=\frac{2s+6}{(s+1)(s+2)}=\frac{K_1}{s+1}+\frac{K_2}{s+2} \tag{7.72}$$

식 (7.52)를 이용하여 부분분수 항들의 계수를 구하면 다음과 같다.

$$K_1=(s+1)\frac{2s+6}{(s+1)(s+2)}\bigg|_{s=-1}=\frac{4}{1}=4$$

$$K_2=(s+2)\frac{2s+6}{(s+1)(s+2)}\bigg|_{s=-2}=\frac{2}{-1}=-2$$

구한 값을 식 (7.72)에 대입하여 역변환하면 다음과 같이 초기 조건에 의한 시스템 응답(영입력 응답)이 얻어진다.

$$y_s(t)=\mathcal{L}^{-1}\left\{\frac{4}{s+1}-\frac{2}{s+2}\right\}=4e^{-t}-2e^{-2t} \tag{7.73}$$

다음으로 식 (7.71) 우변 두 번째 항을 부분분수로 전개하면 다음과 같다.

$$Y_i(s)=\frac{s+4}{s(s+1)(s+2)}=\frac{K_1}{s}+\frac{K_2}{s+1}+\frac{K_3}{s+2} \tag{7.74}$$

식 (7.52)를 이용하여 부분분수 항들의 계수를 계산하면 다음과 같다.

$$K_1=s\frac{s+4}{s(s+1)(s+2)}\bigg|_{s=0}=\frac{s+4}{(s+1)(s+2)}\bigg|_{s=0}=\frac{4}{(1)(2)}=2$$

$$K_2 = (s+1)\frac{s+4}{s(s+1)(s+2)}\bigg|_{s=-1} = \frac{s+4}{s(s+2)}\bigg|_{s=-1} = \frac{3}{(-1)(1)} = -3$$

$$K_3 = (s+2)\frac{s+4}{s(s+1)(s+2)}\bigg|_{s=-2} = \frac{s+4}{s(s+1)}\bigg|_{s=-2} = \frac{2}{(-2)(-1)} = 1$$

구한 값을 식 (7.74)에 대입하여 역변환하면 입력에 대한 시스템 응답(영상태 응답) $y_i(t)$가 얻어진다.

$$y_i(t) = \mathcal{L}^{-1}\left\{\frac{2}{s} - \frac{3}{s+1} + \frac{1}{s+2}\right\} = 2 - 3e^{-t} + e^{-2t} \tag{7.75}$$

따라서 시스템의 응답은 식 (7.73)의 $y_i(t)$와 식 (7.75)의 $y_s(t)$를 더하여 다음과 같이 구해진다.

$$\begin{aligned} y(t) = y_s(t) + y_i(t) &= [4e^{-t} - 2e^{-2t}] + [2 - 3e^{-t} + e^{-2t}] \\ &= [e^{-t} - e^{-2t}] + [2] \end{aligned}$$

라플라스 변환을 이용한 전기회로 해석

라플라스 변환을 이용한 미분 방정식의 풀이가 유용한 대표적인 예로 전기회로를 들 수 있다. 미적분을 포함한 회로 방정식을 라플라스 변환하면 s에 대한 대수 방정식으로 바뀌고 복소수 계산을 필요로 하지 않으므로 해석하기가 매우 간편해진다.

전기회로를 구성하는 저항, 인덕터, 커패시터 소자에 대한 전압 전류 관계식은 라플라스 변환에 의해 다음과 같이 된다(시간 미분 및 시간 적분 성질 적용).

- **저항(R)** : $v_R(t) = Ri(t) \Leftrightarrow V_R(s) = RI(s)$ (7.76)
- **인덕터(L)** : $v_L(t) = L\dfrac{di(t)}{dt} \Leftrightarrow V_L(s) = LsI(s) - Li(0^-)$ (7.77)
- **커패시터(C)** : $v_C(t) = \dfrac{1}{C}\displaystyle\int i(t)dt \Leftrightarrow V_C(s) = \dfrac{1}{Cs}I(s) + \dfrac{1}{s}v_C(0^-)$ (7.78)

예를 들어 [그림 7-7(a)]의 RLC 직렬회로의 회로 방정식을 라플라스 변환하면 [그림 7-7(b)]의 등가회로가 얻어진다.

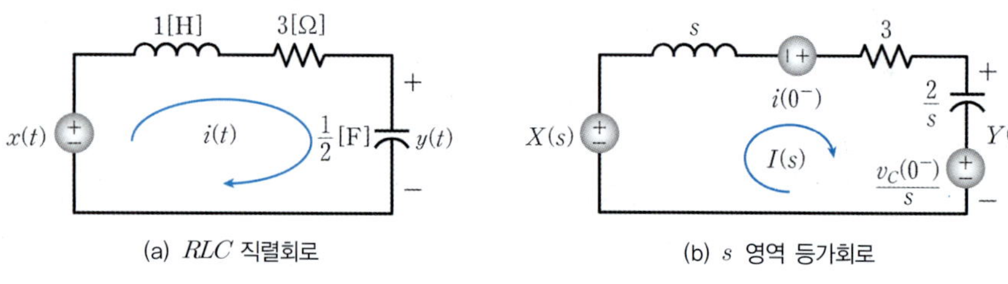

그림 7-7 RLC 직렬회로와 s 영역 등가회로

7.6 전달 함수

푸리에 변환에 의한 주파수 응답 외에 주파수 영역에서 시스템을 나타내는 또 다른 표현으로 라플라스 변환에 의한 전달 함수가 있다. 라플라스 변환이 갖는 장점으로 인해 전달 함수는 주파수 응답보다 훨씬 폭넓게 시스템 해석과 설계에 활용된다. 따라서 이 절에서는 전달 함수의 개념, 주파수 응답 및 임펄스 응답과의 상호 관계, 그리고 극과 영점의 정의와 중요성에 대해 살펴보기로 한다. 또 전달 함수로부터 안정도 등의 시스템 특성을 해석하는 방법에 대해서도 알아볼 것이다.

학습포인트

- 전달 함수의 정의와 개념을 이해한다.
- 전달 함수, 주파수 응답, 임펄스 응납, 미분 방정식의 상호 관계를 이해한다.
- 시스템(전달 함수)의 극과 영점의 정의와 역할 및 중요성에 대해 이해한다.
- 극의 위치에 따른 임펄스 응답의 형태에 대해 알아본다.
- 전달 함수로부터 시스템의 안정도를 판별하는 방법에 대해 알아본다.

7.6.1 전달 함수의 개요

전달 함수의 정의

전달 함수도 주파수 응답과 마찬가지로 주파수 영역에서 나타낸 입력과 출력의 비이다. 하지만 겉보기에 복소수가 드러나지 않아 취급이 편리하고 인과 시스템에 대해서는 주파수 응답을 전달 함수의 특수한 경우로 취급할 수 있어서 시스템 해석에 일반적으로 다양하게 활용된다.

- 시스템의 **전달 함수**transfer function $H(s)$는 복소 주파수 s의 함수로 표현된 입력과 출력의 비, 즉 입력 $x(t)$의 라플라스 변환 $X(s)$에 대한 출력 $y(t)$의 라플라스 변환 $Y(s)$의 비로 정의한다.

$$H(s)=\frac{Y(s)}{X(s)}=\frac{N(s)}{D(s)} \tag{7.79}$$

- 전달 함수는 s에 관한 유리 함수로서 시스템이 입력을 출력 쪽으로 전달한 정도를 보여주는 함수이다.
- 전달 함수는 시스템 임펄스 응답 $h(t)$의 라플라스 변환 $H(s)=\mathcal{L}\{h(t)\}$이다. 따라서 입력의 형태와는 무관하고 시스템이 바뀌지 않는 한 달라지지 않는다.

$$H(s)=\mathcal{L}\{h(t)\}=\frac{Y(s)}{X(s)} \tag{7.80}$$

임펄스 응답이 $h(t)$인 LTI 시스템의 입출력 관계는 $y(t) = x(t) * y(t)$로 주어지므로, 라플라스 변환의 시간 컨벌루션 성질에 의해 $Y(s) = H(s)X(s)$가 된다. 이로부터 전달 함수는 식 (7.80)에 보인 것처럼 임펄스 응답의 라플라스 변환과 같음을 알 수 있고, 따라서 전달 함수는 입력의 형태와는 무관한 시스템의 고유한 성질이라는 사실을 파악할 수 있다.

임펄스 응답의 라플라스 변환이 전달 함수이므로 시스템의 블록선도 표현에 [그림 7-8]과 같이 임펄스 응답 대신 전달 함수를 이용하여 나타낼 수 있으며, 이는 널리 쓰인다.

(a) 임펄스 응답 표현 (b) 전달 함수 표현

그림 7-8 연속 LTI 시스템의 표현

전달 함수와 미분 방정식의 관계

전달 함수는 시스템을 표현한 미분 방정식으로부터 구할 수도 있다. 시스템이 다음의 미분 방정식으로 표현되는 경우를 살펴보자.

$$\frac{d^n y(t)}{dt^n} + a_{n-1}\frac{d^{n-1}y(t)}{dt^{n-1}} + \cdots + a_0 y(t) = b_n \frac{d^n x(t)}{dt^n} + \cdots + b_0 x(t) \tag{7.81}$$

- 시스템 미분 방정식 식 (7.81)을 라플라스 변환하면 다음과 같이 전달 함수가 얻어진다.

$$H(s) = \frac{Y(s)}{X(s)} = \frac{b_m s^m + b_{m-1}s^{m-1} + \cdots + b_1 s + b_0}{s^n + a_{n-1}s^{n-1} + \cdots + a_1 s + a_0} = \frac{N(s)}{D(s)} \tag{7.82}$$

- 전달 함수의 분모 $D(s) = 0$인 방정식을 전달 함수(시스템)의 특성 방정식이라고 하며, 시스템의 고유한 특성을 반영한다.

$$D(s) = s^n + a_{n-1}s^{n-1} + \cdots + a_0 = 0 \tag{7.83}$$

식 (7.81)을 시간 미분 성질을 이용하여 라플라스 변환하면 다음과 같다. 이때 전달 함수는 오직 입력에 대한 출력의 비를 나타내므로, 모든 초기 조건은 0으로 두고 변환해야 한다.

$$(s^n + a_{n-1}s^{n-1} + \cdots + a_0)Y(s) = (b_m s^m + b_{m-1}s^{m-1} + \cdots + b_0)X(s) \tag{7.84}$$

이를 정리하여 입력과 출력의 비로 전달 함수 $H(s)$를 구하면 식 (7.82)가 얻어진다. 전달 함수의 분모 $D(s) = 0$은 변수의 표기만 λ 대신 s로 바뀌었을 뿐, 미분 방정식의 특성 방정식과 같다. 한편 전달 함수의 수식 표현에는 주파수 응답과 달리 복소수 표현이 겉으로 전혀 나타나지 않기 때문에 취급이 편리하다.

식 (7.82)의 분자 다항식의 계수는 미분 방정식의 입력 항들의 계수와, 분모 다항식의 계수는 출력 항들의 계수와 같다. 그러므로 전달 함수는 별다른 중간 계산 과정을 거칠 필요 없이 미분 방정식으로부터 직접 구할 수 있다. 거꾸로 전달 함수가 주어지면 식 (7.81)과 같이 미분 방정식으로 바꾸는 것도 어렵지 않다. 이로부터 비록 전달 함수가 입력과 출력의 비로 정의되기는 하나, 시스템이 바뀌지 않는 한 달라지지 않으며 입력의 형태와는 무관한 시스템의 고유한 성질임을 다시 확인할 수 있다.

전달 함수와 주파수 응답의 관계

주파수 응답과 전달 함수 둘 다 주파수 영역에서 LTI 시스템을 표현하는 방법으로 어떤 변환을 이용해 임펄스 응답을 주파수 영역 표현으로 바꾼 것인가 하는 차이만 있을 뿐 본질은 같다. 주파수 응답은 임펄스 응답 $h(t)$를 푸리에 변환한 것이고, 전달 함수는 $h(t)$를 라플라스 변환한 것이다. 그런데 라플라스 변환에서 $s = j\omega$로 두면 푸리에 변환이 되므로, 주파수 응답을 전달 함수의 특수한 경우로 취급할 수 있다.

$$H(\omega) = H(s)\big|_{s=j\omega} = \left.\frac{b_m s^m + b_{m-1}s^{m-1} + \cdots + b_1 s + b_0}{s^n + a_{n-1}s^{n-1} + \cdots + a_1 s + a_0}\right|_{s=j\omega} \tag{7.85}$$

시스템의 필터링 특성을 분석할 때와 같은 일부 경우를 제외하면, 전달 함수 쪽이 복소수 계산을 피할 수 있을 뿐 아니라 필요하다면 식 (7.85)에 의해 주파수 응답도 구할 수 있어 훨씬 편리하므로 시스템의 취급과 분석에는 전달 함수가 일반적으로 사용된다.

예제 7-22 미분 방정식으로부터 전달 함수와 임펄스 응답 결정

다음의 미분 방정식으로 표현되는 LTI 시스템의 전달 함수와 임펄스 응답을 구하라.

$$\frac{d^2y(t)}{dt^2} + 5\frac{dy(t)}{dt} + 6y(t) = x(t)$$

풀이

모든 초기 조건을 0으로 두고 주어진 미분 방정식을 라플라스 변환하면 다음과 같다.

$$s^2Y(s) + 5sY(s) + 6Y(s) = X(s)$$

따라서 전달 함수는 정의식 식 (7.79)로부터 다음과 같이 구해진다.

$$H(s) = \frac{Y(s)}{X(s)} = \frac{1}{s^2 + 5s + 6} = \frac{1}{(s+2)(s+3)}$$

임펄스 응답을 구하기 위해 $H(s)$를 부분분수로 전개하면

$$H(s) = \frac{K_1}{s+2} + \frac{K_2}{s+3} = \frac{1}{s+2} - \frac{1}{s+3}$$

$$K_1 = (s+2)H(s)\big|_{s=-2} = \frac{1}{s+3}\bigg|_{s=-2} = \frac{1}{1} = 1$$

$$K_2 = (s+3)H(s)\big|_{s=-3} = \frac{1}{s+2}\bigg|_{s=-3} = \frac{1}{-1} = -1$$

이 되고, 라플라스 역변환을 수행하면 다음의 임펄스 응답을 얻게 된다.

$$h(t) = \mathcal{L}^{-1}\{H(s)\} = \mathcal{L}^{-1}\left\{\frac{1}{s+2} - \frac{1}{s+3}\right\} = (e^{-2t} - e^{-3t})\,u(t)$$

예제 7-23 전달 함수, 임펄스 응답, 미분 방정식의 결정

LTI 시스템에 입력 $x(t) = e^{-3t}u(t)$를 넣었을 때 출력이 $y(t) = (e^{-t} - e^{-2t})\,u(t)$라고 한다. 이 시스템에 대해 다음을 구하라.

(a) 전달 함수 (b) 임펄스 응답 (c) 시스템 미분 방정식

풀이

(a) 우선 입력과 출력을 각각 라플라스 변환하면 다음과 같다.

$$X(s) = \mathcal{L}\{e^{-3t}u(t)\} = \frac{1}{s+3}$$

$$Y(s) = \mathcal{L}\{(e^{-t} - e^{-2t})\,u(t)\} = \frac{1}{s+1} - \frac{1}{s+2} = \frac{1}{(s+1)(s+2)}$$

전달 함수는 정의식 식 (7.79)로부터 다음과 같이 구해진다.

$$H(s) = \frac{Y(s)}{X(s)} = \frac{\dfrac{1}{(s+1)(s+2)}}{\dfrac{1}{s+3}} = \frac{s+3}{(s+1)(s+2)} = \frac{s+3}{s^2+3s+2}$$

(b) 임펄스 응답을 구하기 위하여 $H(s)$를 부분분수로 전개하면

$$H(s) = \frac{K_1}{s+1} + \frac{K_2}{s+2} = \frac{2}{s+1} - \frac{1}{s+2}$$

$$K_1 = (s+1)H(s)\big|_{s=-1} = \frac{s+3}{s+2}\bigg|_{s=-1} = \frac{2}{1} = 2$$

$$K_2 = (s+2)H(s)\big|_{s=-2} = \frac{s+3}{s+1}\bigg|_{s=-2} = \frac{1}{-1} = -1$$

이 되고, 이를 라플라스 역변환하면 다음의 임펄스 응답을 얻게 된다.

$$h(t) = \mathcal{L}^{-1}\{H(s)\} = \mathcal{L}^{-1}\left\{\frac{2}{s+1} - \frac{1}{s+2}\right\} = (2e^{-t} - e^{-2t})\,u(t)$$

(c) 한편 $H(s)$로부터 다음의 관계를 얻을 수 있고,

$$(s^2+3s+2)Y(s)=(s+3)X(s)$$
$$s^2Y(s)+3sY(s)+2Y(s)=sX(s)+3X(s)$$

이를 시간 미분 성질을 이용하여 역변환하면 다음의 미분 방정식을 얻는다.

$$\frac{d^2y(t)}{dt^2}+3\frac{dy(t)}{dt}+2y(t)=\frac{dx(t)}{dt}+3x(t)$$

예제 7-24 전달 함수를 이용한 시스템의 출력 결정

임펄스 응답이 $h(t)=2e^{-2t}u(t)$인 LTI 시스템에 대해 입력 $x(t)=2e^{-t}u(t)$에 대한 출력을 구하라.

풀이

임펄스 응답을 라플라스 변환하여 시스템의 전달 함수를 구하면 다음과 같다.

$$H(s)=\frac{2}{s+2}$$

입력 $x(t)=2e^{-t}u(t)$의 라플라스 변환이 $X(s)=\dfrac{2}{s+1}$이므로, 라플라스 변환의 시간 컨벌루션 성질에 의해 출력 $y(t)$의 라플라스 변환 $Y(s)$는 다음과 같이 된다.

$$Y(s)=H(s)X(s)=\frac{2}{s+2}\frac{2}{s+1}=\frac{K_1}{s+1}+\frac{K_2}{s+2}=\frac{4}{s+1}-\frac{4}{s+2}$$
$$K_1=(s+1)Y(s)\big|_{s=-1}=\frac{4}{s+2}\bigg|_{s=-1}=\frac{4}{1}=4$$
$$K_2=(s+2)Y(s)\big|_{s=-2}=\frac{4}{s+1}\bigg|_{s=-2}=\frac{4}{-1}=-4$$

부분분수 전개된 $Y(s)$를 역변환하면 다음과 같이 출력이 구해진다.

$$y(t)=(4e^{-t}-4e^{-2t})u(t)$$

만약 이 시스템의 주파수 응답을 구할 필요가 있다면 식 (7.85)를 이용하여 다음과 같이 구하면 된다.

$$H(\omega)=H(s)\big|_{s=j\omega}=\frac{2}{2+j\omega}$$

출력의 스펙트럼도 마찬가지 방법으로 구할 수 있다.

$$Y(\omega)=Y(s)\big|_{s=j\omega}=\frac{4}{(1+j\omega)(2+j\omega)}$$

이상에서 볼 수 있듯이, 전달 함수와 라플라스 변환을 이용하는 쪽이 [예제 6-20]에서 살펴본 것처럼 주파수 응답과 푸리에 변환을 사용하는 것보다 계산이 간편하다.

시스템 연결에 따른 전달 함수

- 시스템이 종속 연결되면 전달 함수는 각 시스템의 전달 함수를 곱하면 된다.

$$H(s) = H_1(s) \cdots H_M(s) \tag{7.86}$$

- 시스템이 병렬 연결되면 전달 함수는 각 시스템의 전달 함수를 더하면 된다.

$$H(s) = H_1(s) + \cdots + H_M(s) \tag{7.87}$$

- 전달 함수는 시스템 연결 순서와는 상관없이 동일하다.

4.3.2절에서 살펴본 컨벌루션 적분의 성질에 라플라스 변환의 시간 컨벌루션 성질(종속 연결)과 선형성(병렬 연결)을 적용하면 위의 결과가 얻어지며, [그림 7-9]에 나타내었다.

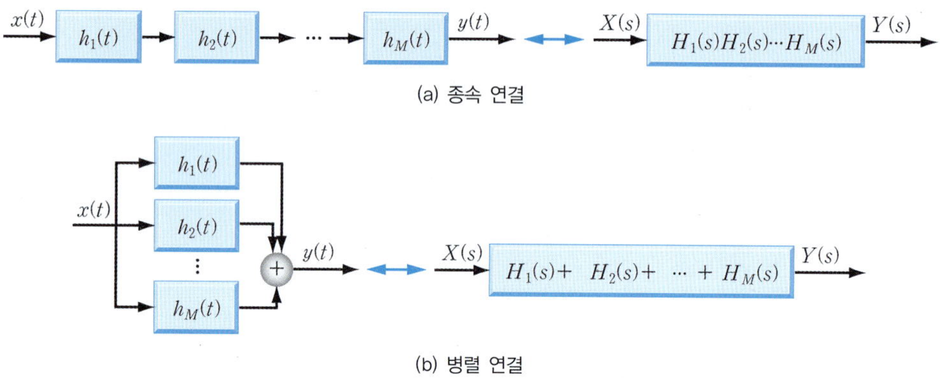

그림 7-9 시스템 연결에 따른 전달 함수

예제 7-25 궤환 연결된 시스템의 전달 함수

다음 그림과 같이 궤환 연결된 시스템의 전달 함수를 구하라.

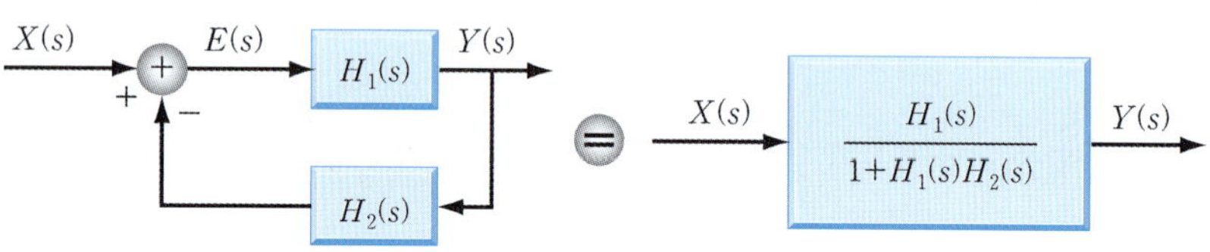

그림 7-10 궤환 연결 시스템의 전달 함수

풀이

궤환 연결은 시스템 출력이 입력단으로 되먹임(궤환)되는 형태로서 실제로 흔히 사용되는 연결이다. 그림으로부터 신호들의 관계는 다음과 같다.

$$\begin{cases} Y(s) = H_1(s)E(s) \\ E(s) = X(s) - H_2(s)Y(s) \end{cases}$$

앞 식의 첫 번째 식을 두 번째 식에 대입하여 정리하면 $(1+H_1(s)H_2(s))Y(s)=H_1(s)X(s)$가 되므로 궤환 연결 시스템의 전달 함수는 다음과 같이 구해진다.

$$H(s)=\frac{Y(s)}{X(s)}=\frac{H_1(s)}{1+H_1(s)H_2(s)}$$

예제 7-26 상호 연결된 시스템의 전달 함수

[그림 7-11]과 같이 여러 개의 부시스템이 상호 연결된 시스템의 전달 함수를 구하라.
단, $h_1(t)=e^{-t}u(t)$, $h_2(t)=e^{-t}u(t)$, $h_3(t)=u(t)$, $h_4(t)=\delta(t-1)$, $h_5(t)=e^{-2t}u(t)$이다.

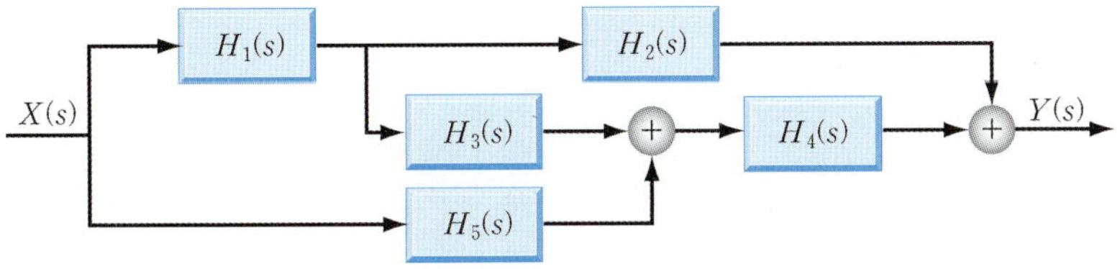

그림 7-11 [예제 7-26]의 상호 연결된 시스템

풀이

종속 연결인 경우는 각 부시스템의 전달 함수의 곱으로, 병렬 연결인 경우는 각 부시스템의 전달 함수의 합으로 표현하여 정리하면 전체 시스템의 전달 함수를 구할 수 있다.

$H_1(s)$와 $H_2(s)$가 종속 연결되어 있으므로 $H_1(s)H_2(s)$이다. 또한 $H_1(s)$와 $H_3(s)$가 종속 연결되어 있으므로 $H_1(s)H_3(s)$가 된다. 이것이 다시 $H_5(s)$와 병렬 연결되어 있으므로 $H_1(s)H_3(s)+H_5(s)$가 되는데, 이것이 다시 $H_4(s)$와 종속 연결되므로 $[H_1(s)H_3(s)+H_5(s)]H_4(s)$가 된다. 또한 이것과 $H_1(s)H_2(s)$가 병렬 연결되어 있으므로 둘을 더하면 전체 시스템의 전달 함수 $H(s)=[H_1(s)H_3(s)+H_5(s)]H_4(s)+H_1(s)H_2(s)$를 얻게 된다. 따라서 전체 시스템의 등가 단일 시스템을 나타내면 [그림 7-12]와 같다.

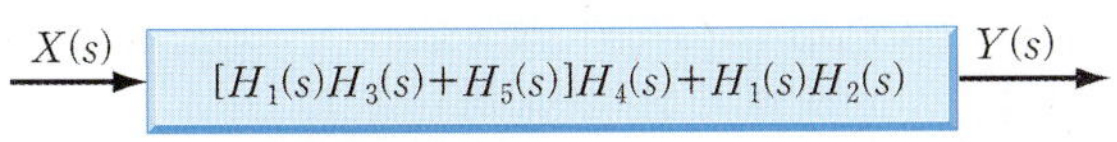

그림 7-12 등가 단일 시스템

주어진 각 부시스템의 임펄스 응답을 라플라스 변환하면 각각의 전달 함수를 다음과 같이 얻는다.

$$H_1(s)=\frac{1}{s+1},\quad H_2(s)=\frac{1}{s+1},\quad H_3(s)=\frac{1}{s},\quad H_4(s)=e^{-s},\quad H_5(s)=\frac{1}{s+2}$$

따라서 전체 시스템의 전달 함수는 다음과 같이 된다.

$$H(s) = [H_1(s)H_3(s) + H_5(s)]H_4(s) + H_1(s)H_2(s)$$
$$= \left(\frac{1}{s+1}\frac{1}{s} + \frac{1}{s+2}\right)e^{-s} + \frac{1}{s+1}\frac{1}{s+1} = \left(\frac{1}{s} - \frac{1}{s+1} + \frac{1}{s+2}\right)e^{-s} + \frac{1}{(s+1)^2}$$

이를 역변환하면 다음과 같이 임펄스 응답을 구할 수 있다.

$$h(t) = (1 - e^{-(t-1)} + e^{-2(t-1)})u(t-1) + te^{-t}u(t)$$

7.6.2 전달 함수의 극과 영점

극과 영점의 역할

시스템의 전달 함수 $H(s)$와 관련하여 s 평면에서 두 종류의 특별한 s값에 관심을 두게 된다. 하나는 $H(s)$의 값이 0이 되는 경우이고, 다른 하나는 $H(s)$의 값이 정의되지 않는 경우이다. 전자를 영점, 후자를 극이라고 한다.

$$H(s) = \frac{N(s)}{D(s)} = \frac{b_m s^m + b_{m-1}s^{m-1} + \cdots + b_1 s + b_0}{s^n + a_{n-1}s^{n-1} + \cdots + a_1 s + a_0} \tag{7.88}$$
$$= b_m \frac{(s-z_1)(s-z_2)\cdots\cdots(s-z_m)}{(s-p_1)(s-p_2)\cdots\cdots(s-p_n)}$$

- 전달 함수 $H(s)$의 **극**pole은 특성 방정식 $D(s) = 0$을 만족하는 n개의 근 $\{p_i\}$이다.
- 전달 함수 $H(s)$의 **영점**zero은 분자 다항식 $N(s) = 0$을 만족하는 m개의 근 $\{z_i\}$이다.
- 극과 영점이 복소수가 될 경우는 $D(s)$와 $N(s)$의 계수가 실수가 되기 위해 반드시 공액쌍으로 존재한다.
- 극이 곧 특성근이므로 극에 의해 시스템 자체의 고유한 특성을 나타내는 시스템 모드가 결정되고, 따라서 극에 의해 안정도, 과도 응답 등 시스템 동작 특성이 지배된다.
- 임펄스 응답은 시스템 모드들로 이루어지므로 그 형태가 극에 의해 결정된다.
- 전달 함수의 분자 다항식 $N(s)$는 미분 방정식 우변의 입력 항들에 의해 결정되는 다항식이므로, 영점은 시스템과 입력의 연관 작용을 결정하는 요소이다.

극과 영점을 s 평면상에 나타내면 한눈에 파악하기가 좋은데, 보통 극은 ×, 영점은 ○으로 표시한다. 하나의 예로 전달 함수 $H(s)$의 극이 $p_1 = -4$, $p_2 = -1+j$, $p_3 = -1-j$이고 영점이 $z_1 = -3+j$, $z_2 = -3-j$인 경우를 [그림 7-13]에 나타내었다.

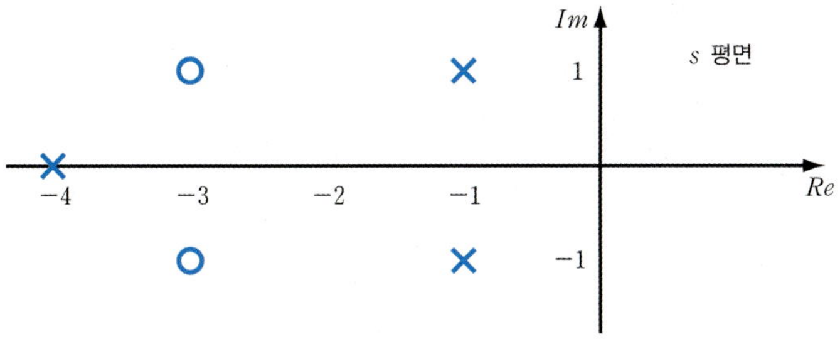

그림 7-13 전달 함수의 극과 영점 예

전달 함수의 극과 임펄스 응답

전달 함수를 부분분수로 전개하여 역변환하면 시스템의 임펄스 응답이 얻어진다. 이로부터 임펄스 응답의 형태가 극에 의해 결정됨을 알 수 있다.

$$H(s) = \sum_{i=1}^{n} \frac{K_i}{s-p_i} \Leftrightarrow h(t) = \sum_{i=1}^{n} K_i e^{p_i t} \qquad (7.89)$$

극의 위치에 따른 시스템 임펄스 응답의 형태를 [그림 7-14]에 보였다. 그림에서 (2)는 중극을 뜻한다.

극에 의한 임펄스 응답의 형태

- 극이 s 평면의 우반면에 있으면 임펄스 응답이 발산하여 시스템은 불안정하다.
- 공액 복소극의 경우 진동이 발생한다. 공액 복소극이 허축 위에 있으면 순수 진동한다.
- 극이 s 평면의 허축에서 멀리 떨어질수록 임펄스 응답 값의 감소(증가) 속도가 빠르고, 실축에서 멀리 떨어질수록 값의 진동 속도(주파수)가 빨라진다.
- 허축 위에 중극이 존재하면, 진동하면서 발산하는 불안정 시스템이 된다.

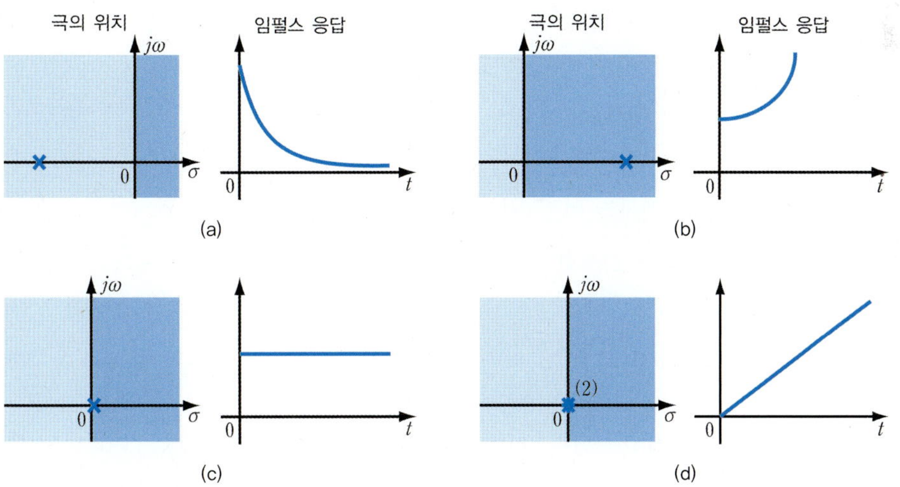

그림 7-14 극의 위치에 따른 임펄스 응답의 형태 (계속)

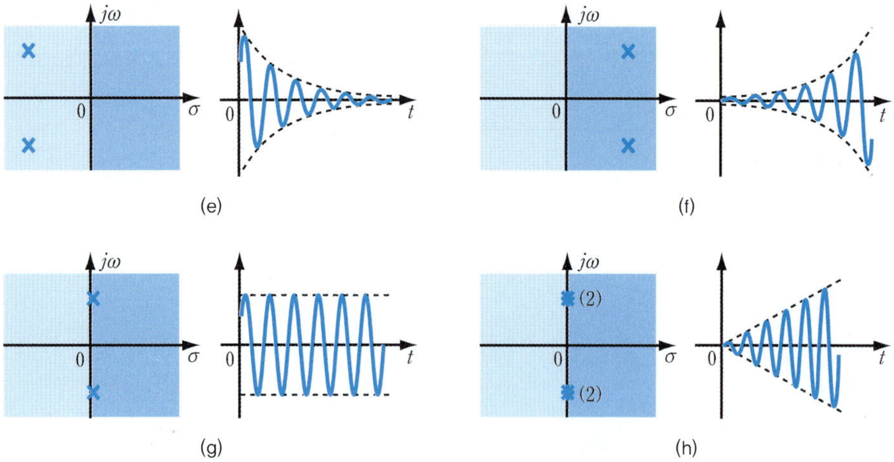

그림 7-14 극의 위치에 따른 임펄스 응답의 형태

극과 시스템 안정도

전달 함수로부터 시스템의 여러 특성을 분석하고 판별할 수 있는데, 안정도에 대해 간단히 살펴보기로 한다.

- 인과 LTI 시스템이 BIBO 안정하려면 $\mathrm{Re}(p_i) = \sigma_i < 0$, 다시 말해 전달 함수의 극 p_i가 s 평면에서 좌반면에 존재해야 한다.

4장에서 인과 LTI 시스템이 BIBO 안정이기 위해서는 임펄스 응답이 다음과 같이 절대 적분 가능해야 함을 살펴본 바 있다.

$$\int_0^\infty |h(t)|\,dt < \infty \tag{7.90}$$

임펄스 응답의 라플라스 변환의 정의식에 절댓값을 취하면 다음의 부등식을 얻을 수 있다.

$$|H(s)| = \left|\int_0^\infty h(t)e^{-st}dt\right| \le \int_0^\infty |h(t)|\,|e^{-st}|\,dt \tag{7.91}$$

전달 함수의 극 $s = p_i (= \sigma_i + j\omega_i)$에서는 식 (7.91)의 좌변이 ∞가 되는데, 이때 만약 $\sigma \ge 0$이면 $|e^{-\sigma_i t}| \le M = 1$이므로 식 (7.91)은 다음과 같이 된다.

$$\infty \le \int_0^\infty |h(t)|\,|e^{-\sigma_i t}|\,dt \le \int_0^\infty |h(t)|\,dt \tag{7.92}$$

이는 식 (7.90)의 BIBO 안정 조건에 어긋난다. 따라서 $\mathrm{Re}(p_i) = \sigma_i < 0$여야만 한다. 이러한 결론은 [그림 7-14]에서도 확인할 수 있다. 그림에서 보면, 극이 좌반면에 위치하면 값이 점차 작아지며

0으로 수렴하여 식 (7.90)의 조건을 충족시키지만, 우반면에 있으면 시간이 지남에 따라 발산한다. 그리고 허축 위에 존재하면 진동하거나 상수가 되어 BIBO 안정 조건을 만족시키지 못한다.

예제 7-27 시스템의 안정도 판별

전달 함수가 다음과 같은 LTI 시스템의 안정도를 판별하라.

(a) $H(s) = \dfrac{(s+4)(s-5)}{(s+1)(s+2)(s+3)}$

(b) $H(s) = \dfrac{(s+2)(s+3)}{(s+1)(s^2+2s+2)}$

(c) $H(s) = \dfrac{(s+3)(s-4)}{(s^2+1)(s+2)}$

(d) $H(s) = \dfrac{(s+4)(s+5)}{(s-1)(s+2)(s+3)}$

(e) $H(s) = \dfrac{(s+3)(s-4)}{(s^2+1)^2(s+2)}$

(f) $H(s) = \dfrac{(s-3)(s+3)}{(s+1)(s+2)(s-3)}$

풀이

(a) 극이 $s=-1,\ -2,\ -3$으로 모두 좌반면에 있다. 그러므로 안정한 시스템이다.

(b) 극이 $s=-1,\ -1\pm j1$로 모두 좌반면에 있다. 그러므로 안정한 시스템이다.

(c) 극이 $s=-2,\ \pm j1$로 하나는 좌반면, 나머지 둘은 허축 상에 있다. 그러므로 임계 안정한 시스템이다. 안정, 불안정으로 나누면 불안정한 시스템이다.

(d) 극이 $s=1,\ -2,\ -3$으로 극 하나가 우반면에 있다. 그러므로 불안정한 시스템이다.

(e) 극이 $s=-2,\ \pm j1,\ \pm j1$로 허축 상에 공액 복소극이 중극으로 존재한다. 그러므로 불안정한 시스템이다.

(f) 극이 $s=-1,\ -2,\ 3$으로 극 하나가 우반면에 있지만 $s=3$의 영점과 상쇄되어 사라지므로 좌반면에 $s=-1,\ -2$만 있는 셈이다. 그러므로 안정한 시스템이다.

CHAPTER 07 연습문제

Quick Review

다음 문제에서 옳은 것을 골라라.

01 라플라스 변환은 푸리에 변환에 비해 더 (많은, 적은) 신호를 변환할 수 있다.

02 라플라스 변환은 모든 신호를 주파수 영역으로 변환할 수 있다. (O, ×)

03 (좌편향, 우편향) 신호는 수렴 영역이 $j\omega$축에 평행한 경계선의 오른쪽 평면이다.

04 단방향 라플라스 변환은 (인과, 비인과) 신호를 대상으로 한다.

05 라플라스 변환의 수렴 영역이 $j\omega$축을 포함해야만 푸리에 변환이 존재한다. (O, ×)

06 시간 미분 성질은 초기 조건과는 관련이 없다. (O, ×)

07 임펄스 응답이 $h(t)$인 시스템의 입력 $x(t)$에 대한 출력 $y(t)$을 주파수 영역에서 나타내면 $Y(s)=H(s)X(s)$가 된다. (O, ×)

08 최종값 정리는 (모든, 안정한) 신호에 대해 적용 가능하다.

09 6차 $X(s)$가 3중극을 가지면 (4, 5, 6)개의 부분분수 항으로 전개된다.

10 $X(s)$가 3중극 $\{p_i\}$를 가지면 $x(t)$는 (e^{p_it}, te^{p_it}, $t^2e^{p_it}$, $t^3e^{p_it}$) 항을 포함한다.

11 공액 복소극을 갖는 $X(s)$를 역변환하면 (실수, 복소수) 함수가 된다.

12 시스템의 전달 함수는 입력의 형태에 따라 달라질 수 있다. (O, ×)

13 전달 함수는 (임펄스 응답, 미분 방정식, 특성 방정식)으로부터 구할 수 있다.

14 시스템의 특성 방정식은 전달 함수의 (분모, 분자)$=0$인 방정식이다.

15 전달 함수에서 ($s=\sigma$, $s=j\omega$, $s=\sigma+j\omega$)로 두면 주파수 응답이 된다.

16 두 시스템을 종속 연결한 시스템의 전달 함수는 각 전달 함수의 (합, 곱)과 같다.

17 임펄스 응답의 형태는 극의 위치에 따라 결정된다. (O, ×)

18 시스템에 대한 입력의 연관 작용을 지배하는 것은 (극, 영점)이다.

19 전달 함수의 극과 시스템 미분 방정식의 특성근은 같다. (O, ×)

20 시스템이 안정하려면 (극, 영점)이 s 평면의 (우반면, 좌반면)에 위치해야 한다.

기초 문제

7.1 라플라스 변환의 정의식을 이용하여 다음 신호의 라플라스 변환을 구하라.

(a) $x(t) = \delta(t) + \delta(t+2)$ (b) $x(t) = u(t+3)$

(c) $x(t) = e^{-at}(u(t) - u(t-1))$ (d) $x(t) = (1-e^{-t})u(t-1)$

(e) $x(t) = t^2 u(t)$ (f) $x(t) = \sum_{k=0}^{\infty}\left(\frac{1}{2}\right)^k \delta(t-k)$

7.2 다음의 신호의 라플라스 변환을 구하라.

(a) $x(t) = (t+1)u(t)$ (b) $x(t) = (t+1)u(t+1)$

(c) $x(t) = tu(t-1)$ (d) $x(t) = (t-1)u(t)$

(e) $x(t) = (t-1)u(t-1)$ (f) $x(t) = 3(t-3)u(t-2)$

7.3 라플라스 변환의 성질을 이용하여 다음 신호의 라플라스 변환을 구하라.

(a) $x(t) = \mathrm{rect}\left(\frac{t-a}{2a}\right)$ (b) $x(t) = t^3 e^{-2t} u(t)$

(c) $x(t) = t[u(t-1) - u(t-3)]$ (d) $x(t) = te^{-3t}\cos(2t)u(t)$

7.4 다음에 주어진 두 신호 $x(t)$와 $h(t)$의 컨벌루션 $y(t) = x(t) * h(t)$를 라플라스 변환을 이용하여 구하라.

(a) $x(t) = u(t)$, $h(t) = u(t)$ (b) $x(t) = \delta(t) + \delta(t-4)$, $h(t) = u(t)$

(c) $x(t) = u(t)$, $h(t) = e^{-t}u(t)$ (d) $x(t) = e^{-t}u(t)$, $h(t) = e^{-2t}u(t)$

7.5 신호 $x(t)$의 라플라스 변환이 다음과 같을 때, 신호의 초깃값과 최종값을 초깃값 정리와 최종값 정리를 사용하여 구하고, $X(s)$를 라플라스 역변환하여 $x(t)$를 구해 얻어진 값이 맞는지 확인하라.

(a) $X(s) = \frac{1}{s+a}$ (b) $X(s) = \frac{s+3}{s+2}$

(c) $X(s) = \frac{7s+10}{s(s+2)}$ (d) $X(s) = \frac{25}{s(s^2+25)}$

(e) $X(s) = \frac{s}{s^2-2s-3}$ (f) $X(s) = \frac{s-1}{s^2+2s-3}$

(g) $X(s) = \frac{s+2}{s(s+1)^2}$ (h) $X(s) = \frac{s^2+2s}{s^2(s^2+2s+2)}$

7.6 다음과 같은 $X(s)$의 라플라스 역변환을 구하라.

(a) $X(s) = \dfrac{3}{s(s+3)}$ (b) $X(s) = \dfrac{4s+2}{s^2+6s+8}$

(c) $X(s) = \dfrac{s^2+s}{s^2+3s+2}$ (d) $X(s) = \dfrac{s^2}{s^2+3s+2}$

(e) $X(s) = \dfrac{8}{s^2(s+2)}$ (f) $X(s) = \dfrac{5s-1}{s^3-3s-2}$

7.7 다음 미분 방정식으로 표현된 LTI 시스템의 출력을 라플라스 변환을 이용하여 구하라.

(a) $\dfrac{d^2y(t)}{dt^2} + 3\dfrac{dy(t)}{dt} + 2y(t) = \dfrac{dx(t)}{dt}$, $x(t) = u(t)$, $y(0^-) = 2$, $\dot{y}(0^-) = -3$

(b) $\dfrac{d^2y(t)}{dt^2} + 3\dfrac{dy(t)}{dt} + 2y(t) = x(t)$, $x(t) = e^{-t}u(t)$, $y(0^-) = 1$, $\dot{y}(0^-) = 1$

(c) $\dfrac{d^2y(t)}{dt^2} + 4\dfrac{dy(t)}{dt} + 4y(t) = \dfrac{dx(t)}{dt} + x(t)$, $x(t) = e^{-t}u(t)$, $y(0^-) = 2$, $\dot{y}(o^-) = 1$

(d) $\dfrac{d^2y(t)}{dt^2} + 2\dfrac{dy(t)}{dt} + y(t) = \dfrac{dx(t)}{dt} + 3x(t)$, $x(t) = e^{-t}u(t)$, $y(0^-) = 1$, $\dot{y}(0^-) = 1$

7.8 다음 미분 방정식으로 표현된 LTI 시스템에 대해 전달 함수와 임펄스 응답을 구하라.

(a) $\dfrac{d^2y(t)}{dt^2} + 5\dfrac{dy(t)}{dt} + 4y(t) = 2x(t)$

(b) $\dfrac{d^2y(t)}{dt^2} + 5\dfrac{dy(t)}{dt} + 4y(t) = 2\dfrac{dx(t)}{dt} + 6x(t)$

(c) $\dfrac{d^3y(t)}{dt^3} + 3\dfrac{d^2y(t)}{dt^2} + 4\dfrac{dy(t)}{dt} + 2y(t) = 2x(t)$

(d) $\dfrac{d^3y(t)}{dt^3} - \dfrac{d^2y(t)}{dt^2} + 2y(t) = 2\dfrac{dx(t)}{dt} - 6x(t)$

7.9 시스템의 입력과 출력이 다음과 같을 때 전달 함수와 임펄스 응답, 그리고 시스템 표현 미분 방정식을 구하라.

(a) $x(t)=e^{-3t}u(t)$, $y(t)=(e^{-t}-e^{-3t})u(t)$

(b) $x(t)=e^{-t}u(t)$, $y(t)=(e^{-2t}+te^{-t})u(t)$

(c) $x(t)=u(t)$, $y(t)=e^{-3t}u(t)-tu(t)$

(d) $x(t)=tu(t)$, $y(t)=e^{-t}u(t)+(t-1)u(t)$

7.10 전달 함수가 다음과 같은 시스템의 안정도를 판별하라.

(a) $H(s)=\dfrac{s+1}{s^2+5s+6}$

(b) $H(s)=\dfrac{s-2}{s^2-3s+2}$

(c) $H(s)=\dfrac{s+3}{s^2-2s+5}$

(d) $H(s)=\dfrac{s-1}{s^2+s-2}$

(e) $H(s)=\dfrac{s+2}{s^2+s}$

(f) $H(s)=\dfrac{2}{s^2+4}$

(g) $H(s)=\dfrac{s}{s^2+4s+4}$

(h) $H(s)=\dfrac{4(s+2)}{s^2+4s+13}$

응용 문제

7.11 다음 신호의 양방향 라플라스 변환과 수렴 영역을 구하라.

(a) $x(t) = e^{-2t}u(t) - e^{t}u(t)$

(b) $x(t) = e^{-2t}u(t) + e^{t}u(-t)$

(c) $x(t) = e^{t}u(-t) - e^{-2t}u(-t)$

(d) $x(t) = e^{-t}u(t) + e^{-2t}u(-t)$

(e) $x(t) = e^{2|t|}$

(f) $x(t) = e^{-2|t|}$

7.12 다음 신호의 라플라스 변환을 구하라.

(a) $x_1(t) = e^{-(t+2)}u(t+2)$

(b) $x_2(t) = e^{-(t-2)}u(t-2)$

(c) $x_3(t) = e^{-t}u(t-2)$

(d) $x_4(t) = e^{-(t-2)}u(t)$

7.13 라플라스 변환의 성질을 이용하여 다음 신호에 대해 다른 두 가지 방법으로 라플라스 변환을 구하라.

(a) $x(t) = te^{-2t}u(t)$

(b) $x(t) = \sin^2(\omega_0 t)\,u(t)$

7.14 $X(s) = \dfrac{2s}{s^2+4}$ 일 때 다음 신호의 라플라스 변환을 구하라.

(a) $y(t) = x(3t)$

(b) $y(t) = x(t-2)$

(c) $y(t) = e^{-t}x(t)$

(d) $y(t) = 2tx(t)$

(e) $y(t) = x(t) * \dfrac{dx(t)}{dt}$

(f) $y(t) = \displaystyle\int_0^t x(3\tau)d\tau$

7.15 인과 주기 신호의 라플라스 변환은 첫 번째 주기의 라플라스 변환을 알면 구해진다.

(a) 신호 $x(t)$의 첫 번째 주기만 떼어낸 신호를 $\hat{x}(t)$라고 하고 이의 라플라스 변환을 $\hat{X}(s)$라고 하면 $X(s) = \dfrac{1}{1-e^{-Ts}}\hat{X}(s)$가 됨을 보여라.

(b) 다음 그림의 인과 주기 신호에 대한 라플라스 변환을 구하라.

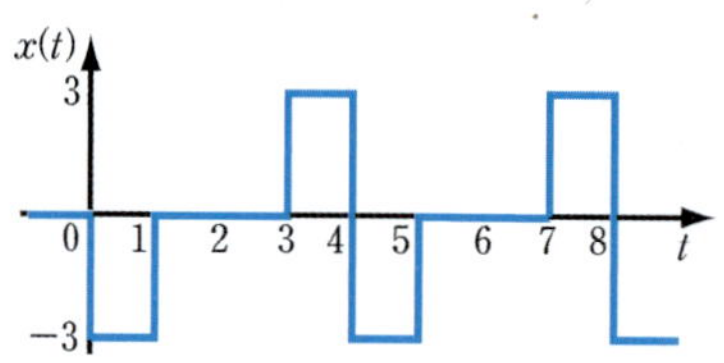

(a)

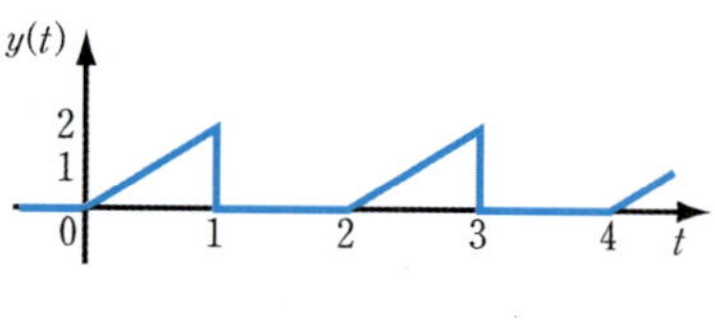

(b)

7.16 다음과 같은 $X(s)$의 라플라스 역변환을 구하라.

(a) $X(s)=\dfrac{2s^2+9s+11}{s^2+4s+4}$ (b) $X(s)=\dfrac{8s+10}{(s+1)(s+2)^3}$ (c) $X(s)=\dfrac{s^2+8}{s(s^2+16)}$

(d) $X(s)=\dfrac{3(s+1)}{s^2+4s+5}$ (e) $X(s)=\dfrac{(s+2)e^{-2s}}{s^2-s-2}$ (f) $X(s)=\dfrac{3se^{-2s}}{s^2+2s+1}$

7.17 임펄스 응답 $h(t)=e^{-t}u(t)$인 LTI 시스템에서 다음의 입력 $x(t)$에 대한 출력을 라플라스 변환을 이용해 구하라.

(a) $x(t)=2e^{-3t}u(t)$ (b) $x(t)=e^{-t}u(t)$ (c) $x(t)=tu(t)$ (d) $x(t)=2\cos(t)u(t)$

7.18 다음 그림의 LTI 시스템에 대해 전체 시스템의 임펄스 응답을 구하라.

(a)

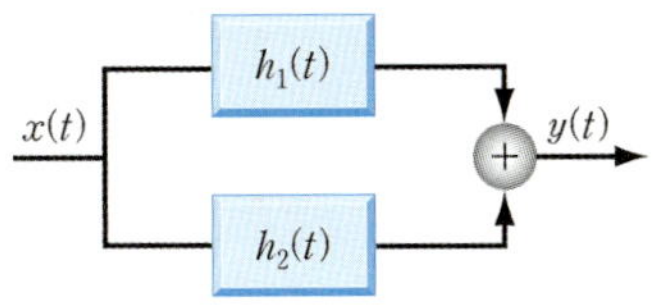

$h_1(t)=te^{-2t}u(t)$,

$h_2(t)=2e^{-2t}u(t)$

(b)

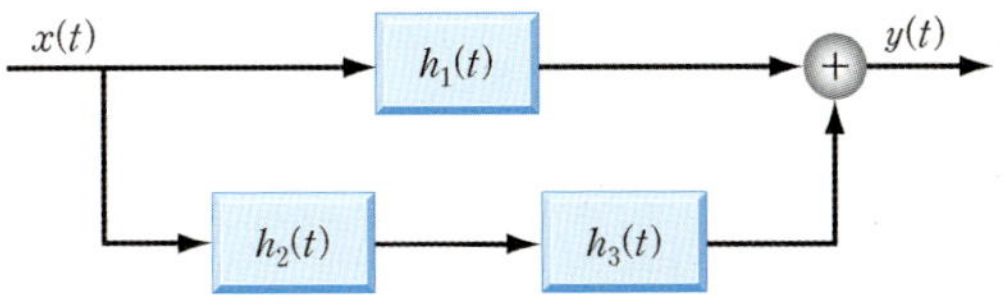

$h_1(t)=e^{-3t}u(t)$, $h_2(t)=e^{-2t}u(t)$,

$h_3(t)=\delta(t-1)$

(c)

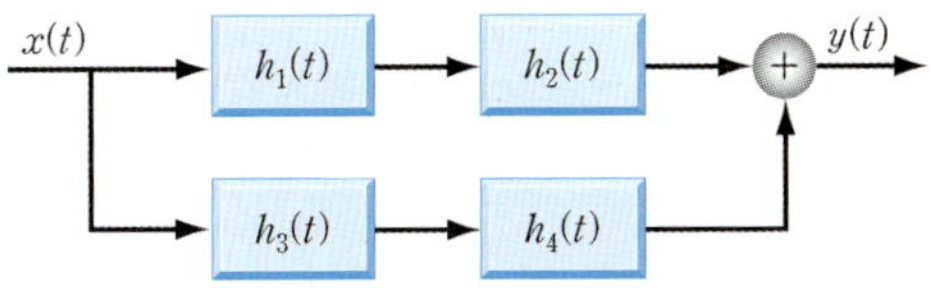

$h_1(t)=e^{-2t}u(t)$, $h_2(t)=2e^{-t}u(t)$, $h_3(t)=e^{-3t}u(t)$, $h_4(t)=4\delta(t)$

(d)

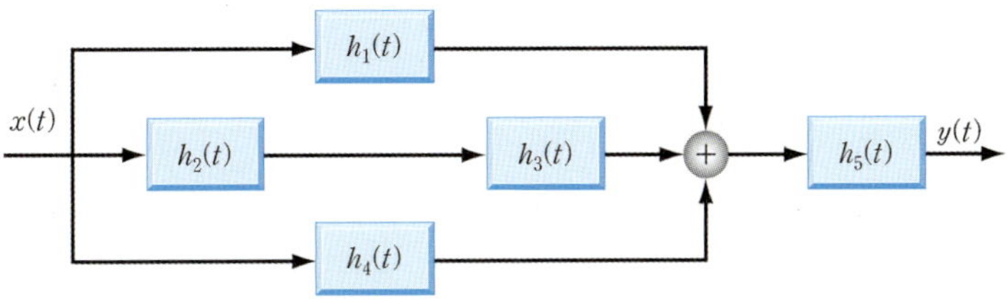

$h_1(t)=e^{-2t}u(t)$, $h_2(t)=e^{-2t}u(t)$, $h_3(t)=e^{-t}u(t)$, $h_4(t)=\delta(t)$, $h_5(t)=e^{-3t}u(t)$

7.19 다음 그림과 같은 전기회로에 대해 물음에 답하라.

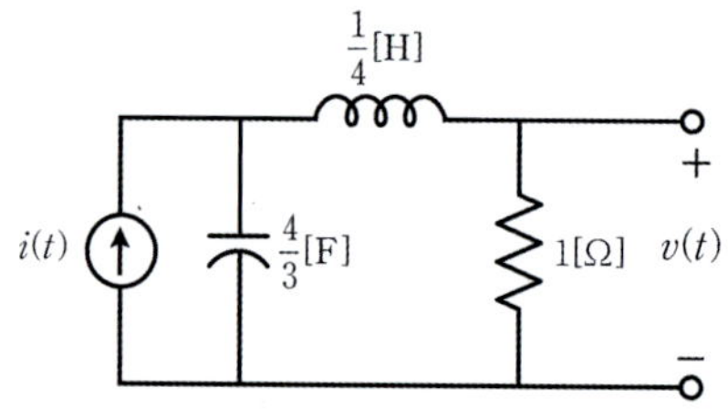

(a) 입력 $i(t)$와 출력 $v(t)$의 관계를 나타내는 회로 방정식을 세워 전달 함수를 구하라.

(b) $i(t) = u(t)$이고 $t < 0$에서 모든 초기 조건이 0일 때, 출력 전압 $v(t)$를 구하라.

7.20 다음의 각 항에 나타낸 성질을 만족하는 2차 시스템의 전달 함수 $H(s)$ 하나를 예로 들고 극과 영점을 나타내라.

(a) 시스템이 안정하다.

(b) 시스템이 불안정하다.

(c) 시스템의 임펄스 응답이 지수 감쇠 정현파이다.

(d) 시스템의 임펄스 응답이 순수 진동 정현파이다.

(e) 시스템의 주파수 응답이 아주 높은 주파수에서는 거의 0으로 접근한다.

(f) 시스템의 주파수 응답이 아주 높은 주파수에서 1로 접근한다.

CHAPTER

08

기본적인 이산 신호와 연산

Basic Discrete Signals and Operations

학습목표

- 기본적인 이산 신호들의 정의와 쓰임을 이해할 수 있다.
- 몇 가지 기본 연속 신호와 이산 신호의 차이점을 파악할 수 있다.
- 신호에 대한 기본 연산의 종류와 성질을 이해할 수 있다.
- 연속 신호와 이산 신호의 시간 척도조절 연산의 차이를 이해할 수 있다.
- 기본 연산의 조합에 의해 새로운 신호를 얻는 과정을 이해할 수 있다.
- A/D 변환에 의한 디지털 신호의 생성 과정을 이해할 수 있다.
- 샘플링과 주파수 영역에서의 효과에 대해 이해할 수 있다.
- 주파수 중첩과 샘플링 정리를 이해할 수 있다.

미리보기

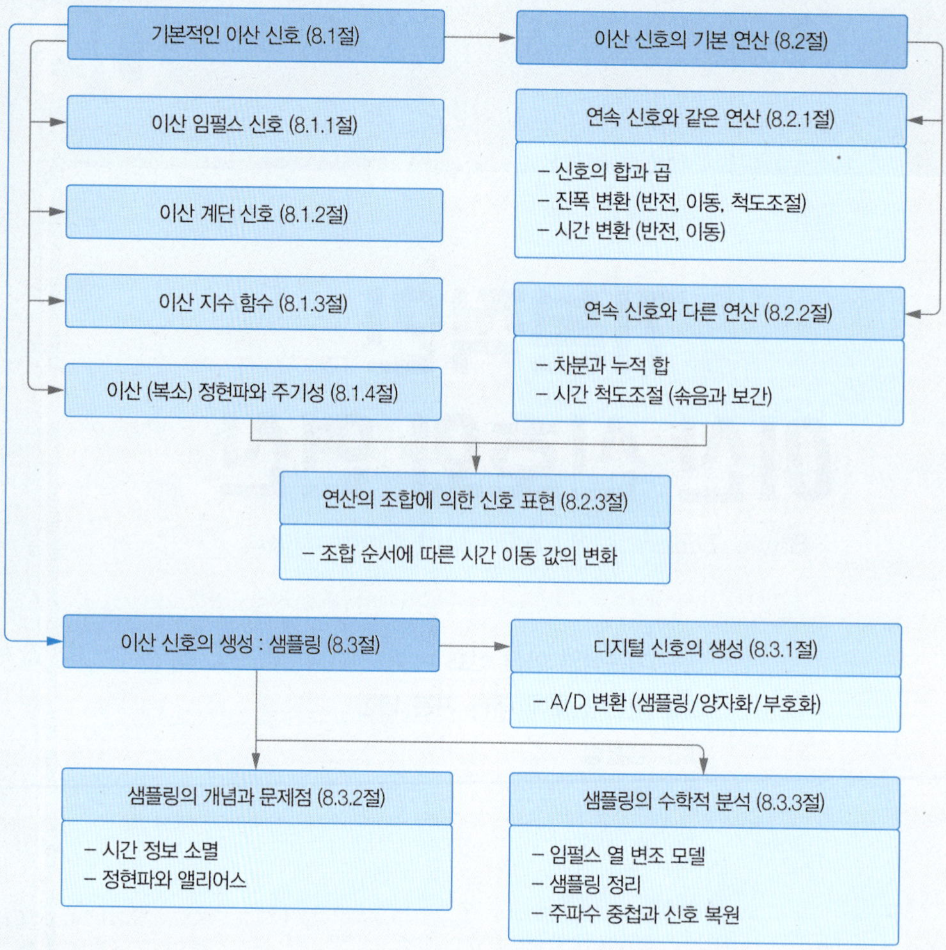

이산 신호에도 신호와 시스템을 다룰 때 중요한 역할을 하는 기본 신호들이 있다. 이산 신호는 연속 신호를 샘플링한 것으로 간주할 수 있어서 상응하는 기본 연속 신호들과 대체로 꼴과 특성이 거의 같지만, 몇 가지 흥미로운 차이점도 있다. 또한 이산 신호에 대한 기본 연산도 연속 신호의 경우와 별반 다를 바 없지만, 시간 척도조절만은 뚜렷한 차이를 보인다. 한편 연속 신호로부터 이산 신호를 얻으려면 샘플링을 거쳐야 하는데, 샘플링 동작 자체는 단순하지만 주파수 중첩 현상과 맞물려 샘플링 주기(주파수)의 선정은 매우 중요하다.

이 장에서는 먼저 기본 이산 신호와 이산 신호에 대한 기본 연산을 연속 신호의 경우와 차이가 나는 부분에 중점을 두어 살펴볼 것이다. 그런 다음 샘플링에 의해 어떤 문제가 발생하며 원인이 무엇인지 간단히 살펴보고, 수학적 분석을 통해 샘플링 정리와 주파수 중첩이 무엇인지 알아볼 것이다.

8.1 기본적인 이산 신호

연속 신호와 마찬가지로 이산 신호에도 신호와 시스템을 다룰 때 중요한 역할을 하는 기본 이산 신호들이 있다. 이산 신호는 연속 신호를 샘플링한 것으로 간주할 수 있으므로, 기본 이산 신호들은 대체로 상응하는 기본 연속 신호들과 꼴과 특성이 거의 같지만 몇 가지 흥미로운 차이점도 있다. 그러므로 이런 차이를 갖는 임펄스 신호와 정현파 신호 등을 특히 유의해서 살펴보면 좋을 것이다. 램프 신호를 비롯한 몇몇 기본 신호들은 3.1절의 기본 연속 신호들을 샘플링한 것과 완전히 같으므로 이 절에서 중복해서 다루지는 않는다. 앞으로는 기본적으로 연속 신호에 대해서는 '연속'이란 용어를 생략하고 이산 신호에만 '이산'이라는 용어를 붙여 서로 구분될 수 있도록 한다.

학습포인트

- 이산 (단위) 임펄스 함수의 정의와 연속 임펄스 함수와의 차이점을 이해한다.
- 이산 (단위) 계단 함수의 정의와 용도를 잘 알아둔다.
- 이산 임펄스 함수와 이산 계단 함수의 관계를 이해한다.
- 이산 계단 함수와 이산 임펄스 함수를 이용한 이산 신호의 표현을 잘 익혀둔다.
- 이산 지수 함수의 종류와 차이를 파악하고 이해한다.
- 이산 (복소) 정현파의 성질과 연속 정현파 신호와의 차이점을 알아본다.

8.1.1 이산 (단위) 임펄스 함수

이산 단위 임펄스 $\delta[n]$는 물리적으로 존재하는 가장 단순한 신호로, 파형은 [그림 8-1(a)]와 같다.

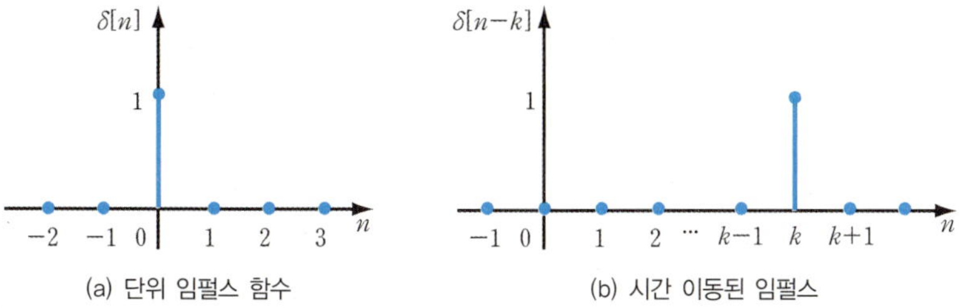

그림 8-1 이산 (단위) 임펄스 함수

- **이산 (단위) 임펄스 함수**는 $n=0$에서만 1의 값을 가지는 단순한 신호로서, **크로네커 델타**Kronecker delta 또는 **단위 샘플**unit sample **함수**라고도 한다.

$$\delta[n] = \begin{cases} 1, & n=0 \\ 0, & n \neq 0 \end{cases} \tag{8.1}$$

- 이산 임펄스 함수는 이산 신호를 표현하는 데 기본 신호로 사용된다. 이산 신호는 시간 이동된 임펄스 신호들의 가중합 형태로 나타낼 수 있다.

$$x[n] = \cdots + x[-1]\delta[n+1] + x[0]\delta[n] + \cdots + x[k]\delta[n-k] + \cdots \tag{8.2}$$
$$= \sum_{k=-\infty}^{\infty} x[k]\delta[n-k]$$

식 (8.2)는 두 가지 해석이 가능하다. [그림 8-1(b)]에서 보듯이 $\delta[n-k]$는 $\delta[n]$을 시간에 대해 k만큼 이동시킨 것으로 [ ] 안이 0인 시간($n=k$)에서만 값이 1이 되므로, 이산 신호 $x[n]$의 시간 k 순간의 성분(샘플)은 다음과 같이 쓸 수 있다.

$$x[n]\delta[n-k] = x[k]\delta[n-k] \tag{8.3}$$

모든 k 값에 대해 이를 모은 것이 식 (8.2)의 $x[n]$이다. 그러므로 "이산 신호는 시간 이동된 임펄스 신호들의 가중합 형태로 나타낼 수 있다"고 해석한다. 이와 달리 식 (8.2)를 "이산 신호 샘플을 모두 늘어놓은 것($\sum_{k=-\infty}^{\infty} x[k]$)에 시간 $k=n$에만 존재하는 임펄스 $\delta[k-n]$을 곱하여 n 순간의 신호 값 $x[n]$만 골라내는 동작"으로 해석할 수 있는데, 이는 이산 임펄스 함수의 **체 거르기** 또는 **샘플링 성질**에 해당한다. 실제로 식 (8.3)과 식 (8.2)는 연속 임펄스 함수의 체 거르기(샘플링) 성질을 나타내는 식 (3.14)와 식 (3.15)에 정확히 상응한다.

8.1.2 이산 (단위) 계단 함수

이산 (단위) 계단 신호 $u[n]$은 연속 계단 신호 $u(t)$를 샘플링한 것과 같은 신호로서, 파형은 [그림 8-2]와 같다.

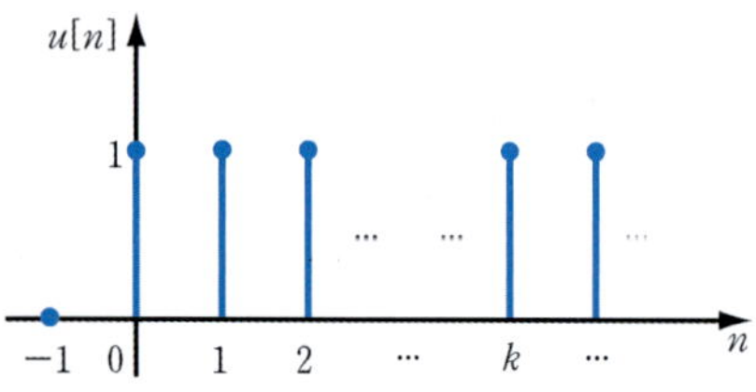

그림 8-2 이산 계단 함수

- **이산 (단위) 계단 신호**는 $n \geq 0$에서 항상 값이 1인 신호, 즉 직류 신호이다.

$$u[n] = \begin{cases} 1, & n \geq 0 \\ 0, & n < 0 \end{cases} \tag{8.4}$$

- 이산 계단 신호는 $n=0$을 경계로 한 켬-끔(on-off) 스위치 동작으로 취급할 수 있어 다른 여러 종류의 신호를 표현하는 데 매우 유용하게 사용된다.
- $\delta[n]$은 $u[n]$의 **차분**difference으로, $u[n]$은 $\delta[n]$의 **이동 합**running sum으로 표현할 수 있다.

$$\delta[n]=u[n]-u[n-1] \tag{8.5}$$

$$u[n]=\sum_{k=-\infty}^{n}\delta[k] \tag{8.6}$$

식 (8.5)의 관계는 [그림 8-3]을 보면 바로 알 수 있으며, 식 (8.6)은 $n\geq 0$에서 우변이 항상 $\delta[0]$을 포함하므로 값이 1이 됨, 즉 계단 함수임을 알 수 있다.

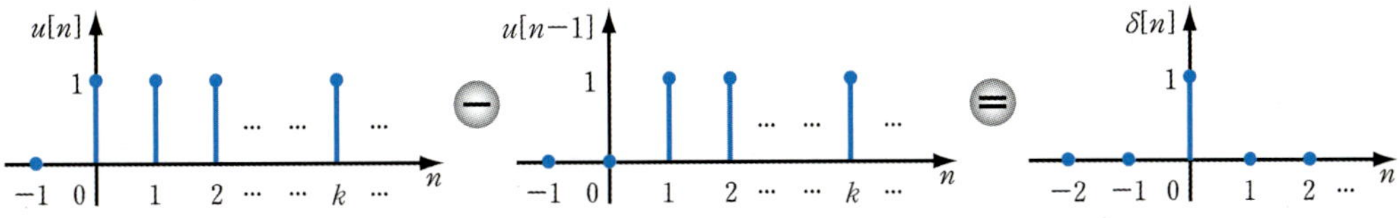

그림 8-3 이산 계단 함수와 이산 임펄스 함수의 관계

예제 8-1 이산 계단 함수를 이용한 이산 사각 펄스의 표현

사각 펄스 $\text{rect}\left[\frac{n}{6}\right]=\begin{cases}1, & -3\leq n\leq 3\\ 0, & \text{그 외}\end{cases}$의 이산 계단 함수를 이용한 표현을 구하라.

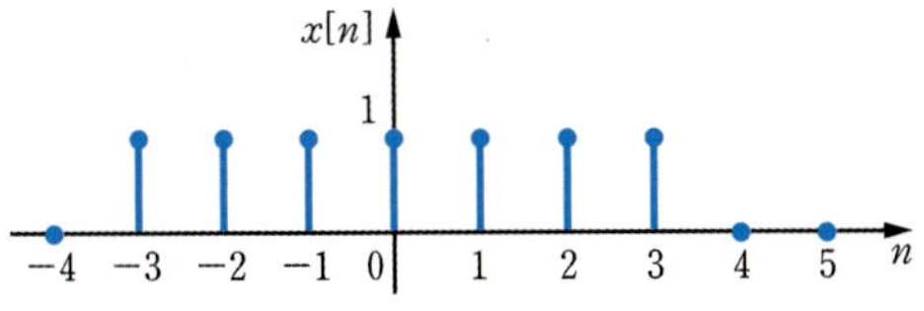

그림 8-4 [예제 8-1]의 사각 펄스 신호

풀이

구간 $[-3,\ 3]$에서 값이 1이 되어야 하므로, $n=-3$에서 시작하는 $u[n+3]$에서 $n=4$에서 시작하는 $u[n-4]$를 빼야 한다. 따라서 주어진 사각 펄스는 다음과 같이 계단 함수를 이용하여 나타낼 수 있다.

$$\text{rect}\left[\frac{n}{6}\right]=u[n+3]-u[n-4]$$

계단 함수를 이용한 신호의 표현에서 연속 신호에서는 $\text{rect}\left(\frac{t}{6}\right)=u(t+3)-u(t-3)$과 같이 신호의 끝 순간에서 시작하는 계단 신호를 빼지만, 이산 신호에서는 신호의 끝 순간보다 1만큼 더 오른쪽으로 이동된 계단 신호를 뺀다는 점을 조심한다. 또한 연속 사각 펄스의 길이는 $6(=3-(-3))$이지만, 이산 사각 펄스의 길이는 샘플의 개수 $7(=3-(-3)+1)$이 된다는 사실도 유의해야 한다.

예제 8-2 임펄스 신호와 계단 신호를 이용한 이산 신호 표현

다음 그림과 같은 이산 신호를 임펄스 신호와 계단 신호를 이용하여 나타내라.

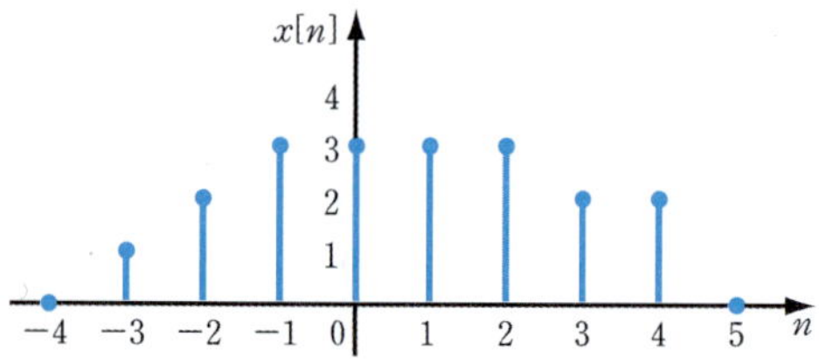

그림 8-5 [예제 8-2]의 이산 신호 $x[n]$

풀이

임펄스 신호를 이용하여 신호를 나타내는 일은 매우 쉽다. 신호를 각각의 시간 성분으로 쪼갠 후, 식 (8.2)에서 해당하는 시간의 신호 샘플 값을 대입하기만 하면 된다. [그림 8-6(a)]는 이러한 과정을 나타낸 것이다.

$$x[n] = \delta[n+3] + 2\delta[n+2] + 3\delta[n+1] + 3\delta[n] \\ + 3\delta[n-1] + 3\delta[n-2] + 2\delta[n-3] + 2\delta[n-4]$$

계단 신호를 이용하여 신호를 나타내려면, 신호를 같은 함수 꼴로 표현될 수 있는 성분들로 나누어야 한다. 주어진 신호는 [그림 8-6(b)]의 위 그림과 같이 쪼갤 수 있다.

❶ 4개의 샘플로 구성된 기울기 1인 램프 신호($-4 \le n \le -1$)
❷ 3개의 샘플로 된 크기가 3인 사각 펄스($0 \le n \le 2$)
❸ 2개의 샘플로 된 크기가 2인 사각 펄스($3 \le n \le 4$)

쪼개진 각 성분을 단위 계단 함수를 이용해 표현한 뒤, 이를 모두 더하면 다음과 같은 결과를 얻는다.

$$\begin{aligned} x[n] &= (n+4)(u[n+4] - u[n]) + 3(u[n] - u[n-3]) + 2(u[n-3] - u[n-5]) \\ &= (n+4)u[n+4] - nu[n] - u[n] - u[n-3] - 2u[n-5] \end{aligned}$$

계단 신호를 이용한 표현은 신호를 어떻게 쪼개느냐에 따라 달라질 수 있는데, [그림 8-6(b)]의 아래 그림과 같이 쪼개면 다음과 같다.

❶ 3개의 샘플로 구성된 기울기 1인 램프 신호($-4 \le n \le -2$)
❷ 4개의 샘플로 된 크기가 3인 사각 펄스($-1 \le n \le 2$)
❸ 2개의 샘플로 된 크기가 2인 사각 펄스($3 \le n \le 4$)

이를 계단 함수를 이용하여 표현하면 다음과 같다.

$$\begin{aligned} x[n] &= (n+4)(u[n+4] - u[n+1]) + 3(u[n+1] - u[n-3]) + 2(u[n-3] - u[n-5]) \\ &= (n+4)u[n+4] - (n+1)u[n+1] - u[n-3] - 2u[n-5] \end{aligned}$$

표현식이 바르게 구해졌는지 확인해 보려면 시간 변수 n에 적당한 값을 대입하여 그림의 신호와 값이 일치하는지를 따져보면 된다.

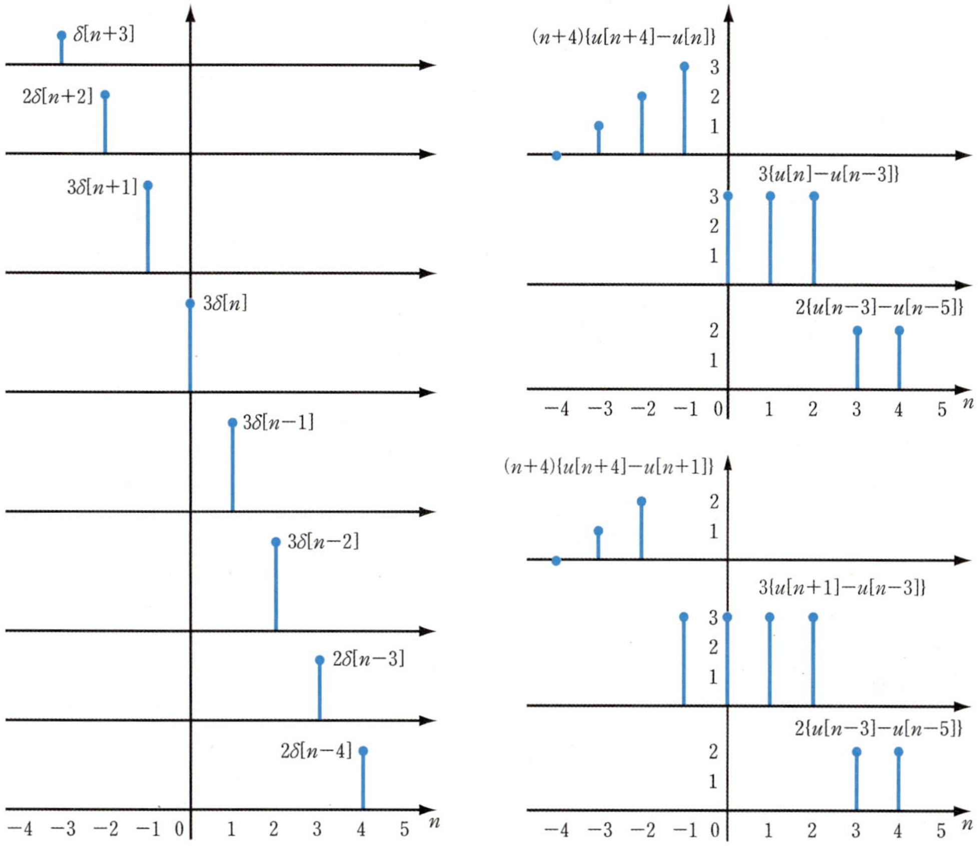

(a) 임펄스 신호로 표현된 $x[n]$의 성분 (b) 계단 신호로 표현된 $x[n]$의 성분

그림 8-6 임펄스 신호와 계단 신호를 이용하여 표현된 신호 $x[n]$

8.1.3 이산 지수 함수

이산 지수 함수의 일반적인 표현은 다음과 같으며, 밑수 a의 값에 따라 세 가지로 구분된다.

$$x[n] = Ca^n \tag{8.7}$$

- **이산 실수 지수 함수** : a가 실수인 경우로서, a값에 따라 [그림 8-7]과 같이 파형이 여섯 가지 형태로 나뉜다. 특히 a가 음수이면 음과 양의 값이 번갈아 가면서 나타난다.
- **이산 복소 지수 함수** : a가 복소수인 가장 일반적인 형태의 지수 함수로서 실수 지수 신호와 복소 정현파 신호가 복합된 특성을 가진다([그림 8-8]).

$$x[n] = |C|e^{j\phi}r^n e^{j\Omega n} = |C|r^n e^{j(\Omega n+\phi)} \tag{8.8}$$
$$= |C|r^n\{\cos(\Omega n+\phi) + j\sin(\Omega n+\phi)\}$$

- **이산 복소 정현파** : $|a| = r = 1$인 경우로서, 연속 신호의 경우와 마찬가지로 삼각 함수를 이용한 정현파 신호 표현 대신 신호와 시스템의 해석에 널리 사용된다.

$$x[n] = |C|e^{j(\Omega n+\phi)} = |C|\{\cos(\Omega n+\phi) + j\sin(\Omega n+\phi)\} \tag{8.9}$$

이산 실수 지수 함수는 밑수 a가 음수이면 $x[n] = (-1)^n|a|^n$이 되어 부호가 음과 양으로 번갈아 가면서 바뀌므로 [그림 8-7]에 나타낸 것처럼 파형이 여섯 가지 형태로 나뉜다.

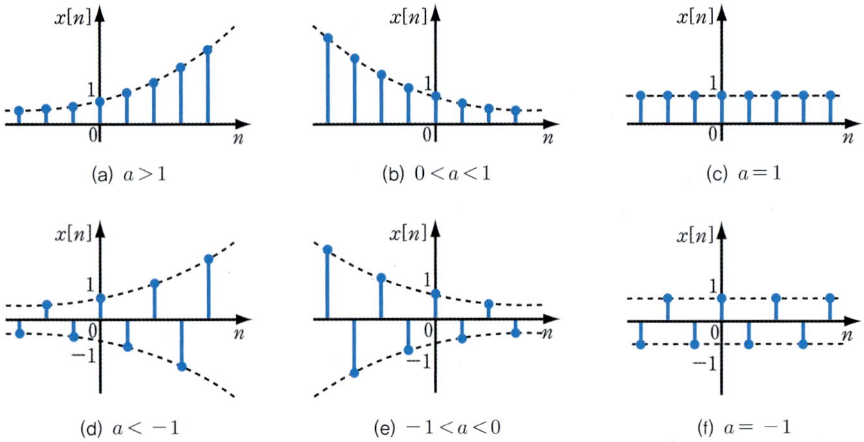

그림 8-7 이산 실수 지수 함수

식 (8.8)과 식 (8.9)는 계수 C와 밑수 a의 극좌표 표현 $C = |C|e^{j\phi}$, $a = re^{j\Omega}$을 이용하여 얻은 것이다. [그림 8-8]에 나타낸 것처럼 복소 지수 함수는 실수부(또는 허수부)가 포락선 $\pm|C|r^n$을 따라 진폭의 크기가 지수적으로 증가하거나 감소하면서 주파수 Ω로 정현 진동하는 신호이다.

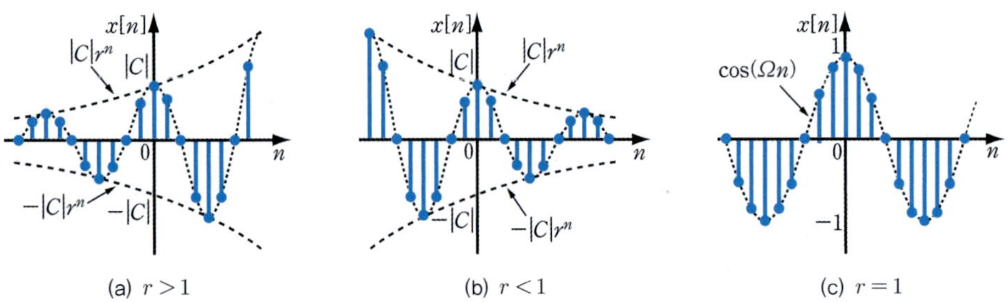

그림 8-8 이산 복소 지수 함수의 실수부

복소 정현파는 $|a| = r = 1$인 지수 함수로서, 이산 (복소) 정현파는 연속 신호의 경우와 다른 특성을 가지기 때문에 다음 절에서 따로 살펴볼 것이다.

8.1.4 이산 (복소) 정현파 함수

식 (8.9)의 이산 복소 정현파에서 논의가 단순해지도록 계수 $C=1$로 두면 다음과 같다.

$$x[n]=e^{j\Omega_0 n}=\cos(\Omega_0 n)+j\sin(\Omega_0 n) \tag{8.10}$$

식 (8.10)의 이산 복소 정현파는 연속 복소 정현파 신호 $e^{j\omega_0 t}$을 샘플링한 것으로 간주할 수 있으며, 연속 신호에서와 마찬가지로 삼각 함수를 이용한 정현파 신호 표현 대신 신호와 시스템의 해석에 널리 사용된다. 한편 이산 (복소) 정현파는 연속 (복소) 정현파와 비교해 다음과 같이 확연히 다른 특성도 가지고 있다. 이러한 차이는 기본적으로 이산 신호의 시간 변수 n이 반드시 정수여야 한다는 조건 때문에 생긴 것이다.

- 이산 (복소) 정현파 신호가 주기 신호가 되려면 각주파수를 2π로 나눈 값, 즉 (디지털) 주파수가 유리수여야 한다.

$$\frac{\Omega_0}{2\pi}=F_0=\frac{k}{N}(k,\ N\text{은 정수}) \tag{8.11}$$

- 각주파수가 Ω_0와 $\Omega_0+2\pi k$인 두 이산 정현파는 서로 구분할 수 없는 같은 신호이다.

$$e^{j(\Omega_0+2\pi k)n}=e^{j\Omega_0 n}e^{j2\pi kn}=e^{j\Omega_0 n} \tag{8.12}$$

- 이산 정현파 신호는 주파수 $0\le\Omega\le 2\pi(0\le F\le 1)$ 범위 내에서만 구분할 수 있고, 가질 수 있는 최대 주파수가 $\Omega_{\max}=2\pi(F_{\max}=1)$를 넘지 않는다.
- 이산 주기 정현파 신호의 최대 주파수는 $\Omega_{\max}=\pi(F_{\max}=0.5)$이다.

연속 (복소) 정현파 신호는 항상 주기 신호이지만, 이산 (복소) 정현파 신호는 비주기 신호가 될 수도 있다. 이산 주기 신호는 주기 N에 대해 $x[n+N]=x[n]$이 성립해야 하므로 다음을 만족해야 한다.

$$e^{j\Omega_0(n+N)}=e^{j\Omega_0 n}e^{j\Omega_0 N}=e^{j\Omega_0 n} \tag{8.13}$$

따라서 $e^{j\Omega_0 N}=1$, 다시 말해 $\Omega_0 N$이 2π의 정수배가 되어야만 주기 신호가 된다. 이로부터 식 (8.11)의 조건이 얻어진다. 만약 $\Omega/2\pi$ 또는 F가 유리수가 아니라면, 이산 정현파 신호의 샘플들은 아무리 시간이 지나더라도 결코 같은 값을 반복하지 않는다. 예를 들어 [그림 8-9(a)]의 이산 정현파는 주기 $N=12$로 같은 샘플들이 반복되고 있는, 즉 디지털 주파수 $F_0=\frac{1}{N}=\frac{1}{12}$로 식 (8.11)의 조건을 만족하고 있는 주기 신호이다. 그러나 [그림 8-9(b)]의 정현파는 $F_1=\frac{\Omega_1}{2\pi}=\frac{10}{63\sqrt{2}}$으로 유리수가 아니며, 똑같은 샘플들이 주기적으로 반복되지 않는다. $\cos(\sqrt{2}\pi n)$이나 $\cos(0.5n)$ 등도 마찬가지이다.

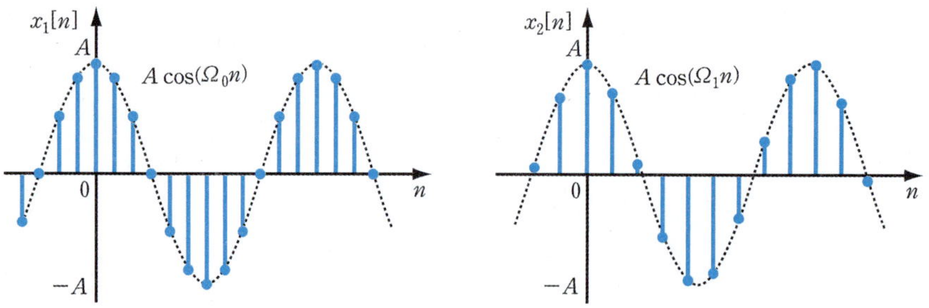

(a) 주기 신호 (b) 비주기 신호

그림 8-9 이산 정현파 신호의 주기성

식 (8.12)는 $e^{j2\pi kn}=1$ 임을 이용하면 바로 얻어지며, 하나의 주파수에 오직 하나의 이산 정현파 신호만 대응되는 것이 아님을 의미한다. 따라서 이산 정현파 신호는 결국 주파수 $0 \le \Omega \le 2\pi$ $(0 \le F \le 1)$ 범위 내에서만 구분할 수 있고, 가능한 최대 주파수가 $\Omega_{\max}=2\pi(F_{\max}=1)$라는 결론을 얻게 된다.

예제 8-3 이산 (복소) 정현파의 주기성

다음 이산 정현파 신호가 주기 신호인지 판별하고, 주기 신호라면 그 주기를 구하라.

(a) $x[n]=\cos\left(\dfrac{5\pi}{6}n\right)$ (b) $x[n]=\cos\left(\dfrac{2}{5}n\right)$ (c) $x[n]=e^{j\frac{2\pi}{3}n}$

풀이

(a) $\Omega_0=\dfrac{5\pi}{6}$ 이므로 $F_0=\dfrac{\Omega_0}{2\pi}=\dfrac{5}{12}$ 이다. (디지털) 주파수가 유리수이므로 이 정현파는 주기 신호이다. 주기는 $\dfrac{5}{12}=\dfrac{k}{N}$를 만족하는 가장 작은 정수 N을 구하면 되는데, 분모, 분자가 약분이 안 되므로 $k=5$, $N=12$를 취하면 된다. 즉 주기는 $N=12$이다. 이산 주기 신호의 주기는 반드시 정수여야 함을 주의해야 한다.

(b) $\Omega_0=\dfrac{2}{5}$ 이므로 $F_0=\dfrac{\Omega_0}{2\pi}=\dfrac{1}{5\pi}$ 이다. (디지털) 주파수가 유리수가 아니므로 이 정현파는 주기 신호가 아니다.

(c) $\Omega_0=\dfrac{2\pi}{3}$ 이므로 $F_0=\dfrac{\Omega_0}{2\pi}=\dfrac{1}{3}$ 이다. (디지털) 주파수가 유리수이므로 이 복소 정현파는 주기 신호이다. 주기는 $\dfrac{1}{3}=\dfrac{k}{N}$를 만족하는 가장 작은 정수인 $N=3$이다.

예제 8-4 이산 정현파 신호의 동일성

$x_1[n]=\cos\left(\frac{\pi}{3}n\right)$과 $x_2[n]=\cos\left(\frac{13\pi}{3}n\right)$이 같은 신호임을 보여라.

풀이

다음과 같이 간단한 계산에 의해 $x_1[n]$과 $x_2[n]$이 같음을 바로 보일 수 있다.

$$x_2[n]=\cos\left(\left(\frac{\pi}{3}+4\pi\right)n\right)=\cos\left(\frac{\pi}{3}n+4\pi n\right)=\cos\left(\frac{\pi}{3}n\right)=x_1[n]$$

즉 주파수 $\Omega_2=\frac{13\pi}{3}$인 이산 정현파는 주파수 $\Omega_1=\frac{\pi}{3}$인 이산 정현파인 셈이다. 이 결과는 2π의 정수배만큼 떨어져 있는 주파수를 갖는 무수한 이산 정현 신호들이 구분할 수 없는 같은 신호라는 사실을 확인해주는 것이므로, 이산 정현파 신호는 구태여 $[0,\ \infty]$의 주파수 구간에서 나타낼 필요 없이 $[0,\ 2\pi]$ 구간에서만 나타내면 충분하다.

예제 8-5 이산 주기 정현파의 최대 주파수

이산 주기 정현파가 가질 수 있는 최대 주파수를 구하라.

풀이

주파수는 주기에 반비례하므로 주파수가 높을수록 주기가 짧아야 한다. 이산 신호에서 주기가 가장 짧은 경우는 주기가 $N=1$인 경우로 [그림 8-10]에서 파란 샘플들로만 이루어진 이산 신호이다. 이 경우는 신호 값이 모든 시간 변수 n에 대해 같게 되므로, 오히려 주파수가 0으로 최저인 직류(DC) 신호와 같다. 두 번째로 주기가 짧은 $N=2$의 경우, 주파수는 $F=\frac{1}{N}=\frac{1}{2}\left(\Omega_0=\frac{2\pi}{N}=\frac{2\pi}{2}=\pi\right)$이다. 따라서 이산 주기 정현파가 가질 수 있는 최대 주파수는 $0.5(\pi)$이다. 이에 대응하는 이산 주기 정현파는 [그림 8-10]과 같이 n의 증가에 따라 최댓값, 최솟값이 번갈아서 나타나는 형태가 된다.

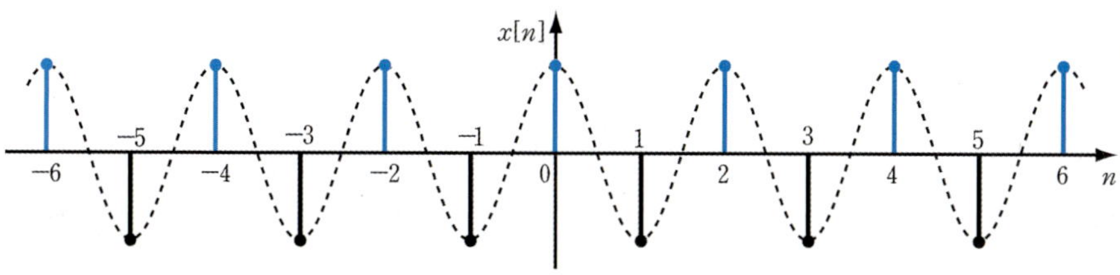

그림 8-10 최대 주파수를 갖는 이산 주기 정현파($N=2$)

8.2 이산 신호에 대한 기본 연산

연속 신호와 마찬가지로 이산 신호에 대한 기본 연산은 당연히 시간과 진폭에 대한 반전, 이동, 척도조절이다. 그 외에 두 신호의 합과 곱, 그리고 연속 신호의 미분과 적분에 상응하는 차분과 누적합 연산 등을 기본 연산으로 포함할 수 있다. 시간 척도조절이 연속 신호와 이산 신호의 차이가 가장 큰 연산이며, 두 신호의 합과 곱, 그리고 진폭 변환(반전, 이동, 척도조절) 및 척도조절을 제외한 시간 변환(반전, 이동)은 연속 신호와 이산 신호 모두 전혀 다를 바 없는 공통적인 조작이다.

학습포인트

- 이산 신호에 대한 기본 연산에는 어떤 것들이 있는지 알아본다.
- 이산 신호의 진폭과 시간에 대한 반전, 이동, 척도조절 연산을 이해한다.
- 연속 신호와 이산 신호에 대해 차이를 갖는 기본 연산과 그 차이점을 잘 알아둔다.
- 이산 신호에 대한 시간 척도조절 연산(솎음과 보간)을 잘 알아둔다.
- 신호에 기본 연산을 조합하여 적용할 때, 시간 이동의 비교환적 특성을 잘 이해하고 익혀둔다.
- 기본 연산의 조합으로 새 신호를 만드는 방법을 잘 익혀둔다.

8.2.1 연속 신호와 동일한 연산

이산 신호에 대한 기본 연산도 연속 신호의 경우와 다를 바 없으나, 시간에 대해 불연속인 까닭에 미분과 적분이 정의되지 않으며, 시간 변수가 정수여야만 한다는 제약으로 인해 시간 척도조절 연산이 훨씬 까다롭다.

연속 신호와 동일한 연산

연속 신호의 경우와 차이가 전혀 없는 연산들에 대해서는 중복을 피하여 연산의 정의만 정리하여 제시한다.

두 신호의 합과 곱

- 두 신호 $x[n]$과 $s[n]$에 대한 합과 곱은 다음과 같다.

$$\text{합} : y[n] = x[n] + s[n] \tag{8.14}$$

$$\text{곱} : y[n] = x[n] \cdot s[n] \tag{8.15}$$

신호의 진폭 변환

- **진폭 반전**은 값의 부호가 바뀌는 것으로서 시간축에 대해 대칭인 신호를 만든다.

$$y[n] = -x[n] \tag{8.16}$$

- **진폭 이동**은 다음과 같이 파형의 변화 없이 세로축을 따라 평행 이동하는 동작이다.

$$y[n] = x[n] + a \tag{8.17}$$

- **진폭 척도조절**은 다음과 같이 진폭의 값을 일정한 비율로 바꾸는 것으로서, $a > 1$인 경우를 증폭, $a < 1$의 경우를 감쇠라고 한다.

$$y[n] = ax[n] \tag{8.18}$$

신호의 시간 변환

- **시간 반전**은 시간축을 거꾸로 뒤집는 것으로서, 독립 변수인 n을 $-n$으로 바꾼 것이다.

$$y[n] = x[-n] \tag{8.19}$$

- **시간 이동**은 파형의 변화 없이 신호를 시간축에 대해 이동시키는 동작으로, $n_0 > 0$이면 시간 지연, $n_0 < 0$이면 시간 앞섬이다.

$$y[n] = x[n - n_0] \tag{8.20}$$

이산 신호에 대한 진폭 변환(반전, 이동, 척도조절) 연산과 시간 반전 및 시간 이동 연산의 예를 각각 [그림 8-11]과 [그림 8-12]에 보였다.

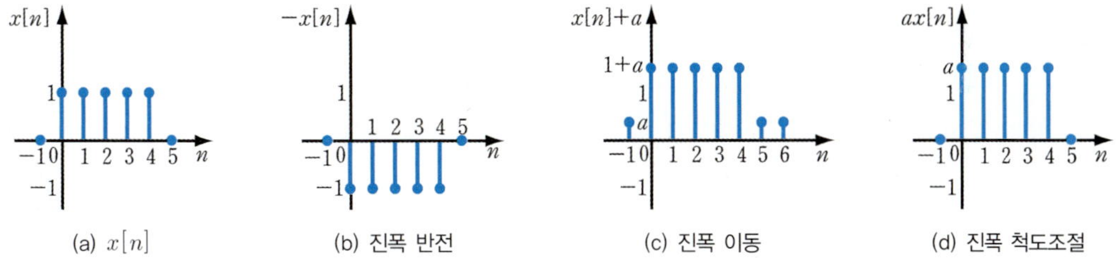

그림 8-11 이산 신호의 진폭 변환 연산의 예

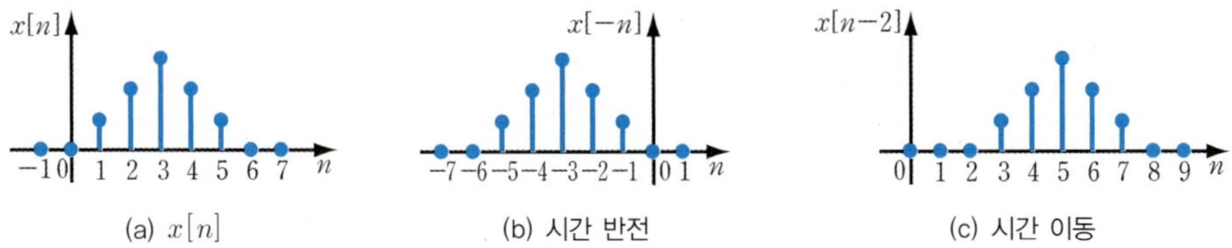

그림 8-12 이산 신호의 시간 반전과 시간 이동의 예

8.2.2 연속 신호와 다른 연산

차분과 누적합

이산 신호는 미분과 적분이 정의되지 않는 대신, 미분과 적분의 등가 연산이라 할 수 있는 차분과 누적합이 정의된다.

- **차분**[difference]은 다음과 같이 하나 뒤진(또는 앞선) 시간의 신호 값과의 차이로 미분(기울기)을 근사화한 것이다.

$$y[n] = \Delta x[n] = x[n] - x[n-1] \tag{8.21}$$

- **누적합**[summation]은 다음과 같이 지금까지의 신호 값들을 계속 쌓아서 모아두는 동작으로서 적분을 근사화한 것으로 생각할 수 있다.

$$y[n] = \sum_{k=-\infty}^{n} x[k] \tag{8.22}$$

시간이 하나 앞서거나 뒤진 신호와의 차이로 정의되는 차분은 시간 t에서 신호의 기울기(변화량)인 미분을 거칠게 근사화한 것이라고 볼 수 있다. 실제 문제에서는 현재 시각 n보다 미래 시간의 신호 값은 알 수가 없으므로, 하나 뒤진 시간의 신호 값과의 차이로 정의되는 식 (8.21)의 **후향**[backward] **차분**을 주로 사용한다. 또한 구분구적법에 따르면 적분은 함수를 잘게 잘라서 얻어지는 각 띠 면적의 합으로 이해할 수 있으므로, 식 (8.22)의 누적합 연산은 근사화한 적분으로 받아들일 수 있을 것이다.

이산 신호의 시간 척도조절 : 솎음과 보간

신호의 기본 연산 중에서 연속 신호와 이산 신호의 차이가 가장 뚜렷한 것이 바로 시간 척도조절이다. 이러한 차이는 이산 신호의 시간 변수가 정수인 데에서 비롯된다.

- 이산 신호에 대한 시간 척도조절은 수식 표현으로는 연속 신호의 경우와 다를 바 없으나, 척도조절 인자 a의 값에 대한 제약과 함께 실제 동작은 차이를 가진다.

$$y[n] = x[an] \tag{8.23}$$

- **솎음**[decimation]은 $a > 1$(a는 반드시 정수)인 경우로 시간이 a의 배수(an)에 해당하는 샘플들만 남기고 나머지는 솎아내 버리는 시간축 줄이기(압축) 연산이다.
- 솎음하면 정보의 손실이 발생한다.
- **보간**[interpolation]은 $a < 1$($\frac{1}{a}$은 반드시 정수)인 경우로 원래 신호의 샘플들 사이에 다른 샘플들을 끼워 넣는 시간축 늘이기(신장) 연산인데, 끼워 넣을 신호 값에 대한 정보가 주어져 있지 않으므로 적당한 방법으로 끼워 넣을 샘플 값을 결정해야만 한다.

솎음(시간축 줄이기, $a > 1$)의 경우, 식 (8.23)에서 보면 $y[n]$의 시간 변수도 정수가 되어야 하므로 a는 반드시 정수여야 하고, 신호 샘플들 중에서 시간이 a의 배수(an)에 해당하는 것들만 남겨서 다시 차례로 줄을 세우고 나머지는 버리는 동작이 된다. 예를 들어 [그림 8-13(b)]는 $a=2$로 [그림 8-13(a)]의 원 신호에서 2의 배수인 시각에 발생하는 신호 샘플들만 남긴 것으로서 $y[0]=x[0]$, $y[1]=x[2]$, $y[2]=x[4]$, $\cdots$ 이고 $x[1]$, $x[3]$, $x[5]$, $\cdots$ 의 신호 샘플들은 솎아내 버려 샘플 수가 반으로 줄어든다. 그런 까닭에 이 연산을 **솎음** 또는 **다운 샘플링** down-sampling이라고 부른다. 연속 신호에 대한 시간 척도조절에서는 원 신호의 파형 형태가 그대로 유지된 채 폭의 변화만 발생하였지만, 그림에서 보듯이 이산 신호에 대한 솎음 조작은 완전히 다른 파형의 신호가 얻어질 수도 있다.

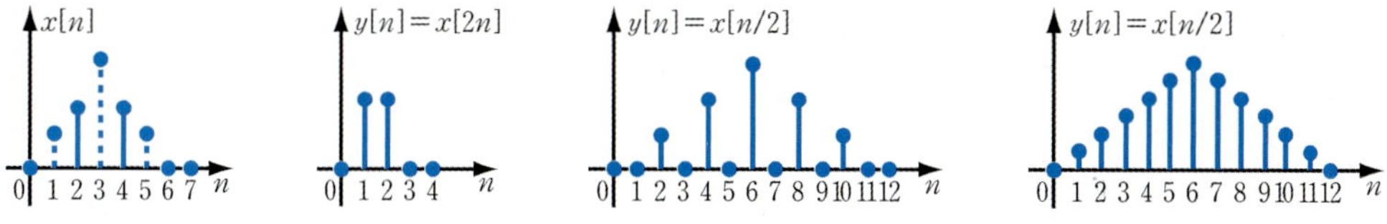

(a) $x[n]$ (b) 솎음 (c) 보간(0 삽입) (d) 보간(선형 보간)

그림 8-13 이산 신호의 시간 척도조절 : 솎음과 보간

다음으로 보간(시간축 늘이기, $a < 1$)의 예로 $a = 1/2$의 경우를 살펴보자. $y[0]=x[0]$, $y[1]=x[1/2]$, $y[2]=x[1]$, $y[3]=x[3/2]$, $y[4]=x[2]$, $\cdots$ 이 된다. 이것은 원 신호의 샘플 $x[1]$, $x[2]$, $x[3]$, $\cdots$ 사이에 샘플을 하나씩 끼워 넣는 동작과 같고, 그 결과 전체 샘플의 개수는 2배로 늘어난다. 그러므로 이 연산을 **보간** 또는 **업 샘플링** up-sampling이라고 한다. 그런데 끼워 넣을 $x[1/2]$, $x[3/2]$, $x[5/2]$, $\cdots$ 의 값이 원 신호에는 존재하지 않으므로 이에 해당하는 $y[n]$의 값을 정할 수가 없는 심각한 문제가 발생한다. 보통은 [그림 8-13(c)]와 같이 그 값을 0으로 하거나 [그림 8-13(d)]처럼 앞뒤 두 샘플 값의 평균을 취하여 신호가 담고 있는 정보를 크게 왜곡하지 않는 범위 내에서 적당한 값을 선택하여 이 문제를 해결한다. 하지만 이 또한 하나의 방편일 뿐, 충분한 사전 정보가 없다면 주어진 이산 신호의 시간축 늘이기 조작에 어떤 방법이 가장 적합한 것인지 판가름할 수 없다.

예제 8-6 이산 신호의 솎음과 보간

[그림 8-14]의 신호에 대해 다음의 신호를 그려라.

(a) $y[n]=x[3n]$

(b) $z[n]=y[n/3]$

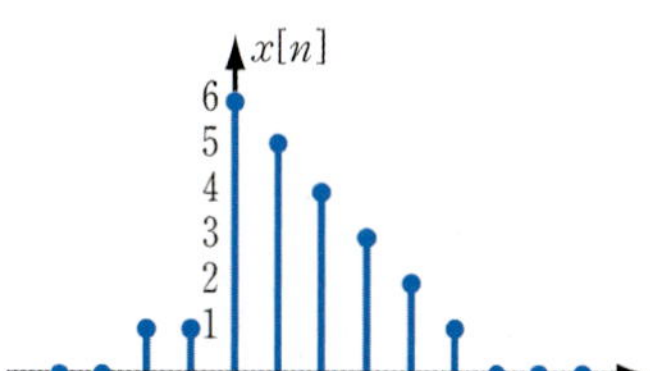

그림 8-14 [예제 8-6]의 신호

풀이

(a) $y[n]$은 $x[n]$을 세 샘플마다 하나만 남기고 나머지는 버리는 솎음 연산을 적용하면 된다. 따라서 [그림 8-15(a)]처럼 그릴 수 있다. 이때 주의할 점은 $n=0$을 기준으로 해서 좌우로 3배수에 속하는 샘플들을 남겨야 한다는 점이다.

(b) $z[n]$은 (a)에서 구한 $y[n]$의 샘플들 사이마다 2개의 새로운 샘플을 끼워 넣는 보간에 해당한다. 이때 0을 끼워 넣으면 [그림 8-15(b)], 선형 보간을 하면 [그림 8-15(c)]가 얻어진다.

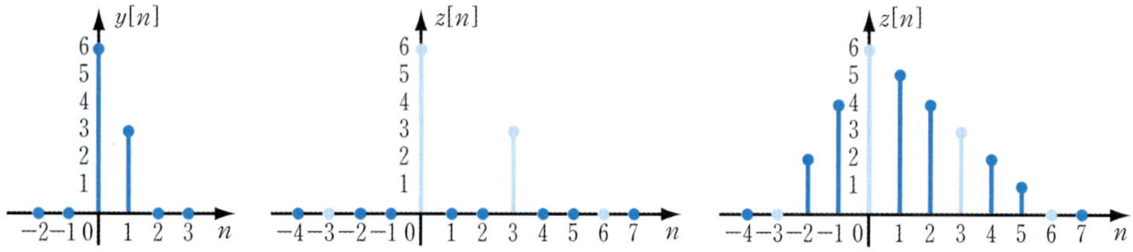

(a) $y[n]=x[3n]$ (b) $z[n]=y[n/3]$(0 삽입) (c) $z[n]=y[n/3]$(선형 보간)

그림 8-15 솎음과 보간에 의한 결과 신호

[그림 8-15]의 결과에서 보듯이, 연속 신호와 달리 이산 신호는 시간축을 a배로 줄이기를 했다가 다시 a배로 늘이기를 해도 원래의 이산 신호가 얻어지지 않는다.

지금까지 살펴본 신호에 대한 기본 연산을 [표 8-1]에 요약하였다.

표 8-1 이산 신호에 대한 기본 연산

연산	표현식	시스템
합	$y[n]=x[n]+s[n]$	덧셈기
곱	$y[n]=x[n]\cdot s[n]$	곱셈기
시간 누적합	$y[n]=\sum_{k=-\infty}^{n} x[k]$	누산기
시간 차분	$y[n]=\Delta x[n]=x[n]-x[n-1]$	(후향) 차분기
진폭 척도조절	$y(t)=ax[n]$, $a>1$	증폭기
	$y(t)=ax[n]$, $a<1$	감쇠기
진폭 반전	$y[n]=-x[n]$	인버터
진폭 이동	$y[n]=x[n]+a$	오프셋
시간 척도조절	$y[n]=x[an]$, $a>1$인 정수	다운 샘플러
	$y[n]=x[n/a]$, $a>1$인 정수	업 샘플러
시간 이동	$y[n]=x[n-n_0]$, $n_0>0$	지연기
	$y[n]=x[n+n_0]$, $n_0>0$	예측기
시간 반전	$y[n]=x[-n]$	반사기

8.2.3 연산의 조합에 의한 이산 신호의 표현

실제로 접하는 대부분 신호는, 형태가 단순해 간단한 함수로 표현할 수 있는 기본 신호들보다는 파형이 복잡하고 복합적이다. 그러나 아주 특별한 경우를 제외하면 아무리 복잡한 신호라 할지라도 단순한 형태의 신호로부터 [표 8-1]의 여러 기본 연산을 차례로 조합하여 적용함으로써 구할 수 있다.

이산 신호에 대한 기본 연산의 조합

- 어떤 신호에 기본 연산들을 차례로 조합하여 적용하면 새로운 신호가 얻어진다.
- 하나의 신호에 여러 기본 연산을 조합하여 적용할 때, 연산의 적용 순서가 바뀌어도 같은 결과를 얻는다.
- 시간 이동 연산은 다른 시간 변환 연산과 교환법칙이 성립하지 않기 때문에 연산 순서를 바꾸면 시간 이동 값이 달라진다.

$x\left[\frac{2}{3}n\right]$과 같이 시간 척도조절 값이 정수가 아닌 경우에는 정수의 비로 만들어 먼저 솎음을 적용한 다음 보간하면 된다. 이때 순서를 바꾸어도 상관없다.

예제 8-7 이산 신호에 대한 기본 연산의 조합

[그림 8-16]의 $x[n]$에 대해 다음을 그려라.

(a) $y[n]=x[2n-4]$

(b) $y[n]=x\left[\frac{2}{3}n\right]$

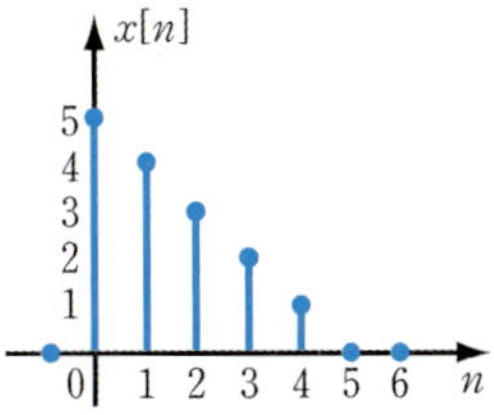

그림 8-16 [예제 8-7]의 신호

풀이

(a) $y[n]=x[(2n)-4]=x[2(n-2)]$이므로, $x[n]$에 기본 연산을 적용하여 $y[n]$을 얻는 방법에는 다음의 두 가지가 있으며, [그림 8-17]에 이 과정을 나타내었다.

❶ $x[(2n)-4]$의 경우, 먼저 $x[n]$을 $n_0=4$만큼 시간 이동한 뒤($x[n-4]$) 2배로 솎음을 적용하여($x[(2n)-4]$) $y[n]$을 얻는다.

❷ $x[2(n-2)]$의 경우, 2배로 솎음을 먼저 적용하고($x[2n]$) 나중에 $n_0=2$만큼 시간 이동을 시켜서 $y[n]$을 얻는다.

시간 이동을 먼저 하게 되면 시간 이동 값이 4이지만 나중에 시간 이동을 한 것은 시간 이동 값이 2로, 연산 순서가 바뀌면 시간 이동 값이 달라짐을 확인할 수 있다.

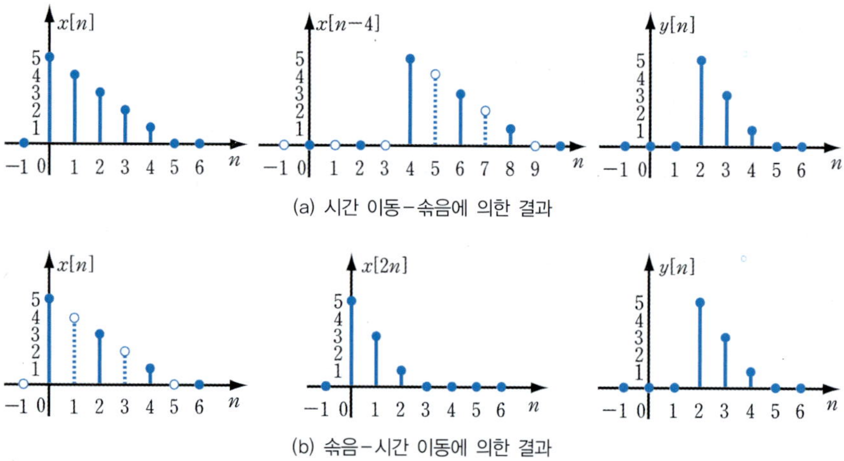

(a) 시간 이동–솎음에 의한 결과

(b) 솎음–시간 이동에 의한 결과

그림 8-17 기본 연산의 조합에 의한 $y[n] = x[2n-4]$ 얻기

얻어진 결과는 다음과 같이 $y[n] = x[2n-4]$에 n값을 직접 대입하여 확인할 수 있다.

$$y[0]=x[-4]=0,\quad y[1]=x[-2]=0,\quad y[2]=x[0]=5,\quad y[3]=x[2]=3,\quad y[4]=x[4]=1$$

(b) $x[n]$에 먼저 솎음($x[2n]$)을 적용한 뒤에 보간$\left(x\left[\dfrac{2}{3}n\right]\right)$으로 0 삽입을 적용한 결과를 [그림 8-18(a)]에 나타내었다. 또 순서를 바꾸어 먼저 보간$\left(x\left[\dfrac{n}{3}\right]\right)$을 한 뒤에 솎음$\left(x\left[\dfrac{2n}{3}\right]\right)$을 한 결과는 [그림 8-18(b)]이며, 두 결과는 일치한다. 다시 말해 보간과 솎음의 순서를 바꾸어도 상관없다.

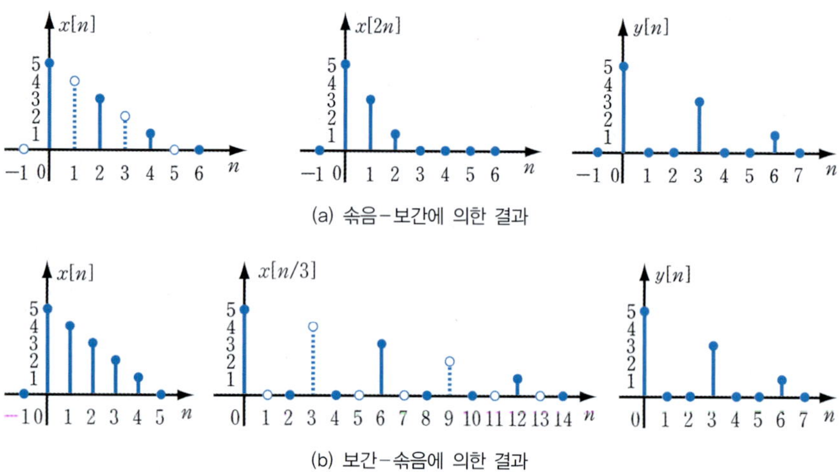

(a) 솎음–보간에 의한 결과

(b) 보간–솎음에 의한 결과

그림 8-18 기본 연산의 조합에 의한 $y[n]=x\left[\dfrac{2}{3}n\right]$ 얻기

이 경우에도 $y[n]=x\left[\dfrac{2}{3}n\right]$에 n값을 직접 대입하면, 다음과 같이 $y[n]$은 $\dfrac{2}{3}n$이 정수가 되어 $x[n]$의 값을 가질 수 있는 경우에만 0이 아닌 원래 신호의 값을 가짐을 확인할 수 있다.

$$y[0]=x[0]=5,\quad y[3]=x[2]=3,\quad y[6]=x[4]=1$$

8.3 샘플링

연속 신호로부터 이산 신호를 얻으려면 샘플링을 거쳐야 한다. 샘플링 동작 자체는 단순하지만, 주파수 중첩 현상과 맞물려 샘플링 주기(주파수)의 선정은 매우 중요하다. 이 절에서는 샘플링에 의해 어떤 문제가 발생하며 원인이 무엇인지 간단히 살펴보고, 수학적인 분석을 통해 샘플링 정리의 결과를 끌어내어 주파수 중첩이 무엇인지 알아볼 것이다.

학습포인트

- A/D 변환에 의한 디지털 신호의 생성 과정에 대해 이해한다.
- 샘플링의 개념과 이에 의한 연속 신호의 이산 신호 변환을 이해한다.
- 샘플링 주파수에 대한 앨리어스 신호의 개념을 이해한다.
- 샘플링에 의해 주파수 스펙트럼에는 어떤 현상이 일어나는지 알아본다.
- 섀넌의 샘플링 정리를 이해한다.
- 주파수 중첩 현상이 무엇인지, 또 이는 어떤 영향을 미치는지 알아본다.

8.3.1 디지털 신호의 생성

요즘 세상은 디지털 시대로 영상이나 음성과 같은 아날로그 신호를 스마트폰 같은 디지털 시스템을 사용하여 처리하는 일이 보편화되어 있다. 그런데 디지털 시스템을 구성하는 반도체 소자들은 디지털 신호에 대해서만 정상적으로 작동하므로 우선 아날로그 신호를 디지털 신호로 바꾸는 **아날로그/디지털(A/D) 변환**Analog to Digital Conversion 과정이 필요하다. A/D 변환은 [그림 8-19]에 보인 것처럼 샘플링, 양자화, 부호화의 세 과정으로 이루어진다.

A/D 변환 : 샘플링, 양자화, 부호화

A/D 변환은 아날로그 신호를 샘플링-양자화-부호화를 거쳐 디지털 신호로 바꾸는 것이다.

- **샘플링**sampling은 연속 신호에 대해 시간 간격을 두고 순시값을 취하여 이산 신호로 만드는 과정이다.
- **양자화**quantization는 신호의 크기에 대해 이산화시켜 신호의 값을 유한개의 등급(레벨)으로 나누는 과정이다.
- **부호화**coding는 신호를 디지털 시스템이 이해하고 처리할 수 있는 형태의 **이진 부호**binary code로 만드는 과정이다.

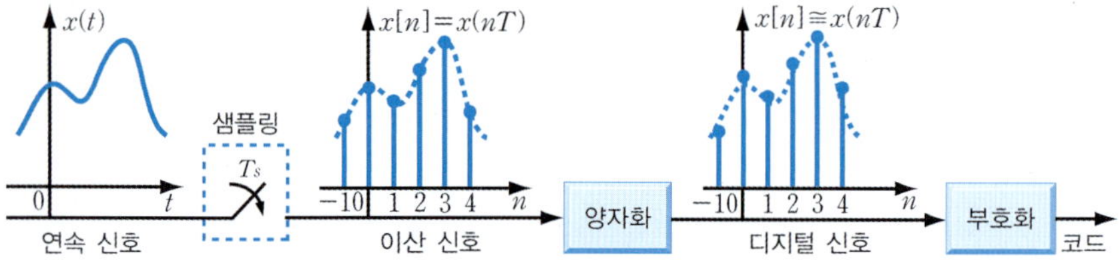

그림 8-19 아날로그 신호의 A/D 변환

양자화

샘플링으로 아날로그 신호를 이산 신호로 바꾸고 나면, 다시 크기에 대해서도 이산화시켜 시간과 크기 모두에 대해 이산적인 값만 가지는 디지털 신호로 바꾸는 양자화 과정을 거쳐야 한다. 양자화는 디지털 시스템이 이진 비트로 표현이 가능한 만큼의 구간으로 신호 값을 나누어 원래의 신호 값 대신 그 구간의 대푯값(레벨)으로 바꿔치기하는 동작이다. 양자화 레벨의 수는 디지털 시스템이 몇 비트로 수치를 나타내느냐에 따라 결정된다. 만약 B비트를 사용한다면 양자화 레벨의 최대 수는 2^B개가 된다. 예를 들어 온도 변화가 0° ~ 500℃ 인 보일러의 온도를 센서로 측정하여 컴퓨터에 입력시키는 경우, 데이터 포맷이 8비트라면 구분할 수 있는 경우의 수는 $2^8 = 256$가지이므로 500°를 256등급으로 나눈 것 중에 가장 가까운 것으로 측정값을 데이터화하게 된다. 양자화에 의해 필연적으로 양자화 레벨과 실제 신호의 차이만큼 정보의 손실이 생긴다. 이를 양자화 오차라고 하는데, 디지털 시스템의 성능 저하나 작동 불능을 일으키는 원인이 된다.

부호화

부호화는 디지털 신호를 기계가 이해하는 0과 1의 조합으로 바꾸는 작업으로, 영문 알파벳을 조합하여 뜻이 통하는 단어나 문장을 만드는 것과 마찬가지다. 다만 사람이 아니라 기계가 알아들을 수 있도록 하는 점이 다를 뿐이다. 이때 서양의 대부분 국가가 같은 알파벳을 사용하면서도 같은 대상을 가리키는 말들이 제각기 다르듯이, 부호화도 똑같이 1과 0을 사용하나 어떤 원리의 코드를 쓰느냐에 따라 그 결과가 달라진다. 부호화를 통해 잡음의 영향을 줄일 수 있을 뿐만 아니라, 데이터 압축, 보안성 강화, 오류 검출 및 정정 등의 기능을 덧붙일 수 있다.

8.3.2 샘플링의 개요

샘플링의 개념

- **샘플링**은 시간 간격을 두고 연속 신호의 순시값을 취해 이산 신호를 얻는 동작, 즉 연속 신호 $x(t)$로부터 정렬된 수열 $x(t_0)$, $x(t_1)$, $x(t_2)$, ⋯을 만드는 동작이다.
- 보통 일정한 시간 간격(T_s)으로 샘플링하는 **균일 샘플링** uniform sampling을 사용한다.

$$x[n] = x(nT_s) \tag{8.24}$$

- 샘플링 간격 T_s를 **샘플링 주기**, $f_s = \frac{1}{T_s}\left(\omega_s = \frac{2\pi}{T_s}\right)$를 **샘플링 주파수**라고 한다.

연속 신호를 샘플링하게 되면, 샘플링 간격 사이의 신호 정보는 잃어버리게 된다. 그러므로 '샘플링을 통해 얻은 이산 신호를 원래의 연속 신호로 완전하게 되돌릴 수 있도록' 샘플링 간격을 적절하게 선정하는 것이 중요하다.

정현파의 샘플링

5장과 6장에서 신호를 주파수가 다른 정현파 성분들로 쪼갤 수 있음을 살펴보았다. 그러므로 정현파에 대한 샘플링의 효과를 안다면 신호에 대한 샘플링의 효과도 알 수 있을 것이다.

샘플링의 문제점

- 연속 정현파를 샘플링하여 이산 신호로 만드는 과정에서 시간 정보가 사라지므로 디지털 주파수 $F(\Omega)$는 물리적인 차원이 없다.
- 정현파를 샘플링하여 주파수 $F_0(\Omega_0)$인 이산 정현파를 만들 수 있는 샘플링 주기 T_s와 연속 정현파 주파수 ω_0의 조합은 무수히 많다.
- 주파수 $f_0 + lf_s$(l은 정수)인 정현파를 샘플링 주파수 f_s로 샘플링하면 주파수 f_0인 정현파를 같은 샘플링 주파수로 샘플링한 것과 같고, 이들을 **앨리어스**alias라고 한다.

$$\cos(2\pi(f_0 + lf_s)nT_s) = \cos(2\pi f_0 nT_s) \tag{8.25}$$

연속 정현파 $x(t) = A\cos(\omega_0 t)$를 주기 T_s로 샘플링하면, 다음의 이산 정현파 신호를 얻게 된다.

$$x[n] = x(nT_s) = A\cos(\omega_0 nT_s) = A\cos(\Omega_0 n) \tag{8.26}$$

여기서 $\Omega_0 = \omega_0 T_s$[rad]는 이산 정현파 신호의 디지털 (각)주파수로서 연속 정현파 신호의 아날로그 (각)주파수 ω_0[rad/sec]와는 달리 시간과 무관하여 물리적인 차원을 가지지 않는다. 그 결과 $\Omega_0 = \omega_0 T_s$를 만족하는 ω_0와 T_s의 조합은 무수히 많아진다. 다시 말해, 샘플링하여 주파수 Ω_0인 이산 정현파 신호를 만들 수 있는 연속 정현파 신호는 하나가 아니라 무수히 많다.

예제 8-8 샘플링 주기를 달리하여 같은 이산 정현파 얻기

$\cos(\pi t)$를 샘플링 주기 $T_s = 0.2$로 샘플링하여 얻은 이산 신호 $x[n]$과 같은 이산 신호가 얻어지도록 $\cos(2\pi t)$와 $\cos(4\pi t)$에 대한 샘플링 주기를 각각 구하고, 샘플링한 이산 신호를 그려라.

풀이

$x(t)=\cos(\pi t)$를 샘플링 주기 $T_s=0.2$로 샘플링하면 다음의 이산 신호가 얻어진다.

$$x[n]=x(nT_s)=\cos(\pi\times n\times 0.2)=\cos(0.2\pi n)=\cos(\Omega_0 n)$$

따라서 이산 정현파 신호의 주파수는 $\Omega_0=\omega_0\times T_s=0.2\pi$이다. $\Omega_0=0.2\pi$가 되도록 하는 $\cos(2\pi t)$와 $\cos(4\pi t)$에 대한 샘플링 주기는 다음과 같다.

$$\cos(2\pi t)\ :\ T_s=\frac{0.2\pi}{\omega_0}=\frac{0.2\pi}{2\pi}=0.1$$

$$\cos(4\pi t)\ :\ T_s=\frac{0.2\pi}{\omega_0}=\frac{0.2\pi}{4\pi}=0.05$$

[그림 8-20]은 주어진 세 정현파 신호를 샘플링 주기를 달리하여 샘플링한 결과이다. (a)는 $\omega_0=\pi$, $T_s=0.2$, (b)는 $\omega_0=2\pi$, $T_s=0.1$, (c)는 $\omega_0=4\pi$, $T_s=0.05$의 경우로서, 셋 모두 주파수 $\Omega_0=0.2\pi$인 같은 이산 정현파가 된다. 그림에서 보면, 각 연속 정현파의 한 주기 동안 같은 위치에서 같은 개수(10)의 샘플들을 취하고 있음을 볼 수 있다. 이처럼 $\Omega_0=0.2\pi$가 되는 ω_0와 T_s의 조합은 [그림 8-20] 경우 외에도 무수히 많다.

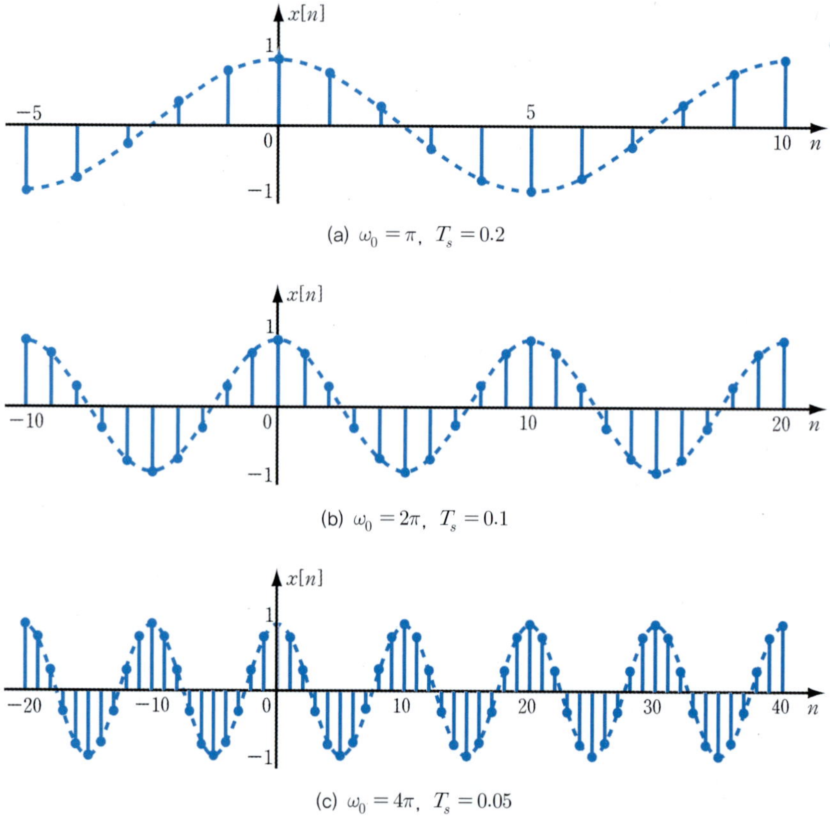

그림 8-20 서로 다른 주파수와 샘플링 주기의 조합에 의한 동일 이산 신호

샘플링에 의해 같은 이산 신호를 만들 수 있는 정현파가 무수히 많다면, 샘플링된 이산 신호로부터 다시 원래의 연속 신호로 돌아가고 싶을 때 어떤 주파수의 연속 정현파로 복원해야 할지 혼란이 생긴다. '만약 샘플링 주기에 대한 정보가 주어진다면 아무런 문제가 없지 않을까'라고 할 수 있으나, 샘플링 주기가 같더라도 이런 혼란은 여전하다. [그림 8-21]은 샘플링 주기를 $T_s = 0.8$로 고정한 채 정현파 $\cos(\pi t)$, $\cos(1.5\pi t)$, $\cos(6\pi t)$를 샘플링한 결과인데, 그림에서 보듯이 똑같은 이산 신호가 얻어진다.

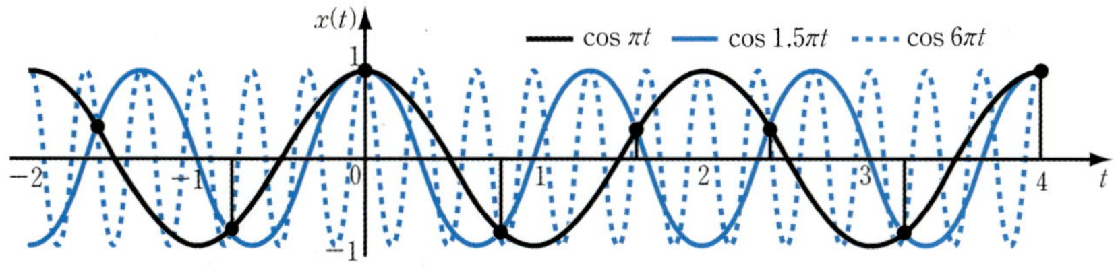

그림 8-21 앨리어스를 샘플링하여 같은 이산 신호를 얻은 예

이는 정현파(삼각 함수)가 $\cos\theta = \cos(\theta + 2\pi k)$, $k = \cdots, -1, 0, 1, \cdots$와 같이 2π의 주기성을 갖기 때문에 생긴다. 그로 인해 주파수가 $f_0 + lf_s$(l은 정수)인 정현파를 샘플링 주파수 f_s로 샘플링하면, 식 (8.27)에서 보듯이 주파수 f_0인 정현파를 샘플링한 것과 같아진다. 그래서 이들을 앨리어스라고 부르는 것이다.

$$\begin{aligned}\cos(2\pi(f_0 + lf_s)nT_s) &= \cos(2\pi f_0 nT_s + 2\pi l n f_s T_s) \\ &= \cos(2\pi f_0 nT_s + 2\pi l n) \\ &= \cos(2\pi f_0 nT_s)\end{aligned} \tag{8.27}$$

[그림 8-21]의 경우, 샘플링 주파수 $f_s = 1.25$이므로 $\cos(\pi t)$의 주파수를 $f_0 = 0.5$라고 할 때, $\cos(1.5\pi t) = \cos(-1.5\pi t)$는 $f_0 - f_s$, $\cos(6\pi t)$는 $f_0 + 2f_s$를 샘플링한 것에 해당한다.

예제 8-9 정현파의 2π 주기성과 샘플링에 의한 이산 신호

이산 신호 $x[n] = \cos(\pi n)$은 연속 신호 $x(t)$를 $f_s = 10$[Hz]로 샘플링하여 얻은 것이다.

(a) 이 신호를 발생시키기 위한 2개의 다른 연속 신호를 구하라.
(b) (a)에서 구한 연속 신호에 대해 샘플링 주기를 다르게 해서 같은 $x[n]$을 얻을 수 있다면, 그 샘플링 주기를 구하라.

풀이

(a) 주어진 샘플링 주파수로부터 샘플링 주기를 구하면

$$T_s = \frac{1}{f_s} = \frac{1}{10} = 0.1$$

주어진 이산 신호로부터 $\Omega_0 = \omega_0 T_s = \pi$이므로

$$\omega_0 = \frac{\Omega_0}{T_s} = \frac{\pi}{0.1} = 10\pi \quad \text{또는} \quad f_0 = \frac{\omega_0}{2\pi} = 5$$

따라서 같은 샘플링 주기로 같은 이산 신호를 얻을 수 있는 앨리어스들의 주파수는

$$\omega_l = \omega_0 + l\omega_s = 10\pi + 20\pi l \quad \text{또는} \quad f_l = f_0 + lf_s = 5 + 10l$$

가 되고 같은 $x[n]$으로 샘플링되는 연속 신호는 다음과 같다.

$$x(t) = \cos((10\pi + 20\pi l)t) = \cos(10\pi t + 20\pi l t)$$

2개의 서로 다른 연속 신호를 얻기 위하여 $l = 0$, 1을 대입하면

$$x_0(t) = \cos(10\pi t)$$
$$x_1(t) = \cos(10\pi t + 20\pi t) = \cos(30\pi t)$$

(b) 정현파의 2π 주기성에 의해 다음이 성립한다.

$$\cos(\omega_0 n T_s) = \cos(\omega_0 n T_s + 2\pi nk) = \cos\left(\omega_0 n\left(T_s + \frac{2\pi}{\omega_0}k\right)\right)$$

즉 $T_s' = T_s + \frac{2\pi}{\omega_0}k$, $k = 1, 2, 3, \cdots$로 샘플링하면 같은 이산 신호를 얻게 된다. (a)에서 구한 두 연속 신호에 대해서는 다음의 조건을 동시에 만족시켜야 하므로

$$T_s' = T_s + 0.2k \quad \text{그리고} \quad T_s' = T_s + \frac{0.2}{3}k$$

$T_s' = T_s + 0.2k = 0.1 + 0.2k$, $k = 1, 2, 3, \cdots$로 샘플링하면 같은 $x[n]$을 얻게 된다.

8.3.3 샘플링의 수학적 분석과 샘플링 정리

임펄스 열 변조 모델

앞에서 살펴본 문제점에도 불구하고 같은 연속 정현파 신호에 대해 샘플링 주기를 다르게 하면 다른 이산 신호가 얻어진다는 사실로 미루어볼 때, 샘플링된 이산 신호로부터 연속 신호를 복원하는 것과 샘플링 주기 사이에는 밀접한 관련이 있을 것이다. 따라서 샘플링 동작을 수학적으로 분석해 볼 필요가 있다.

샘플링은 [그림 8-22]에 보인 것처럼 수학적으로 연속 신호 $x(t)$에 무한 임펄스 열 $p(t)$를 곱한 일종의 변조 동작으로 취급할 수 있다.

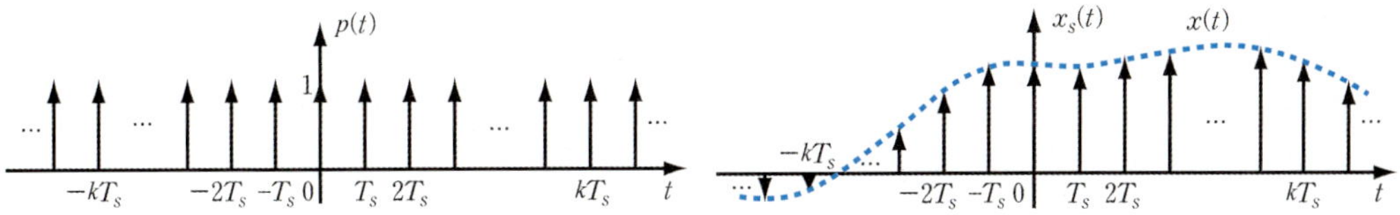

(a) 임펄스 열 (b) 샘플링된 신호

그림 8-22 샘플링의 임펄스 열 변조 모형화

샘플링의 임펄스 열 변조 모델

- 샘플링은 연속 신호에 임펄스 열을 곱하는 변조로 모형화할 수 있다([그림 8-22]).

$$x_s(t)=x(t)p(t)=x(t)\left(\sum_{k=-\infty}^{\infty}\delta(t-kT_s)\right)=\sum_{k=-\infty}^{\infty}x(kT_s)\delta(t-kT_s) \quad (8.28)$$

- 샘플링된 신호의 스펙트럼은 연속 신호의 주파수 스펙트럼이 주기 $\omega_s(f_s)$로 반복된다.

$$X_s(\omega)=\frac{1}{T_s}\sum_{k=-\infty}^{\infty}X(\omega-k\omega_s) \quad (8.29)$$

임펄스 열 $p(t)$는 주기 T_s인 주기 신호이므로 다음과 같이 푸리에 급수로 표현할 수 있다.

$$p(t)=\sum_{k=-\infty}^{\infty}\delta(t-kT_s)=\frac{1}{T_s}(1+2\cos(\omega_s t)+2\cos(2\omega_s t)+2\cos(3\omega_s t)+\cdots) \quad (8.30)$$

따라서 샘플링된 신호 $x_s(t)$는 다음과 같이 쓸 수 있다.

$$x_s(t)=x(t)p(t)=\frac{1}{T_s}(x(t)+2x(t)\cos(\omega_s t)+2x(t)\cos(2\omega_s t)+\cdots) \quad (8.31)$$

푸리에 변환의 변조 성질을 이용하여 식 (8.31)을 푸리에 변환하면 다음과 같다.

$$\begin{aligned}X_s(\omega)&=\frac{1}{T_s}(X(\omega)+X(\omega-\omega_s)+X(\omega+\omega_s)+X(\omega-2\omega_s)+X(\omega+2\omega_s)+\cdots) \quad (8.32)\\&=\frac{1}{T_s}\sum_{k=-\infty}^{\infty}X(\omega-k\omega_s)\end{aligned}$$

이것이 바로 샘플링의 임펄스 열 변조 모델을 통해 얻고자 하는 결과로, 샘플링된 신호 $x_s(t)$의 주파수 스펙트럼 $X_s(\omega)$는 원래 신호 $x(t)$의 스펙트럼 $X(\omega)$를 $\frac{1}{T_s}$배 하여 주기 ω_s로 반복한 주기 함수가 된다.

샘플링 정리

식 (8.32)의 결과와 [그림 8-23]을 통해 샘플링 동작의 특성과 신호의 복원에 대해 알아보자. (a)와 같이 어떤 주파수 범위에서만 스펙트럼이 존재하는 **대역 제한**band limited 신호($X(\omega)=0,\ \omega>\omega_b$)를 샘플링 주파수 ω_s로 샘플링했다고 하자. 만약 $\omega_b<\dfrac{\omega_s}{2}$라면, 식 (8.32)로부터 샘플링된 신호 $x_s(t)$의 스펙트럼은 원래 신호의 주파수 스펙트럼이 겹치지 않고 ω_s의 정수배마다 반복되어 (b)와 같이 된다. 이 경우 이상적인 저역 통과 필터를 사용하여 **기저 대역**baseband의 스펙트럼만 추출한 뒤 증폭기로 T_s배 증폭하면 (d)와 같은 주파수 스펙트럼을 갖는 신호를 얻게 되는데, 이는 (a)와 일치하므로 정확하게 신호 $x(t)$를 복원한 것이다. 그러나 만약 $\omega_b>\dfrac{\omega_s}{2}$라면, $x_s(t)$의 주파수 스펙트럼은 (c)와 같이 ω_s의 정수배마다 반복되는 원래 신호의 주파수 스펙트럼이 서로 겹쳐서 나타난다. 이 현상을 **주파수 중첩**이라고 하며, 그로 인해 저역 통과 필터를 거쳐 얻어지는 신호의 주파수 스펙트럼이 (e)와 같이 원래의 주파수 스펙트럼과 달라지므로 $x(t)$를 제대로 복원할 수 없게 된다.

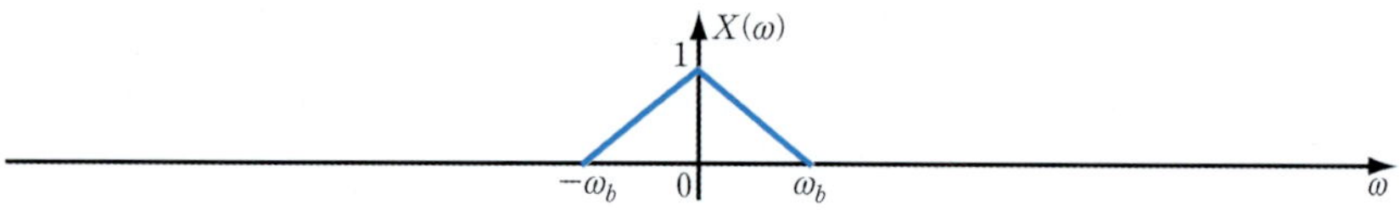

(a) $x(t)$의 주파수 스펙트럼

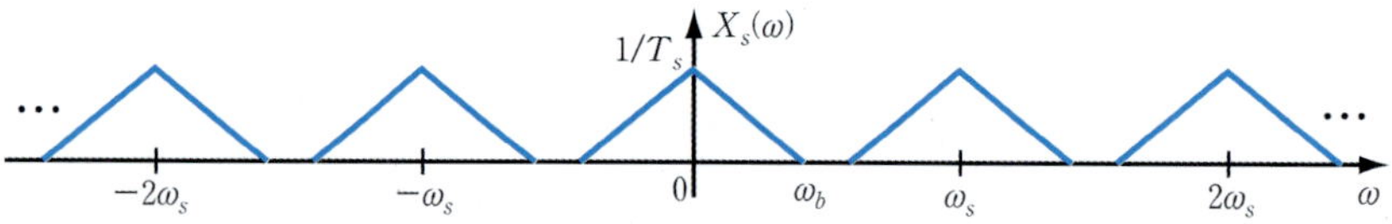

(b) $x_s(t)$의 주파수 스펙트럼 ($\omega_s>2\omega_b$)

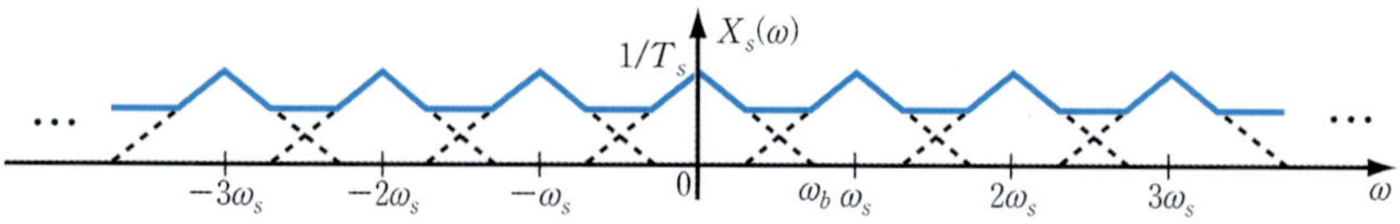

(c) $x_s(t)$의 주파수 스펙트럼 ($\omega_s<2\omega_b$)

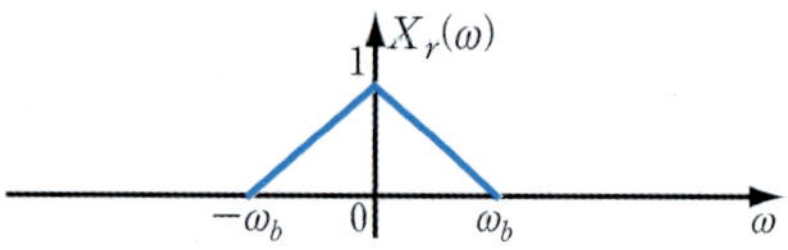

(d) 복원된 신호의 주파수 스펙트럼($\omega_s>2\omega_b$)

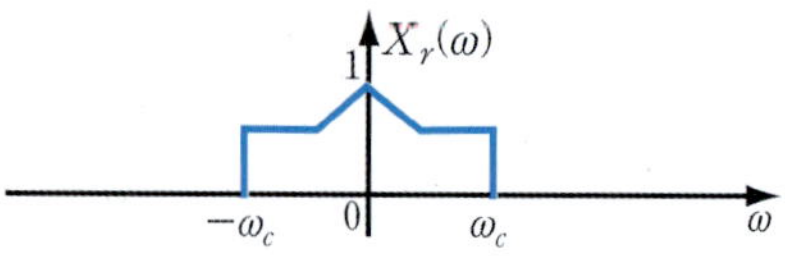

(e) 복원된 신호의 주파수 스펙트럼($\omega_s<2\omega_b$)

그림 8-23 샘플링의 효과와 저역 통과 필터를 이용한 신호의 복원

이상의 논의로부터 신호를 완전하게 복원하기 위한 샘플링 조건을 제시한 것이 **섀넌**Shannon (또는 **나이퀴스트**Nyauist)의 **샘플링 정리**이다.

- **샘플링 정리**sampling theorem는 $x(t)$가 대역 제한 신호일 때, 샘플링 주파수 $\omega_s(f_s)$가 신호의 최고 주파수 $\omega_b(f_b)$의 2배 이상이면 샘플링된 이산 신호로부터 $x(t)$를 정확하게 복원할 수 있다는 것이다.

$$\omega_s \geq 2\omega_b \quad \text{또는} \quad f_s \geq 2f_b \tag{8.33}$$

- **나이퀴스트 샘플링 주파수**는 식 (8.33)을 만족하는 최소 주파수 $f_s = 2f_b$이다.
- **주파수 중첩**aliasing은 샘플링 정리의 조건이 충족되지 않을 때 샘플링의 결과로 주기적으로 반복되는 연속 신호의 주파수 스펙트럼이 겹쳐지는 현상이다([그림 8-23(c)]).
- 주파수 중첩이 발생하면 복원 신호가 원래 신호와는 다르게 왜곡된다([그림 8-23(e)]).

예제 8-10 나이퀴스트 샘플링 주파수

다음 신호에 대한 나이퀴스트 샘플링 주파수를 결정하라.

(a) $x(t) = 10\cos(20\pi t) - 5\cos(100\pi t) + 20\cos(400\pi t)$

(b) $x(t) = 4\cos(120\pi t)\sin(40\pi t)$

풀이

(a) $x(t)$의 세 주파수 성분의 주파수는 $f_1 = 10$, $f_2 = 50$, $f_3 = 200$으로 가장 큰 주파수는 $f_3 = 200[\text{Hz}]$이다. 따라서 나이퀴스트 샘플링 주파수는 다음과 같다.

$$f_s = 2f_3 = 400[\text{Hz}] \quad \text{또는} \quad \omega_s = 2\pi f_s = 800\pi[\text{rad/sec}]$$

(b) 주어진 신호를 다시 쓰면 다음과 같다.

$$x(t) = 4\cos(120\pi t)\sin(40\pi t) = 2(\sin(160\pi t) - \sin(80\pi t))$$

$x(t)$의 두 주파수 성분의 주파수는 $f_1 = 80$, $f_2 = 40$으로 가장 큰 주파수는 $f_1 = 80[\text{Hz}]$이다. 따라서 나이퀴스트 샘플링 주파수는 다음과 같다.

$$f_s = 2f_1 = 160[\text{Hz}] \quad \text{또는} \quad \omega_s = 2\pi f_s = 320\pi[\text{rad/sec}]$$

CHAPTER 08 연습문제

Quick Review

다음 문제에서 옳은 것을 골라라.

01 물리적으로 존재하는 신호는 (이산, 연속) 임펄스 함수이다.

02 이산 단위 임펄스 함수 $\delta[n]$은 체 거르기 성질을 만족하지 않는다. (O, ×)

03 $\delta[n]$을 이용하여 임의의 이산 신호를 표현할 수 (있다, 없다).

04 $x[n] = \begin{cases} 1, & 0 \le n \le 3 \\ 0, & \text{그 외} \end{cases}$와 같은 신호는 $(u[n]-u[n-3],\ u[n]-u[n-4])$이다.

05 모든 이산 (복소) 정현파는 주기 신호이다. (O, ×)

06 $\cos(\Omega_0 n)$과 $\cos((\Omega_0 + 8\pi)n)$은 같은 신호이다. (O, ×)

07 이산 (복소) 정현파가 가질 수 있는 최대 각주파수는 $(1,\ 2\pi,\ \infty)$이다.

08 연속 신호의 적분에 상응하는 이산 신호의 연산은 (차분, 증분, 누적합)이다.

09 이산 신호의 시간 척도조절 $x[an]$에서 a는 어떠한 값도 가질 수 있다. (O, ×)

10 $x[2n]$은 $x[n]$에 대한 (솎음, 보간, 업 샘플링)이다.

11 $x[n]$에 대한 $y[n] = x[n/2]$의 값은 항상 유일하다. (O, ×)

12 $x[2n/3]$은 $x[n]$에 대해 기본 연산을 적용해서 구할 수 (있다 없다).

13 신호에 대한 연산의 조합 순서를 바꾸면 시간 이동 값이 변할 수 있다. (O, ×)

14 샘플링에 의해 같은 이산 신호를 얻을 수 있는 연속 정현파는 유일하다. (O, ×)

15 디지털 주파수는 물리적인 차원이 없다. (O, ×)

16 앨리어스는 (샘플링, 꺾기, 기본) 주파수의 정수배만큼 차이가 나는 주파수 집합이다.

17 연속 신호 복원은 주파수 영역에서 (저역, 고역) 통과 필터를 이용하면 가능하다.

18 주파수 중첩은 샘플링에 의해 주기 반복되는 스펙트럼이 겹치는 현상이다. (O, ×)

19 샘플링 정리는 모든 신호에 대해 유효하다. (O, ×)

20 주파수 중첩이 발생 않는 최소 샘플링 주파수를 (나이퀴스트, 섀넌) 주파수라 한다.

기초 문제

8.1 다음 이산 신호를 그려라.

(a) $x[n] = \delta[n+1] - \delta[n] + u[n+1] - u[n-2]$

(b) $x[n] = (1-n)(u[n+2] - u[n-3])$

8.2 다음 이산 신호를 그리고 ① 임펄스 함수, ② 계단 함수를 이용하여 표현하라.

(a) $x[n] = \begin{cases} 1, & n=0 \\ 2, & n=1 \\ 3, & n=2 \\ 0, & \text{그 외} \end{cases}$

(b) $x[n] = \begin{cases} 2, & |n| \le 1 \\ 1, & 1 < |n| \le 3 \\ -1, & n = \pm 4 \\ 0, & \text{그 외} \end{cases}$

8.3 다음 그림의 신호를 계단 함수를 이용하여 표현하라.

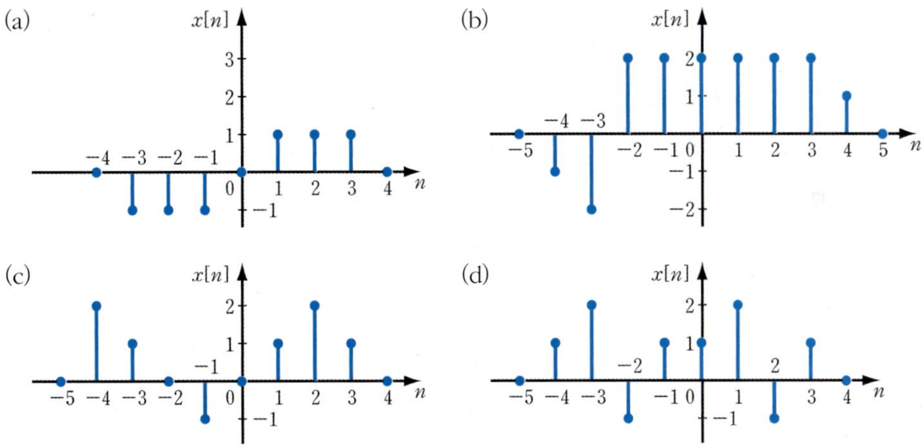

8.4 다음 이산 (복소) 정현파 신호가 주기 신호인지 아닌지 판별하라. 그리고 주기 신호라면 그 주기를 구하라.

(a) $x[n] = e^{j\frac{5\pi}{7}n}$

(b) $x[n] = e^{j\frac{1}{4}n}$

(c) $x[n] = e^{j\sqrt{5}\pi n}$

(d) $x[n] = \cos\left(\frac{3\pi}{5}n + \frac{\pi}{3}\right)$

(e) $x[n] = \cos(2n)$

(f) $x[n] = \sqrt{2}\sin\left(\frac{1}{\pi}n\right)$

8.5 다음 중 같은 신호가 아닌 것은?

㉮ $\cos\left(\frac{3}{4}\pi n\right)$ ㉯ $\cos\left(\frac{11}{4}\pi n\right)$ ㉰ $\cos\left(\frac{23}{4}\pi n\right)$ ㉱ $\cos\left(\frac{35}{4}\pi n\right)$

8.6 다음 그림과 같은 신호 $x[n]$에 대해 다음의 신호를 그려라.

(a)

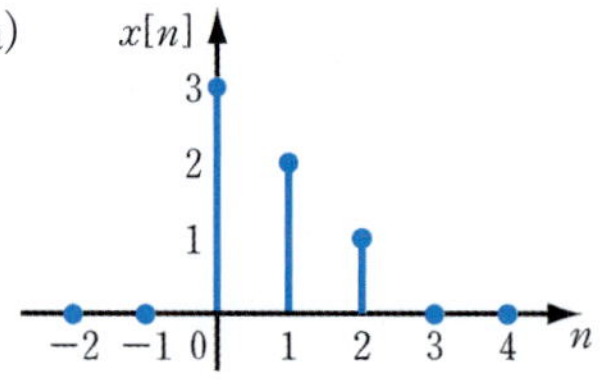

(b)

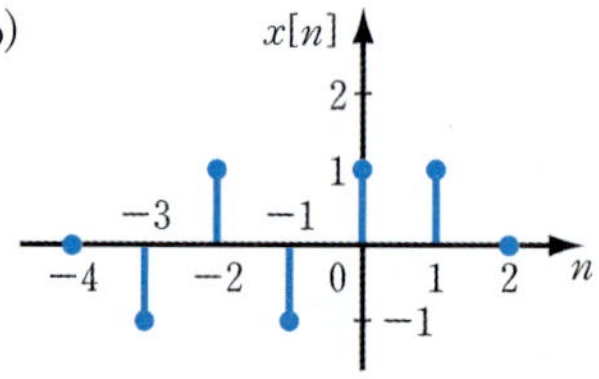

(i) $y_1[n] = x[n-2]$

(ii) $y_2[n] = x[-n+2]$

(iii) $y_3[n] = x[2n-4]$

(iv) $y_4[n] = x[n/2]$

(v) $y_5[n] = x[n-2]u[n-2]$

(vi) $y_6[n] = x[n-2]u[n]$

8.7 정현파 $x(t) = \cos(120\pi t)$가 샘플링 주파수 $f_s = 200[\text{Hz}]$로 샘플링되었다.

(a) 샘플링으로 얻어진 이산 신호 $x[n]$의 주기 N은 얼마인가?

(b) $x[n]$의 한 주기인 N개의 샘플을 얻기 위해 $x(t)$의 몇 주기가 필요한가?

(c) 같은 샘플링 주파수에 의해 동일한 이산 신호 $x[n]$을 만들 수 있는 최소 주파수를 갖는 연속 정현파를 구하라.

8.8 다음과 같은 연속 정현파 $x(t)$를 주기 T_s로 샘플링하여 $x[n]$을 얻었다. 물음에 답하라.

$$x(t) = \cos(20\pi t), \quad x[n] = \cos\left(\frac{\pi}{5}n\right)$$

(a) 이 결과에 부합하는 샘플링 주기 T_s를 구하라.

(b) (a)에서 구한 T_s는 유일한가? 그렇지 않다면 다른 T_s를 구하라.

8.9 샘플링 주파수 $f_s = 3[\text{Hz}]$에 대해 앨리어스 신호가 아닌 것을 모두 골라라.

㉮ $\cos(6\pi t)$ ㉯ $\cos(12\pi t)$ ㉰ $\cos(15\pi t)$ ㉱ $\cos(18\pi t)$

㉲ $\cos(21\pi t)$ ㉳ $\cos(24\pi t)$ ㉴ $\cos(27\pi t)$ ㉵ $\cos(30\pi t)$

8.10 주파수 $f_0 = 50[\text{Hz}]$ 정현파가 나이퀴스트 샘플링 주파수의 2배로 샘플링되었다. 5초 동안 얼마나 많은 샘플이 얻어졌는가?

응용 문제

8.11 다음 이산 신호를 그려라.

(a) $x[n]=n^2(\delta[n+2]-\delta[n-2])$

(b) $x[n]=(5-|n|)(u[n+5]-u[n-5])$

(c) $x[n]=\left(\frac{1}{2}\right)^{|n|}$

(d) $x[n]=\cos(\pi n)$

8.12 다음 이산 신호를 그려라.

(a) $x[n]=(n+2)u[n+2]-nu[n-4]-2u[n-6]$

(b) $x[n]=\sum_{k=-\infty}^{n} k^2(\delta[k+2]-\delta[k-2])$

(c) $x[n]=\cos(0.2\pi n)\sum_{k=0}^{\infty}\delta[n-10k]$

8.13 다음 신호에 대해 $y[n]=x[2n]$을 구하라.

(a) $x[n]=\begin{cases} n, & n=\text{홀수} \\ 0, & n=\text{짝수}\end{cases}$

(b) $x[n]=\begin{cases} 1, & n=\text{홀수} \\ 2, & n=\text{짝수}\end{cases}$

(c) $x[n]=(-1)^n$

8.14 다음 그림의 신호 $x[n]$에 대해 다음의 신호를 그리고 임펄스를 이용해 수식으로 나타내라.

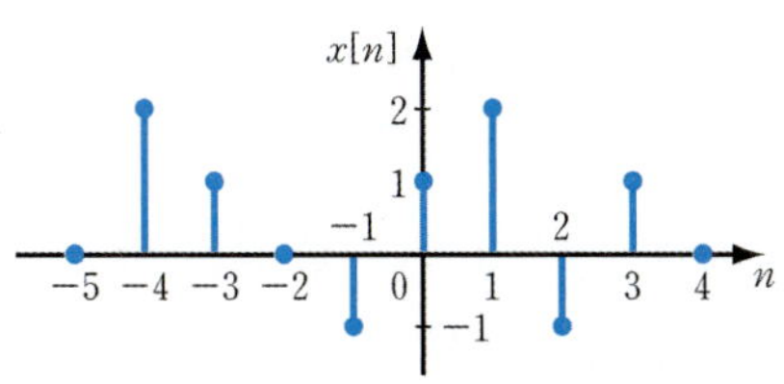

(a) $y[n]=x[2n+3]$

(b) $s[n]=x[-n+2]u[n]$

(c) $z[n]=x_o[n]$(기대칭 성분)

8.15 [연습문제 8.3]의 신호 $x[n]$에 대해 다음 신호를 그려라.

(a) $y_1[n]=x[n-2]$

(b) $y_2[n]=x[-n+2]$

(c) $y_3[n]=x[2n-4]$

(d) $y_4[n]=x[n/2]$

(e) $y_5[n]=x[n-2]u[n-2]$

(f) $y_6[n]=x[n-2]u[n]$

8.16 다음과 같은 신호 $x(t)$를 샘플링 주기 $T_s = 0.01$로 샘플링하여 $x[n]$을 얻었다. 물음에 답하라.

$$x(t) = \sin(20\pi t), \quad x[n] = x(nT_s) = \sin(20\pi n T_s), \quad -\infty < n < \infty$$

(a) 사인파의 한 주기 동안 얼마나 많은 샘플이 취해지겠는가?

(b) 사인파 $y(t) = \sin(\omega_0 t)$가 모든 n에 대해 $y(nT_s) = x(nT_s)$가 되면서 $\omega_0 > 20\pi$인 주파수 ω_0를 찾아라.

(c) (b)의 ω_0에 대해 $x(t)$의 한 주기 동안 나오는 샘플의 개수를 구하라.

8.17 연속 신호 $x(t)$를 $f_s = 10[\mathrm{Hz}]$로 샘플링함으로써 다음의 이산 신호를 얻었다. 이 신호를 발생시키기 위한 2개의 다른 연속 신호를 구하라.

(a) $x[n] = \cos(\pi n)$

(b) $x[n] = \cos(3\pi n)$

(c) $x[n] = \cos\left(\frac{\pi}{8}n\right)$

(d) $x[n] = \cos\left(\frac{5\pi}{4}n\right)$

8.18 이산 신호 $x[n] = A\cos(2\pi F_0 n + \phi)$는 연속 신호 $x(t) = \sin(30\pi t)$를 샘플링 주파수 f_s로 샘플링하여 얻은 것이다. 샘플링 주파수가 아래와 같을 때 디지털 주파수 F_0와 위상 ϕ의 값을 결정하라.

(a) $f_s = 10[\mathrm{Hz}]$

(b) $f_s = 30[\mathrm{Hz}]$

(c) $f_s = 40[\mathrm{Hz}]$

8.19 다음 신호에 대한 나이퀴스트 샘플링 주파수를 결정하라.

(a) $x(t) = 10\cos(10\pi t) + \sin(15\pi t)$

(b) $x(t) = 10\cos(10\pi t)\sin(15\pi t)$

(c) $x(t) = 2\cos(10\pi t) - \cos(20\pi t) + 4\cos(40\pi t)$

(d) $x(t) = 10\cos^2(10\pi t)$

8.20 $x(t)$의 나이퀴스트 샘플링 주파수가 f_s일 때, 다음 각 신호의 나이퀴스트 샘플링 주파수를 구하라.

(a) $x(2t)$

(b) $x^2(t)$

(c) $x(t)\cos(2\pi f_c t)$

CHAPTER

09

이산 시스템의 시간 영역 해석

Time Domain Analysis of Discrete Systems

학습목표

- 임펄스 응답의 개념과 이와 연관하여 시스템 특성들을 이해할 수 있다.
- 임펄스 응답에 의한 시스템의 컨벌루션 표현을 이해할 수 있다.
- 그림을 이용한 컨벌루션 계산과 컨벌루션의 성질을 이해할 수 있다.
- 이산 LTI 시스템의 차분 방정식 표현과 구현도를 이해할 수 있다.
- 차분 방정식의 반복 대입법과 이의 활용을 이해할 수 있다.
- 차분 방정식의 고전적 해법을 이해할 수 있다.
- 시스템 모드의 중요성과 시스템 응답과의 관계를 이해할 수 있다.

미리보기

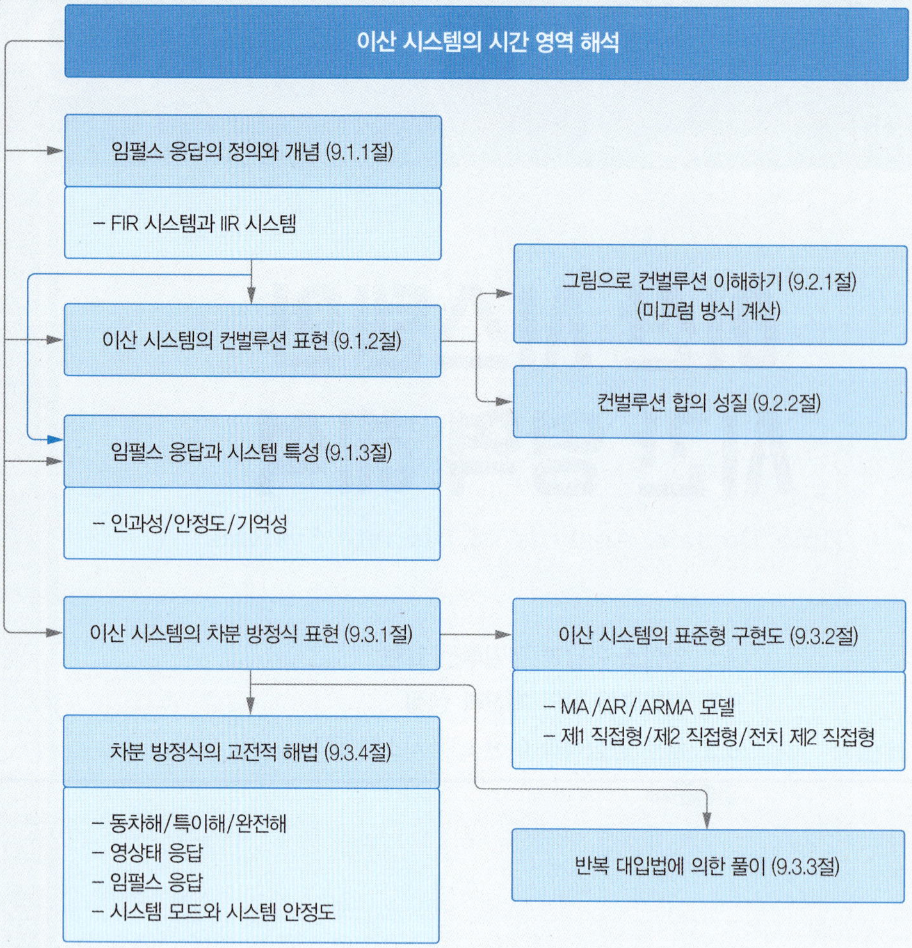

연속 시스템의 시간 영역 해석에서 다루었던 주요 개념과 결과들은 이산 시스템의 시간 영역 해석에서도 여전히 유효하다. 다만 결과의 수학적 표현만 조금 달라질 뿐이다. 뚜렷한 차이가 있다면, 차분 방정식에는 반복 대입법이라는 간편한 해법이 있어서 연속 시스템보다 다루기가 좀 더 수월하다는 점이다. 따라서 이 장에서는 4장과 설명의 중복을 되도록 피하면서 먼저 이산 시스템에 대한 임펄스 응답의 정의와 이를 이용한 선형 시불변(LTI) 시스템의 컨벌루션 표현을 유도하고, 그 계산과 성질에 대해 살펴볼 것이다. 또한 임펄스 응답과 시스템 특성과의 관계에 대해서도 살펴볼 것이다. 그런 다음, 이산 LTI 시스템의 차분 방정식 표현과 이의 해법, 그리고 시스템 특성과의 관계 등에 대해 결과 위주로 간단히 살펴보기로 한다. 개념 설명은 이미 4장에서 충분히 이루어졌으므로, 예제들을 통해 잘 이해할 수 있도록 하는 데 중점을 둘 것이다.

9.1 임펄스 응답과 컨벌루션 표현

임펄스 응답의 정의와 물리적인 의미, LTI 시스템에 대한 컨벌루션 표현, 임펄스 응답과 시스템 특성의 관련성 등 연속 시스템의 시간 영역 해석(4장)에서 다루었던 주요 개념과 결과들은 이산 시스템의 시간 영역 해석에서도 여전히 유효하다. 다만 결과의 수학적 표현이 조금 달라질 뿐이다. 따라서 이 절에서는 이산 시스템의 임펄스 응답과 이를 이용한 LTI 시스템의 컨벌루션 표현, 그리고 시스템 특성과의 관계 등에 대해 결과 위주로 간단히 살펴보기로 한다.

학습포인트

- 임펄스 응답의 개념과 시스템 해석에서의 중요성을 이해한다.
- FIR과 IIR 시스템이 무엇인지를 파악하고, 그 특징과 차이를 이해한다.
- 이산 LTI 시스템의 입출력 관계가 컨벌루션으로 표현되는 과정을 이해한다.
- 연속 시스템의 임펄스 응답과 이산 시스템의 임펄스 응답의 차이를 이해한다.
- 임펄스 응답에 의한 시스템 특성 판별에 대해 잘 익혀둔다.

9.1.1 임펄스 응답

임펄스 응답의 정의

임펄스 응답 impulse response 은 시스템에 임펄스 신호 $\delta[n]$을 입력으로 넣었을 때의 시스템 응답을 말하며, $h[n]$으로 표기한다.

$$h[n] = H\{\delta[n]\} \tag{9.1}$$

이미 4장에서 살펴보았듯이, 임펄스 응답은 시스템 동작에 대한 이해와 물리적 의미의 파악을 손쉽게 해준다. [그림 9-1]은 임펄스 입력에 의한 임펄스 응답을 보인 것이다. 수학적으로만 정의될 수 있었던 $\delta(t)$와 달리 $\delta[n]$은 명확하고 단순한 신호이므로, 이산 시스템의 임펄스 응답은 물리적으로 이해하는 데 전혀 어려움이 없고 실험적으로도 쉽게 얻을 수 있다.

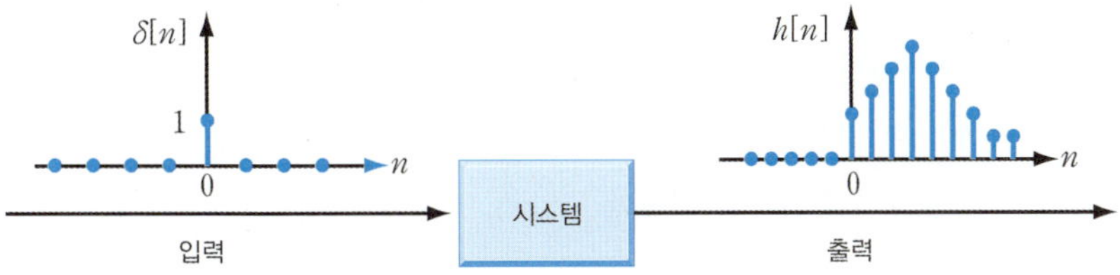

그림 9-1 시스템 임펄스 응답의 발생

[그림 9-2]는 임펄스 응답 $h[n]$의 대표적인 네 가지 형태를 보인 것으로, 이들로부터 인과성, 안정성 등의 시스템 특성이 임펄스 응답과 어떻게 관련되는지 간단히 살펴볼 수 있다. (a)는 입력이 들어온 $n=0$인 순간에만 $h[n]$이 존재하는 순시적 시스템이며, 나머지는 모두 동적 시스템의 임펄스 응답이다. 그중에서도 (b)는 $h[n]$이 $n=0$ 이전에 값을 가지지만 시간이 지남에 따라 0으로 수렴하므로 비인과이며 안정한 시스템을, (c)는 $h[n]$이 $n=0$ 이전에는 값을 가지지 않으나 시간에 따라 값이 계속 증가하므로 인과이며 불안정한 시스템을 나타낸다. 마지막으로 (d)는 인과이며 안정한 시스템으로서, 이와 같은 이산 시스템이 실제로 사용되는 시스템이다.

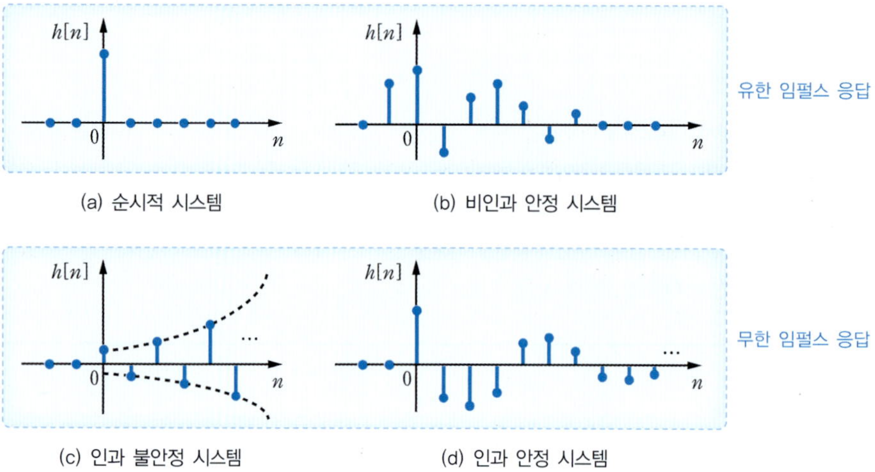

그림 9-2 여러 이산 시스템의 임펄스 응답

FIR 시스템과 IIR 시스템

그런데 [그림 9-2]의 임펄스 응답을 신호의 길이 관점에서 살펴보면 다음과 같이 구분할 수 있으며, 그에 따라 차분 방정식 표현이 달라진다.

- **유한 임펄스 응답(FIR)**Finite Impulse Response **시스템**은 임펄스 응답의 길이(샘플 수)가 유한한 시스템이다([그림 9-2]의 (a), (b)).
- FIR 시스템의 차분 방정식은 이동 평균(MA) 항으로만 이루어진다.
- **무한 임펄스 응답(IIR)**Infinite Impulse Response **시스템**은 임펄스 응답의 길이가 무한한 시스템이다([그림 9-2]의 (c), (d)).
- IIR 시스템의 차분 방정식은 반드시 자기 회귀(AR) 항을 포함한다.

FIR 시스템은 출력이 현재와 과거의 입력 값들의 가중합, 즉 입력 신호의 이동 평균(MA)Moving Average으로 주어지고, IIR 시스템은 출력이 현재의 입력뿐만 아니라 과거 출력 값들의 가중합, 즉 출력 신호의 자기 회귀(AR) 항Auto-Regressive들을 포함한다는 사실을 다음의 예제에서 확인할 수 있다.

예제 9-1 이산 시스템의 임펄스 응답

다음의 차분 방정식으로 표현되는 이산 시스템의 임펄스 응답을 구하라.

(a) $y[n]=ax[n]+bx[n-1]$　　(b) $y[n]+ay[n-1]=bx[n]$

풀이

(a) 임펄스 응답 $h[n]$은 $x[n]=\delta[n]$일 때의 출력이므로

$$h[n]=a\delta[n]+b\delta[n-1]$$

이 된다. $n=0$부터 n 값을 1씩 증가시키며 반복 대입으로 계산하면 다음과 같다.

$$\begin{aligned}
&n=0\text{일 때,}\quad h[0]=a\delta[0]+b\delta[-1]=a\cdot 1+b\cdot 0=a\\
&n=1\text{일 때,}\quad h[1]=a\delta[1]+b\delta[0]=a\cdot 0+b\cdot 1=b\\
&n=2\text{일 때,}\quad h[2]=a\delta[2]+b\delta[1]=a\cdot 0+b\cdot 0=0\\
&n=3\text{일 때,}\quad h[3]=a\delta[3]+b\delta[2]=a\cdot 0+b\cdot 0=0\\
&\qquad\vdots
\end{aligned}$$

그러므로 이 시스템의 임펄스 응답은 $h[0]=a$와 $h[1]=b$의 단 2개의 샘플로 이루어짐을 알 수 있다. 따라서 FIR 시스템이다.

(b) 주어진 차분 방정식에서 좌변에 $y[n]$만 남기고 다시 정리한 뒤, $x[n]=\delta[n]$이라 두면 $h[n]=-ah[n-1]+b\delta[n]$이다. 앞에서와 마찬가지로 $n=0$부터 n을 1씩 증가시키며 반복 대입으로 계산해야 하는데, 다만 우변에 $h[n-1]$(이를 자기 회귀 항이라 함)이 있으므로 $n=0$ 이전의 $h[n]$의 값이 필요하다는 점이 다르다. 임펄스 응답을 구할 때는 모든 시스템의 초기 조건을 0으로 둔다는 조건으로부터 $h[-1]=0$이므로 다음과 같이 계산한다.

$$\begin{aligned}
&n=0\text{일 때,}\quad h[0]=-ah[-1]+b\delta[0]=(-a)\cdot 0+b\cdot 1=b\\
&n=1\text{일 때,}\quad h[1]=-ah[0]+b\delta[1]=(-a)\cdot b+b\cdot 0=(-a)b\\
&n=2\text{일 때,}\quad h[2]=-ah[1]+b\delta[2]=(-a)\cdot(-a)b+b\cdot 0=(-a)^2b\\
&\qquad\vdots\\
&n=k\text{일 때,}\quad h[k]=-ah[k-1]+b\delta[k]=(-a)\cdot(-a)^{k-1}b+b\cdot 0=(-a)^kb\\
&\qquad\vdots
\end{aligned}$$

따라서 임펄스 응답은 다음과 같이 된다.

$$h[n]=(-a)^nb,\quad n\ge 0$$

계산 과정을 다시 살펴보면, $\delta[n]$이 $n=0$인 경우에만 값을 가지기 때문에 그 이후의 $h[n]$은 전적으로 이전의 출력값에 의해 순환적으로 생성됨을 볼 수 있다. 이 시스템은 (a)의 시스템과는 달리 임펄스 응답이 무한개의 샘플들로 이루어지므로 IIR 시스템이다.

예제 9-2 **FIR 시스템과 IIR 시스템**

다음의 임펄스 응답을 갖는 시스템이 FIR 시스템인지 아니면 IIR 시스템인지 판별하라.

(a) $h[n] = \text{rect}\left[\frac{n}{8}\right]$

(b) $h[n] = \text{sinc}\left[\frac{n}{3}\right]$

(c) $h[n] = (0.5)^n u[n]$

(d) $h[n] = (-n+5)(u[n] - u[n-5])$

풀이

(a) 사각 펄스 임펄스 응답의 길이는 유한하므로 이 시스템은 FIR 시스템이다.

(b) 싱크 함수 임펄스 응답은 길이가 무한하므로 이 시스템은 IIR 시스템이다.

(c) 지수 함수 임펄스 응답은 길이가 무한하므로 이 시스템은 IIR 시스템이다.

(d) 임펄스 응답의 길이가 $N=5$이므로 이 시스템은 FIR 시스템이다.

9.1.2 이산 LTI 시스템의 컨벌루션 표현

이산 LTI 시스템의 입출력 관계 : 컨벌루션 표현

이산 임펄스 $\delta[n]$의 단순함 덕에 임의의 입력 신호를 시간 이동된 임펄스 신호들의 가중합으로 바로 나타낼 수 있으므로, 이산 시스템에 대한 컨벌루션 표현은 연속 시스템의 경우에 비해 손쉽게 얻을 수 있다. 유도 과정의 기본적인 틀은 연속 시스템과 같이 시스템의 선형성과 시불변성만을 사용한다.

컨벌루션 합의 정의

컨벌루션 합 convolution summation은 두 함수 $x[n]$, $h[n]$에 대해 다음과 같이 정의되는 연산으로 기호 $*$를 사용하여 나타낸다.

$$y[n] = \sum_{k=-\infty}^{\infty} x[k]h[n-k] = x[n] * h[n] \tag{9.2}$$

이산 LTI 시스템의 컨벌루션 표현은 임펄스 응답 $h[n]$만 주어진다면 어떠한 임의의 입력 $x[n]$에 대해서도 시스템 응답을 구할 수 있음을, 그래서 임펄스 응답이 얼마나 중요한지를 보여준다.

- 이산 LTI 시스템의 입력에 대한 출력(영상태 응답)은 입력과 임펄스 응답의 컨벌루션 (합)으로 나타낼 수 있다.

$$y[n] = \sum_{k=-\infty}^{\infty} x[k]h[n-k] = x[n] * h[n] \tag{9.3}$$

- 인과 입력($x[n]=0,\ n<0$)에 대한 인과 LTI 시스템($h[n]=0,\ n<0$)의 컨벌루션 표현은 다음과 같이 총합 구간이 조정된다.

$$y[n]=\sum_{k=0}^{n}x[k]h[n-k] \tag{9.4}$$

컨벌루션 표현의 유도

❶ 입력 신호 $x[n]$를 시간 이동된 임펄스 신호들의 가중합으로 표현한다.

$$\begin{aligned} x[n] &= \cdots + x[-1]\delta[n+1] + x[0]\delta[n] + \cdots + x[k]\delta[n-k] + \cdots \\ &= \sum_{k=-\infty}^{\infty} x[k]\delta[n-k] \end{aligned} \tag{9.5}$$

❷ 식 (9.5)의 입력 $x[n]$에 대한 LTI 시스템 L의 출력 $y[n]$은 선형성에 의해 다음과 같이 된다.

$$\begin{aligned} y[n] &= \cdots + x[0]L\{\delta[n]\} + \cdots + x[k]L\{\delta[n-k]\} + \cdots \\ &= \sum_{k=-\infty}^{\infty} x[k]L\{\delta[n-k]\} \end{aligned} \tag{9.6}$$

❸ 식 (9.6)에 시불변성을 적용하면 다음과 같이 입출력 관계를 표현하는 수식이 얻어진다.

$$y[n]=\sum_{k=-\infty}^{\infty}x[k]h[n-k] \tag{9.7}$$

그런데 대부분의 실제 문제에서는 입력 신호 $x[n]$이 인과 신호로서 $n=0$에서 시작하게 되는데, 이렇게 되면 식 (9.7)의 총합 하한은 0으로 줄어든다. 그리고 통상 시스템이 인과 시스템, 즉 $h[n]=0,\ n<0$이므로 $h[n-k]=0,\ k>n$이 되어 총합 상한은 n으로 제한된다. 따라서 컨벌루션의 총합 구간이 식 (9.4)와 같이 조정된다.

예제 9-3 선형성과 시불변성을 이용한 이산 시스템의 영상태 응답

[그림 9-3]은 이산 LTI 시스템의 임펄스 응답 $h[n]$과 입력 신호 $x[n]$을 나타낸 것이다. 이 입력에 대한 시스템의 출력을 구하라.

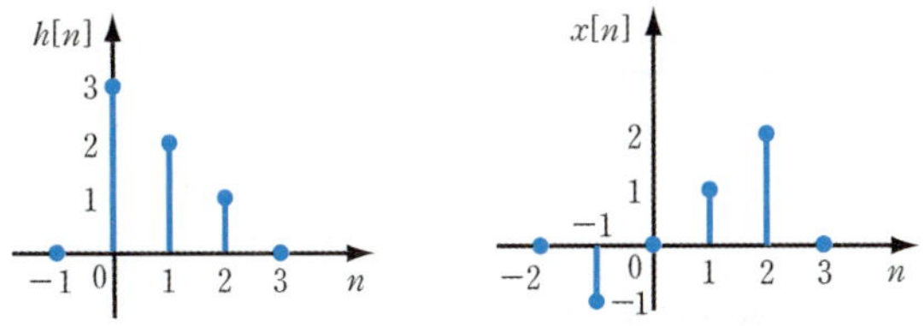

(a) 임펄스 응답 (b) 입력 신호

그림 9-3 [예제 9-3]의 임펄스 응답과 입력 신호

풀이

$x[n]$은 식 (9.5)에 의해 다음과 같이 임펄스 성분들의 합으로 나타낼 수 있다.

$$\begin{aligned} x[n] &= (-1)\cdot\delta[n+1] + 0\cdot\delta[n] + 1\cdot\delta[n-1] + 2\cdot\delta[n-2] \\ &= \sum_{k=-1}^{2} x[k]\,\delta[n-k] \end{aligned}$$

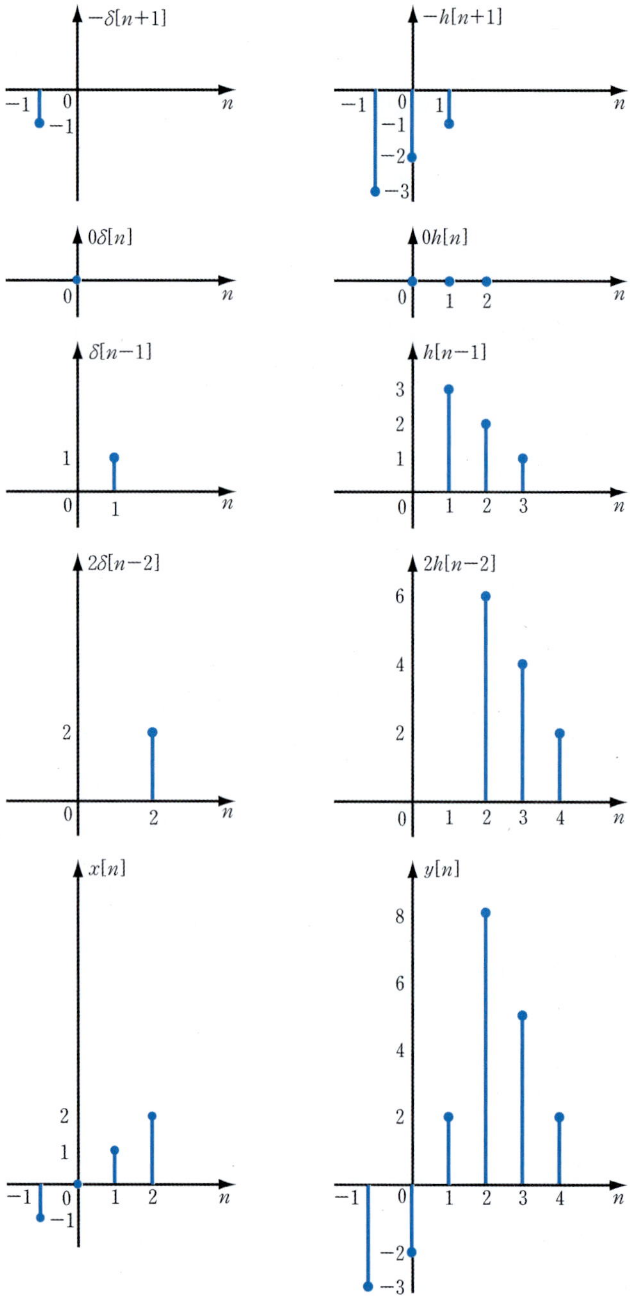

(a) 임펄스를 이용한 입력 신호 분해　　(b) 입력의 각 임펄스 성분에 대한 출력

그림 9-4 임펄스의 중첩에 의한 이산 시스템 출력 계산

[그림 9-4(a)]는 이런 $x[n]$의 분해 결과를 나타낸 것이다. 선형성(중첩의 원리)을 적용하여 각 임펄스 성분 $x[k]\delta[n-k]$에 대한 시스템 응답을 모두 합하면 시스템의 출력 $y[n]$을 얻게 된다. 이때 시불변성으로 인해 $x[k]\delta[n-k]$에 대한 시스템 응답은 [그림 9-4(b)]에 나타낸 것처럼 $x[k]h[n-k]$가 된다.

$$\begin{aligned} y[n] &= (-1)\cdot h[n+1] + 0\cdot h[n] + 1\cdot h[n-1] + 2\cdot h[n-2] \\ &= \sum_{k=-1}^{2} x[k]h[n-k] \end{aligned} \tag{9.8}$$

[그림 9-4]의 계산 과정은 계산이 특정한 n 값에 대해 진행되는 것이 아니라 k에 대해 -1, 0, 1, 2의 순서로 계산이 먼저 수행된 다음, 최종적으로 각 n 값에 해당하는 결과를 얻는다. 이 같은 계산 방법은 컨벌루션 표현의 개념과 원리를 이해하기에는 매우 좋지만, 계산이 시간의 흐름을 따라 진행되지 않을 뿐만 아니라 $x[n]$의 길이가 긴 경우에는 비효율적이므로 바람직한 방법은 아니다.

예제 9-4 컨벌루션 : 임펄스 응답을 이용한 계단 응답 구하기

임펄스 응답이 $h[n]=(0.5)^n u[n]$인 LTI 시스템의 계단 응답 $s[n]$을 구하라.

풀이

계단 입력 $x[n]=u[n]$과 임펄스 응답 $h[n]=(0.5)^n u[n]$의 컨벌루션을 계산하면, $h[n-k]=0$, $k>n$이므로 다음과 같이 된다.

$$\begin{aligned} s[n] &= \sum_{k=-\infty}^{\infty} u[k]h[n-k] = \sum_{k=0}^{n} h[n-k] \\ &= \sum_{k=0}^{n} h[k] = \sum_{k=0}^{n} (0.5)^n = \frac{1-(0.5)^{n+1}}{1-0.5} = -(0.5)^n + 2 \end{aligned}$$

위의 풀이 과정에서 얻어진 다음의 관계는 인과 LTI 시스템의 임펄스 응답과 계단 응답의 관계를 나타내는 수식이다.

$$s[n] = \sum_{k=0}^{n} h[k] \tag{9.9}$$

식 (9.9)는 식 (8.6)$\left(u[n] = \sum_{k=-\infty}^{n} \delta[k]\right)$에 중첩의 원리를 적용하여 구할 수도 있다.

9.1.3 임펄스 응답과 시스템의 특성

[그림 9-2]에서 보았듯이, 임펄스 응답으로부터 시스템의 특성을 알아낼 수 있는 것은 연속 시스템이나 이산 시스템이나 다르지 않다. 따라서 결과들만 간단히 살펴보기로 한다.

- 인과 시스템이 되려면 임펄스 응답이 다음을 만족해야 한다.

$$h[n]=0, \quad n<0 \tag{9.10}$$

- 시스템이 BIBO 안정하려면 임펄스 응답이 **절대 총합 가능**absolutely summable해야 한다.

$$\sum_{k=-\infty}^{\infty} |h[k]| < \infty \tag{9.11}$$

- 임펄스 응답이 $h[n]=a\delta[n]$이면 순시적 시스템이고, $h[n]\neq a\delta[n]$이면 동적 시스템이다.

인과성

이산 LTI 시스템의 컨벌루션 표현식에서 다음과 같이 구간을 나누어보자.

$$y[n]=\sum_{k=-\infty}^{\infty} x[k]h[n-k]=\sum_{k=-\infty}^{n} x[k]h[n-k]+\sum_{k=n+1}^{\infty} x[k]h[n-k] \tag{9.12}$$

나누어진 첫 번째 구간의 총합에는 $x[n]$, $x[n-1]$, $x[n-2]$, $\cdots$이 사용되고, 두 번째 구간의 총합에는 $x[n+1]$, $x[n+2]$, $\cdots$이 사용된다. 시간 n 이후의 미래의 입력을 사용하고 있는 두 번째 구간의 총합이 0이 되어야 시스템이 인과적이다. 어떠한 임의의 입력 $x[n]$에 대해서도 이 조건이 충족되려면 $h[n-k]=0$, $k>n$, 다시 말해 $h[n]=0$, $n<0$이 성립하는 경우뿐이다.

안정도

입력이 유한하여 $|x[n]|\leq M_x$를 만족할 때, 출력도 유한한지 알아보기 위해 컨벌루션으로 표현된 이산 LTI 시스템 출력의 절댓값을 취해보자.

$$|y[n]|=\left|\sum_{k=-\infty}^{\infty} h[k]x[n-k]\right| \leq \sum_{k=-\infty}^{\infty} |h[k]||x[n-k]| \leq M_x\sum_{k=-\infty}^{\infty} |h[k]| \tag{9.13}$$

식 (9.13)에서 출력이 유한하기 위해서는 식 (9.11)을 만족하여야 한다.

기억성

임펄스 응답이 임펄스($h[n]=a\delta[n]$)인 시스템의 입출력 관계는 컨벌루션 표현과 임펄스 함수의 체거르기 성질을 이용하면 다음과 같이 된다.

$$y[n]=\sum_{k=-\infty}^{\infty}x[k]h[n-k]=\sum_{k=-\infty}^{\infty}x[k]a\delta[n-k]=ax[n] \tag{9.14}$$

즉 임펄스 응답이 임펄스이면 출력이 현재의 입력에만 연관되므로 순시적 시스템이 된다.

예제 9-5 임펄스 응답과 시스템의 인과성 및 안정도

다음의 임펄스 응답을 갖는 LTI 시스템의 인과성과 안정도를 판별하라.

(a) $h[n]=(0.5)^n\cos\left(\frac{\pi}{2}n\right)u[n]$ (b) $h[n]=nu[n]$

(c) $h[n]=\sin\left(\frac{\pi}{2}n\right)$ (d) $h[n]=(2)^n u[1-n]$

풀이

(a) 인과성은 $h[n]=0$, $n<0$을 만족하는지 살펴보면 된다. $h[n]=(0.5)^n\cos\left(\frac{\pi}{2}n\right)u[n]$은 $u[n]$으로 인해 $h[n]=0$, $n<0$이므로 인과 시스템이다. 그리고 안정도는 식 (9.11)의 조건을 만족하는지 살펴보면 되는데, 다음과 같이 안정도 조건을 만족하므로 안정한 시스템이다.

$$\begin{aligned}\sum_{n=-\infty}^{\infty}|h[n]| &= \sum_{n=-\infty}^{\infty}\left|(0.5)^n\cos\left(\frac{\pi}{2}n\right)u[n]\right| \\ &\le \sum_{n=0}^{\infty}|(0.5)^n|\left|\cos\left(\frac{\pi}{2}n\right)\right| \le \sum_{n=0}^{\infty}(0.5)^n=\frac{1}{1-0.5}=2<\infty\end{aligned}$$

(b) $h[n]=0$, $n<0$이므로 인과 시스템이다. 또한 다음과 같이 되므로 불안정한 시스템이다.

$$\sum_{n=-\infty}^{\infty}|h[n]|=\sum_{n=0}^{\infty}n=\infty$$

(c) $h[n]\neq 0$, $n<0$이다. 따라서 비인과 시스템이다. 또한 다음과 같이 식 (9.11)의 안정도 조건도 만족하지 않으므로 불안정한 시스템이다.

$$\sum_{n=-\infty}^{\infty}|h[n]|=\sum_{n=-\infty}^{\infty}\left|\sin\left(\frac{\pi}{2}n\right)\right|=1+|-1|+\cdots+1+|-1|+\cdots=\infty$$

(d) 주어진 시스템은 $h[n]=(2)^n u[1-n]$으로 $h[n]\neq 0$, $n<0$이다. 따라서 비인과 시스템이다. 그리고 다음과 같이 식 (9.11)의 안정도 조건을 만족하므로 안정한 시스템이다.

$$\sum_{n=-\infty}^{\infty}|h[n]|=\sum_{n=-\infty}^{\infty}|(2)^n u[1-n]|=\sum_{n=-\infty}^{1}2^n=\sum_{n=-1}^{\infty}2^{-n}=\frac{2}{1-0.5}=4<\infty$$

예제 9-6 누산기의 인과성, 기억성, 안정도 판별

다음과 같은 누산기의 인과성, 기억성, 안정도를 판별하라.

$$y[n]=\sum_{k=-\infty}^{n} x[k]$$

풀이

시스템의 출력을 입력과 임펄스 응답의 컨벌루션으로 나타내면 다음과 같다.

$$y[n]=\sum_{k=-\infty}^{\infty} x[k]h[n-k]$$

두 식을 비교하면 다음의 관계를 얻을 수 있다.

$$h[n-k]=\begin{cases}1, & k \le n \\ 0, & k > n\end{cases}$$

따라서 누산기의 임펄스 응답은 다음과 같이 계단 신호가 된다.

$$h[n]=\begin{cases}1, & n \ge 0 \\ 0, & n < 0\end{cases}$$

임펄스 응답이 식 (9.10)의 관계를 만족하므로 인과 시스템이며, $h[n] \neq a\delta[n]$이므로 기억을 가지는 동적 시스템이다. 한편 $h[n]$의 절대 총합은 다음과 같이 되므로,

$$\sum_{k=-\infty}^{\infty} |h[k]| = \sum_{k=0}^{\infty} 1 = \infty$$

식 (9.11)의 조건을 만족하지 않는다. 그러므로 누산기는 BIBO 불안정이다.

9.2 컨벌루션 합의 계산과 성질

컨벌루션 합도 컨벌루션 적분과 이름이 같은 만큼 계산의 기본 구조나 성질은 동일하다. 다만 총합과 적분이라는 수학 연산의 차이에 의해 수식 표현들이 조금 달라질 뿐이다. 그러므로 이 절에서도 간략하게 결과를 위주로 이들에 대해 살펴보기로 한다.

학습포인트

- 컨벌루션 합 계산 과정의 시간축 구분을 이해한다.
- 컨벌루션의 미끄럼 방식 계산 알고리즘을 잘 익혀둔다.
- 컨벌루션 합의 주요 성질과 이의 의미를 이해한다.

9.2.1 컨벌루션 합의 계산

식 (9.2)의 컨벌루션 합의 계산에서 실제 계산은 시간 변수 k에 대해 이루어지고, 계산 결과만 시간 변수 n에 대해 표시된다. 식 (9.2)를 다시 쓰면 다음과 같다.

$$y[n] = \sum_{k=-\infty}^{\infty} x[k]\,h[n-k] = \sum_{k=-\infty}^{\infty} x[k]\,h[-(k-n)] \tag{9.15}$$

식 (9.15)는 일단 시간축을 k로 바꾸고, 두 신호 중의 하나인 $h[k]$를 시간축에 대해 뒤집은 후 ($h[-k]$), 값을 계산해야 할 특정한 시간 순간(n)만큼 이동시켜($h[-(k-n)]=h[n-k]$) 고정된 신호 $x[k]$와 곱한 결과($x[k]h[n-k]$)의 샘플 값들을 모두 더함으로써 비로소 하나의 특정 시간 n에서의 신호 값 $y[n]$이 구해짐을 말해준다. 그러므로 $y[n]$의 전체 신호를 얻으려면, 시간 반전한 신호 $h[-k]$를 시간축을 따라 왼쪽에서 오른쪽으로 한 시간 스텝씩 미끄러뜨리면서 매 순간마다 식 (9.15)를 계산해야 한다.

미끄럼 방식 컨벌루션 합 계산 알고리즘

- **1단계** : 두 신호의 시간축을 변환한다($n \to k$).
- **2단계** : 신호 하나($x[k]$)를 고정하고 다른 하나($h[k]$)를 시간 반전한다($h[-k]$).
- **3단계** : 시간 반전된 $h[-k]$를 k축에서 n_0만큼 이동시켜 $h[n_0-k]$를 구한다.
- **4단계** : $h[n_0-k]$와 $x[k]$를 곱하여 얻은 결과의 샘플 값들을 모두 더해 $n=n_0$인 순간의 컨벌루션 값 $y[n_0]$을 얻는다.

• **5단계** : $-\infty$ 에서 $+\infty$ 까지 모든 n에 대해 이를 반복하여 얻은 결과를 시간축 n에 대해 그려 최종 컨벌루션 결과($y[n]$)를 얻는다.

다음 [예제 9-7]과 같이 간단한 유한 구간 신호들의 컨벌루션 경우에는 풀이에서 보듯이 $h[n-k]$를 $x[k]$와 더 이상 겹쳐지지 않을 때까지 한 스텝씩 미끄러뜨리면서 계산하면 된다. 그리고 [예제 9-9]와 같이 수식만으로 컨벌루션 계산을 수행해야 할 경우에는 컨벌루션 적분과 마찬가지로 시간 반전된 $h[n-k]$가 $x[k]$에 겹치는 양상에 따라 다음과 같이 4개의 구간으로 나누어 계산하면 편리하다.

❶ 두 신호가 전혀 겹치지 않는 구간 ($x[n] * h[n] = 0$)
❷ 두 신호가 부분적으로 겹치면서 겹치는 부분이 증가하는 구간
❸ 두 신호가 완전히 겹치는 구간
❹ 두 신호가 부분적으로 겹치면서 겹치는 부분이 감소하는 구간

예제 9-7 이산 신호의 미끄럼 방식 컨벌루션 계산

[예제 9-3]에 대해 미끄럼 방식으로 컨벌루션 계산을 수행하라.

풀이

우선 [그림 9-5(a)]와 같이 시간축을 k로 바꾸고 $h[k]$를 뒤집어 $h[-k]$를 구한다. $h[-k]$를 시간축 k에서 n만큼 시간 이동시킬 때, $x[k]$와 $h[-k]$가 전혀 겹치지 않는 구간은 $n<-1$과 $n>4$이고, 이때 출력은 $y[n]=0$이 된다. [그림 9-5(c)]와 같이 $n=-1$에서부터 시작해 $n=4$까지 $h[-k]$를 한 스텝씩 오른쪽으로 이동시킬 때마다 매번 두 신호를 곱한 결과를 모두 합하면 그 n 값 순간의 컨벌루션 값이 된다. 그러므로 시간축을 n으로 하여 이를 모두 나타내면 $y[n]=x[n]*h[n]$이 구해진다.

이 결과는 다음과 같이 식 (9.8)에 n을 1씩 증가시키며 대입하여 계산한 것과 일치한다.

$$
\begin{aligned}
n=-1 &: \quad y[-1]=x[-1]h[0]+x[0]h[-1]+x[1]h[-2]+x[2]h[-3] \\
n=0 &: \quad y[0]=x[-1]h[1]+x[0]h[0]+x[1]h[-1]+x[2]h[-2] \\
n=1 &: \quad y[1]=x[-1]h[2]+x[0]h[1]+x[1]h[0]+x[2]h[-1] \\
n=2 &: \quad y[2]=x[-1]h[3]+x[0]h[2]+x[1]h[1]+x[2]h[0] \\
n=3 &: \quad y[3]=x[-1]h[4]+x[0]h[3]+x[1]h[2]+x[2]h[1] \\
n=4 &: \quad y[4]=x[-1]h[5]+x[0]h[4]+x[1]h[3]+x[2]h[2]
\end{aligned}
$$

[그림 9-5]의 계산 방식은 보기에는 복잡한 것 같아도 시간 흐름(n의 증가)을 따라 순차적으로 계산이 진행되므로 [그림 9-4]의 계산 방식보다 편리하고 실용적이다. 그런데 일일이 그림을 그려 계산을 진행하는 것은 너무 번거로우므로, 길이가 짧은 이산 신호의 경우 실제 계산은 [표 9-1]에 나타낸 것과 같이 그림의 계산 과정을 간편화하여 표로 작성하는 쪽이 편리하다.

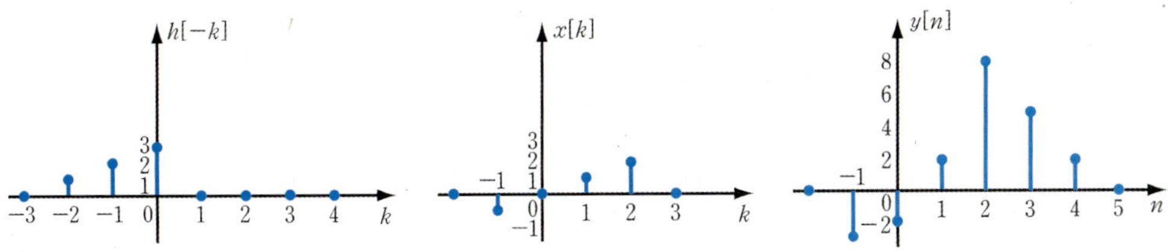

(a) 신호의 시간변수 변환과 반전　　　　(b) 컨벌루션 최종 결과

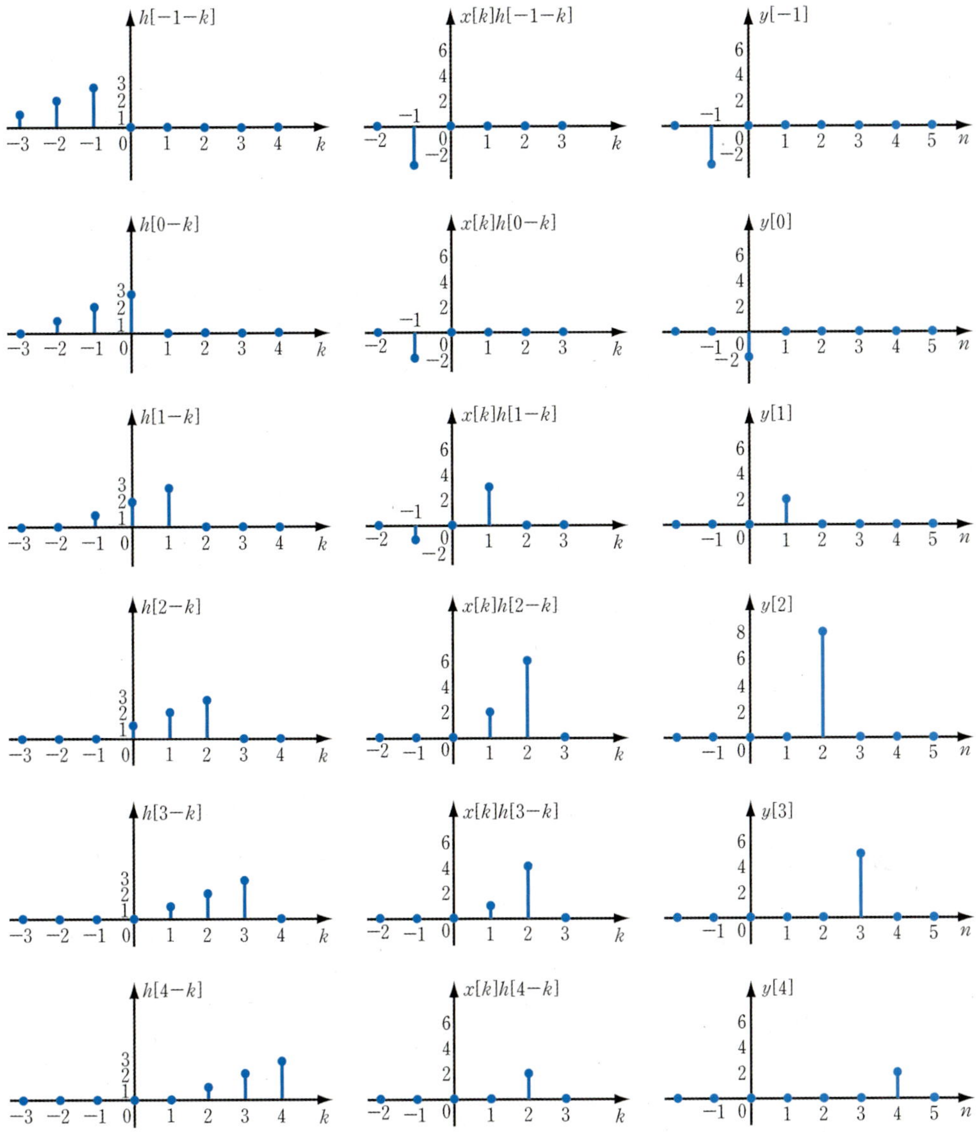

(c) n 값의 변화에 따른 컨벌루션 계산

그림 9-5 미끄럼 방식에 의한 [예제 9-7]의 컨벌루션 계산

표를 작성할 때, 먼저 $x[k]$와 $h[n-k]$이 겹치기 시작할 때부터 겹치기가 끝날 때까지의 n과 k의 값을 표의 첫째 열과 첫째 행에 기록한다. 그리고 다음 행에 고정 신호 $x[k]$의 값을 해당하는 k값 아래 적는다. 그런 다음 겹침이 가장 먼저 발생하는 $h[n-k]$의 값을 해당하는 n값의 행에 기록한

뒤, 이를 한 칸씩 오른쪽으로 미끄러뜨리면서 나머지 행들을 채운다. $h[n-k]$의 각 행을 $x[k]$행에 열 별로 곱하여 이를 다 더한 값을 $y[n]$의 해당 칸에 채우면 표가 완성된다. [표 9-1]에서 $n=[-1, 0]$은 두 신호가 부분적으로 겹치면서 겹치는 부분이 증가하는 구간, $n=[1, 2]$은 두 신호가 완전히 겹치는 구간, $n=[3, 4]$는 두 신호가 부분적으로 겹치면서 겹치는 부분이 감소하는 구간임을 알 수 있다.

표 9-1 [예제 9-7]의 미끄럼 방식 컨볼루션 계산표

	n \ k	−3	−2	−1	0	1	2	3	4	
$x[k]$				−1	0	1	2			$y[n]$
$h[n-k]$	−1	1	2	3						−3
	0		1	2	3					−2
	1			1	2	3				2
	2				1	2	3			8
	3					1	2	3		5
	4						1	2	3	2

예제 9-8 미끄럼 방식에 의한 컨볼루션 계산

입력이 [그림 9-6(a)]의 $x[n]$일 때 출력이 [그림 9-6(b)]의 $y[n]$인 이산 LTI 시스템의 임펄스 응답 $h[n]$을 구하고, 이를 이용하여 입력이 [그림 9-6(c)]의 $s[n]$일 때 시스템 출력 $z[n]$을 구하라.

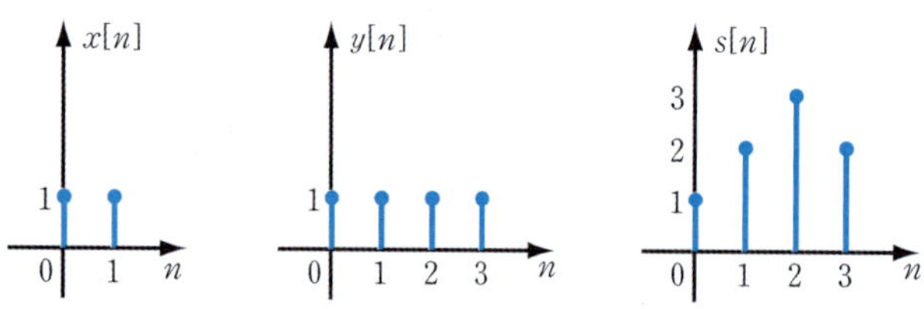

그림 9-6 [예제 9-8]의 신호들

풀이

$x[n]$을 임펄스 성분으로 분해하면 $x[n]=\delta[n]+\delta[n-1]$이므로 $y[n]=h[n]+h[n-1]$이 된다. 여기에 n을 1씩 증가시키며 대입하면 다음과 같이 임펄스 응답 $h[n]$을 얻는데, 이를 [그림 9-7(a)]에 나타내었다.

$$
\begin{aligned}
n=0 &: \ y[0]=h[0]=1 & & \\
n=1 &: \ y[1]=h[1]+h[0]=1 & & \therefore h[1]=0 \\
n=2 &: \ y[2]=h[2]+h[1]=1 & & \therefore h[2]=1 \\
n=3 &: \ y[3]=h[3]+h[2]=1 & & \therefore h[3]=0 \\
n=4 &: \ y[4]=h[4]+h[3]=0 & & \therefore h[4]=0
\end{aligned}
$$

이제 임펄스 응답 $h[n]$을 알고 있으므로 입력 $s[n]$에 대한 시스템 출력 $z[n]$을 컨볼루션을 이용하여 다음과 같이 계산할 수 있다.

$$z[n]=s[n]*h[n]=\sum_{k=0}^{3}s[k]h[n-k]$$

이 컨벌루션에 대한 미끄럼 방식 계산표는 [표 9-2]와 같고, 구해진 출력 $z[n]$을 [그림 9-7(b)]에 보였다.

표 9-2 [예제 9-8]의 미끄럼 방식 컨벌루션 계산표

	n \ k	0	1	2	3	
$s[k]$		1	2	3	2	$z[n]$
$h[n-k]$	0	1				1
	1	0	1			2
	2	1	0	1		4
	3		1	0	1	4
	4			1	0	3
	5				1	2

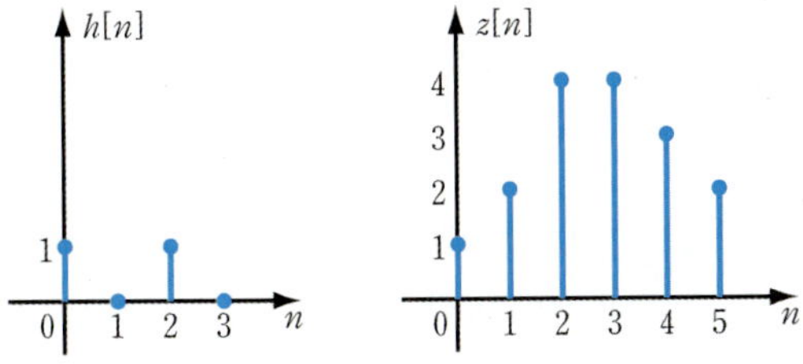

(a) (b)

그림 9-7 [예제 9-8]의 임펄스 응답과 출력

예제 9-9 이산 신호의 미끄럼 방식 컨벌루션 계산의 구간 분할

임펄스 응답이 $h[n]=4(0.5)^n(u[n]-u[n-4])$인 이산 LTI 시스템의 계단 응답을 컨벌루션 $y[n]=x[n]*h[n]$으로 구하고, 그 결과를 그려라.

풀이

$h[n]=[\underset{\uparrow}{4},\ 2,\ 1,\ 0.5]$는 길이가 유한하지만 입력 $x[n]=u[n]$이 길이가 무한한 우편향 신호이므로 [예제 9-7]처럼 그림이나 표를 이용하여 컨벌루션을 계산하기는 힘들다. 그러므로 다음과 같이 세 구간으로 나누어 $y[n]=x[n]*h[n]$을 계산하는 것이 좋다.

❶ 두 신호가 전혀 겹치지 않는 구간 : $n<0$

$$y[n]=0$$

❷ 두 신호가 부분적으로 겹치면서 겹치는 부분이 증가하는 구간 : $0 \le n < 3$

$$y[n] = \sum_{k=0}^{n} h[k]x[n-k]$$

$$y[0] = h[0]x[0] = 4$$
$$y[1] = h[0]x[1] + h[1]x[0] = 6$$
$$y[2] = h[0]x[2] + h[1]x[1] + h[2]x[0] = 7$$

❸ 두 신호가 완전히 겹치는 구간 : $n \ge 3$

이 구간에서는 $x[n-k]$의 값이 항상 1이므로 임펄스 응답의 샘플 값들을 다 더한 값으로 컨벌루션 값이 고정된다.

$$y[n] = \sum_{k=0}^{n} h[k]x[n-k]$$
$$y[n] = h[0]x[n] + h[1]x[n-1] + h[2]x[n-2] + h[3]x[n-3] = 7.5$$

9.2.2 컨벌루션 합의 성질

컨벌루션 합은 4.3.2절에서 살펴본 컨벌루션 적분의 성질들을 똑같이 만족한다. 또한 시스템과 관련해 그 성질들이 갖는 물리적 의미도 변함이 없다. 그러므로 이 절에서 다시 반복하여 설명하지 않고 결과만 [표 9-3]에 정리하였다.

표 9-3 컨벌루션 합의 성질

성질	표현식	
교환법칙	$x[n] * h[n] = h[n] * x[n]$	(9.16)
결합법칙	$(x[n] * h_1[n]) * h_2[n] = x[n] * (h_1[n] * h_2[n])$	(9.17)
배분법칙	$x[n] * (h_1[n] + h_2[n]) = x[n] * h_1[n] + x[n] * h_2[n]$	(9.18)
임펄스와의 컨벌루션	$x[n] * \delta[n-n_0] = x[n-n_0]$	(9.19)
컨벌루션의 길이와 끝	$x[n] = 0,\ n < n_1\ \&\ n > n_2,\quad h[n] = 0,\ n < n_3\ \&\ n > n_4$ $\rightarrow\ y[n] = x[n] * h[n] = 0,\ n < n_1 + n_3\ \&\ n > n_2 + n_4$	

한 가지 주의할 점은 이산 신호의 길이는 존재 구간에서의 샘플 수로 정의되므로, 컨벌루션 결과 신호의 길이는 컨벌루션하는 두 신호의 길이를 더한 것에서 1을 빼야 한다는 것이다. 다시 말해 길이 N_x 인 $x[n]$과 길이 N_h 인 $h[n]$의 컨벌루션 $y[n] = x[n] * h[n]$의 길이는 $N_y = N_x + N_h - 1$이 된다. [예제 9-3]에서 $x[n]$은 $-1 \le n \le 2$, $h[n]$은 $0 \le n \le 2$에서 값을 갖고, 길이가 각각 $N_x = 4$, $N_h = 3$이다. 그리고 두 신호의 컨벌루션 $y[n] = x[n] * h[n]$는 $-1 \le n \le 4$에서 값을 갖고, 길이가 $N_y = N_x + N_h - 1 = 6$이 됨을 [그림 9-4]로부터 확인할 수 있다.

예제 9-10 컨벌루션 성질의 활용 : 상호 연결된 시스템의 임펄스 응답

[그림 9-8]의 시스템의 임펄스 응답을 구하라. 각 시스템의 임펄스 응답은 다음과 같다.

$$h_1[n] = \left(\frac{1}{2}\right)^n u[n+2], \quad h_2[n] = \delta[n], \quad h_3[n] = u[n-1]$$

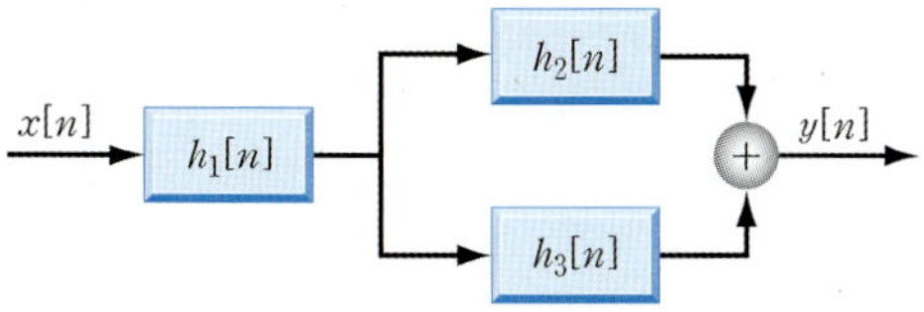

그림 9-8 [예제 9-10]의 상호 연결된 시스템

풀이

시스템이 종속 연결이면 각 시스템의 임펄스 응답의 컨벌루션, 병렬 연결이면 각 시스템 임펄스 응답의 합으로 임펄스 응답이 구해지므로, 그림과 같이 상호 연결된 전체 시스템의 임펄스 응답은 다음과 같다.

$$h[n] = h_1[n] * (h_2[n] + h_3[n])$$

우선 병렬 연결된 $h_2[n] + h_3[n]$을 계산하면 다음과 같다.

$$h_2[n] + h_3[n] = \delta[n] + u[n-1] = u[n]$$

이 결과와 $h_1[n]$이 종속 연결되어 있으므로, $h[n]$은 다음과 같이 계산된다.

$$h[n] = h_1[n] * (h_2[n] + h_3[n]) = \left(\frac{1}{2}\right)^n u[n+2] * u[n]$$

$$= \sum_{k=-2}^{n} \left(\frac{1}{2}\right)^k = \frac{4 - \left(\frac{1}{2}\right)^{n+1}}{1 - \frac{1}{2}} = 8 - \left(\frac{1}{2}\right)^n, \quad n \geq -2$$

위의 컨벌루션 계산은 $h_1[n]$은 고정하고 더 단순한 $u[n]$을 뒤집어 이동시켜 얻은 것이다.

9.3 차분 방정식과 이산 LTI 시스템 해석

이산 LTI 시스템에 대해서는 차분 방정식이 연속 시스템에서의 미분 방정식과 같은 역할을 한다. 차분 방정식을 이용한 이산 시스템의 시간 영역 해석은 미분 방정식을 이용한 연속 시스템의 시간 영역 해석과 거의 같은 구조와 논리를 지닌다. 다만 차분 방정식에는 반복 대입법이라는 미분 방정식에 없는 손쉬운 풀이법이 있는데, 이는 컴퓨터를 이용한 수치 해석에 매우 유용하다. 차분 방정식 또한 미분 방정식에 대한 라플라스 변환 역할을 하는 z 변환을 이용하면 해석이 더 간편하다. 따라서 이 절에서는 결과 위주로 차분 방정식의 해법과 시스템 해석에 대해 간단히 살펴보기로 한다.

학습포인트

- 시간 영역에서 이산 LTI 시스템을 표현하는 차분 방정식에 대해 알아본다.
- 차분 방정식으로 표현된 이산 시스템의 직접(표준)형 구현도를 알아본다.
- 반복 대입법에 의한 차분 방정식의 풀이를 알아본다.
- 차분 방정식의 고전적 해법에 대해 살펴본다.
- 동차해와 특이해를 구하는 방법을 잘 익혀둔다.
- 차분 방정식으로부터 임펄스 응답을 구하는 방법을 알아본다.
- 시스템 모드(특성근)와 관련한 안정도 조건을 알아본다.

9.3.1 차분 방정식에 의한 LTI 시스템의 표현

이산 신호는 인구 조사, 적립금 문제, 기상 예측 등과 같이 본질적으로 이산 시간 상황에서 자연 발생하거나 연속 신호의 샘플링 결과로부터 발생하기도 한다. 이산 신호를 처리하는 이산 시스템은 차분 방정식으로 나타낼 수 있는데, 연속 시스템의 경우와 마찬가지로 선형 시스템은 선형 차분 방정식으로, 시불변 시스템은 상수 계수 차분 방정식으로 표현된다. 따라서 이산 LTI 시스템은 상수 계수 선형 차분 방정식으로 표현된다.

- LTI 시스템은 다음과 같은 꼴의 상수 계수를 갖는 선형 차분 방정식으로 표현된다.

$$y[n] + a_1 y[n-1] + \cdots + a_p y[n-p] = b_0 x[n] + \cdots + b_q x[n-q] \qquad (9.20)$$

- 차분 방정식의 해에는 입력에 대한 응답(영상태 응답) 성분과 함께 시스템 내부 상태(초기 조건)에 대한 응답(영입력 응답) 성분도 포함된다.

식 (9.20)은 시스템의 출력이 현재 및 과거의 입력값뿐만 아니라 과거의 출력값에도 관련이 있음을 보여준다. 그리고 [예제 9-1(b)]에서도 보았듯이 식 (9.20)의 차분 방정식을 풀려면 p개의 초기 조건 $y[-1]$, $y[-2]$, $\cdots$, $y[-p]$가 필요하다. 그러므로 입력에 의한 응답(영상태 응답)뿐만 아니라 초기 조건에 의한 응답(영입력 응답) 또한 해에 포함될 것이다.

식 (9.20)의 차분 방정식을 좌변에 $y[n]$만 남기고 다시 쓰면 다음과 같다.

$$y[n] = (-a_1 y[n-1] - \cdots - a_p y[n-p]) + (b_0 x[n] + \cdots + b_q x[n-q]) \tag{9.21}$$

식 (9.21)은 이산 LTI 시스템의 출력이 현재 및 과거 입력값들의 가중합, 즉 입력 신호의 **이동 평균(MA)** Moving Average 항과 과거 출력값들의 가중합, 즉 출력 신호의 **자기 회귀(AR)** Auto-Regressive 항들로 구성됨을 보여준다.

예제 9-11 IIR 시스템의 차분 방정식 표현

임펄스 응답이 $h[n] = a^n u[n]$인 이산 인과 LTI 시스템의 차분 방정식 표현을 구하라.

풀이

이 시스템은 임펄스 응답의 길이가 무한하므로 IIR 시스템이다. 이때 입출력 관계를 컨벌루션 합으로 나타내면

$$\begin{aligned} y[n] &= \sum_{k=0}^{\infty} h[k]x[n-k] = \sum_{k=0}^{\infty} a^k x[n-k] \\ &= x[n] + ax[n-1] + a^2 x[n-2] + \cdots + a^k x[n-k] + \cdots \end{aligned} \tag{9.22}$$

로 항이 무한개인 MA 모델이 된다. 식 (9.22)를 $y[n-1]$에 대해 다시 쓰면

$$\begin{aligned} y[n-1] &= \sum_{k=0}^{\infty} a^k x[n-1-k] \\ &= x[n-1] + ax[n-2] + \cdots + a^{k-1} x[n-k] + \cdots \end{aligned}$$

가 되는데, 식 (9.22)에서 앞 식의 양변에 a를 곱하여 빼면 다음의 차분 방정식을 얻게 된다.

$$y[n] - ay[n-1] = x[n] \tag{9.23}$$

식 (9.22)는 물리적으로 구현 불가능하지만, 식 (9.23)은 시간 지연 소자, 곱셈기, 덧셈기가 각각 하나씩만 있으면 되므로 시스템을 간단하게 구현할 수 있다.

위의 예제에서 보았듯이, FIR 시스템은 기본적으로 유한개의 이동 평균(MA) 항들로만 이루어진 차분 방정식으로 나타낼 수 있으나, IIR 시스템은 반드시 자기 회귀(AR)을 포함한 차분 방정식으로 표현되어야 한다. 이러한 사실은 이미 [예제 9-1]에서 이산 시스템의 임펄스 응답을 구하면서 살펴본 바 있다.

9.3.2 이산 시스템의 표준형 구현도

식 (9.20)의 차분 방정식을 보면, 입출력 변수에 대한 시간 지연기, 상수 계수를 곱하는 곱셈기, 그리고 방정식의 각 항들을 더하는 덧셈기로 이산 시스템을 구현할 수 있다는 것을 알 수 있다. 시간 지연기는 입력 신호를 한 시간 단위(스텝)만큼 지연시키는 요소로서, z^{-1}으로 시간 지연 동작을 표시한다. [그림 9-9]는 이들 기본 구성 요소들을 나타낸 것이다.

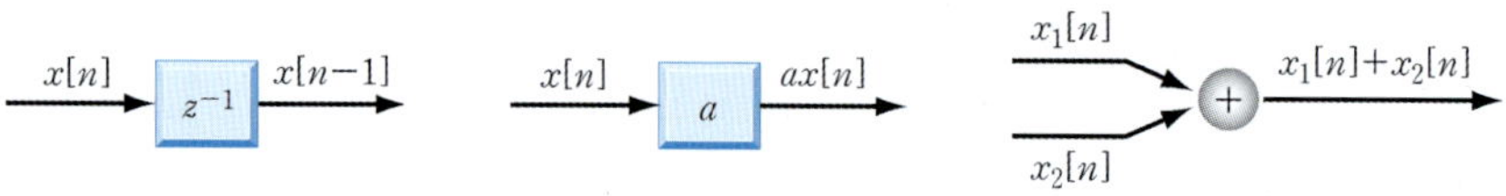

(a) 시간 지연기 (b) 곱셈기 (c) 덧셈기

그림 9-9 이산 시스템의 기본 구성 요소

차분 방정식으로 표현된 이산 시스템의 구현도는 기본적으로 필요한 만큼의 시간 지연기를 일렬로 연결하고, 각 지연기의 출력단마다 탭을 내어 곱셈기를 달아 계수를 곱하여 더하는 **탭부 지연기 열**tapped delay line 구조를 이룬다. 연속 시스템의 경우와 마찬가지로 별도의 중간 과정을 거칠 필요 없이 차분 방정식으로부터 바로 기계적으로 그릴 수 있는 표준적인 시스템 구현도를 **직접형**direct form 또는 **표준형**canonical form이라고 하는데, 이산 시스템에는 [그림 9-10]에 보인 것처럼 3개의 직접형(표준형)이 있다.

이산 시스템의 직접형(표준형) 구현도

- **제1 직접형**은 차분 방정식 표현대로 출력 항과 입력 항으로 분리하고 각각 별도의 시간 지연기 열을 사용하여 나타낸 것으로, 구현도는 [그림 9-10(a)]와 같다.
- **제2 직접형**은 차분 방정식을 출력 항과 입력 항의 2개의 식으로 분리하여 구현한 뒤 시간 지연기를 공통으로 묶은 것으로, 구현도는 [그림 9-10(b)]와 같다.
- **전치 제2 직접형**은 차분 방정식에서 같은 시간 지연을 가지는 입력과 출력 항끼리 묶어 공통으로 하나의 시간 지연기 열을 사용한 것으로, 구현도는 [그림 9-10(c)]와 같다.
- 제2 직접형과 전치 제2 직접형은 서로 **전치 관계**이다. 따라서 제2 직접형에서 입력과 출력을 맞바꾸고 이에 맞춰 신호의 흐름, 즉 화살표의 방향을 반대로 하면 전치 제2 직접형이 얻어진다(물론 신호 흐름이 반대로 바뀌므로 덧셈기 위치는 달라진다).

[그림 9-10]을 보면, 제2 직접형은 연속 시스템의 제2 직접형, 전치 제2 직접형은 연속 시스템의 제1 직접형과 구조가 같음을 알 수 있다([그림 4-18], [그림 4-19] 참고).

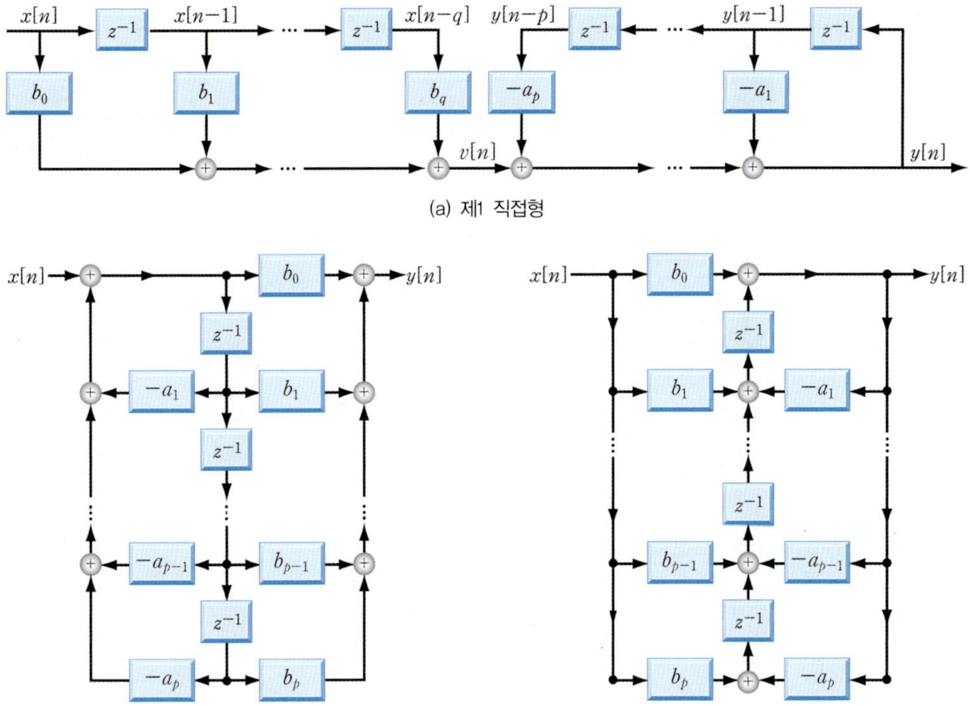

(a) 제1 직접형

(b) 제2 직접형

(c) 전치 제2 직접형

그림 9-10 이산 시스템의 직접형(표준형) 구현도

예제 9-12 이산 시스템의 구현도

다음 차분 방정식으로 표현되는 이산 시스템의 구현도를 그려라.

$$y[n]+0.8y[n-1]+0.25y[n-2]+0.05y[n-3]=2x[n-1]+8x[n-2]+4x[n-3]-12x[n-4]$$

풀이

차분 방정식으로부터 직접 제1 직접형, 제2 직접형, 전치 제2 직접형 구현도를 그리면 [그림 9-11]과 같다. 그림에서 값이 0인 곱셈기 가지는 제거해도 상관없지만, 구현도의 일반화 형태를 익힐 수 있도록 남겨둔 것이다.

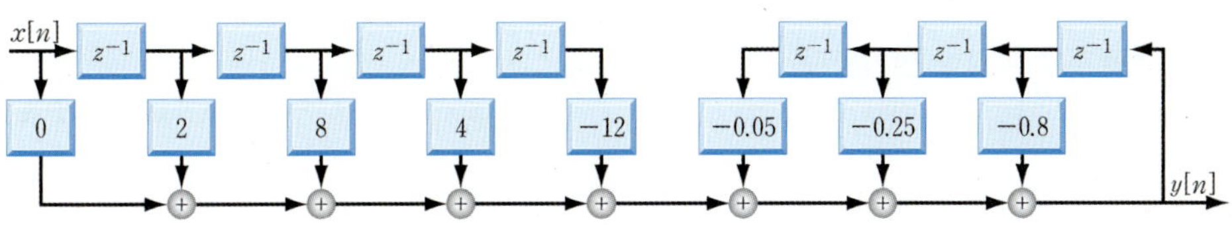

(a) 제1 직접형

그림 9-11 [예제 9-12]의 이산 시스템의 직접형 구현도 (계속)

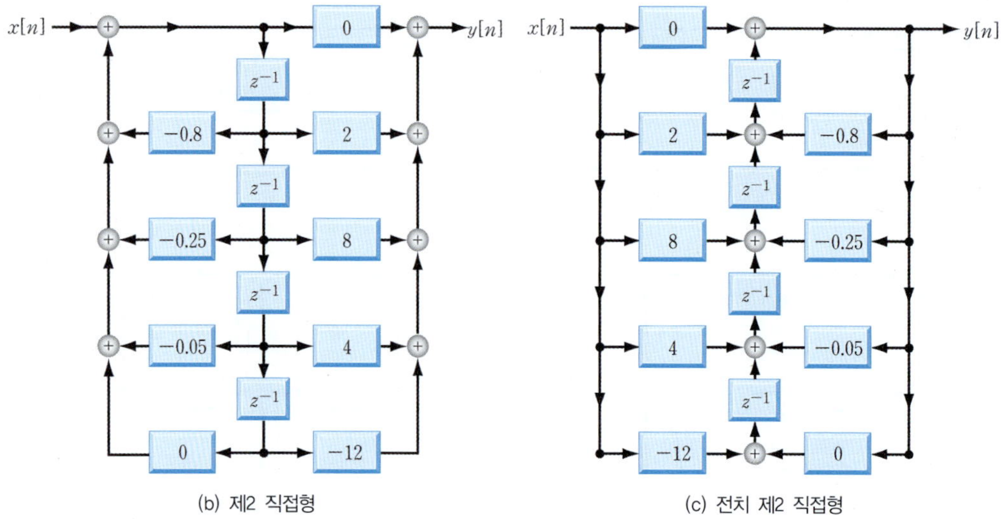

그림 9-11 [예제 9-12]의 이산 시스템의 직접형 구현도

9.3.3 차분 방정식의 풀이 : 반복 대입법

차분 방정식은 미분 방정식처럼 고전적 해법과 같은 복잡한 풀이 과정을 거치지 않고도 **반복 대입법**을 통해 간단히 해를 구할 수 있다.

반복 대입법에 의한 차분 방정식의 풀이

- **1단계** : 차분 방정식의 좌변에 $y[n]$만 남기고 우변으로 넘겨 정리한다.

$$y[n] = -a_1 y[n-1] - \cdots - a_p y[n-p] + b_0 x[n] + \cdots + b_q x[n-q] \quad (9.24)$$

- **2단계** : 시작 시점 $n=i$에서 주어진 초기 조건 $y[i-1]$, ⋯, $y[i-p]$와 이미 알고 있는 입력값들을 대입하여 $y[i]$를 계산한다.
- **3단계** : 차분 방정식에서 n을 1 증가시켜 직전에 구한 $y[i]$와 이미 알고 있는 과거 출력 및 입력값들을 대입하여 $y[i+1]$을 계산한다.
- **4단계** : 3단계의 과정을 반복한다.

반복적으로 직전 단계의 결과를 대입하여 순차적으로 차분 방정식의 해를 구하는 반복 대입법은 계산하기에 쉬울 뿐만 아니라 컴퓨터에 의한 수치적 계산에도 매우 적합하다. 그러나 반복 대입법은 기본적으로 닫힌 꼴closed form의 해를 제공하지 않기 때문에 초기의 몇몇 값 또는 값의 변화 추이를 파악하는 등의 간단한 응용에는 쓸모가 있지만, 시스템의 해석과 설계에 보편적으로 활용되기에는 한계가 있다.

예제 9-13 반복 대입법을 이용한 차분 방정식의 풀이 : 예금 복리 계산

은행에 계좌를 개설하여 월 이율 r로 매월 초에 정기적으로 예금을 하면 통장에 이자를 포함한 계좌의 총 잔고가 바로 표시된다고 한다. 매월 초에 예금한 직후의 계좌 잔고를 나타내는 차분 방정식을 구하라. 그리고 매월 예금액이 10만 원이고 월 이율이 1%인 경우에 대해 구해진 차분 방정식을 이용하여 처음 몇 개월의 계좌 잔고를 계산하라.

풀이

n번째 월초에 입금하는 예금액을 $x[n]$, 이 예금액이 입금된 직후에 계산된 총 잔고를 $y[n]$이라 하면, 총 잔고는 전월의 총 잔고 $y[n-1]$과 이에 대한 한 달 동안의 이자 수입 $ry[n-1]$, 그리고 n번째 월에 입금한 예금액의 합이 되므로 다음과 같이 된다.

$$y[n]=y[n-1]+ry[n-1]+x[n]=(1+r)y[n-1]+x[n] \tag{9.25}$$

매월 예금액 10만 원에 월 이율이 1%이면 $x[n]=10$(만 원)$(n \geq 0)$이고 $r=0.01$에 해당한다. 계좌를 개설하기 이전에는 잔액이 없으므로 $y[-1]=0$이고, 따라서 첫 예금이 이루어진 직후의 잔액은 위의 차분 방정식에 $n=0$으로 두어 구하면 된다.

$$n=0\ :\ y[0]=1.01y[-1]+x[0]=1.01(0)+10=10$$

다음 달부터의 총 잔액은 n을 1씩 증가시키면서 계산 결과를 반복적으로 대입하여 풀면 다음과 같이 된다.

$$\begin{aligned}
n=1\ &:\ y[1]=1.01y[0]+x[1]=1.01(10)+10=20.1\\
n=2\ &:\ y[2]=1.01y[1]+x[2]=1.01(20.1)+10=30.301\\
n=3\ &:\ y[3]=1.01y[2]+x[3]=1.01(30.301)+10=40.604\\
&\vdots
\end{aligned}$$

이 방법은 간단한 계산으로 쉽게 해를 구할 수 있다는 점은 좋으나, 초기의 몇몇 값이 아니라 5년 뒤 총 잔액 $y[60]$ 같이 한참 뒤의 값을 알고자 할 경우는 $n=60$이 될 때까지 계산 과정을 되풀이해야만 하는 불편한 점도 있다. 이럴 때 닫힌 꼴의 해를 알고 있다면 $n=60$을 대입하여 바로 계산할 수 있으므로 편리할 것이다.

아주 간단한 차분 방정식이라면 반복 대입법을 이용하여 닫힌 꼴의 해를 구할 수도 있다. 그러나 차분 방정식의 차수가 높아지면 닫힌 꼴의 해를 구하기가 매우 복잡하고 어렵다.

$n=0$의 경우는 다음과 같고,

$$y[0]=1.01y[-1]+x[0]$$

$n=1$로 증가시킨 뒤 위의 결과를 다시 차분 방정식에 대입하면 다음과 같다.

$$y[1]=1.01y[0]+x[1]=1.01(1.01y[-1]+x[0])+x[1]$$

이를 계속 반복하면 다음과 같이 전개된다.

$$\begin{aligned} y[2] &= 1.01y[1] + x[2] = 1.01(1.01^2 y[-1] + 1.01x[0] + x[1]) + x[2] \\ y[3] &= 1.01y[2] + x[3] = 1.01(1.01^3 y[-1] + 1.01^2 x[0] + 1.01x[1] + x[2]) + x[3] \\ &\vdots \\ y[n] &= (1.01)^{n+1} y[-1] + (1.01)^n x[0] + (1.01)^{n-1} x[1] + \cdots + 1.01x[n-1] + x[n] \\ &\vdots \end{aligned}$$

이로부터 닫힌 꼴의 $y[n]$은 다음과 같이 구해지며, 이로부터 바로 $y[60]$을 얻을 수 있다.

$$y[n] = (1.01)^{n+1} y[-1] + \sum_{i=0}^{n} (1.01)^i x[n-i]$$

예제 9-14 반복 대입법에 의한 차분 방정식의 풀이 : IIR 시스템

다음 차분 방정식과 같은 인과 LTI 시스템의 임펄스 응답을 반복 대입법으로 구하라.

$$y[n] + 6y[n-1] + 9y[n-2] = x[n]$$

풀이

임펄스 응답을 구하기 위해 $x[n] = \delta[n]$으로 두고, 차분 방정식을 다시 정리하면 다음과 같다.

$$h[n] = -6h[n-1] - 9h[n-2] + \delta[n]$$

$h[-1] = h[-2] = 0$이고, $n = 0$부터 순차적으로 $h[n]$의 값을 구하면 다음과 같이 전개된다.

$$\begin{aligned} n=0 &: h[0] = -6h[-1] - 9h[-2] + \delta[0] = 1 \\ n=1 &: h[1] = -6h[0] - 9h[-1] + \delta[1] = -6 = 2(-3)^1 \\ n=2 &: h[2] = -6h[1] - 9h[0] + \delta[2] = 4(-3)^2 - (-3)^2 = 3(-3)^2 \\ n=3 &: h[3] = -6h[2] - 9h[1] + \delta[3] = 6(-3)^3 - 2(-3)^3 = 4(-3)^3 \\ &\vdots \\ n=k &: h[k] = -6h[k-1] - 9h[k-2] + \delta[k] = (1+k)(-3)^k \\ &\vdots \end{aligned}$$

위 식으로부터 임펄스 응답의 수열 및 닫힌 꼴 표현은 다음과 같이 된다.

$$h[n] = [\underset{\uparrow}{1},\ -6,\ 27,\ -108,\ 405,\ \cdots\ ]$$

$$h[n] = (1+n)(-3)^n u[n]$$

이 경우는 비교적 쉽게 닫힌 꼴의 해를 구했지만, 항상 그런 건 아니다.

9.3.4 차분 방정식의 풀이 : 고전적 해법

차분 방정식의 고전적 해법은 미분 방정식의 해법과 매우 유사하다. 그러므로 여기에서는 고전적 해법에 대한 중요한 결과들만 간단히 소개하기로 한다.

차분 방정식의 고전적 해법의 기본 개념

- 차분 방정식의 해는 **동차**homogeneous**해** $y_h[n]$과 **특이**particular**해** $y_p[n]$의 합으로 주어진다.

$$y[n] = y_h[n] + y_p[n] \tag{9.26}$$

- **동차해**는 **특성**characteristic **방정식**으로부터 이산 지수 함수 꼴로 구해지는 해로서, 외부 입력이 없어도 나올 수 있으며 시스템의 고유한 특성이 반영된 출력이다.

  ❶ 특성근들이 서로 다른distinct 값을 가질 경우

$$y_h[n] = c_1\gamma_1^n + c_2\gamma_2^n + \cdots + c_p\gamma_p^n \tag{9.27}$$

  ❷ 특성근 γ_1이 m-중근인 경우

$$y_h[n] = (c_1 + c_2 n + \cdots + c_m n^{m-1})\gamma_1^n + c_{m+1}\gamma_{m+1}^n + \cdots + c_p\gamma_p^n \tag{9.28}$$

- **특이해**는 외부 입력이 있을 때만 생기는 입력과 같은 꼴의 해로서 [표 9-4]를 이용하여 결정하며, 입력의 특성이 반영된 출력이다.
- **특성 방정식**은 차분 방정식의 출력 항들로부터 다음과 같이 정의되며, 입력과는 무관하고 시스템 자체의 특성을 반영한다. 특성 방정식의 해 $\{\gamma_i\}$를 **특성근**이라고 한다.

$$\gamma^p + a_1\gamma^{p-1} + \cdots + a_{p-1}\gamma + a_p = (\gamma-\gamma_1)(\gamma-\gamma_2)\cdots(\gamma-\gamma_p) = 0 \tag{9.29}$$

- 차분 방정식의 해 식 (9.26)을 **완전해(일반해)**라고 하며, 주어진 초기 조건을 이용하여 동차해의 계수를 구함으로써 유일하게 결정한다.
- **초기 조건**은 출력의 초깃값으로서 차분 방정식의 해를 유일하게 결정하려면 꼭 필요하다. 초기 조건이 다르면 당연히 차분 방정식의 해도 달라진다.

식 (9.20)의 차분 방정식의 좌변 출력 항들에 대해 시간 지연이 k인 항을 γ^{-k}로 대체하여 구성한 다음 γ^{-1}의 최고차항으로 묶어내어 γ에 대한 다항식으로 정리하면 식 (9.29)의 특성 방정식을 얻을 수 있다. 좀 더 간편하게 특성 방정식을 구하려면, 시간이 가장 뒤진 출력 항을 $\gamma^0(=1)$로 놓고 그 출력 항보다 시간이 한 스텝 앞설 때마다 γ를 하나씩 곱해주면 된다.

동차해는 p개의 특성근 $\gamma_1, \gamma_2, \cdots, \gamma_p$에 대응되는 $\gamma_1^n, \gamma_2^n, \cdots, \gamma_p^n$의 조합으로 주어진다.

특이해는 입력이 있을 때만 생기는 입력과 같은 꼴의 해로서, [표 9-4]를 이용하여 입력에 맞춰 특이해의 꼴을 결정한 다음, 이를 차분 방정식에 대입하여 양변을 비교함으로써 계수를 결정한다.

표 9-4 입력 형태에 따른 차분 방정식의 특이해

<table>
<tr><th>입력 형태</th><th colspan="2">특이해</th></tr>
<tr><td>$au[n]$</td><td colspan="2">$cu[n]$</td></tr>
<tr><td>$\cos(\Omega_0 n+\theta)$</td><td colspan="2">$c_1\cos(\Omega_0 n)+c_2\sin(\Omega_0 n)=c\cos(\Omega_0 n+\phi)$</td></tr>
<tr><td>n^m</td><td colspan="2">$c_m n^m+c_{m-1}n^{m-1}+\cdots+c_1 n+c_0$</td></tr>
<tr><td rowspan="3">r^n</td><td>$r\neq$ 특성근</td><td>cr^n</td></tr>
<tr><td>$r=$ 특성근</td><td>cnr^n</td></tr>
<tr><td>$r=m$중 특성근</td><td>$cn^m r^n$</td></tr>
<tr><td>$(a_m n^m+a_{m-1}n^{m-1}+\cdots+a_1 n+a_0)r^n$</td><td colspan="2">$(c_m n^m+c_{m-1}n^{m-1}+\cdots+c_1 n+c_0)r^n$</td></tr>
</table>

차분 방정식의 해 식 (9.26)은 입력이 인가된 후의 시스템 응답을 나타내므로, 초기 조건을 이용해 동차해의 계수를 결정할 때 반드시 입력이 인가된 시점 이후의 초기 조건 값을 사용해야 한다.

차분 방정식의 풀이 과정 : 고전적 해법

차분 방정식의 고전적 해법

- **1단계** : 차분 방정식으로부터 특성 방정식과 특성근 $\{\gamma_i\}$을 구한다.

$$\gamma^p+a_{p-1}\gamma^{p-1}+\cdots+a_1\gamma+a_0=(\gamma-\gamma_1)(\gamma-\gamma_2)\cdots(\gamma-\gamma_p)=0$$

- **2단계** : 특성근을 이용하여 동차해의 형태를 다음과 같이 둔다.

$$y_h[n]=c_1\gamma_1^n+c_2\gamma_2^n+\cdots+c_p\gamma_p^n \text{ (특성근들이 서로 다른 경우)}$$

$$y_h[n]=(c_1+c_2 n+\cdots+c_m n^{m-1})\gamma_1^n+c_{m+1}\gamma_{m+1}^n+\cdots+c_p\gamma_p^n$$

(특성근 γ_1이 m-중근)

- **3단계** : [표 9-4]를 이용하여 입력과 같은 꼴로 특이해 $y_p[n]$을 설정하고, 이를 차분 방정식에 대입하여 계수를 비교하여 값을 완전히 결정한다.
- **4단계** : $y[n]=y_h[n]+y_p[n]$이라 두고, 입력이 인가된 후($n\geq 0$)의 초기 조건을 대입하여 동차해의 계수를 구함으로써 차분 방정식의 완전한 유일해를 확정한다.

예제 9-15 **고전적 해법에 의한 차분 방정식의 해**

다음과 같은 차분 방정식으로 표현되는 LTI 시스템에 대해 계단 입력 $x[n]=u[n]$에 대한 응답을 구하라. 단, 초기 조건은 $y[0]=-1$, $y[1]=1$이다.

$$y[n]-\frac{5}{6}y[n-1]+\frac{1}{6}y[n-2]=\frac{1}{3}x[n]$$

풀이

차분 방정식의 특성 방정식은 다음과 같다.

$$\gamma^2 - \frac{5}{6}\gamma + \frac{1}{6} = \left(\gamma - \frac{1}{2}\right)\left(\gamma - \frac{1}{3}\right) = 0$$

이로부터 특성근은 $\gamma = \frac{1}{2}$, $\gamma = \frac{1}{3}$이다. 따라서 동차해는 다음과 같이 된다.

$$y_h[n] = c_1\left(\frac{1}{2}\right)^n + c_2\left(\frac{1}{3}\right)^n$$

입력 $x[n] = u[n]$에 대한 특이해를 $y_p[n] = \beta$라 두고 차분 방정식을 정리하면 $\beta - \frac{5}{6}\beta + \frac{1}{6}\beta = \frac{1}{3}$이 되므로, $\beta = 1$이 된다. 따라서 특이해는 $y_p[n] = 1$이므로, 차분 방정식의 해는 다음과 같이 둘 수 있다.

$$y[n] = y_h[n] + y_p[n] = c_1\left(\frac{1}{2}\right)^n + c_2\left(\frac{1}{3}\right)^n + 1$$

위의 완전해는 입력 인가 후인 $n \geq 0$에서 성립되는 관계이고, 초기 조건 또한 $n \geq 0$의 값이 주어져 있으므로 이를 위 식에 대입하면 된다.

$$y[0] = c_1\left(\frac{1}{2}\right)^0 + c_2\left(\frac{1}{3}\right)^0 + 1 = -1$$
$$y[1] = c_1\left(\frac{1}{2}\right)^1 + c_2\left(\frac{1}{3}\right)^1 + 1 = 1$$

이를 c_1과 c_2에 대해 연립하여 풀면 $c_1 = 4$, $c_2 = -6$를 얻는다. 따라서 차분 방정식의 완전해, 즉 시스템의 출력은 다음과 같이 구해진다.

$$y[n] = 4\left(\frac{1}{2}\right)^n - 6\left(\frac{1}{3}\right)^n + 1$$

예제 9-16 차분 방정식의 해 : 특성근이 서로 다른 경우

다음과 같은 차분 방정식으로 표현되는 LTI 시스템에서 계단 입력 $x[n] = u[n]$에 대한 응답을 구하라. 단, 초기 조건은 $y[-1] = 1$, $y[-2] = 1$이다.

$$y[n] - y[n-1] - 2y[n-2] = x[n] + x[n-1]$$

풀이

차분 방정식의 특성 방정식은 다음과 같다.

$$\gamma^2 - \gamma - 2 = (\gamma + 1)(\gamma - 2) = 0$$

이로부터 특성근은 $\gamma = -1$, $\gamma = 2$이다. 따라서 동차해는 다음과 같이 된다.

$$y_h[n] = c_1(-1)^n + c_2(2)^n$$

입력 $x[n]=u[n]$에 대한 특이해를 $y_p[n]=\beta$라 두고 차분 방정식에 대입하여 정리하면 $\beta-\beta-2\beta=1+1$이므로, $\beta=-1$이 된다. 따라서 특이해는 $y_p[n]=-1$이 되고 차분 방정식의 완전해, 즉 시스템의 출력은 다음과 같이 된다.

$$y[n]=y_h[n]+y_p[n]=c_1(-1)^n+c_2(2)^n-1 \tag{9.30}$$

주어진 초기 조건은 입력이 인가되기 전인 $n<0$에서의 값이므로, 입력이 인가된 이후의 초기 조건으로 바꾸어야 한다. 차분 방정식은 반복 대입법을 이용하여 손쉽게 이 작업을 수행할 수 있다. 반복 대입법을 적용하기 위해 차분 방정식을 좌변에 $y[n]$만 남기고 정리하면 다음과 같이 된다.

$$y[n]=y[n-1]+2y[n-2]+x[n]+x[n-1]$$

이 식에 $n=0$, 1을 차례로 대입하고 초기 조건을 이용하여 순차적으로 풀면

$$y[0]=y[-1]+2y[-2]+x[0]+x[-1]=1+2+1+0=4$$
$$y[1]=y[0]+2y[-1]+x[1]+x[0]=4+2+1+1=8$$

이고, 구한 초기 조건을 식 (9.30)에 대입하면

$$y[0]=c_1(-1)^0+c_2(2)^0-1=4$$
$$y[1]=c_1(-1)^1+c_2(2)^1-1=8$$

이 된다. 이를 c_1과 c_2에 대해 연립하여 풀면 $c_1=\dfrac{1}{3}$, $c_2=\dfrac{14}{3}$를 얻는다. 따라서 차분 방정식의 완전해, 즉 시스템의 출력은 다음과 같이 된다.

$$y[n]=\left[\frac{1}{3}(-1)^n+\frac{14}{3}(2)^n\right]+[-1]$$

예제 9-17 차분 방정식의 해 : 특성근이 중근인 경우

[예제 9-14]에 대해 고전적 해법을 적용하여 시스템 임펄스 응답을 구하라.

풀이

임펄스 응답은 다음과 같이 시스템의 차분 방정식에 $x[n]=\delta[n]$을 대입하여 구한다.

$$h[n]+6h[n-1]+9h[n-2]=\delta[n] \tag{9.31}$$

식 (9.31)은 특정 순간($n=0$)을 제외하고는 우변이 항상 0이 되므로 임펄스 응답 $h[n]$은 동차해가 될 수밖에 없다. 이때 우변이 0이 아닌 특정 순간의 관계는 초기 조건을 결정할 때 이용한다. 특성 방정식은 다음과 같으므로,

$$\gamma^2+6\gamma+9=(\gamma+3)^2=0$$

특성근은 $\gamma = -3$으로 중근이 된다. 따라서 임펄스 응답은 다음과 같은 형태가 된다.

$$h[n] = (c_1 + c_2 n)(-3)^n$$

$n \geq 0$에서의 초기 조건이 필요하므로, 식 (9.31)에 $n = 0, 1$을 대입하면

$$\begin{aligned} n=0 &: \ h[0] = -6h[-1] - 9h[-2] + \delta[0] = 1 \\ n=1 &: \ h[1] = -6h[0] - 9h[-1] + \delta[1] = -6 \end{aligned}$$

이다. 구해진 초기 조건을 임펄스 응답 식에 대입하면 다음과 같다.

$$\begin{aligned} h[0] &= (c_1 + c_2 \cdot 0)(-3)^0 = c_1 = 1 \\ h[1] &= (c_1 + c_2 \cdot 1)(-3)^1 = -3c_1 - 3c_2 = -6 \end{aligned}$$

이를 c_1과 c_2에 대해 연립하여 풀면 $c_1 = 1$, $c_2 = 1$을 얻는다. 따라서 시스템의 임펄스 응답은 다음과 같이 구해지며, [예제 9-14]에서 반복 대입법으로 구한 결과와 일치한다.

$$h[n] = (1+n)(-3)^n u[n]$$

차분 방정식과 임펄스 응답

이산 시스템의 임펄스 응답은 차분 방정식에서 입력 $x[n] = \delta[n]$으로 두어 구할 수 있다. 그런데 $\delta[n]$은 $n = 0$ 순간에만 존재하므로, 차분 방정식의 우변은 [예제 9-17]에서 본 것처럼 특정한 n 값을 제외하면 항상 0이 된다. 즉 시스템에 입력이 들어오지 않으므로, 차분 방정식의 완전해는 동차해만으로 이루어질 것이다. 다시 말해, 임펄스 응답은 동차해와 같은 꼴로서 시스템 모드 $\{\gamma_i^n\}$들로 구성된다. 우변이 0이 아닌 순간의 값들은 동차해의 계수를 구하는 데 필요한 조건을 찾는 데 쓰인다. 그런데 임펄스 응답이 시스템 모드 $\{\gamma_i^n\}$으로 이루어지기 때문에, 임펄스 응답이 식 (9.11)의 BIBO 안정도 조건을 만족시키기 위해서는 시스템 모드들이 시간이 지남에 따라 지수적으로 감쇠하여 0이 되지 않으면 안 된다. 그렇게 되기 위해서는 특성근 γ_i의 크기가 $|\gamma_i| < 1$이 되어야만 한다. 즉 시스템이 BIBO 안정하려면 $|\gamma_i| < 1$이어야 한다. 이 조건을 그림으로 나타내면 [그림 9-12]와 같다. $|\gamma_i| = 1$의 경우는 시스템이 안정에서 불안정으로 넘어가는 경계로 시스템 모드(임펄스 응답)가 상수 또는 순수 진동을 지속하므로 특별히 **임계 안정**marginally stable이라고 구분하기도 한다. 하지만 임계 안정은 임펄스 응답이 식 (9.11)의 절대 총합 가능 조건을 만족하지 않으므로 BIBO 불안정임을 주의해야 한다.

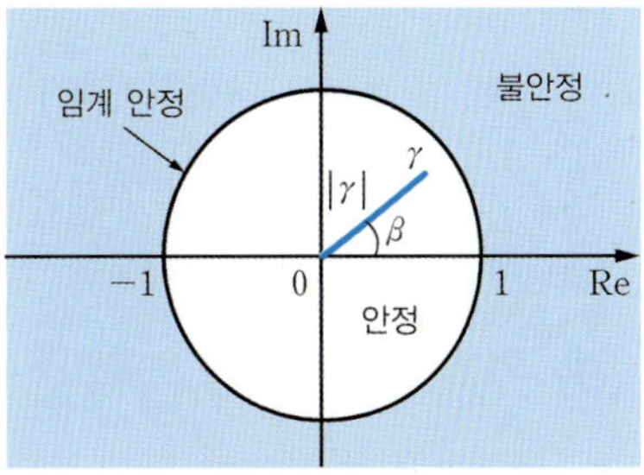

그림 9-12 특성근의 위치와 시스템 안정도

CHAPTER 09 연습문제

Quick Review

다음 문제에서 옳은 것을 골라라.

01 이산 시스템의 임펄스 응답은 물리적으로 구할 수 (있다, 없다).

02 입력의 이동 평균 항으로만 나타낼 수 있는 것은 (FIR, IIR) 시스템이다.

03 IIR 시스템은 차분 방정식에 항상 자기 회귀 항을 포함한다. (O, ×)

04 컨벌루션 표현에 의한 시스템 출력은 초기 상태에 의한 응답도 포함한다. (O, ×)

05 시스템에 대한 컨벌루션 표현은 (비선형, 선형, 선형 시불변) 시스템에만 적용된다.

06 임펄스 응답이 임펄스가 아니면 (순시적, 동적) 시스템이다.

07 비인과 시스템은 $n<0$에서 임펄스 응답의 값이 0이 아니다. (O, ×)

08 BIBO 안정한 시스템의 임펄스 응답은 절대 (적분, 총합, 곱) 가능하다.

09 순시적 시스템은 BIBO 불안정할 수 있다. (O, ×)

10 시스템의 임펄스 응답으로부터 계단 응답을 알아낼 수 없다. (O, ×)

11 컨벌루션 계산이 진행되는 시간축과 결과를 표시하는 시간축은 같다. (O, ×)

12 인과 신호와 비인과 신호의 컨벌루션은 $n<0$에서도 값을 갖는다. (O, ×)

13 길이 3과 길이 4인 두 이산 신호를 컨벌루션한 신호의 길이는 (3, 4, 6, 7, 12)이다.

14 이산 시스템의 구현도는 (적분기, 미분기, 시간 지연기, 곱셈기, 덧셈기)로 이루어진다.

15 이산 시스템 구현도에서 제1 직접형과 제2 직접형은 시간 지연기 수가 같다. (O, ×)

16 반복 대입법은 항상 닫힌 꼴의 차분 방정식 해를 제공한다. (O, ×)

17 차분 방정식의 특이해는 초기 조건과 상관없이 결정할 수 있다. (O, ×)

18 임펄스 응답과 형태가 같은 것은 (동차해, 특이해, 없음)이다.

19 이산 LTI 시스템의 특성근이 음의 실수이면 시스템이 BIBO 안정이다. (O, ×)

20 이산 시스템이 임계 안정이면 BIBO 안정이다. (O, ×)

기초 문제

9.1 다음 중에서 임펄스 응답이 $h[n]=(n+1)(u[n+1]-u[n-5])$인 이산 시스템이 만족하지 않는 성질을 모두 골라라.

㉮ 인과 시스템　　㉯ 불안정 시스템　　㉰ 동적 시스템　　㉱ IIR 시스템

9.2 이산 LTI 시스템의 입력 $x[n]$과 출력 $y[n]$이 다음과 같을 때, 임펄스 응답 $h[n]$을 구하라.

(a) $x[n]=2\delta[n-1]$, $y[n]=2\left(-\frac{1}{2}\right)^n+8\left(\frac{1}{4}\right)^n$

(b) $x[n]=3\delta[n-2]$, $y[n]=3\left(\frac{1}{3}\right)^n+9\left(\frac{1}{6}\right)^n$

9.3 다음 그림의 $x[n]$와 $h[n]$에 대해 컨벌루션 $y[n]=x[n]*h[n]$을 구하여 결과를 그려라.

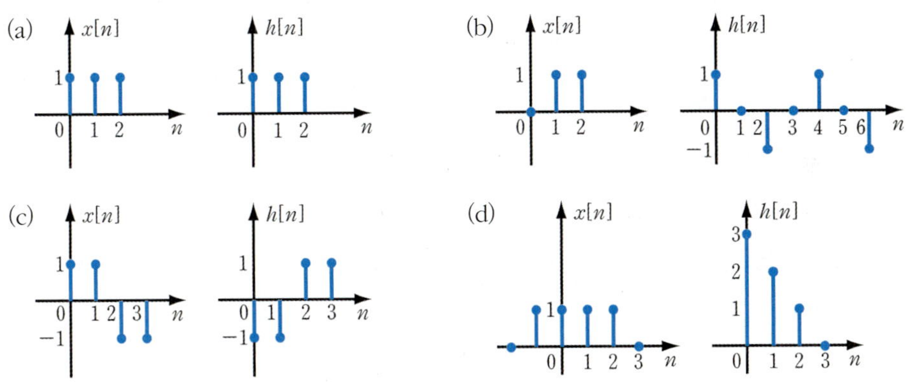

9.4 다음의 차분 방정식으로 표현되는 이산 LTI 시스템에 대해 물음에 답하라.

$$y[n]=x[n]+\frac{1}{2}x[n-1]$$

(a) 임펄스 응답을 구하라.

(b) 입력 $x[n]=2\delta[n]+4\delta[n-1]-2\delta[n-2]$을 넣을 때 중첩의 원리를 이용하여 출력을 구하라.

(c) 같은 입력에 대해 컨벌루션을 이용하여 출력을 구하라.

9.5 다음 그림과 같이 4개의 이산 LTI 시스템을 연결하였다. 이때 전체 시스템의 임펄스 응답을 구하라. 단, 각 시스템의 임펄스 응답은 다음과 같다.

(a)

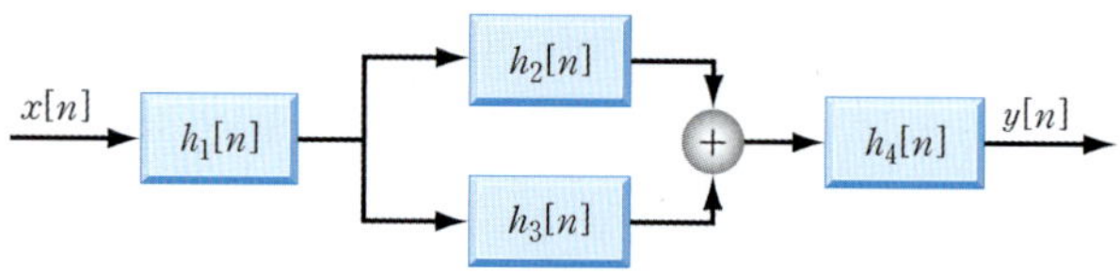

$$h_1[n] = \delta[n] - 3\delta[n-1], \quad h_2[n] = nu[n] + \left(\frac{1}{2}\right)^n u[n],$$

$$h_3[n] = (1-n)\,u[n-1], \quad h_4[n] = 3^{n+1}u[n]$$

(b)

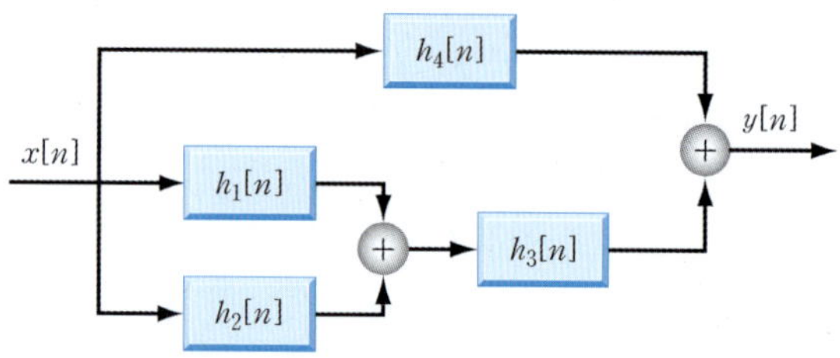

$$h_1[n] = u[n], \quad h_2[n] = -u[n] + u[n-2], \quad h_3[n] = \delta[n-2], \quad h_4[n] = a^n u[n]$$

9.6 다음의 임펄스 응답을 갖는 이산 LTI 시스템의 인과성과 안정도를 판별하라.

(a) $h[n] = (-1)^n u[n]$

(b) $h[n] = nu[-n]$

(c) $h[n] = (0.5)^{|n|}$

(d) $h[n] = \sin\left(\dfrac{\pi}{2}n\right)$

(e) $h[n] = \begin{cases} 2^n, & 0 \le n \le 100 \\ 0, & \text{그 외} \end{cases}$

(f) $h[n] = \sum_{k=0}^{\infty} \delta[n-2k]$

9.7 다음의 차분 방정식으로 표현되는 이산 시스템에 대해 제2 직접형 및 전치 제2 직접형 구현도를 그리고, 시스템의 안정도를 판정하라.

(a) $y[n] - \dfrac{5}{6}y[n-1] + \dfrac{1}{6}y[n-2] = 5x[n-1] - x[n-2]$

(b) $y[n] - 1.5y[n-1] + 0.5y[n-3] = x[n-2] + 2x[n-3]$

(c) $y[n] + 2y[n-1] + 0.96y[n-2] = 2x[n-1] + 3x[n-3]$

(d) $y[n] + y[n-1] + 2y[n-2] + y[n-3] + y[n-4] = x[n-1] + 2x[n-3]$

9.8 다음의 차분 방정식으로 표현되는 이산 시스템의 임펄스 응답을 반복 대입법과 고전적 해법으로 각각 구하라.

(a) $y[n]+2y[n-1]=x[n]$

(b) $y[n]+2y[n-1]=x[n]+x[n-1]$

(c) $y[n]+3y[n-1]+2y[n-2]=x[n]+x[n-1]$

(d) $y[n]-4y[n-1]+4y[n-2]=x[n]$

9.9 차분 방정식 $y[n]-\frac{1}{4}y[n-1]=x[n]-\frac{1}{8}x[n-2]$으로 표현되는 이산 시스템이 $y[n]=\delta[n]$의 출력을 내도록 하는 입력 $x[n]$을 구하라.

9.10 다음의 차분 방정식으로 표현되는 이산 LTI 시스템에 입력 $x[n]=u[n]$을 인가할 때, 출력 $y[n]$을 구하라.

(a) $y[n]-0.5y[n-1]=x[n]+0.5x[n-1]$, $y[-1]=1$

(b) $y[n]-y[n-1]-2y[n-2]=x[n]$, $y[-1]=1$, $y[-2]=1$

(c) $y[n]+y[n-1]+0.25y[n-2]=x[n]$, $y[-1]=0$, $y[-2]=1$

(d) $y[n]-\frac{3}{4}y[n-1]+\frac{1}{8}y[n-2]=\frac{3}{8}x[n]$, $y[-1]=1$, $y[-2]=1$

응용 문제

9.11 $x[n]=1,\ -3 \le n \le 3$과 $h[n]=-n+6,\ 1 \le n \le 5$의 컨벌루션 $y([n]=x[n]*h[n]$에 대한 다음의 설명 중 틀린 것은?

㉮ 두 신호 중 어느 신호를 반전하여 이동시켜 계산하더라도 같은 결과를 얻는다.

㉯ 컨벌루션 결과 $y[n]$은 유효 구간 내의 시간 n에 대해 양의 값이 된다.

㉰ 컨벌루션 결과 $y[n]$은 $-2 \le n \le 8$ 구간에 존재한다.

㉱ 컨벌루션 결과 $y[n]$의 길이는 $N=12$이다.

9.12 이산 LTI 시스템의 입력 $x[n]$에 대한 출력 $y[n]$가 다음과 같을 때, 임펄스 응답 $h[n]$을 구하라.

(a) $x[n]=[\underset{\uparrow}{1},\ 1,\ 2],\quad y[n]=[\underset{\uparrow}{1},\ -1,\ 3,\ -1,\ 6]$

(b) $x[n]=[\underset{\uparrow}{2},\ -1,\ 3],\quad y[n]=[\underset{\uparrow}{2},\ 3,\ 5,\ 10,\ 3,\ 9]$

(c) $x[n]=[\underset{\uparrow}{2},\ 4,\ 6,\ 8,\ 10,\ \cdots],\quad y[n]=[\underset{\uparrow}{1},\ 3,\ 5,\ 7,\ 9,\ 11,\ \cdots]$

9.13 이산 LTI 시스템의 입력 $x[n]$에 대한 출력 $y[n]$이 다음 그림과 같을 때, 시스템 임펄스 응답을 구하고, 이를 이용하여 신호 $s[n]$을 입력으로 넣을 때 출력 $z[n]$을 구하라.

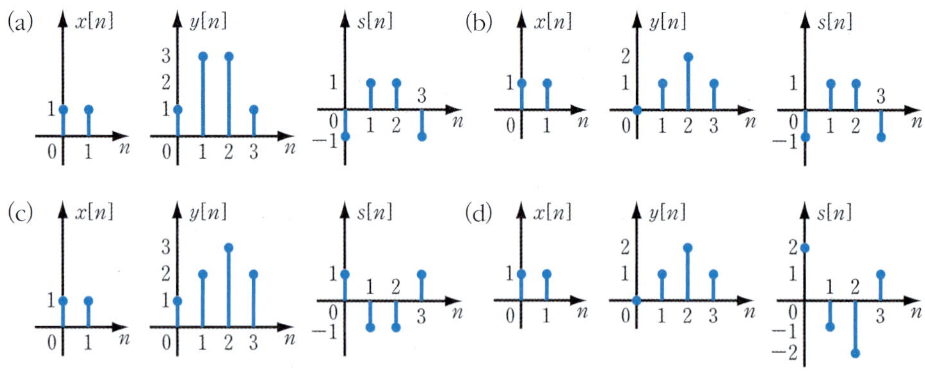

9.14 LTI 시스템의 입출력 관계가 다음과 같이 주어졌다. 각각의 경우에 대하여 시스템의 임펄스 응답을 구하고, 인과성과 안정성을 판별하라.

(a) $y[n]=x[n-3]$ (b) $y[n]=\sum_{k=-\infty}^{n} x[k-3]$ (c) $y[n]=\sum_{k=-\infty}^{n} 2^{k-n}x[k-3]$

9.15 시스템의 입력 $x[n]$과 임펄스 응답 $h[n]$이 다음과 같을 때, 시스템의 출력 $y[n]$을 구하라.

(a) $x[n]=u[n],\ \ h[n]=\delta[n]$

(b) $x[n]=u[n],\ \ h[n]=u[n]-u[n-10]$

(c) $x[n]=nu[n],\ \ h[n]=u[n]-u[n-10]$

(d) $x[n]=u[n],\ \ h[n]=u[n-3]$

(e) $x[n]=u[n],\ \ h[n]=\left(\frac{1}{2}\right)^n u[n]$

(f) $x[n]=u[n],\ \ h[n]=\left(\frac{1}{2}\right)^n u[n-2]$

9.16 다음 그림과 같은 블록선도로 표현되는 이산 시스템에 대한 차분 방정식을 구하라.

(a)

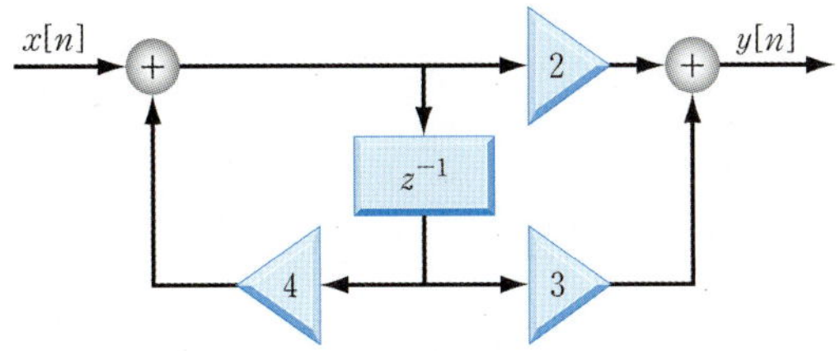

(b)

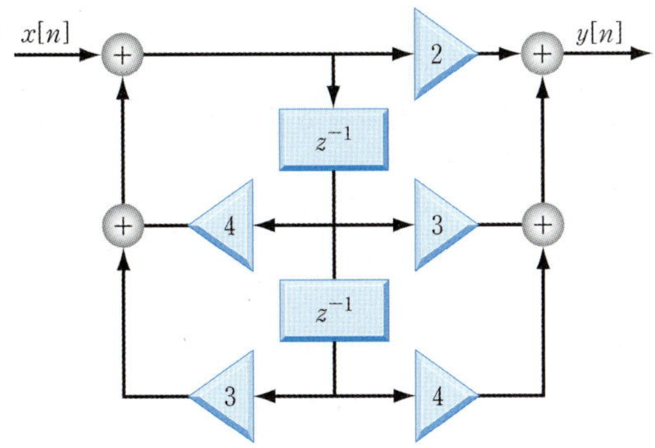

9.17 $y[n]+4y[n-1]+5y[n-2]+2y[n-3]=x[n-1],\ x[n]=(0.5)^n$의 해에 포함되지 않는 항을 모두 골라라.

㉮ $(1)^n$　　㉯ $n(1)^n$　　㉰ $n^2(1)^n$　　㉱ $(2)^n$

㉲ $n(2)^n$　　㉳ $n^2(2)^n$　　㉴ $(0.5)^n$　　㉵ $n(0.5)^n$

9.18 다음의 차분 방정식으로 표현되는 이산 LTI 시스템에 대해 입력이 $x[n]=0$, $x[n]=\delta[n]$, $x[n]=u[n]$, $x[n]=(0.5)^n u[n]$일 때의 출력을 각각 구하라.

(a) $y[n]+3y[n-1]+2y[n-2]=x[n]$, $y[-1]=0$, $y[-2]=1$

(b) $y[n]+2y[n-1]+y[n-2]=x[n]$, $y[-1]=1$, $y[-2]=1$

9.19 2차 이산 LTI 시스템이 $n<0$에서 모든 초기 조건이 0일 때 입력 $x[n]=u[n]$에 대한 출력이 다음과 같다고 한다. 이 시스템의 차분 방정식을 구하라.

$$y[n]=-\frac{1}{2}(-1)^n+\frac{4}{3}(-2)^n+\frac{1}{6},\quad n\geq 0$$

9.20 이산 LTI 시스템이 다음과 같을 때 물음에 답하라.

$$y[n]+ay[n-1]=x[n]$$

(a) $x[n]=u[n]$, $y[-1]=1$일 때 출력을 구하라.

(b) $x[n]=2u[n]$, $y[-1]=1$일 때 출력을 구하라.

(c) $x[n]=2u[n]$, $y[-1]=2$일 때 출력을 구하라.

(d) $x[n]=(0.5)^n u[n]$, $y[-1]=1$일 때 출력을 구하라.

(e) $x[n]=(0.5)^n u[n]+u[n]$, $y[-1]=2$일 때 출력을 구하라.

(f) 이상의 계산 결과로부터 출력과 초기 조건의 연관 관계를 설명하라.

CHAPTER 10

이산 시간 푸리에 급수

Discrete Time Fourier Series

학습목표

- 이산 정현파 신호의 주기성으로 인한 특성을 이해할 수 있다.
- 이산 시간 푸리에 급수(DTFS)의 개념과 특징을 이해할 수 있다.
- 이산 주기 신호의 스펙트럼의 특성을 이해할 수 있다.
- DTFS가 갖는 여러 유용한 성질들을 이해하고 잘 활용할 수 있다.

미리보기

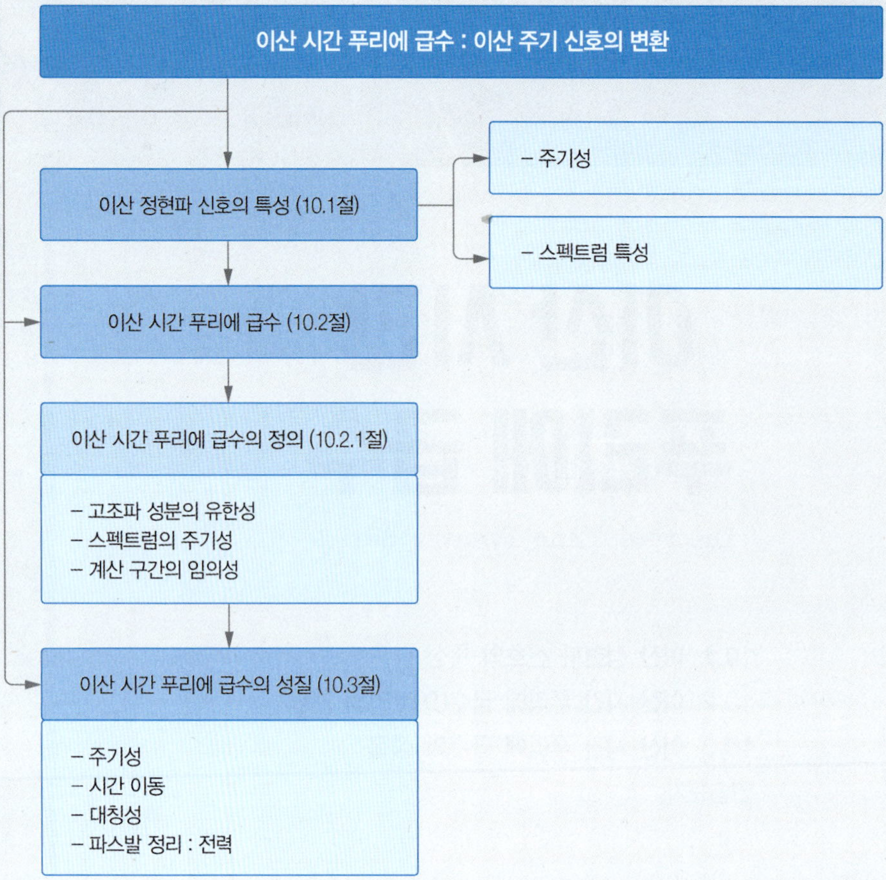

5장과 6장에서 배운 연속 신호의 푸리에 급수 / 변환은 주파수 영역에서 신호와 시스템을 편리하게 분석하고 처리할 수 있게 해준다. 그런데 최근에는 컴퓨터를 이용해 신호와 시스템을 해석하고 처리하는 것이 추세이므로, 이에 적합한 형태인 이산 신호의 푸리에 해석 기법에 대한 이해와 활용이 꼭 필요하다. 이산 시간 푸리에 해석은 근본적으로 연속 시간 푸리에 해석의 연장선 위에 있기에 서로 비슷하지만, 이산 정현파 신호의 속성이 연속 신호와는 달라서 몇 가지 중요한 차이도 드러난다. 이 장에서는 먼저 이산 주기 신호가 대상인 이산 시간 푸리에 급수(DTFS)의 정의에 대해 알아보고, 연속 시간 푸리에 급수와의 유사점과 차이점, 그리고 그 이유를 정확히 이해하는 데 초점을 맞추어 설명할 것이다.

10.1 이산 정현파 신호의 특성

주기 신호에 대한 주파수 영역 변환이라는 점에서 연속 시간 푸리에 급수(CTFS)와 이산 시간 푸리에 급수(DTFS)는 비슷하지만, 8장에서 살펴보았던 이산 정현파의 특성으로 인해 뚜렷이 구분되는 차이점도 있다. 이산 신호의 스펙트럼은 주기 함수이며, 이산 시간 푸리에 급수는 유한한 개수의 주파수 성분만으로 구성된다. 그러므로 이 절에서는 이산 시간 푸리에 급수를 설명하기에 앞서 이산 정현파의 특성을 되짚어보기로 한다.

학습포인트

- 이산 정현파 신호의 주기성 및 이와 관련한 주요 성질을 파악한다.
- 이산 신호의 주파수 스펙트럼의 특징과 표현 방법에 대해 알아본다.

이산 정현파 신호의 주기성

이산 신호에 대해서도 연속 신호 때와 마찬가지로, 주파수 영역으로 표현을 변환해주는 기본 신호로 (복소) 정현파를 사용한다. 그런데 8.1.4절에서 살펴본 것처럼 이산 정현파 신호는 연속 정현파와 비교해 다음의 차이점을 가진다.

- 이산 (복소) 정현파는 디지털 주파수가 유리수일 경우에만 주기 신호가 된다.

$$\frac{\Omega_0}{2\pi} = F_0 = \frac{k}{N} \quad (k,\ N\text{은 정수}) \tag{10.1}$$

- 주파수가 2π의 정수배만큼 차이 나는 이산 정현파들은 구분할 수 없는 같은 신호이다.

$$e^{j(\Omega_0 + 2\pi k)n} = e^{j\Omega_0 n} e^{j2\pi kn} = e^{j\Omega_0 n} \tag{10.2a}$$

$$\cos((\Omega_0 + 2\pi k)n) = \cos(\Omega_0 n + 2\pi kn) = \cos(\Omega_0 n) \tag{10.2b}$$

- 이산 정현파 신호는 주파수 $0 \le \Omega \le 2\pi (0 \le F \le 1)$ 범위 내에서만 구분할 수 있고, 가질 수 있는 최대 주파수가 $\Omega_{\max} = 2\pi (F_{\max} = 1)$를 넘지 않는다.
- 이산 주기 정현파 신호의 최대 주파수는 $\Omega_{\max} = \pi (F_{\max} = 0.5)$이다.

이런 차이는 이산 신호의 시간 변수 n이 정수이기 때문에 생긴다. 연속 (복소) 정현파의 경우에는 시간 변수 t가 연속적인 값을 가지므로, t값이 정수인 순간들을 제외하면 $e^{j\omega_0 t}$과 $e^{j(\omega_0 + 2\pi k)t}$이 같지 않다. 그러나 이산 (복소) 정현파는 n이 항상 정수이므로, 정현파의 $2\pi-$ 주기성에 의해 어떠한 순간에도 $e^{j\Omega_0 n}$과 $e^{j(\Omega_0 + 2\pi k)n}$이 완벽하게 일치한다.

이산 정현파 신호의 스펙트럼

- 이산 신호의 스펙트럼은 2π 주기로 같은 값이 반복되는 주기 함수이다. 따라서 한 주기 구간인 2π의 주파수 범위에 대해서만 나타내도 충분하다.
- 이산 실수 신호의 스펙트럼은 $0 \le \Omega \le \pi(0 \le F \le 0.5)$에서만 나타내도 충분하다.

신호의 스펙트럼은 정현파를 기저 신호로 이용하여 주파수 성분을 나타내므로, 식 (10.2)의 관계로 인해 이산 신호의 스펙트럼은 2π 간격으로 같은 값이 반복된다. 그 결과 한 주기 구간인 2π의 주파수 범위 내에서만 서로 다른 주파수 성분으로 구분할 수 있을 뿐이다. 이에 실수 신호 스펙트럼의 대칭성을 결합하면 반주기 구간만 나타내도 충분하다.

예제 10-1 이산 정현파 신호의 2π-주기성과 스펙트럼

주파수가 2π 차이 나는 이산 정현파 $x[n]=\cos(\Omega_0 n)$과 $y[n]=\cos((\Omega_0+2\pi)n)$의 스펙트럼을 그리고 어떤 관계인지 설명하라.

풀이

$x[n]$의 스펙트럼은 [그림 10-1(a)]와 같이 굵은 실선으로 표시된 선 스펙트럼 쌍이 2π 간격으로 반복되는 형태이다. 그림에서는 반복되는 선 스펙트럼 쌍을 서로 구분하여 나타내었다. [그림 10-1(b)]는 $y[n]$의 스펙트럼으로, [그림 10-1(a)]와 마찬가지로 대응되는 선 스펙트럼 쌍들은 같은 패턴으로 나타나 있다. 그림에서처럼 짝을 지어 선 스펙트럼을 구분하지 않는다면, 다시 말해 선 스펙트럼의 원래 출처를 따지지 않는다면, 두 신호는 모든 선 스펙트럼이 같은 주파수에서 존재한다. 결과적으로 두 신호의 스펙트럼은 완전히 일치한다. 즉 두 신호는 구분할 수 없는 같은 신호이다.

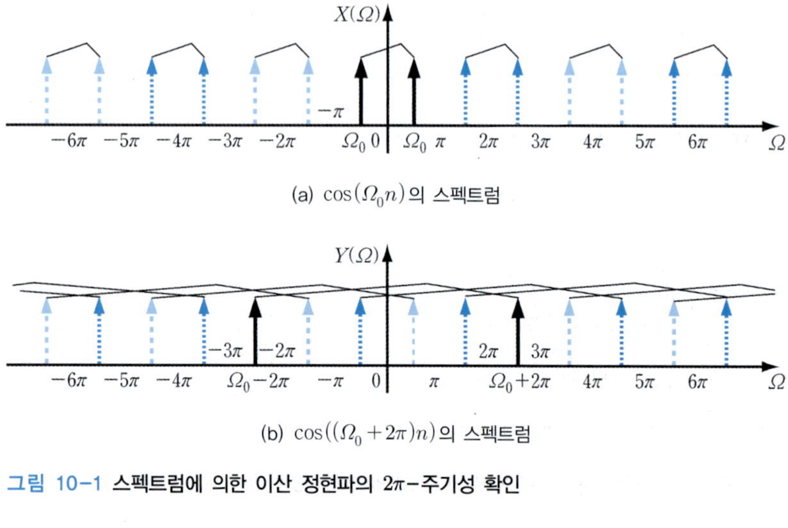

그림 10-1 스펙트럼에 의한 이산 정현파의 2π-주기성 확인

10.2 이산 시간 푸리에 급수(DTFS)의 개요

연속 신호에서 사용했던 접근 방식과 마찬가지로, 이산 신호에 대해서도 주기 신호에 대한 주파수 영역 표현인 이산 시간 푸리에 급수(DTFS)을 먼저 살펴본 다음, 그 결과를 비주기 신호로 확장해 살펴보는 것이 편리하다. 이산 시간 푸리에 급수는 연속 시간 푸리에 급수(CTFS)와는 달리 유한개의 주파수 성분만으로 구성되는 주기 함수로 계산이나 성질 등에서 이에 따른 차이가 있다. 이 절에서는 이산 시간 푸리에 급수의 정의와 계산에 대해 간단히 살펴보기로 한다.

학습포인트

- 연속계와 이산계의 푸리에 해석의 유사성과 차이를 이해한다.
- 이산 주기 신호가 유한개의 주파수 성분만을 가진다는 사실을 이해한다.
- 이산 시간 푸리에 급수의 정의와 계산 방법을 명확히 이해한다.
- 여러 이산 주기 신호의 DTFS 계산을 통하여 DTFS의 특성을 파악한다.
- 이산 주기 신호의 스펙트럼의 특성에 대해 이해한다.

10.2.1 이산 시간 푸리에 급수의 정의

푸리에 급수의 기본 개념은 이산 주기 신호라고 해서 다를 게 없다. 연속 주기 신호와 마찬가지로, 주파수 영역으로 신호의 표현을 바꾸기 위한 기저 신호로는 (복소) 정현파 신호가 사용된다. 이때 이산 주기 신호의 주기성을 맞출 수 있게끔 기본 주파수의 정수배인 주파수를 갖는 정현파(기본파 및 고조파) 성분들만 갖게 된다.

이산 주기 신호의 주파수 성분

- 이산 주기 신호의 주파수 성분은 DC와 기본 주파수의 정수배 주파수를 갖는 기본파 및 고조파 성분으로 이루어진다.
- 주기가 N인 이산 주기 신호의 (서로 다른) 주파수 성분은 N개를 넘을 수 없다.
- 이산 주기 신호의 N개의 주파수 성분은 복소평면의 단위원을 실축에서부터 N등분한 각 점에 상응한다.

주기가 N인 이산 N-주기 신호의 기본 주파수는 $\Omega_0 = \dfrac{2\pi}{N}\left(F_0 = \dfrac{1}{N}\right)$이고, k고조파의 주파수는 $k\Omega_0 = \dfrac{2\pi}{N}k$가 된다. 그런데 식 (10.2)의 2π-주기성에 의해 다음과 같이 k고조파와 $k+N$,

$k+2N$, $k+3N$, ⋯ 고조파는 구분되지 못하는 같은 신호이므로, 이산 주기 신호가 가질 수 있는 주파수 성분은 1, $e^{j\Omega_0}$, $e^{j2\Omega_0}$, ⋯, $e^{j(N-1)\Omega_0}$의 N개밖에 없다.

$$e^{j\frac{2\pi}{N}(k+mN)n}=e^{j\frac{2\pi}{N}kn}e^{j2\pi mn}=e^{j\frac{2\pi}{N}kn} \tag{10.3}$$

하나의 예로, [그림 10-2]는 $N=8$인 이산 신호의 주파수 성분들을 나타낸 것이다. $e^{jk\Omega_0 n}$은 크기가 1이므로 복소평면의 단위원을 실축에서부터 N등분한 점에 위치하며, k가 1씩 커짐에 따라 반시계 방향으로 위상이 $\Omega_0=\dfrac{2\pi}{8}$씩 회전한다. 따라서 k가 8번 증가하면 한 바퀴 돌아서 처음 위치로 되돌아오게 된다. 즉 주기가 $N=8$로 같은 패턴을 반복하기 때문에, 구분 가능한 주파수 성분은 그림에 나타낸 것처럼 오직 $N=8$개뿐이다.

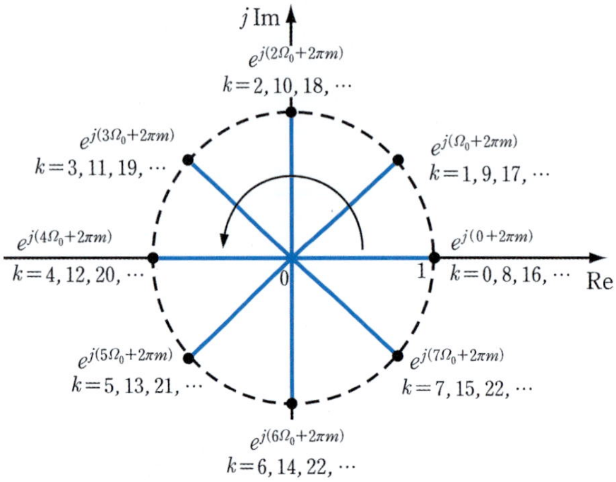

그림 10-2 주기 신호의 고조파($N=8$)

이산 시간 푸리에 급수의 정의

이산 N-주기 신호 $x_N[n]$에 대한 **이산 시간 푸리에 급수(DTFS)** Discrete Time Fourier Series는 다음과 같이 N개의 주파수 성분에 대응하는 복소 정현파의 일차 결합으로 표현된다. 이산 신호에 대한 푸리에 표현 앞에는 항상 '이산 시간(DT)'이란 용어를 붙여서 연속 시간의 경우와 구분될 수 있도록 할 것이다.

- **이산 시간 푸리에 급수**(주파수 합성) : $x_N[n]=\sum_{m=0}^{N-1}X_m e^{jm\Omega_0 n}$ (10.4)
- **푸리에 계수**(주파수 분석) : $X_k=\dfrac{1}{N}\sum_{n=0}^{N-1}x_N[n]e^{-jk\Omega_0 n}$ (10.5)

이산 시간 푸리에 급수는 최대 N개의 주파수 성분만 가지며, 스펙트럼이 2π 구간 내에 대역 제한되어 주기적으로 반복된다. 그리고 식 (10.4)에서 보듯이 한 주기에 대한 계산이므로 항상 수렴한다. 이런 특성들은 일반적으로 무한개의 주파수 성분을 갖고, 스펙트럼의 대역폭도 무한대가 되며, 수렴 조건을 충족해야만 급수 전개가 가능한 연속 시간 푸리에 급수와 대비되는 특성이다.

식 (10.5)는 연속 시간의 경우와 마찬가지로 직교성을 이용하여 얻을 수 있다. 식 (10.4)의 양변에 $e^{-jk\Omega_0 n}$을 곱하여 한 주기에 대한 총합을 취하면 다음과 같이 된다.

$$\begin{aligned}\sum_{n=0}^{N-1} x[n]\, e^{-jk\Omega_0 n} &= \sum_{n=0}^{N-1}\sum_{m=0}^{N-1} X_m\, e^{j(m-k)\Omega_0 n} \\ &= \sum_{m=0}^{N-1} X_m \left[\sum_{n=0}^{N-1} e^{j(m-k)\Omega_0 n}\right]\end{aligned} \tag{10.6}$$

그런데 $e^{jN\Omega_0 n} = 1$이므로 식 (10.6) 대괄호 안의 총합은 다음과 같이 된다.

$$\sum_{n=0}^{N-1} e^{jl\Omega_0 n} = \begin{cases} \displaystyle\sum_{n=0}^{N-1} 1 = N, & l = 0,\ \pm N,\ \pm 2N,\ \cdots \\[2ex] \dfrac{1-e^{jl\Omega_0 N}}{1-e^{jl\Omega_0}} = 0, & l \neq 0,\ \pm N,\ \pm 2N,\ \cdots \end{cases} \tag{10.7}$$

즉 식 (10.6)의 대괄호 안의 총합은 모든 $m \neq k$에 대해 0이고, 오직 $m = k$일 때만 N이 되어 푸리에 계수 X_k는 식 (10.5)와 같이 구해진다.

X_k도 이산 정현파의 2π-주기성 때문에 주기 N인 주기 함수가 되는데, 이는 다음과 같이 간단히 보일 수 있다.

$$\begin{aligned}X_{k+lN} &= \frac{1}{N}\sum_{n=0}^{N-1} x[n]\, e^{-j(k+lN)\Omega_0 n} = \frac{1}{N}\sum_{n=0}^{N-1} x[n]\, e^{-jk\Omega_0 n} e^{-jlN\Omega_0 n} \\ &= \frac{1}{N}\sum_{n=0}^{N-1} x[n]\, e^{-jk\Omega_0 n} e^{-j2\pi l n} = \frac{1}{N}\sum_{n=0}^{N-1} x[n]\, e^{-jk\Omega_0 n} = X_k\end{aligned} \tag{10.8}$$

연속 주기 신호의 경우와 마찬가지로 푸리에 계수 X_k는 일반적으로 복소수이다. 따라서 극좌표 형식 $X_k = |X_k| e^{j\angle X_k}$으로 나타낼 수 있고, 여기서 $|X_k|$는 진폭 스펙트럼, $\angle X_k$는 위상 스펙트럼이 된다.

예제 10-2 정현파로 구성된 이산 주기 신호의 푸리에 계수 계산

이산 주기 신호 $x[n]=1+\sin\left(\frac{\pi}{4}n\right)+2\cos\left(\frac{\pi}{2}n\right)$에 대해 푸리에 급수를 구하라.

풀이

$x[n]$이 정현파들로만 구성되어 있으므로, 식 (10.5)의 정의식을 이용하여 직접 계산하기보다는 오일러 공식을 이용하여 직관적으로 푸리에 계수를 결정하는 것이 더 수월하다. 사인 항의 주기는 $N_1=8$이고 코사인 항의 주기는 $N_2=4$이므로, 두 항의 공통 주기인 $N=8$이 신호 $x[n]$의 주기가 되고 기본 주파수는 $\Omega_0=\frac{\pi}{4}$이다. 따라서 오일러 공식을 이용하여 정현파들을 복소 정현파로 바꾸어 나타내면 다음과 같다.

$$\begin{aligned}x[n]&=e^{j0\frac{\pi}{4}n}+\frac{1}{j2}\left(e^{j\frac{\pi}{4}n}-e^{-j\frac{\pi}{4}n}\right)+\left(e^{j2\frac{\pi}{4}n}+e^{-j2\frac{\pi}{4}n}\right)\\&=e^{j0\frac{\pi}{4}n}-j\frac{1}{2}\left(e^{j\frac{\pi}{4}n}-e^{j(-\frac{\pi}{4}+2\pi)n}\right)+\left(e^{j2\frac{\pi}{4}n}+e^{j\left(-\frac{2\pi}{4}+2\pi\right)n}\right)\\&=e^{j0\frac{\pi}{4}n}-j\frac{1}{2}e^{j\frac{\pi}{4}n}+e^{j2\frac{\pi}{4}n}+e^{j6\frac{\pi}{4}n}+j\frac{1}{2}e^{j7\frac{\pi}{4}n}\end{aligned}$$

이때 첫 번째 등식($<N>=[-4,3]$) 또는 마지막 등식($<N>=[0,7]$)과 식 (10.4)를 비교하여 다음과 같은 푸리에 계수를 얻을 수 있으며, 이를 통해 $X_{N-k}=X_{-k}=X_k^*$가 성립함을 볼 수 있다.

$$\begin{cases}X_{-4}=0\\X_{-3}=0\\X_{-2}=1\\X_{-1}=j\frac{1}{2}\\X_0=1\\X_1=-j\frac{1}{2}\\X_2=1\\X_3=0\end{cases}\quad \text{또는} \quad \begin{cases}X_0=1\\X_1=-j\frac{1}{2}\\X_2=1\\X_3=0\\X_4=0\\X_5=0\\X_6=1\\X_7=j\frac{1}{2}\end{cases}$$

푸리에 계수로부터 구한 진폭 스펙트럼과 위상 스펙트럼을 [그림 10-3]에 나타내었다. 이때 주파수축은 k, Ω, F 중 어느 것을 채택해도 무방하다. 그림에서 보면, 스펙트럼도 주기 $N=8$로 반복되고 있으며 진폭 스펙트럼은 우대칭, 위상 스펙트럼은 기대칭을 만족하고 있다. 따라서 6장에서 살펴본 연속 실수 신호의 푸리에 스펙트럼에 대한 대칭성이 이산 실수 신호의 경우에도 성립함을 알 수 있다. 그런데 스펙트럼이 주기적으로 반복되면서 대칭성을 만족하려면 한 주기 내에서도 반주기에 해당하는 점(그림에서 $k=\pm4$ 또는 $\Omega=\pm\pi$의 경우)을 대칭축으로 하여 대칭성이 그대로 성립해야 한다. 이 사실은 그림에서 바로 확인할 수 있다. 따라서 실수 신호는 스펙트럼이 반주기 구간 $0\le\Omega\le\pi$에서만 주어지면 전체 주파수에 대한 스펙트럼을 구성할 수 있다.

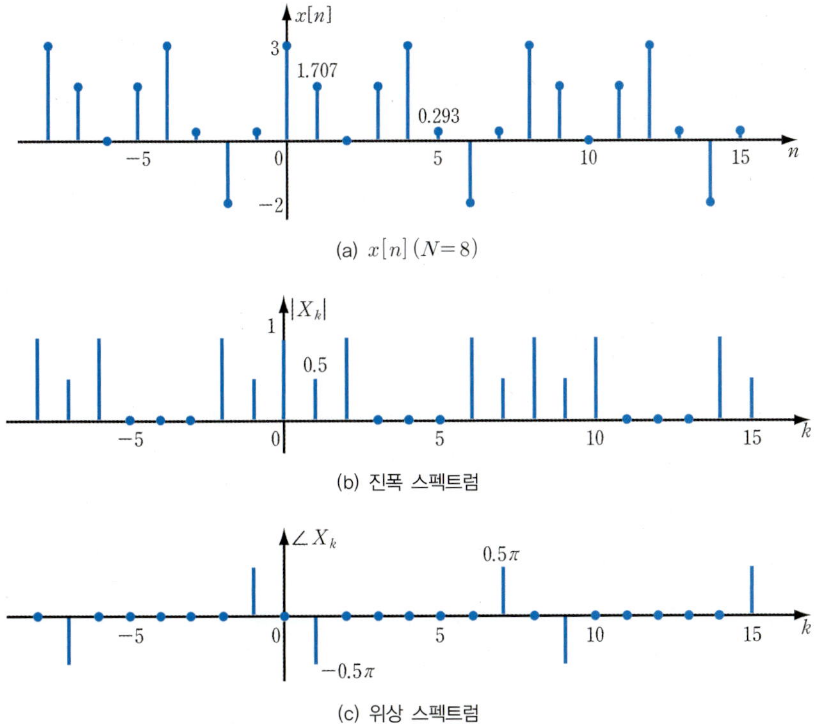

그림 10-3 [예제 10-2]의 이산 주기 신호와 스펙트럼

예제 10-3 스펙트럼에 의한 이산 주기 신호의 합성

[예제 10-2]에서 구한 [그림 10-3]의 스펙트럼으로부터 대응되는 이산 신호를 구하라.

풀이

우선 [그림 10-3]의 스펙트럼이 주기가 8인 선 스펙트럼이므로, 대응되는 신호는 주기 $N=8$인 주기 신호이며 $\Omega_0 = \frac{\pi}{4}$임을 알 수 있다.

[방법 1]

식 (10.4)의 DTFS 합성식에서 총합 구간을 $\langle N \rangle = [-4, 3]$으로 해서 이산 신호를 구하면 다음과 같이 된다.

$$
\begin{aligned}
x[n] &= \sum_{k=-3}^{4} X_k e^{jk\frac{\pi}{4}n} \\
&= e^{-j\frac{2\pi}{4}n} + \frac{1}{2}e^{j\frac{\pi}{2}}e^{-j\frac{\pi}{4}n} + 1 + \frac{1}{2}e^{-j\frac{\pi}{2}}e^{j\frac{\pi}{4}n} + e^{j\frac{2\pi}{4}n} \\
&= 1 + \frac{1}{2}\left(e^{j\left(\frac{\pi}{4}n-\frac{\pi}{2}\right)} + e^{-j\left(\frac{\pi}{4}n-\frac{\pi}{2}\right)}\right) + \left(e^{j\left(\frac{2\pi}{4}n\right)} + e^{-j\left(\frac{2\pi}{4}n\right)}\right) \\
&= 1 + \cos\left(\frac{\pi}{4}n - \frac{\pi}{2}\right) + 2\cos\left(\frac{2\pi}{4}n\right) = 1 + \sin\left(\frac{\pi}{4}n\right) + 2\cos\left(\frac{\pi}{2}n\right)
\end{aligned}
$$

[방법 2]

스펙트럼에서 직류 항은 그대로 두고 양의 주파수의 스펙트럼을 크기가 2배인 정현파로 바꾸면 식 (10.4)의 계산을 직접 하지 않고서도 간편하게 합성 신호를 얻을 수 있다. 그림에서 보면, 양의 반주기 구간 $0 \le k \le 4 (0 \le \Omega \le \pi)$에 대해 $k=0(\Omega=0)$에서 $|X_0|=1 \ \angle X_0=0$, $k=1(\Omega=\Omega_0)$에서 $|X_1|=\frac{1}{2} \ \angle X_1=-\frac{\pi}{2}$, $k=2(\Omega=2\Omega_0)$에서 $|X_2|=1 \ \angle X_2=0$, $k=3(\Omega=3\Omega_0)$에서 $X_3=0$, $k=4(\Omega=4\Omega_0)$에서 $X_4=0$이므로 $x[n]$은 다음과 같이 된다.

$$
\begin{aligned}
x[n] &= |X_0|e^{j\angle X_0} + 2|X_1|\cos(\Omega_0 n + \angle X_1) + 2|X_2|\cos(2\Omega_0 n + \angle X_2) \\
&= 1 + \cos\left(\frac{\pi}{4}n - \frac{\pi}{2}\right) + 2\cos\left(\frac{2\pi}{4}n\right) \\
&= 1 + \sin\left(\frac{\pi}{4}n\right) + 2\cos\left(\frac{\pi}{2}n\right)
\end{aligned}
$$

두 방법 모두 얻어진 결과는 [예제 10-2]의 신호 $x[n]$과 일치한다. 두 방법을 비교해보면, [방법 2]가 더 간편하다는 것을 알 수 있다.

예제 10-4 이산 임펄스 열의 푸리에 급수

주기 N인 이산 임펄스 열 $x[n] = \sum_{m=-\infty}^{\infty} \delta[n-mN]$의 이산 시간 푸리에 급수를 구하고 스펙트럼을 그려라.

풀이

주기 N이므로 기본 주파수는 $\Omega_0 = \frac{2\pi}{N}$이다. 식 (10.5)의 정의식을 이용하여 푸리에 계수를 구하면 다음과 같이 모든 주파수 성분의 크기가 $\frac{1}{N}$로 동일하게 구해진다.

$$
X_k = \frac{1}{N}\sum_{n=0}^{N-1} x[n]e^{-jk\Omega_0 n} = \frac{1}{N}\left(\delta[n]e^{-jk\Omega_0 0} + \sum_{n=1}^{N-1} 0e^{-jk\Omega_0 n}\right) = \frac{1}{N}
$$

임펄스 열 신호와 그 스펙트럼을 [그림 10-4]에 나타내었다. 그림에서 보면, 이산 임펄스 열의 스펙트럼 또한 간격이 Ω_0인 이산 임펄스 열이 됨을 알 수 있다.

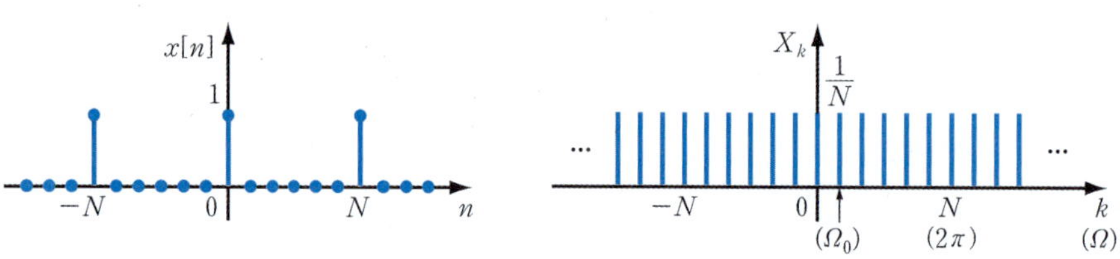

(a) 이산 임펄스 열 (b) 임펄스 열의 푸리에 스펙트럼

그림 10-4 이산 임펄스 열과 스펙트럼

이산 시간 푸리에 급수의 효율적 계산

이산 주기 신호의 푸리에 급수 표현에서 식 (10.4)의 $x_N[n]$과 식 (10.5)의 X_k를 계산할 때, 총합 계산 구간을 반드시 0에서부터 $(N-1)$까지로 한정할 필요 없이 임의의 연속된 N개의 샘플을 더해도 결과는 같아진다. 따라서 이산 시간 푸리에 급수 표현은 다음과 같이 다시 나타낼 수 있다.

- **이산 시간 푸리에 급수**(합성식) : $x[n] = \sum_{k=<N>} X_k e^{jk\Omega_0 n}$ (10.9)
- **푸리에 계수**(분석식) : $X_k = \frac{1}{N}\sum_{n=<N>} x[n]e^{-jk\Omega_0 n}$ (10.10)
- 일반적으로 총합 구간은 신호의 대칭성을 이용해 계산이 간단해지도록 정한다.

여기서 $\sum_{k=<N>}$ 은 구간이 어디든지 연속된 N개의 샘플을 더한다는 뜻이다. 식 (10.4)와 식 (10.5)에서 $x_N[n]$과 X_k는 N-주기 신호이고, 고조파 $e^{jk\Omega_0 n}$의 공통 주기도 N이다. 그런데 주기가 N인 두 신호를 곱한 결과도 주기 N인 주기 신호가 되므로, $X_k e^{jk\Omega_0 n}$과 $x_N[n]e^{-jk\Omega_0 n}$도 N-주기 신호이다. 또한 N-주기 신호는 매 N 샘플마다 같은 값이 반복되므로 한 주기에 대한 총합 계산은 임의의 연속된 N개의 샘플을 더하기만 하면 같은 결과를 얻는다. 그러므로 신호와 스펙트럼의 대칭성을 이용하여 계산이 간단해지도록 총합 구간을 정하면 편리하다. 예를 들어 N이 홀수이면 $<N> = [-(N-1)/2, (N-1)/2]$로 잡는다.

예제 10-5 이산 주기 신호의 푸리에 급수와 스펙트럼

[그림 10-5]의 이산 주기 신호에 대해 푸리에 급수 표현과 스펙트럼을 구하라.

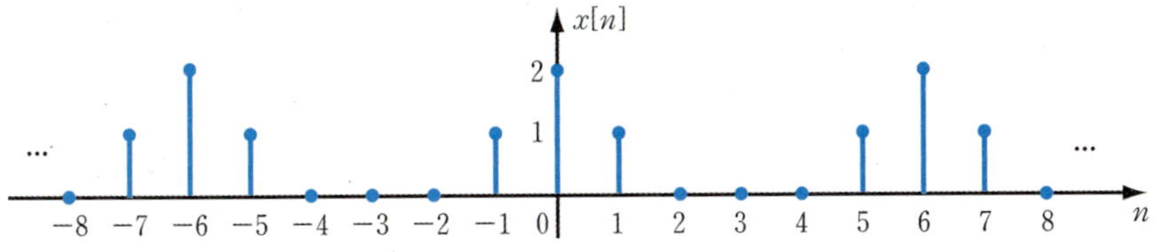

그림 10-5 [예제 10-5]의 이산 주기 신호

풀이

이 신호의 주기는 $N=6$이며, 기본 주파수는 $\Omega_0 = \frac{\pi}{3}$이다. 신호가 우대칭이므로, 식 (10.10)에서 $n=-3$부터 $n=2$까지 총합을 취하는 것이 좋다.

$$X_k = \frac{1}{6}\sum_{n=-3}^{2} x[n]e^{-jk\frac{\pi}{3}n} = \frac{1}{6}\left(e^{j\frac{\pi}{3}k} + 2 + e^{-j\frac{\pi}{3}k}\right) = \frac{1}{3}\left(1+\cos\left(\frac{k\pi}{3}\right)\right)$$

이 결과에 $k=0, 1, 2, 3, 4, 5$를 대입하여 정리하면 다음을 얻는다.

$$X_0 = \frac{1}{3}\left(1+\cos\left(\frac{0\pi}{3}\right)\right) = \frac{2}{3} \qquad X_3 = \frac{1}{3}\left(1+\cos\left(\frac{3\pi}{3}\right)\right) = 0$$

$$X_1 = \frac{1}{3}\left(1+\cos\left(\frac{\pi}{3}\right)\right) = \frac{1}{2} \qquad X_4 = \frac{1}{3}\left(1+\cos\left(\frac{4\pi}{3}\right)\right) = \frac{1}{6}$$

$$X_2 = \frac{1}{3}\left(1+\cos\left(\frac{2\pi}{3}\right)\right) = \frac{1}{6} \qquad X_5 = \frac{1}{3}\left(1+\cos\left(\frac{5\pi}{3}\right)\right) = \frac{1}{2}$$

$k = -3, -2, -1, 0, 1, 2$를 넣어도 마찬가지이다. 예를 들어 $k = -2$이면 다음과 같다.

$$X_{-2} = \frac{1}{3}\left(1+\cos\left(\frac{-2\pi}{3}\right)\right) = \frac{1}{3}\left(1+\cos\left(\frac{4\pi}{3}\right)\right) = X_4$$

푸리에 계수 X_k가 모두 양의 실수이므로 곧 진폭 스펙트럼이다($X_k = |X_k|$). 이를 [그림 10-6]에 나타내었는데, 주기 6으로 반복되고 있음을 확인할 수 있다.

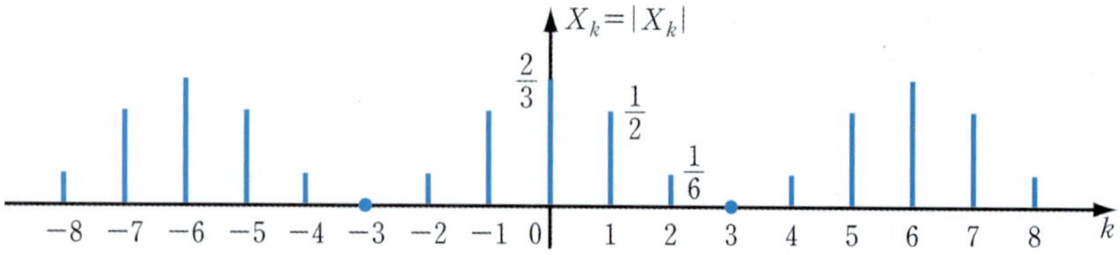

그림 10-6 [예제 10-5]의 이산 주기 신호의 스펙트럼

[예제 10-5]와는 반대로, 스펙트럼이 주어지면 이로부터 주기 신호를 합성할 수 있다. 스펙트럼으로부터 이산 N-주기 신호를 합성하려면, 단지 연속되는 N개의 주파수 성분만 더하면 된다. 이때 구간의 위치는 상관이 없다.

예제 10-6 스펙트럼에 의한 이산 주기 신호의 합성

[그림 10-6]의 스펙트럼이 주어질 때, 이로부터 대응되는 이산 신호를 구하라.

풀이

우선 [그림 10-6]을 보면 주기가 6인 선 스펙트럼이므로, 대응되는 신호가 주기 $N=6$인 주기 신호이며 $\Omega_0 = \frac{\pi}{3}$임을 알 수 있다.

스펙트럼이 우대칭이므로 식 (10.9)의 총합 구간을 $\langle N \rangle = [-3, 2]$로 하여 합성 신호를 구하면 다음과 같이 된다.

$$\begin{aligned} x[n] &= X_{-3}e^{-j\frac{3\pi}{3}n} + X_{-2}e^{-j\frac{2\pi}{3}n} + X_{-1}e^{-j\frac{\pi}{3}n} + X_0 e^{j\frac{0\pi}{3}n} + X_1 e^{j\frac{\pi}{3}n} + X_2 e^{j\frac{2\pi}{3}n} \\ &= \frac{2}{3}e^{j\frac{0\pi}{3}n} + \frac{1}{2}\left(e^{-j\frac{\pi}{3}n} + e^{j\frac{\pi}{3}n}\right) + \frac{1}{6}\left(e^{-j\frac{2\pi}{3}n} + e^{j\frac{2\pi}{3}n}\right) + 0e^{-j\frac{3\pi}{3}n} \\ &= \frac{2}{3} + \frac{1}{2}2\cos\left(\frac{\pi}{3}n\right) + \frac{1}{6}2\cos\left(\frac{2\pi}{3}n\right) = \frac{2}{3} + \cos\left(\frac{\pi}{3}n\right) + \frac{1}{3}\cos\left(\frac{2\pi}{3}n\right) \end{aligned}$$

이 식에 $n=0,1,2,3,4,5$를 대입하면 [그림 10-5]의 신호가 얻어짐을 확인할 수 있다.

다음과 같이 총합 구간을 $\langle N\rangle=[0,5]$로 해도 같은 결과가 얻어지지만, 계산이 더 번거롭다. 그러므로 총합 구간은 되도록 오일러 공식을 적용하기 쉽도록 잡는 것이 좋다.

$$\begin{aligned} x[n] &= X_0 e^{j0\frac{\pi}{3}n} + X_1 e^{j\frac{\pi}{3}n} + X_2 e^{j\frac{2\pi}{3}n} + X_3 e^{j\frac{3\pi}{3}n} + X_4 e^{j\frac{4\pi}{3}n} + X_5 e^{j\frac{5\pi}{3}n} \\ &= \frac{2}{3} + \frac{1}{2}\left(e^{j\frac{\pi}{3}n} + e^{j\frac{5\pi}{3}n}\right) + \frac{1}{6}\left(e^{j\frac{2\pi}{3}n} + e^{j\frac{4\pi}{3}n}\right) \\ &= \frac{2}{3} + \frac{1}{2}\left(e^{j\frac{\pi}{3}n} + e^{-j\frac{\pi}{3}n}\right) + \frac{1}{6}\left(e^{j\frac{2\pi}{3}n} + e^{-j\frac{2\pi}{3}n}\right) \\ &= \frac{2}{3} + \cos\left(\frac{\pi}{3}n\right) + \frac{1}{3}\cos\left(\frac{2\pi}{3}n\right) \end{aligned}$$

이상의 풀이는 총합 구간과 계산의 편의성을 보여주기 위한 것이고, 단지 합성 신호를 구하는 것이 실제 목적이라면 [예제 10-3]의 [방법 2]를 사용하는 것이 제일 간편하다. $0 \le k \le 3 (0 \le \Omega \le \pi)$에 대해 $k=0(\Omega=0)$에서 $|X_0|=\frac{2}{3}$, $k=1(\Omega=\Omega_0)$에서 $|X_1|=\frac{1}{2}$, $k=2(\Omega=2\Omega_0)$에서 $|X_2|=\frac{1}{6}$이고 위상은 모두 0인 주파수 성분을 가지므로 $x[n]$은 다음과 같이 된다.

$$\begin{aligned} x[n] &= |X_0| + 2|X_1|\cos(\Omega_0 n + \angle X_1) + 2|X_2|\cos(2\Omega_0 n + \angle X_2) \\ &= \frac{2}{3} + \cos\left(\frac{\pi}{3}n\right) + \frac{1}{3}\cos\left(\frac{2\pi}{3}n\right) \end{aligned}$$

10.3 이산 시간 푸리에 급수의 성질

지금까지 살펴본 세 가지 푸리에 표현(연속 시간 푸리에 급수, 연속 시간 푸리에 변환, 이산 시간 푸리에 급수)과 다음 장에서 다룰 이산 시간 푸리에 변환은 기본적으로 성질이 비슷하다. 다만 연속 신호와 다르게 이산 신호의 스펙트럼이 주기 함수이기 때문에 일부 성질에서 차이가 나게 된다. 이 절에서는 그런 성질들을 중심으로 간단히 결과만 살펴보고, 자세한 내용은 11.3절 이산 시간 푸리에 변환(DTFT)의 성질에서 다루기로 한다.

학습포인트

- DTFS의 주기성과 대칭성에 대해 이해한다.
- 신호의 시간 이동에 대한 스펙트럼의 결과는 무엇인지 이해한다.
- 이산 주기 신호의 전력에 대한 파스발 정리를 이해한다.

주기성

이산 정현파의 2π-주기성 때문에 식 (10.8)에서 보았듯이 이산 주기 신호의 푸리에 계수 X_k는 주기 N인 주기 함수가 된다. 즉 다음의 관계가 성립한다.

$$x[n+mN] = x[n] \Leftrightarrow X_{k+lN} = X_k \tag{10.11}$$

시간 이동

신호의 시간 이동에 대해 진폭 스펙트럼은 바뀌지 않고 위상 스펙트럼만 선형적으로 바뀐다. 즉 n_0만큼 시간 이동된 주기 신호 $x[n-n_0]$의 푸리에 계수는 다음의 관계를 만족한다.

$$x[n-n_0] \Leftrightarrow e^{-jn_0k\Omega_0}X_k \tag{10.12}$$

식 (10.12)의 관계는 푸리에 계수 정의식 식 (10.10)에서 $n-n_0=m$으로 변수 치환하여 간단히 보일 수 있다.

$$\begin{aligned} X_k{}' &= \frac{1}{N}\sum_{n=<N>} x[n-n_0]e^{-jk\Omega_0 n} = \sum_{m=<N>} x[m]e^{-jk\Omega_0(m+n_0)} \\ &= e^{-jk\Omega_0 n_0}\sum_{m=<N>} x[m]e^{-jk\Omega_0 m} = e^{-jn_0k\Omega_0}X_k \end{aligned} \tag{10.13}$$

예제 10-7 신호의 시간 이동에 대한 스펙트럼 변화

[그림 10-7]의 이산 주기 신호에 대해 푸리에 급수 표현과 스펙트럼을 구하라.

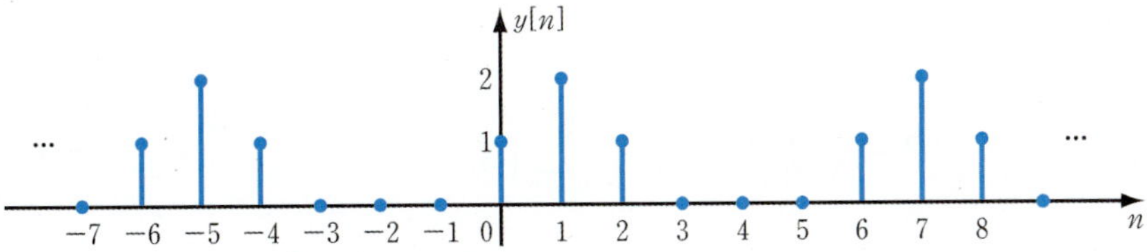

그림 10-7 [예제 10-7]의 이산 주기 신호

풀이

이 신호는 [예제 10-5]의 신호 $x[n]$을 $n_0 = 1$만큼 지연한 신호이다. 즉 $y[n] = x[n-1]$로, 주기 $N = 6$, 기본 주파수 $\Omega_0 = \frac{\pi}{3}$이다. 이 경우는 신호의 대칭성을 이용할 수 없으므로 식 (10.10)에서 $n = 0$부터 $n = 5$까지 총합을 취하여 푸리에 계수를 구하면 다음과 같다.

$$Y_k = \frac{1}{6}\sum_{n=0}^{5} y[n]e^{-jk\frac{\pi}{3}n} = \frac{1}{6}\left(1 + 2e^{-j\frac{k\pi}{3}} + e^{-j\frac{2k\pi}{3}}\right)$$
$$= \frac{1}{6}e^{-j\frac{k\pi}{3}}\left(e^{j\frac{k\pi}{3}} + e^{-j\frac{k\pi}{3}} + 2\right) = \frac{1}{3}e^{-j\frac{k\pi}{3}}\left(\cos\left(\frac{k\pi}{3}\right) + 1\right)$$

이 결과를 [예제 10-5]에서 구한 $X_k = \frac{1}{3}\left(1 + \cos\left(\frac{k\pi}{3}\right)\right)$와 비교하면, $Y_k = X_k e^{-jn_0 k\Omega_0}$가 됨을 알 수 있다.

대칭성

실수 주기 신호 $x[n]$의 푸리에 계수는 공액 대칭을 만족한다.

$$X_k = X_{-k}^{*} = X_{N-k}^{*}, \quad x[n]\text{은 실수} \tag{10.14}$$

이로부터 진폭 스펙트럼은 우대칭, 위상 스펙트럼은 기대칭이라는 결과를 얻을 수 있다.

$$\begin{cases} |X_k| = |X_{-k}|, & x[n]\text{은 실수} \\ \angle X_k = -\angle X_{-k}, & x[n]\text{은 실수} \end{cases} \tag{10.15}$$

이산 실수 주기 신호의 스펙트럼은 대칭성과 주기성을 동시에 만족해야 하므로 반주기점 $\frac{N}{2}(\Omega = \pi)$을 대칭축으로 하여 대칭성이 그대로 성립한다. 따라서 스펙트럼이 반주기 구간 $0 \le \Omega \le \pi$에서만 주어지면 전체 주파수에 대한 스펙트럼을 구성할 수 있다.

파스발 정리 : 전력

이산 주기 신호에 대해서도 신호의 전력에 대한 파스발 정리가 성립한다.

파스발 정리 : 전력

$$P=\frac{1}{N}\sum_{n=0}^{N-1}|x[n]|^2=\sum_{k=0}^{N-1}|X_k|^2 \tag{10.16}$$

- 주기 신호의 전력은 시간 영역에서 구하나 주파수 영역에서 구하나 마찬가지이다.
- 서로 다른 주파수 성분 간에는 전력이 전혀 만들어지지 않는다. 그러므로 주기 신호의 전력은 각 고조파 성분의 전력을 더하면 된다.

푸리에 급수에 의해 신호의 표현만 주파수 함수로 바뀌었을 뿐 신호 자체가 바뀐 게 아니므로 어느 영역에서 전력을 계산하든지 마찬가지임은 당연한 결과이다. 그리고 서로 다른 주파수 성분 간에 전력이 만들어지지 않는 것은 푸리에 급수 표현의 기저 신호로 사용되는 (복소) 정현파의 직교성 때문이다.

예제 10-8 푸리에 급수 표현에 의한 주기 신호의 전력

주기 신호 $x[n]=1+\sin\left(\frac{\pi}{4}n\right)+2\cos\left(\frac{\pi}{2}n\right)$의 전력을 계산하라.

풀이

주어진 신호는 [예제 10-2]의 신호 $x[n]$으로, 신호 $x[n]$의 주기는 $N=8$, 기본 주파수는 $\Omega_0=\frac{\pi}{4}$이다. 이 신호의 전력을 시간 영역에서 직접 계산하면 다음의 총합 계산을 수행해야 한다.

$$P=\frac{1}{N}\sum_{n=0}^{N-1}|x[n]|^2=\frac{1}{8}\sum_{n=0}^{7}\left(1+\sin\left(\frac{\pi}{4}n\right)+2\cos\left(\frac{\pi}{2}n\right)\right)^2$$

위의 총합 계산을 하는 것보다는 파스발 정리를 이용하여 스펙트럼으로부터 전력을 계산하는 게 더 쉽다. [예제 10-2]에서 구한 $x[n]$의 푸리에 계수는 다음과 같다.

$$X_0=1,\quad X_1=-j\frac{1}{2},\quad X_2=1,\quad X_6=1,\quad X_7=j\frac{1}{2}$$

파스발 정리를 적용하면 다음과 같이 전력을 구할 수 있다.

$$P=\sum_{k=0}^{7}|X_k|^2=1^2+\left(\frac{1}{2}\right)^2+1^2+1^2+\left(\frac{1}{2}\right)^2=3.5$$

CHAPTER 10 연습문제

Quick Review

다음 문제에서 옳은 것을 골라라.

01 $\cos(0.4\pi n)$과 $\cos(4.4\pi n)$은 서로 다른 신호이다. (O, ×)

02 이산 정현파가 가질 수 있는 최대 각주파수는 (2π, ∞)이다.

03 실수 이산 신호의 스펙트럼은 (주기, 비주기) 함수이다.

04 이산 신호의 스펙트럼은 2π의 주파수 범위 내에서만 서로 다른 주파수 성분으로 구분할 수 있다. (O, ×)

05 이산 신호의 스펙트럼의 반복 주기는 연속 신호의 (기본, 샘플링) 주파수에 해당한다.

06 이산 실수 신호의 스펙트럼은 $0 \le \Omega \le \pi$에서만 나타내도 충분하다. (O, ×)

07 이산 주기 신호의 주파수 성분은 주기 N개보다 많을 수 없다. (O, ×)

08 이산 주기 신호의 고조파는 복소평면의 (단위원, 허축)에 (등간격, 임의)로 존재한다.

09 DTFS는 디리클레 조건과 같은 별도의 수렴 조건을 요구한다. (O, ×)

10 DTFS는 항상 $[0,\ N-1]$의 주기 구간에 대해서 계산을 수행해야 한다. (O, ×)

11 이산 실수 신호의 스펙트럼은 최소한 (반주기, 한주기, 전주파수)에서 주어지면 된다.

12 이산 시간 푸리에 급수의 계수는 일반적으로 (실수, 복소수)이다.

13 이산 실수 신호의 스펙트럼은 반주기점($\Omega = \pm\pi$)에 대해서도 대칭성이 그대로 성립한다. (O, ×)

14 스펙트럼으로부터 이산 N-주기 신호를 합성하려면, (연속되는 N개, 무한개) 주파수 성분을 더해야 한다.

15 연속이든 이산이든 상관없이 주기 신호의 스펙트럼은 선 스펙트럼이다. (O, ×)

16 이산 주기 신호의 DTFS의 푸리에 계수 X_k는 N-주기 함수이다. (O, ×)

17 신호를 시간축 상에서 이동시키면 (진폭, 위상) 스펙트럼이 변화한다.

18 실수 주기 신호의 스펙트럼은 공액 대칭을 만족한다. (O, ×)

19 이산 주기 신호의 전력은 시간 파형을 알아야만 계산할 수 있다. (O, ×)

20 이산 주기 신호의 고조파끼리는 서로 전력을 형성한다. (O, ×)

기초 문제

10.1 다음과 같은 이산 신호가 주기 $N=4$로 반복되는 이산 주기 신호 $x[n]$의 이산 시간 푸리에 급수를 구하라.

(a) $[\underset{\uparrow}{1},\ 2,\ 1,\ 0]$

(b) $[-1,\ \underset{\uparrow}{2},\ -1,\ 0]$

(c) $[\underset{\uparrow}{1},\ 1,\ 0,\ 0]$

(d) $[\underset{\uparrow}{0},\ 0,\ 1,\ 1]$

(e) $[\underset{\uparrow}{2},\ -1,\ 1,\ 2]$

(f) $[\underset{\uparrow}{1},\ 2,\ -2,\ 3]$

10.2 다음과 같은 이산 주기 신호에 대해서 이산 시간 푸리에 급수의 계수를 구하고, 진폭 및 위상 스펙트럼을 그려라.

(a) $x[n]=\cos\left(\dfrac{\pi}{4}(n-1)\right)$

(b) $x[n]=\sin\left(\dfrac{3\pi}{2}(n-1)\right)$

(c) $x[n]=\cos\left(\dfrac{2\pi}{3}n\right)+\sin\left(\dfrac{2\pi}{4}n\right)$

(d) $x[n]=(0.5)^{|n|},\ -2\le n\le 3,\ N=6$

10.3 다음 그림의 이산 주기 신호에 대한 DTFS를 구하고 진폭 및 위상 스펙트럼을 그려라.

(a)

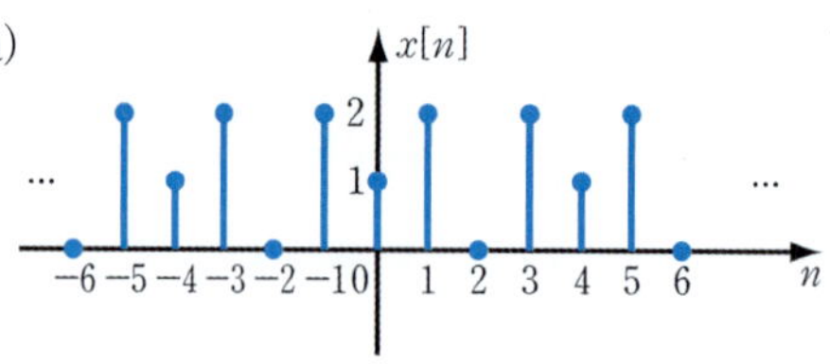

(b)

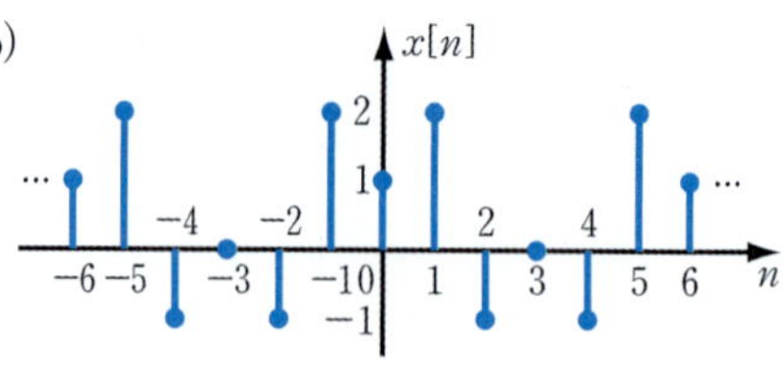

(c)

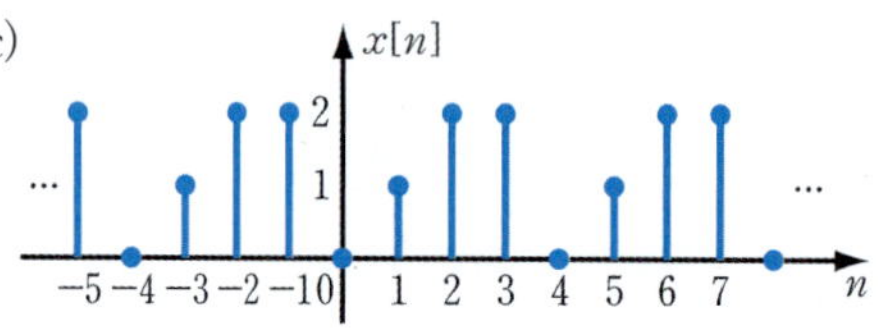

(d)

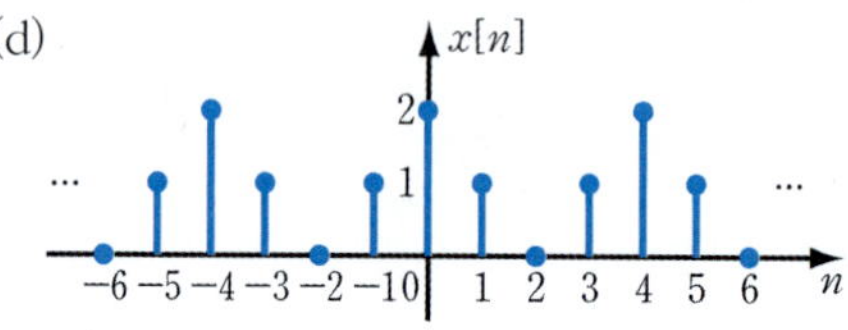

10.4 다음과 같은 이산 주기 신호의 이산 시간 푸리에 급수를 구하라.

(a) $x[n]=\cos\left(\dfrac{\pi}{2}n-\dfrac{\pi}{4}\right)$ (b) $x[n]=1+\sin\left(\dfrac{\pi}{2}n+\dfrac{\pi}{3}\right)$

(c) $x[n]=2\cos\left(\dfrac{3\pi}{4}n\right)+\sin\left(\dfrac{\pi}{3}n\right)$ (d) $x[n]=\cos\left(\dfrac{\pi}{4}(n-1)\right)-\cos\left(\dfrac{\pi}{4}(n-2)\right)$

(e) $x[n]=\begin{cases}1, & 0\le n\le 2\\ 0, & 3\le n\le 7\end{cases}$, $N=8$ (f) $x[n]=\displaystyle\sum_{m=-\infty}^{\infty}(-1)^m\delta(n-m)+\cos\left(\dfrac{2\pi}{3}n\right)$

10.5 다음 그림과 같이 스펙트럼이 주어질 때, 이로부터 대응되는 이산 신호를 구하라.

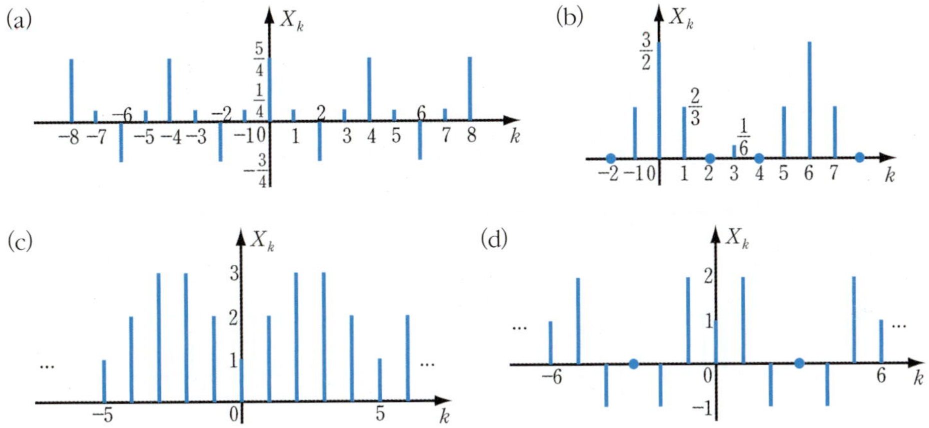

10.6 이산 주기 신호 $x[n]$의 DTFS 계수가 다음과 같을 때, 이에 대응하는 $x[n]$을 구하라.

(a) $X_k=\delta[k]+\delta[k-1]+\delta[k-2]+\delta[k-3]$, $0\le k\le 3$, $N=4$

(b) $X_k=\delta[k]+\delta[k-1]+\delta[k-2]+\delta[k-3]$, $0\le k\le 7$, $N=8$

(c) $X_k=\delta[k]+\delta[k-2]+\delta[k-4]+\delta[k-6]$, $0\le k\le 7$, $N=8$

(d) $X_k=\delta[k-1]+\delta[k-3]+\delta[k-5]+\delta[k-7]$, $0\le k\le 7$, $N=8$

10.7 이산 주기 신호 $x[n]$의 DTFS 계수가 다음과 같을 때, 이에 대응하는 $x[n]$을 구하라.

(a) $X_k=1+\dfrac{1}{2}\cos\left(\dfrac{\pi}{2}k\right)+\cos\left(\dfrac{\pi}{4}k\right)$ (b) $X_k=\dfrac{1}{2}\sin\left(\dfrac{\pi}{6}k\right)+\dfrac{1}{3}\cos\left(\dfrac{\pi}{2}k\right)$

(c) $X_k=\cos\left(\dfrac{\pi}{4}k\right)+2\sin\left(\dfrac{3\pi}{4}k\right)$ (d) $X_k=(-1)^k$

10.8 이산 주기 신호 $x[n]$의 DTFS 계수가 다음 그림과 같을 때, 각각의 물음에 답하라.

(a)

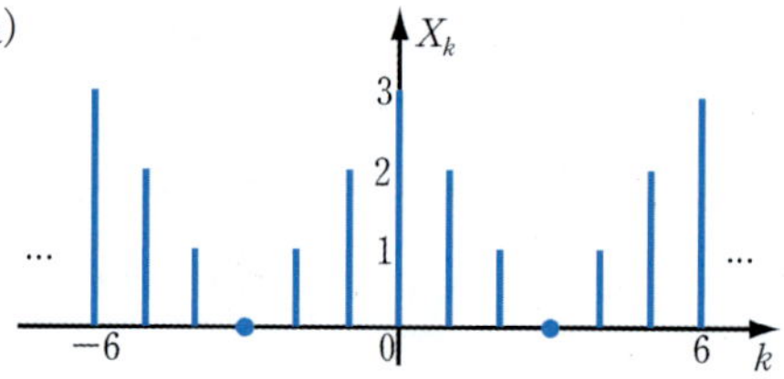

(b)

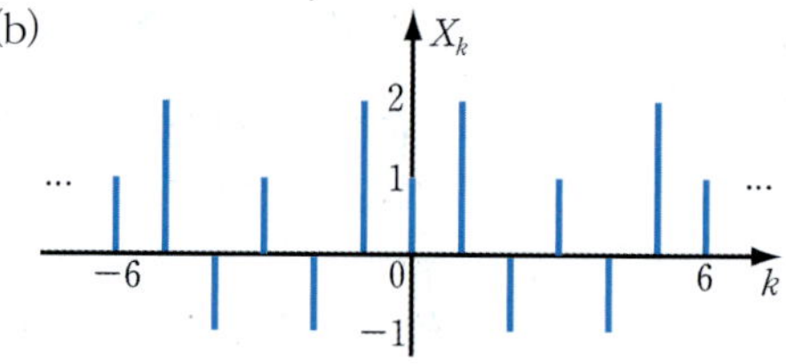

(i) $n = 0$에서의 $x[n]$의 값 $x[0]$를 구하라.

(ii) $x[n-3]$의 푸리에 계수를 구하라.

10.9 다음 그림과 같은 이산 주기 신호에 대해서 이산 시간 푸리에 급수의 계수를 구하라.

(a)

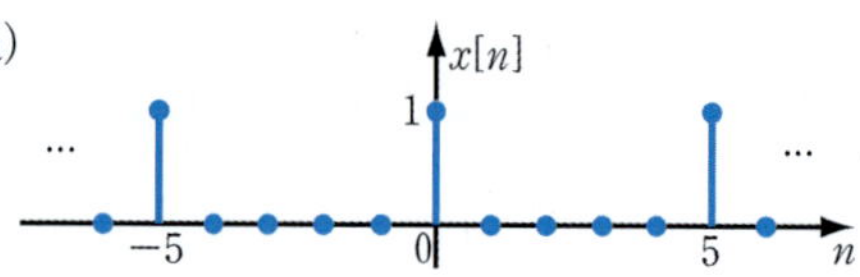

(b)

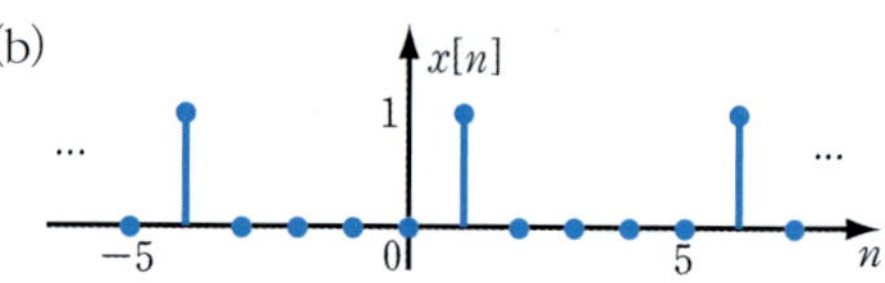

(c)

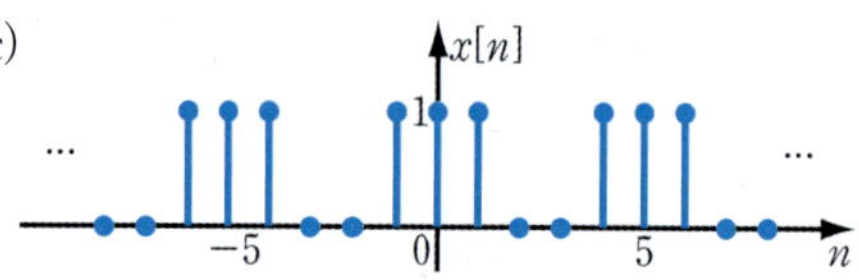

(d)

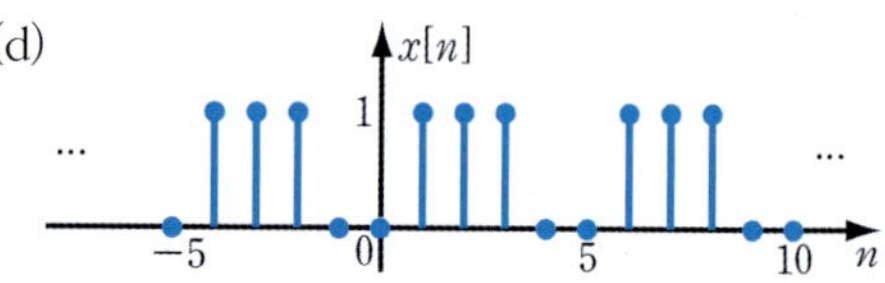

10.10 파스발 정리를 이용하여 다음 이산 주기 신호의 전력을 계산하라.

(a) $x[n] = \cos\left(\frac{2\pi}{3}n\right) - \sin\left(\frac{2\pi}{7}n\right)$

(b) $x[n] = 1 - 4\sin\left(\frac{\pi}{6}n\right) + 2\cos\left(\frac{\pi}{3}n\right) + 6\cos\left(\frac{\pi}{2}n\right)$

(c) $x[n] = 4\sin\left(\frac{2\pi}{3}n\right)\cos\left(\frac{\pi}{2}n\right)$

(d) $x[n] = (0.5)^{|n|}$, $-2 \le n \le 3$, $N = 6$

응용 문제

10.11 다음과 같은 이산 주기 신호의 이산 시간 푸리에 급수를 구하라.

(a) $x[n] = \begin{cases} 1, & n = \text{짝수} \\ 0, & n = \text{홀수} \end{cases}$

(b) $x[n] = \begin{cases} +1, & n = \text{짝수} \\ -1, & n = \text{홀수} \end{cases}$

(c) $x[n] = \sum_{m=-\infty}^{\infty} \delta[n - mN]$

(d) $x[n] = \sum_{m=-\infty}^{\infty} (\delta[n+1-mN] + \delta[n-mN] + \delta[n-1-mN])$

10.12 다음 그림과 같은 이산 주기 신호에 대해서 이산 시간 푸리에 급수의 계수를 구하고, 진폭 및 위상 스펙트럼을 그려라.

(a)

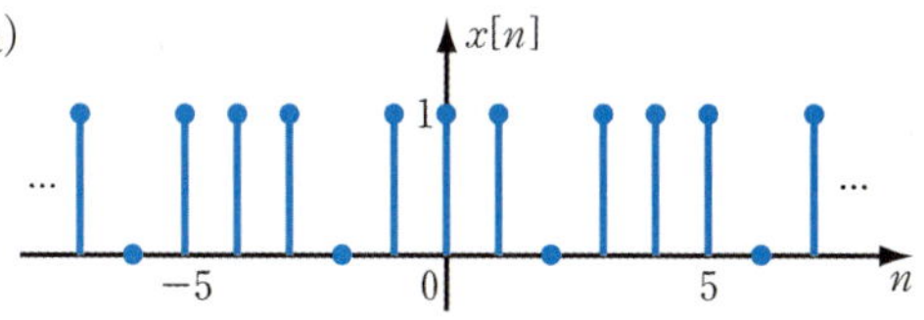

(b)

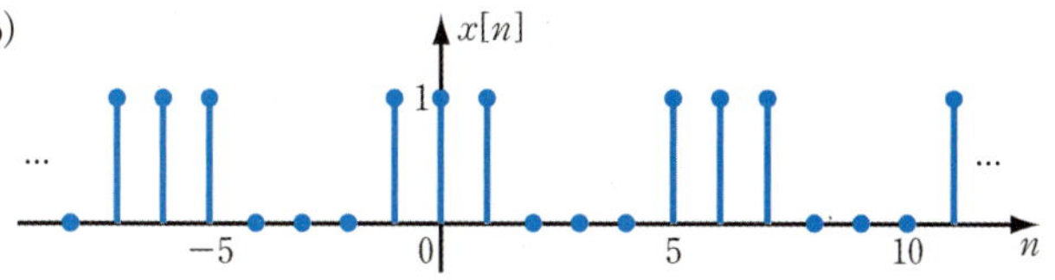

10.13 다음 각 경우에 주기 $N = 8$인 이산 주기 신호의 DTFS 계수가 주어져 있다. 이에 대응하는 신호 $x[n]$을 구하라.

(a) $X_k = \delta[k+3] + 2\delta[k] + \delta[k-3], \ -3 \le k \le 4$

(b) $X_k = \cos\left(\frac{k\pi}{4}\right) + \sin\left(\frac{3k\pi}{4}\right)$

(c) $X_k = (-1)^k, \ 0 \le k \le 7$

(d) $X_k = \begin{cases} 1, & -4 \le k \le 3, \ k \ne \pm 2 \\ 0, & k = \pm 2 \end{cases}$

10.14 다음 그림과 같이 스펙트럼이 주어질 때, 이로부터 대응되는 이산 신호를 구하라.

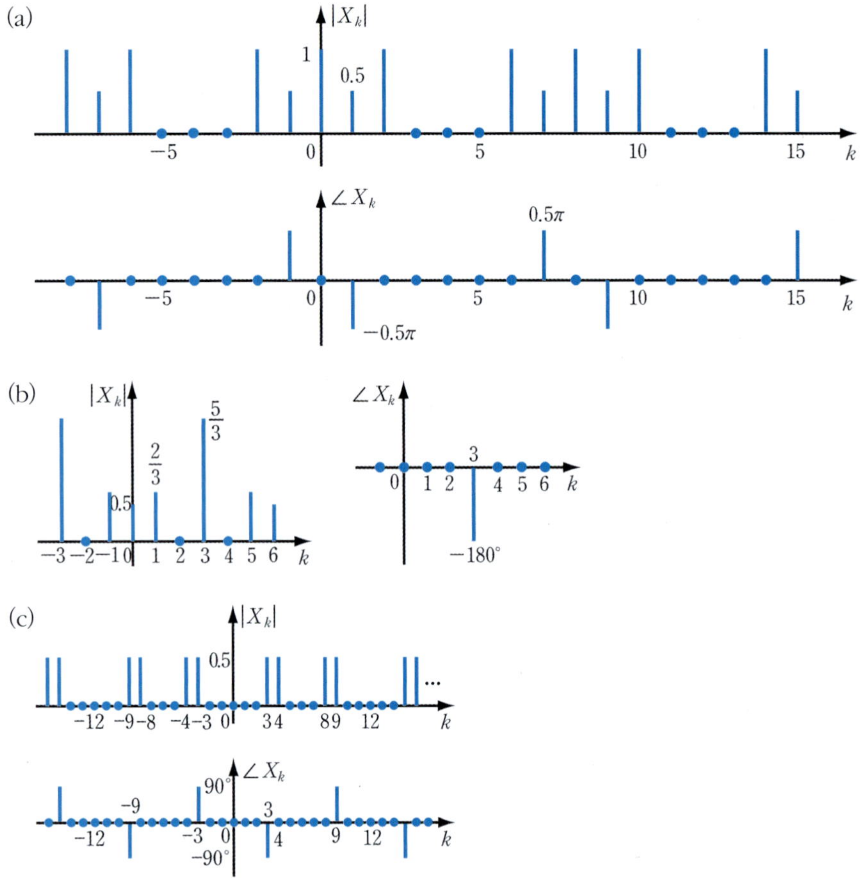

10.15 주기 N인 이산 주기 신호 $x[n]$의 푸리에 계수를 X_k라고 할 때, 다음에 주어진 신호의 푸리에 계수를 X_k로 나타내라.

(a) $y[n] = x[n - n_0]$

(b) $y[n] = x[-n]$

(c) $y[n] = x[n] - x[n-1]$

(d) $y[n] = x[n] - x\left[n - \frac{N}{2}\right]$ (N=짝수)

(e) $y[n] = x[n] + x[-n]$

(f) $y[n] = x[n] + (-1)^n x[n]$

CHAPTER

11

이산 시간 푸리에 변환

Discrete Time Fourier Transform

학습목표

- 이산 시간 푸리에 변환(DTFT)의 개념과 DTFS와의 관계를 이해할 수 있다.
- 주요 신호의 이산 시간 푸리에 변환쌍들을 잘 익혀둘 수 있다.
- 이산 시간 푸리에 변환이 갖는 여러 유용한 성질들을 이해하고 잘 활용할 수 있다.
- 주파수 응답의 개념과 활용에 대해 이해할 수 있다.

미리보기

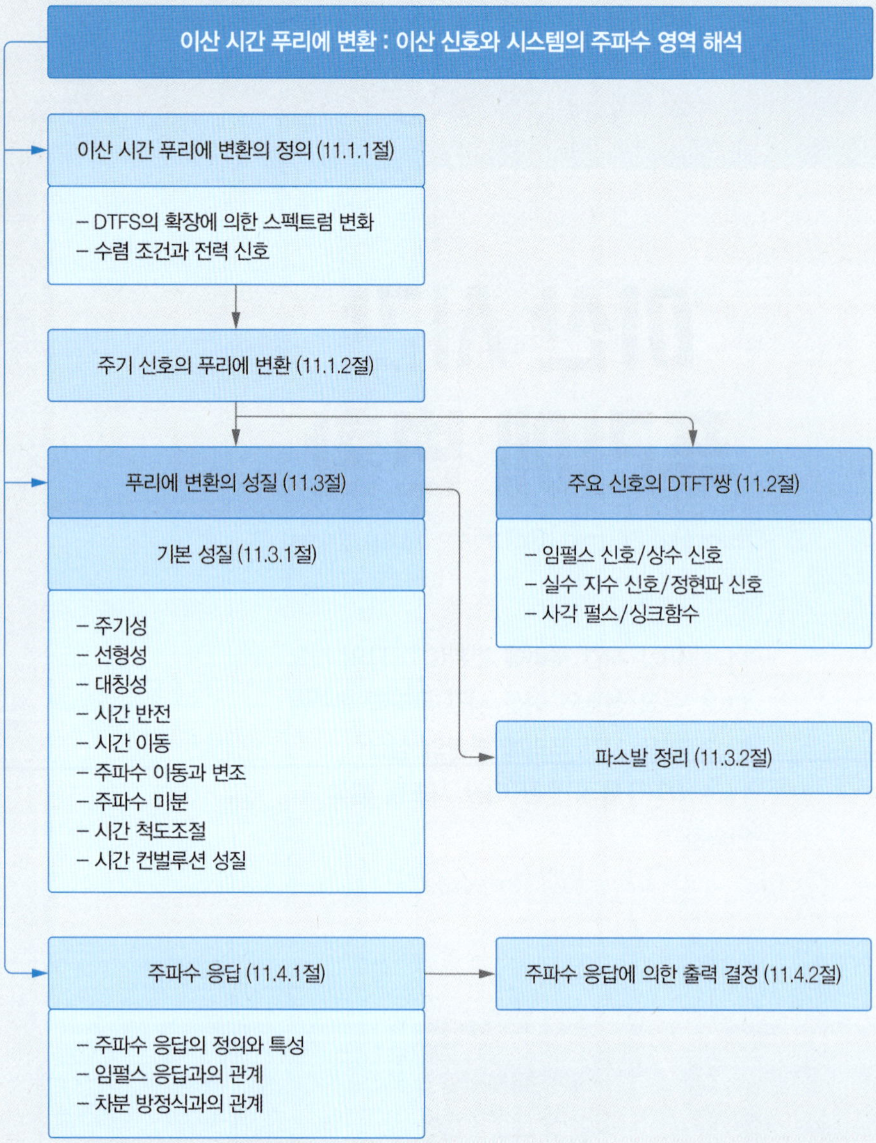

주기 신호는 이산 신호의 극히 일부분에 불과하다. 그러므로 이 장에서는 연속 신호의 경우와 같은 방법으로 DTFS의 결과를 확장하여 이산 비주기 신호에 대한 주파수 영역 변환인 이산 시간 푸리에 변환(DTFT)을 유도하고 기본 개념을 알아본 뒤, 지금까지 살펴본 푸리에 표현들 사이의 연관성과 신호와 스펙트럼의 관계를 통합적인 관점에서 정리하기로 한다. 그리고 주요 신호에 대한 변환쌍과 여러 가지 유용한 DTFT의 성질에 대해 살펴볼 것이다. 그런 다음, 주파수 응답의 개념을 소개하고 시스템 해석에 어떻게 이용되는지 알아보기로 한다.

11.1 이산 시간 푸리에 변환(DTFT)의 개요

주기 신호는 이산 신호의 극히 일부분에 불과하므로 이산 비주기 신호에 대한 주파수 영역 해석 도구도 필요하다. 이 절에서는 연속 신호의 경우와 같은 방법으로 푸리에 급수의 결과를 확장하여 이산 비주기 신호에 대한 변환인 이산 시간 푸리에 변환(DTFT)을 끌어내고 그 특징을 간단히 살펴볼 것이다.

학습포인트

- 이산 시간 푸리에 급수(DTFS)로부터 이산 시간 푸리에 변환(DTFT)을 유도하는 과정을 이해한다.
- 이산 시간 푸리에 변환의 정의와 특징을 이해한다.
- 이산 시간 푸리에 변환의 수렴 조건을 알아본다.
- 전력 신호, 특히 주기 신호의 이산 시간 푸리에 변환에 대해 이해한다.

11.1.1 이산 시간 푸리에 변환(DTFT)

이산 시간 푸리에 급수의 확장

이산 비주기 신호 $x[n]$을 [그림 11-1]과 같이 주기 N으로 반복하여 N-주기 신호 $x_N[n]$을 만들면, 두 신호의 관계는 다음과 같다.

$$x[n] = \begin{cases} x_N[n], & n = < N > \\ 0, & \text{그 외} \end{cases} \qquad (11.1)$$

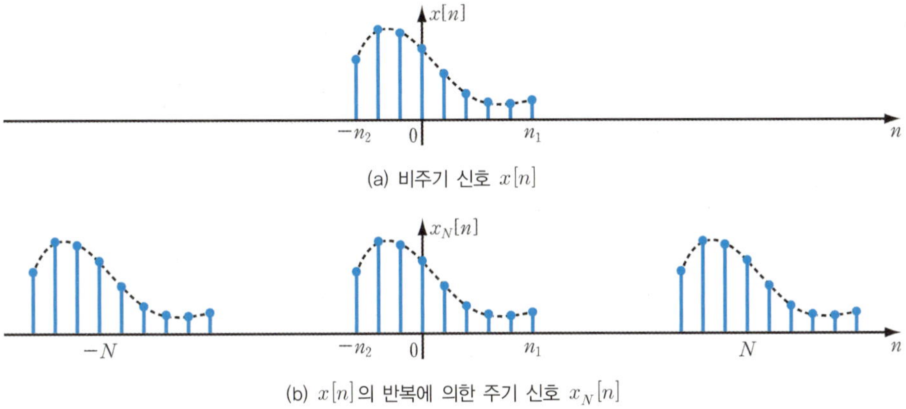

그림 11-1 신호 $x[n]$을 주기적으로 반복시켜 얻은 주기 신호 $x_N[n]$

이때 주기 N을 점점 크게 하여 무한대로 접근시키면 주기 신호와 비주기 신호는 점차 같아지게 될 것이다. 즉 $x[n]$은 $x_N[n]$의 주기 N이 무한대인 경우로 간주할 수 있다. 따라서 주기 신호의 이산 시간 푸리에 급수에 $N \to \infty$의 극한을 취하면 비주기 신호 $x[n]$의 주파수 영역 표현을 얻을 수 있으며, 이를 **이산 시간 푸리에 변환**(DTFT)Discrete Time Fourier Transform이라고 한다.

이산 시간 푸리에 변환의 정의

주기 신호 $x_N[n]$에 대한 이산 시간 푸리에 급수의 계수 X_k는 식 (11.1)의 관계를 이용하여 다음과 같이 쓸 수 있다.

$$X_k = \frac{1}{N} \sum_{n=<N>} x_N[n] e^{-jk\Omega_0 n} = \frac{1}{N} \sum_{n=-\infty}^{\infty} x[n] e^{-jk\Omega_0 n} \tag{11.2}$$

이에 $N \to \infty$의 극한을 취하게 되면 X_k의 크기가 0으로 수렴하게 되는데, 이를 피할 수 있도록 먼저 다음과 같이 NX_k의 포락선envelope 함수 $X(\Omega)$를 정의하자.

$$X(\Omega) = \sum_{n=-\infty}^{\infty} x[n] e^{-j\Omega n} \tag{11.3}$$

식 (11.2)의 푸리에 계수 X_k는 $X(\Omega)$를 등간격 Ω_0로 샘플링하여 $1/N$배 한 것과 같다.

$$X_k = \frac{1}{N} X(k\Omega_0) \tag{11.4}$$

따라서 $x_N[n]$의 이산 시간 푸리에 급수 표현은 다음과 같이 쓸 수 있다.

$$\begin{aligned} x_N[n] &= \sum_{k=<N>} X_k e^{jk\Omega_0 n} = \frac{1}{N} \sum_{k=<N>} X(k\Omega_0) e^{jk\Omega_0 n} \\ &= \frac{\Omega_0}{2\pi} \sum_{k=<N>} X(k\Omega_0) e^{jk\Omega_0 n} \end{aligned} \tag{11.5}$$

이제 식 (11.5)에 $N \to \infty$의 극한을 취하면, $x_N[n]$은 $x[n]$이 되고 Ω_0는 무한소인 $d\Omega$로, $k\Omega_0$는 연속 변수 Ω로, 한 주기 구간 $\langle N \rangle$에 대한 총합은 주파수 Ω의 한 주기 2π에 대한 적분으로 바뀌게 된다.

$$x[n] = \frac{1}{2\pi} \int_{2\pi} X(\Omega) e^{j\Omega n} d\Omega \tag{11.6}$$

식 (11.3)과 식 (11.6)은 쌍을 이뤄 이산 비주기 신호 $x[n]$을 주파수 영역 표현으로 바꾸어주고 다시 시간 영역 표현으로 되돌리는 역할을 한다.

- **이산 시간 푸리에 변환(DTFT)**은 $x[n]$으로부터 스펙트럼 $X(\Omega)$를 구하는 **주파수 분석(분해)**이다.

$$X(\Omega)=\mathcal{F}\{x[n]\}=\sum_{n=-\infty}^{\infty}x[n]e^{-j\Omega n} \qquad (11.3)$$

- **이산 시간 푸리에 역**[inverse]**변환(IDTFT)**은 $X(\Omega)$로부터 $x[n]$을 재현하는 **주파수 합성**이다.

$$x[n]=\mathcal{F}^{-1}\{X(\Omega)\}=\frac{1}{2\pi}\int_{2\pi}X(\Omega)e^{j\Omega n}d\Omega \qquad (11.6)$$

- **이산 시간 푸리에 변환쌍** $x[n] \Leftrightarrow X(\Omega)$는 1:1 대응 관계가 성립하는 쌍이다.
- $X(\Omega)=|X(\Omega)|e^{j\angle X(\Omega)}$은 연속된 주파수에 대한 복소함수로서, $|X(\Omega)|$를 **진폭 스펙트럼**, $\angle X(\Omega)$를 **위상 스펙트럼**이라 한다.

연속 시간 푸리에 변환에서와 마찬가지로, 분석식 식 (11.3)은 이산 신호 $x[n]$이 어떤 주파수 성분을 가지는가를 보여준다. 그리고 합성식 식 (11.6)은 스펙트럼 $X(\Omega)$로부터 어떻게 이산 신호 $x[n]$을 재현할 수 있는지를 나타내는데, 단지 주파수의 한 주기 2π 내의 복소 정현파 성분들만 모두 더하여 만들어낼 수 있다는 점이 연속 시간 푸리에 변환과는 다르다.

예제 11-1 이산 비주기 신호의 푸리에 변환

[그림 11-2]의 이산 신호에 대해 이산 시간 푸리에 변환(DTFT)을 구하라.

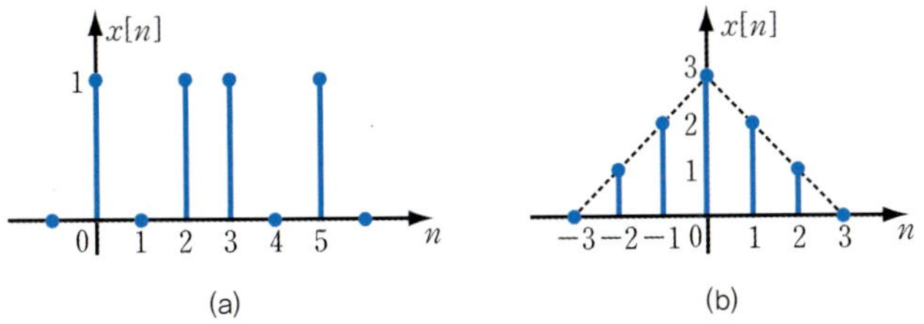

그림 11-2 [예제 11-1]의 비주기 이산 신호

풀이

[그림 11-2(a)]에서 이산 시간 푸리에 변환의 정의식 식 (11.3)으로부터 $x[n]$의 DTFT는 다음과 같다.

$$\begin{aligned}X(\Omega)&=\sum_{n=0}^{5}x[n]e^{-j\Omega n}=1+e^{-j2\Omega}+e^{-j3\Omega}+e^{-j5\Omega}\\&=e^{-j\Omega}(e^{-j\Omega}+e^{j\Omega})+e^{-j4\Omega}(e^{-j\Omega}+e^{j\Omega})\\&=2(e^{-j\Omega}+e^{-j4\Omega})\cos(\Omega)=4e^{-j\frac{5}{2}\Omega}\cos\left(\frac{3}{2}\Omega\right)\cos(\Omega)\end{aligned}$$

풀이에서 보듯이, 오일러 공식을 이용해서 복소 지수 함수를 삼각 함수 정현파로 바꾸어 정리하는 것이 바람직하다.

[그림 11-2(b)]에서 이산 시간 푸리에 변환의 정의식 식 (11.3)으로부터 $x[n]$의 DTFT는 다음과 같다.

$$\begin{aligned} X(\Omega) &= \sum_{n=-2}^{2} x[n]e^{-j\Omega n} = e^{j2\Omega} + 2e^{j\Omega} + 3 + 2e^{-j\Omega} + e^{-j2\Omega} \\ &= 3 + 2(e^{j\Omega} + e^{-j\Omega}) + (e^{j2\Omega} + e^{-j2\Omega}) \\ &= 3 + 4\cos(\Omega) + 2\cos(2\Omega) \end{aligned}$$

예제 11-2 이산 사각 펄스 신호의 푸리에 변환

[그림 11-3]에 나타낸 이산 사각 펄스의 푸리에 변환(DTFT)을 구하라.

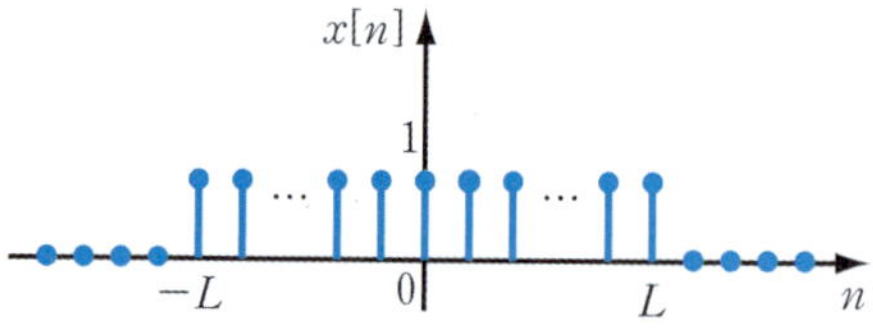

그림 11-3 이산 사각 펄스

풀이

이산 시간 푸리에 변환의 정의식 식 (11.3)으로부터 $x[n]$의 DTFT는 다음과 같다.

$$X(\Omega) = \sum_{n=-\infty}^{\infty} x[n]e^{-j\Omega n} = \sum_{n=-L}^{L} (e^{-j\Omega})^n$$

$\Omega = 0,\ \pm 2\pi,\ \pm 4\pi,\ \cdots$이면 $e^{-j\Omega n} = 1$이므로 $X(\Omega) = 2L+1$이 되며, 이 경우를 제외하면 $X(\Omega)$는 공비 $e^{-j\Omega}$인 등비급수이므로 다음과 같이 된다.

$$\begin{aligned} X(\Omega) &= e^{jL\Omega}\frac{1-e^{-j(2L+1)\Omega}}{1-e^{-j\Omega}} = e^{jL\Omega}\frac{e^{-j\frac{2L+1}{2}\Omega}\left(e^{j\frac{2L+1}{2}\Omega} - e^{-j\frac{2L+1}{2}\Omega}\right)}{e^{-j\frac{\Omega}{2}}\left(e^{j\frac{\Omega}{2}} - e^{-j\frac{\Omega}{2}}\right)} \\ &= \frac{e^{j\frac{2L+1}{2}\Omega} - e^{-j\frac{2L+1}{2}\Omega}}{e^{j\frac{\Omega}{2}} - e^{-j\frac{\Omega}{2}}} = \frac{\sin\left(\frac{2L+1}{2}\Omega\right)}{\sin\left(\frac{\Omega}{2}\right)} \end{aligned}$$

$X(\Omega)$는 [그림 11-4]와 같이 나타낼 수 있다. 이는 sinc 함수를 2π 주기로 반복한 것을 합한 것과 같은 형태로서 **디리클레**Dirichlet **함수**라고 한다.

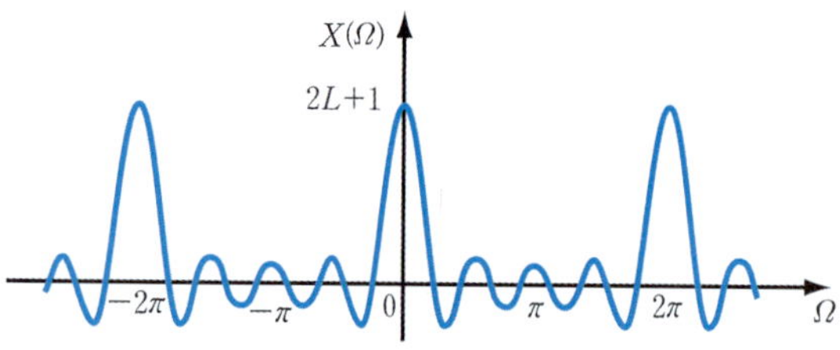

그림 11-4 이산 사각 펄스의 푸리에 스펙트럼

이산 시간 푸리에 변환의 수렴 조건

한 주기에 대한 총합 계산인 이산 시간 푸리에 급수와 달리, 식 (11.3)의 이산 시간 푸리에 변환은 전 시간 구간에 대한 총합이므로 수렴을 보장하기 위한 $x[n]$의 조건이 필요하다.

이산 시간 푸리에 변환(DTFT)의 수렴 조건

- $x[n]$이 **절대 총합 가능**absolutely summable하면 이산 시간 푸리에 변환이 존재한다.

$$\sum_{n=-\infty}^{\infty} |x[n]| < \infty \tag{11.7}$$

- 에너지 신호는 항상 수렴 조건을 만족하여 이산 시간 푸리에 변환이 존재한다.
- 전력 신호는 수렴 조건을 만족하지 않지만, 특별히 푸리에 변환이 가능한 것으로 취급한다. 전력 신호의 이산 시간 푸리에 변환, 즉 스펙트럼은 임펄스를 포함한다.

식 (11.3)에서 $e^{-j\Omega n}$의 크기는 1이므로, 값이 수렴, 즉 유한하려면 식 (11.7)의 조건을 만족해야만 함을 알 수 있다. 유한한 에너지를 갖는 에너지 신호는 식 (11.7)의 수렴 조건을 항상 충족시킨다. 이와 달리, 계단 신호나 주기 신호처럼 에너지는 무한하고 전력이 유한한 전력 신호는 식 (11.7)을 충족시키지 못해 이론적으로는 푸리에 변환을 할 수 없지만 특별히 푸리에 변환이 가능한 것으로 취급한다. 그러나 전력 신호의 푸리에 변환은 식 (11.3)의 정의식을 사용하여 구할 수 없다. 따라서 우회적인 방법을 이용하여 구해야 한다. 전력 신호에 대해서도 푸리에 변환이 가능한 것으로 취급하면 주기 신호도 푸리에 변환으로 다룰 수 있게 되어, [그림 11-5]에 나타낸 것처럼 푸리에 변환 하나만으로 주기, 비주기를 가릴 필요 없이 신호를 주파수 영역으로 변환할 수 있게 되므로 편리하다.

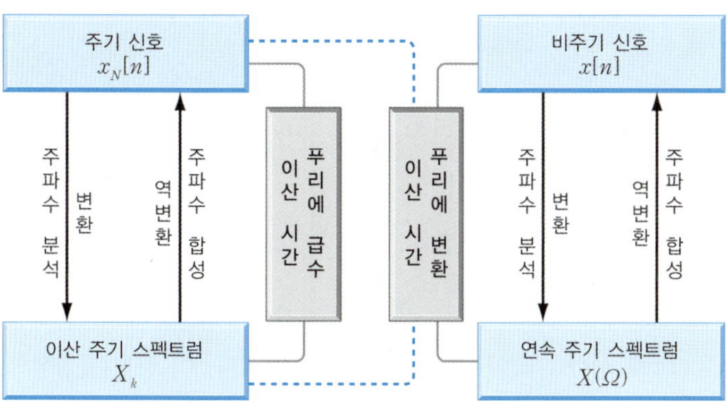

그림 11-5 이산 신호의 시간 영역 및 주파수 영역 표현과 변환

[그림 11-5]로부터 주기 신호의 스펙트럼은 기본 주파수의 정수배 성분들만 존재하는 선 스펙트럼으로 주파수에 대해 이산 함수이지만, 비주기 신호의 스펙트럼은 주파수에 대해 연속 함수이고, 그리고 주기이든 비주기이든 상관없이 이산 신호의 스펙트럼은 주기 함수라는 결과를 확인할 수 있다.

예제 11-3 **임펄스 스펙트럼의 이산 시간 푸리에 역변환(IDTFT)**

스펙트럼이 임펄스인 $X(\Omega)=2\pi\delta(\Omega-\Omega_0)$에 대응되는 시간 신호 $x[n]$을 구하라.

풀이

IDTFT의 정의식에 임펄스 함수의 체거르기 성질을 적용하면 $x[n]$은 다음과 같이 된다.

$$x[n]=\frac{1}{2\pi}\int_{2\pi}2\pi\delta(\Omega-\Omega_0)e^{j\Omega n}\,d\Omega=e^{j\Omega_0 n}$$

따라서 다음의 DTFT쌍을 얻는다.

$$e^{j\Omega_0 n}\Leftrightarrow 2\pi\delta(\Omega-\Omega_0) \tag{11.8}$$

시간 신호 $x[n]=e^{j\Omega_0 n}$은 모든 n에 대해 $|x[n]|=1$이므로 $\sum_{n=-\infty}^{\infty}|x[n]|=\infty$가 되어 식 (11.7)의 수렴 조건을 만족하지 않는다. 그러므로 식 (11.3)의 정의식으로는 값을 계산할 수가 없고, 이 예제와 같이 우회적인 방법으로 변환쌍을 찾아야 한다.

이산 시간 푸리에 변환과 스펙트럼

$x[n]$의 이산 시간 푸리에 변환 $X(\Omega)$은 $x[n]$의 주파수 성분을 나타낸 스펙트럼으로, 극좌표 표현 $X(\Omega)=|X(\Omega)|e^{j\angle X(\Omega)}$로부터 진폭 스펙트럼과 위상 스펙트럼을 구할 수 있다. 진폭 스펙트럼 $|X(\Omega)|$는 $x[n]$의 주파수 성분들의 상대적 크기를, 위상 스펙트럼 $\angle X(\Omega)$는 주파수 성분들의 시간축 상에서의 상대적인 위치를 나타낸다.

이산 정현파의 2π-주기성으로 인해 이산 비주기 신호의 스펙트럼도 주기 2π로 반복된다.

$$\begin{aligned}X(\Omega+2m\pi)&=\sum_{n=-\infty}^{\infty}x[n]e^{-j(\Omega+2m\pi)n}\\&=\sum_{n=-\infty}^{\infty}x[n]e^{-j\Omega n}e^{-j2mn\pi}=X(\Omega)\end{aligned} \tag{11.9}$$

식 (11.9)는 이산 신호의 합성에 필요한 주파수 정보가 스펙트럼의 2π 구간에 모두 들어있음을 뜻한다. 따라서 식 (11.6)의 적분 구간을 2π로 제한해도 아무런 문제가 없는 것이다. 이 점은 합성식의 적분 구간이 무한한 전 주파수 범위로 설정되는 연속 시간 푸리에 변환과 차이가 있다.

예제 11-4 사각 펄스 스펙트럼의 이산 시간 푸리에 역변환(IDTFT)

[그림 11-6]과 같이 스펙트럼이 주기 사각 펄스일 때 이에 대응되는 이산 신호를 구하라.

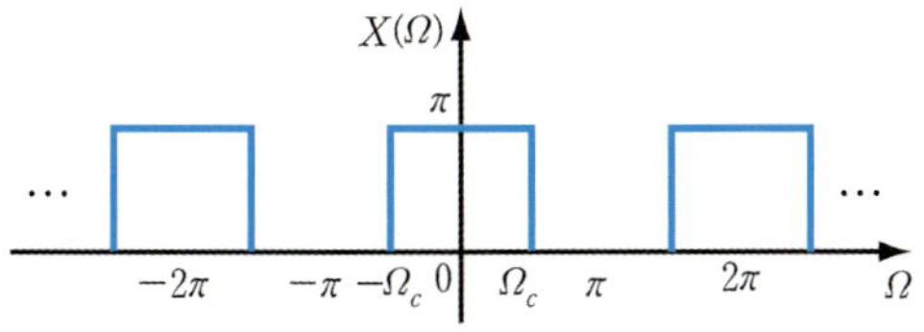

그림 11-6 주기 사각 펄스 스펙트럼

풀이

$X(\Omega)=\pi$, $|\Omega|<\Omega_c$이므로, IDTFT 정의식 식 (11.6)을 이용하면 다음을 얻는다.

$$x[n]=\frac{1}{2\pi}\int_{-\Omega_c}^{\Omega_c}\pi e^{j\Omega n}d\Omega=\frac{1}{j2n}e^{j\Omega n}\bigg|_{-\Omega_c}^{\Omega_c}=\frac{1}{j2n}(e^{j\Omega_c n}-e^{-j\Omega_c n})$$

$$=\frac{\Omega_c}{\Omega_c n}\sin(\Omega_c n)=\Omega_c \mathrm{sinc}\left(\frac{\Omega_c}{\pi}n\right)=2\pi F_c \mathrm{sinc}(2F_c n)$$

[그림 11-7]은 신호 $x[n]$을 나타낸 것이다.

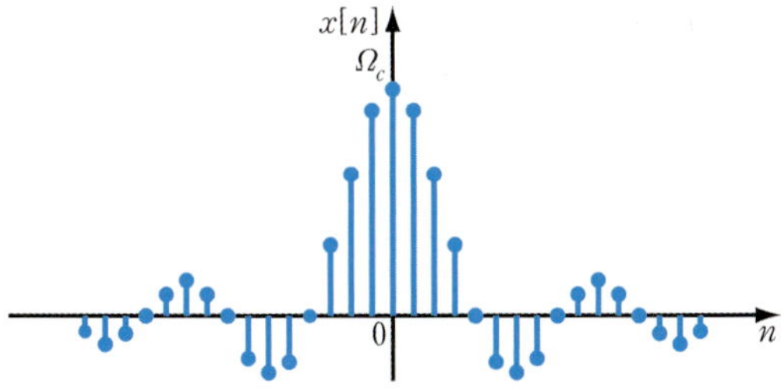

그림 11-7 주기 사각 펄스 스펙트럼의 IDTFT 결과

[예제 11-2]와 [예제 11-4]의 결과를 비교하면 엄밀하게 수식적으로 성립하지는 않지만, 살짝 변형된 형태로 '사각 펄스 ⇔ sinc 함수'의 짝이 유지되고 있음을 알 수 있다.

11.1.2 주기 신호의 이산 시간 푸리에 변환

주기 신호 $x_N[n]$의 푸리에 급수 계수 X_k와 푸리에 변환 $X_N(\Omega)$, 그리고 $x_N[n]$의 한 주기만 떼어 낸 비주기 신호 $x[n]$의 푸리에 변환 $X(\Omega)$의 관계는 다음과 같이 정리할 수 있다.

- **이산 주기 신호의 푸리에 급수와 이산 비주기 신호의 푸리에 변환의 관계**

  X_k는 $X(\Omega)$을 기본 주파수의 정수배, 즉 $k\Omega_0$에서 샘플링하여 $\frac{1}{N}$배 한 것과 같다.

$$X_k = \frac{1}{N}X(k\Omega_0) \tag{11.4}$$

- **이산 주기 신호의 푸리에 급수와 이산 주기 신호의 푸리에 변환의 관계**

  $X_N(\Omega)$는 $k\Omega_0$에 위치한 세기 $2\pi X_k$인 임펄스들로 이루어진다.

$$X_N(\Omega) = \sum_{k=<N>} 2\pi X_k \delta(\Omega - k\Omega_0) \tag{11.10}$$

- **이산 주기 신호의 푸리에 변환과 이산 비주기 신호의 푸리에 변환의 관계**

  $X_N(\Omega)$는 $X(\Omega)$를 $k\Omega_0$에서 세기 Ω_0인 임펄스들로 샘플링한 것이다.

$$X_N(\Omega) = \Omega_0 \sum_{k=<N>} X(k\Omega_0)\delta(\Omega - k\Omega_0) \tag{11.11}$$

식 (11.3)과 식 (11.4)로부터 식 (11.10)과 식 (11.11)의 관계를 얻을 수 있는데, 그 과정은 다음과 같다. 여기서 네 번째 등식은 식 (11.8)의 변환쌍을 적용한 결과이다.

$$\begin{aligned} X_N(\Omega) &= \sum_{n=-\infty}^{\infty} x_N[n]e^{-j\Omega n} = \sum_{n=-\infty}^{\infty}\left(\sum_{k=<N>} X_k e^{jk\Omega_0 n}\right)e^{-j\Omega n} \\ &= \sum_{k=<N>} X_k\left(\sum_{n=-\infty}^{\infty} e^{jk\Omega_0 n}e^{-j\Omega n}\right) = \sum_{k=<N>} 2\pi X_k \delta(\Omega - k\Omega_0) \\ &= \frac{2\pi}{N}\sum_{k=<N>} X(k\Omega_0)\delta(\Omega - k\Omega_0) = \Omega_0 \sum_{k=<N>} X(k\Omega_0)\delta(\Omega - k\Omega_0) \end{aligned} \tag{11.12}$$

식 (11.11)은 이산 주기 신호의 스펙트럼은 같은 파형을 가진 이산 비주기 신호의 푸리에 변환(스펙트럼)을 샘플링한 이산 함수로 샘플링 간격은 기본 주파수 Ω_0로 주어짐을 말해준다. 이상의 논의에서 어떤 경우이든지 이산 주기 신호의 스펙트럼은 기본 주파수의 정수배인 $k\Omega_0$에서만 존재하는 불연속적인 이산 함수임을 알 수 있다.

예제 11-5 이산 주기 신호의 푸리에 변환

다음 물음에 답하라.

(a) $x[n]=[1,\ \underset{\uparrow}{0},\ 1]$의 DTFT를 구하라.

(b) $x[n]$을 주기 $N=3$으로 반복한 주기 신호 $x_N[n]$의 DTFT를 구하라.

(c) $y[n]=[0,\ x[n],\ 0]$을 주기 $N=5$로 반복한 주기 신호 $y_N[n]$의 DTFT를 구하라.

풀이

(a) DTFT의 정의식으로부터 $x[n]$의 DTFT는 다음과 같이 된다.

$$X(\Omega)=\sum_{n=-1}^{1}x[n]e^{-j\Omega n}=e^{j\Omega}+e^{-j\Omega}=2\cos(\Omega)$$

(b) $x_N[n]$의 기본 주파수는 $\Omega_0=\dfrac{2\pi}{3}$이므로, 식 (11.11)로부터 DTFT는 다음과 같다.

$$X_N(\Omega)=\Omega_0\sum_{k=<N>}X(k\Omega_0)\delta(\Omega-k\Omega_0)=\sum_{k=<3>}\frac{4\pi}{3}\cos\left(\frac{2\pi}{3}k\right)\delta\left(\Omega-\frac{2\pi}{3}k\right)$$

(c) $y_N[n]$은 $x[n]$의 반복 간격, 즉 주기만 더 늘려 주기 신호로 만든 것이다. $y_N[n]$의 기본 주파수는 $\Omega_0=\dfrac{2\pi}{5}$이므로, 식 (11.11)로부터 DTFT는 다음과 같다.

$$Y_N(\Omega)=\Omega_0\sum_{k=<N>}X(k\Omega_0)\delta(\Omega-k\Omega_0)=\sum_{k=<5>}\frac{4\pi}{5}\cos\left(\frac{2\pi}{5}k\right)\delta\left(\Omega-\frac{2\pi}{5}k\right)$$

(b)와 (c)의 결과를 비교하면, 같은 비주기 신호라 하더라도 반복 주기에 따라 만들어진 주기 신호의 기본 주파수가 달라지므로 주기 신호의 스펙트럼(DTFT)은 달라진다. [그림 11-8]에 각 신호의 파형과 스펙트럼을 나타내었다. 그림에서 $X_N(\Omega)$와 $Y_N(\Omega)$ 모두 $X(\Omega)$를 임펄스로 샘플링한 것은 같지만, 기본 주파수에 따라 샘플링된 스펙트럼이 달라짐을 확인할 수 있다. 한 주기에 $X_N(\Omega)$는 3개, $Y_N(\Omega)$는 5개의 주파수 성분을 가진다.

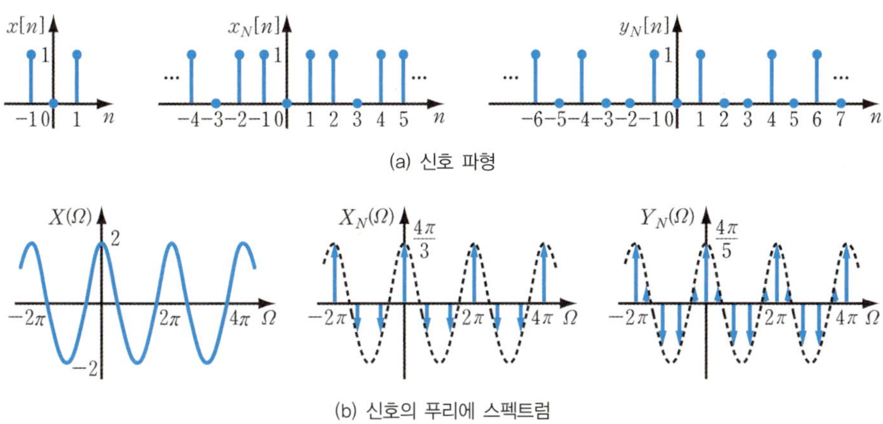

그림 11-8 [예제 11-5]의 신호 파형 및 스펙트럼

11.2 주요 신호의 이산 시간 푸리에 변환쌍

기본적인 신호들의 푸리에 변환쌍을 알고 있으면, 이로부터 다른 신호의 푸리에 변환을 쉽게 구하거나 주파수 영역 해석에 도움이 되는 정보를 파악할 수 있는 등 여러모로 편리하다. 이 절에서는 몇 가지 주요 기본 신호에 대한 이산 시간 푸리에 변환쌍을 구해 보기로 한다. 여기서 제시되는 푸리에 변환은 주기 함수로서 한 주기 $|\Omega| \le \pi$에 대해서만 나타낸 것이다.

학습포인트

- 임펄스 신호와 상수 신호의 DTFT쌍을 익혀둔다.
- 정현파 신호와 실수 지수 신호의 DTFT쌍과 스펙트럼의 특징을 익혀둔다.
- 사각 펄스 신호와 싱크 함수의 DTFT쌍을 익혀둔다.

임펄스 신호

단위 임펄스 신호 $x[n]=\delta[n]$의 이산 시간 푸리에 변환을 구하면

$$X(\Omega)=\sum_{n=-\infty}^{\infty}\delta[n]e^{-j\Omega n}=e^{j0}=1 \tag{11.13}$$

이다. 따라서 임펄스 신호의 DTFT쌍은 다음과 같고, 이를 [그림 11-9]에 보였다.

$$\delta[n] \Leftrightarrow 1 \tag{11.14}$$

(연속 신호와 마찬가지로) 임펄스 신호는 모든 주파수 성분을 포함한다. 따라서 시스템의 주파수에 따른 응답 특성을 알아보려면 임펄스 신호를 입력으로 인가하면 될 것이다.

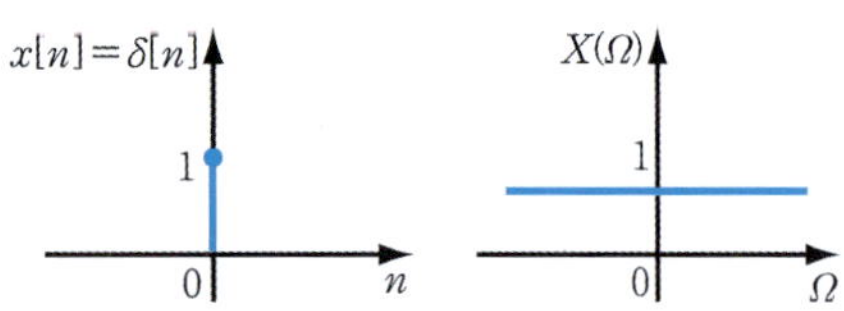

그림 11-9 이산 임펄스 신호의 DTFT쌍

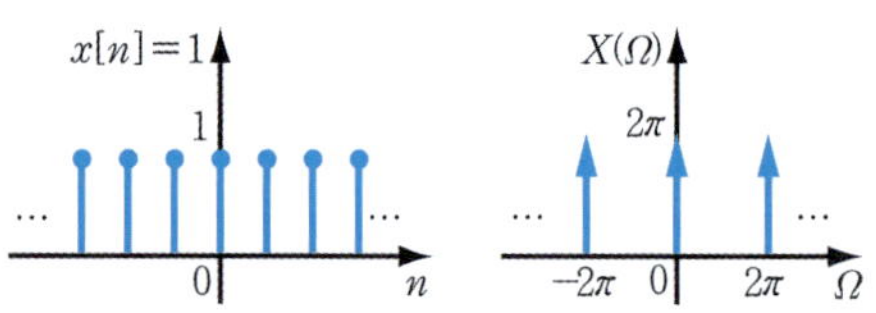

그림 11-10 이산 상수 신호의 DTFT쌍

상수(DC) 신호

상수 신호 $x[n]=1$은 전력이 유한한 전력 신호이므로 변환의 수렴 조건을 만족하지 않아 식 (11.3)으로는 푸리에 스펙트럼을 계산할 수 없다. 그러므로 거꾸로 스펙트럼이 임펄스일 때($X(\Omega)=2\pi\delta(\Omega)$)

대응되는 이산 신호를 구해보면, 식 (11.8)의 DTFT쌍에서 $\Omega_0 = 0$인 경우로서 $x[n] = e^{j0n} = 1$이다. 이로부터 다음과 같은 DTFT쌍을 얻을 수 있고, 이를 [그림 11-10]에 보였다.

$$1 \Leftrightarrow 2\pi\delta(\Omega) \tag{11.15}$$

즉 상수 신호의 주파수 스펙트럼은 임펄스가 된다. 이 결과로부터도 전력 신호의 스펙트럼에는 임펄스가 포함됨을 확인할 수 있다. 식 (11.14)와 식 (11.15)의 결과는 시간 신호와 주파수 스펙트럼이 서로 역할을 맞바꾸어도 '임펄스 ⇔ 상수'의 변환쌍 관계가 그대로 유지됨을 보여준다.

정현파 신호

오일러 공식을 이용하여 이산 정현파를 이산 복소 정현파로 바꾸어 나타내면, 식 (11.8)의 변환쌍으로부터 이산 정현파에 대한 푸리에 변환쌍도 손쉽게 구할 수 있다.

$$\mathcal{F}\{\cos(\Omega_0 n)\} = \mathcal{F}\left\{\frac{e^{j\Omega_0 n} + e^{-j\Omega_0 n}}{2}\right\} = \pi\delta(\Omega - \Omega_0) + \pi\delta(\Omega + \Omega_0) \tag{11.16}$$

$$\cos(\Omega_0 n) \Leftrightarrow \pi\delta(\Omega - \Omega_0) + \pi\delta(\Omega + \Omega_0) \tag{11.17}$$

주파수 $\pm\Omega_0$에서 스펙트럼이 존재하는 것은 푸리에 급수 표현과 같지만, 정현파 신호가 전력 신호이기 때문에 스펙트럼이 임펄스로 이루어진 것이 다르다. 정현파의 푸리에 변환쌍을 그림으로 나타내면 [그림 11-11]과 같다.

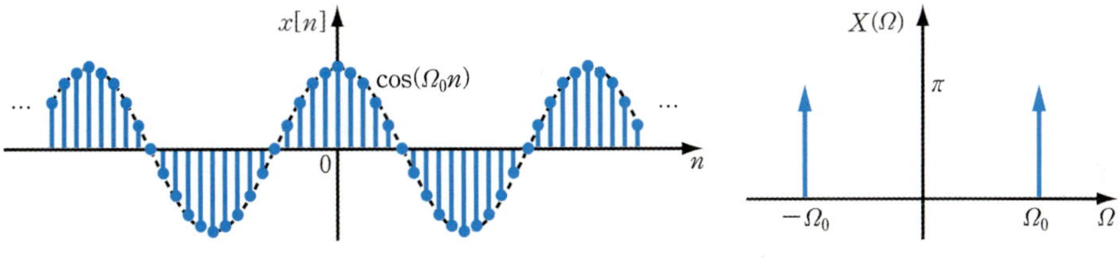

그림 11-11 이산 정현파 신호의 DTFT쌍

실수 지수 신호

정의식을 이용하여 실수 지수 신호 $x[n] = a^n u[n]$, $|a| < 1$의 DTFT를 나타내면 다음과 같다.

$$X(\Omega) = \sum_{n=0}^{\infty} a^n e^{-j\Omega n} = \sum_{n=0}^{\infty} (ae^{-j\Omega})^n = \frac{1}{1 - ae^{-j\Omega}} \tag{11.18}$$

따라서 이산 정현파 신호의 DTFT쌍은 다음과 같이 된다.

$$a^n u[n] \Leftrightarrow \frac{1}{1-ae^{-j\Omega}} \tag{11.19}$$

[그림 11-12]는 이산 실수 지수 신호의 진폭 및 위상 스펙트럼을 나타낸 것으로, (a)는 $0 < a < 1$, (b)는 $-1 < a < 0$인 경우이다. 그림에서 보듯이, 진폭 스펙트럼과 위상 스펙트럼 모두 주기 2π 인 주기 함수이며, 진폭 스펙트럼은 우대칭이고 위상 스펙트럼은 기대칭이다. 이미 [예제 10-2]를 통해 이산 시간 푸리에 급수에서도 살펴본 것처럼, 이러한 대칭성과 주기성을 동시에 만족시키기 위해 π, 3π, … 축에 대해서도 진폭 스펙트럼은 우대칭, 위상 스펙트럼은 기대칭을 만족한다.

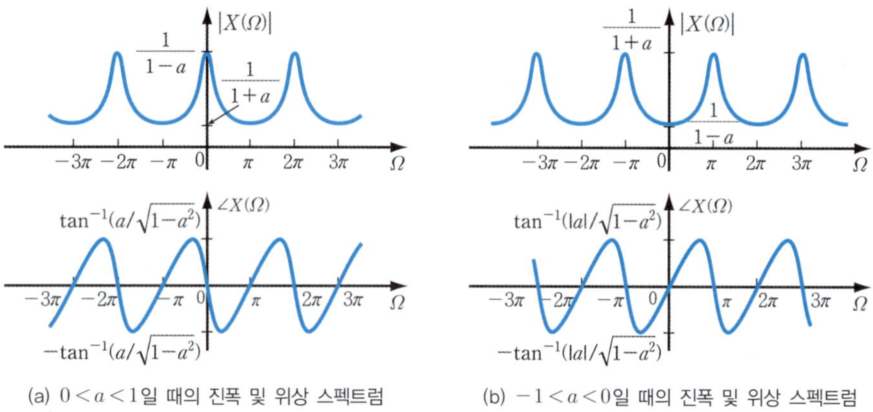

그림 11-12 이산 실수 지수 신호 $x[n]=a^n u[n]$, $|a|<1$의 스펙트럼

사각 펄스 신호

[예제 11-2]의 풀이로부터 이산 사각 펄스 신호의 푸리에 변환쌍은 다음과 같다.

$$p_L[n] = \text{rect}[\frac{n}{2L}] \Leftrightarrow P_L(\Omega) = \frac{\sin\left(\frac{2L+1}{2}\Omega\right)}{\sin\left(\frac{\Omega}{2}\right)} \tag{11.20}$$

싱크 함수

[예제 11-4]의 풀이로부터 이산 싱크 함수 신호의 푸리에 변환쌍은 다음으로 주어진다.

$$\text{sinc}\left(\frac{\Omega_c}{\pi}n\right) \Leftrightarrow \frac{\pi}{\Omega_c}\text{rect}\left(\frac{\Omega}{2\Omega_c}\right) \tag{11.21}$$

주요 신호들에 대한 이산 시간 푸리에 변환쌍을 [부록]에 정리해 두었다.

11.3 이산 시간 푸리에 변환의 성질

이산 시간 푸리에 변환 역시 신호 및 시스템의 해석에 유용한 성질들이 많다. 주파수 영역 변환들의 기본적인 바탕 개념은 같으므로 그 성질들이 서로 비슷하다. 이미 6장에서 연속 시간 푸리에 변환의 성질을 자세하게 다룬 바 있으므로, 이 절에서는 DTFT의 주요 성질들을 결과 중심으로 간단히 살펴보되 몇몇 중요한 성질들은 좀 더 깊이 있게 다루도록 한다.

학습포인트

- DTFT의 주기성과 대칭성에 대해 이해한다.
- 시간 이동 및 주파수 이동 성질을 알아본다.
- 시간 척도조절에 따른 스펙트럼의 변화를 이해한다.
- 시간 컨벌루션 및 주파수 컨벌루션 성질과 그 중요성을 이해한다.
- 파스발 정리와 의미를 이해한다.

11.3.1 DTFT의 기본 성질

주기성

식 (11.9)에서 보았듯이 DTFT, 즉 이산 신호의 스펙트럼 $X(\Omega)$는 주기 2π인 주기 함수이며, 이 점이 연속 신호의 스펙트럼 $X(\omega)$와 다른 점이다.

$$X(\Omega+2\pi l)=X(\Omega),\ l\text{은 정수} \tag{11.22}$$

선형성

선형성은 이산 시간 푸리에 변환의 정의식으로부터 바로 얻을 수 있는데, 간단한 기본 신호들의 선형결합으로 이루어진 신호의 푸리에 변환을 쉽게 구할 수 있게 해준다.

$$\alpha x[n]+\beta y[n] \Leftrightarrow \alpha X(\Omega)+\beta Y(\Omega) \tag{11.23}$$

대칭성

이산 실수 신호 $x[n]$의 DTFT도 연속 실수 신호의 CTFT와 똑같은 대칭성을 만족한다. 즉 스펙트럼이 공액 대칭을 만족하여 실수 신호 $x[n]$의 DTFT의 실수부 $\mathrm{Re}\{X(\Omega)\}$는 우대칭이고, 허수부

$\mathrm{Im}\{X(\Omega)\}$는 기대칭이다. 그리고 진폭 스펙트럼은 우함수이고, 위상 스펙트럼은 기함수가 된다. 또한 $x[n]$이 실수 우함수이면 $X(\Omega)$도 순수한 실수 우함수가 되고, $x[n]$이 실수 기함수이면 $X(\Omega)$는 순수한 허수 기함수가 된다. 한편 이산 실수 신호의 스펙트럼은 대칭성과 주기성을 동시에 만족해야 하므로 반주기점 $\Omega=(2l+1)\pi$를 대칭축으로 하여 대칭성이 그대로 성립한다. DTFT의 대칭성을 끌어내는 과정 또한 CTFT와 같다.

$$X(\Omega)=X^*(-\Omega) \quad \& \quad X^*(\Omega)=X(-\Omega), \quad x[n]\text{은 실수} \tag{11.24}$$

$$\begin{cases}\mathrm{Re}\{X(\Omega)\}=\mathrm{Re}\{X(-\Omega)\}, & x[n]\text{은 실수}\\ \mathrm{Im}\{X(\Omega)\}=-\mathrm{Im}\{X(-\Omega)\}, & x[n]\text{은 실수}\end{cases} \tag{11.25}$$

$$\begin{cases}|X(\Omega)|=|X(-\Omega)|, & x[n]\text{은 실수}\\ \angle X(\Omega)=-\angle X(-\Omega), & x[n]\text{은 실수}\end{cases} \tag{11.26}$$

$$\begin{cases}\mathrm{Re}\{X(\Omega)\}=\mathrm{Re}\{X(-\Omega)\}, & x[n]\text{은 실수 우함수}\\ \mathrm{Im}\{X(\Omega)\}=0, & x[n]\text{은 실수 우함수}\end{cases} \tag{11.27}$$

$$\begin{cases}\mathrm{Re}\{X(\Omega)\}=0, & x[n]\text{은 실수 기함수}\\ \mathrm{Im}\{X(\Omega)\}=-\mathrm{Im}\{X(-\Omega)\}, & x[n]\text{은 실수 기함수}\end{cases} \tag{11.28}$$

이런 대칭성이 성립하는 예로 [예제 11-2]의 이산 사각 펄스 신호의 스펙트럼을 들 수 있다. 신호가 실수 우함수이므로 [그림 11-4]에서 푸리에 스펙트럼이 실수 우함수이며, 반주기점에 대해서도 우대칭을 만족함을 볼 수 있다.

시간 반전

신호를 시간축에 대해 뒤집는 시간 반전의 효과는 주파수 반전이다.

$$x[-n] \leftrightarrow X(-\Omega) \tag{11.29}$$

시간 이동

DTFS와 마찬가지로([예제 10-7] 참조), DTFT는 신호의 시간 이동에 대해 진폭 스펙트럼은 바뀌지 않고 위상 스펙트럼만 선형적으로 바뀐다. 이때 시간 이동 값이 선형 위상 변화의 기울기가 된다.

$$x[n-n_0] \Leftrightarrow e^{-jn_0\Omega}X(\Omega) \tag{11.30}$$

예제 11-6 단위 계단 신호 $u[n]$의 DTFT

단위 계단 신호 $u[n]$의 DTFT를 구하라.

풀이

단위 계단 신호 $u[n]$은 전력 신호이므로 정의식을 이용하여 직접적으로 DTFT를 구할 수 없다. 따라서 $u[n]-u[n-1]=\delta[n]$임을 이용한다. 이에 대해 DTFT를 구하면 시간 이동 성질에 의해 다음과 같이 된다.

$$U(\Omega)(1-e^{-j\Omega})=1$$

그런데 $\Omega=0$이면 $1-e^{-j\Omega}=0$이므로 등식이 모든 Ω에 대해 성립하기 위해서는 $U(\Omega)$가 반드시 다음과 같은 형태여야 한다.

$$U(\Omega)=\frac{1}{1-e^{-j\Omega}}+c\delta(\Omega),\quad |\Omega|\leq\pi$$

한편 DTFT쌍 $1 \Leftrightarrow 2\pi\delta(\Omega)$으로부터 $c\delta(\Omega)$는 크기 $\frac{c}{2\pi}$인 상수(DC)의 DTFT임을 알 수 있는데, $u[n]$의 직류 성분은 전 시간 $[-\infty, \infty]$에 대한 평균인 $\frac{1}{2}$이므로 $c=\pi$이다. 따라서 다음의 DTFT쌍이 성립한다.

$$u[n] \Leftrightarrow \frac{1}{1-e^{-j\Omega}}+\pi\delta(\Omega),\quad |\Omega|\leq\pi \tag{11.31}$$

주파수 이동과 변조

시간 이동과는 반대로 주파수 영역에서 스펙트럼을 Ω_0만큼 이동시키면, 이와 같은 주파수를 갖는 복소 정현파 $e^{j\Omega_0 n}$을 시간 영역 신호 $x[n]$에 곱하는 것과 같다.

주파수 이동 : $x[n]e^{j\Omega_0 n} \Leftrightarrow X(\Omega-\Omega_0)$ (11.32)

변조 : $x[n]\cos(\Omega_0 n) \Leftrightarrow \frac{1}{2}[X(\Omega-\Omega_0)+X(\Omega+\Omega_0)]$ (11.33)

그런데 $e^{j\Omega_0 n}$은 물리적으로 만들 수 없으므로, 실제로 주파수 이동을 시키려면 오일러 공식을 이용해 $x[n]$에 정현파 $\cos(\Omega_0 n)=(e^{j\Omega_0 n}+e^{-j\Omega_0 n})/2$을 곱해야 하며, 이는 곧 식 (11.33)의 변조 동작이 된다.

예제 11-7 **변조 성질을 이용한 이산 시간 푸리에 변환**

실수 지수 신호의 푸리에 변환쌍 $a^n u[n] \Leftrightarrow \dfrac{1}{1-ae^{-j\Omega}}$과 푸리에 변환의 변조 성질을 이용하여 $x[n]=a^n\cos(\Omega_0 n)u[n]$의 푸리에 변환을 구하라.

풀이

$x[n]$은 $a^n u[n]$에 $\cos(\Omega_0 n)$을 곱한 것으로 식 (11.33)에 의해 다음과 같이 된다.

$$\begin{aligned}X(\Omega) &= \frac{1}{2}\left(\frac{1}{1-ae^{-j(\Omega+\Omega_0)}}+\frac{1}{1-ae^{-j(\Omega-\Omega_0)}}\right)\\ &= \frac{1}{2}\frac{2-a(e^{-j(\Omega+\Omega_0)}+e^{-j(\Omega-\Omega_0)})}{(1-ae^{-j(\Omega+\Omega_0)})(1-ae^{-j(\Omega-\Omega_0)})}\\ &= \frac{1-ae^{-j\Omega}\cos(\Omega_0)}{1-2a\cos(\Omega_0)e^{-j\Omega}+a^2e^{-j2\Omega}}\end{aligned}$$

주파수 미분

DTFT의 정의식 식 (11.3)의 양변을 Ω에 대해 미분하면 주파수 미분 성질을 얻을 수 있다. 주파수 미분 성질은 시간 변수 n의 거듭제곱이 곱해진 신호의 DTFT를 구할 때 이용된다.

$$nx[n] \Leftrightarrow j\frac{dX(\Omega)}{d\Omega} \tag{11.34}$$

예제 11-8 **주파수 미분 성질을 이용한 DTFT 구하기**

$x[n]=na^n u[n]$의 DTFT를 주파수 미분 성질을 이용하여 구하라.

풀이

$x'[n]=a^n u[n]$이라 두면 $x[n]=na^n u[n]=nx'[n]$이다. $x'[n]$의 DTFT는 $X'(\Omega)=\dfrac{1}{1-ae^{-j\Omega}}$과 같고, 이에 주파수 미분 성질을 적용하면 다음과 같이 $x[n]$의 DTFT가 구해진다.

$$X(\Omega)=j\frac{dX'(\Omega)}{d\Omega}=j\frac{-jae^{-j\Omega}}{(1-ae^{-j\Omega})^2}=\frac{ae^{-j\Omega}}{(1-ae^{-j\Omega})^2}$$

$$na^n u[n] \Leftrightarrow \frac{ae^{-j\Omega}}{(1-ae^{-j\Omega})^2} \tag{11.35}$$

시간 척도조절

이산 신호의 시간 변수 n이 정수인 까닭에 시간 척도조절은 제한적인 조건에서만 가능함을 8.2.2절에서 살펴보았다. 신호의 시간 척도를 바꾸면 스펙트럼에 정반대의 효과가 나타난다. 다시 말해, 시간 영역에서 신호를 압축하면 주파수 스펙트럼은 늘어나고, 역으로 신호를 늘이면 주파수 스펙트럼이 압축된다. 이때 시간 늘이기(보간)는 0을 삽입한 경우로 한정한다.

$$x[an] \Leftrightarrow X\left(\frac{\Omega}{a}\right) \tag{11.36}$$

식 (11.36)은 DTFT의 정의식에 $an = m$로 변수 치환하여 쉽게 얻을 수 있다. [그림 11-13]은 이산 사각 펄스에 대한 시간 척도조절 예를 보인 것이다.

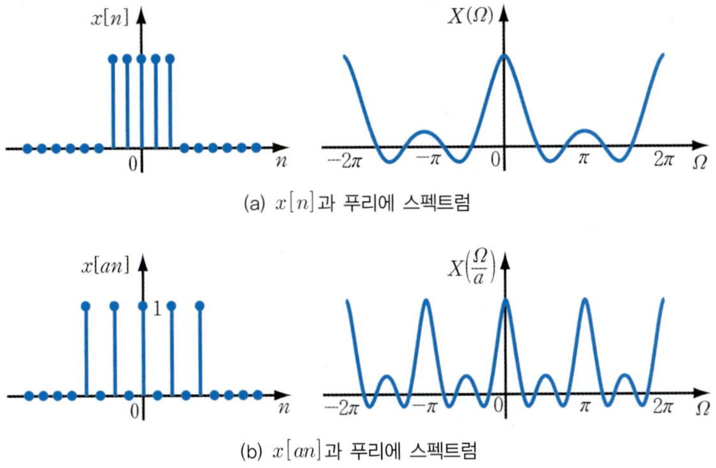

그림 11-13 신호의 시간 척도조절과 주파수 스펙트럼의 관계

예제 11-9 시간 척도조절을 이용한 DTFT 구하기

[그림 11-14]의 이산 신호에 대해 (a) $x[n]$의 DTFT를 구하고, (b) 이를 이용하여 $y[n]$의 DTFT를 구하라.

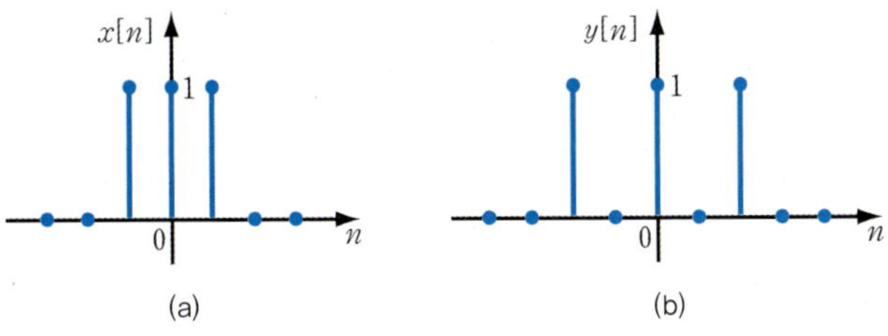

그림 11-14 [예제 11-9]의 신호

풀이

(a) $x[n]$의 DTFT를 구하면 다음과 같다.

$$X(\Omega) = \sum_{n=-1}^{1} x[n]e^{-j\Omega n} = e^{j\Omega} + 1 + e^{-j\Omega} = 1 + 2\cos(\Omega)$$

(b) $y[n]$은 $x[n]$에 대해 0 삽입으로 시간축을 2배로 늘인 것과 같다. 즉 $y[n] = x[n/2]$이다. 그러므로 식 (11.37)의 시간 척도조절 성질에 의해 $y[n]$의 DTFT는 다음과 같이 된다.

$$Y(\Omega) = X(2\Omega) = 1 + 2\cos(2\Omega)$$

$y[n]$을 직접 푸리에 변환해도 다음과 같이 일치하는 결과를 얻는다.

$$Y(\Omega) = \sum_{n=-2}^{2} x[n]e^{-j\Omega n} = e^{j2\Omega} + 1 + e^{-j2\Omega} = 1 + 2\cos(2\Omega)$$

시간 컨벌루션 성질

LTI 시스템의 출력 $y[n]$은 입력 $x[n]$과 임펄스 응답 $h[n]$의 컨벌루션 $y[n] = x[n] * h[n]$으로 주어지므로, 시간 컨벌루션의 푸리에 변환을 구하는 것은 대단히 중요하다. 시간 영역에서 두 신호의 컨벌루션은 주파수 영역에서 각 신호의 푸리에 변환(스펙트럼)의 곱하기가 된다. 따라서 주파수 영역에서 시스템의 입출력 특성을 파악하고 분석하는 것이 더 편리하다.

$$x[n] * h[n] \Leftrightarrow X(\Omega)H(\Omega) \tag{11.37}$$

시간 컨벌루션 성질은 컨벌루션과 DTFT의 정의식을 이용하여 다음과 같이 얻어진다.

$$\begin{aligned}
\mathcal{F}\{x[n] * h[n]\} &= \sum_{n=-\infty}^{\infty}\left(\sum_{k=-\infty}^{\infty} x[k]h[n-k]\right)e^{-j\Omega n} \\
&= \sum_{k=-\infty}^{\infty} x[k]\left(\sum_{n=-\infty}^{\infty} h[n-k]\,e^{-j\Omega n}\right) \\
&= \sum_{k=-\infty}^{\infty} x[k]\left(\sum_{m=-\infty}^{\infty} h[m]e^{-j\Omega(m+k)}\right) \\
&= \left(\sum_{k=-\infty}^{\infty} x[k]e^{-j\Omega k}\right)\left(\sum_{m=-\infty}^{\infty} h[m]e^{-j\Omega m}\right) \\
&= X(\Omega)\,H(\Omega)
\end{aligned} \tag{11.38}$$

예제 11-10 시간 컨벌루션 성질을 이용한 컨벌루션 계산

신호 $x[n]=a^n u[n]$과 $h[n]=a^n u[n]$의 컨벌루션 $y[n]=x[n]*h[n]$을 DTFT를 이용하여 구하라.

풀이

$x[n]$과 $h[n]$의 DTFT는 다음과 같다.

$$X(\Omega)=H(\Omega)=\frac{1}{1-ae^{-j\Omega}}$$

식 (11.37)의 시간 컨벌루션 성질을 이용하여 다음과 같이 $Y(\Omega)$를 얻는다.

$$Y(\Omega)=X(\Omega)H(\Omega)=\frac{1}{(1-ae^{-j\Omega})^2}=\frac{1}{1-ae^{-j\Omega}}+\frac{ae^{-j\Omega}}{(1-ae^{-j\Omega})^2}$$

$a^n u[n] \Leftrightarrow \dfrac{1}{1-ae^{-j\Omega}}$과 [예제 11-8]에서 구한 $na^n u[n] \Leftrightarrow \dfrac{ae^{-j\Omega}}{(1-ae^{-j\Omega})^2}$을 이용하여 $Y(\Omega)$를 역변환하면 다음과 같이 컨벌루션 결과 $y[n]$을 얻으므로, 식 (11.39)의 변환쌍이 성립한다.

$$y[n]=a^n u[n]+na^n u[n]=(n+1)a^n u[n]$$

$$(n+1)a^n u[n] \Leftrightarrow \frac{1}{(1-ae^{-j\Omega})^2} \qquad (11.39)$$

11.3.2 파스발 정리

푸리에 급수에서는 주기 신호가 전력 신호이므로 파스발 정리에 의해 전력 관계를 다루었지만, 푸리에 변환의 수렴 조건을 만족하는 신호는 직접 에너지 관계를 다룰 수 있다.

파스발 정리 : 에너지

$$E=\sum_{n=-\infty}^{\infty}|x[n]|^2=\frac{1}{2\pi}\int_{2\pi}|X(\Omega)|^2 d\Omega \qquad (11.40)$$

- 신호의 에너지는 시간 영역에서 구하나 주파수 영역에서 구하나 마찬가지이다.
- 서로 다른 주파수 성분 간에는 에너지가 전혀 만들어지지 않는다. 그러므로 신호의 에너지는 각 주파수 성분의 에너지를 모으면 된다.
- $|X(\Omega)|^2$은 신호 $x[n]$이 갖는 에너지의 주파수 분포를 알려주기 때문에 **에너지 밀도 스펙트럼**energy density spectrum이라고 한다.

에너지 밀도 스펙트럼 $|X(\Omega)|^2$은 스펙트럼의 크기만 관련되므로, 같은 에너지 밀도 스펙트럼을 가지는 신호가 여럿 존재할 수 있지만, 어떤 신호이든 오직 하나의 에너지 밀도 스펙트럼만 가진다. DTFT에 대한 파스발의 정리는 다음과 같이 간단히 유도할 수 있다.

$$\begin{aligned}\sum_{n=-\infty}^{\infty}|x[n]|^2 &= \sum_{n=-\infty}^{\infty}x[n]x^*[n] \\ &= \sum_{n=-\infty}^{\infty}x[n]\left(\frac{1}{2\pi}\int_{2\pi}X^*(\Omega)e^{-j\Omega n}d\Omega\right) \\ &= \frac{1}{2\pi}\int_{2\pi}X^*(\Omega)\left(\sum_{n=-\infty}^{\infty}x[n]e^{-j\Omega n}\right)d\Omega \\ &= \frac{1}{2\pi}\int_{2\pi}|X(\Omega)|^2 d\Omega\end{aligned} \tag{11.41}$$

예제 11-11 파스발의 정리를 이용한 싱크 함수의 에너지

$x[n]=\text{sinc}\left(\frac{1}{2}n\right)$의 에너지를 구하라.

풀이

$x[n]$의 에너지는 다음과 같이 시간 영역에서 계산할 수 있다.

$$E_x=\sum_{n=-\infty}^{\infty}|x[n]|^2=\sum_{n=-\infty}^{\infty}\left|\text{sinc}\left(\frac{1}{2}n\right)\right|^2$$

하지만 식 (11.21)의 푸리에 변환쌍과 파스발 정리를 이용하면 좀 더 간단하게 구할 수 있다.

$$E_x=\frac{1}{2\pi}\int_{-\pi}^{\pi}|2\text{rect}(\Omega/\pi)|^2 d\Omega=\frac{4}{2\pi}\int_{-\pi/2}^{\pi/2}1\,d\Omega=2$$

지금까지 살펴본 이산 시간 푸리에 변환의 주요 성질들을 [표 11-1]에 정리하였다. 이 성질들은 푸리에 변환의 개념을 이해하고, 기본 DTFT쌍을 이용하여 다양한 신호의 DTFT쌍을 구하는 데 유용하게 활용되므로 잘 익혀두기 바란다.

표 11-1 이산 시간 푸리에 변환(DTFT)의 주요 성질

	성질	푸리에 변환쌍
1	주기성	$X(\Omega+2\pi l)=X(\Omega)$, l은 정수
2	선형성	$\alpha x[n]+\beta y[n] \Leftrightarrow \alpha X(\Omega)+\beta Y(\Omega)$
3	대칭성	$X^{*}(\Omega)=X(-\Omega)$, $x[n]$은 실수
		$\begin{cases}\mathrm{Re}\{X(\Omega)\}=\mathrm{Re}\{X(-\Omega)\}, & x[n]\text{은 실수} \\ \mathrm{Im}\{X(\omega)\}=-\mathrm{Im}\{X(-\omega)\}, & x[n]\text{은 실수}\end{cases}$
		$\begin{cases}\lvert X(\Omega)\rvert=\lvert X(-\Omega)\rvert, & x[n]\text{은 실수} \\ \angle X(\Omega)=-\angle X(-\Omega), & x[n]\text{은 실수}\end{cases}$
		$\begin{cases}\mathrm{Re}\{X(\Omega)\}=\mathrm{Re}\{X(-\Omega)\}, & x[n]\text{은 실수 우함수} \\ \mathrm{Im}\{X(\Omega)\}=0, & x[n]\text{은 실수 우함수}\end{cases}$
		$\begin{cases}\mathrm{Re}\{X(\Omega)\}=0, & x[n]\text{은 실수 기함수} \\ \mathrm{Im}\{X(\Omega)\}=-\mathrm{Im}\{X(-\Omega)\}, & x[n]\text{은 실수 기함수}\end{cases}$
4	시간 반전	$x[-n] \Leftrightarrow X(-\Omega)$
5	시간 이동	$x[n-n_0] \Leftrightarrow e^{-jn_0\Omega}X(\Omega)$
6	주파수 이동	$e^{j\Omega_0 n}x[n] \Leftrightarrow X(\Omega-\Omega_0)$
	변조	$x[n]\cos(\Omega_0 n) \Leftrightarrow \frac{1}{2}[X(\Omega-\Omega_0)+X(\Omega+\Omega_0)]$
7	주파수 미분	$nx[n] \Leftrightarrow j\frac{dX(\Omega)}{d\Omega}$
8	시간 척도조절	$x[an] \Leftrightarrow X\left(\frac{\Omega}{a}\right)$, $\begin{cases}\text{솎음 : } a\text{는 정수} \\ \text{보간 : } 1/a\text{는 정수}\end{cases}$
9	시간 컨벌루션	$x[n]*y[n] \Leftrightarrow X(\Omega)Y(\Omega)$
10	파스발 정리	$\sum_{n=-\infty}^{\infty}\lvert x[n]\rvert^2=\frac{1}{2\pi}\int_{2\pi}\lvert X(\Omega)\rvert^2 d\Omega$

11.4 DTFT를 이용한 이산 시스템 해석

이미 6장에서 연속 시스템을 대상으로 하여 푸리에 변환을 이용한 시스템의 주파수 영역 해석의 개념과 주요 내용에 대해서 자세히 살펴본 바 있다. 이산 시스템이라고 해서 크게 다를 것은 없으므로, 여기서는 간결하게 결과 위주로 살펴볼 것이다.

학습포인트

- 이산 시스템의 주파수 응답의 정의와 개념을 이해한다.
- 임펄스 응답, 주파수 응답, 차분 방정식의 상호 관계를 이해한다.
- 주파수 응답을 이용한 시스템의 출력 결정 방법에 대해 알아본다.

11.4.1 이산 시스템의 주파수 응답

주파수 응답의 정의

시스템의 주파수 응답은 입력 주파수의 변화에 대한 시스템의 응답 특성이다.

이산 시스템의 주파수 응답

- 이산 시스템의 주파수 응답 $H(\Omega)$는 주파수의 함수로 표현된 입력과 출력의 비, 즉 입력 $x[n]$의 DTFT $X(\Omega)$에 대한 출력 $y[n]$의 DTFT $Y(\Omega)$의 비로 정의한다.

$$H(\Omega)=\frac{Y(\Omega)}{X(\Omega)}=|H(\Omega)|e^{j\angle H(\Omega)} \tag{11.42}$$

- 주파수 응답 $H(\Omega)$의 크기 $|H(\Omega)|$와 위상 $\angle H(\Omega)$를 Ω에 대해 각각 나타낸 것을 **진폭 (주파수) 응답**과 **위상 (주파수) 응답**이라고 한다.
- 주파수 응답은 입력 정현파에 대한 출력 정현파의 진폭과 위상 변화를 나타낸 것으로, 주파수에 따라 입력 신호의 크기와 위상을 증가 또는 감소시키는 시스템의 응답 특성을 보여준다.
- 주파수 응답은 시스템 임펄스 응답 $h[n]$의 푸리에 변환 $H(\Omega)=\mathcal{F}\{h[n]\}$이다. 따라서 입력의 형태와 상관없고 시스템이 바뀌지 않는 한 달라지지 않는다.

$$H(\Omega)=\mathcal{F}\{h[n]\}=\frac{Y(\Omega)}{X(\Omega)} \tag{11.43}$$

- 이산 시스템의 주파수 응답 $H(\Omega)$는 주기가 2π인 주기 함수이다.

이산 LTI 시스템의 입출력 관계가 컨벌루션 $x[n] * h[n]$으로 주어질 때 DTFT의 시간 컨벌루션 성질을 적용하면 $Y(\Omega) = H(\Omega)X(\Omega)$가 되므로, 주파수 응답은 식 (11.43)과 같이 임펄스 응답의 DTFT가 된다. 그러므로 [그림 11-15]에 나타낸 것처럼, 임펄스 응답 또는 주파수 응답 중 어느 것을 사용하여 이산 LTI 시스템을 표시해도 무방하다.

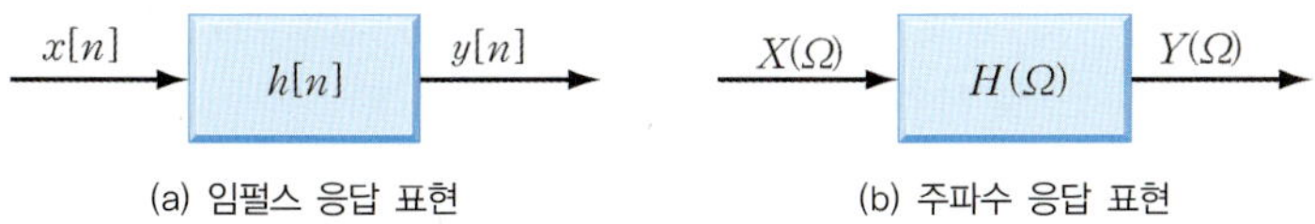

그림 11-15 이산 LTI 시스템의 표현

이산 신호의 푸리에 스펙트럼은 주기가 2π인 주기 함수이므로 $X(\Omega)$에 대한 $Y(\Omega)$의 비로 정의된 주파수 응답 $H(\Omega)$도 주기 함수가 되며, 연속 시스템의 주파수 응답과 이 점에서 차이가 난다.

차분 방정식과 주파수 응답의 관계

이산 LTI 시스템은 일반적으로 다음과 같은 차분 방정식으로 표현된다.

$$y[n] + a_1 y[n-1] + \cdots + a_p y[n-p] = b_0 x[n] + \cdots + b_q x[n-q] \tag{11.44}$$

식 (11.45)의 양변을 선형성과 시간 이동 성질을 이용하여 DTFT하면 다음과 같이 된다.

$$\begin{aligned} &Y(\Omega) + a_1 e^{-j\Omega} Y(\Omega) + \cdots + a_p (e^{-j\Omega})^p Y(\Omega) \\ &= b_0 X(\Omega) + b_1 e^{-j\Omega} X(\Omega) + \cdots + b_q (e^{-j\Omega})^q X(\Omega) \end{aligned} \tag{11.45}$$

이를 정리하여 $X(\Omega)$에 대한 $Y(\Omega)$의 비, 즉 주파수 응답 $H(\Omega)$를 구하면 다음과 같다.

$$H(\Omega) = \frac{Y(\Omega)}{X(\Omega)} = \frac{b_0 + b_1 e^{-j\Omega} + \cdots + b_q (e^{-j\Omega})^q}{1 + a_1 e^{-j\Omega} + \cdots + a_p (e^{-j\Omega})^p} = \frac{\sum_{i=0}^{q} b_i (e^{-j\Omega})^i}{\sum_{i=0}^{p} a_i (e^{-j\Omega})^i} \tag{11.46}$$

여기서 $a_0 = 1$이다. 식 (11.46)에서 보듯이 분자 다항식의 계수는 차분 방정식의 입력 항들의 계수와 같고, 분모 다항식의 계수는 출력 항들의 계수와 같다. 그러므로 차분 방정식으로 표현된 이산 LTI 시스템의 주파수 응답은 $X(\Omega)$와 $Y(\Omega)$를 계산하는 중간 과정을 거치지 않고 차분 방정식으로부터 직접 식 (11.46)과 같이 구할 수 있다. 차분 방정식의 계수들에 의해 주파수 응답이 결정되므로, 주파수 응답은 시스템이 바뀌지 않는 한 달라지지 않으며 입력과는 무관하다. 식 (11.46)에서 주파수 응답이 $e^{j\Omega}$의 함수로 취급될 수 있다는 사실에 주목할 필요가 있다. $e^{j\Omega}$은 복소평면에서 단위원에 해당한다. 따라서 이산 시스템의 주파수 응답은 복소평면의 단위원을 따라 주파수 Ω를 변화시켜가며 구한 값이다. 그래서 2π의 주기로 같은 모양이 반복되는 것이다. 이는 연속 시스템의 주파수 응답이 주기성을 가지지 않는 것과 대비되는 특성이다.

예제 11-12 주파수 응답, 임펄스 응답, 차분 방정식의 결정

LTI 시스템에 입력 $x[n]=\left(-\frac{1}{2}\right)^n u[n]$을 넣었을 때 출력이 $y[n]=\left(2\left(\frac{1}{2}\right)^n-\left(\frac{1}{4}\right)^n\right)u[n]$이라고 한다. 이 시스템의 주파수 응답, 임펄스 응답, 그리고 시스템 차분 방정식을 구하라.

풀이

우선 입력과 출력을 각각 이산 시간 푸리에 변환하면 다음과 같다.

$$X(\Omega)=\frac{1}{1+\frac{1}{2}e^{-j\Omega}}$$

$$Y(\Omega)=\frac{2}{1-\frac{1}{2}e^{-j\Omega}}-\frac{1}{1-\frac{1}{4}e^{-j\Omega}}=\frac{1}{\left(1-\frac{1}{2}e^{-j\Omega}\right)\left(1-\frac{1}{4}e^{-j\Omega}\right)}$$

주파수 응답은 정의식인 식 (11.42)로부터 다음과 같이 구할 수 있다.

$$H(\Omega)=\frac{Y(\Omega)}{X(\Omega)}=\frac{\dfrac{1}{\left(1-\frac{1}{2}e^{-j\Omega}\right)\left(1-\frac{1}{4}e^{-j\Omega}\right)}}{\dfrac{1}{1+\frac{1}{2}e^{-j\Omega}}}=\frac{1+\frac{1}{2}e^{-j\Omega}}{\left(1-\frac{1}{2}e^{-j\Omega}\right)\left(1-\frac{1}{4}e^{-j\Omega}\right)}$$

주파수 응답을 부분분수 전개하면 다음과 같이 되고,

$$H(\Omega)=\frac{1+\frac{1}{2}e^{-j\Omega}}{\left(1-\frac{1}{2}e^{-j\Omega}\right)\left(1-\frac{1}{4}e^{-j\Omega}\right)}=\frac{4}{1-\frac{1}{2}e^{-j\Omega}}-\frac{3}{1-\frac{1}{4}e^{-j\Omega}}$$

이를 역변환하면 다음과 같이 임펄스 응답을 얻을 수 있다.

$$h[n]=\left(4\left(\frac{1}{2}\right)^n-3\left(\frac{1}{4}\right)^n\right)u[n]$$

한편 주파수 응답으로부터 다음의 관계를 얻을 수 있고,

$$\left(1-\frac{1}{2}e^{-j\Omega}\right)\left(1-\frac{1}{4}e^{-j\Omega}\right)Y(\Omega)=\left(1+\frac{1}{2}e^{-j\Omega}\right)X(\Omega)$$

앞 식을 시간 이동 성질을 이용하여 역변환하면 다음과 같은 차분 방정식을 얻는다.

$$y[n]-\frac{3}{4}y[n-1]+\frac{1}{8}y[n-2]=x[n]+\frac{1}{2}x[n-1]$$

이 예제에서는 큰 어려움이 없지만, 더 복잡한 형태의 $H(\Omega)$일 경우는 $e^{-j\Omega}$의 함수로 표시되어 있어 분모의 인수 분해와 부분분수의 계수를 구하는 작업이 번거롭고 까다롭다. 따라서 주파수 영역을 거쳐 시스템의 임펄스 응답이나 출력을 구하는 문제에서는 12장에서 배울 z 변환과 전달 함수를 주로 사용한다.

11.4.2 주파수 응답을 이용한 시스템 출력 결정

까다로운 컨벌루션 계산보다는 단순한 곱셈이 훨씬 간편하므로, 주파수 영역에서 출력의 스펙트럼을 구한 뒤 이를 푸리에 역변환하여 시스템 출력을 구하는 게 더 낫다.

주파수 응답을 이용한 시스템 출력의 계산

❶ 입력과 임펄스 응답의 푸리에 변환을 수행한다.
❷ 입력 스펙트럼에 시스템 주파수 응답을 곱해 출력 스펙트럼을 구한다.
❸ 출력 스펙트럼의 푸리에 역변환을 수행하여 출력 신호를 구한다.

위 계산 과정을 [그림 11-16]에 정리하여 나타내었다. 언뜻 보기엔 여러 단계를 거치므로 더 복잡해 보이지만, 고속 푸리에 변환(FFT)이라는 알고리즘을 이용하면 컨벌루션을 직접 계산하는 것보다 훨씬 효율적이므로 널리 사용된다.

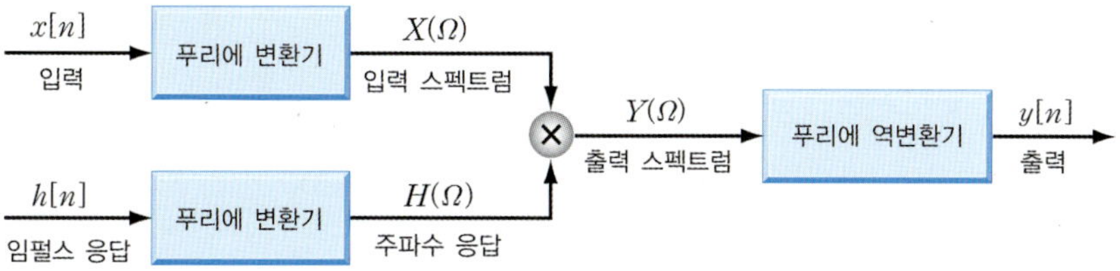

그림 11-16 주파수 응답과 DTFT를 이용한 이산 LTI 시스템의 출력 계산

주파수 영역에서 스펙트럼 그래프를 이용하면 계산을 좀 더 효율적으로 할 수 있으며, 주파수와 관련한 시스템의 동작 특성을 직관적으로 이해할 수도 있다. 시스템 출력의 스펙트럼 $Y(\Omega)=H(\Omega)X(\Omega)$을 극좌표 형식으로 나타내면 다음과 같이 된다.

$$\begin{aligned}|Y(\Omega)|e^{j\angle Y(\Omega)} &= |H(\Omega)|e^{j\angle H(\Omega)}|X(\Omega)|e^{j\angle X(\Omega)} \\ &= |H(\Omega)||X(\Omega)|e^{j(\angle H(\Omega)+\angle X(\Omega))}\end{aligned} \tag{11.47}$$

• 출력의 진폭 스펙트럼은 입력의 진폭 스펙트럼에 시스템의 진폭 응답을 곱한 것이다.

$$|Y(\Omega)| = |H(\Omega)||X(\Omega)| \tag{11.48}$$

• 출력의 위상 스펙트럼은 입력의 위상 스펙트럼에 시스템의 위상 응답을 더한 것이다.

$$\angle Y(\Omega) = \angle H(\Omega) + \angle X(\Omega) \tag{11.49}$$

예제 11-13 DTFT를 이용한 이산 시스템의 출력

임펄스 응답이 $h[n]=(0.8)^n u[n]$인 시스템에 다음의 입력을 넣었을 때 출력을 구하라.

(a) $x_1[n]=(0.8)^n u[n]$

(b) $x_2[n]=(-0.8)^n u[n]$

풀이

(a) 입력과 임펄스 응답이 같은 경우로, 이를 DTFT하면 다음과 같다.

$$H(\Omega) = X_1(\Omega) = \frac{1}{1-0.8e^{-j\Omega}}$$

따라서 시스템 출력의 스펙트럼은 다음과 같이 된다.

$$Y(\Omega) = H(\Omega)X_1(\Omega) = \frac{1}{(1-0.8e^{-j\Omega})^2}$$

[예제 11-10]에서 구한 식 (11.39)의 변환쌍을 이용하여 $Y(\Omega)$를 역변환하면 다음과 같이 $y[n]$이 구해진다.

$$y[n] = (n+1)(0.8)^n u[n] = (n+1)x[n]$$

(b) 입력을 DTFT하면 다음과 같이 된다.

$$X_2(\Omega) = \sum_{n=0}^{\infty}(-0.8)^n e^{-j\Omega n} = \frac{1}{1+0.8e^{-j\Omega}}$$

따라서 시스템 출력의 스펙트럼은 다음과 같이 된다.

$$\begin{aligned} Y(\Omega) = H(\Omega)X_2(\Omega) &= \frac{1}{(1-0.8e^{-j\Omega})(1+0.8e^{-j\Omega})} \\ &= \frac{0.5}{1-0.8e^{-j\Omega}} + \frac{0.5}{1+0.8e^{-j\Omega}} \end{aligned}$$

실수 지수 신호의 DTFT쌍 식 (11.19)를 이용하여 $Y(\Omega)$를 역변환하면 다음과 같이 $y[n]$을 구할 수 있다.

$$\begin{aligned} y[n] &= 0.5(0.8)^n u[n] + 0.5(-0.8)^n u[n] = 0.5(1+(-1)^n)(0.8)^n u[n] \\ &= \begin{cases} (0.8)^n u[n], & n = \text{짝수} \\ 0, & n = \text{홀수} \end{cases} \end{aligned}$$

두 입력에 대한 결과를 비교하면, (a)의 경우는 입력에 $(n+1)$을 곱한 것이 출력이므로 시간이 갈수록 입력을 점점 키워서 출력으로 낸다. 즉 입력에 대한 공진이 발생한 것이다. 반면에 (b)의 경우는 오히려 $n=$홀수일 때는 입력이 출력으로 전혀 나오지 않는 차단 특성을 보인다. 이런 차이가 발생하는 이유는 두 입력의 진폭 스펙트럼을 그린 [그림 11-17]을 보면 알 수 있다. (a)는 주파수 응답과 입력 스펙트럼 모두 [그림 11-17(a)]인 경우로, 둘의 곱인 출력 스펙트럼은 더욱 커진다. 그러나 (b)는 입력 스펙트럼이 주파수 응답과 정반대의 특성을 가지므로, 둘의 곱인 출력 스펙트럼은 입력의 주된 주파수 성분들의 크기가 확 줄어든, 즉 차단된 결과가 되기 때문이다. 이상의 논의에서 알 수 있듯이 시스템의 주파수 응답 대역과 입력 스펙트럼 대역의 관계에 따라 출력 특성이 달라진다.

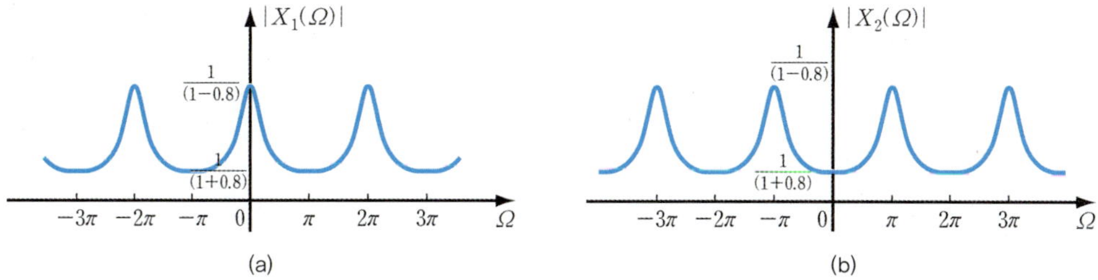

그림 11-17 [예제 11-13]의 입력 신호의 진폭 스펙트럼

CHAPTER 11 연습문제

Quick Review

다음 문제에서 옳은 것을 골라라.

01 이산 비주기 신호의 스펙트럼은 (이산, 연속)인 (주기, 비주기) 함수이다.

02 이산 시간 푸리에 역변환은 전 주파수 구간에 대해 적분해야 한다. (O, X)

03 DTFT를 할 수 없는 신호는 존재하지 않는다. (O, X)

04 (에너지, 전력) 신호는 DTFT의 수렴 조건을 만족한다.

05 DTFT한 스펙트럼에 임펄스가 포함되는 것은 (에너지, 전력, 불연속) 신호이다.

06 주기 신호의 DTFS와 DTFT에 의한 선 스펙트럼 간격은 (같다, 다르다).

07 이산 전력 신호의 푸리에 변환은 DTFT의 정의식으로 계산할 수 있다. (O, X)

08 임펄스 신호의 스펙트럼은 모든 주파수에 대해 존재한다. (O, X)

09 DTFT는 주파수에 대한 주기 함수이다. (O, X)

10 이산 실수 신호의 (진폭, 위상) 스펙트럼은 기대칭을 만족한다.

11 신호를 시간 이동하면 진폭과 위상 스펙트럼이 모두 변한다. (O, X)

12 시간축 상에서 신호를 늘이면 주파수축 상에서 스펙트럼이 (압축된다, 늘어난다).

13 신호의 다른 주파수 성분끼리도 에너지를 형성한다. (O, X)

14 이산 시스템의 주파수 응답은 주기 함수이다. (O, X)

15 이산 주파수 응답은 입력의 형태에 따라 달라진다. (O, X)

16 이산 시스템의 주파수 응답은 (임펄스 응답, 고유 응답, 영상태 응답)의 DTFT이다.

17 이산 시스템의 차분 방정식의 계수와 주파수 응답은 무관하다. (O, X)

18 이산 시스템의 주파수 응답은 복소평면의 (실축, 허축, 단위원)을 따라 계산한 값이다.

19 출력의 진폭 스펙트럼은 입력의 진폭 스펙트럼과 진폭 응답의 (합, 곱)이다.

20 출력의 위상 스펙트럼은 입력의 위상 스펙트럼과 위상 응답의 (합, 곱)이다.

기초 문제

11.1 다음 신호의 이산 시간 푸리에 변환을 구하고, 진폭 및 위상 스펙트럼을 그려라.

(a) $x[n]=[1,\ \underset{\uparrow}{0},\ 1]$ (b) $x[n]=[1,\ \underset{\uparrow}{1},\ 1]$

(c) $x[n]=[-1,\ \underset{\uparrow}{1},\ -1]$ (d) $x[n]=[1,\ \underset{\uparrow}{-1},\ 1]$

11.2 다음 그림의 이산 신호에 대해 이산 시간 푸리에 변환을 구하라.

(a)

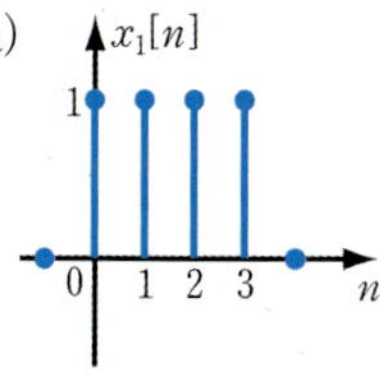

(b)

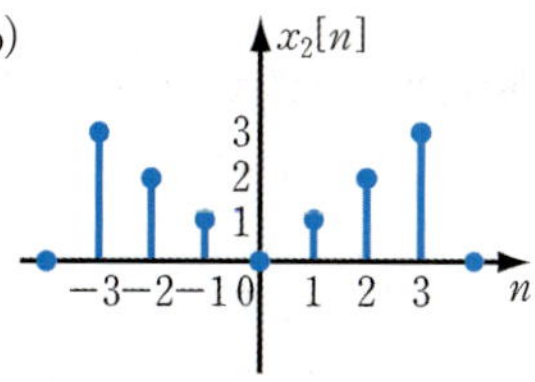

(c)

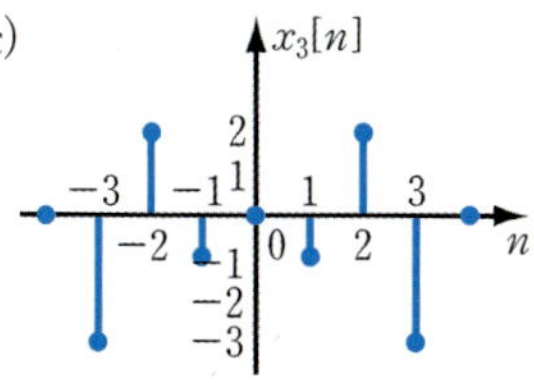

(d)

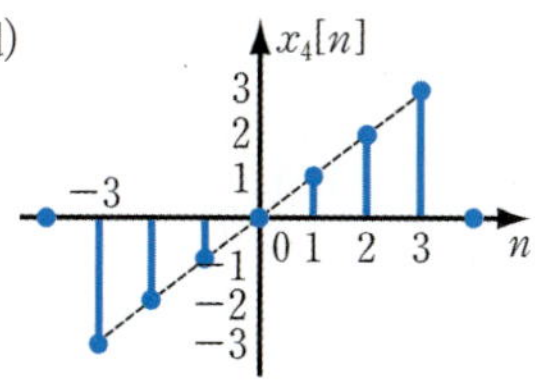

11.3 다음과 같은 이산 주기 신호의 이산 시간 푸리에 변환을 구하라.

(a) $x[n]=\begin{cases}1, & n=\text{짝수}\\ 0, & n=\text{홀수}\end{cases}$ (b) $x[n]=\begin{cases}1, & 0\le n\le 1\\ 0, & 2\le n\le 3\end{cases},\quad N=4$

(c) $x[n]=\begin{cases}1, & 0\le n\le 3\\ 0, & 4\le n\le 7\end{cases},\quad N=8$ (d) $x[n]=\cos\left(\frac{\pi}{4}n-\frac{\pi}{4}\right)$

11.4 다음 신호의 이산 시간 푸리에 변환을 구하라.

(a) $x[n]=(0.5)^n(u[n]-u[n-n_0])$ (b) $x[n]=(0.5)^n u[n-3]$

(c) $x[n]=(0.5)^{|n|}$ (d) $x[n]=(0.5)^n\cos\left(\frac{\pi}{2}n\right)u[n]$

11.5 이산 시간 푸리에 변환의 성질을 이용하여 다음 이산 신호의 이산 시간 푸리에 변환을 구하라.

(a) $x[n]=\sum_{m=0}^{n_0}\delta[n-m]$ (b) $x[n]=(0.5)^{-n}u[-n]$

(c) $x[n]=n(0.5)^{|n|}$ (d) $x[n]=(n+1)(0.5)^{n}u[n]$

11.6 다음과 같이 DTFT가 주어질 때, 이에 대응하는 이산 신호를 구하라.

(a) $X(\Omega)=1+2\cos(2\Omega)$ (b) $X(\Omega)=-2+j\sin(4\Omega)$

(c) $X(\Omega)=\cos(2\Omega)-j\sin(2\Omega)$ (d) $X(\Omega)=\dfrac{4}{(2-e^{-j\Omega})^2}$

11.7 다음의 차분 방정식으로 표현되는 이산 LTI 시스템의 주파수 응답과 임펄스 응답을 구하라.

(a) $y[n]+0.8y[n-1]=x[n]-0.5x[n]$

(b) $y[n]+0.64y[n-2]=x[n-1]$

(c) $y[n]-\dfrac{5}{6}y[n-1]+\dfrac{1}{6}y[n-2]=x[n-1]$

(d) $y[n]-0.3y[n-1]-0.4y[n-2]=2x[n-1]-x[n-2]$

11.8 다음의 임펄스 응답을 갖는 이산 LTI 시스템에 $x[n]=\cos\left(\dfrac{3\pi}{4}n\right)$을 입력으로 인가할 때 출력 $y[n]$을 구하라.

(a) $h[n]=[1\ \underset{\uparrow}{1},\ 1]$ (b) $h[n]=[-1\ \underset{\uparrow}{1},\ -1]$

11.9 입력 $x[n]=\delta[n]+0.5\delta[n-1]$에 대한 출력이 $y[n]=\delta[n]-2\delta[n-1]-\delta[n-2]$와 같은 이산 시스템에 대해 다음을 구하라.

(a) 이산 시스템의 주파수 응답

(b) 이산 시스템의 임펄스 응답

(c) 이산 시스템을 나타내는 차분 방정식 표현

11.10 차분 방정식 $y[n]=0.5y[n-1]+bx[n]$으로 표현되는 이산 LTI 시스템에 대해 다음을 구하라.

(a) $H(0)=1$이 되기 위한 b의 값 (b) 반전력 주파수

응용 문제

11.11 다음의 이산 시간 푸리에 변환쌍 중 틀린 것은?

㉮ $(0.5)^{2n}u[n] \Leftrightarrow \dfrac{1}{1-0.5e^{-j0.5\Omega}}$

㉯ $4(n-2)(0.5)^n u[n-2] \Leftrightarrow \dfrac{0.5e^{-j3\Omega}}{(1-0.5e^{-j\Omega})^2}$

㉰ $(0.5)^n u[n] * \delta[n-1] \Leftrightarrow \dfrac{e^{-j\Omega}}{1-0.5e^{-j\Omega}}$

㉱ $(0.5)^n u[n-1] * (0.5)^{n-1}u[n-1] \Leftrightarrow \dfrac{0.5e^{-j2\Omega}}{(1-0.5e^{-j\Omega})^2}$

11.12 $x[n] = na^n u[n]$의 DTFT를 다음의 두 가지 방법으로 구하라.

(a) DTFT의 정의식을 이용

(b) DTFT의 시간 컨벌루션 성질을 이용

11.13 다음 신호의 이산 시간 푸리에 변환을 구하라.

(a) $x[n] = n(u[n+N] - u[n-N-1])$

(b) $x[n] = (n-1)(0.5)^n u[n]$

(c) $x[n] = (0.5)^n u[n] + (-1)^n (0.5)^n u[n]$

(d) $x[n] = (0.5)^n u[n] + (0.5)^{-n} u[-n-1]$

11.14 다음과 같이 DTFT가 주어질 때, 이에 대응하는 이산 신호를 구하라.

(a) $X(\Omega) = \begin{cases} 0, & 0 \le |\Omega| \le \dfrac{3\pi}{4} \\ 1, & \dfrac{3\pi}{4} < |\Omega| \le \pi \end{cases}$

(b) $|X(\Omega)| = \begin{cases} 0, & 0 \le |\Omega| \le \dfrac{\pi}{3} \\ 1, & \dfrac{\pi}{3} < |\Omega| \le \dfrac{2\pi}{3} \\ 0, & \dfrac{2\pi}{3} < |\Omega| \le \pi \end{cases}$

$\angle X(\Omega) = \begin{cases} 2\Omega, & \dfrac{\pi}{3} < |\Omega| \le \dfrac{2\pi}{3} \\ 0, & \text{그 외} \end{cases}$

11.15 $x[n]$의 DTFT가 $X(\Omega) = \dfrac{1}{1-0.5e^{-j\Omega}}$일 때, 주어진 각 신호의 DTFT를 구하라.

(a) $y[n] = x[-n]$

(b) $y[n] = x[n-1]$

(c) $y[n] = nx[n]$

(d) $y[n] = x[n+1] + x[n-1]$

(e) $y[n] = x[n]\cos(\pi n)$

(f) $y[n] = x[n] * x[n]$

11.16 다음 그림의 신호 $x[n]$에 대해, $X(\Omega)$를 직접 구하지 말고 다음의 값을 구하라.

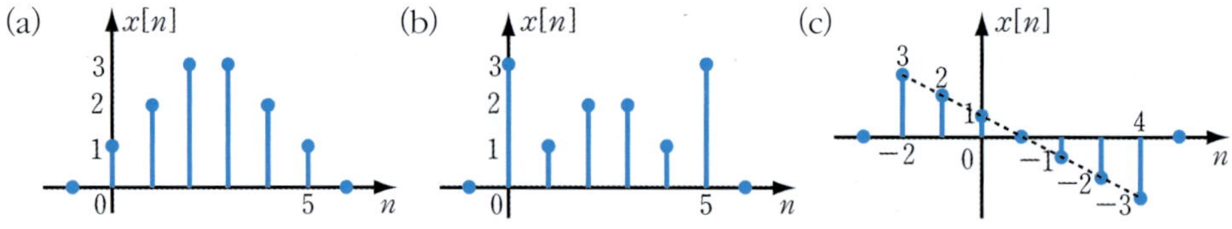

(i) $X(0)$ (ii) $X(\pi)$ (iii) $\dfrac{1}{2\pi}\displaystyle\int_{-\pi}^{\pi} X(\Omega)\,d\Omega$ (iv) $\dfrac{1}{2\pi}\displaystyle\int_{-\pi}^{\pi} |X(\Omega)|^2\,d\Omega$

11.17 파스발 정리를 이용하여 신호 $x[n]=\operatorname{sinc}\left(\dfrac{n}{2}\right)\cos\left(\dfrac{\pi}{2}n\right)$의 에너지를 구하라.

11.18 임펄스 응답이 $h[n]=\sin\left(\dfrac{\pi}{4}n\right)$인 이산 시스템에 입력 $x[n]=\cos\left(\dfrac{\pi}{3}n\right)$을 넣을 때 출력 $y[n]$을 구하라.

11.19 인과 LTI 시스템이 차분 방정식 $y[n]+0.5y[n-1]=x[n]$으로 표현된다고 한다.

(a) 시스템의 주파수 응답 $H(\Omega)$를 구하라.

(b) 시스템의 임펄스 응답 $h[n]$을 구하라.

(c) 입력이 $x[n]=(0.5)^n u[n]$일 때 시스템 출력을 구하라.

(d) 입력의 DTFT가 $X(\Omega)=\dfrac{1}{(1-0.25e^{-j\Omega})(1+0.5e^{-j\Omega})}$일 때 시스템 출력을 구하라.

11.20 주파수 응답이 다음 그림과 같은 이산 시스템이 있다. 이 시스템의 임펄스 응답을 구하고, 다음과 같은 입력을 인가할 때 출력을 구하라.

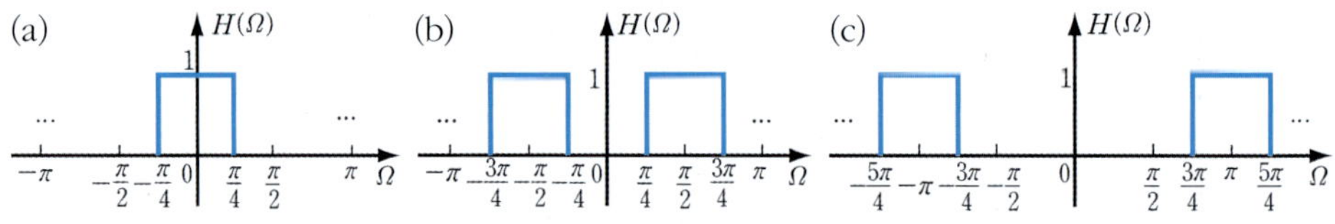

(i) $x_1[n]=1+\cos\left(\dfrac{\pi}{6}n\right)+\cos\left(\dfrac{\pi}{3}n\right)+\sin\left(\dfrac{5\pi}{6}n\right)$ (ii) $x_2[n]=\delta[n]+\cos\left(\dfrac{\pi}{2}n\right)$

CHAPTER

12

z 변환

z Transform

학습목표

- z 변환의 개념과 수렴 영역에 대해 이해할 수 있다.
- 주요 신호의 z 변환쌍을 잘 익혀둘 수 있다.
- z 변환의 주요 성질을 이해할 수 있다.
- 부분분수 전개를 이용한 z 역변환 방법을 잘 익혀둘 수 있다.
- z 변환을 이용한 차분 방정식의 해석 방법에 대해 잘 익혀둘 수 있다.
- 전달 함수의 개념과 중요성에 대해 이해할 수 있다.
- 전달 함수 극/영점의 역할과 중요성에 대해 이해할 수 있다.

미리보기

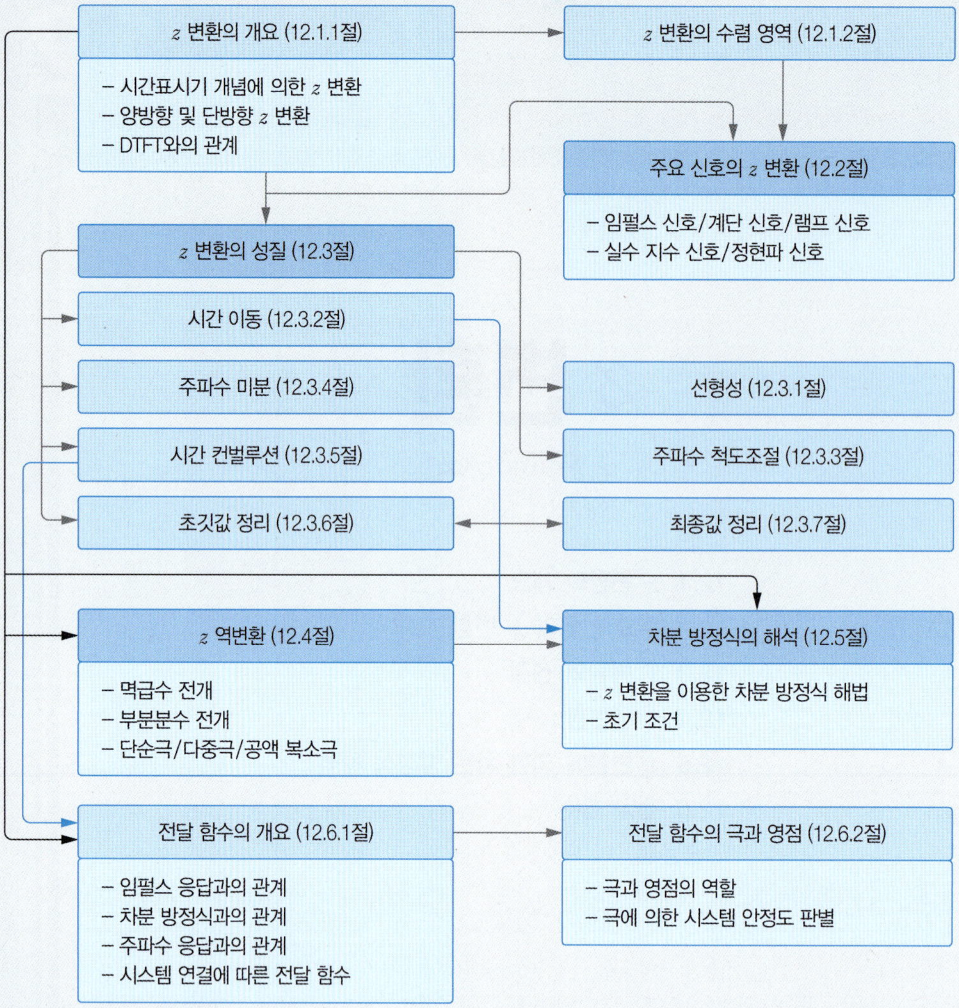

출발 자체가 주파수 영역에서 신호와 시스템을 표현하고자 했던 푸리에 해석 기법과 달리, z 변환은 매우 단순하게 정의되는 변환이다. 그렇지만 z 변환은 이산 시간 푸리에 변환을 일반화한 것으로 볼 수 있고, 연속 신호와 시스템에 대한 라플라스 변환과 똑같은 역할을 이산 신호와 이산 시스템에서 담당한다. z 변환은 겉보기에 복소수가 드러나지 않으므로 수학적 취급이 훨씬 간편할 뿐만 아니라, 차분 방정식을 z에 관한 대수 방정식으로 바꾸어 이산 시스템의 해석을 단순화시킨다. 또한 전달 함수의 개념과 결합하여 주파수 응답, 안정도를 비롯한 이산 시스템의 특성 해석을 수월하게 하고 통합적인 시각을 제공해준다. 이 장에서는 이러한 z 변환의 정의 및 수렴 특성, 주요 성질, 그리고 역변환 방법에 대해 살펴볼 것이다. 또 전달 함수와 극/영점의 관점에서 이산 시스템을 해석하는 방법도 알아본다.

12.1 z 변환의 개요

z 변환은 다른 변환들과 달리 출발점이 단순하다. 수학적 취급의 편의를 위해 이산 신호 샘플의 발생 시간(순서)을 알려주는 시간 표시기로 복소 변수 z을 사용하여 급수 형태로 표현한 것이 바로 z 변환이다. 그렇지만 z 변환은 연속 신호에 대한 라플라스 변환과 마찬가지로 이산 신호에 대한 푸리에 변환(DTFT)을 일반화한 주파수 영역 변환의 역할을 담당한다. 이 절에서는 z 변환의 바탕 개념과 정의를 설명하고 그 특징, 특히 수렴 영역에 대해 간단히 살펴본다. 그리고 양방향 및 단방향 변환의 차이를 알아본다.

학습포인트

- z 변환의 바탕 개념이 다른 주파수 영역 변환과 다른 점을 이해한다.
- 단방향과 양방향 z 변환의 차이를 이해한다.
- z 변환의 수렴 조건과 수렴 영역(ROC)에 대해 이해하고, 신호 형태에 따른 수렴 영역을 알아본다.

12.1.1 z 변환의 정의

z 변환의 바탕 개념

다음과 같은 이산 신호를 생각해보자.

$$x[n] = \begin{cases} (2)^n, & n \geq 0 \\ (3)^n, & n < 0 \end{cases} \tag{12.1}$$

이 신호는 $\left\{\cdots, \left(\frac{1}{3}\right)^2, \frac{1}{3}, \underset{\uparrow}{1}, 2, (2)^2, \cdots, (2)^n, \cdots\right\}$과 같이 순서대로 값을 나열한 무한수열로 나타낼 수 있지만, 값이 어떻게 변화하고 있는지만 파악할 수 있을 뿐이고 하나의 함수로 표현되었을 때처럼 사칙 연산을 비롯한 다양한 수학적인 조작이 불가능하다. 그러나 다음과 같이 복소 변수 z에 관한 무한급수로 표현하면 간결하게 z의 함수로 나타낼 수 있어 수학적인 접근이 가능해진다.

$$\cdots + \left(\frac{1}{3}\right)^2 z^2 + \frac{1}{3}z + 1 + 2z^{-1} + (2)^2 z^{-2} + \cdots + (2)^n z^{-n} + \cdots \tag{12.2}$$

식 (12.2)는 $x[n]$의 샘플 값의 발생 시간을 알려주는 시간 표시기로 복소 변수 z를 사용하여 급수 형태로 표현한 것에 불과하다. 예를 들어 z^{-3}은 시간 $n=3$이고, z^4은 시간 $n=-4$임을 가리킨다. 즉 z^{-n}의 계수는 시간 n일 때 신호 값 $x[n]$을 나타낸다. 양의 시간에 대한 시간 표시기로 z^n이 아닌 z^{-n}을 사용한 것은 뒤에 보겠지만 이산 시간 푸리에 변환과의 일관성을 고려했기 때문이다.

식 (12.2)의 무한급수의 합을 닫힌 꼴의 수식으로 나타내면 신호 $x[n]$을 z의 함수로 나타낸 새로운 표현 $X(z)$을 얻게 되는데, 이것이 바로 z 변환이다. 이때 무한급수의 합이 존재하려면 수렴해야 하므로 이를 위한 z의 조건이 필요한데, 이를 z 변환의 **수렴 영역**(ROC)Region Of Convergence이라고 한다. 예를 들어 식 (12.2)의 무한급수는 다음과 같이 2개의 무한급수의 합이 되며, 등비급수의 수렴 조건($|$공비$| < 1$)에 의해 $|z| < 3$과 $|z| > 2$를 동시에 만족시키는 $2 < |z| < 3$에서 수렴한다.

$$X(z) = \frac{\frac{1}{3}z}{1-\frac{1}{3}z} + \frac{1}{1-2z^{-1}} = \frac{-z}{z-3} + \frac{z}{z-2} = \frac{-z}{(z-2)(z-3)} \qquad (12.3)$$

z 변환의 정의

$x[n]$과 $X(\Omega)$가 1:1로 대응되는 이산 시간 푸리에 변환과 달리, z 변환은 수렴 영역에 따라 변환쌍이 유일하지 않을 수 있으므로 양방향 변환과 단방향 변환으로 나누어 취급한다.

- **양방향**bilateral **z 변환** : $X(z) = Z\{x[n]\} = \sum_{n=-\infty}^{\infty} x[n]z^{-n}$ (12.4)

- **단방향**unilateral **z 변환** : $X(z) = Z\{x[n]\} = \sum_{n=0}^{\infty} x[n]z^{-n}$ (12.5)

- **z 역**inverse**변환** : $x[n] = Z^{-1}\{X(z)\} = \frac{1}{2\pi j}\oint_{\Gamma} X(z)z^{n-1}dz$ (12.6)

- 양방향 z 변환은 $-\infty < n < \infty$의 시간 범위에 존재하는 모든 신호를 변환할 수 있다.
- 양방향 z 변환은 수렴 영역이 지정되지 않으면 $x[n]$과 $X(z)$가 1:1 대응이 되지 않는다. 그러므로 항상 수렴 영역을 표시해야 한다.
- 단방향 z 변환은 인과 신호($x[n]=0,\ n<0$)만을 대상으로 한 변환이다.
- 단방향 z 변환은 $x[n]$과 $X(z)$가 1:1로 대응된다. 그러므로 수렴 영역을 별도로 표시할 필요가 없다.
- DTFT는 z 변환의 특수한 경우로서 $z = e^{j\Omega}$, 즉 z 평면의 단위원 위에서 계산된 z 변환이다. 그러므로 z 변환이 더 포괄적인 변환이다.

$$X(\Omega) = \sum_{n=-\infty}^{\infty} x[n]e^{-j\Omega n} = \sum_{n=-\infty}^{\infty} x[n]z^{-n}\bigg|_{z=e^{j\Omega}} = X(z)\bigg|_{z=e^{j\Omega}} \qquad (12.7)$$

식 (12.2)를 일반화한 수식으로 나타내면 다음과 같이 신호 $x[n]$의 z 변환이 정의된다.

$$\begin{aligned} X(z) &= \cdots + x[-1]z^{1} + x[0]z^{0} + x[1]z^{-1} + \cdots + x[n]z^{-n} + \cdots \\ &= Z\{x[n]\} = \sum_{n=-\infty}^{\infty} x[n]z^{-n} \end{aligned} \qquad (12.8)$$

z 변환 또한 $Z\{\cdot\}$와 변환쌍 $x[n] \Leftrightarrow X(z)$로 나타낸다. z는 $z = e^{\Sigma + j\Omega} = re^{j\Omega}$인 복소 변수이다. 식 (12.6)의 z 역변환 정의식은 복소 변수 이론에 대한 지식이 요구되므로, 라플라스 변환과 마찬가지로 일반적으로 부분분수 전개법을 사용하여 z 역변환을 구한다.

z 변환을 양방향 z 변환과 단방향 z 변환으로 따로 구분하는 이유는 양방향 z 변환에서는 $X(z)$에 대응되는 $x[n]$이 유일하지 않기 때문이다. 그러나 단방향 z 변환에서는 $x[n]$과 $X(z)$가 1:1로 대응되어 역변환할 때도 아무런 어려움이 없다.

만약 식 (12.4)에서 $z = e^{j\Omega}$로 두면 z 변환은 11장에서 배운 DTFT와 같아진다. 다시 말해 z 변환이 더 일반화된 변환이며, DTFT는 z 변환의 특수한 경우로 볼 수 있다. 게다가 z 변환은 복소수가 겉으로 보이지 않아 간결하고 편리한 표현이 된 것도 z 변환의 장점이다.

12.1.2 z 변환의 수렴 영역

z 변환은 식 (12.4)의 무한급수가 수렴해야만 존재하는데, z 변환의 수렴 조건은 $x[n]z^{-n}$이 절대 총합 가능absolutely summable해야 한다.

$$\sum_{n=-\infty}^{\infty} |x[n]z^{-n}| < \infty \tag{12.9}$$

이 조건을 만족하는 z의 집합을 z 변환 $X(z)$의 수렴 영역(ROC)이라고 한다.

수렴 영역과 단방향 z 변환의 필요성

양방향 z 변환에서는 서로 다른 두 시간 신호가 수렴 영역만 다를 뿐 똑같은 $X(z)$로 표현되는 경우가 발생한다. 따라서 역변환을 통해 $X(z)$로부터 오직 하나의 $x[n]$으로 되돌아가려면 반드시 $X(z)$의 수렴 영역이 지정되어야만 한다. 다음 예제를 통해 이를 살펴보자.

예제 12-1 우편향 인과 신호의 양방향 z 변환과 수렴 영역

실수 지수 신호 $x[n] = a^n u[n]$의 z 변환과 수렴 영역을 구하라.

풀이

$x[n]$은 우편향 인과 신호로 양방향 z 변환은 식 (12.4)로부터 다음과 같고, $|az^{-1}| < 1$, 즉 $|z| > |a|$인 영역(z 평면에서 반지름이 $|a|$인 원의 외부)에서 수렴한다.

$$X(z) = \sum_{n=0}^{\infty} a^n z^{-n} = \sum_{n=0}^{\infty} (az^{-1})^n = \frac{1}{1-az^{-1}} = \frac{z}{z-a}, \quad |z| > |a| \tag{12.10}$$

예제 12-2 좌편향 비인과 신호의 양방향 z 변환과 수렴 영역

실수 지수 신호 $y[n] = -a^n u[-n-1]$의 z 변환과 수렴 영역을 구하라.

풀이

$y[n]$은 좌편향 비인과 신호로 양방향 z 변환은 식 (12.4)로부터 다음과 같고, $|a^{-1}z| < 1$, 즉 $|z| < |a|$인 영역(z 평면에서 반지름이 $|a|$인 원의 내부)에서 수렴한다.

$$Y(z) = -\sum_{n=-\infty}^{-1} a^n z^{-n} = -\sum_{n=1}^{\infty} a^{-n} z^n = -a^{-1}z\sum_{n=0}^{\infty}(a^{-1}z)^n \tag{12.11}$$

$$= -\frac{a^{-1}z}{1-a^{-1}z} = \frac{1}{1-az^{-1}} = \frac{z}{z-a}, \quad |z| < |a|$$

[그림 12-1]은 [예제 12-1]과 [예제 12-2]의 신호와 수렴 영역을 나타낸 것이다. 그림을 보면 두 신호 및 수렴 영역의 특징과 차이를 확연히 알 수 있다. [예제 12-1]의 우편향 신호의 z 변환의 수렴 영역은 반지름이 $a(|z| = a)$인 원의 바깥이 되고, 반대로 [예제 12-2]의 좌편향 신호의 z 변환의 수렴 영역은 반지름이 $a(|z| = a)$인 원의 내부가 된다.

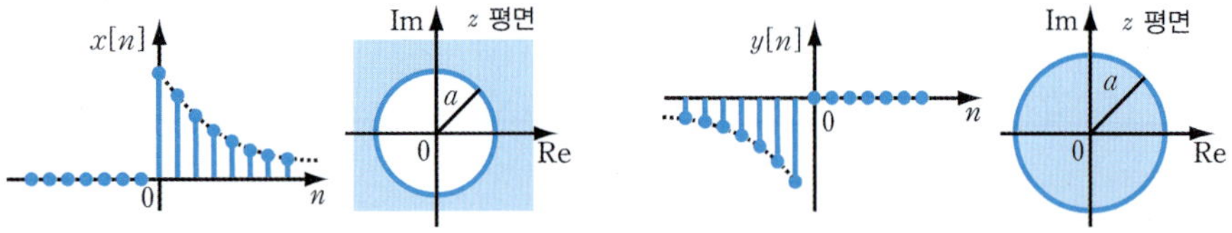

(a) $a^n u[n]$와 수렴 영역　　(b) $-a^n u[-n-1]$와 수렴 영역

그림 12-1 [예제 12-1], [예제 12-2] 신호의 양방향 z 변환의 수렴 영역

식 (12.11)의 $Y(z)$는 식 (12.10)의 $X(z)$와 같고 수렴 영역만 다를 뿐이다. 따라서 수렴 영역이 명시되지 않으면 역변환의 결과가 $x[n]$인지 $y[n]$인지 결정할 수 없다. 즉 양방향 z 변환은 수렴 영역이 명시되지 않는 한, z 역변환이 유일한 것은 아니다. 같은 $X(z)$에 대해 $x[n]$이 1:1 대응이 되지 못하는 이유는 양방향 z 변환이 좌편향 신호와 우편향 신호를 모두 변환할 수 있기 때문이다. 애초에 대상 신호를 두 유형 중의 하나로 제한한다면 이런 애매함은 없을 것이다. 인과 우편향 신호만을 대상으로 하는 단방향 z 변환으로 한정한다면, 역변환도 유일할뿐더러 굳이 수렴 영역을 밝힐 필요가 없다. 게다가 대부분의 물리적 시스템은 인과적이고 인과 신호를 취급하므로, 이 책에서도 단방향 z 변환만을 다룰 것이다. 이후 별도의 언급이 없는 한 z 변환이라 하면 단방향 z 변환을 뜻한다.

신호 유형에 따른 수렴 영역의 형태

z 변환의 수렴 영역의 특징

❶ 수렴 영역의 경계는 원점이 중심인 원($|z| = \rho$)이 된다.

❷ 유한 구간 신호는 전 z-평면이 수렴 영역이 된다(단, 인과 신호는 $z = 0$ 제외, 비인과 신호는 $|z| = \infty$ 제외).

❸ 우편향 신호는 경계선의 바깥쪽 $|z| > \rho_1$이 수렴 영역이다.

❹ 좌편향 신호는 경계선의 안쪽 $|z| < \rho_2$이 수렴 영역이다.

❺ 양방향 신호는 일반적으로 좌편향 신호의 경계선 $|z| = \rho_2$와 우편향 신호의 경계선 $|z| = \rho_1$ 사이의 도넛 형태로 수렴 영역이 주어진다($\rho_1 > \rho_2$). 만약 $\rho_1 < \rho_2$이면 수렴 영역이 정의되지 않는다. 즉 z 변환이 존재하지 않는다.

DTFT가 불가능한 신호일지라도 z 변환은 존재할 수 있다. DTFT는 식 (11.7)에 나타낸 것처럼 $x[n]$이 절대 총합 가능한 경우에만 존재하는데, z를 특정하게 선정하면 $x[n]$이 절대 총합 가능하지 않더라도 식 (12.9)를 만족시킬 수 있다. 예를 들어 $x[n] = a^n u[n]$에서 $|a| > 1$이면 DTFT는 존재하지 않는다. 그런데 $|z| = r > a$로 선정하면 $|az^{-1}| < 1$이 되어 $x[n]z^{-n}$은 절대 총합 가능해지므로 z 변환이 존재하게 된다. 식 (12.7)에서 보듯이 푸리에 변환은 z 평면의 단위원을 따라 계산된 z 변환이므로, z 변환의 수렴 영역이 단위원을 포함하지 않으면 그 신호의 푸리에 변환은 계산할 수 없다.

예제 12-3 양방향 무한 구간 신호의 z 변환과 수렴 영역

다음 신호의 양방향 z 변환과 수렴 영역을 구하라.

(a) $x[n] = 2^{|n|}$ (b) $x[n] = \left(\frac{1}{2}\right)^{|n|}$

풀이

(a) 주어진 신호를 다시 쓰면

$$x[n] = 2^n u[n] + 2^{-n} u[-n-1] = 2^n u[n] + \left(\frac{1}{2}\right)^n u[-n-1]$$

와 같이 되고, 따라서 $x[n]$의 z 변환은 [예제 12-1]과 [예제 12-2]에서 구한 식 (12.10)과 식 (12.11)로부터 다음과 같이 구할 수 있다.

$$X(z) = \frac{z}{z-2} - \frac{z}{z-\frac{1}{2}} = \frac{\frac{3}{2}z}{(z-2)(z-\frac{1}{2})} = \frac{3z}{(z-2)(2z-1)}$$

$2^n u[n]$의 수렴 영역은 $|z| > 2$, $2^{-n} u[-n-1]$의 수렴 영역은 $|z| < \frac{1}{2}$이다. $X(z)$의 수렴 영역은

두 수렴 영역을 동시에 만족시켜야 하는데, 겹치는 구간이 없으므로 z 변환은 존재하지 않는다. 다시 말해 위에서 구해진 $X(z)$는 $x[n]$의 z 변환이 될 수 없다.

(b) 주어진 신호를 다시 쓰면

$$x[n]=\left(\frac{1}{2}\right)^n u[n]+\left(\frac{1}{2}\right)^{-n} u[-n-1]=\left(\frac{1}{2}\right)^n u[n]+2^n u[-n-1]$$

과 같이 되고, 따라서 $x[n]$의 z 변환은 식 (12.10)과 식 (12.11)로부터 다음과 같이 구할 수 있다.

$$X(z)=\frac{z}{z-\frac{1}{2}}-\frac{z}{z-2}=-\frac{\frac{3}{2}z}{(z-2)\left(z-\frac{1}{2}\right)}=-\frac{3z}{(z-2)(2z-1)}$$

$\left(\frac{1}{2}\right)^n u[n]$의 수렴 영역은 $|z|>\frac{1}{2}$, $\left(\frac{1}{2}\right)^{-n} u[-n-1]$의 수렴 영역은 $|z|<2$이다. $X(z)$의 수렴 영역은 두 수렴 영역을 동시에 만족시켜야 하므로 $\frac{1}{2}<|z|<2$이다.

이상의 두 결과에서 보듯이 양방향 신호의 경우 우편향 신호와 좌편향 신호의 수렴 영역이 겹치는 구간이 있어야만 z 변환이 존재하게 된다.

예제 12-4 인과 신호의 z 변환

인과 신호 $x[n]=\begin{cases}2^n-3^n, & n\ge 0\\ 0, & n<0\end{cases}$의 z 변환을 구하라.

풀이

$x[n]$의 z 변환은 식 (12.4)로부터 다음과 같이 된다.

$$\begin{aligned}X(z)&=\sum_{n=0}^{\infty}2^n z^{-n}-\sum_{n=0}^{\infty}3^n z^{-n}\\&=\frac{1}{1-2z^{-1}}-\frac{1}{1-3z^{-1}}=\frac{-z}{(z-2)(z-3)}\end{aligned} \tag{12.12}$$

수렴 영역은 $|2z^{-1}|<1$, 즉 $|z|>2$와 $|3z^{-1}|<1$, 즉 $|z|>3$을 동시에 만족시켜야 하므로 $|z|>3$이 되는데, 인과 신호의 수렴 영역이 $|z|>\rho$의 꼴이라는 사실에 들어맞는다. z 변환의 수렴 영역 $|z|>3$은 단위원($|z|=1$)을 포함하지 않으므로 DTFT가 존재하지 않지만, 이렇게 수렴 영역에 따라 z 변환이 가능해진다. 주어진 신호 $x[n]$에 대해 DTFT의 수렴 조건 식 (11.7)을 따져보아도 같은 결론을 얻을 수 있다.

그런데 식 (12.12)는 식 (12.3)과 같으므로, 하나의 $X(z)$에 대해 식 (12.1)의 신호와 이 예제의 신호가 동시에 대응되는 상황이 발생한다. 그러나 단방향 z 변환, 즉 수렴 영역을 $|z|>\rho$의 꼴이라고 한정하면 더 이상의 혼란이 발생하지 않고 오직 이 예제의 $x[n]$으로 역변환된다.

12.2 주요 신호의 z 변환

자주 사용되는 기본적이고 중요한 신호들에 대한 z 변환쌍을 알고 있으면 역변환을 비롯해 여러모로 편리하다. 이 절에서는 몇 가지 주요 신호들에 대한 z 변환쌍을 구해보기로 한다. 특별한 언급이 없는 한 z 변환이라 함은 단방향 z 변환을 가리킨다.

학습포인트

- 임펄스 신호, 계단 신호, 램프 신호 등의 z 변환쌍을 익혀둔다.
- 지수 신호와 정현파 신호에 대한 z 변환쌍을 익혀둔다.

임펄스 신호

임펄스 신호 $\delta[n]$에 대한 z 변환쌍은 다음과 같고, 수렴 영역은 모든 z 평면이다.

$$\delta[n] \Leftrightarrow 1 \tag{12.13}$$

(단위) 계단 신호

단위 계단 신호 $x[n] = u[n]$은 $x[0] = x[1] = \cdots = x[n] = \cdots = 1$이므로, z 변환은

$$\begin{aligned} X(z) &= \sum_{n=0}^{\infty} x[n]z^{-n} = 1 + z^{-1} + z^{-2} + \cdots + z^{-n} + \cdots \\ &= \frac{1}{1-z^{-1}} = \frac{z}{z-1} \end{aligned} \tag{12.14}$$

이고, 수렴 영역은 $|z^{-1}| < 1$, 즉 $|z| > 1$이다. 따라서 $u[n]$에 대한 z 변환쌍은 다음과 같다.

$$u[n] \Leftrightarrow \frac{z}{z-1},\ |z| > 1 \tag{12.15}$$

(단위) 램프 신호

램프 신호 $x[n] = nu[n]$에 대해서는

$$X(z) = \sum_{n=0}^{\infty} nz^{-n} = 0 + z^{-1} + 2z^{-2} + \cdots + nz^{-n} + \cdots \tag{12.16}$$

이므로, 합을 구하기 좋게 다음과 같이 등비급수로 바꾸면

$$(1-z^{-1})X(z)=z^{-1}+z^{-2}+\cdots+z^{-n}+\cdots \tag{12.17}$$

가 된다. 식 (12.17)을 정리하면 다음과 같이 $X(z)$를 구할 수 있다.

$$X(z)=\frac{z^{-1}}{(1-z^{-1})^2}=\frac{z}{(z-1)^2} \tag{12.18}$$

식 (12.18)의 수렴 영역은 $|z|>1$으로, 램프 신호의 z 변환쌍은 다음과 같다.

$$nu[n] \Leftrightarrow \frac{z}{(z-1)^2},\ |z|>1 \tag{12.19}$$

지수 신호

[예제 12-1]에서 구한 바와 같이, 지수 신호 $a^n u[n]$에 대한 z 변환쌍은 다음과 같고, 수렴 영역은 $|z|>|a|$이다.

$$a^n u[n] \Leftrightarrow \frac{z}{z-a},\ |z|>|a| \tag{12.20}$$

정현파 신호

인과 코사인파 $x[n]=\cos(\Omega n)u[n]$은 오일러 공식에 의해 $e^{j\Omega n}$으로 나타낼 수 있고, $e^{j\Omega n}$은 $a=e^{j\Omega}$인 지수 신호와 같으므로 식 (12.20)을 이용하여 다음과 같이 변환할 수 있다.

$$\begin{aligned} X(z)&=Z\left\{\left(\frac{e^{j\Omega n}+e^{-j\Omega n}}{2}\right)u[n]\right\}=\frac{1}{2}\left[\frac{z}{z-e^{j\Omega}}+\frac{z}{z-e^{-j\Omega}}\right] \\ &=\frac{z}{2}\left[\frac{2z-(e^{j\Omega}+e^{-j\Omega})}{z^2-(e^{j\Omega}+e^{-j\Omega})z+1}\right]=\frac{z(z-\cos(\Omega))}{z^2-2\cos(\Omega)z+1} \end{aligned} \tag{12.21}$$

이때 수렴 영역은 $|z|>|e^{\pm j\Omega}|=1$이다. 사인파 $x[n]=\sin(\Omega n)u[n]$의 경우도 같은 방법으로 z 변환을 구할 수 있으며, 수렴 영역도 코사인파의 경우와 마찬가지로 $|z|>1$이 된다.

$$\begin{aligned} X(z)&=Z\left\{\left(\frac{e^{j\Omega n}-e^{-j\Omega n}}{2j}\right)u[n]\right\}=\frac{1}{2j}\left[\frac{z}{z-e^{j\Omega}}+\frac{z}{z-e^{-j\Omega}}\right] \\ &=\frac{z}{2j}\left[\frac{e^{j\Omega}-e^{-j\Omega}}{z^2-(e^{j\Omega}+e^{-j\Omega})z+1}\right]=\frac{\sin(\Omega)z}{z^2-2\cos(\Omega)z+1} \end{aligned} \tag{12.22}$$

$$\cos(\Omega n)u[n] \Leftrightarrow \frac{z(z-\cos(\Omega))}{z^2-2\cos(\Omega)z+1}, \ |z|>1 \quad (12.23)$$

$$\sin(\Omega n)u[n] \Leftrightarrow \frac{\sin(\Omega)z}{z^2-2\cos(\Omega)z+1}, \ |z|>1 \quad (12.24)$$

지수적으로 진폭이 변하는 정현파 $a^n\cos(\Omega n)u[n]$, $a^n\sin(\Omega n)u[n]$의 경우에는 식 (12.21)과 식 (12.22)에서 $e^{j\Omega} \rightarrow ae^{j\Omega}$, $e^{-j\Omega} \rightarrow ae^{-j\Omega}$으로 치환하면 쉽게 z 변환을 구할 수 있다. 이때 수렴 영역은 $|z|>|a|$이다.

$$a^n\cos(\Omega n)u[n] \Leftrightarrow \frac{z(z-a\cos(\Omega))}{z^2-2a\cos(\Omega)z+a^2}, \ |z|>|a| \quad (12.25)$$

$$a^n\sin(\Omega n)u[n] \Leftrightarrow \frac{a\sin(\Omega)z}{z^2-2a\cos(\Omega)z+a^2}, \ |z|>|a| \quad (12.26)$$

지금까지 중요한 기본 신호에 대한 z 변환을 살펴보았다. 이 절에서 설명하지 않는 주요 신호에 대한 z 변환쌍은 [부록]의 z 변환쌍 표를 참조하기 바라며, 잘 익혀두어야 한다.

예제 12-5 주요 신호의 단방향 z 변환

신호 $x[n]=na^n u[n]$의 z 변환을 구하라.

풀이

$na^n u[n]$의 z 변환은 정의식 식 (12.5)에 의해 다음과 같다.

$$X(z)=\sum_{n=0}^{\infty} na^n z^{-n}=0+az^{-1}+2a^2z^{-2}+\cdots+na^nz^{-n}+\cdots$$

이를 급수의 합이 간단히 얻어지도록 다음과 같이 등비급수 형태로 바꾸어 나타낸 뒤,

$$(1-az^{-1})X(z)=az^{-1}+a^2z^{-2}+\cdots+a^nz^{-n}+\cdots=\frac{az^{-1}}{1-az^{-1}}$$

$X(z)$에 관해 정리하면 다음의 결과를 얻어 식 (12.27)의 변환쌍이 성립한다.

$$X(z)=\frac{az^{-1}}{(1-az^{-1})^2}=\frac{az}{(z-a)^2}$$

$$na^n u[n] \Leftrightarrow \frac{az}{(z-a)^2} \quad (12.27)$$

12.3 z 변환의 성질

z 변환은 신호 및 시스템의 해석에 도움이 되는 유용한 성질들이 많다. z 변환은 이산 시간 푸리에 변환(DTFT)을 일반화한 것으로 볼 수 있으므로 그 성질도 비슷하며, 라플라스 변환과도 유사한 성질을 갖는다. 이 절에서는 z 변환의 성질들을 살펴보고 활용법을 익히도록 한다. 시간 이동을 제외하면 단방향 z 변환과 양방향 z 변환의 성질은 큰 차이가 없다.

학습포인트

- 시간 이동 성질을 알아본다. 특히 단방향 z 변환의 경우 주의해야 할 점을 잘 익혀둔다.
- 주파수 미분 및 주파수 척도조절 성질에 대해 알아본다.
- 시간 컨벌루션 성질과 그 중요성을 이해한다.
- 초깃값 정리와 최종값 정리에 대해 이해한다.

12.3.1 선형성

z 변환도 선형성을 만족한다. 선형성은 신호가 간단한 기본 신호들의 선형 결합으로 이루어졌을 때 z 변환을 쉽게 구할 수 있게 해준다.

$$\alpha x[n] + \beta y[n] \Leftrightarrow \alpha X(z) + \beta Y(z) \tag{12.28}$$

식 (12.28)은 z 변환의 정의식을 이용하면 간단히 증명할 수 있다.

12.3.2 시간 이동

시간 이동 성질은 양방향 z 변환과 단방향 z 변환에 대해 차이가 존재한다. 시간 이동 성질은 z 변환을 이용한 차분 방정식의 해석에 요긴하게 사용되므로 잘 익혀두어야 한다.

$$\text{시간 지연 : } x[n-n_0]u[n] \Leftrightarrow z^{-n_0}X(z) + z^{-n_0}\sum_{n=1}^{n_0} x[-n]z^n \tag{12.29}$$

$$x[n-n_0]u[n],\ x[n]=0,\ n<0 \Leftrightarrow z_0^{-n}X(z) \text{ (인과 신호)} \tag{12.30}$$

$$\text{시간 선행 : } x[n+n_0]u[n] \Leftrightarrow z^{n_0}X(z) - z^{n_0}\sum_{n=0}^{n_0-1} x[n]z^{-n} \tag{12.31}$$

단방향 z 변환은 총합 계산의 구간이 $n \geq 0$이므로, [그림 12-2]에서 보듯이 신호의 시간 이동에 대해 $n=0$을 경계로 비인과 신호를 시간 지연시키면 (점선으로 표시된) 샘플들이 추가로 나타나고, 인과 신호를 시간 선행시키면 (점선으로 표시된) 샘플들이 사라져 없어진다. 인과 신호 $x[n]$을 $n_0 = -3$만큼 시간 선행시킨 $x[n+3]$에 대한 단방향 z 변환에서는 세로축 $n=0$ 왼쪽으로 이동된 샘플 $x[0]$, $x[1]$, $x[2]$가 사라지고, 비인과 신호 $y[n]$을 $n_0 = 3$만큼 시간 지연한 $y[n-3]$에 대한 단방향 z 변환에서는 세로축 $n=0$ 오른쪽으로 이동된 샘플 $y[-3]$, $y[-2]$, $y[-1]$이 추가되어 나타난다. 따라서 시간 이동 후 단방향 z 변환될 신호는 시간 이동하기 전의 신호와 달라지므로, 그에 대한 영향을 고려해야만 한다. 시간 지연과 시간 선행의 결과로 단방향 z 변환되어야 할 신호는 $x[n-n_0]u[n]$과 $x[n+n_0]u[n]$임에 주의해야 한다. 다만 인과 신호, 즉 $x[n]=0,\ n<0$이면 시간 지연에 대한 z 변환쌍은 $x[n-n_0]u[n] \Leftrightarrow z^{-n_0}X(z)$가 된다. [그림 12-2]에 나타낸 4개의 신호에 대한 단방향 z 변환은 다음과 같다.

❶ [그림 12-2(a)] $x[n]$: $x[0]z^0 + x[1]z^{-1} + x[2]z^{-2} + x[3]z^{-3} + x[4]z^{-4} + x[5]z^{-5}$

❷ [그림 12-2(b)] $x[n+3]$: $x[3]z^0 + x[4]z^{-1} + x[5]z^{-2}$

❸ [그림 12-2(c)] $y[n]$: $y[0]z^0 + y[1]z^{-1} + y[2]z^{-2}$

❹ [그림 12-2(d)] $y[n-3]$: $y[-3]z^0 + y[-2]z^{-1} + y[-1]z^{-2} + y[0]z^{-3} + y[1]z^{-4}$
$+ y[2]z^{-5}$

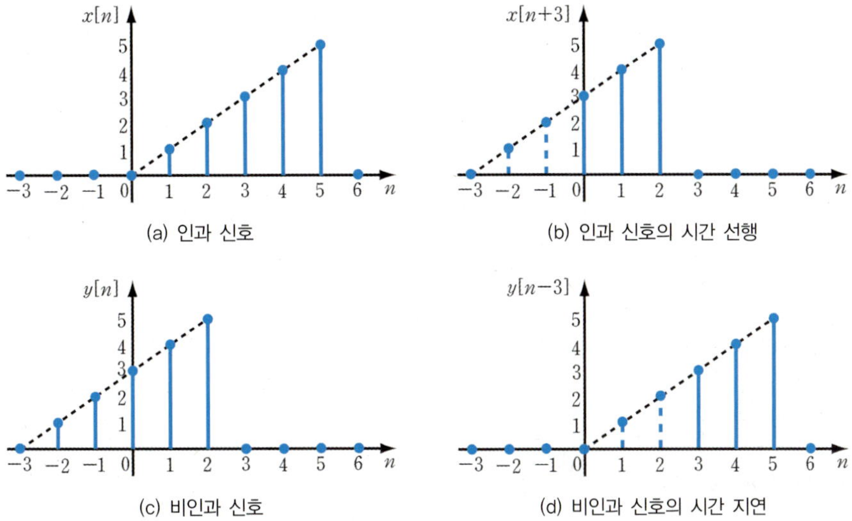

그림 12-2 신호의 시간 이동과 샘플의 추가 및 상실

예제 12-6 시간 이동 성질을 이용한 단방향 z 변환

시간 이동 성질을 이용하여 다음 신호의 z 변환을 구하라.

(a) $x[n] = \text{rect}[(n-2)/4]$　　(b) $x[n] = n(u[n] - u[n-6])$

풀이

(a) 주어진 신호를 계단 신호를 이용하여 나타내면 다음과 같다.

$$x[n] = \text{rect}[(n-2)/4] = u[n] - u[n-5]$$

계단 신호의 z 변환쌍과 시간 이동 성질로부터 $x[n]$의 z 변환은 다음과 같이 구해진다.

$$\begin{aligned}X(z) &= Z\{u[n]\} - Z\{u[n-5]\} = \frac{z}{z-1} - z^{-5}\frac{z}{z-1}\\ &= \frac{z(z^5-1)}{z^5(z-1)} = \frac{z^4+z^3+z^2+z+1}{z^4}\end{aligned}$$

(b) 이 신호는 [그림 12-2(a)]의 신호로 램프 신호 $nu[n]$에 사각 펄스 $u[n]-u[n-6]$을 곱한 것이다. 시간 이동 성질을 적용하기 위해 $x[n]$을 다시 쓰면 다음과 같다.

$$x[n] = n(u[n] - u[n-6]) = nu[n] - \{(n-6)u[n-6] + 6u[n-6]\}$$

인과 신호에 대한 시간 이동 성질을 적용하려면 $(n-6)u[n-6]$와 같이 함수와 곱해지는 계단 신호의 시간 변수를 일치시켜야 한다. 계단 신호와 램프 신호의 z 변환쌍과 식 (12.30)의 시간 지연 성질로부터 $x[n]$의 z 변환은 다음과 같이 된다.

$$X(z) = \frac{z}{(z-1)^2} - z^{-6}\frac{z}{(z-1)^2} - z^{-6}\frac{6z}{(z-1)} = \frac{z^6-6z+5}{z^5(z-1)^2}$$

결과 확인을 위해 단방향 z 변환의 정의식을 $x[n]$에 직접 적용하면 다음과 같다.

$$X(z) = z^{-1} + 2z^{-2} + 3z^{-3} + 4z^{-4} + 5z^{-5}$$

앞 식에서 z^{-1}을 곱한 다음 $X(z)$에서 빼면 다음과 같이 된다.

$$\begin{aligned}(1-z^{-1})X(z) &= z^{-1} + z^{-2} + z^{-3} + z^{-4} + z^{-5} - 5z^{-6}\\ &= \frac{z^{-1}(1-z^{-5})}{1-z^{-1}} - 5z^{-6} = \frac{z^{-1} - 6z^{-6} + 5z^{-7}}{1-z^{-1}}\end{aligned}$$

따라서 $X(z)$는 다음과 같이 되어 시간 지연 성질을 이용해 구한 결과와 일치한다.

$$X(z) = \frac{z^{-1} - 6z^{-6} + 5z^{-7}}{(1-z^{-1})^2} = \frac{z^6-6z+5}{z^5(z-1)^2}$$

12.3.3 주파수 척도조절

$$z_0^n x[n] \Leftrightarrow X\left(\frac{z}{z_0}\right) \tag{12.32}$$

식 (12.32)의 변환쌍은 z 변환의 정의식을 이용하여 다음과 같이 간단히 증명할 수 있다.

$$Z\{z_0^n x[n]\} = \sum_{n=-\infty}^{\infty} z_0^n x[n] z^{-n} = \sum_{n=-\infty}^{\infty} x[n]\left(\frac{z}{z_0}\right)^{-n} = X\left(\frac{z}{z_0}\right) \tag{12.33}$$

주파수 척도조절은 시간 영역에서 보면 두 신호의 곱으로 되어 있으므로 신호에 대한 변조이다. $z_0 = e^{j\Omega_0}$인 경우에는 식 (12.32)의 변환쌍 관계가 다음과 같이 된다.

$$e^{j\Omega_0 n} x[n] \Leftrightarrow X\left(ze^{-j\Omega_0}\right) \tag{12.34}$$

식 (12.34)는 주파수 영역에서 각 Ω_0만큼 이동(회전)시키는 동작에 대응된다.

$\cos(\Omega_0 n) = \frac{1}{2}(e^{j\Omega_0 n} + e^{-j\Omega_0 n})$이므로 식 (12.34)로부터 변조에 대한 변환쌍도 얻을 수 있다.

$$x[n]\cos(\Omega_0 n) \Leftrightarrow \frac{1}{2}\left[X\left(ze^{j\Omega_0}\right) + X\left(ze^{-j\Omega_0}\right)\right] \tag{12.35}$$

예제 12-7 주파수 척도조절 성질을 이용한 z 변환

$s[n] = \cos(\Omega n)u[n]$의 z 변환쌍으로부터 $x[n] = a^n\cos(\Omega n)u[n]$의 z 변환을 구하라.

풀이

$x[n]$은 $\cos(\Omega n)u[n]$에 a^n이 곱해진 신호이므로 식 (12.23)의 코사인파의 변환쌍에 식 (12.32)의 주파수 척도조절 성질을 적용하면 다음과 같이 z 변환을 얻을 수 있다.

$$X(z) = S\left(\frac{z}{a}\right) = \frac{\frac{z}{a}\left(\frac{z}{a} - \cos(\Omega)\right)}{\left(\frac{z}{a}\right)^2 - 2\cos(\Omega)\frac{z}{a} + 1} = \frac{z(z - a\cos(\Omega))}{z^2 - 2a\cos(\Omega)z + a^2}$$

위의 풀이가 $a^n u[n]$의 변환쌍에 식 (12.35)를 적용하는 것보다 계산이 좀 더 간편하다.

12.3.4 주파수 미분

$$nx[n] \Leftrightarrow -z\frac{d}{dz}X(z) \tag{12.36}$$

다음과 같이 z 변환의 정의식을 z에 관해 미분함으로써 식 (12.36)을 증명할 수 있다.

$$\begin{aligned} -z\frac{d}{dz}X(z) &= -z\frac{d}{dz}\left\{\sum_{n=-\infty}^{\infty} x[n]z^{-n}\right\} = -z\sum_{n=-\infty}^{\infty} x[n]\cdot\frac{dz^{-n}}{dz} \\ &= -z\sum_{n=-\infty}^{\infty} x[n]\cdot(-nz^{-n-1}) = \sum_{n=-\infty}^{\infty} nx[n]z^{-n} = Z\{nx[n]\} \end{aligned} \tag{12.37}$$

예제 12-8 주파수 미분 성질을 이용한 z 변환

주파수 미분 성질을 이용하여 다음 신호의 z 변환을 구하라.

(a) $x[n] = na^n u[n]$

(b) $y[n] = n^2 a^n u[n]$

풀이

(a) $x_1[n] = a^n u[n]$이라 두면 $x[n] = nx_1[n]$이므로, 식 (12.20)의 변환쌍에 식 (12.36)의 주파수 미분 성질을 적용하면 다음과 같이 $x[n]$의 z 변환을 구할 수 있다.

$$Z\{x[n]\} = (-z)\frac{dX_1(z)}{dz} = \frac{az^{-1}}{(1-az^{-1})^2} = \frac{az}{(z-a)^2}$$

이 결과는 [예제 12-5]의 결과(식 (12.27))와 일치한다.

(b) $y[n] = nx[n]$이므로, 식 (12.27)의 변환쌍에 식 (12.36)의 관계를 적용하여 다음과 같이 $y[n]$의 z 변환을 구할 수 있다.

$$Z\{y[n]\} = (-z)\frac{dX(z)}{dz} = (-z)\frac{d}{dz}\left(\frac{az}{(z-a)^2}\right) = \frac{az(z+a)}{(z-a)^3}$$

즉 다음의 z 변환쌍이 성립한다.

$$n^2 a^n u[n] \Leftrightarrow \frac{az(z+a)}{(z-a)^3} \tag{12.38}$$

12.3.5 시간 컨벌루션

시간 영역에서 두 신호의 컨벌루션은 z 영역에서 두 신호의 z 변환의 대수 곱으로 주어진다. 이산 LTI 시스템에서는 입력과 임펄스 응답의 컨벌루션으로 출력이 주어지므로 이 성질을 이용하면 시스템 해석을 간편하게 할 수 있다.

$$x[n] * y[n] \Leftrightarrow X(z)Y(z) \tag{12.39}$$

식 (12.39)는 z 변환의 정의를 이용하여 다음과 같이 간단히 증명할 수 있다.

$$\begin{aligned} Z\{x[n] * y[n]\} &= \sum_{n=0}^{\infty}\left(\sum_{k=0}^{\infty} x[k]y[n-k]\right)z^{-n} = \sum_{k=0}^{\infty} x[k]\left(\sum_{n=0}^{\infty} y[n-k]z^{-n}\right) \\ &= \sum_{k=-\infty}^{\infty} x[k]\left(\sum_{l=-k}^{\infty} y[l]z^{-l-k}\right) = \left(\sum_{k=0}^{\infty} x[k]z^{-k}\right)\left(\sum_{l=0}^{\infty} y[l]z^{-l}\right) \\ &= X(z)Y(z) \end{aligned} \tag{12.40}$$

예제 12-9 컨벌루션 성질을 이용한 누적합의 z 변환

인과 신호 $x[n]$의 값을 누적하는 누적합 $y[n] = \sum_{k=0}^{n} x[k]$의 z 변환을 구하라.

풀이

인과 신호 $x[n]$을 계단 신호 $u[n]$과 컨벌루션하면, $u[n-k] = \begin{cases} 1, & 0 \le k \le n \\ 0, & \text{그 외} \end{cases}$이므로 다음과 같이 된다.

$$x[n] * u[n] = \sum_{k=0}^{\infty} x[k]u[n-k] = \sum_{k=0}^{n} x[k]u[n-k] = \sum_{k=0}^{n} x[k]$$

즉 $x[n] * u[n]$은 누적합 $y[n]$과 같다. 따라서 시간 컨벌루션 성질을 이용하여 $y[n]$의 z 변환을 다음과 같이 구할 수 있다.

$$Y(z) = X(z)U(z) = \frac{z}{z-1}X(z)$$

즉 다음의 z 변환쌍 관계가 성립한다.

$$\sum_{k=0}^{n} x[k] \Leftrightarrow \frac{z}{z-1}X(z) \tag{12.41}$$

예제 12-10 z 변환 성질의 혼합 적용

$x[n]=na^n u[n]$의 z 변환을 시간 컨벌루션 및 선형성 성질을 이용하여 구하라.

풀이

$x'[n]=a^n u[n]*a^n u[n]$이라 두면 다음과 같이 되므로, $x[n]=x'[n]-a^n u[n]$이 된다.

$$x'[n]=a^n u[n]*a^n u[n]=\sum_{k=0}^{n}a^k a^{n-k}=\sum_{k=0}^{n}a^n=(n+1)a^n u[n]$$

시간 컨벌루션 성질에 의해 $x'[n]$의 z 변환은 다음과 같다.

$$X'(z)=\frac{1}{1-az^{-1}}\frac{1}{1-az^{-1}}=\frac{1}{(1-az^{-1})^2}=\frac{z^2}{(z-a)^2}$$

따라서 $x[n]$의 z 변환은 선형성에 의해 다음과 같이 구해진다.

$$X(z)=X'(z)-Z\{a^n u[n]\}=\frac{z^2}{(z-a)^2}-\frac{z}{z-a}=\frac{az}{(z-a)^2}$$

하나의 신호 $x[n]=na^n u[n]$에 대해 [예제 12-5]에서는 정의식을 사용하여, [예제 12-8]에서는 주파수 미분 성질을 이용하여, 그리고 이 예제에서는 컨벌루션 성질과 선형성을 이용하여 z 변환을 구하였다. 이처럼 z 변환을 구하는 방법은 여러 가지가 있을 수 있으므로, z 변환의 성질은 잘 익혀두면 매우 유용하다.

12.3.6 초깃값 정리와 최종값 정리

라플라스 변환과 마찬가지로 z 변환도 다음의 초깃값 정리와 최종값 정리를 만족한다.

초깃값 정리 : $x[0]=\lim_{z\to\infty}X(z)$ (12.42)

최종값 정리 : $\lim_{n\to\infty}x[n]=x[\infty]=\lim_{z\to 1}(z-1)X(z)$ (12.43)

초깃값 정리는 신호의 초깃값 $x[0]$을 그 신호의 z 변환으로부터 직접적으로 구하는 것과 연관되며, z 변환의 정의로부터 z을 무한대로 극한을 취함으로써 얻을 수 있다.

$$\lim_{z\to\infty}X(z)=\lim_{z\to\infty}\left(x[0]+x[1]z^{-1}+x[2]z^{-2}+\cdots\right)=x[0] \tag{12.44}$$

최종값 정리는 신호의 z 변환으로부터 직접 최종값(신호의 정상상태 값)을 구할 수 있게 해주는데, 이는 신호가 최종값을 가질 때만, 즉 안정한 신호에 대해서만 유효하다. 식 (12.43)의 관계는 다음과 같이 유도할 수 있다.

$$\lim_{z\to 1} Z\{x[n+1]-x[n]\} = \lim_{z\to 1}\left[\lim_{k\to\infty}\left(\sum_{n=0}^{k} x[n+1]z^{-n} - \sum_{n=0}^{k} x[n]z^{-n}\right)\right] \tag{12.45}$$
$$= \lim_{z\to 1}\left[\lim_{k\to\infty}\left(\sum_{n=1}^{k} x[n](z^{-n+1}-z^{-n}) + x[k+1]z^{-k} - x[0]\right)\right]$$

식 (12.45) 좌변에 시간 이동 성질을 적용하고 우변의 극한을 취하는 순서를 바꾸면, 다음과 같이 되어 식 (12.46)이 얻어진다.

$$\lim_{z\to 1}((z-1)X(z) - zx[0]) = \lim_{k\to\infty}(x[k+1]-x[0]) \tag{12.46}$$

예제 12-11 임펄스 응답의 초깃값과 최종값

임펄스 응답 $h[n]$의 z 변환이 $H(z)=\dfrac{3z(z-0.5)}{(z-1)(z+0.5)}$와 같을 때, 이에 대한 초깃값과 정상상태 값을 구하라.

풀이

초깃값 정리를 적용하면 임펄스 응답의 초깃값은 다음과 같이 구해진다.

$$h[0] = \lim_{z\to\infty}\frac{3z(z-0.5)}{(z-1)(z+0.5)} = 3$$

주어진 전달 함수에 최종값 정리를 적용하면 임펄스 응답의 정상상태 값은 다음과 같다.

$$h[\infty] = \lim_{z\to 1}(z-1)\frac{3z(z-0.5)}{(z-1)(z+0.5)} = \frac{1.5}{1.5} = 1$$

$H(z)$를 역변환하여 임펄스 응답을 구하면 다음과 같다([예제 12-15] 참조).

$$h[n] = u[n] + 2\left(-\frac{1}{2}\right)^n u[n]$$

위 식에 $n=0$을 대입하면 $h[0]=3$이 되고, 이 값은 초깃값 정리에 의해 얻은 값과 일치한다. 또한 $h[n]$에 $n=\infty$을 대입하면 $h[\infty]=1$이 되므로 최종값 정리에서 구한 값이 옳음을 알 수 있다.

예제 12-12 정현파 신호의 초깃값과 최종값

정현파 신호 $x[n]=\cos\left(\dfrac{\pi}{3}n\right)u[n]$에 초깃값 정리와 최종값 정리를 적용해 값을 구하라.

풀이

주어진 정현파 신호의 z 변환은 식 (12.23)으로부터 다음과 같다.

$$X(z)=\frac{z\left(z-\cos\left(\frac{\pi}{3}\right)\right)}{z^2-2\cos\left(\frac{\pi}{3}\right)z+1}=\frac{z(z-0.5)}{z^2-z+1}$$

여기에 초깃값 정리를 적용하면 다음과 같이 되며, 이는 $x[0]=\cos(0)=1$과 일치한다.

$$x[0]=\lim_{z\to\infty}X(z)=\lim_{z\to\infty}\frac{z(z-0.5)}{z^2-z+1}=1$$

이제 $X(z)$에 최종값 정리를 적용해보자. 식 (12.43)에 의해

$$x[\infty]=\lim_{z\to 1}(z-1)X(z)=\lim_{z\to 1}(z-1)\frac{z(z-0.5)}{z^2-z+1}=0$$

가 된다. 정현파 신호는 끊임없이 진동하기 때문에 정상상태 값을 가질 수 없지만, 최종값 정리를 적용하면 0의 정상상태 값이 나와 물리적 현상에 위배되는 결과가 얻어진다.

지금까지 살펴본 z 변환의 주요 성질들을 [표 12-1]에 정리하여 나타내었다.

표 12-1 z 변환의 주요 성질

	성질	변환쌍 관계
1	선형성	$\alpha x[n]+\beta y[n] \Leftrightarrow \alpha X(z)+\beta Y(z)$
2	시간 선행	$x[n+n_0]u[n] \Leftrightarrow z_0^n\left(X(z)-\sum_{n=0}^{n_0-1}x[n]z^{-n}\right),\ n_0>0$
	시간 지연	$x[n-n_0]u[n] \Leftrightarrow z^{-n_0}\left(X(z)+\sum_{n=1}^{n_0}x[-n]z^{n}\right),\ n_0>0$
	시간 지연(인과 신호)	$x[n-n_0]u[n] \Leftrightarrow z^{-n_0}X(z)$
3	주파수 척도조절	$z_0^n x[n] \Leftrightarrow X\left(\frac{z}{z_0}\right),\quad e^{j\Omega_0 n}x[n] \Leftrightarrow X\left(ze^{-j\Omega_0}\right)$
4	주파수 미분	$nx[n] \Leftrightarrow -z\frac{dX(z)}{dz}$
5	시간 컨벌루션	$x[n]*y[n] \Leftrightarrow X(z)Y(z)$
6	초깃값 정리	$x[0]=\lim_{z\to\infty}X(z)$
7	최종값 정리	$\lim_{n\to\infty}x[n]=x[\infty]=\lim_{z\to 1}(z-1)X(z)$

12.4 z 역변환

z 역변환 정의식인 식 (12.6)은 까다로운 복소 적분을 요구하므로, 라플라스 변환과 마찬가지로 변환쌍표와 부분분수 전개를 결합하여 역변환하게 되는데, $X(z)/z$을 부분분수로 전개해야 역변환이 간편해진다는 차이가 있다. 한편 z 변환은 긴 나눗셈에 의한 멱급수 전개법을 이용하여 손쉽게 역변환할 수 있는데, 신호의 초기 몇몇 값들을 얻는 데 유용하게 활용할 수 있다. 따라서 이 절에서는 먼저 멱급수 전개에 의한 역변환 방법을 간단히 살펴본 다음, 부분분수 전개에 의한 역변환의 원리와 부분분수 항의 계수 결정에 대해 자세히 알아보기로 한다.

학습포인트

- 멱급수 전개에 의한 역변환 방법을 이해하고 잘 익혀둔다.
- 부분분수 전개에 의한 역변환 방법을 잘 익혀둔다. 특히 $X(z)/z$를 부분분수로 전개해야 하는 이유를 명확히 이해한다.
- 단순극, 다중극, 공액복소극에 따른 부분분수의 계수 계산 방법과 이에 따른 역변환 결과의 형태를 잘 익혀둔다.

12.4.1 멱급수 전개에 의한 z 역변환

- **멱급수 전개법**은 유리 함수 형태로 주어진 $X(z)$에 대해 직접 긴 나눗셈을 수행하여 z^{-1}의 멱급수 형태로 전개하는 방법이다.
- 멱급수 전개법은 닫힌 꼴의 해를 제공하지 못하므로, 짧은 유한 구간 신호의 z 역변환이나 신호의 처음 몇 개의 샘플 값을 구하는 데 주로 사용한다.

z 변환의 정의식인 식 (12.5)를 보면, z 변환을 z^{-1}에 대한 멱급수로 전개했을 때 급수의 계수는 $\cdots$, $x[0]$, $x[1]$, $\cdots$, $x[n]$, $\cdots$에 해당한다.

예제 12-13 유한 구간 신호의 z 역변환

다음의 $X(z)$에 대해 z 역변환을 수행하여 시간 신호 $x[n]$을 구하라.

$$X(z) = \frac{z^2 + 2z + 3}{z^2}$$

풀이

분자를 분모로 직접 나누면 다음과 같다.

$$
\begin{array}{r|l}
 & 1 \quad +2z^{-1}+3z^{-2} \\
\hline
z^2 & z^2+2z \quad +3 \\
 & z^2 \\
\hline
 & \quad 2z \quad +3 \\
 & \quad 2z \\
\hline
 & \qquad 3 \\
 & \qquad 3 \\
\hline
 & \qquad 0
\end{array}
$$

따라서 $X(z)$는 다음과 같이 z^{-1}의 멱급수로 전개된다.

$$X(z) = 1 + 2z^{-1} + 3z^{-2} = x[0] + x[1]z^{-1} + x[2]z^{-2}$$

그러므로 $x[n]$은 $x[0]=1$, $x[1]=2$, $x[3]=3$의 세 샘플로 이루어진다.

$$x[n] = \delta[n] + 2\delta[n-1] + 3\delta[n-2]$$

예제 12-14 무한 구간 신호의 z 역변환

다음의 $X(z)$에 대해 z 역변환을 수행하여 시간 신호 $x[n]$을 구하라.

$$X(z) = \frac{0.5z}{z^2 - 1.5z + 0.5}$$

풀이

분자를 분모로 직접 나누면 다음과 같다.

$$
\begin{array}{r|l}
 & 0.5z^{-1} + 0.75z^{-2} + 0.875z^{-3} + 0.9375z^{-4} + \cdots \\
\hline
z^2 - 1.5z + 0.5 & 0.5z \\
 & 0.5z \quad -0.75 \quad +0.25z^{-1} \\
\hline
 & \qquad 0.75 \quad -0.25z^{-1} \\
 & \qquad 0.75 \quad -1.125z^{-1} + 0.375z^{-2} \\
\hline
 & \qquad\qquad 0.875z^{-1} - 0.375z^{-2} \\
 & \qquad\qquad 0.875z^{-1} - 1.3125z^{-2} + 0.4375z^{-3} \\
\hline
 & \qquad\qquad\qquad 0.9375z^{-2} - 0.43755z^{-3} \\
 & \qquad\qquad\qquad\qquad \vdots
\end{array}
$$

그러므로 $X(z)$는 다음과 같은 멱급수 형태로 쓸 수 있다.

$$X(z) = \sum_{n=0}^{\infty} x[n]z^{-n} = 0.5z^{-1} + 0.75z^{-2} + 0.875z^{-3} + 0.9735z^{-4} + \cdots$$

따라서 $x[0]=0$, $x[1]=0.5$, $x[2]=0.75$, $x[3]=0.875$, $x[4]=0.9375$, $\cdots$와 같이 $x[n]$의 값을 구할 수는 있으나, 완전한 해를 구하려면 나눗셈을 무한정 계속해야만 한다.

[예제 12-14]에서 볼 수 있듯이, 긴 나눗셈에 의한 멱급수 전개법은 n의 값이 큰 경우에는 $x[n]$을 구하기가 매우 번거롭고, $x[n]$을 닫힌 꼴로 표현할 수 없다. 따라서 멱급수를 이용하여 z 역변환을 구하는 방법은 보통 신호의 처음 몇 개의 샘플 값을 구하는 데 사용한다.

12.4.2 부분분수 전개에 의한 z 역변환

유리 함수로 표현된 $X(z)$의 분모를 인수 분해하여 부분분수로 전개하면 다음과 같다.

$$X(z) = \frac{K_1}{z-p_1} + \frac{K_2}{z-p_2} + \cdots + \frac{K_p}{z-p_p} = \sum_{i=1}^{p} \frac{K_i}{z-p_i} \tag{12.47}$$

부분분수 전개를 통해 $X(z)$를 다음과 같이 변환쌍표에 나와 있는 간단한 함수의 합으로 표현할 수 있다면 별도의 추가적인 계산 없이 바로 역변환할 수 있을 것이다.

$$a^n u[n] \Leftrightarrow \frac{1}{1-az^{-1}} = \frac{z}{z-a} \tag{12.48}$$

그런데 식 (12.48)을 비롯한 주요 신호의 z 변환쌍들은 공통적으로 분자에 z 항을 가지는 데 반해, 식 (12.47)의 부분분수들은 $\dfrac{K_i}{z-p_i}$ 꼴이 되어 이를 만족시키지 못한다. 그러므로 z 변환쌍들을 이용해 역변환하고자 한다면 먼저 $\dfrac{X(z)}{z}$를 부분분수로 전개한 뒤 z를 곱해주면 $\dfrac{K_i z}{z-p_i}$의 꼴로 되어 변환쌍을 이용한 역변환이 가능해진다. 부분분수로 전개했을 때 각 부분분수 항의 계수는 라플라스 역변환과 마찬가지로 **헤비사이드**Heaviside의 **커버업**cover-up 기법을 이용하면 간편하게 구할 수 있다.

부분분수 전개에 의한 z 역변환

❶ $X(z)$의 극 $\{p_i\}$를 구하여(분모를 인수분해해서) $\dfrac{X(z)}{z}$를 부분분수로 전개한다.

단순극 : $$\frac{X(z)}{z} = \frac{K_1}{z-p_1} + \frac{K_2}{z-p_2} + \cdots + \frac{K_p}{z-p_m} = \sum_{i=1}^{m} \frac{K_i}{z-p_i} \tag{12.49}$$

다중극 : $$\frac{X(z)}{z} = \frac{K_{11}}{(z-p_1)} + \frac{K_{12}}{(z-p_1)^2} + \cdots + \frac{K_{1r}}{(z-p_1)^r} + \sum_{i=r+1}^{m} \frac{K_i}{z-p_i} \tag{12.50}$$

❷ 단순극에 대응되는 부분분수 항의 계수 K_i는 다음과 같이 구한다.

$$K_i = (z-p_i)X(z)\big|_{z=p_i} \tag{12.51}$$

다중극에 대응되는 부분분수 항의 계수 $K_{1j}\,(j=r, \cdots, 1)$은 다음과 같이 최고차 항의 계수부터 내림차순으로 계산한다.

$$K_{1j} = \frac{1}{(r-j)!} \frac{d^{r-j}}{dz^{r-j}} \left[(z-p_1)^r X(z) \right] \Bigg|_{z=p_1} \tag{12.52}$$

❸ 부분분수 전개된 $\frac{X(z)}{z}$의 양변에 z를 곱하여 $X(z)$의 부분분수 항의 분자에 z 항이 있도록 하여 식 (12.48)의 변환쌍과 주파수 미분 성질을 이용하여 역변환한다.

단순극에 해당하는 부분분수 항 $\frac{K_i z}{z-p_i}$는 식 (12.48)의 변환쌍에 의해 $K_i a^n u[n]$으로 역변환되고, 다중극에 해당하는 부분분수 항 $\frac{K_i z}{(z-p_i)^j}$는 [예제 12-8]에서 본 것처럼 식 (12.48)의 변환쌍에 주파수 미분 성질을 적용하면 역변환을 구할 수 있다.

예제 12-15 $X(z)$의 분모가 서로 다른 근(단순극)을 갖는 경우의 z 역변환

다음의 함수에 대한 z 역변환을 부분분수 전개법으로 구하라.

(a) $X(z) = \frac{0.5z}{z^2 - 1.5z + 0.5}$　　　　(b) $H(z) = \frac{3z(z-0.5)}{(z-1)(z+0.5)}$

풀이

(a) $X(z)$는 [예제 12-14]의 $X(z)$로서, $\frac{X(z)}{z}$를 부분분수 전개하면 다음과 같다.

$$\frac{X(z)}{z} = \frac{0.5}{(z-1)(z-0.5)} = \frac{K_1}{z-1} + \frac{K_2}{z-0.5}$$

식 (12.51)을 이용하여 부분분수 항들의 계수를 결정하면 다음과 같이 된다.

$$K_1 = \frac{0.5}{(z-1)(z-0.5)}(z-1)\Bigg|_{z=1} = \frac{0.5}{1-0.5} = 1$$

$$K_2 = \frac{0.5}{(z-1)(z-0.5)}(z-0.5)\Bigg|_{z=0.5} = \frac{0.5}{0.5-1} = -1$$

따라서 $X(z)$는 다음과 같이 부분분수로 전개된다.

$$X(z) = \frac{z}{z-1} - \frac{z}{z-0.5}$$

따라서 식 (12.48)로부터 $x[n]$은 다음과 같이 역변환된다.

$$x[n] = u[n] - (0.5)^n u[n] = (1-(0.5)^n)u[n]$$

구해진 $x[n]$에 $n = 0, 1, 2, 3, \cdots$을 대입하면 [예제 12-14]의 결과가 얻어짐을 확인할 수 있다.

(b) $H(z)$는 [예제 12-11]의 $H(z)$로서, $\frac{H(z)}{z}$를 부분분수로 전개하면 다음과 같다.

$$\frac{H(z)}{z} = \frac{3(z-0.5)}{(z-1)(z+0.5)} = \frac{K_1}{z-1} + \frac{K_2}{z+0.5}$$

식 (12.51)를 이용하여 부분분수 항들의 계수를 결정하면

$$K_1 = \frac{3(z-0.5)}{(z-1)(z+0.5)}(z-1)\bigg|_{z=1} = 1$$

$$K_2 = \frac{3(z-0.5)}{(z-1)(z+0.5)}(z+0.5)\bigg|_{z=-0.5} = 2$$

이므로, $H(z)$는 다음과 같이 부분분수로 전개된다.

$$H(z) = \frac{z}{z-1} + \frac{2z}{z+0.5}$$

부분분수 전개 결과를 z 역변환하면 다음과 같이 $h[n]$을 얻게 된다.

$$h[n] = u[n] + 2\left(-\frac{1}{2}\right)^n u[n]$$

예제 12-16 $X(z)$의 분모가 중근을 갖는 경우의 z 역변환 (1)

다음의 $X(z)$에 대해 부분분수 전개법으로 z 역변환을 구하라.

$$X(z) = \frac{z^2+2z}{z^2-2z+1}$$

풀이

$\frac{X(z)}{z}$를 부분분수로 전개하면 다음과 같다.

$$\frac{X(z)}{z} = \frac{z+2}{(z-1)^2} = \frac{K_1}{(z-1)^2} + \frac{K_2}{z-1}$$

중근 $z=1$에 해당하는 부분분수 항들의 계수는 식 (12.52)에 의해 가장 높은 차수부터 차수를 낮춰가며 다음과 같이 구할 수 있다.

$$K_1 = \frac{X(z)}{z}(z-1)^2\bigg|_{z=1} = z+2|_{z=1} = 3$$

$$K_2 = \frac{d}{dz}\left[\frac{X(z)}{z}(z-1)^2\right]\bigg|_{z=1} = \frac{d}{dz}(z+2)|_{z=1} = 1$$

따라서 $X(z)$의 부분분수 전개는 다음과 같다.

$$X(z) = \frac{3z}{(z-1)^2} + \frac{z}{z-1}$$

따라서 $X(z)$는 계단 신호와 램프 신호의 z 변환쌍 식 (12.15)와 식 (12.19)를 이용하여 다음과 같이 역변환된다.

$$x[n] = 3nu[n] + u[n] = (3n+1)u[n]$$

예제 12-17 $X(z)$]의 분모가 중근을 갖는 경우의 z 역변환 (2)

다음의 $X(z)$에 대해 부분분수 전개법으로 z 역변환을 구하라.

$$X(z) = \frac{z(2z^2-11z+12)}{(z-1)(z-2)^3}$$

풀이

$\frac{X(z)}{z}$를 부분분수로 전개하면 다음과 같다.

$$\frac{X(z)}{z} = \frac{(2z^2-11z+12)}{(z-1)(z-2)^3} = \frac{K_1}{z-1} + \frac{K_{23}}{(z-2)^3} + \frac{K_{22}}{(z-2)^2} + \frac{K_{21}}{z-2}$$

여기서 K_1과 K_{23}는 식 (12.51)에 의해 다음과 같이 계산된다.

$$K_1 = \frac{2z^2-11z+12}{(z-1)(z-2)^3}(z-1)\bigg|_{z=1} = -3$$

$$K_{23} = \frac{2z^2-11z+12}{(z-1)(z-2)^3}(z-2)^3\bigg|_{z=2} = -2$$

따라서 $\frac{X(z)}{z}$는 다음과 같이 쓸 수 있다.

$$\frac{X(z)}{z} = \frac{2z^2-11z+12}{(z-1)(z-2)^3} = -\frac{3}{z-1} - \frac{2}{(z-2)^3} + \frac{K_{22}}{(z-2)^2} + \frac{K_{21}}{z-2} \tag{12.53}$$

K_{21}과 K_{22}는 식 (12.52)를 사용하지 않고서도 손쉽게 구할 수 있다. 식 (12.53)의 양변에 z를 곱하여 $z \to \infty$로 극한을 취하면 $0 = -3 - 0 + 0 + K_{21}$이고, 따라서 $K_{21} = 3$이다. 이 값을 식 (12.53)에 대입한 뒤 양변의 z에 임의의 편리한 값을 취하면 K_{22}를 쉽게 구할 수 있다. 예를 들어 $z=0$을 대입하면

$$\frac{12}{8} = 3 + \frac{1}{4} + \frac{K_{22}}{4} - \frac{3}{2}$$

가 되므로, 이를 정리하면 $K_{22} = -1$이다(이상의 방법은 앞의 예제에도 적용할 수 있다). 따라서 다음과 같이 부분분수 전개된 $X(z)$를 구할 수 있다.

$$X(z) = -3\frac{z}{z-1} - 2\frac{z}{(z-2)^3} - \frac{z}{(z-2)^2} + 3\frac{z}{z-2}$$

$\frac{2z}{(z-2)^3}$ 는 [예제 12-8]에서 구한 식 (12.38)의 변환쌍 $n^2 a^n u[n] \Leftrightarrow \frac{az(z+a)}{(z-a)^3}$ 를 이용하여 역변환해야 하므로 다음과 같이 다시 정리한다.

$$\frac{2z}{(z-2)^3} = \frac{1}{4}\frac{2z(z+2)}{(z-2)^3} - \frac{1}{2}\frac{z}{(z-2)^2}$$

이를 부분분수 전개된 $X(z)$에 집어넣어 다시 쓰면 다음과 같다.

$$X(z) = -3\frac{z}{z-1} - \frac{1}{4}\frac{2z(z+2)}{(z-2)^3} - \frac{1}{4}\frac{2z}{(z-2)^2} + 3\frac{z}{z-2}$$

식 (12.48), 식 (12.19), 식 (12.38)의 변환쌍을 이용하여 $X(z)$를 z 역변환하면 다음과 같이 $x[n]$을 구할 수 있다.

$$\begin{aligned} x[n] &= -3u[n] - \frac{1}{4}n^2(2)^n u[n] - \frac{1}{4}n(2)^n u[n] + 3(2)^n u[n] \\ &= -\left\{3 + \left(\frac{1}{4}n^2 + \frac{1}{4}n - 3\right)(2)^n\right\}u[n] \end{aligned}$$

$X(z)$의 분모가 복소근을 가질 때는 반드시 공액쌍으로 존재하며, 이를 부분분수로 전개한 계수도 서로 공액쌍이 된다. 따라서 역변환 결과는 실수 신호가 되고, 보통 지수 함수와 정현파가 곱해진 형태가 된다. $X(z)$의 분모가 공액 복소근을 가질 때는 단순근을 갖는 부분분수 항으로 전개하기보다, 다음과 같이 2차 항으로 전개하여 지수 감쇠 정현파의 z 변환쌍 식 (12.25)와 식 (12.26)을 이용하여 역변환하는 것이 복소수 계산을 피할 수 있으므로 더 쉽고 편리하다. 그리고 필요하다면 삼각함수 합성 공식을 적용하여 정리하면 된다.

$$\frac{X(z)}{z} = \frac{Az+B}{z^2+2bz+a^2} = \frac{A(z-b)}{z^2+2bz+a^2} + \frac{Ab+B}{z^2+2bz+a^2} \tag{12.54}$$

12.5 z 변환에 의한 차분 방정식 해석

z 변환을 이용하여 차분 방정식을 풀고 해석하는 문제는 라플라스 변환을 이용하여 미분 방정식을 해석하는 문제와 완전히 같은 구조이다. 이산 LTI 시스템을 나타내는 차분 방정식에 z 변환의 시간 이동 성질을 적용하면, z에 대한 대수 방정식으로 바뀔 뿐만 아니라 변환 과정에서 초기 조건이 자동으로 포함되기 때문에 해를 구하기가 훨씬 간편하다. 이 절에서는 z 변환을 이용한 차분 방정식의 해법에 대해서 살펴보기로 한다.

학습포인트

- z 변환과 시간 이동 성질을 이용한 차분 방정식의 풀이 방법을 숙지한다.
- 초기 조건의 처리에 유의하고, 입력 인가 전후의 초기 조건의 차이와 중요성에 대해 이해한다.

실제 시스템은 인과이고, 입력을 넣는 순간을 시간 기점 $n=0$으로 두는 것이 보통이다. 따라서 단방향 z 변환만으로 충분히 시스템을 주파수 영역에서 해석할 수 있다.

z 변환을 이용한 차분 방정식의 풀이 과정

❶ 차분 방정식의 z 변환을 구한다. 이때 시간 이동(지연) 성질에 의해 초기 조건은 방정식에 자동으로 포함된다.

$$x[n-n_0] \Leftrightarrow z^{-n_0}\left(X(z)+\sum_{n=1}^{n_0} x[-n]z^{n}\right) \tag{12.55}$$

❷ z에 대한 대수 방정식을 미지수 $Y(z)$에 대해 푼다. 이 결과는 z에 대한 유리 함수 형태로 주어진다.

❸ 얻어진 $Y(z)$에 대해 부분분수 전개법을 이용하여 z 역변환하여 응답을 구한다.

이 방법은 '시간 함수의 변환 → 주파수 영역에서 대수 방정식 풀이 → 시간 영역으로 역변환'의 과정을 거쳐 해를 구하므로 언뜻 보기에는 복잡한 것 같지만, 실제로는 시간 영역에서의 고전적 해법보다 오히려 풀이가 쉽고 간단하다.

예제 12-18 z 변환을 이용한 차분 방정식의 풀이

차분 방정식 $y[n]-0.25y[n-1]=x[n]$으로 표현되는 이산 시스템에 $x[n]=(0.5)^n u[n]$을 입력으로 인가할 때, z 변환을 이용하여 출력을 구하라. 단, 초기 조건은 $y[-1]=1$이다.

풀이

먼저 입력 $x[n]$의 z 변환을 구하면 다음과 같다.

$$X(z) = \frac{z}{z-0.5}$$

z 변환의 시간 이동 성질을 이용하여 차분 방정식을 z 변환할 때, $y[-1]$이 시간 이동되면서 $n \geq 0$의 위치로 옮겨오게 되므로 이를 반드시 z 변환에 포함시켜야 한다.

$$Y(z) - 0.25\left(z^{-1}Y(z) + y[-1]\right) = X(z)$$

위 식에서 보듯이, 차분 방정식을 z 변환하는 과정에서 초기 조건이 방정식에 저절로 포함되었을 뿐만 아니라 z에 대한 대수 방정식으로 바뀌어 취급이 쉬워진다. 이를 정리하여 $Y(z)$에 대해 나타내면 다음과 같다.

$$\begin{aligned} Y(z) &= \frac{0.25y[-1]}{1-0.25z^{-1}} + \frac{1}{1-0.25z^{-1}}X(z) \qquad (12.56) \\ &= \frac{0.25z}{z-0.25} + \frac{z^2}{(z-0.25)(z-0.5)} \end{aligned}$$

식 (12.56) 우변의 첫 번째 항은 초기 조건에 의한 응답이고, 두 번째 항은 입력에 의한 응답이다. 또한 식 (12.56) 우변의 두 항 모두 분모에 $(z-0.25)$의 공통인수를 가지고 있는데, 이것은 주어진 차분 방정식의 특성 다항식(방정식)과 동일하다. 그리고 식 (12.56)에서 보면, 초기 조건에 의한 응답이 입력과는 무관하게 분리되어 있으므로 $n<0$의 초기 조건을 써야 옳은 것이다.

식 (12.56)의 $Y(z)$는 다음과 같이 우변의 둘째 항만 부분분수로 전개하면 된다.

$$\frac{Y(z)}{z} = \left[\frac{0.25}{z-0.25}\right] + \left[\frac{K_1}{z-0.25} + \frac{K_2}{z-0.5}\right]$$

부분분수 항의 계수는 다음과 같이 구해진다.

$$K_1 = \frac{z}{(z-0.25)(z-0.5)}(z-0.25)\Bigg|_{z=0.25} = -1$$

$$K_2 = \frac{z}{(z-0.25)(z-0.5)}(z-0.5)\Bigg|_{z=0.5} = 2$$

따라서 $Y(z)$는 다음과 같이 쓸 수 있다.

$$Y(z) = \left[\frac{0.25z}{z-0.25}\right] + \left[-\frac{z}{z-0.25} + 2\frac{z}{z-0.5}\right]$$

이를 z 역변환하면 다음과 같이 시스템의 출력을 구할 수 있다.

$$\begin{aligned} y[n] &= [0.25(0.25)^n u[n]] + [-(0.25)^n u[n] + 2(0.5)^n u[n]] \\ &= -0.75(0.25)^n u[n] + 2(0.5)^n u[n] \end{aligned}$$

12.6 전달 함수

연속 시스템이든 이산 시스템이든 전달 함수의 개념은 똑같다. 이산 LTI 시스템의 경우 z 변환으로 표현된 입력에 대한 출력의 비로 전달 함수를 정의한다. 전달 함수는 z 변환이 갖는 장점으로 인해 푸리에 변환에 의한 주파수 응답보다 훨씬 폭넓게 시스템 해석과 설계에 활용된다. 따라서 이 절에서는 전달 함수의 개념, 주파수 응답 및 임펄스 응답과의 상호 관계, 그리고 극과 영점의 정의와 중요성에 대해 살펴보기로 한다. 또 전달 함수로부터 안정도 등의 시스템 특성을 해석하는 방법에 대해서도 알아볼 것이다.

학습포인트

- 전달 함수의 정의와 개념을 이해한다.
- 전달 함수, 주파수 응답, 임펄스 응답, 차분 방정식의 상호 관계를 이해한다.
- 시스템(전달 함수)의 극과 영점의 정의와 역할 및 중요성에 대해 이해한다.
- 극의 위치에 따른 임펄스 응답의 형태에 대해 알아본다.
- 전달 함수로부터 시스템의 안정도를 판별하는 방법에 대해 알아본다.

12.6.1 전달 함수의 개요

전달 함수의 정의

주파수 응답과 마찬가지로 전달 함수도 주파수 영역에서 나타낸 입력과 출력의 비이지만, 주파수 영역으로 변환하는 도구가 z 변환이라는 점이 주파수 응답과 다르다.

- 시스템의 **전달 함수** transfer function $H(z)$는 복소 주파수 z의 함수로 표현된 입력과 출력의 비, 즉 입력 $x[n]$의 z 변환 $X(z)$에 대한 출력 $y[n]$의 z 변환 $Y(z)$의 비로 정의한다.

$$H(z) = \frac{Y(z)}{X(z)} = \frac{N(z)}{D(z)} \tag{12.57}$$

- 전달 함수는 z에 관한 유리 함수로서 시스템이 입력을 출력 쪽으로 전달한 정도를 보여주는 함수이다.
- 전달 함수는 시스템 임펄스 응답 $h[n]$의 z 변환 $H(z) = Z\{h[n]\}$이다. 따라서 입력의 형태와 상관없고 시스템이 바뀌지 않는 한 달라지지 않는다.

$$H(z) = Z\{h[n]\} = \frac{Y(z)}{X(z)} \tag{12.58}$$

임펄스 응답이 $h[n]$인 LTI 시스템의 입출력 관계는 $y[n]=x[n]*y[n]$으로 주어지고, 이를 z 변환하면 시간 컨벌루션 성질에 의해 $Y(z)=H(z)X(z)$가 된다. 이로부터 전달 함수는 식 (12.58)과 같이 임펄스 응답의 z 변환임을 알 수 있고, 따라서 전달 함수는 입력의 형태와는 무관한 시스템의 고유한 성질임을 파악할 수 있다.

임펄스 응답의 z 변환이 전달 함수이므로 시스템의 블록선도 표현에 [그림 12-3]과 같이 임펄스 응답 대신 전달 함수를 이용하여 나타낼 수 있으며, 이러한 표현이 널리 쓰인다.

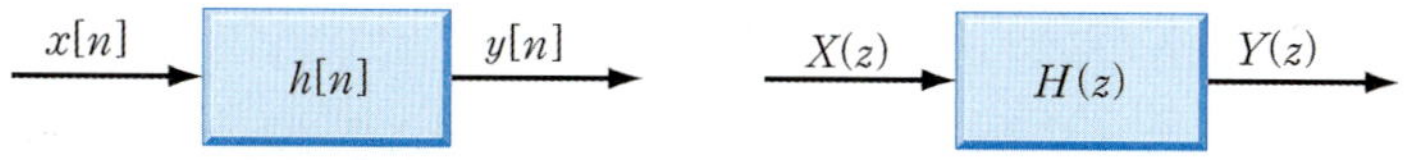

(a) 임펄스 응답 표현 (b) 전달 함수 표현

그림 12-3 이산 LTI 시스템의 표현

차분 방정식과 전달 함수의 관계

시스템이 다음과 같은 차분 방정식으로 주어질 경우를 살펴보자.

$$y[n]+a_1y[n-1]+\cdots+a_py[n-p]=b_0x[n]+\cdots+b_qx[n-q] \tag{12.59}$$

시간 이동 성질을 이용하여 식 (12.59)를 z 변환하면 다음과 같다. 이때 전달 함수는 오직 입력에 대한 출력의 비를 나타내므로, 모든 초기 조건은 0으로 두고 변환해야 한다.

$$Y(z)+a_1z^{-1}Y(z)+\cdots+a_pz^{-p}Y(z)=b_0X(z)+\cdots+b_qz^{-q}X(z) \tag{12.60}$$

- 시스템 차분 방정식 식 (12.59)를 z 변환하면 다음과 같은 전달 함수를 얻을 수 있다.

$$\begin{aligned} H(z)=\frac{Y(z)}{X(z)}&=\frac{b_0+b_1z^{-1}+\cdots+b_qz^{-q}}{1+a_1z^{-1}+\cdots+a_pz^{-p}} \\ &=\frac{b_0z^p+b_1z^{p-1}+\cdots+b_qz^{p-q}}{z^p+a_1z^{p-1}+\cdots+a_p}=\frac{N(z)}{D(z)} \end{aligned} \tag{12.61}$$

- 전달 함수의 분모 $D(z)=0$인 방정식을 전달 함수(시스템)의 특성 방정식이라고 하며, 이는 시스템의 고유한 특성을 반영한다.

$$D(z)=z^p+a_1z^{p-1}+\cdots+a_p=0 \tag{12.62}$$

식 (12.61)에서 전달 함수의 분모 $D(z)=0$은 변수의 표기만 γ 대신 z로 바뀌었을 뿐 9장에서 살펴본 차분 방정식의 특성 방정식과 같다. 한편 주파수 응답과 달리 전달 함수의 수식 표현에는 복소수 표현이 겉으로 전혀 나타나지 않기 때문에 다루기가 간편하다.

식 (12.61)의 분자 다항식의 계수는 차분 방정식 입력 항들의 계수, 분모 다항식의 계수는 출력 항들의 계수와 같다. 그러므로 전달 함수는 별다른 과정을 거칠 필요 없이 차분 방정식으로부터 직접 구할 수 있다. 거꾸로, 식 (12.62)의 전달 함수로부터 차분 방정식으로 바꾸는 것도 어렵지 않다.

전달 함수와 주파수 응답

주파수 응답과 전달 함수 둘 다 주파수 영역에서 LTI 시스템을 표현하는 방법으로, 어떤 변환을 이용해 임펄스 응답을 주파수 영역 표현으로 바꾼 것인가의 차이만 있을 뿐이다. 주파수 응답은 임펄스 응답 $h[n]$을 푸리에 변환한 것이고, 전달 함수는 $h[n]$을 z 변환한 것이다. 그런데 z 변환에서 $z = e^{j\Omega}$으로 두면 푸리에 변환이 되므로, 주파수 응답을 전달 함수의 특수한 경우로 취급할 수 있다.

$$H(\Omega) = H(z)\big|_{z=e^{j\Omega}} = b_0 \frac{(z-z_1)(z-z_2)\cdots(z-z_q)}{(z-p_1)(z-p_2)\cdots(z-p_p)}\bigg|_{z=e^{j\Omega}} \tag{12.63}$$

시스템의 필터링 특성을 분석할 때 등 일부 경우를 제외하면, 전달 함수를 사용하는 것이 복소수 계산을 피할 수 있을 뿐만 아니라 필요하다면 식 (12.63)에 의해 주파수 응답도 구할 수 있어 훨씬 편리하므로, 시스템의 취급과 분석에는 일반적으로 전달 함수가 사용된다.

예제 12-19 입출력으로부터 전달 함수와 차분 방정식 구하기

인과 LTI 시스템에 입력 $x[n] = \left(\frac{1}{2}\right)^n u[n]$을 넣었을 때 출력이 $y[n] = \left(2 + \left(-\frac{1}{2}\right)^n\right)u[n]$이라고 한다. 이 시스템과 관련하여 (a) 전달 함수와 (b) 시스템 차분 방정식을 구하라.

풀이

(a) 주어진 입력과 출력의 z 변환을 구하면

$$X(z) = \frac{1}{1-0.5z^{-1}} = \frac{z}{z-0.5}, \quad Y(z) = \frac{2}{1-z^{-1}} + \frac{1}{1+0.5z^{-1}} = \frac{3z^2}{(z-1)(z+0.5)}$$

이므로, 전달 함수는 다음과 같다.

$$H(z) = \frac{Y(z)}{X(z)} = \frac{3z(z-0.5)}{(z-1)(z+0.5)}$$

이는 [예제 12-11]의 $H(z)$와 같다. 그리고 [예제 12-15]에서 $H(z)$를 역변환하여 임펄스 응답을 $h[n] = u[n] + 2\left(-\frac{1}{2}\right)^n u[n]$으로 구한 바 있다.

(b) 차분 방정식을 구하기 위해 전달 함수 $H(z)$의 분자와 분모 모두를 z^2으로 나누어 $H(z)$를 z^{-1}의 다항식으로 바꾸면 다음과 같다.

$$H(z) = \frac{Y(z)}{X(z)} = \frac{3-1.5z^{-1}}{1-0.5z^{-1}-0.5z^{-2}}$$

이로부터 다음의 등식을 얻을 수 있다.

$$(1-0.5z^{-1}-0.5z^{-2})Y(z)=(3-1.5z^{-1})X(z)$$

따라서 이를 z 역변환하여 다음과 같이 시스템의 차분 방정식을 얻는다.

$$y[n]-0.5y[n-1]-0.5y[n-2]=3x[n]-1.5x[n-1]$$

예제 12-20 차분 방정식으로부터 전달 함수와 임펄스 응답 구하기

인과 LTI 시스템이 차분 방정식 $y[n]-\frac{5}{6}y[n-1]+\frac{1}{6}y[n-2]=x[n]+x[n-1]$으로 표현될 때, (a) 전달 함수와 (b) 임펄스 응답을 구하라.

풀이

(a) 모든 초기 조건을 0으로 두고($y[-1]=y[-2]=0$) 차분 방정식을 z 변환하면

$$Y(z)-\frac{5}{6}z^{-1}Y(z)+\frac{1}{6}z^{-2}Y(z)=X(z)+z^{-1}X(z)$$

이고, 이를 정리하여 전달 함수를 구하면 다음과 같다.

$$H(z)=\frac{Y(z)}{X(z)}=\frac{1+z^{-1}}{1-\frac{5}{6}z^{-1}+\frac{1}{6}z^{-2}}=\frac{z^2+z}{z^2-\frac{5}{6}z+\frac{1}{6}}$$

(b) 임펄스 응답을 구하기 위해 $\frac{H(z)}{z}$를 부분분수로 전개하면

$$\frac{H(z)}{z}=\frac{z+1}{\left(z-\frac{1}{2}\right)\left(z-\frac{1}{3}\right)}=\frac{K_1}{z-\frac{1}{2}}+\frac{K_2}{z-\frac{1}{3}}$$

이고, 각각의 계수를 구하면 다음과 같다.

$$K_1=\frac{z+1}{\left(z-\frac{1}{2}\right)\left(z-\frac{1}{3}\right)}\left(z-\frac{1}{2}\right)\Bigg|_{z=\frac{1}{2}}=9$$

$$K_2=\frac{z+1}{\left(z-\frac{1}{2}\right)\left(z-\frac{1}{3}\right)}\left(z-\frac{1}{3}\right)\Bigg|_{z=\frac{1}{3}}=-8$$

따라서 $H(z)$는 다음과 같이 부분분수로 전개된다.

$$H(z)=\frac{9z}{z-\frac{1}{2}}-\frac{8z}{z-\frac{1}{3}}$$

이를 역변환하면 다음의 임펄스 응답이 얻어진다.

$$h[n] = \left(9\left(\frac{1}{2}\right)^n - 8\left(\frac{1}{3}\right)^n\right)u[n]$$

시스템 연결에 따른 전달 함수

- 시스템이 종속 연결되면 전달 함수는 각 시스템의 전달 함수를 곱하면 된다.

$$H(z) = H_1(z) \cdots H_M(z) \tag{12.64}$$

- 시스템이 병렬 연결되면 전달 함수는 각 시스템의 전달 함수를 더하면 된다.

$$H(z) = H_1(z) + \cdots + H_M(z) \tag{12.65}$$

- 전달 함수는 시스템 연결 순서와는 무관하다.

컨벌루션의 성질에 z 변환의 시간 컨벌루션 성질(종속 연결)과 선형성(병렬 연결)을 적용하면 위의 결과가 얻어진다. 이를 [그림 12-4]에 나타내었다.

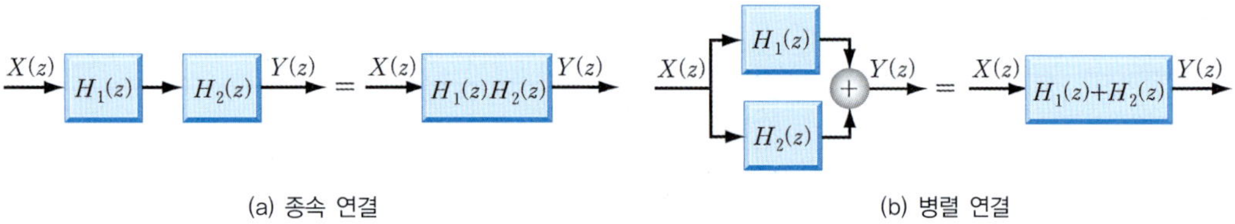

그림 12-4 시스템 연결에 따른 전달 함수

예제 12-21 시스템 연결에 따른 전달 함수

다음과 같은 임펄스 응답을 갖는 2개의 시스템을 (a) 종속 연결, (b) 병렬 연결할 경우의 전체 시스템의 전달 함수 $H(z)$를 구하라.

$$h_1[n] = a^n u[n], \quad h_2[n] = \delta[n] + b\delta[n-1]$$

풀이

우선 주어진 두 시스템의 임펄스 응답을 z 변환하여 전달 함수를 구하면 다음과 같다.

$$H_1(z) = \frac{1}{1 - az^{-1}} = \frac{z}{z-a}, \quad H_2(z) = 1 + bz^{-1} = \frac{z+b}{z}$$

(a) 종속 연결의 경우 $H(z)$는 두 시스템의 전달 함수를 곱하여 얻는다.

$$H(z) = H_1(z)H_2(z) = \frac{z}{z-a}\frac{z+b}{z} = \frac{z+b}{z-a}$$

임펄스 응답 $h[n]$은 $H(z)$를 다음과 같이 부분분수로 전개한 뒤 역변환하면 얻어진다.

$$H(z) = \frac{z}{z-a} + z^{-1}\frac{bz}{z-a}$$
$$h[n] = a^n u[n] + ba^{n-1}u[n-1]$$

(b) 병렬 연결의 경우 $H(z)$는 두 시스템의 전달 함수를 더하여 얻는다.

$$H(z) = H_1(z) + H_2(z) = \frac{z}{z-a} + \frac{z+b}{z} = \frac{2z^2+(b-a)z-ab}{z(z-a)}$$

병렬 연결의 임펄스 응답 $h[n]$은 그냥 두 시스템의 임펄스 응답을 더하면 된다.

$$h[n] = h_1[n] + h_2[n] = a^n u[n] + \delta[n] + b\delta[n-1]$$

12.6.2 전달 함수의 극과 영점

극과 영점의 정의 및 역할

시스템(전달 함수)의 극과 영점에 관한 개념과 중요성은 이미 7.6절, 연속 시스템의 경우에 자세히 살펴본 바 있다. 이산 시스템 경우에도 s 평면이 z 평면으로 바뀌는 것을 제외하면 동일하다. 시스템의 전달 함수 $H(z)$와 관련하여 $H(z)$의 값이 0이 되는 z 값을 **영점**zero이라 하고, $H(z)$의 값이 정의되지 않는 z 값을 **극**pole이라고 한다.

$$\begin{aligned} H(z) = \frac{N(z)}{D(z)} &= \frac{b_0 z^q + b_1 z^{q-1} + \cdots + b_q}{z^p + a_1 z^{p-1} + \cdots + a_p} \\ &= b_0 \frac{(z-z_1)(z-z_2)\cdots(z-z_q)}{(z-p_1)(z-p_2)\cdots(z-p_p)} \end{aligned} \tag{12.66}$$

- 전달 함수 $H(z)$의 **극**은 특성 방정식 $D(z)=0$을 만족하는 p개의 근 $\{p_i\}$이다.
- 전달 함수 $H(z)$의 **영점**은 분자 다항식 $N(z)=0$을 만족하는 q개의 근 $\{z_i\}$이다.
- 극과 영점이 복소수가 될 경우는 반드시 공액쌍으로 존재한다.
- 극이 곧 특성근이므로 극에 의해 시스템 자체의 고유한 특성을 나타내는 시스템 모드가 결정되고, 따라서 극에 의해 안정도, 과도 응답 등 시스템 동작 특성이 지배된다.
- 임펄스 응답은 시스템 모드들로 이루어지므로 그 형태가 극에 의해 결정된다.

- 전달 함수(시스템)의 분자 다항식 $N(z)$는 차분 방정식 우변의 입력 항들에 의해 결정되는 다항식이므로 영점은 시스템과 입력의 연관 작용을 결정하는 요소이다.

극에 의한 임펄스 응답의 형태

전달 함수를 부분분수로 전개하여 역변환하면 시스템의 임펄스 응답을 얻게 된다.

$$H(z)=\sum_{i=1}^{m}\frac{K_i z}{z-p_i} \Leftrightarrow h[n]=\sum_{i=1}^{m}K_i\,(p_i)^n u[n] \tag{12.67}$$

이로부터 임펄스 응답의 형태가 극에 의해 결정됨을 알 수 있다. [그림 12-5]에 극의 위치에 따른 시스템 임펄스 응답의 형태를 나타내었다. 극이 단위원 내부와 외부 어디에 위치하는지에 따라 임펄스 응답이 수렴 또는 발산함을 볼 수 있다.

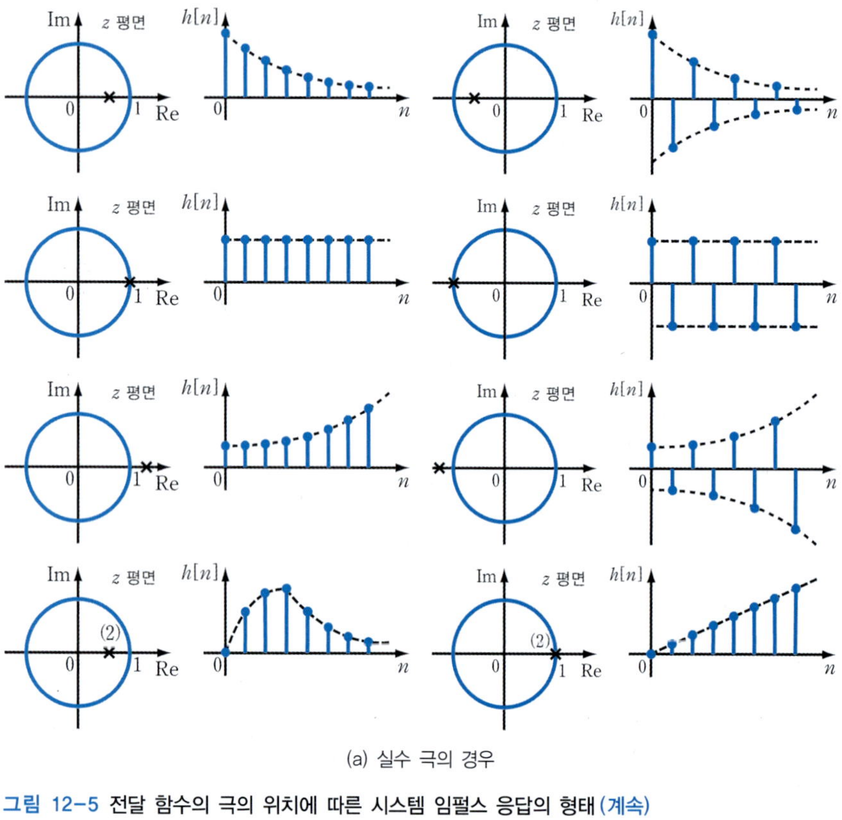

(a) 실수 극의 경우

그림 12-5 전달 함수의 극의 위치에 따른 시스템 임펄스 응답의 형태 (계속)

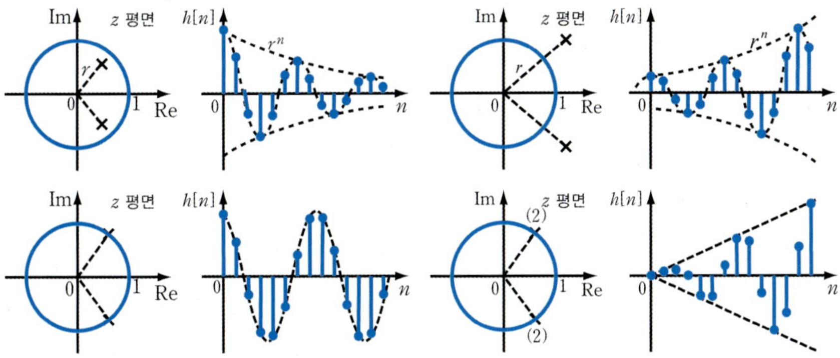

(b) 공액 복소극의 경우

그림 12-5 전달 함수의 극의 위치에 따른 시스템 임펄스 응답의 형태

극에 의한 임펄스 응답의 형태

- 극이 z 평면의 단위원 내부에 있으면 임펄스 응답이 수렴하여 시스템은 안정하다.
- 극이 z 평면의 단위원 외부에 있으면 임펄스 응답이 발산하여 시스템은 불안정하다.
- 공액 복소극의 경우 진동이 발생하며, 단위원 상에 있으면 상수 또는 순수 진동한다.

극과 시스템 안정도

전달 함수로부터 시스템의 특성을 분석하고 판별할 수 있는데, 안정도에 대해서 간단히 살펴보자.

- 이산 인과 LTI 시스템이 BIBO 안정하기 위해서는 $|p_i| < 1$, 다시 말해 전달 함수의 극 p_i가 z 평면에서 단위원 안에 존재해야 한다.

9장에서 이산 인과 LTI 시스템이 BIBO 안정하려면 임펄스 응답이 다음과 같이 절대 총합 가능해야 함을 이미 배운 바 있다.

$$\sum_{n=0}^{\infty} |h[n]| < \infty \tag{12.68}$$

임펄스 응답에 대한 z 변환의 정의식에 절댓값을 취하면 다음의 부등식을 얻을 수 있다.

$$|H(z)| = \left| \sum_{n=0}^{\infty} h[n] z^{-n} \right| \le \sum_{n=0}^{\infty} |h[n]| |z^{-n}| \tag{12.69}$$

전달 함수의 극 $z = p_i$에서는 식 (12.69)의 좌변이 ∞가 되고, 이때 만일 $|p_i| \ge 1$이면 $|p_i^{-n}| \le 1$이므로 식 (12.69)는 다음과 같이 된다.

$$\infty \le \sum_{n=0}^{\infty} |h[n]| |p_i^{-n}| \le \sum_{n=0}^{\infty} |h[n]| \tag{12.70}$$

이는 식 (12.68)의 BIBO 안정 조건에 부합되지 않는다. 따라서 $|p_i| < 1$이어야 한다.

이러한 결론은 [그림 12-5]에서도 확인할 수 있다. 극이 단위원 내부에 있을 때는 값이 점차 작아져서 0으로 수렴하여 식 (12.68)의 조건을 충족시키고, 단위원 외부에 있으면 시간이 지남에 따라 발산한다. 또한 단위원 상에 있으면 진동하거나 상수가 되어 BIBO 안정 조건을 만족시키지 못한다.

예제 12-22 시스템의 안정도 판별

전달 함수가 다음과 같은 LTI 시스템의 안정도를 판별하라.

(a) $H(z) = \dfrac{(z+1)(z-1)}{(z+0.5)(z-0.8)(z+0.3)}$

(b) $H(z) = \dfrac{(z+0.5)(z-0.3)}{(z-1)(z^2-z+1)}$

(c) $H(z) = \dfrac{(z+3)(z-4)}{(z^2+0.5z+0.25)(z+0.5)}$

(d) $H(z) = \dfrac{(z+0.5)(z-0.4)}{(z+2)(z-0.5)(z+0.4)}$

(e) $H(z) = \dfrac{(z+0.5)(z+1)}{(z-1)^2(z-0.5)}$

(f) $H(z) = \dfrac{(z-3)(z+0.5)}{(z-0.5)(z+0.4)(z-3)}$

풀이

(a) 극이 $z = -0.5,\ 0.8,\ -0.3$으로 모두 단위원 안에 있다. 그러므로 안정한 시스템이다.

(b) 극이 $z = 1,\ \dfrac{1}{2} \pm j\dfrac{\sqrt{3}}{2}$로 모두 단위원 위에 있다. 그러므로 임계 안정한 시스템이다. 안정, 불안정으로 나누면 불안정한 시스템이다.

(c) 극이 $z = \dfrac{1}{4} \pm j\dfrac{\sqrt{3}}{4},\ -0.5$로 모두 단위원 안에 있다. 그러므로 안정한 시스템이다.

(d) 극이 $z = -2,\ 0.5,\ -0.4$로 극 하나가 단위원 밖에 있다. 그러므로 불안정한 시스템이다.

(e) 극이 $z = 1,\ 1,\ 0.5$로 단위원 위에 중극이 존재한다. 그러므로 불안정한 시스템이다.

(f) 극이 $z = 0.5,\ -0.4,\ 3$으로 극 하나가 단위원 밖에 있지만, $z = 3$의 영점과 상쇄되어 사라지므로 단위원 안에 $z = 0.5,\ -0.4$만 있는 셈이다. 그러므로 안정한 시스템이다.

CHAPTER 12 연습문제

Quick Review

다음 문제에서 옳은 것을 골라라.

01 z 변환은 DTFT에 비해 더 (많은, 적은) 이산 신호를 변환할 수 있다.

02 단방향 z 변환은 (인과, 비인과) 신호를 대상으로 한다.

03 z 변환은 모든 이산 신호를 주파수 영역으로 변환할 수 있다. (O, ×)

04 $x[n]$과 $X(z)$가 일대일 대응이 되는 것은 (단방향, 양방향) z 변환이다.

05 z 변환의 수렴 영역이 정의되지 않는 양방향 신호도 있다. (O, ×)

06 단방향 z 변환에서 항상 $x[n-n_0] \Leftrightarrow z^{-n_0}X(z)$가 성립한다. (O, ×)

07 차분 방정식의 풀이에 유용한 성질은 (시간 컨벌루션, 시간 이동) 성질이다.

08 최종값 정리는 모든 신호에 적용 가능하다. (O, ×)

09 z 역변환은 ($\frac{X(z)}{z}$, $X(z)$, $zX(z)$)를 부분분수로 전개하는 것이 간편하다.

10 다중극에 대한 부분분수 계수 결정은 보통 최저차 항부터 오름차순으로 한다. (O, ×)

11 공액 복소극을 갖는 $X(z)$를 역변환하면 (실수, 복소수) 함수가 된다.

12 z 변환을 이용한 차분 방정식 풀이의 초기 조건은 $n<0$에서의 값이다. (O, ×)

13 시스템의 전달 함수는 입력의 형태에 따라 달라질 수 있다. (O, ×)

14 전달 함수는 (임펄스 응답, 차분 방정식, 특성 방정식)으로부터 구할 수 있다.

15 시스템의 특성 방정식은 전달 함수의 (분모, 분자)$=0$인 방정식이다.

16 두 시스템을 종속 연결한 시스템의 전달 함수는 각 전달 함수의 (합, 곱)과 같다.

17 임펄스 응답의 형태는 극의 위치에 따라 결정된다. (O, ×)

18 z 평면의 단위원 위에 중극을 가지면 시스템은 불안정하다. (O, ×)

19 시스템이 안정하려면 (극, 영점)이 z 평면의 단위원 (안, 밖)에 위치해야 한다.

20 전달 함수에서 ($z=j\Omega$, $z=e^{j\Omega}$, $z=re^{j\Omega}$)로 두면 주파수 응답이 된다.

기초 문제

12.1 z 변환의 정의식을 이용하여 다음 신호의 z 변환을 구하라.

(a) $x[n]=(0.5)^n(u[n]-u[n-5])$

(b) $x[n]=n(0.5)^n u[n]$

(c) $x[n]=\begin{cases}1, & n\geq 0\text{인 짝수}\\ 0, & n\geq 0\text{인 홀수}\end{cases}$

(d) $x[n]=\begin{cases}+1, & n\geq 0\text{인 짝수}\\ -1, & n\geq 0\text{인 홀수}\end{cases}$

12.2 다음 신호의 양방향 z 변환과 수렴 영역(ROC)을 구하라.

(a) $x[n]=(0.5)^n u[-n]$

(b) $x[n]=(0.5)^{-n}u[-n-1]$

(c) $x[n]=(0.5)^{|n|}$

(d) $x[n]=(0.5)^{-n}u[n]+(0.5)^n u[-n-1]$

12.3 다음의 신호 $x[n]$에 대해 $y[n]=x[n+3]$의 단방향 z 변환을 구하라.

(a) $x[n]=a^n u[n]$

(b) $x[n]=nu[n]$

12.4 z 변환의 성질과 변환쌍표를 이용하여 다음 신호의 z 변환을 구하라.

(a) $x[n]=n^2 u[n]$

(b) $x[n]=(0.5)^{n+1}u[n-1]$

(c) $x[n]=\sin\left(\frac{\pi}{4}n-\frac{\pi}{2}\right)u[n-2]$

(d) $x[n]=u[n-2]*\left(\frac{2}{3}\right)^n u[n]$

12.5 $x[n]$의 z 변환이 다음과 같을 때, 다음의 신호들의 z 변환을 구하라.

$$X(z)=\frac{z}{(z+0.5)^2},\quad |z|>0.5$$

(a) $y[n]=x[n-1]$

(b) $y[n]=(2)^n x[n]$

(c) $y[n]=(-1)^n x[n]$

(d) $y[n]=x[n]*x[n-2]$

12.6 다음에 주어진 두 신호 $x[n]$과 $h[n]$의 컨벌루션 $y[n]=x[n]*h[n]$을 z 변환을 이용하여 구하라.

(a) $x[n]=[\underset{\uparrow}{1},\ 2,\ 3]$, $h[n]=[\underset{\uparrow}{1},\ 1,\ 1]$

(b) $x[n]=\delta[n]+\delta[n-4]$, $h[n]=u[n]$

(c) $x[n]=u[n]$, $h[n]=u[n]$

(d) $x[n]=u[n]$, $h[n]=\left(\frac{1}{2}\right)^n u[n]$

12.7 다음과 같은 단방향 z 변환에 대해 역변환을 하지 말고 초깃값과 최종값을 구하라. 만약 값을 구할 수 없다면 그 이유를 설명하라.

(a) $X(z)=\dfrac{z}{z^2-0.3z-0.1}$ (b) $X(z)=\dfrac{z(z-0.5)}{z^2-z+1}$

(c) $X(z)=\dfrac{z^2}{z^2+1.5z-1}$ (d) $X(z)=\dfrac{z(z-0.25)}{z^2-0.5z+0.25}$

12.8 다음의 단방향 z 변환의 역변환 $x[n]$을 부분분수 전개법으로 구하라.

(a) $X(z)=\dfrac{z^2}{(z-1)(z-0.5)}$ (b) $X(z)=\dfrac{0.5z(z+1)}{(z-1)(z-0.5)}$

(c) $X(z)=\dfrac{z(2z+3)}{(z-1)(z^2-5z+6)}$ (d) $X(z)=\dfrac{z^3}{(z+1)(z-1)^2}$

(e) $X(z)=\dfrac{z(3z-1)}{(z+1)(z-1)^3}$ (f) $X(z)=\dfrac{z^2}{z^2-z+0.5}$

12.9 다음과 같은 임펄스 응답을 갖는 2개의 시스템을 종속 연결할 경우, 병렬 연결할 경우의 전체 시스템의 전달 함수 $H(z)$를 구하라.

$$h_1[n]=a^n u[n],\ \ h_2[n]=b^{(n-1)}u[n-1]$$

12.10 인과 LTI 시스템의 입출력이 다음과 같이 주어질 때, 이 시스템의 전달 함수, 임펄스 응답, 차분 방정식을 구하라.

(a) $x[n]=\delta[n]+\dfrac{1}{4}\delta[n-1]-\dfrac{1}{8}\delta[n-2],\ \ y[n]=\delta[n]-\dfrac{3}{4}\delta[n-1]$

(b) $x[n]=\left(\dfrac{1}{2}\right)^n u[n],\ \ y[n]=\left(\dfrac{1}{4}\right)^n u[n]$

(c) $x[n]=\left(-\dfrac{1}{3}\right)^n u[n],\ \ y[n]=\left(3(-1)^n+\left(\dfrac{1}{3}\right)^n\right)u[n]$

(d) $x[n]=2u[n],\ \ y[n]=\left(4\left(\dfrac{1}{2}\right)^n-3\left(-\dfrac{3}{4}\right)^n\right)u[n]$

응용 문제

12.11 $x[n] \Leftrightarrow \dfrac{z}{(z-1)^2}$ 일 때 다음의 단방향 z 변환쌍 중 틀린 것은?

㉮ $x[n+1]u[n] \Leftrightarrow \dfrac{z^2}{(z-1)^2}$

㉯ $x[n-1]u[n-1] \Leftrightarrow \dfrac{1}{(z-1)^2}$

㉰ $x[n-1]u[n] \Leftrightarrow \dfrac{z}{(z-1)^2}$

㉱ $x[n]u[n-1] \Leftrightarrow \dfrac{z}{(z-1)^2}$

12.12 다음의 $X(z)$에 대해 주어진 수렴 영역을 만족하는 역변환 $x[n]$을 구하라.

(a) $X(z) = \dfrac{2z-1}{z^2 - z - 0.75}$ (i) $|z| > 1.5$, (ii) $0.5 < |z| < 1.5$ (iii) $|z| < 0.5$

(b) $X(z) = \dfrac{z^2 + 5z}{z^2 - 2z - 3}$ (i) $|z| > 3$ (ii) $1 < |z| < 3$ (iii) $|z| < 1$

12.13 신호 $x[n]$의 z 변환이 다음과 같다.

$$X(z) = \frac{z^3}{z^3 - 3z^2 + 5z - 9}$$

(a) $x_1[n] = x[n-3]u[n-3]$의 z 변환을 구하라.

(b) $x_2[n] = x[n+3]u[n]$의 z 변환을 구하라.

(c) 긴 나눗셈을 이용한 멱급수 형태의 역변환을 통해 $n=0, 3$일 때의 $x[n]$ 값, $n=3$일 때의 $x_1[n]$ 값, $n=0$일 때의 $x_2[n]$ 값을 구하라.

(d) (c)의 결괏값들은 일치하는가? 그렇다면 이유를 설명하라.

12.14 $X(z)$가 신호 $x[n] = (0.5)^n u[n]$의 z 변환이라고 할 때, 다음의 z 변환에 대응되는 시간 신호를 구하라.

(a) $Y(z) = X(z^{-1})$

(b) $Y(z) = X(-z)$

(c) $Y(z) = X(2z)$

(d) $Y(z) = X^2(z)$

(e) $Y(z) = \dfrac{zX(z)}{z-1}$

(f) $Y(z) = \dfrac{d}{dz}X(z)$

12.15 다음의 $X(z)$와 신호의 정상상태 값 $x[\infty]$의 짝 중에서 틀린 것은?

㉮ $X(z)=\dfrac{2z+4}{(z-1)(z^2+z+1)}$, $x[\infty]=2$

㉯ $X(z)=\dfrac{2z-4}{(z-1)(z^2-z-1)}$, $x[\infty]=2$

㉰ $X(z)=\dfrac{z^2-1}{(z-1)^2(z^2-z+1)}$, $x[\infty]=2$

㉱ $X(z)=\dfrac{z+1}{(z-1)^2(z^2-z+1)}$, $x[\infty]=2$

12.16 다음 차분 방정식으로 표현된 LTI 시스템의 출력을 z 변환을 이용하여 구하라.

(a) $y[n]-\dfrac{1}{3}y[n-1]=2x[n]$, $x[n]=\left(-\dfrac{1}{2}\right)^n u[n]$, $y[-1]=1$

(b) $y[n]-\dfrac{3}{4}y[n-1]+\dfrac{1}{8}y[n-2]=\dfrac{3}{8}x[n]$, $x[n]=u[n]$, $y[-1]=1$, $y[-2]=5$

(c) $y[n]-\dfrac{1}{6}y[n-1]-\dfrac{1}{6}y[n-2]=x[n]-\dfrac{1}{2}x[n-1]$, $x[n]=\left(\dfrac{1}{3}\right)^n u[n]$, $y[-1]=1$, $y[-2]=0$

(d) $y[n]-y[n-1]+y[n-2]=x[n]$, $x[n]=\left(\dfrac{1}{2}\right)^n u[n]$, $y[-1]=1$, $y[-2]=0$

12.17 다음 차분 방정식으로 표현되는 이산 LTI 시스템에 관해 물음에 답하라.

$$y[n]-0.3y[n-1]-0.1y[n-2]=7x[n]$$

(a) 이 시스템의 임펄스 응답을 구하라.

(b) 이 시스템은 안정한가? 불안정한가?

(c) 입력 $x[n]=\delta[n]$을 인가할 때, z 변환을 이용하여 출력 $y[n]$을 구하라. 단, $y[-1]=3$, $y[-2]=-1$이다.

(d) (c)의 결과와 (a)의 임펄스 응답은 어떻게 다른가?

12.18 다음 그림과 같이 연결된 이산 LTI 시스템에 대해 전체 시스템의 임펄스 응답을 구하라. 단, 각 시스템의 임펄스 응답은 다음과 같다.

(a)

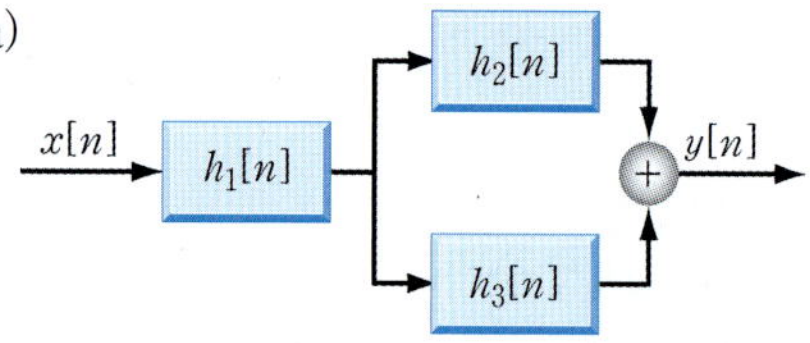

$h_1[n] = \left(\frac{1}{2}\right)^n u[n]$, $h_2[n] = \delta[n]$,

$h_3[n] = u[n-1]$

(b)

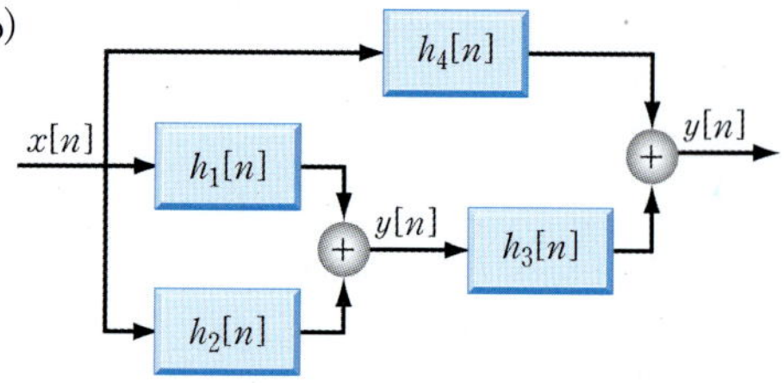

$h_1[n] = 2\delta[n]$, $h_2[n] = -2(0.5)^n u[n]$,

$h_3[n] = 0.5\delta[n] - 0.25\delta[n-1]$,

$h_4[n] = \delta[n] + 0.5\delta[n-1]$

12.19 다음의 차분 방정식으로 표현되는 인과 LTI 시스템의 전달 함수와 임펄스 응답을 구하라. 그리고 시스템의 극과 영점을 구하고 안정도를 판별하라.

(a) $y[n] - 0.3y[n-1] - 0.1y[n-2] = x[n]$

(b) $y[n] - \frac{5}{6}y[n-1] + \frac{1}{6}y[n-2] = x[n] + x[n-1]$

(c) $y[n] - \frac{1}{4}y[n-1] - \frac{3}{8}y[n-2] = x[n] - 2x[n-1]$

(d) $y[n] - \frac{3}{2}y[n-1] + \frac{9}{16}y[n-2] = 2x[n] + x[n-1]$

12.20 다음 그림과 같은 이산 시스템의 블록선도가 있다.

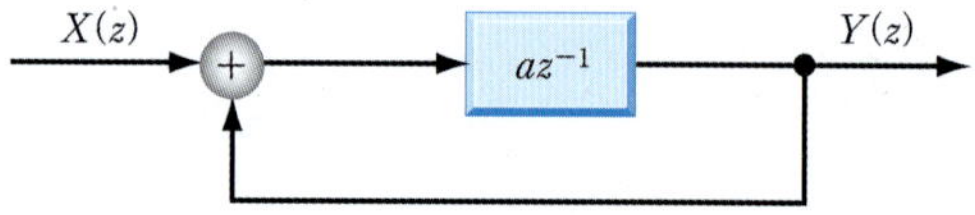

(a) 이 시스템의 차분 방정식 모델을 구하라.

(b) 이 시스템의 전달 함수를 구하라.

(c) 이 시스템이 BIBO 안정일 경우 파라미터 a의 범위를 결정하라.

(d) 이 시스템의 임펄스 응답을 구하라. (c)의 답은 임펄스 응답으로부터 명백한가? 그 이유는 무엇인가?

(e) $a=0.5$일 때 이 시스템의 단위 계단 응답을 구하라.

Appendix

부록

변환쌍표

Transform Table

A 푸리에 변환쌍표

B 라플라스 변환쌍표

C 이산 시간 푸리에 변환쌍표

D z 변환쌍표

A 푸리에 변환쌍표

	$x(t)$	$X(\omega)$
1	$e^{-at}u(t),\ a>0$	$\frac{1}{a+j\omega}$
2	$e^{-a\|t\|},\ a>0$	$\frac{2a}{a^2+\omega^2}$
3	$te^{-at}u(t),\ a>0$	$\frac{1}{(a+j\omega)^2}$
4	$t^n e^{-at}u(t),\ a>0$	$\frac{n!}{(a+j\omega)^{n+1}}$
5	1	$2\pi\delta(\omega)$
6	$\delta(t)$	1
7	$sgn(t)$	$\frac{2}{j\omega}$
8	$u(t)$	$\pi\delta(\omega)+\frac{1}{j\omega}$
9	$\cos\omega_0 t$	$\pi[\delta(\omega+\omega_0)+\delta(\omega-\omega_0)]$
10	$\sin\omega_0 t$	$j\pi[\delta(\omega+\omega_0)-\delta(\omega-\omega_0)]$
11	$e^{j\omega_0 t}$	$2\pi\delta(\omega-\omega_0)$
12	$e^{-at}\sin\omega_0 tu(t)$	$\frac{\omega_0}{(a+j\omega)^2+\omega_0^2}$
13	$e^{-at}\cos\omega_0 tu(t)$	$\frac{a+j\omega}{(a+j\omega)^2+\omega_0^2}$
14	$\sum_{n=-\infty}^{\infty}\delta(t-nT_s)$	$\omega_0\sum_{n=-\infty}^{\infty}\delta(\omega-n\omega_0)$
15	$\mathrm{rect}_\tau(t)$ (너비 τ 인 사각 펄스)	$\tau\,\mathrm{sinc}\left(\frac{\omega\tau}{2\pi}\right)$
16	$\frac{W}{2\pi}\mathrm{sinc}\left(\frac{W}{2\pi}t\right)$	$rect_W(\omega)$
17	$\Delta\left(\frac{t}{\tau}\right)$ (기울기 $\frac{1}{\tau}$ 인 삼각파)	$\tau\,\mathrm{sinc}^2\left(\frac{\omega\tau}{2\pi}\right)$
18	$e^{-\frac{t^2}{2\sigma^2}}$	$\sigma\sqrt{\pi}\,e^{-\frac{\sigma^2\omega^2}{2}}$

B 라플라스 변환쌍표

	$x(t)$	$X(s)$
1	$\delta(t)$	1
2	$u(t)$	$\frac{1}{s}$
3	$\frac{t^n}{n!}u(t)$	$\frac{1}{s^{n+1}}$
4	$e^{-at}u(t)$	$\frac{1}{s+a}$
5	$\frac{t^n e^{-at}}{n!}u(t)$	$\frac{1}{(s+a)^{n+1}}$
6	$\sin\omega_0 tu(t)$	$\frac{\omega_0}{s^2+\omega_0^2}$
7	$\cos\omega_0 tu(t)$	$\frac{s}{s^2+\omega_0^2}$
8	$t\sin\omega_0 tu(t)$	$\frac{2\omega_0 s}{(s^2+\omega_0^2)^2}$
9	$t\cos\omega_0 tu(t)$	$\frac{(s^2-\omega_0^2)}{(s^2+\omega_0^2)^2}$
10	$e^{-at}\sin\omega_0 tu(t)$	$\frac{\omega_0}{(s+a)^2+\omega_0^2}$
11	$e^{-at}\cos\omega_0 tu(t)$	$\frac{s+a}{(s+a)^2+w_0^2}$
12	$Ae^{-at}\cos\omega_0 tu(t)+Be^{-at}\sin\omega_0 tu(t)$	$\frac{A(s+a)-B\omega_0}{(s+a)^2+\omega_0^2}$
13	$Ae^{-at}\cos\omega_0 tu(t)+\left(\frac{(B-Aa)}{\omega_0}\right)e^{-at}\sin\omega_0 tu(t)$	$\frac{As+B}{(s+a)^2+\omega_0^2}$

C 이산 시간 푸리에 변환쌍표

	$x[n]$	$X(z)$
1	$\delta[n]$	1
2	$\delta[n-n_0]$	$e^{-jn_0\Omega}$
3	1	$2\pi\delta(\Omega)$
4	$u[n]$	$\frac{1}{1-e^{-j\Omega}}+\pi\delta(\Omega),\ 0\le\Omega<2\pi$
5	$e^{j\Omega_0 n}$	$2\pi\delta(\Omega-\Omega_0)$
6	$x[n]=\begin{cases}1, & \lvert n\rvert\le N_1\\ 0, & \lvert n\rvert>N_1\end{cases}$	$\frac{\sin\left[\Omega\left(N_1+\frac{1}{2}\right)\right]}{\sin\left(\frac{\Omega}{2}\right)}$
7	$a^n u[n],\ \lvert a\rvert<1$	$\frac{1}{1-ae^{-j\Omega}}$
8	$(n+1)a^n u[n],\ \lvert a\rvert<1$	$\frac{1}{(1-ae^{-j\Omega})^2}$
9	$\frac{W}{\pi}\mathrm{sinc}\left(\frac{Wn}{\pi}\right),\ 0<W<\pi$	$X(\Omega)=\begin{cases}1, & 0\le\lvert\Omega\rvert\le W\\ 0, & W<\lvert\Omega\rvert\le\pi\end{cases}$
10	$\cos(\Omega_0 n)$	$\pi\{\delta(\Omega+\Omega_0)+\delta(\Omega-\Omega_0)\}$
11	$\sin(\Omega_0 n)$	$j\pi\{\delta(\Omega+\Omega_0)+\delta(\Omega-\Omega_0)\}$
12	$sgn[n]=\begin{cases}+1, & n\ge 0\\ 1, & n<0\end{cases}$	$j\frac{\sin(\Omega)}{\cos(\Omega)-1}$
13	$\frac{(n+r-1)!}{n!(r-1)!}a^n u[n],\ \lvert a\rvert<1$	$\frac{1}{(1-ae^{-j\Omega})^r}$

D z 변환쌍표

	$x[nT]$*	$X(z)$
1	$\delta[nT]$	1
2	$u[nT]$	$\dfrac{1}{1-z^{-1}}$
3	$a^n u[nT]$	$\dfrac{1}{1-az^{-1}}$
4	$nTu[nT]$	$\dfrac{Tz^{-1}}{(1-z^{-1})^2}$
5	$(nT)^2 u[nT]$	$\dfrac{Tz^{-1}(1+z^{-1})}{(1-z^{-1})^3}$
6	$na^n u[nT]$	$\dfrac{az^{-1}}{(1-az^{-1})^2}$
7	$n^2 a^n u[nT]$	$\dfrac{az^{-1}(1+az^{-1})}{(1-az^{-1})^3}$
8	$\cos(\Omega_0 n)u[nT]$	$\dfrac{1-\cos(\Omega_0)z^{-1}}{1-2\cos(\Omega_0)z^{-1}+z^{-2}}$
9	$\sin(\Omega_0 n)u[nT]$	$\dfrac{\sin(\Omega_0)z^{-1}}{1-2\cos(\Omega_0)z^{-1}+z^{-2}}$
10	$a^n\cos(\Omega_0 n)u[nT]$	$\dfrac{1-a\cos(\Omega_0)z^{-1}}{1-2a\cos(\Omega_0)z^{-1}+a^2z^{-2}}$
11	$a^n\sin(\Omega_0 n)u[nT]$	$\dfrac{a\sin(\Omega_0)z^{-1}}{1-2a\cos(\Omega_0)z^{-1}+a^2z^{-2}}$
12	$a^n\{A\cos(\Omega_0 n)+B\sin(\Omega_0 n)\}u[nT]$	$\dfrac{A-a\{A\cos(\Omega_0)-B\sin(\Omega_0)\}z^{-1}}{1-2a\cos(\Omega_0)z^{-1}+a^2z^{-2}}$

* 샘플링으로 얻은 이산 신호가 아닌 경우에는 $T=1$로 두면 된다.